최신

응용역학

마헌일 지음

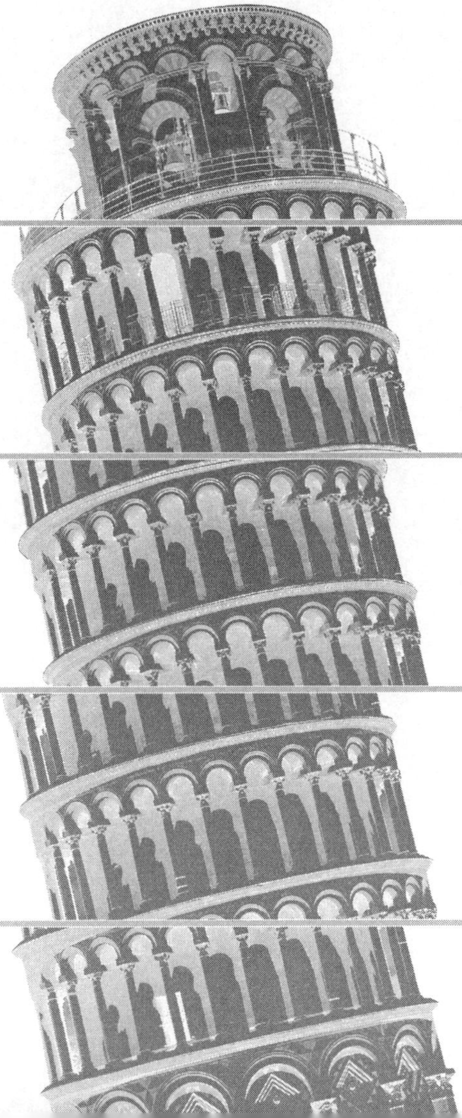

세진사

머리말

응용역학은 토목, 건축공학을 비롯해서 기계, 조선공업 등의 기초가 되며, 구조물 설계의 역학적 안정을 정하는 데 필요한 구조설계를 다루는 과목으로서 그 중요성은 아무리 강조해도 지나치지 않을 것이다.
일반적으로 응용역학 하면 상당히 어려운 학문으로 여기는 경향이 있으나 그 근본적인 이론과 원리를 습득한 후 많은 문제를 풀어봄으로써 그 어려움은 극복되리라고 본다.
따라서 본 서는 핵심되는 이론의 전개와 그 이론에 뒷받침 되는 많은 예제를 수록함으로써 문제를 해결할 수 있는 능력을 키우는 데 역점을 두었다.
이 책은 일반 대학이나 전문대학에서의 응용역학 교과서로 집필하는 데 주안점을 두었으나 각종 시험준비를 하는 분들은 물론 국토건설의 제일선에서 활약하는 중견 기술자의 참고서로도 도움이 되리라 믿는 바이다.
그러나 미흡한 점은 선배 여러분들의 지도 편달을 바라며 앞으로 점차 수정 보완을 해 나가도록 할 것을 약속드린다. 이 책이 길잡이가 됨으로써 유능한 기술자가 되기를 바라며, 또한 이 책이 나오기까지 여러 면에서 지도와 조언을 해 주신 선배 동료 여러분과 본 서 출판에 심혈을 기울여 주신 도서출판 세진사 문형진 사장님과 직원 여러분에게 깊은 감사를 드린다.

저자 씀

목차

제1장 힘과 모멘트 · 13

제2장 단면의 성질 · 47

제3장 구조물의 개론 · 75

제4장 정정보 · 87

제5장 재료의 성질 · 189

제6장 보의 응력과 설계 · 221

제7장 보의 처짐 · 281

제8장 부정정 구조 · 321

제9장 기둥 · 433

제10장 트러스 · 469

제11장 정정 라멘 및 아치 · 523

제12장 구조물의 탄성변형에 관한 해법 · 577

부록 604

제1장

힘과 모멘트

- 1. 힘(force)
- 2. 힘의 표시법
- 3. 모멘트
- 4. 우력 모멘트
- 5. 힘의 합성과 분해
- 6. 힘의 평형조건

제1장 힘과 모멘트

1. 힘(force)

힘(force)이라 함은 정지하고 있는 어떤 물체를 움직이든가 또는 움직이고 있는 물체의 운동하는 방향이나 속도를 바꾸는 원인이 되는 것을 말한다.

그러나 정지하고 있는 물체에 힘을 작용시켜도 움직이지 못하는 경우도 있다. 이것은 물체에 힘을 가하면 힘에 의하여 물체에 반작용으로 인한 힘, 즉 반력(reaction)이 생기는 까닭이다.

이 반력과 가하여진 힘이 균형되어 있으면 힘을 가하여도 물체는 움직이지 않지만, 만약 가하여진 힘이 그 물체의 반력의 한도를 넘어서 균형이 깨지게 되면 반드시 물체는 움직이기 시작할 것이다. 또 어느 속도로 움직이고 있는 물체에 힘이 작용할 경우에는 가하여진 힘의 방향이 물체의 운동방향과 같으면 그 물체의 운동속도는 다시 커지고, 가한 힘의 방향이 반대면 그 속도는 감소될 것이다.

응용역학(applied mechanics)은 구조물에 어떤 힘이 작용했을 때 그 구조물의 변형이나 상태를 연구하는 학문이다.

물리학에서는 질량이 1kg인 물체에 작용해서 $1m/sec^2$의 가속도를 낼 수 있는 힘을 1뉴톤(newton)이라 하며, 질량이 1gr인 물체에 작용하여 $1cm/sec^2$의 가속도를 낼 수 있는 힘을 1다인(dyne)이라 표시하고 있는데, 응용역학에서는 무게의 단위인 kg, ton, lb를 사용한다.

한 개의 힘을 표시하려면 ① 힘의 크기, ② 힘의 방향, ③ 힘의 작용점을 알아야 하며, 이들 3개의 양(量)으로 표시되는 것을 힘의 3요소라고 한다.

또 힘 F는 운동의 법칙에서 $F=k\cdot m\cdot \alpha$(k는 상수, m : 질량, α : 가속도)로 나타낼 수 있다.

Newton의 힘의 3법칙

제1법칙 : 정지 또는 일정한 직선운동을 하는 물체는 이것에 힘을 작용시키지 않는 한 그 상태를 지속한다.

제2법칙 : 가속도는 외력의 크기에 비례하며, 그 방향은 외력의 방향과 일치한다.

제3법칙 : 작용과 이것에 대한 반작용과는 항상 같은 작용선상에서 생기며, 그 크기는 같고 방향은 서로 반대이다.

제1법칙을 관성의 법칙, 제3법칙을 작용과 반작용의 법칙이라고도 말한다.

【예제 1】

질량 5t인 물체에 작용하는 중력은 몇 newton인가?

풀이 1N=100,000dyne, 1gw=980dyne, 1kgw=9.80N, 5tw=5000kg, w=5,000×9.80N=49,000N

2. 힘의 표시법

힘은 힘의 3요소를 갖는 벡터(vector)에 의해서 표시된다.

그림 1.1은 작용점 A에서 α의 기울기를 갖는 힘의 크기를 나타내며, 화살표는 그 힘의 방향을 나타낸다. 여기서 AB의 연장선을 이 힘의 작용선(作用線)이라 하고, A점을 이 힘의 작용점이라 한다.

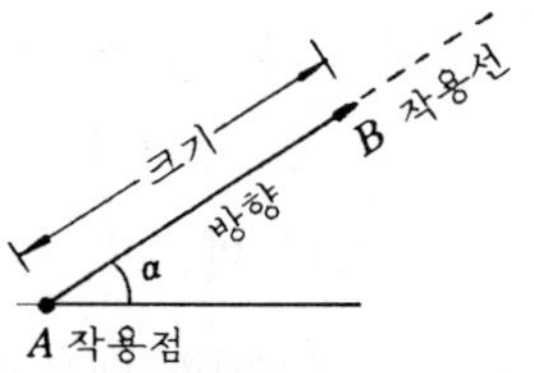

그림 1.1

크기를 나타내는 치수의 축척은 임의로 한다. 예를 들면 1cm로 2,000kg을 표시하면 3,000kg은 1.5cm로 표시된다. 또한 10kg의 힘을 1cm의 선분의 길이로 표시한다면 50kg의 힘은 5cm로 표시할 수 있고, 방향은 작용하는 쪽으로 화살표를 붙이면 된다.

3. 모멘트

어떤 점을 중심으로 하여 회전하려고 하는 힘을 모멘트(moment)라고 한다. 예를 들면 문을 열 때 경첩에서 가까운 곳에서보다 먼 곳을 미는 것이 더 작은 힘으로 문을 열 수 있다. 이것은 물체를 회전시킬 때 회전축에서 먼 곳에 힘을 작용시킬수록 회전축에는 큰 힘이 작용함을 알 수 있다. 결국 모멘트의 크기는 작용하는 힘과 거리에 비례한다. 즉, P의 힘이 1점, 0에 대한 모멘트라 함은 힘(P)과 거리(l)와의 상승적(相乘積)을 말한다. 이것을 보통 M으로 표시한다.

$$M = P \cdot l \quad \cdots\cdots (1\text{-}1)$$

부호는 시계방향인 것을 (+), 반시계 방향인 것을 (−)로 정한다.
단위는 힘과 거리의 복단위(複單位) 즉, kg · cm, ton · m 등이다.
예를 들면 힘 500kg, 거리 100cm일 때
$M = 500 \times 100 = 50,000\text{kg} \cdot \text{cm} = 0.5\text{t} \cdot \text{m}$ 로 된다.
여러 개의 힘의 어떤 점에 대한 모멘트의 합은 그 합력의 동일점에 대한 모멘트와 같다. 이것을 바리니온의 정리(Varignon's theorem)라고 한다.

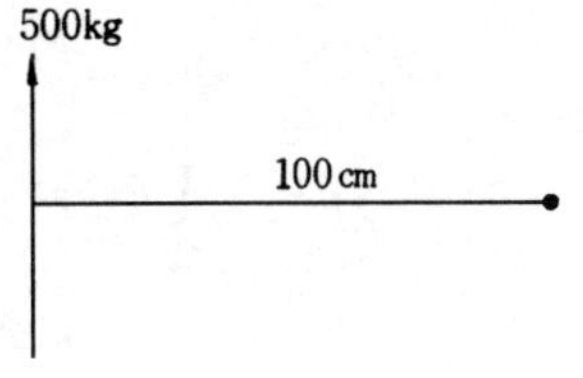

그림 1.2

【예제 2】

그림과 같이 세 개의 힘이 작용할 때 이 세 힘의 합력의 작용점은 0점에서 얼마의 거리에 있는가?

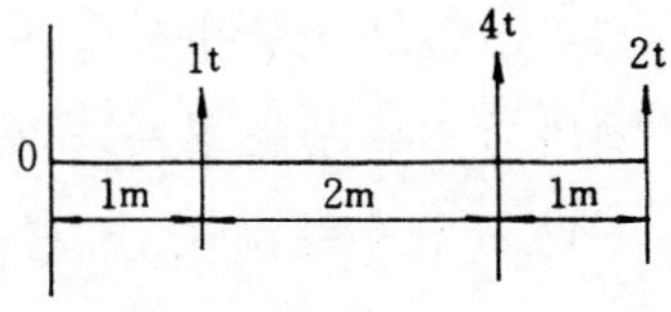

그림 1.3

풀이 바리니온의 정리를 이용하면 합력의 크기 및 방향 : $R = 1\text{t} + 4\text{t} + 2\text{t} = 7(\text{t})$ (↑)

작용위치 : $M_0 = -7x = -1 \times 1 - 4 \times 3 - 2 \times 4$

∴ $x = 3\text{m}$(우측으로 3m 지점)가 된다.

【예제 3】

그림 1.4와 같은 3개의 힘이 작용하고 있다면, 이 합력의 크기, 방향, 위치를 구하시오.

풀이 합력의 크기 R은

$R = 2 - 3 - 4 = -5(\text{t})$ 즉, ↓방향이다.

단위는 좌단의 3(t) 위에 0점을 취하면

$Rx = 4 \times 2 - 2 \times 5 = -2(\text{t} \cdot \text{m})$

$$\therefore\ x = \frac{-2}{R} = -\frac{2}{5} = -0.4\text{m}$$

x는 부(負)가 된다. 이것은 그림 1.4와 같은 가정의 위치가 틀려 있는 것을 표시한다. 즉 R의 위치는 0점의 우측이 아니고 그림 1.5와 같이 좌측인 것을 표시하고 있다.

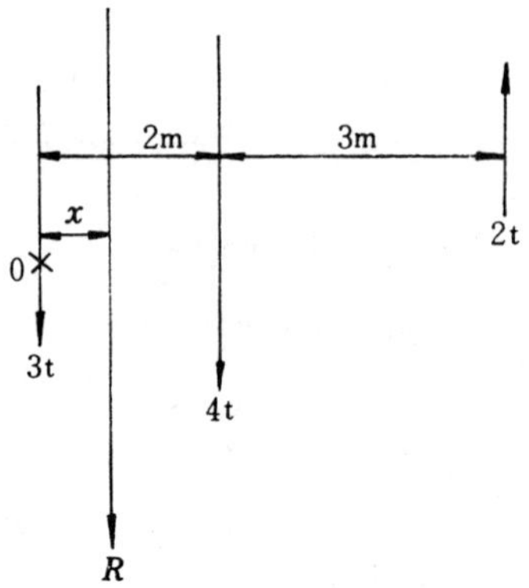

그림 1.4

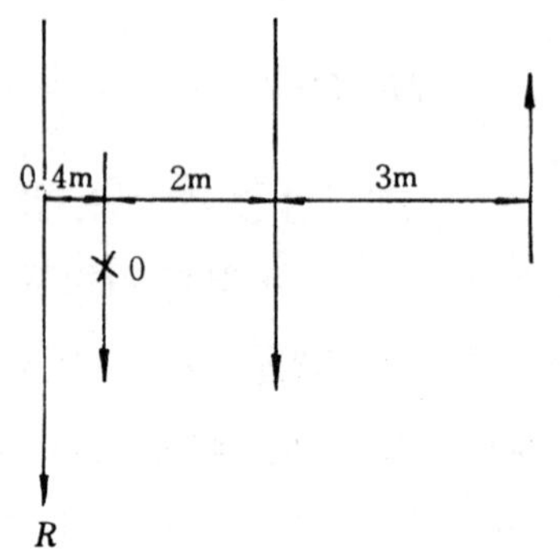

그림 1.5

4. 우력 모멘트

크기는 같고 방향이 서로 반대인 한 쌍의 평행한 힘을 우력(couple force), 또는 짝힘이라 하며 우력을 받는 물체는 회전력을 받게 된다. 이를 우력 모멘트(moment of couple)라고 한다. 또한 우력 모멘트는 평면 내의 어떠한 점에 대해서도 그 모멘트의 값은 항상 일정하다.

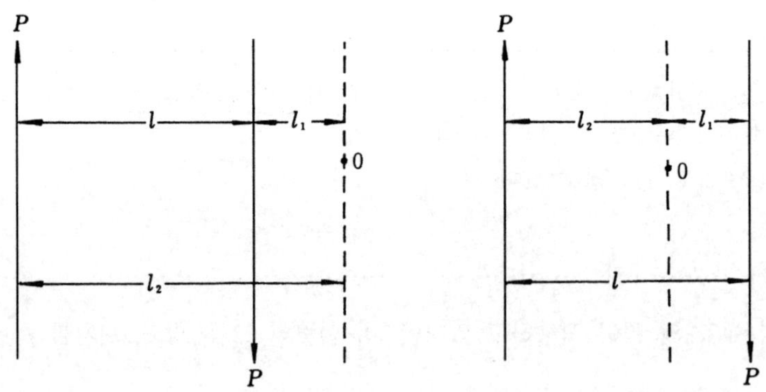

그림 1.6

즉 그림 1.6(a)에서 임의의 점 0점에 대한 모멘트 $M=Pl_2-Pl_1=P(l_2-l_1)=Pl$, 그림(b)에서 $M=Pl_1+Pl_2=P(l_1+l_2)=Pl$로서 항상 일정함을 알 수 있다.

5. 힘의 합성과 분해

여러 힘들이 동시에 작용하여 물체의 운동 상태에 미치는 효과와 동일한 효과를 낼 수 있는 하나의 힘을 여러 힘들의 합력(resultant)이라 하며, 합력을 구하는 것을 힘의 합성(composition)이라 한다. 이와 반대로 하나의 힘을 그의 작용에 따른 운동 상태와 동일한 효과를 낼 수 있는 2개 이상의 힘으로 나누었을 때, 이 2개 이상의 힘을 분력(component)이라 하며, 분력을 구하는 것을 힘의 분력(decomposition of force)이라고 한다. 그리고 동일 평면력에 있는 힘을 평면력(plane forces)이라 하며, 앞으로 논하는 것은 모두 이 평면력에 대한 것이다.

(1) 한 점에 작용하는 두 힘의 합성

그림 1.7과 같이 O점에 P_1, P_2의 두 힘이 작용했을 때 P_1, P_2를 두 변으로 하는 평행사변형 $OBCA$를 힘의 4변형(parallelogram of force)이라 하고 대각선 $\overline{OC}$의 길이가 P_1, P_2의 합력 R이 된다.

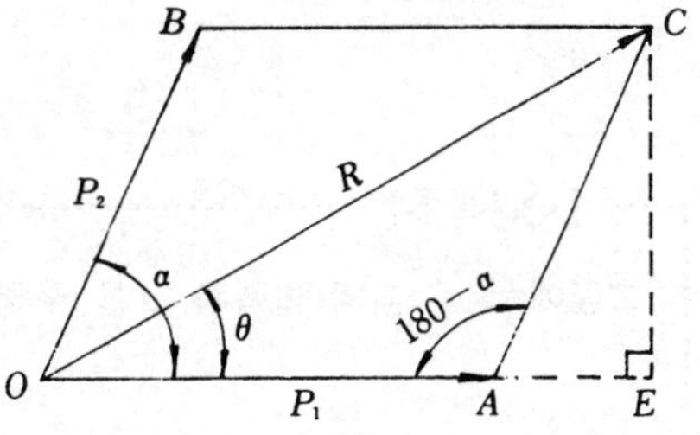

그림 1.7

여기서 합력 R은 cosine 제2법칙에 의하여

$$R^2 = P_1^{\ 2} + P_2^{\ 2} - 2P_1P_2\cos(180-\alpha)$$

$$\therefore R = \sqrt{P_1^{\ 2} + P_2^{\ 2} + 2P_1P_2\cos\alpha} \quad \cdots\cdots (1\text{-}2)$$

또 합력 R과 힘 P_1과 이루는 각을 θ라고 하면

$$\tan\theta = \frac{P_2\sin\alpha}{P_1 + P_2\cos\alpha} \quad \cdots\cdots (1\text{-}3)$$

특이 $\alpha=90°$일 때는

$$R = \sqrt{P_1^{\ 2} + P_2^{\ 2}} \quad \cdots\cdots (1\text{-}2)'$$

$$\tan\theta = \frac{P_2}{P_1} \quad \cdots\cdots (1\text{-}3)'$$

【예제 4】

그림에서 두 힘 P_1, P_2의 합력과 α를 구하시오.

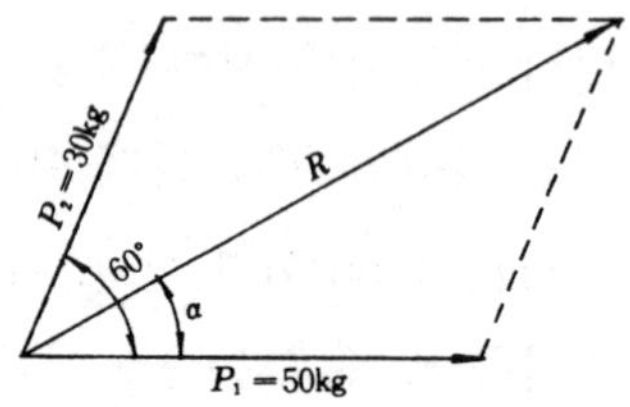

그림 1.8

풀이 $R=\sqrt{P_1{}^2+P_2{}^2+2P_1P_2\cos\alpha}$

$R=\sqrt{50^2+30^2+2\times50\times30\cos60°}\ =70\text{kg}$

$\tan\alpha=\dfrac{P_2\sin\alpha}{P_1+P_2\cos\alpha}=\dfrac{P_2\sin60°}{P_1+P_2\cos60°}=\dfrac{30\sin60°}{50+30\cos60°}\ =0.3997$

이 $\tan\alpha$의 값을 계산기나 대수표를 이용하여 역으로 찾아 비례안분하면 $\alpha=21°47'12''$, 약 $\alpha=22°$를 얻을 수 있다.

【예제 5】

그림에서 두 힘의 합력과 α를 구하시오.

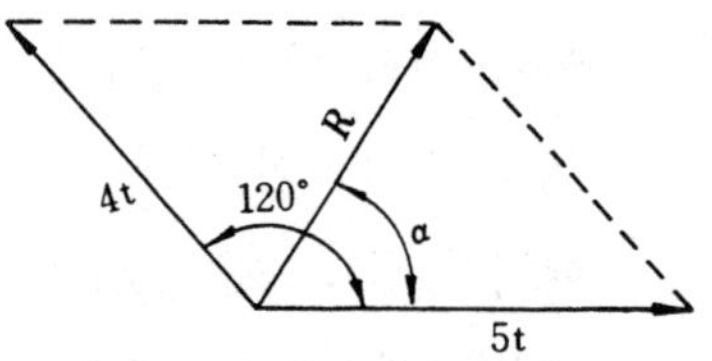

그림 1.9

풀이 $R=\sqrt{4^2+5^2+2\times4\times5\times(\cos120°)}\ =\sqrt{16+25-20}=4.58(\text{t})$

$\tan\alpha=\dfrac{P_2\sin\theta}{P_1+P_2\cos\theta}=\dfrac{4\times\sin120°}{5+4\times\cos120°}\ =\dfrac{3.464}{3}=1.1547$

$\therefore\ \alpha=49°6'24''$

(2) 힘의 분해

힘의 분해는 합성의 반대이다. 앞의 그림 1.7에서 $\triangle OAC$에 sine법칙을 적용하면

$$\frac{P_1}{\sin(\alpha-\theta)}=\frac{P_2}{\sin\theta}=\frac{R}{\sin(180-\alpha)}=\frac{R}{\sin\alpha}$$

따라서

$$P_1 = \frac{\sin(\alpha-\theta)}{\sin\alpha}R, \quad P_2 = \frac{\sin\theta}{\sin\alpha}R \quad \cdots\cdots (1\text{-}4)$$

여기서 서로 직각인 2개의 방향으로 분해하게 된다면 $\alpha=90°$이므로 식(1-4)는

$$P_1 = R\cos\theta, \quad P_2 = R\sin\theta \quad \cdots\cdots (1\text{-}5)$$

로 될 것이다.

【예제 6】

그림과 같이 $R=90\text{kg}$의 힘을 $P_1=78\text{kg}$, $P_2=45\text{kg}$의 두 힘으로 분해하시오.

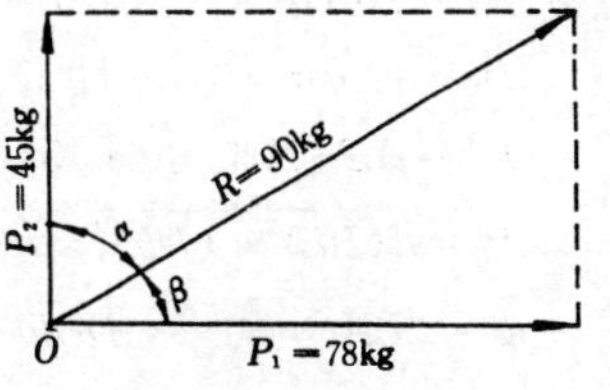

그림 1.10

풀이 $78=90\sin\alpha$

$45=90\sin\beta$

$\therefore\ \sin\alpha=\frac{78}{90}=0.866,\quad \sin\beta=\frac{45}{90}=0.5$

대수표나 계산기를 이용하여 역으로 α, β 값을 찾으면 $\alpha=60°$, $\beta=30°$ 이다.

【예제 7】

그림과 같은 힘을 60°와 30° 방향으로 분해하시오.

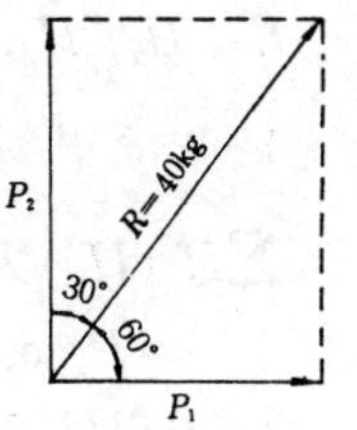

그림 1.11

풀이 식(1−5)에 의하여

$P_1=40\cos60°=20\text{kg}$

$P_2=40\sin60°=34.64\text{kg}$

【예제 8】

하나의 주어진 힘 10kg의 한 분력이 5kg이고, 그들이 이루는 각이 30°일 때 다른 한 분력의 크기 및 방향을 구하라.

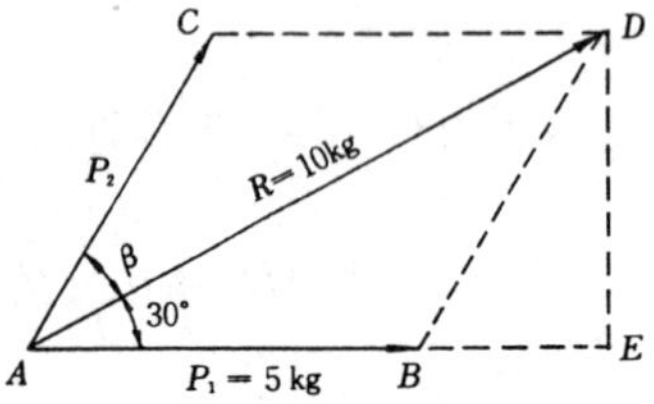

그림 1.12

풀이

$AE=AD\cos 30°=10\times 0.866=8.66$

$DE=AD\sin 30°=10\times 0.5=5$

$BE=AE-AB=8.66-5=3.66$

$P_2=\sqrt{(BE)^2+(DE)^2}=\sqrt{3.66^2+5^2}=6.196\text{kg}$

$\beta=\angle BAC-30°=\angle DBE-30°$

$\tan\angle DBE=\dfrac{DE}{BE}=\dfrac{5}{3.66}=1.3661$

$\angle DBE=53°48'$, $\beta=53°48'-30°=23°48'$

(3) 한 점에 작용하는 여러 힘의 합성(해석적 방법)

수평분력과 수직분력의 총화(總和)를 구하면 된다. 즉, 그림 1.13에서 P_1, P_2, P_3, P_4 를 각각 수평력과 수직력으로 분해하여 그 수평분력을 각각 H_1, H_2, H_3, H_4, 수직분력을 V_1, V_2, V_3, V_4라 하면 수평분력의 합 $\sum H$는

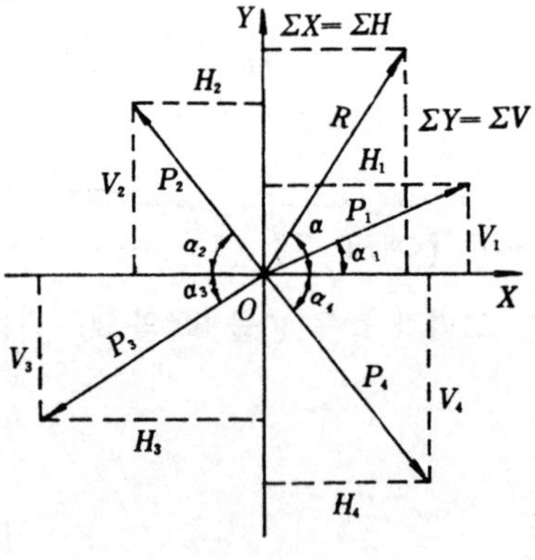

그림 1.13

$$\sum H=H_1+H_2+H_3+H_4$$
$$=P_1\cos\alpha_1-P_2\cos\alpha_2-P_3\cos\alpha_3+P_4\cos\alpha_4$$

수직분력의 합 $\sum V$는

$$\sum V=V_1+V_2+V_3+V_4=P_1\sin\alpha_1+P_2\sin\alpha_2-P_3\sin\alpha_3-P_4\sin\alpha_4$$

$$\left.\begin{aligned}&\text{합력}\ R=\sqrt{(\textstyle\sum H)^2+(\sum V)^2}\\&\text{각도}\ \tan\alpha=\frac{\sum V}{\sum H}\end{aligned}\right\}\quad\cdots\cdots(1\text{-}6)$$

으로 나타나며 작용점은 0이 된다.

참고

상한	제1상한	제2상한	제3상한	제4상한
$\sum H$	+	−	−	+
$\sum V$	+	+	−	−

【예제 9】

그림과 같은 힘의 합력을 구하고 x축과 이루는 각 α를 구하시오.

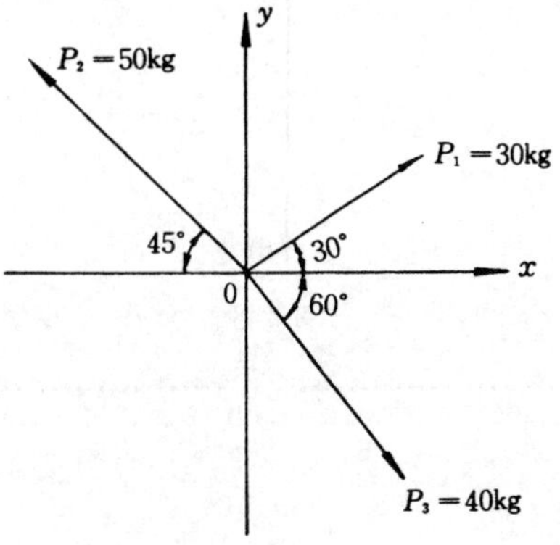

그림 1.14

풀이

$H_1=30\cos 30°=25.98$

$H_2=-50\cos 45°=-35.36$

$H_3=40\cos 60°=20.00$

$\sum H=H_1+H_2+H_3=25.98+(-35.36)+20.00=10.62$

$\sum V=V_1+V_2+V_3$

$V_1=30\sin 30°=15$

$V_2=50\sin 45°=35.36$

$V_3=-40\sin 60°=-34.64$

$\sum V=15+35.36-34.64=15.72$

$\therefore\ R=\sqrt{10.62^2+15.72^2}=18.97\text{kg}$

$\tan\alpha=\dfrac{15.72}{10.62}=1.48$

계산기나 대수표를 이용하여 α값을 계산하면 $\alpha=55°\ 57'29''$

【예제 10】

그림과 같은 3힘의 합력 및 방향을 구하시오.

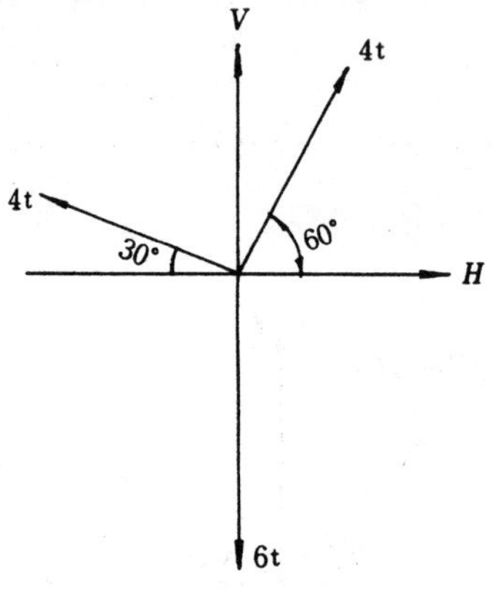

그림 1.15

풀이 $H_1 = 4 \times \cos 60° = 2$

$H_2 = 4 \times \cos 150° = -3.464$

$H_3 = 6 \times \cos 270° = 0$

$\therefore \ \sum H = -1.464 \text{(t)}$

$V_1 = 4 \times \sin 60° = 3.464$

$V_2 = 4 \times \sin 150° = 2.0$

$V_3 = 6 \times \sin 270° = -6.0$

$\therefore \ \sum V = -0.536 \text{ (t)}$

$\therefore \ R = \sqrt{(-1.464)^2 + (-0.536)^2} = 1.559 \text{ (t)}$

$\tan \alpha = \dfrac{-0.536}{-1.464} = 0.3661$ (α는 제3상한임)

$\therefore \ \alpha = 20°06'31''$

$\alpha' = 180° + 20°06'31'' = 200°06'31''$ (제1상한에서부터의 각도임)

【예제 11】

그림 1.16(a)와 같이 4개의 힘이 작용할 때, 합력 R과 각도 β를 구하시오.

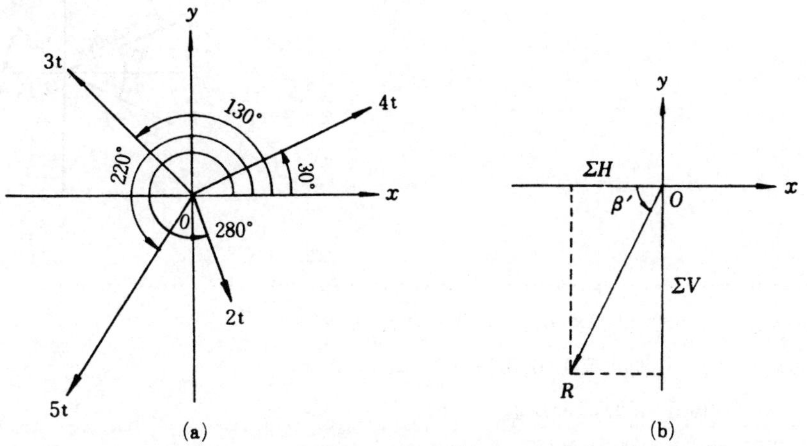

그림 1.16

풀이 $H_1=4\times\cos 30°=3.4640$

$H_2=3\times\cos 130°=3\times\cos(180°-50°)=-3\times\cos 50°=-1.9284$

$H_3=5\times\cos 220°=5\times\cos(180°+40°)=-5\times\cos 40°=-3.8300$

$H_4=2\times\cos 280°=2\times\cos(360°-80°)=2\times\cos 80°=0.3472$

$\sum H=-1.9472$

$V_1=4\times\sin 30°=2.00$

$V_2=3\times\sin 130°=3\times\sin(180°-50°)=3\times\sin 50°=2.2980$

$V_3=5\times\sin 220°=-5\times\sin(180°+40°)=-5\times\sin 40°=-3.2140$

$V_4=2\times\sin 280°=-2\times\sin(360°-80°)=-2\times\sin 80°=-1.9696$

$\sum V=-0.8856$

$\therefore\ R=\sqrt{(\sum H)^2+(\sum V)^2}=\sqrt{(-1.9472)^2+(-0.8856)^2}\fallingdotseq 2.140\,(\mathrm{t})$

또한 $\tan\beta=\dfrac{-0.885}{-1.9472}\fallingdotseq 0.4548$

이것은 그림 1.16(b)와 같이 제3상한에 있으며, x축과 합력과의 각도를 β'로 하면

$\tan\beta'=0.4548$, 즉 $\beta'=24°27'$이다.

따라서, 제1상한에서의 각도 $\beta=180°+24°27'=204°27'$

【예제 12】

그림 1.17과 같은 힘이 평형을 유지하려면 P_4 및 α_4는 얼마인가?

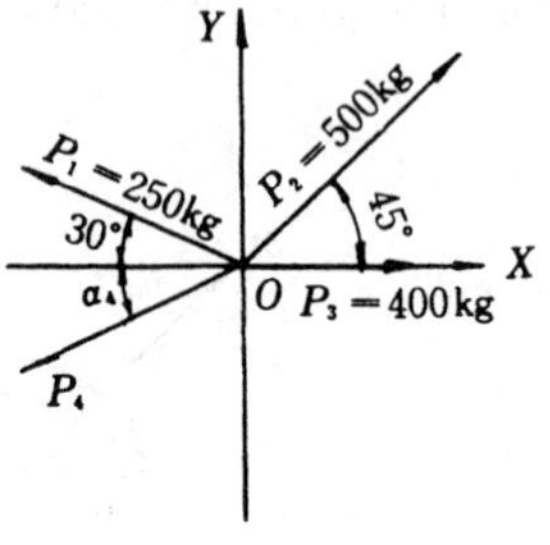

그림 1.17

풀이 $\sum H=-250\times\cos 30°+500\times\cos 45°+400-P_4\cos\alpha_4=0$

$P_4\cos\alpha_4=-250\times 0.866+500\times 0.707+400$

$=-216.5+753.5=537\text{kg}$

$\sum V=250\times\sin 30°+500\times\sin 45°-P_4\sin\alpha_4=0$

$P_4\sin\alpha_4=250\times 0.5+500\times 0.707=125+353.5$

$=478.5\text{kg}$

$$\tan\alpha_4=\frac{P_4\sin\alpha_4}{P_4\cos\alpha_4}=\frac{478.5}{537}=0.891$$

$\alpha_4=41°42'$

$P_4\cos 41°42'=537$

$$P_4=\frac{537}{\cos 41°42'}=\frac{537}{0.7466}=719.26\text{kg}$$

(4) 한 점에 작용하는 여러 힘의 합성(도해법)

그림 1.18(a)와 같이 4개의 힘 $P_1\sim P_4$가 작용할 때, 이들의 합력을 구해보자. 우선 P_1, P_2의 합력을 힘의 삼각형에 의해 R_{1-2}로 표시하고 이 R_{1-2}와 P_3의 합력 R_{1-3}을 같은 방법으로 구한다. 마지막으로 R_{1-3}과 P_4를 합성하여 구한 AE가 힘 $P_1\sim P_4$의 합력 R의 크기와 방향이 되며 이것을 그림 1.18(a)의 O점에 옮기면 구하려는 합력이 된다. 이상의 작도(作圖)에서 그 순서는 임의로 바꾸어도 합력의 결과는 같아진다. 그리고 그림 1.18(b)와 같은 다각형을 시력도(forces polygon)라고 한다.

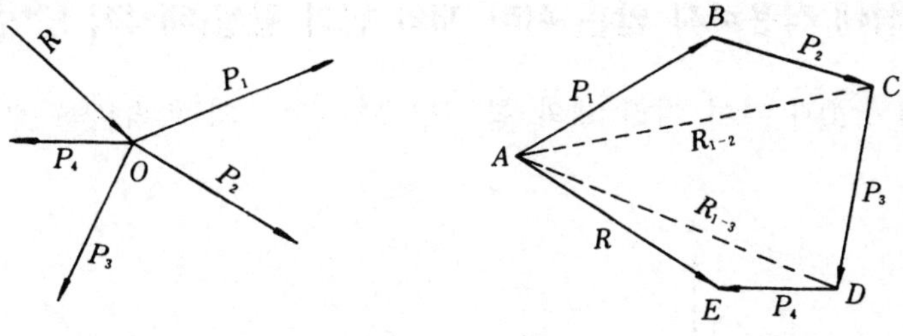

(a) (b)

그림 1.18

(5) 한 점에 작용하지 않는 여러 개의 힘의 합성(도해법)

시력도에 의하여 힘의 크기와 방향을 구하고, 연력도(連力圖)에 의하여 힘의 작용점을 구한다. 즉,

① 그림 1.19(b)와 같이 시력도를 그리고 합력 R의 크기와 방향을 얻는다.

② 임의의 극점 O를 정하고 각 힘의 양단을 연결하여 극사선(極射線) 1, 2, 3, 4를 얻는다.

③ 그림 1.19(a)에서 힘 P_1의 작용선상에 임의의 점 A를 잡고 $1'//1$, $2'//2$, $3'//3$, $4'//4$ 되게 선 $1'$, $2'$, $3'$, $4'$를 그린다.

④ 끝변 $1'$와 $4'$를 연장하여 교점 D를 구하고 이 D점에 시력도에서 구한 합력 R의 크기와 방향이 같도록 옮기면 된다.

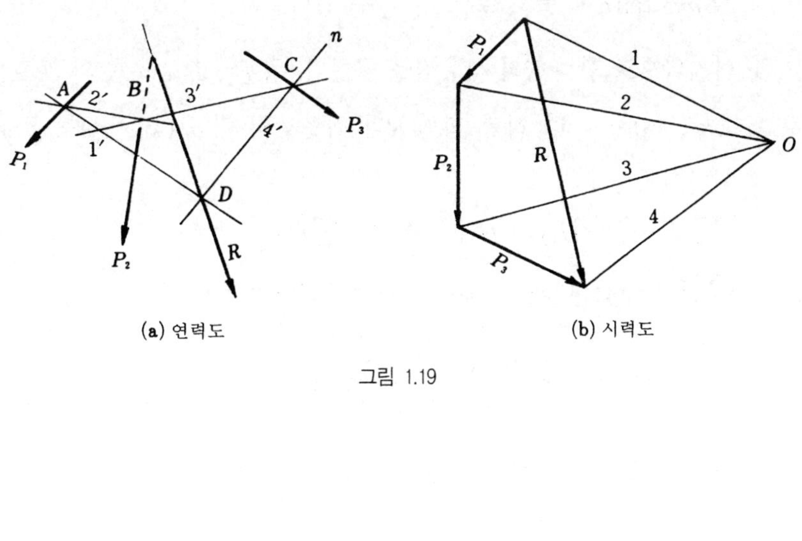

(a) 연력도 (b) 시력도

그림 1.19

(6) 한 점에 작용하지 않는 여러 개의 힘의 합성(해석적 방법)

그림 1.20과 같이 여러 개의 힘 P_1, P_2, …… 의 합력 R을 구해보자.

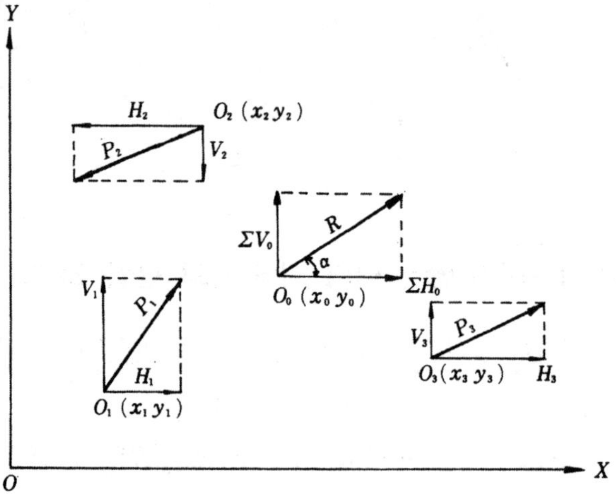

그림 1.20

① 임의의 점 O를 원점으로 하는 직교좌표 x축과 y축을 잡는다.

② 힘 $P_1, P_2,$ ……의 수평분력을 각각 H_1, H_2, ……, 수직분력을 각각 V_1, V_2, …… 라 하고 그들의 합력 $\sum H$와 $\sum V$를 구한다.

③ 합력 R의 크기는 $R=\sqrt{(\sum H)^2+(\sum V)^2}$과 같이 구해지고 R이 OX축과 이루는 각 α는 $\tan\alpha=\dfrac{\Sigma V}{\Sigma H}$로서 구할 수 있다.

④ 마지막으로 합력 R의 작용점을 구한다. 힘 P_1, P_2,…… 의 좌표를 각각 (x_1, y_1) (x_2, y_2)…… 라 하면 합력 R의 작용점의 좌표 (x_0, y_0)는 Varignon의 정리에 의하여

$$(\sum H)\cdot y_0=H_1y_1+H_2y_2+\cdots\cdots=\sum H\cdot y$$

$$(\sum V)\cdot x_0=V_1x_1+V_2x_2+\cdots\cdots=\sum V\cdot x$$

따라서 $y_0=\dfrac{\Sigma H\cdot y}{(\Sigma H)}$, $x_0=\dfrac{\Sigma V\cdot x}{(\Sigma V)}$ ………… (1-7)

식(1-7)로서 합력 R의 작용점을 구할 수 있다.

【예제 13】

그림과 같은 평면력의 합력의 크기 및 각도, 작용점의 위치를 계산하시오.

$P_1=7t,\ x_1=10m,\ y_1=8m$ $P_2=10t,\ x_2=5m,\ y_2=8m$

$P_3=6t,\ x_3=1m,\ y_3=9m$ $P_4=5t,\ x_4=8m,\ y_4=2m$

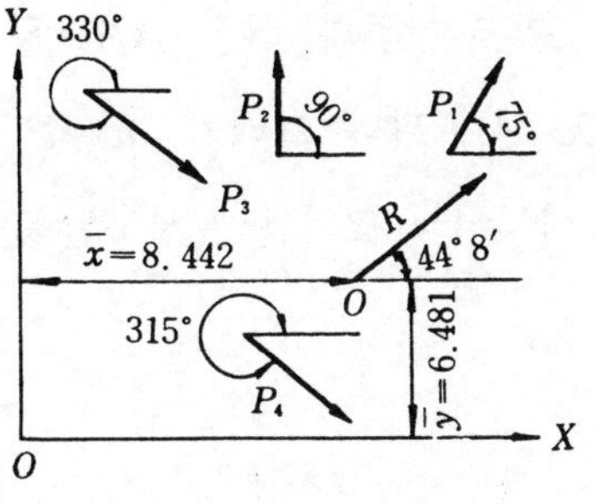

그림 1.21

풀이 $H_1=P_1\cos 75°=7\times 0.2588=1.8116$

$H_2=P_2\cos 90°=0$

$H_3=P_3\cos 330°=P_3\cos 30°=6\times 0.866=5.196$

$H_4=P_4\cos 315°=P_4\cos 45°=5\times 0.707=3.535$

$\sum H=H_1+H_2+H_3+H_4=10.5426(t)$

$V_1=P_1\sin 75°=7\times 0.9659=6.7613$

$V_2=P_2\sin 90°=10\times 1=10$

$V_3=P_3\sin 330°=-P_3\sin 30°=-6\times 0.5=-3$

$V_4=P_4\sin 315°=-P_4\sin 45°=-5\times 0.707=-3.535$

$\sum V=V_1+V_2+V_3+V_4=10.2263\ (t)$

$R=\sqrt{(\Sigma H)^2+(\Sigma V)^2}=\sqrt{(10.5426)^2+(10.2263)^2}=14.6875\ (t)$

$\tan\alpha=\dfrac{\Sigma V}{\Sigma H}=\dfrac{10.2263}{10.5426}=0.9699979$

$\alpha=44°8'$

합력의 작용점의 위치는

$\bar{x}=x_0=\dfrac{\Sigma V\cdot x}{\Sigma V}=\dfrac{6.7613\times 10+10\times 5-3\times 1-3.535\times 8}{10.2263}=8.442\,\text{m}$

$\bar{y}=y_0=\dfrac{\Sigma H\cdot y}{\Sigma H}=\dfrac{1.8116\times 8+5.196\times 9+3.535\times 2}{10.5426}=6.481\,\text{m}$

(7) 연력도(連力圖)에 의한 힘의 분해

그림 1.22(a)와 같이 한 합력 R을 이와 평행한 X, Y 방향으로 분해하려면, 그림 (a)의 R과 평행하고 그 크기가 같은 ab선을 그림 1.22(b)와 같이 긋고, 우측 임의의 점 O를 잡은 후 ab와 연결한 Oa, Ob 선에 평행한 선을 그림 (a)의 R선상에 긋고 X, Y 와의 교점을 A, B 로 정한다. 다음 AB선을 긋고 이 선에 평행한 선을 그림 (b)의 O에서 그으면 Oc 선이 된다. 그러면 $\overrightarrow{ac}=P_1$, $\overrightarrow{bc}=P_2$ 의 크기가 결정되므로, 다시 그림 (a)에 평행 이동시켜 크기를 표시하면 분력 P_1, P_2 가 얻어진다.

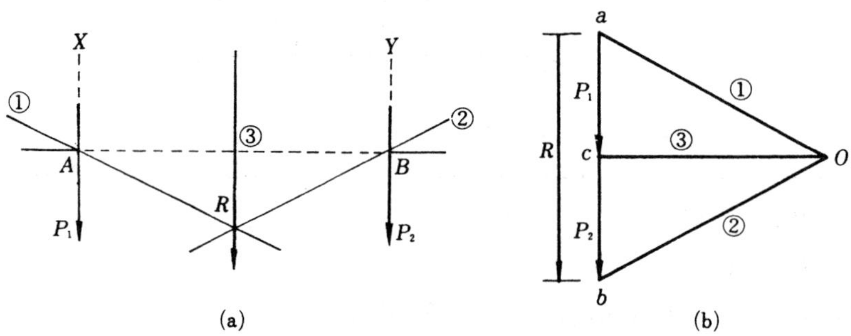

그림 1.22

【예제 14】

그림에서 나타낸 Pkg의 힘을 A점을 통과하는 힘과 I축상의 힘으로 분해하시오.

그림 1.23

풀이 그림 1.24(a)에서

① P의 작용선과 I축과의 교차점 O를 구하고

② O점에서 A점과 연결한다.

③ 그림 1.24(b)와 같이 P를 $O \rightarrow b$로 나타내고

④ Ob에서 각각 OA 및 I축에 평행한 직선을 긋고, 그 교점을 a라 하면

⑤ $a \rightarrow b$는 A점을 통하는 분력 P_A,

$O \rightarrow a$는 I축상의 분력 P_B의 크기와 방향을 나타내므로 이것을 A점과 I축선상에 옮기면 된다.

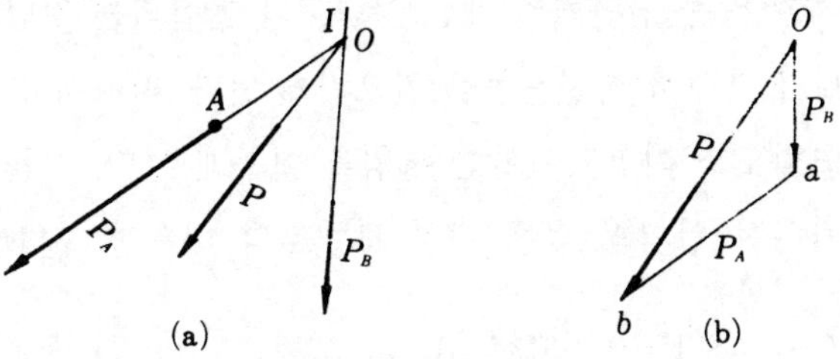

그림 1.24

6. 힘의 평형조건

한 물체에 여러 힘이 작용하여도 그 물체의 운동상태가 변하지 않을 때 이 물체는 평형상태(condition of equilibrium)를 이루고 있다고 한다.

(1) 1점에 작용하는 평면력의 균형

1점에 작용하는 평면력의 균형은 합력 R이 0이 되는 것을 말한다. 이 때 임의 점에 관한 모멘트는 0이다. 그림 1.25(a)와 같은 힘의 합력은 0이 되고, 시력도의 시점과 끝점이 일치되어 시력도는 폐합된다.

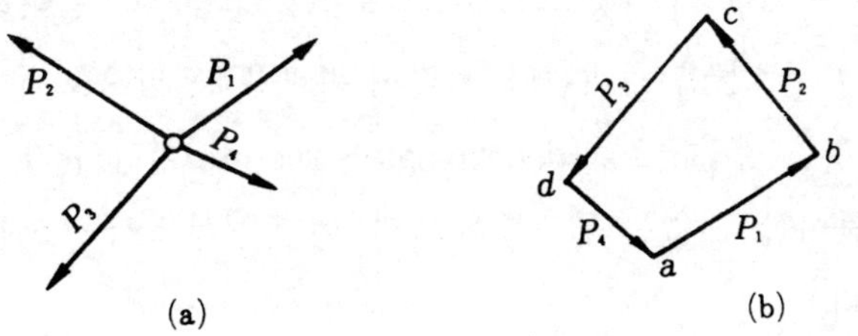

그림 1.25

이것을 해석해 보면 식(1-6)에서

$R=\sqrt{(\Sigma H)^2+(\Sigma V)^2}=0$

$$\therefore \ \Sigma H=0, \ \Sigma V=0 \quad \cdots\cdots (1\text{-}8)$$

즉, 수평분력 및 수직분력의 총 합계가 각각 0으로 되는 것이다.

(2) 1점에 작용하지 않는 평면력의 균형

1점에서 마주치지 않는 평면력일 때는 시력도가 폐합되는 것만으로는 그림 1.26과 같이 우력 모멘트가 생겨서 회전운동을 일으키게 된다. 따라서 그림 1.27과 같이 시력도뿐만 아니라 연력도도 폐합되어야만 평형을 이루게 된다. 이를 해석적으로 생각하면 식(1-8)에 추가하여 임의의 점에 대한 모멘트의 대수합 $\Sigma M=0$이 되어야 한다.

즉, $\Sigma H=0,\ \ \Sigma V=0,\ \ \Sigma M=0$ ·· (1-9)

이 성립될 때 평형을 유지하게 되며, 위 식을 힘의 평형방정식(equilibrium equation of forces)이라고도 한다.

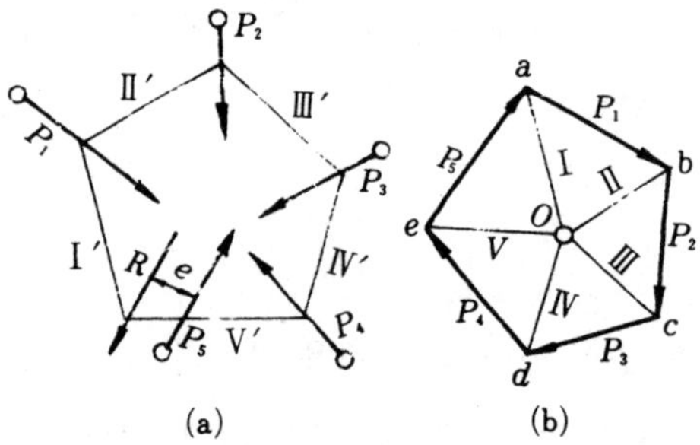

그림 1.26

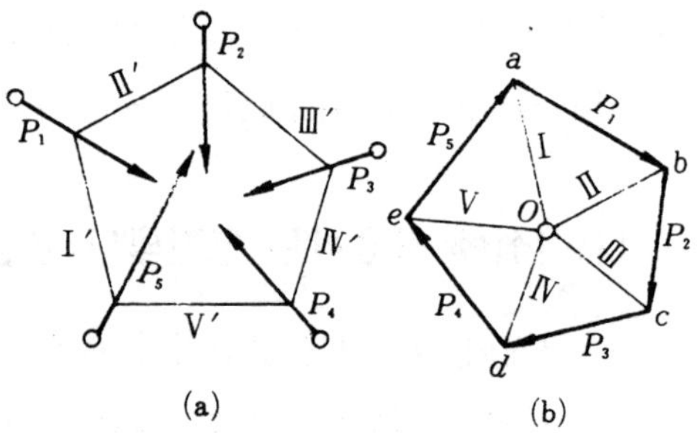

그림 1.27

구조물을 설계할 때 하중 즉, 외력과 구조물의 내부에 일어나는 응력과 균형의 상태가 아니면 그 구조물은 파괴된다. 따라서 위의 3조건만으로 구조물의 부재응력을 풀이할 수 있는 것을 정정구조물(determinate structure)이라 한다. 그러나 실제에는 이 3조건만으로 풀이할 수 없는 구조물이 많다. 이것을 부정정구조물(indeterminate structure)이라 한다.

(3) 라미의 정리(Lami's theorem)

그림 1.28과 같이 서로 평형하지 않은 세 힘이 균형을 유지하고 있으며, 각각의 사이각을 θ_1, θ_2, θ_3 라고 한다.

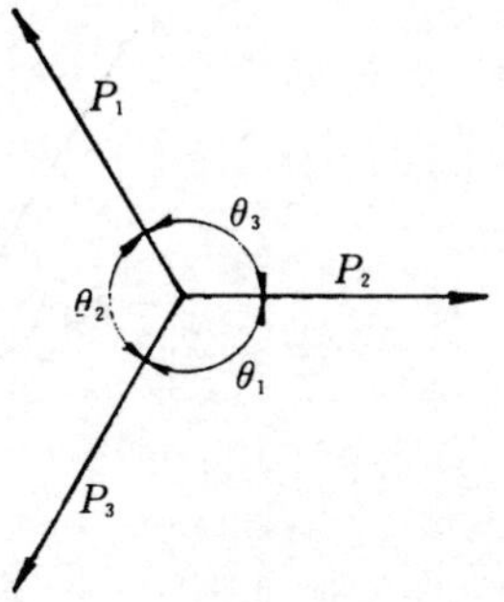

그림 1.28

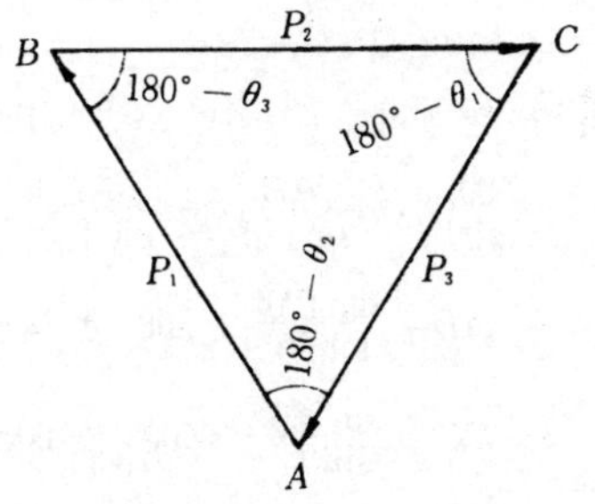

그림 1.29

그림 1.29와 같이 폐합 삼각형 ABC를 만들면 삼각형의 sine 법칙에서

$$\frac{P_1}{\sin(180° - \theta_1)} = \frac{P_2}{\sin(180° - \theta_2)} = \frac{P_3}{\sin(180° - \theta_3)}$$

$$\therefore \ \frac{P_1}{\sin\theta_1} = \frac{P_2}{\sin\theta_2} = \frac{P_3}{\sin\theta_3} \qquad (1\text{-}10)$$

위와 같은 관계가 성립되는 것을 라미의 정리라고 한다.

【예제 15】

그림과 같이 중량 500kg 되는 물체가 로프에 지지되어 있을 때, 줄 AB, BC에 작용하는 힘을 구하시오.

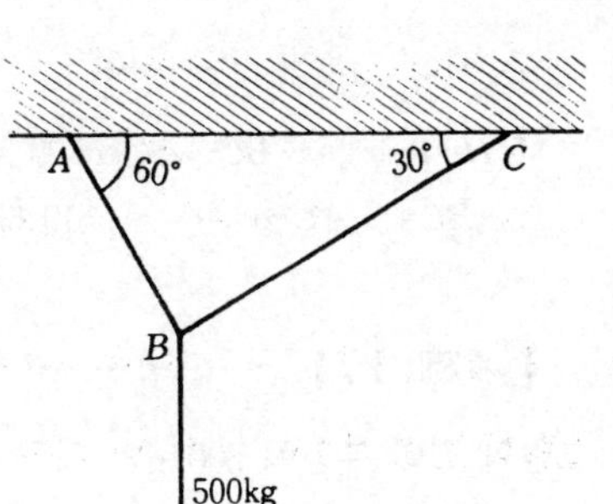

그림 1.30

풀이 $\Sigma V = AB\sin 60° + BC\sin 30° - 500 = 0$ (AB의 힘을 ↖로, BC의 힘을 ↗로 가정)

$\frac{\sqrt{3}}{2}AB + \frac{1}{2}BC - 500 = 0$ .... ①

$\Sigma H = -AB\cos 60° + BC\cos 30° = 0$

$-\frac{1}{2}AB + \frac{\sqrt{3}}{2}BC = 0$ .... ②

식 ①, ②를 풀면 $BC=250\,kg$(가정방향과 같음)↗

$AB \fallingdotseq 433\,kg$(가정방향과 같음)↖

별해 라미의 정리를 적용하면 그림 1.31에서

$$\frac{500}{\sin 90°}=\frac{AB}{\sin 120°}=\frac{BC}{\sin 150°}$$

$$\therefore\ AB=\frac{\sin 120°}{\sin 90°}\times 500=433\text{kg}$$

$$\therefore\ BC=\frac{\sin 150°}{\sin 90°}\times 500=250\text{kg}$$

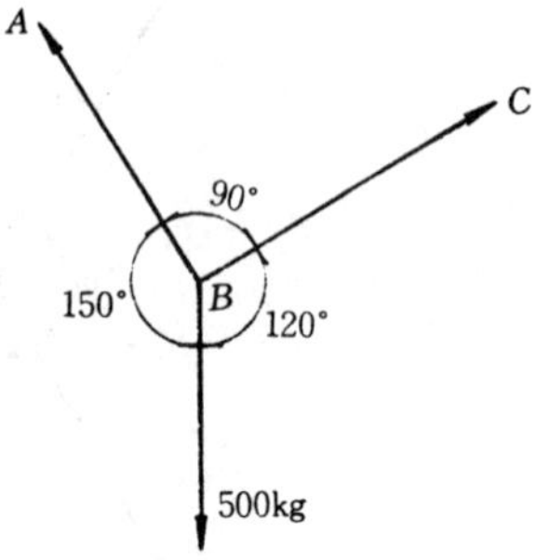

그림 1.31

【예제 16】

그림에서 AC와 BC에 작용하는 힘을 구하시오.

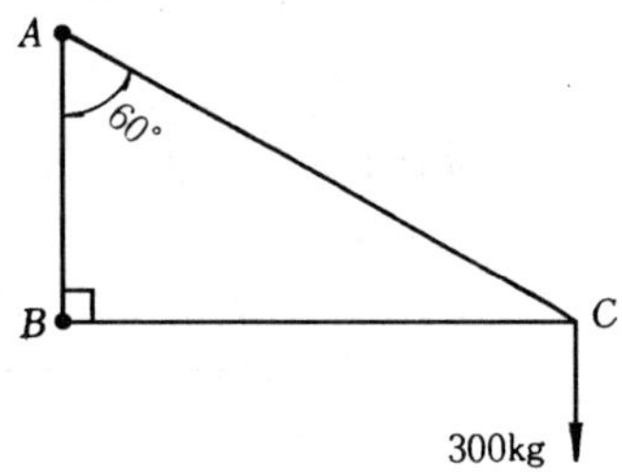

그림 1.32

풀이 $\Sigma V=0$에서, $AC\sin 30°-300=0$

$$\therefore\ AC=\frac{300}{\sin 30°}=600\,\text{kg}(\nwarrow)$$

$\Sigma H=0$에서, $-BC-AC\cos 30°=0$

$\therefore\ BC=-AC\cos 30°=-519.62\,\text{kg}(\rightarrow)$

【예제 17】

그림과 같이 부양력 300kg인 기구가 수평선과 60°의 각도를 이루고 정지 상태에 있을 때, 풍압 W 및 로프 AB에 작용하는 장력을 구하여라.

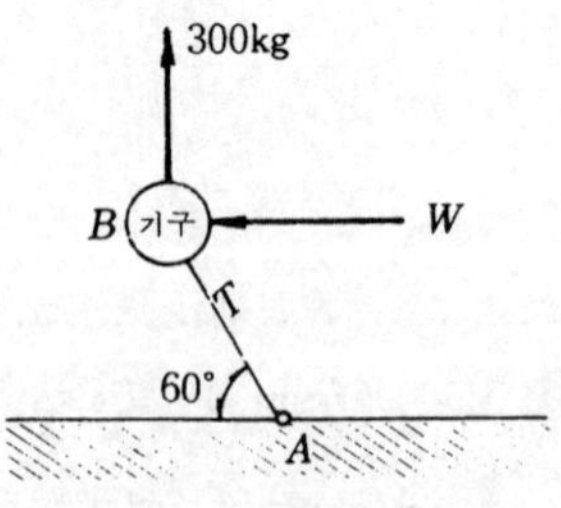

그림 1.33

풀이 $\Sigma H=0$에서, $300-T\sin 60°=0$(T는↘로 가정)

$\therefore\ T = \dfrac{300}{\sin 60°} = 346.42\,\text{kg}$(↘방향)

$\Sigma H = 0$에서, $T\cos 60° - W = 0$

$\therefore\ W = T\cos 60° = 173.21\,\text{kg}(\leftarrow)$

【예제 18】

그림 1.34(a)와 같은 크레인이 10t의 하중을 들어올린다. 부재 $\overline{AB}$, $\overline{BC}$에 일어나는 내력을 계산하여라.

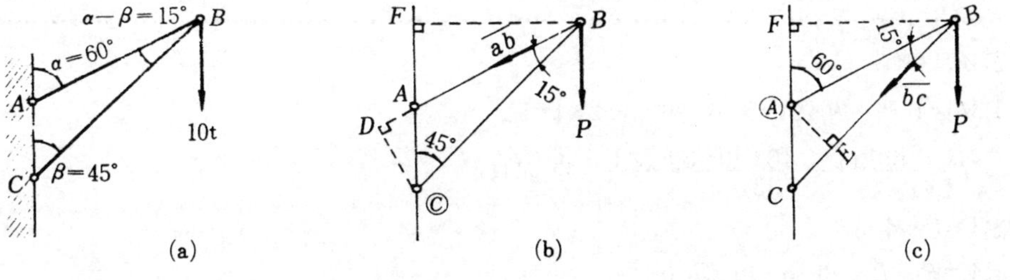

그림 1.34

풀이 두 부재가 경사진 경우에는 $\Sigma M = 0$의 조건식으로 푸는 것이 편리하다.

그림 1.34(b)에서

$\Sigma M_c = -\overline{ab} \times \overline{CD} + 10 \times \overline{BF} = 0$

$-\overline{ab} \times (\overline{BC} \times \sin 15°) + 10 \times (\overline{BC} \times \sin 45°) = 0$

$\therefore\ -\overline{ab}\sin 15° + 10\sin 45° = 0$

$\therefore\ \overline{ab} = 10 \times \sin 45° / \sin 15° = 27.32\ (\text{t})$

그림 1.34(c)에서

$\Sigma M_A = \overline{bc} \times \overline{AE} + 10 \times \overline{BF} = 0$

$\overline{bc} \times (AB \times \sin 15°) + 10 \times (\overline{AB} \times \sin 60°) = 0$

$\therefore\ \overline{bc}\sin 15° + 10\sin 60° = 0$

$\therefore\ \overline{bc} = -10 \times \sin 60° / \sin 15° = -33.46\ (\text{t})$

【예제 19】

그림과 같이 4개의 힘과 P_1, P_2가 서로 평형을 이루고 있다. P_1, P_2의 크기를 구하여라.

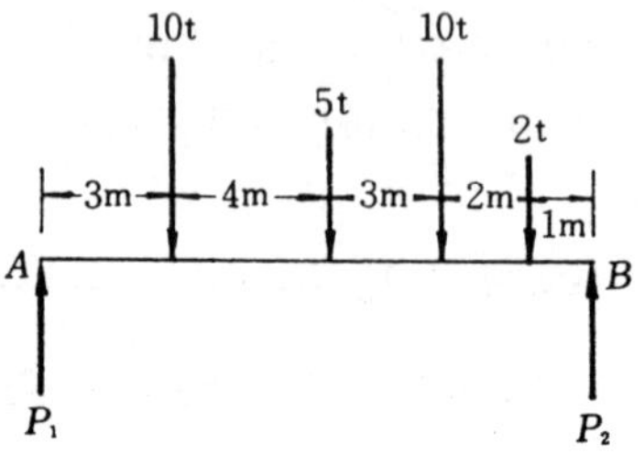

그림 1.35

풀이 $\Sigma M_B=0$에서

$\Sigma M_B=13P_1-10\times10-5\times6-10\times3-2\times1=0$

$\therefore\ P_1=\dfrac{10\times10+5\times6+10\times3+2\times1}{13}=12.46\,(\text{t})$

$\Sigma V=0$에서

$\Sigma V=P_1+P_2-10-5-10-2=0$

$P_1+P_2=27$

$\therefore\ P_2=27-P_1=14.54\,(\text{t})$

$\therefore\ P_1=12.46(\text{t}),\ P_2=14.54\,(\text{t})$

【예제 20】

그림에서 $ABCD$의 각주를 전도시키려면 몇 kg 이상의 힘을 D점에 작용시키면 되는가?

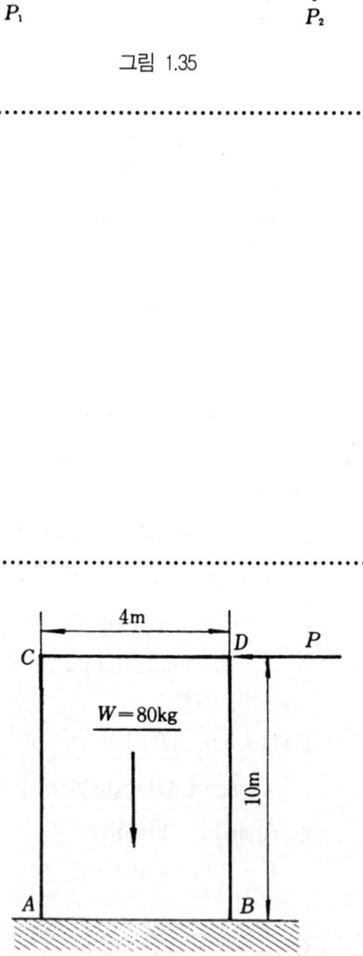

그림 1.36

풀이 A점에 모멘트의 작용점을 취하면 $\Sigma M_A=0$에서

$-10P+80\times2=0$

$P=16\text{kg}$

【예제 21】

그림과 같은 크레인 부재의 내력 ab, bc를 구하시오.

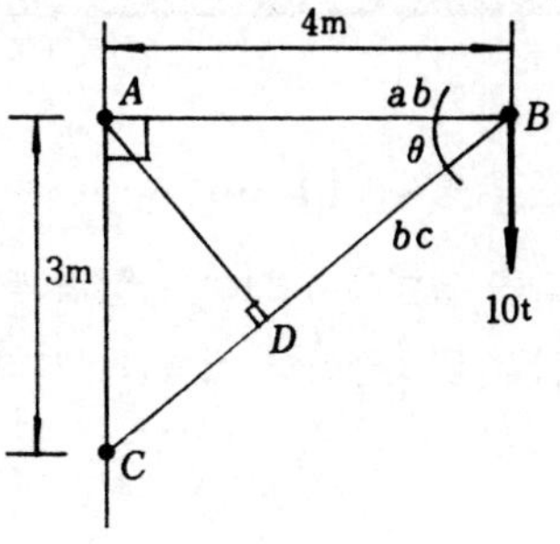

그림 1.37

풀이 $\Sigma V = -10 - \overline{bc}\sin\theta = 0$ (bc를 ↙로 가정), $\sin\theta = \dfrac{3}{5} = 0.6$

$\therefore\ \overline{bc} = -\dfrac{10}{\sin\theta} = -\dfrac{10}{0.6} = -16.6\,(\text{t})(\nearrow)$

$\Sigma H = -ab - bc\cos\theta = 0$ (ab를 ←로 가정)

$\therefore\ \overline{ab} = -\overline{bc}\cos\theta = 13.3\,(\text{t})(\leftarrow)$

별해 $\Sigma M_C = -\overline{ab}\times 3 + 10\times 4 = 0 \quad \overline{ab} = 40/3 = 13.3\,(\text{t})(\leftarrow)$

$\Sigma M_A = 10\times 4 + \overline{bc}\times AD = 0 \quad \overline{AD} = 4\sin\theta = 2.4\,\text{m}$

$\therefore\ bc = -40/2.4 = -16.6\,(\text{t})(\nearrow)$

【예제 22】

다음에서 부양력 200kg인 기구가 수평선과 60°의 각을 짓고 정지상태에 있을 때 기구의 끈에 작용하는 인장력과 풍압을 구하시오.

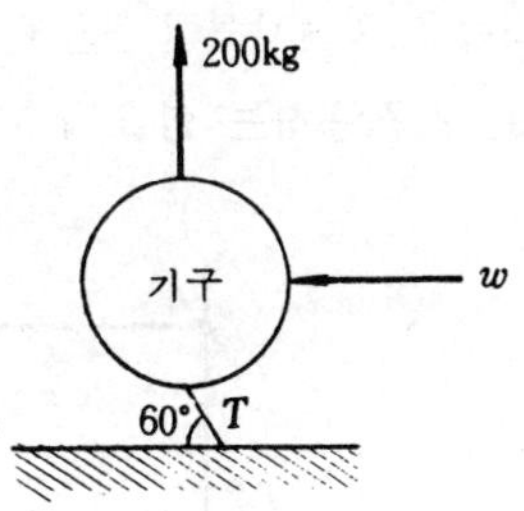

그림 1.38

풀이 $\Sigma V = 0$, $200 - T\sin 60° = 0$

$T = \dfrac{200}{\sin 60°} = 230.95\,\text{kg}$(↘ 방향임)

$\Sigma H = 0$, $w - T\cos 60°$

$w = T\cos 60° = 115.47\,\text{kg}$

종 합 문 제

【문제 1】

다음 그림에서 보는 평행력에 있어서 P_1, P_2, P_3, P_4의 합력 및 0점에서 작용선까지의 거리를 계산하시오.

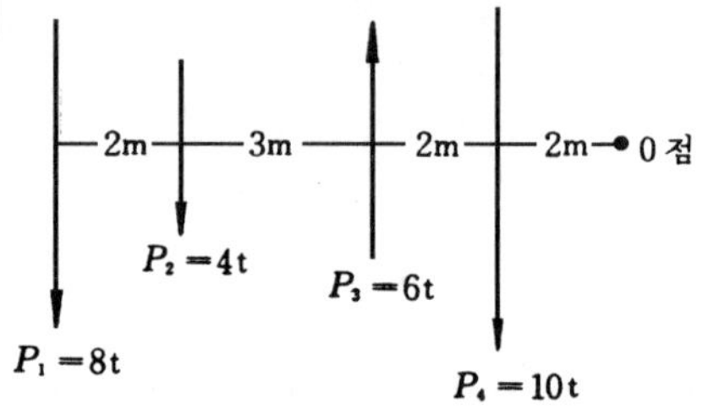

그림 1.39

풀이 합력 $R=-8-4+6-10=-16$ (t)(하향)(단, ↑⊕, ↓⊖라 한다)

합력의 위치(합력을 0점의 좌측에 가정 ↷ ⊕, ↶ ⊖라 한다)

$\Sigma M_0=-8\times9-4\times7+6\times4-10\times2=-16x$

$\therefore\ x=\dfrac{72+28-24+20}{16}=6\text{m}$

⊕이므로 x의 가정이 옳다. 따라서 0점에서 좌측 6m의 점에 작용선이 있다.

【문제 2】

다음 그림에서처럼 C점에 AB, BC의 막대를 조합하여 선단에 400kg의 물체를 매달을 때 AB, BC에 작용하는 힘을 구하여라.

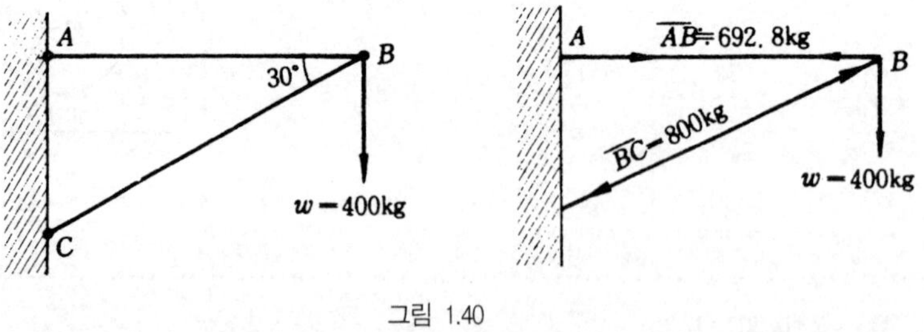

그림 1.40

풀이 B점에 있어서 균형의 조건식을 세운다.

$\Sigma V=-400+\overline{BC}\sin30°=0$ (BC를 C점에서 ↗로 가정)

$\therefore\ -400+\overline{BC}\cdot\dfrac{1}{2}=0$

$\therefore\ \overline{BC}=800\,\text{kg}$ …… 화살표 가정그대로 ↗

$\Sigma H=\overline{AB}+800\times\cos 30°=0$($AB$를 A점에서→가정)

$\overline{AB}=-800\times\frac{\sqrt{3}}{2}\fallingdotseq-692.82\,\text{kg}$ …… 화살표 가정과 역방향

【문제 3】

크레인에 2,000kg의 하중을 작용시켜 그림과 같은 위치에 있을 경우, 암 AB 및 로프 AC가 받는 힘을 구하시오.

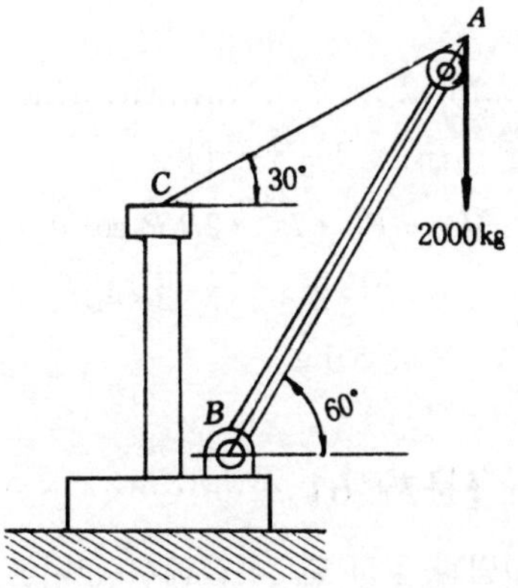

그림 1.41

풀이 $\Sigma V=0$에서

$-2,000-AB\sin 60°-AC\sin 30°=0$ ……………… ①

(AB, AC를 각각 ↙로가정)

$\Sigma H=0$에서

$-AB\cos 60°-AC\cos 30°=0$ …………………………… ②

식 ①, ②를 풀면

$AC=2,000\,\text{kg}$(+이므로 가정방향과 같이 ↙로 작용)

$AB=-3,464\,\text{kg}$(−이므로 가정방향과 반대인 ↗로 작용)

【문제 4】

힘 5t을 길이 2cm로 표시할 때 길이 4cm는 몇 t이 되는가?

풀이 힘과 길이의 비를 구하면 된다.

$5:2=x:4$

$\therefore\ x=10\,(\text{t})$

【문제 5】

한 점에 그림과 같은 힘이 작용할 때 합력 R을 구하시오.

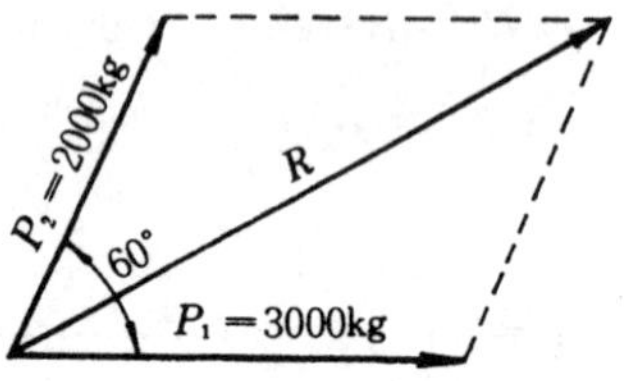

그림 1.42

풀이 cosine 법칙을 사용하면

$$R=\sqrt{P_1^{\,2}+P_2^{\,2}+2P_1P_2\cos\theta}$$
$$=\sqrt{3^2+2^2+2\times3\times2\times0.5}$$
$$=4,360\,\text{kg}$$

【문제 6】

그림과 같이 한 점 O에서 만나는 세 힘의 합력은 몇 t인가?

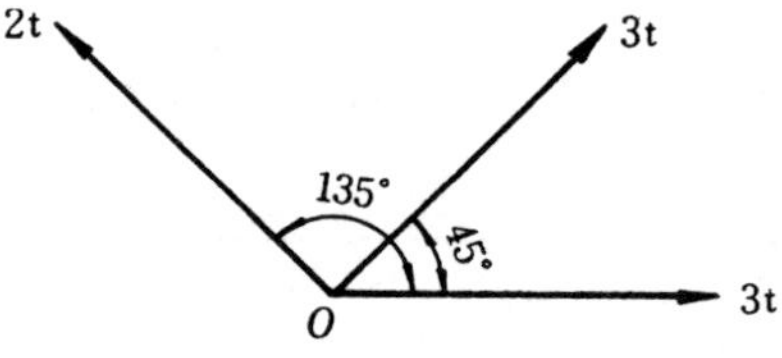

그림 1.43

풀이 $\Sigma H=3+3\cos45°-2\cos45°\ =3.707\,(\text{t})$

$\Sigma V=3\sin45°+2\sin135°\ =3.535\,(\text{t})$

$\therefore\ R=\sqrt{3.707^2+3.535^2}\ =5.123\,(\text{t})$

【문제 7】

한 힘 R=90kg을 P_1=70kg, P_2=45kg의 두 성분으로 분해할 때 각각 그 방향 α,β를 구하시오.

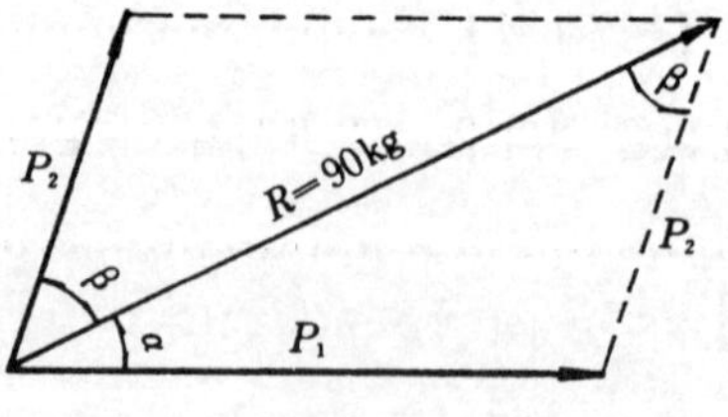

그림 1.44

풀이 cosine 법칙에 의하면

$P_2{}^2 = P_1{}^2 + R^2 - 2RP_1 \cos\alpha$

$\cos\alpha = \dfrac{P_1{}^2 + R^2 - P_2{}^2}{2RP_1} = \dfrac{70^2+90^2-45^2}{2\times70\times90} = 0.8710$

$\therefore\ \alpha = 29°25'$

$\cos\beta = \dfrac{P_2{}^2 + R^2 - P_1{}^2}{2RP_2} = \dfrac{45^2+90^2-70^2}{2\times45\times90} = 0.6451$

$\therefore\ \beta = 49°50'$

【문제 8】

그림에서 A와 C의 반력을 구하시오.

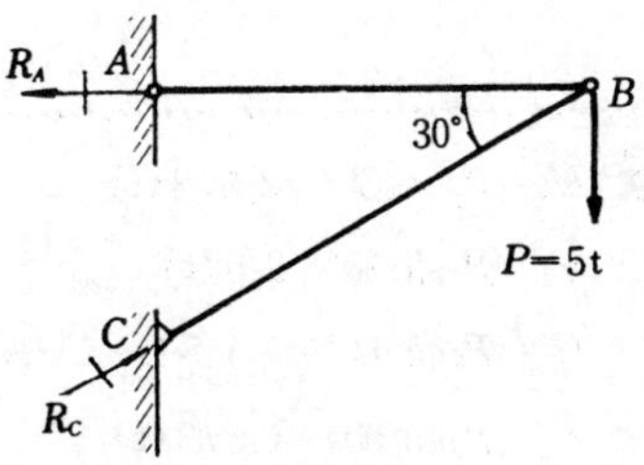

그림 1.45

풀이 $\Sigma H=0,\ -R_A + R_c\cos30° = 0$ .... ①

$\Sigma V=0,\ R_C\sin30° - 5 = 0$ .... ②

식 ①, ②를 연립 방정식으로 풀면

$R_C = 10\,(\text{t}),\ \ R_A = 8.66\,(\text{t})$

【문제 9】

그림과 같은 힘의 O점에 관한 모멘트 M_O는?

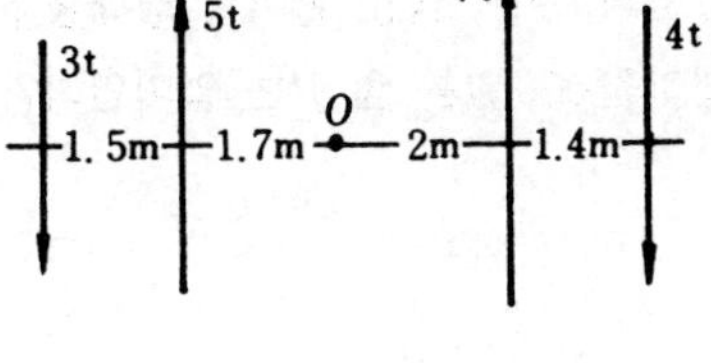

그림 1.46

풀이 $M_O = -3\times(1.5+1.7) + 5\times1.7 - 7\times2 + 4\times(2+1.4)$

$= -1.5(\text{t}\cdot\text{m})$

【문제 10】

다음에서 수평분력과 수직분력의 합력은 각각 얼마인가?
(단, $P_1=5t$, $P_2=3t$, $P_3=4t$, $P_4=6t$)

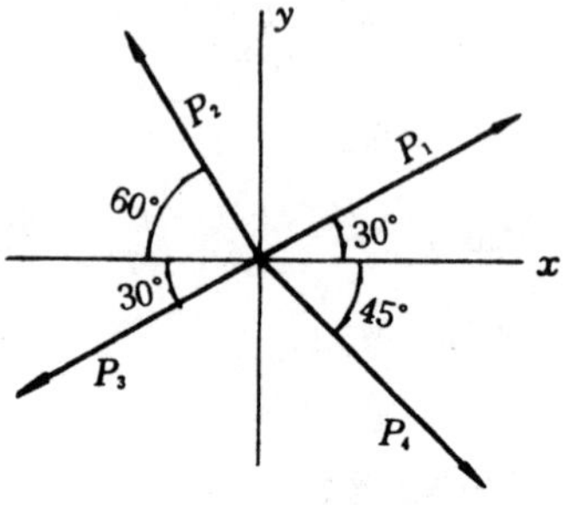

그림 1.47

풀이

$H_1=P_1\cos 30°=2.5\sqrt{3}\,(t)$

$V_1=P_1\sin 30°=2.5\,(t)$

$H_2=P_2\cos 60°=-1.5\,(t)$

$V_2=P_2\sin 60°=1.5\sqrt{3}\,(t)$

$H_3=P_3\cos 30°=-2\sqrt{3}\,(t)$

$V_3=P_3\sin 30°=-2\,(t)$

$H_4=P_4\cos 45°=3\sqrt{2}\,(t)$

$V_4=P_4\sin 45°=-3\sqrt{2}\,(t)$

$\therefore \Sigma H=H_1+H_2+H_3+H_4=3.6086\,(t)$

$\Sigma V=V_1+V_2+V_3+V_4=-1.1445\,(t)$

【문제 11】

그림과 같은 20cm 높이의 장애물을 하중 3t인 차바퀴가 넘어갈 수 있는 힘 P는 얼마인가?

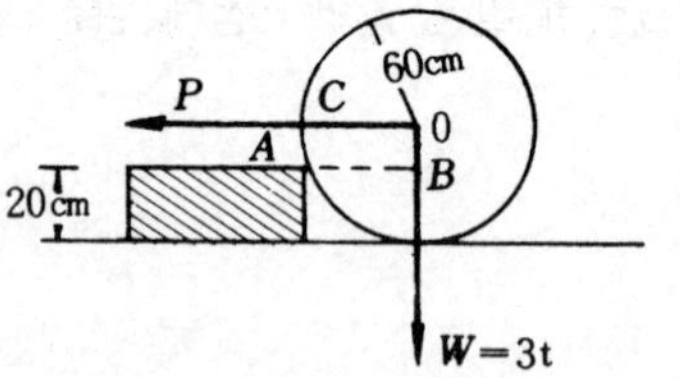

그림 1.48

풀이 $(AB)^2+(BO)^2=(AO)^2$이므로

$AB=\sqrt{(AO)^2-(BO)^2}$

$=\sqrt{(0.6)^2-(0.4)^2}$

$=0.4472\,m$

$\Sigma M_A=0,\ w(AB)-P(BO)=0$

$3\times0.4472-0.4\times P=0$

$\therefore\ P>3.354\,(t)$

【문제 12】

그림과 같은 구조물에서 10t의 물체를 들고 있을 때 T_1과 T_2가 받는 힘을 구하시오.

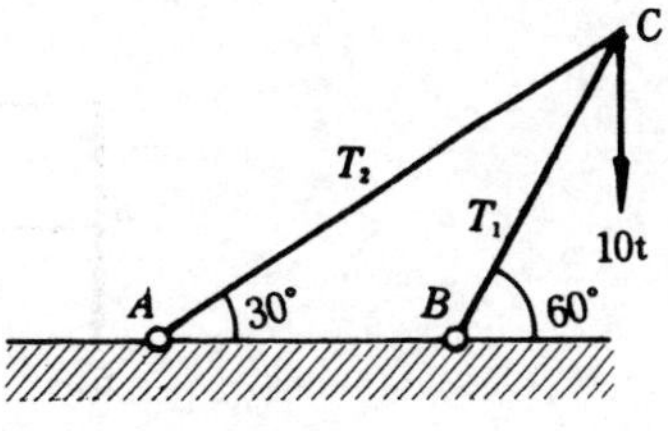

그림 1.49

풀이 C점에서 힘의 평형을 생각하면 $\Sigma H=0$에 의해

$-T_1\cos60°-T_2\cos30°=0$

$\therefore\ T_1=-T_2\sqrt{3}$ .... ①

$\Sigma V=0$에 의해

$-T_1\sin60°-T_2\sin30°-10=0$ .... ②

식②에 식①을 대입하면

$T_2=10\,(t)$ (↙), $T_1=-17.32\,(t)$ (↗)

【문제 13】

그림과 같은 평행한 여러 힘을 P_1, P_2로 분해하면 그 값은 각각 얼마인가?

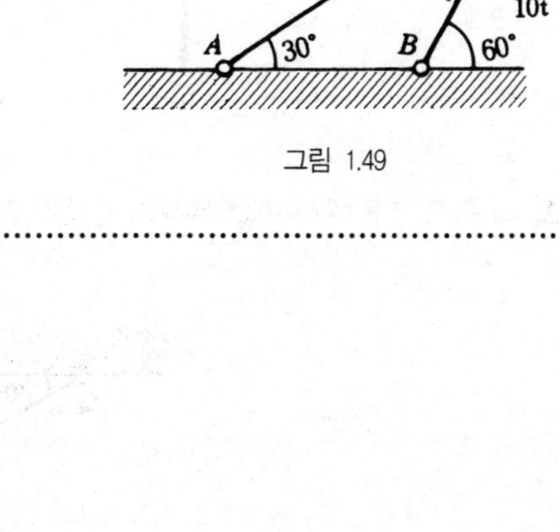

그림 1.50

풀이 $-P_1(1+2+2+3)=10(2+2+3)-17(2+3)-8\times3$

$P_1=4.875\,(t)$

$R=-10+17+8=15\,(t)$(하향)

$P_2=R-P_1=10.125\,(t)$

연 습 문 제

문 1. 다음과 같이 평행한 여러 힘의 합력과 합력의 위치를 구하시오.

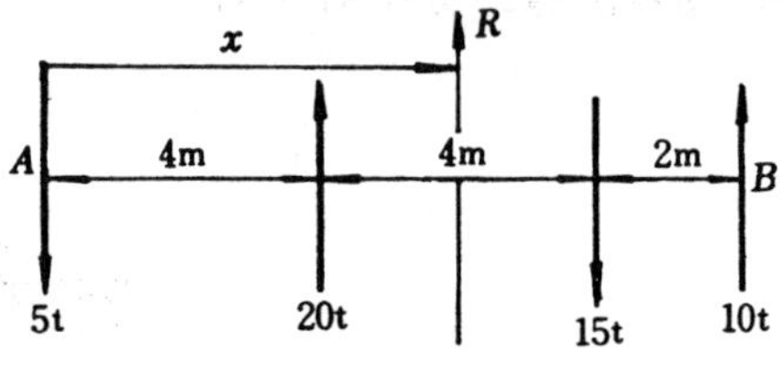

문 2. 다음 구조물에서 PQ 부재가 받는 힘은?

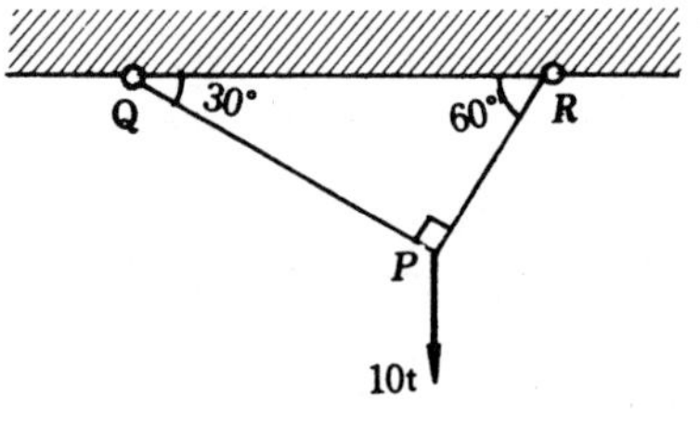

문 3. 그림과 같이 $80\sqrt{3}$kg을 P_1, P_2의 두 힘으로 분해하면 P_1, P_2의 크기는?

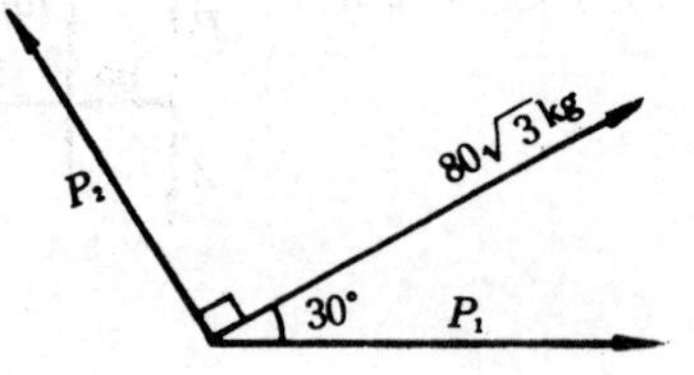

해답 1. $R=10$ (t)(↑), $x=6$ m　2. 5(t)　3. $P_1=160$kg, $P_2=80$kg

문 4. $P_1=8t(x_1=4.8m,\ y_1=1.5m)$, $P_2=5t(x_2=2.2m,\ y_2=8.2m)$의 합력의 작용점에 대한 좌표를 구하시오.

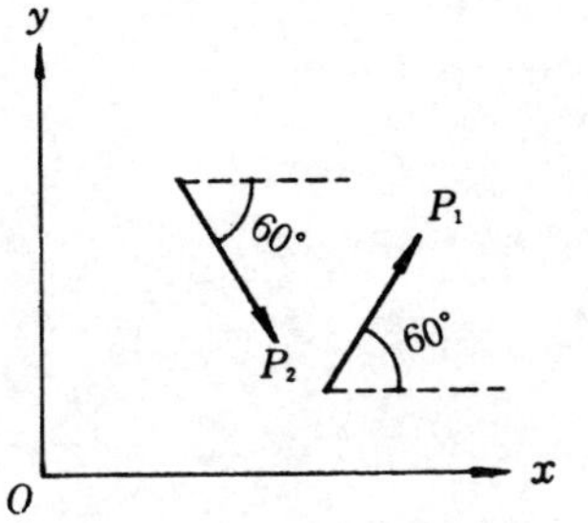

문 5. 다음에서 A점에 작용하는 힘의 크기는?

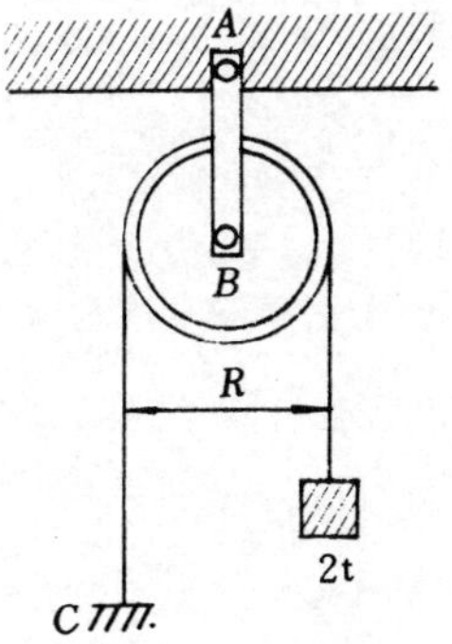

문 6. 그림과 같이 30° 경사진 언덕에 3t의 물건을 밀어 올릴 때, 힘 P를 구하시오(단, 물건과 언덕과의 마찰계수 $\alpha=0.3$이다).

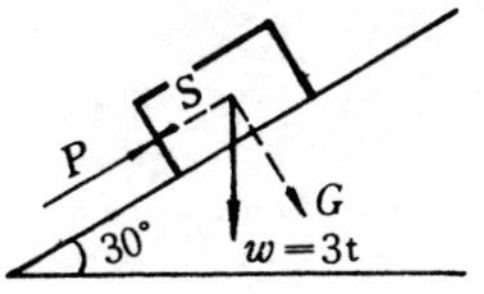

해답 4. $y_0 ≒ 4.08$, $x_0 ≒ 9.13$ 5. 4(t) 6. $P=2.279$(t)

제2장

단면의 성질

제2장 단면의 성질

구조물의 내부에 생기는 응력이나 변형은 구조물을 구성하고 있는 부재의 단면형에 따라 상이한 결과를 나타내므로, 각 단면형의 특성을 알아둘 필요가 있다.

1. 단면 1차 모멘트와 도심(圖心)

그림 2.1에서 면적이 A인 단면의 미소면적을 dA라 하고, x축 및 y축에 대한 모멘트 ydA 및 xdA를 전단면적에 대하여 적분한 것을 단면 1차 모멘트(geometrical moment of area)라 한다. 지금 x, y축에 관한 단면 1차 모멘트를 G_x, G_y 라 하면

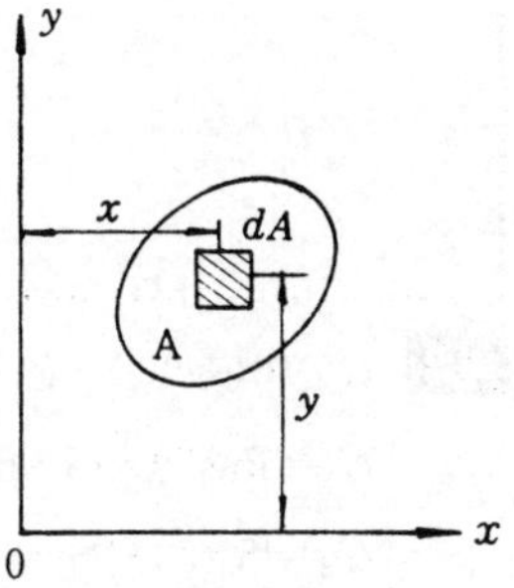

그림 2.1

$$\left.\begin{array}{l} G_x = \int_A y dA \\ G_y = \int_A x dA \end{array}\right\} \cdots\cdots (2\text{-}1)$$

단면 1차 모멘트는 면적과 거리를 곱한 것이므로 단위는 cm^3, m^3 등이다. 또한 평면도형의 중심을 도심(圖心)이라 하고 도심은 단면 1차 모멘트를 면적으로 나눈 값이다.

$$즉, \ \bar{x} = \frac{G_y}{A}, \ \bar{y} = \frac{G_x}{A} \cdots\cdots (2\text{-}2)$$

여기서 $\bar{x}$, $\bar{y}$는 단면 A의 도심에서 y 및 x축까지의 거리이다.

$\bar{x}$ 및 $\bar{y}$를 0으로 하면 $G_x=0$, $G_y=0$이 된다.

즉, 단면의 도심(圖心)을 지나는 축에 대한 단면 1차 모멘트는 항상 0이다. 그리고 평행한 Z축에 대한 단면 1차 모멘트의 관계는 그림 2.2에서

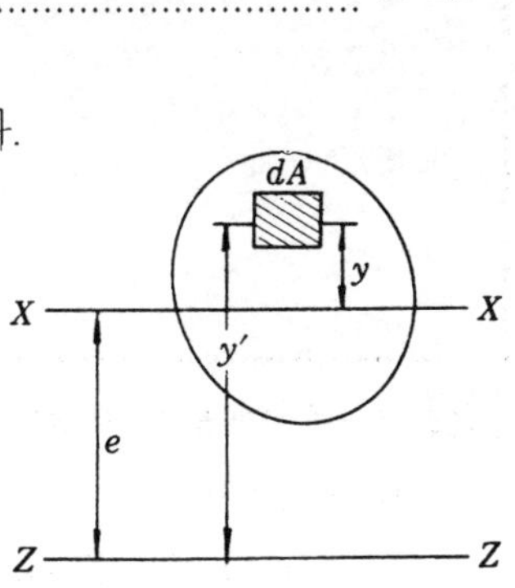

그림 2.2

$$G_z = \int y' dA = \int (y+e) dA$$

$$= \int y dA + e \int dA$$

$$= G_x + eA \quad \cdots\cdots (2\text{-}3)$$

【예제 1】

그림에 대한 단면 1차 모멘트 G_x, G_u, G_z를 구하시오.

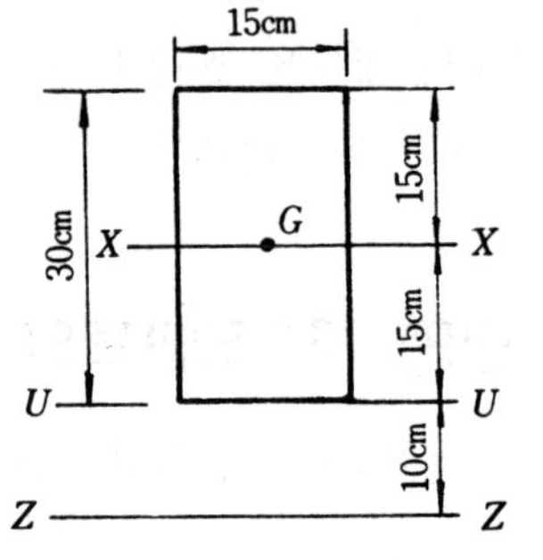

그림 2.3

풀이 $G_X = 0$(축이 도심을 통과하므로)

$G_U = 15 \times 30 \times 15 = 6,750\text{cm}^3$

$G_Z = 15 \times 30 \times 25 = 11,250\text{cm}^3$

【예제 2】

그림과 같은 I형 단면의 단면적이 56cm^2이고, x축의 단면 1차 모멘트가 336cm^3일 때 x'축에 대한 단면 1차 모멘트를 구하시오.

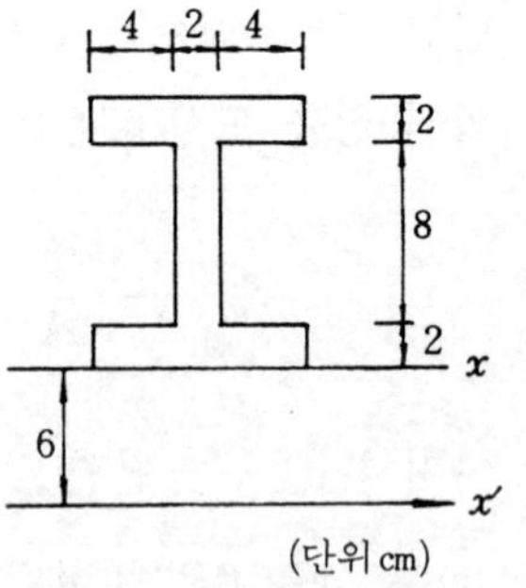

그림 2.4

풀이 x'축에 대한 단면 1차 모멘트 G_x'는 식(2-3)에 의해

$G_x' = G_x + eA$

$= 336 + 6 \times 56 = 672\text{cm}^3$

【예제 3】

그림과 같은 단면의 x축에 대한 단면 1차 모멘트 G_x 값은 얼마인가?

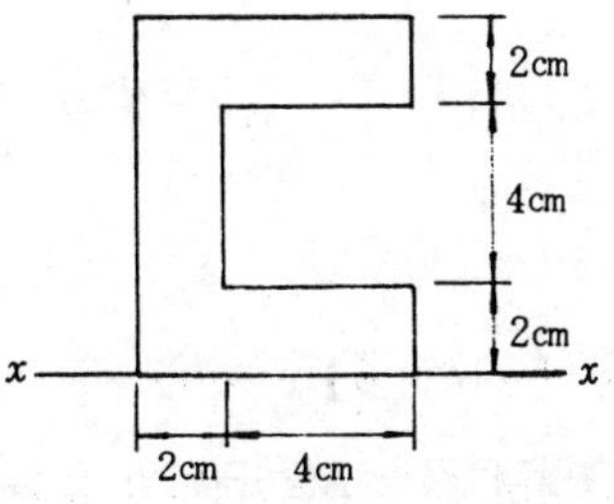

그림 2.5

풀이 (2+4)×(2+4+2)cm인 단면에서 4×4cm 단면을 감하여 주면 되므로

$$G_x = 6\times8\times4 - 4\times4\times4 = 128\text{cm}^3$$

【예제 4】

다음 삼각형의 x축에 대한 단면 1차 모멘트를 계산하시오.

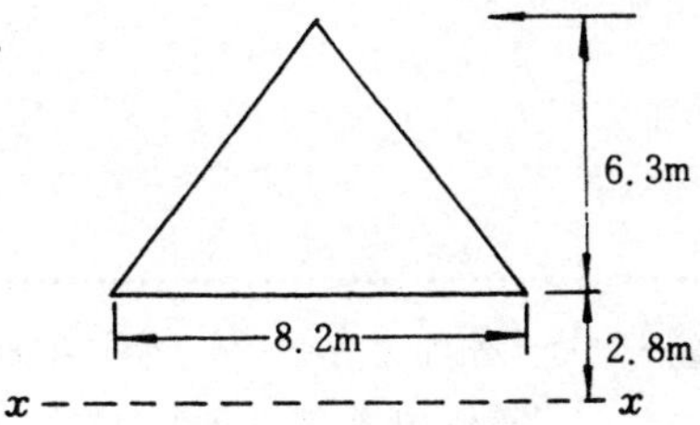

그림 2.6

풀이 $A = \frac{1}{2}\times8.2\times6.3 = 25.83\,\text{m}^2$

$$y = 2.8 + \frac{h}{3} = 4.9\,\text{m}$$

$$G_x = Ay = 25.83\times4.9 = 126.6\text{m}^3$$

2. 여러 가지 단면의 도심(圖心)

원 : 그 중심이 도심이다.

정사각형, 직사각형, 평행사변형 : 그 대각선의 교점이 도심이다.

삼각형 : 중심선의 교점이 도심이다. 따라서 밑변으로부터 높이의 $\frac{1}{3}$인 곳에 도심이 있다.

사다리꼴 : 그림 2.7의 도심에서 밑변까지의 거리를 y_1, 윗변까지의 거리를 y_2라 하면

$$y_1 = \frac{h}{3} \times \frac{2a+b}{a+b}$$

$$y_2 = \frac{h}{3} \times \frac{a+2b}{a+b} \text{ 이다.}$$

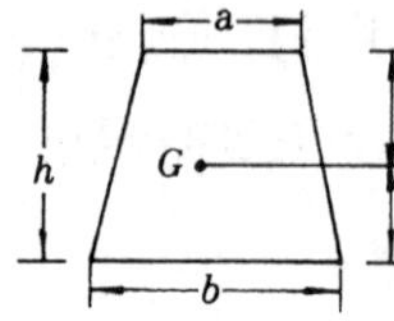

그림 2.7

【예제 5】

그림과 같은 L형 단면의 도심을 구하시오.

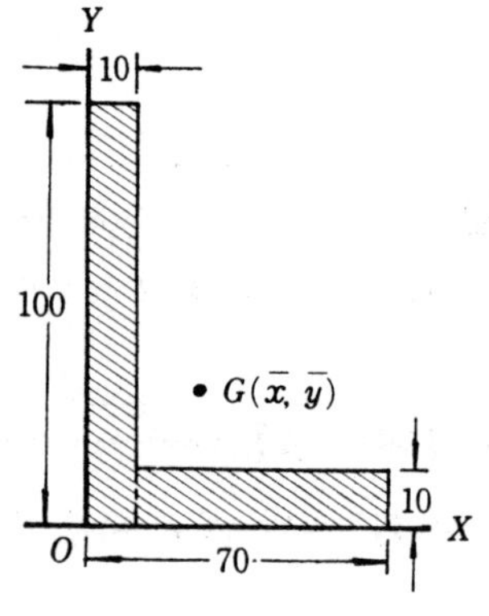

그림 2.8

풀이 단면을 그림의 점선과 같이 2개의 직사각형으로 나누어 생각하면 X축으로부터 도심까지의 거리 $\bar{y}$는

$$\bar{y} = \frac{X\text{축에 대한 단면 1차 모멘트}}{\text{단면적}}$$

$$= \frac{100 \times 10 \times 50 + 60 \times 10 \times 5}{100 \times 10 + 60 \times 10} = 33.1\text{m}$$

Y축에서 도심까지의 거리 $\bar{x}$는

$$\bar{x} = \frac{100 \times 10 \times 5 + 60 \times 10 \times (30+10)}{100 \times 10 + 60 \times 10} = 18.1\text{m}$$

【예제 6】

x축으로부터 빗금친 부분의 도형에 대한 도심까지의 거리 $\bar{y}$를 구하시오.

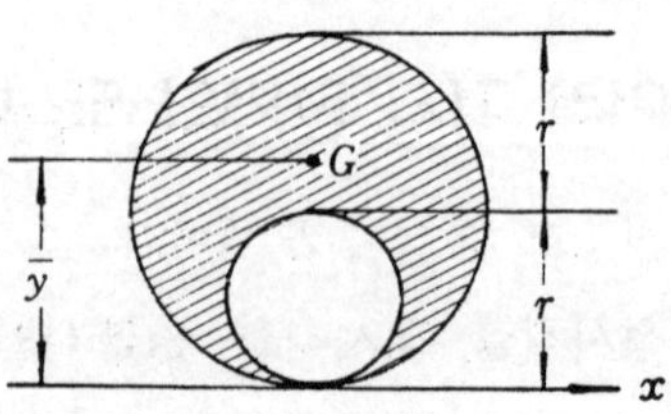

그림 2.9

풀이 도형 전체의 단면적을 A_1, 빗금이 없는 부분의 단면적을 A_2라 하면 식(2-2)로부터

$$\bar{y}=\frac{A_1y_1-A_2y_2}{A_1-A_2}=\frac{\pi r^2\times r-\frac{\pi r^2}{4}\times\frac{r}{2}}{\pi r^2-\frac{\pi r^2}{4}}=\frac{\frac{7}{8}\pi r^3}{\frac{3}{4}\pi r^2}=\frac{7}{6}r$$

【예제 7】

다음 도형의 도심을 구하시오.

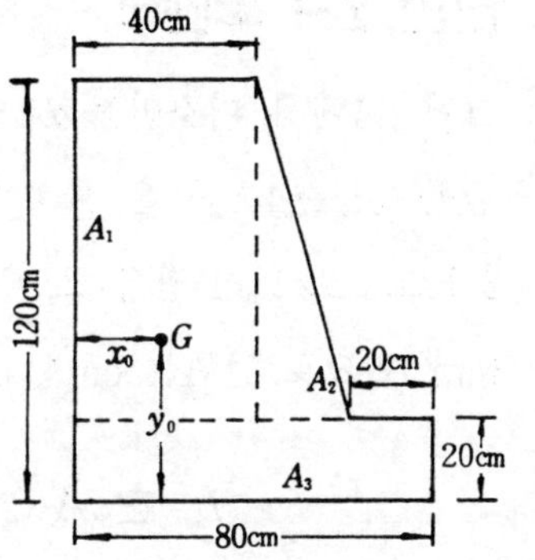

그림 2.10

풀이 A_1, A_2, A_3 로 분할하여 생각하면

$$x_0=\frac{G_y}{A}=\frac{40\times100\times20+100\times20\times\frac{1}{2}\times(40+\frac{20}{3})+20\times80\times40}{40\times100+100\times20\times\frac{1}{2}+20\times80}=28.9\,\text{cm}$$

$$y_0=\frac{A_1y_1+A_2y_2+A_3y_3}{A_1+A_2+A_3}=\frac{4000\times70+1000\times(20+\frac{100}{3})+1600\times10}{6600}=52.9\,\text{cm}$$

【예제 8】

그림에서 빗금친 부분의 도심의 위치를 구하시오.

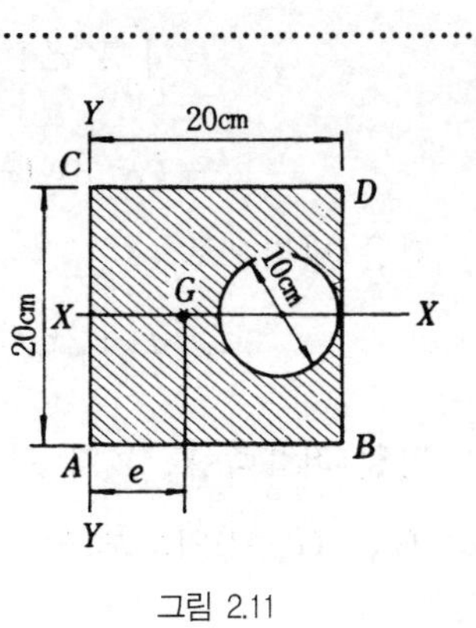

그림 2.11

풀이 X축에 대하여 상하의 넓이가 대칭이므로 X축의 도심은 X축 위에 있고,

Y축으로부터 도심까지의 거리 e를 구하여 보면 빗금친 부분의 넓이$=20\times20-3.14\times5^2=321.5\text{cm}^2$

$G_r=G_{Y20}-G_{Y10}=20\times20\times10-3.14\times5^2\times15=2822.5\,\text{cm}^3$

$$e=\frac{G_Y}{A}=\frac{2822.5}{321.5}=8.779\,\text{cm}$$

3. 단면 2차 모멘트

그림 2.1에서 미소면적 dA와 x, y 축에서 이 미소면적에 이르는 거리를 y, x 라 할 때, $dA\times y^2$, $dA\times x^2$ 을 전 단면적에 대하여 합계한 것을 이 그림의 X축, Y축에 관한 단면 2차 모멘트 또는 관성 모멘트(moment of inertia)라 하며, 면적(cm^2) 곱하기 거리의 제곱(cm^2)이므로 단위는 cm^4, m^4 등으로 표시된다.

$$\text{즉}\quad \left.\begin{aligned} I_x&=\Sigma dAy^2=\int_A y^2dA \\ I_y&=\Sigma dAx^2=\int_A x^2dA \end{aligned}\right\} \cdots\cdots (2\text{-}4)$$

단면 2차 모멘트에서도 단면 1차 모멘트의 경우와 같이 좌표축의 평행이동에 관한 관계식이 성립된다.

그림 2.12에서와 같이 임의의 직교축 X, Y에 대한 단면 2차 모멘트 I_X, I_Y를 알고 있을 때, 이 좌표축과 평행한 다른 좌표축 x, y에 관한 단면 2차 모멘트 I_x 및 I_y를 구해보면

$$\begin{aligned} I_x&=\int_A y^2dA=\int_A(Y+y_0)^2dA \\ &=\int_A Y^2dA+2y_0\int_A YdA+{y_0}^2\int_A dA \\ &=I_X+2y_0G_X+{y_o}^2A \end{aligned}$$

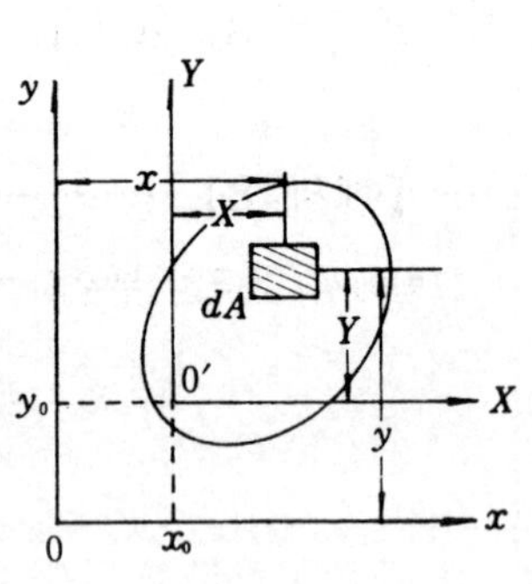

그림 2.12

같은 방법으로

$$I_y=I_Y+2x_0G_Y+{x_0}^2A \cdots\cdots (2\text{-}5)$$

만일 좌표축 X, Y가 단면의 도심과 일치될 경우는

$G_X=G_Y=0$이므로 위 식에서

$$\left.\begin{aligned} I_x&=I_X+{y_0}^2A \\ I_y&=I_Y+{x_0}^2A \end{aligned}\right\} \cdots\cdots (2\text{-}6)$$

식(2-6)에 의하면 도심축에서 멀리 떨어짐에 따라 단면 2차 모멘트는 증가됨을 알 수 있다.

【예제 9】

그림과 같은 직사각형 단면의 $X-X$축 및 $x-x$축에 대한 단면 2차 모멘트를 구하시오.

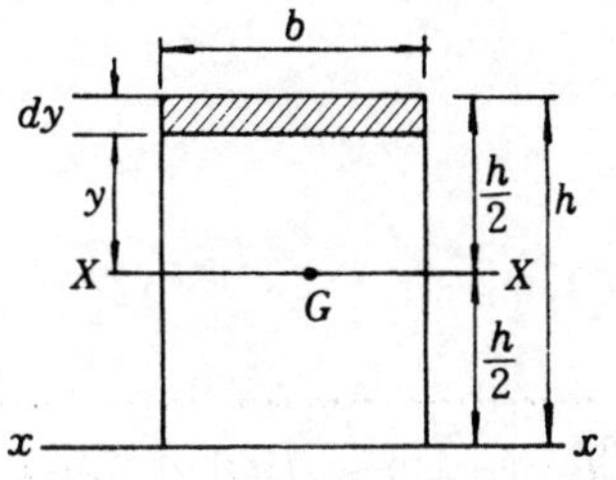

그림 2.13

풀이 $dA=b\cdot dy$

$$I_X=\int y^2dA=2\int_0^{\frac{h}{2}} b\cdot y^2dy=2b\left[\frac{y^3}{3}\right]_0^{\frac{h}{2}}=2b\times\frac{1}{3}\times\left(\frac{h}{2}\right)^3=\frac{bh^3}{12}$$

$$I_x=I_X+{y_0}^2A=\frac{bh^3}{12}+\left(\frac{h}{2}\right)^2\cdot b\cdot h=\frac{bh^3}{3}$$

【예제 10】

그림과 같은 삼각형 단면의 $X-X$축 및 $x-x$축에 대한 단면 2차 모멘트를 구하시오.

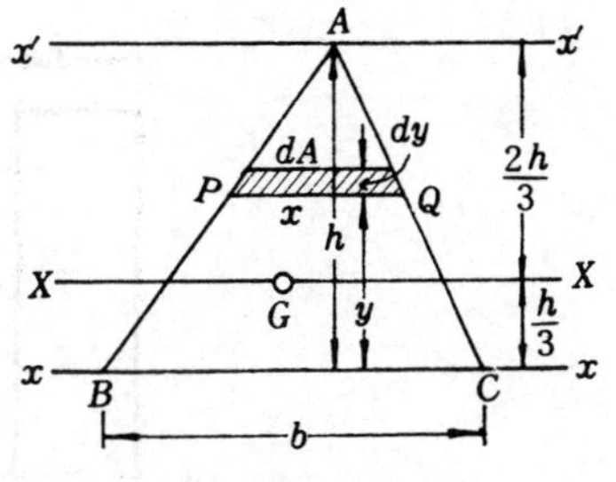

그림 2.14

풀이 PQ를 x라 놓으면

$$b:x=h:h-y \qquad \therefore\ x=\frac{b}{h}(h-y)$$

$$dA=xdy=\frac{b}{h}(h-y)dy$$

$$I_x=\int_0^h y^2dA=\int_0^h y^2\cdot\frac{b}{h}(h-y)\,dy=\frac{b}{h}\int_0^h y^2(h-y)dy=\frac{b}{h}\left[h\cdot\frac{y^3}{3}-\frac{y^4}{4}\right]_0^h=\frac{bh^3}{12}$$

$$I_X=I_x-y^2A=\frac{bh^2}{12}-\frac{bh}{2}\cdot\left(\frac{h}{3}\right)^2=\frac{bh^3}{36}$$

【예제 11】

그림과 같은 I형 단면의 $x-x$축에 대한 단면 2차 모멘트를 구하시오.

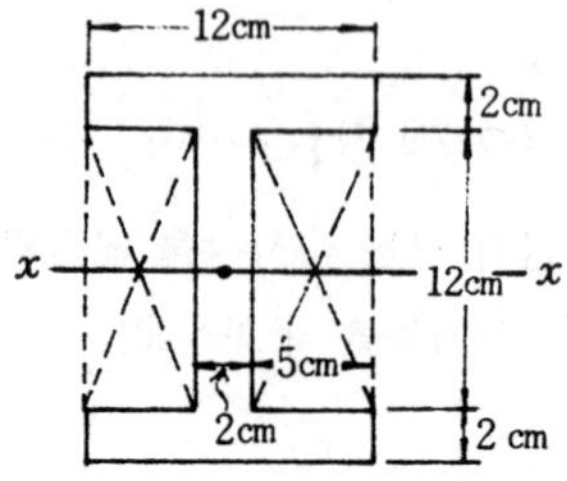

그림 2.15

풀이 12cm×16cm 크기의 사각형에서 점선으로 된 사각형 2개를 감하는 방법으로 계산한다.

즉, $I_x = \dfrac{bh^3}{12} - \dfrac{b_1 {h_1}^3}{12} \times 2$

$= \dfrac{12 \times 16^3}{12} - \dfrac{5 \times 12^3}{12} \times 2 = 2,656\text{cm}^4$

【예제 12】

다음과 같은 L형 단면의 도심을 G라 할 때, x축에 대한 단면 2차 모멘트 I_x와 y축에 대한 단면 2차 모멘트 I_y의 값을 구하시오.

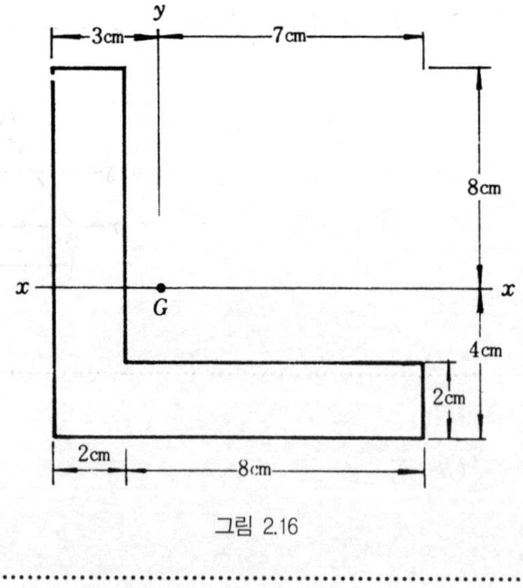

그림 2.16

풀이 $I_x = \left(\dfrac{b_1 {h_1}^3}{12} + b_1 h_1 {y_1}^2 + \dfrac{b_2 {h_2}^3}{12} + b_2 h_2 {y_2}^2 \right)$

$= \dfrac{2 \times 12^3}{12} + 2 \times 12 \times (8-6)^2 + \dfrac{8 \times 2^3}{12} + 8 \times 2 \times (4-1)^2 = 533.33\text{cm}^4$

$$I_y = \frac{h_1 b_1^{\ 3}}{12} + h_1 b_1 x_1^{\ 2} + \frac{h_2 b_2^{\ 3}}{12} + h_2 b_2 x_2^{\ 2}$$

$$= \frac{12 \times 2^3}{12} + 12 \times 2 \times (3-1)^2 + \frac{2 \times 8^3}{12} + 2 \times 8 \times (7-4)^2 = 333.33\,\text{cm}^4$$

4. 단면 2차 반경

임의의 축에 대한 단면 2차 모멘트를 단면적으로 나눈 값의 평방근을 그 축에 대한 단면 2차 반경 또는 회전반경(radius of gyration)이라고 한다. 즉,

$$r_x = \sqrt{I_x / A}\ ,\ r_y = \sqrt{I_y / A} \quad \cdots\cdots (2\text{-}7)$$

단위는 cm, m 등이다.

그림 2.17에서 r_X와 r_x 사이의 관계식을 생각해 보면

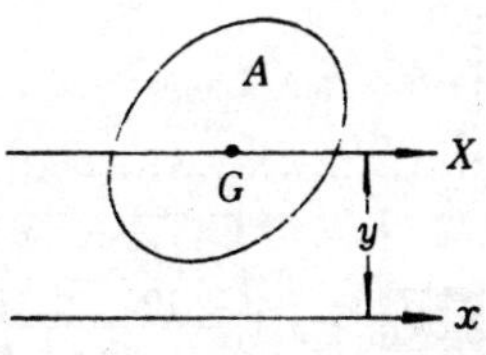

그림 2.17

$I_x = r_x^{\ 2} A$(식 2-7의 변형)

$I_X = r_X^{\ 2} A,\ \ I_x = I_X + y^2 A$

$r_x^{\ 2} A = r_X^{\ 2} A + y^2 A$

$$\therefore\ r_x^{\ 2} = r_X^{\ 2} + y^2 \quad \cdots\cdots (2\text{-}8)$$

【예제 13】

그림에서 r_X 및 r_Y를 구하시오.

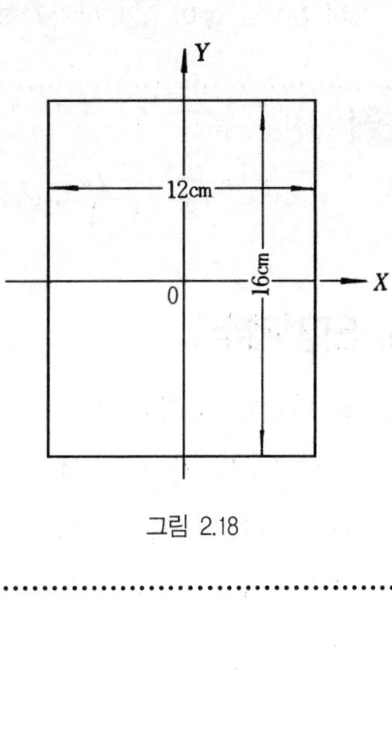

그림 2.18

풀이 $r_X = \sqrt{I_X / A} = \sqrt{\dfrac{bh^3/12}{bh}} = \sqrt{\dfrac{h^2}{12}} = \dfrac{h}{2\sqrt{3}} = 4.62\text{cm}$

$$r_Y=\sqrt{I_Y/A}=\sqrt{\frac{b^3h/12}{bh}}=\sqrt{\frac{b^2}{12}}=\frac{b}{2\sqrt{3}}=\frac{12}{2\sqrt{3}}=3.46\text{cm}$$

r_Y가 이 단면의 최소 회전반경이다.

【예제 14】

빗금친 부분의 r_x를 구하시오.

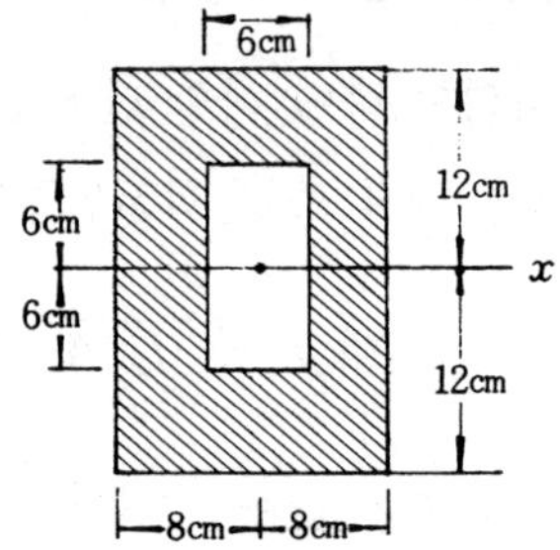

그림 2.19

풀이

$$r_x=\sqrt{\frac{\frac{bh^3}{12}-\frac{b_1h_1{}^3}{12}}{bh-b_1h_1}}$$

$$=\sqrt{\frac{\frac{16\times24^3}{12}-\frac{6\times12^3}{12}}{16\times24-6\times12}}=7.5038\,\text{cm}$$

【예제 15】

폭이 b이고 높이 h인 직사각형 단면의 밑변을 지나는 축에 대한 단면 2차 반경을 구하시오.

풀이 식(2-8)로부터

$$r_x=\sqrt{r_x{}^2+y^2}=\sqrt{\frac{I_X}{A}+y^2}=\sqrt{\frac{bh^3/12}{bh}+\left(\frac{h}{2}\right)^2}=\frac{h}{\sqrt{3}}$$

5. 단면계수

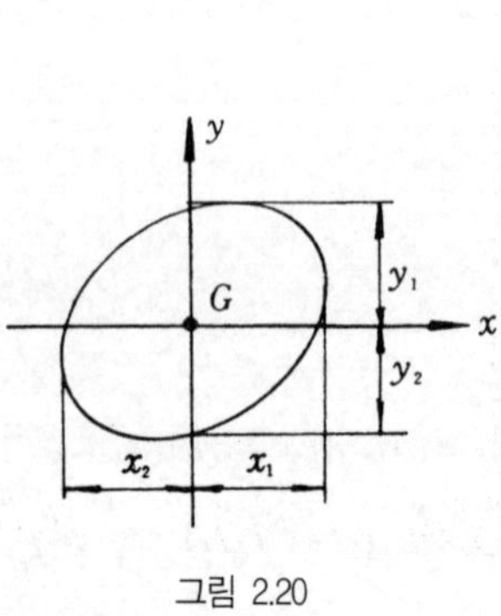

그림 2.20

한 단면의 도심을 지나는 축에 대한 단면 2차 모멘트를 그 축으로부터 가장 먼 연단(가장자리)까지의 거리로 나눈 것을 그 단면의 단면계수(section modulus)라고 한다.

그림에서 x, y축에 대한 단면계수 Z_x, Z_y는 다음과 같이 표시된다.

$$\left.\begin{array}{ll} Z_{x1}=\dfrac{I_x}{y_1}, & Z_{x2}=\dfrac{I_x}{y_2} \\ Z_{y1}=\dfrac{I_y}{x_1}, & Z_{y2}=\dfrac{I_y}{x_2} \end{array}\right\} \cdots\cdots (2\text{-}9)$$

단면계수의 단위는 cm^3, m^3 등이다.

단면계수가 큰 부재일수록 휨에 대하여 강하며 따라서 최대 강도를 갖는 단면을 구하는데 이용한다.

식(2-9)로부터 직사각형 단면의 단면계수 Z는

$Z=\dfrac{bh^3}{12}\times\dfrac{2}{h}=\dfrac{bh^2}{6}$ 으로 된다.

【예제 16】

상연의 단면계수 Z_c와 하연의 단면계수 Z_t는 얼마인가?

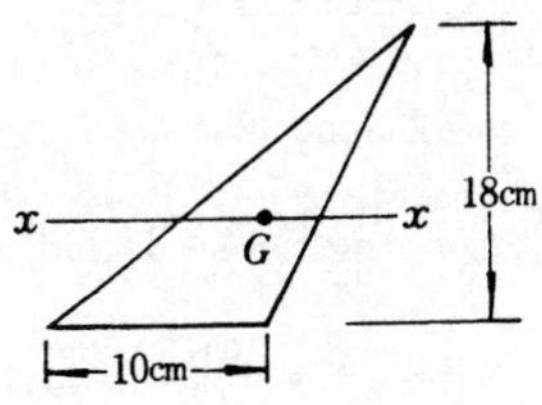

그림 2.21

풀이 $Z_c=\dfrac{I_x}{y_c}=\dfrac{bh^3/36}{2h/3}=\dfrac{bh^2}{24}=\dfrac{10\times 18^2}{24}=135cm^3$

$Z_t=\dfrac{I_x}{y_t}=\dfrac{bh^3/36}{h/3}=\dfrac{bh^2}{12}=270cm^3$

【예제 17】

다음 중공구형(中空矩形)의 단면계수를 구하시오.

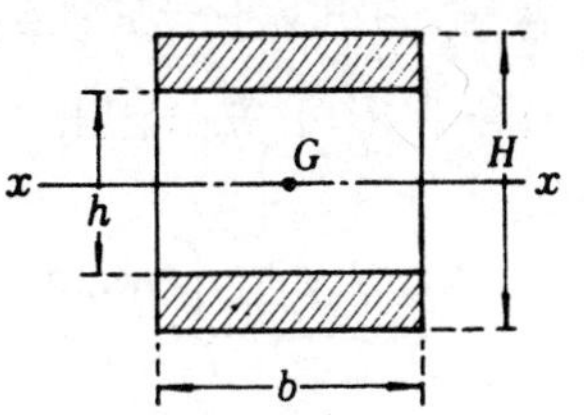

그림 2.22

풀이 $I_x=\dfrac{bH^3}{12}-\dfrac{bh^3}{12}=\dfrac{bH^3-bh^3}{12}$

$$Z_x = \frac{I_x}{y} = \frac{bH^3 - bh^3}{12} \div \frac{H}{2} = \frac{b(H^3 - h^3)}{6H}$$

【예제 18】

그림에서 도심을 지나는 축에 대한 Z_{X1}(상연부터의 단면계수), Z_{X2}(하연부터의 단면계수), r_X를 구하시오.

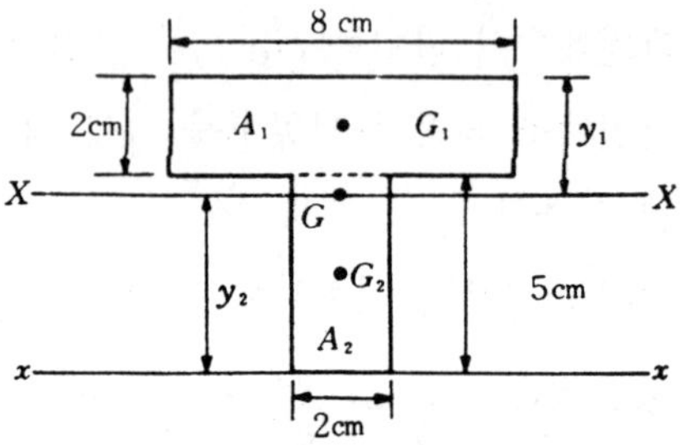

그림 2.23

풀이

$$y_2 = \frac{A_1 \times 6 + A_2 \times 2.5}{A_1 + A_2} = \frac{16 \times 6 + 10 \times 2.5}{16 + 10} \fallingdotseq 4.7\,\text{cm}$$

$$y_1 = 2.3\,\text{cm}$$

$$I_X = \frac{8 \times 2^3}{12} + 2 \times 8 \times 1.3^2 + \frac{2 \times 5^3}{12} + 2 \times 5 \times 2.2^2 \fallingdotseq 101.5\,\text{cm}^4$$

$$Z_{X1} = \frac{I_X}{y_1} = \frac{101.5}{2.3} \fallingdotseq 44.1\text{cm}^3$$

$$Z_{X2} = \frac{I_X}{y_2} = \frac{101.5}{4.7} \fallingdotseq 21.6\text{cm}^3$$

$$r_X = \sqrt{I_X/A} = \sqrt{101.5/26} \fallingdotseq 2.0\text{cm}$$

6. 단면 2차 극모멘트

x, y 좌표의 원점 0로부터 미소면적 dA까지의 거리를 ρ라고 할 때, 단면 2차 극모멘트(polar moment of inertia of area)는 다음과 같이 표시된다.

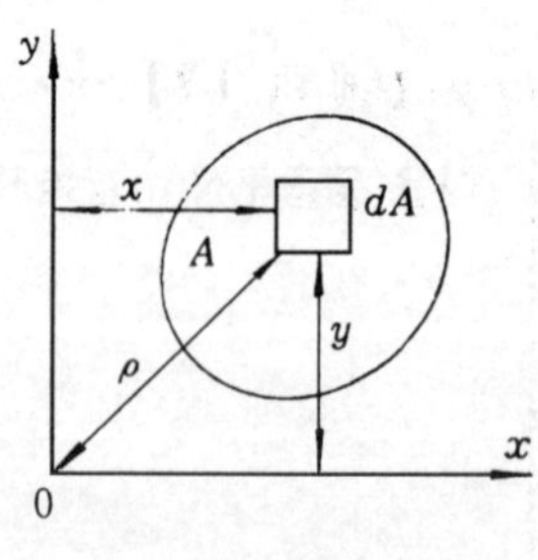

그림 2.24

$$I_\rho = \int_A \rho^2 dA \quad \text{(2-10)}$$

그런데 $\rho^2 = x^2 + y^2$이므로

$$I_\rho = \int_A (x^2 + y^2) dA = I_x + I_y \quad \text{(2-11)}$$

단면 2차 극모멘트를 극관성(極慣性)모멘트라고도 하며, 단위는 cm^4, m^4 등을 사용한다.

【예제 19】

I_ρ를 구하시오.

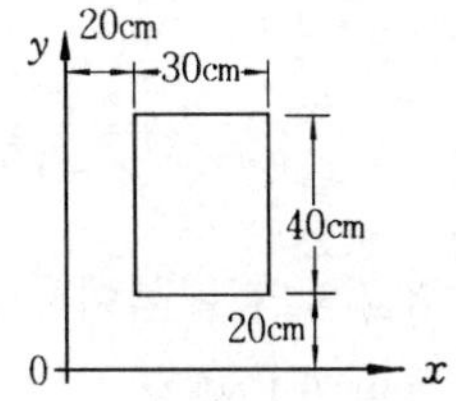

그림 2.25

풀이 $I_\rho = I_x + I_y = \frac{bh^3}{12} + bh \cdot {y_1}^2 + \frac{hb^3}{12} + bh{x_1}^2$

$= \frac{30 \times 40^3}{12} + (30 \times 40) \times (20+20)^2 + \frac{40 \times 30^3}{12} + (30 \times 40) \times (20+15)^2$

$= 3,640,000 cm^4$

【예제 20】

원의 도심을 지나는 축에 대한 단면 2차 극모멘트 I_ρ를 구하시오.

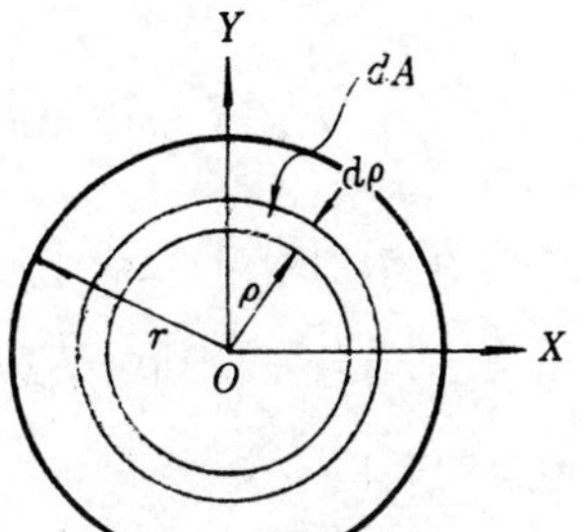

그림 2.26

풀이 면적의 요소 $dA = 2\pi\rho d\rho$ 이므로

$$I_\rho = \int_0^r \rho^2 2\pi\rho d\rho = 2\pi\left[\frac{\rho^4}{4}\right]_0^r = \frac{\pi r^4}{2}$$

여기서는 $I_X = I_Y$ 이므로 $I_\rho = 2I_X = 2I_Y = \frac{\pi r^4}{2}$

따라서 $I_X = I_Y = \frac{\pi r^4}{4}$, 이것을 직경 D로 표시하면 $I_X = I_Y = \frac{\pi D^4}{64}$

7. 단면 상승 모멘트

그림 2.1에서 $xydA$를 전 단면적에 관하여 적분한 것을 단면 상승 모멘트 또는 관성 상승 모멘트(product of inertia)라 하며, 이것을 식을 표시하면

$$I_{xy}=\int_A xy\,dA=Axy \qquad (2\text{-}12)$$

좌표축의 평행이동에 관한 것은 1차 및 2차 모멘트와 같은 방법으로 유도한다.
그림 2.12에서

$$\begin{aligned} I_{xy} &= \int_A xy\,dA=\int_A (X+x_o)(Y+y_0)\,dA \\ &= \int_A \times Y dA+x_0\int_A Y dA+y_0\int_A \times dA+x_0y_0\int_A dA \\ &= I_{XY}+x_0G_x+y_0G_y+x_oy_oA \qquad (2\text{-}13) \end{aligned}$$

특히 X, Y축이 도심과 일치하면
$G_X=G_Y=0$이므로

$$I_{xy}=I_{XY}+x_0y_0A \qquad (2\text{-}14)$$

주어진 단면형이 그림 2.27과 같이 대칭축일 때는 면적 요소의 상승 모멘트는 등대이부호가 될 것이므로 서로 상쇄되어 I_{xy}는 0으로 된다.

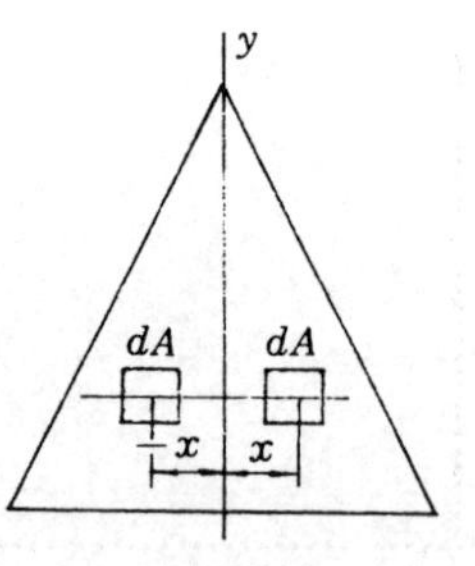

그림 2.27

$$\begin{aligned} \text{즉, } I_{xy} &= \int_A xydA=\int_A (+x)ydA+\int_A (-x)\,ydA \\ &= \int xydA-\int xydA=0 \qquad (2\text{-}15) \end{aligned}$$

【예제 21】

직사각형 단면에 대해서 x, y축에 대한 단면 상승 모멘트를 구하시오.

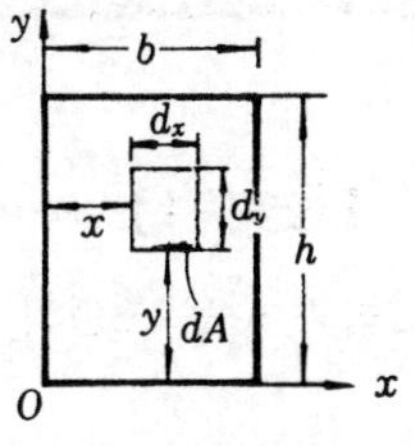

그림 2.28

풀이 $I_{xy}=\int_A x\cdot ydA=\int_0^b\int_0^h xydxdy=\int_0^b xdx\cdot\int_0^h ydy=\left[\frac{x^2}{2}\right]_0^b\times\left[\frac{y^2}{2}\right]_0^h=\frac{b^2h^2}{4}$

별해 $I_{xy}=\int_A xydA=Axy=bh\times\frac{b}{2}\times\frac{h}{2}=\frac{b^2h^2}{4}$

【예제 22】

x, y축에 대한 단면 상승 모멘트 I_{xy}는 얼마인가?

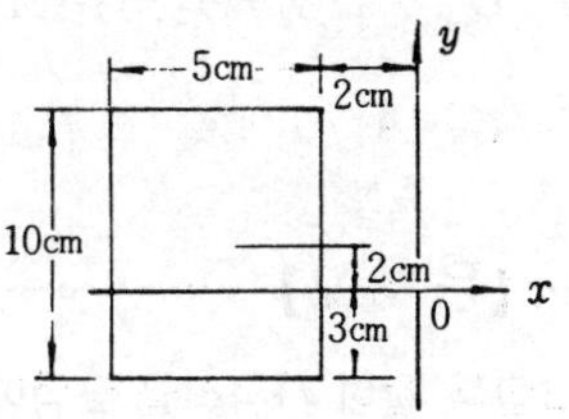

그림 2.29

풀이 $I_{xy}=Axy=5\times10\times\{-(2+2.5)\}\times2=-450\text{cm}^4$

【예제 23】

그림과 같은 L형 단면의 I_{xy}를 구하시오.

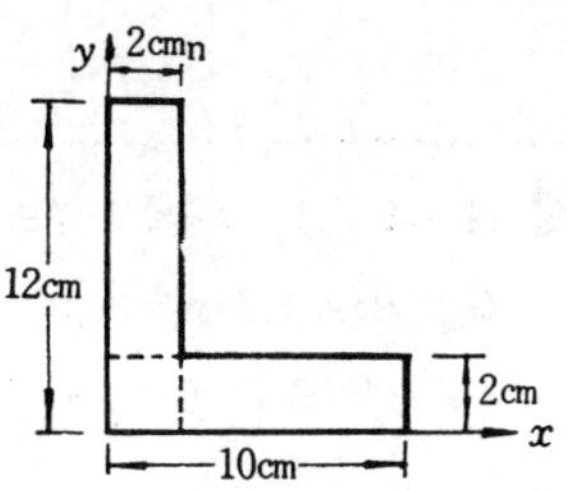

그림 2.30

풀이 $I_{xy}=\frac{12^2\times2^2}{4}+\frac{10^2\times2^2}{4}-\frac{2^2\times2^2}{4}=240\text{cm}^4$

종 합 문 제

【문제 1】

그림과 같은 도형의 x, y축에 대한 단면 1차 모멘트를 구하시오.

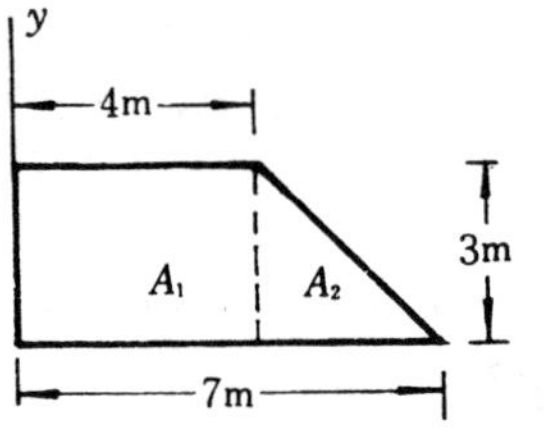

그림 2.31

풀이 A_1, A_2 2개의 면적으로 나눈다.

$$G_x = A_1 \cdot y_1 + A_2 \cdot y_2 = (4\times3)\times1.5 + \left(\frac{3\times3}{2}\right)\times1 = 22.5\text{m}^3$$

$$G_y = A_1 \cdot x_1 + A_2 \cdot x_2 = (4\times3)\times2 + \left(\frac{3\times3}{2}\right)\times5 = 46.5\text{m}^3$$

【문제 2】

그림과 같이 사다리꼴 도형에 직경 2m의 구멍이 뚫려 있을 때, 밑변에서 도심까지의 거리를 구하시오.

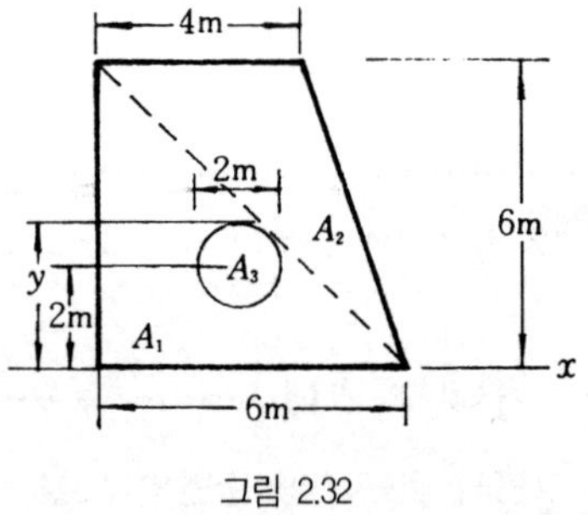

그림 2.32

풀이 A_1, A_2, A_3 3개의 도형으로 나누고, A_3는 구멍이므로 뺀다.

$$G_x = A_1y_1 + A_2y_2 - A_3y_3$$

$$= \left(\frac{6\times6}{2}\right)\times\frac{6}{3} + \left(\frac{4\times6}{2}\right)\times\left(\frac{2\times6}{3}\right) - \left(\frac{3.14\times2^2}{4}\right)\times2 = 77.72\text{m}^3$$

$$A = A_1 + A_2 - A_3 = \left(\frac{6\times6}{2}\right) + \left(\frac{4\times6}{2}\right) - \left(\frac{3.14\times2^2}{4}\right) = 26.86\text{m}^2$$

$$\therefore\ y = \frac{G_x}{A} = \frac{77.72}{26.86} \fallingdotseq 2.89\,\text{m}$$

【문제 3】

그림과 같은 L형 단면의 도심을 통과하는 x, y축에 대한 상하연(上下緣)의 단면계수 및 회전반경을 구하시오.

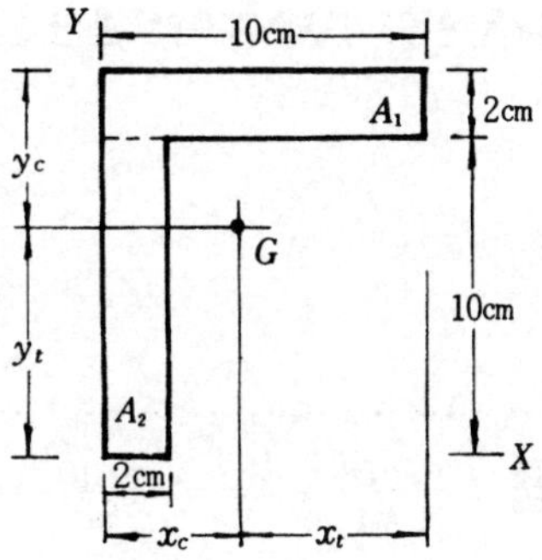

그림 2.33

풀이 (1) 도심의 위치

$G_X = 20\times11 + 20\times5 = 320\text{cm}^3$, $\quad G_Y = 20\times5 + 20\times1 = 120\text{cm}^3$

$A = 20 + 20 = 40\text{cm}^2$

$$y_t = \frac{G_X}{A} = \frac{320}{40} = 8\text{cm},\quad y_c = 12 - 8 = 4\text{cm}$$

$$x_c = \frac{G_Y}{A} = \frac{120}{40} = 3\text{cm},\quad x_t = 10 - 3 = 7\text{cm}$$

(2) x, y 축에 대한 단면 2차 모멘트

$$I_x = \left(\frac{10\times2^3}{12} + 20\times3^2\right) + \left(\frac{2\times10^3}{12} + 20\times3^2\right) ≒ 533.3\text{cm}^4$$

$$I_y = \left(\frac{2\times10^3}{12} + 20\times2^2\right) + \left(\frac{10\times2^3}{12} + 20\times2^2\right) ≒ 333.3\text{cm}^4$$

(3) x축에 대한 상·하 가장자리의 단면계수

$$Z_c = \frac{I_x}{y_c} = \frac{533.3}{4} ≒ 133.3\text{cm}^3$$

$$Z_t = \frac{I_x}{y_t} = \frac{533.3}{8} ≒ 66.7\text{cm}^3$$

(4) y축에 대한 상·하 가장자리의 단면계수

$$Z_c = \frac{I_y}{x_c} = \frac{333.3}{3} = 111.1\text{cm}^3$$

$$Z_t = \frac{I_y}{x_t} = \frac{333.3}{7} = 47.6\text{cm}^3$$

(5) 회전반경 x축에 대해서는

$r_x = \sqrt{I_x/A} = \sqrt{533.3/40} ≒ 3.65\,\text{cm}$

y축에 대하여는

$r_y = \sqrt{I_y/A} = \sqrt{333.3/40} ≒ 2.89\,\text{cm}$

【문제 4】

다음 단면의 $X-X$축에 관한 단면 2차 모멘트를 구하시오.

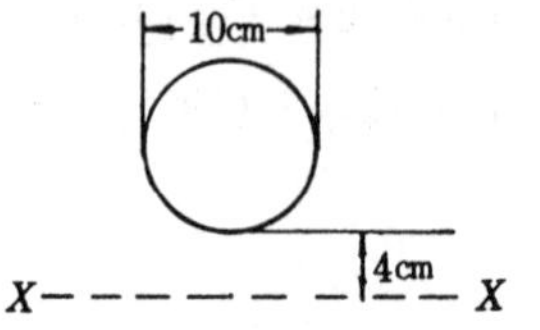

그림 2.34

풀이 $I_x = \dfrac{\pi D^4}{64} + Ay^2 = \dfrac{\pi \times 10^4}{64} + \dfrac{\pi \times 10^2}{4} \times 9^2 = 6,849.1\text{cm}^4$

【문제 5】

다음 단면의 도심 G의 위치를 구하시오.

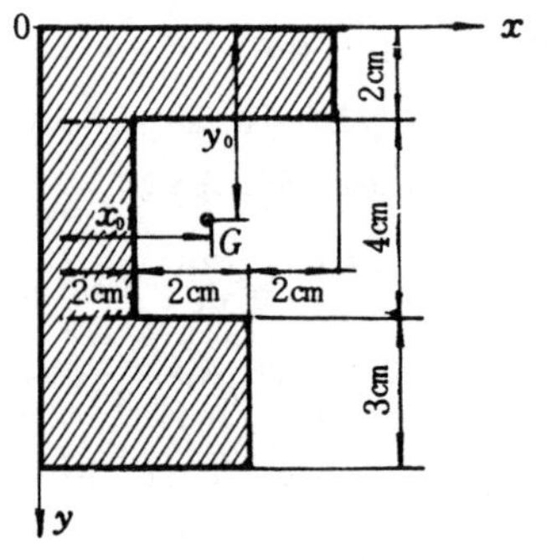

그림 2.35

풀이 3개의 직사각형으로 나누고

$$y_0 = \frac{G_x}{A} = \frac{12\times1+8\times4+12\times7.5}{12+8+12} = 4.188\,\text{cm}, \qquad x_0 = \frac{G_y}{A} = \frac{12\times3+8\times1+12\times2}{12+8+12} = 2.125\,\text{cm}$$

【문제 6】

빗금친 단면의 회전 반지름을 구하시오.

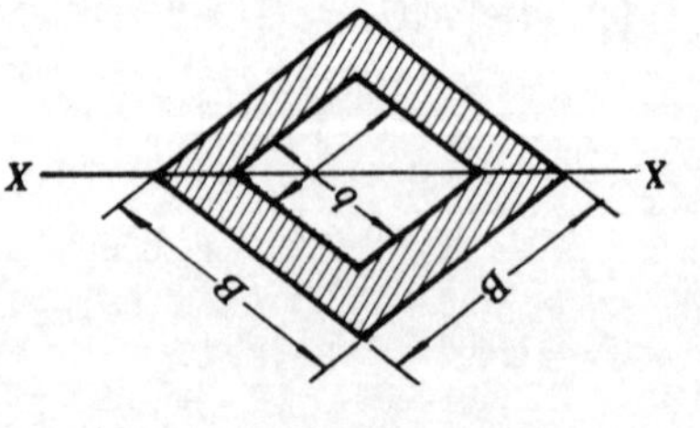

그림 2.36

풀이 $I_x = \frac{B^4 - b^4}{12}$, $A = B^2 - b^2$, $r_x = \sqrt{\frac{I}{A}} = \sqrt{\frac{B^2 + b^2}{12}}$

【문제 7】

빗금친 부분의 도심거리 y_0는?

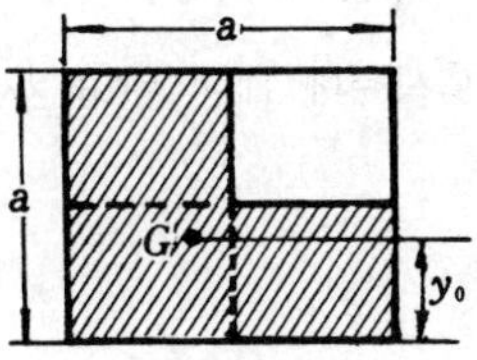

그림 2.37

풀이 $y_0 = \frac{G_X}{A} = \frac{a^2 \times \frac{a}{2} - \frac{1}{4}a^2 \times \frac{3}{4}a}{a^2 - \frac{1}{4}a^2} = \frac{5}{12}a$

【문제 8】

단면적 A인 단면에서 r_X와 r_x와의 관계를 구하시오.

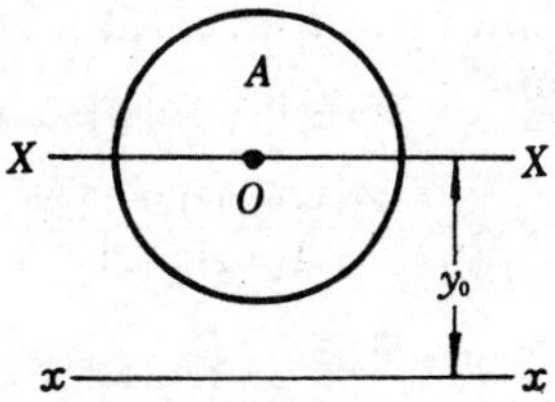

그림 2.38

풀이 $I_x = I_X + Ay_0^{\ 2}$, $r_x^{\ 2} = \frac{I_x}{A} = \frac{I_X}{A} + \frac{Ay_0^{\ 2}}{A} = r_X^{\ 2} + y_0^{\ 2}$

【문제 9】

이등변 삼각형의 도심을 지나는 x축에 대한 단면 2차 모멘트를 구하시오.

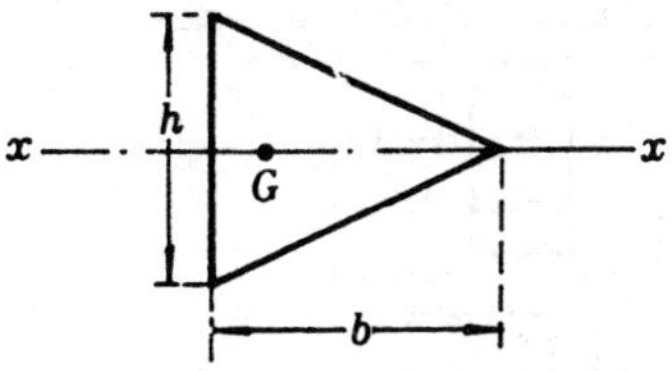

그림 2.39

풀이 (예제 10)을 참조하면 $I_x = \dfrac{b \times (\frac{h}{2})^3}{12} \times 2 = \dfrac{bh^3}{48}$

【문제 10】

도심축에 대한 단면 2차 모멘트를 구하시오.

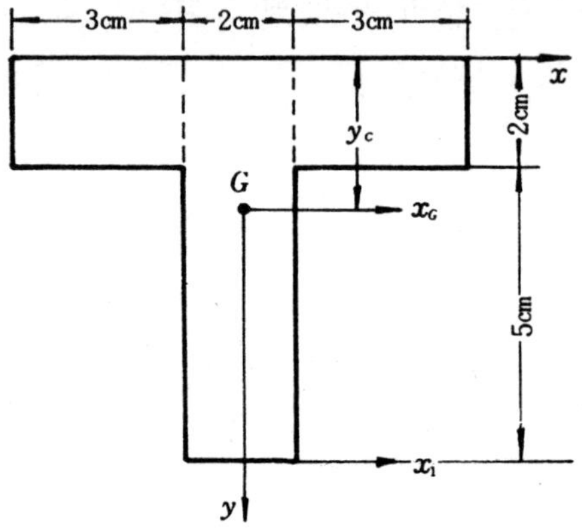

그림 2.40

풀이 x축으로부터 도심의 좌표 y_c는

$$y_c = \frac{A_1y_1 + A_2y_2 + A_3y_3}{A_1 + A_2 + A_3} = \frac{3\times2\times1 + 7\times2\times3.5 + 3\times2\times1}{3\times2 + 7\times2 + 3\times2} = 2.35\,\text{cm}$$

$$I_x = \frac{3\times2^3}{12} + 3\times2\times1^2 + \frac{2\times7^3}{12} + 2\times7\times3.5^2 + \frac{3\times2^3}{12} + 3\times2\times1^2 = 244.7\text{cm}^4$$

$$I_x = I_{xG} + Ay^2, \qquad 244.7 = I_{xG} + 26\times2.35^2$$

$$\therefore I_{xG} = 101\text{cm}^4$$

표 2.1 단면의 성질

	도형	단면적 A	도심의 거리 y	도심축에 관한 단면 2차 모멘트 I_x	도심축에 관한 단면계수 Z	도심축에 관한 단면 2차 반경 r_x
장방형	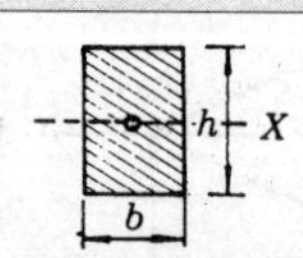	bh	$\frac{h}{2}$	$\frac{bh^3}{12}$	$\frac{bh^2}{6}$	$\frac{h}{\sqrt{12}} = 0.2887h$
중공장방형	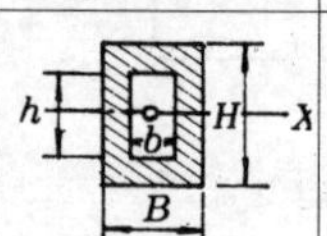	$BH - bh$	$\frac{H}{2}$	$\frac{BH^3 - bh^3}{12}$	$\frac{BH^3 - bh^3}{6H}$	$\sqrt{\frac{BH^3 - bh^3}{12(BH - bh)}}$

	도형	단면적 A	도심의 거리 y	도심축에 관한 단면 2차 모멘트 I_x	도심축에 관한 단면계수 Z	도심축에 관한 단면 2차 반경 r_x
중공장방형	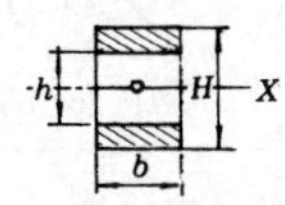	$b(H-h)$	$\frac{H}{2}$	$\frac{b}{12}(H^3-h^3)$	$\frac{b}{6H}(H^3-h^3)$	$\sqrt{\frac{H^2-Hh+h^2}{12}}$
정방형	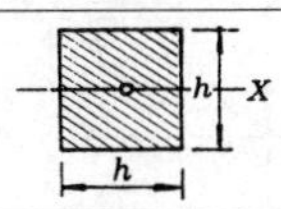	h^2	$\frac{h}{2}$	$\frac{h^4}{12}$	$\frac{h^3}{6}$	$\frac{h}{\sqrt{12}}=0.2887h$
정방형	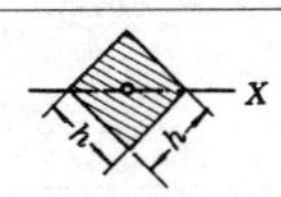	h^2	$\frac{h}{\sqrt{2}}=0.7072h$	$\frac{h^4}{12}$	$\frac{h^3}{6\sqrt{2}}=0.1179h^3$	$\frac{h}{\sqrt{12}}=0.2887h$
중공정방형	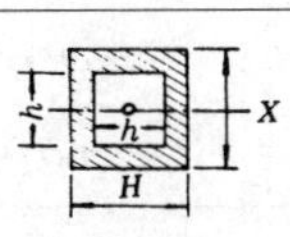	H^2-h^2	$\frac{H}{2}$	$\frac{H^4-h^4}{12}$	$\frac{H^4-h^4}{6H}$	$\sqrt{\frac{H^2+h^2}{12}}$
중공정방형	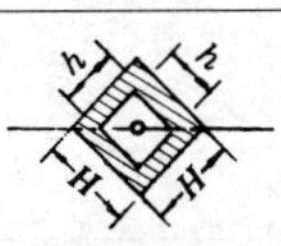	H^2-h^2	$\frac{H}{\sqrt{2}}=0.7072H$	$\frac{H^4-h^4}{12}$	$\frac{H^4-h^4}{6\sqrt{2}H}=$ $0.1179\frac{H^4-h^4}{H}$	$\sqrt{\frac{H^2+h^2}{12}}$
삼각형	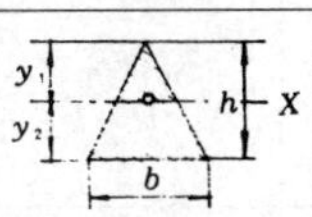	$\frac{bh}{2}$	$y_1=\frac{h}{3}$ $y_2=\frac{2h}{3}$	$\frac{bh^3}{36}$	$W_1=\frac{bh^2}{12}$ $W_2=\frac{bh^2}{24}$	$\frac{h}{3\sqrt{2}}=0.2359h$
이등변삼각형	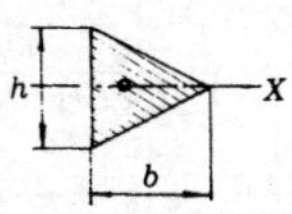	$\frac{bh}{2}$	$\frac{b}{2}$	$\frac{b^3h}{48}$	$\frac{b^2h}{24}$	$\frac{b}{2\sqrt{6}}=0.2049h$
정삼각형	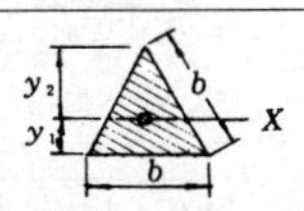	$\frac{\sqrt{3}b^2}{4}$ $=0.4330b^2$	$y_1=\frac{b}{2\sqrt{3}}$ $y_2=\frac{b}{\sqrt{3}}$	$\frac{b_4}{32\sqrt{3}}$ $=0.01804b^4$	$W_1=\frac{b^3}{16}$ $W_2=\frac{b^3}{32}$	$\frac{b}{2\sqrt{6}}=0.2049b$
중공장원형	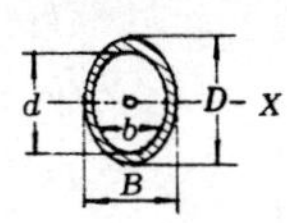	$\frac{\pi}{4}(BD-bd)$ $=0.7854$ $(BD-bd)$	$\frac{D}{2}$	$\frac{\pi}{64}(BD^3-bd^3)$ $=0.0491$ (BD^3-bd^3)	$\frac{\pi}{32}\frac{(BD^3-bd^3)}{D}$ $=\frac{0.098}{D}(BD^3$ $-bd^3)$	$\frac{1}{4}\sqrt{\frac{BD^3-bd^3}{BD-bd}}$
포물선형	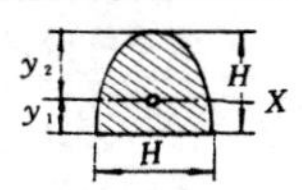	$\frac{2}{3}BH$	$y_1=\frac{2}{5}H$ $y_2=\frac{3}{5}H$	$\frac{8}{175}BH^3$	$W_1=\frac{4}{35}BH^2$ $W_2=\frac{8}{105}BH^2$	$\frac{2\sqrt{21}}{35}H$ $=0.2619H$
포물선형	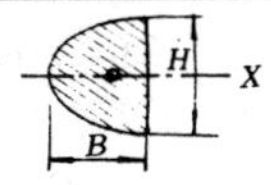	$\frac{2}{3}BH$	$\frac{H}{2}$	$\frac{BH^3}{30}$	$\frac{BH^2}{15}$	$\frac{H}{\sqrt{2}}$ $=0.2236H$

	도형	단면적 A	도심의 거리 y	도심축에 관한 단면 2차 모멘트 I_x	도심축에 관한 단면계수 Z	도심축에 관한 단면 2차 반경 r_x
포물선형	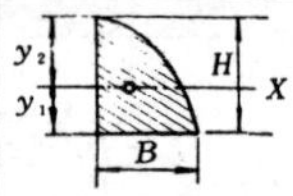	$\frac{2}{3}BH$	$y_1=\frac{2}{5}H$ $y_2=\frac{3}{5}H$	$\frac{8}{175}BH^3$	$W_1=\frac{4}{35}BH^2$ $W_2=\frac{8}{105}BH^2$	$\frac{2\sqrt{21}}{35}H$ $=0.2619H$
포물선형	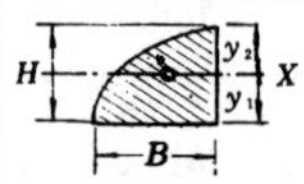	$\frac{2}{3}BH$	$y_1=\frac{3}{8}H$ $y_2=\frac{5}{8}H$	$\frac{19}{480}BH^3$	$W_1=\frac{19}{180}BH^2$ $W_2=\frac{19}{300}BH^2$	$\frac{\sqrt{95}}{40}H$ $=0.2437H$
포물선형	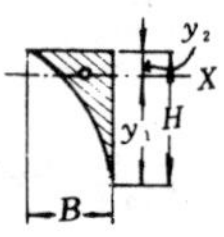	$\frac{1}{3}BH$	$y_1=\frac{7}{10}H$ $y_2=\frac{3}{10}H$	$\frac{37}{2100}BH^3$	$W_1=\frac{37}{1470}BH^2$ $W_2=\frac{37}{630}BH^2$	$\frac{\sqrt{259}}{70}H$ $=0.2299H$
포물선형	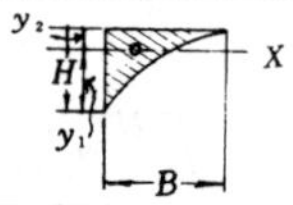	$\frac{1}{3}BH$	$y_1=\frac{3}{4}H$ $y_2=\frac{1}{4}H$	$\frac{1}{80}BH^3$	$W_1=\frac{1}{60}BH^2$ $W_2=\frac{1}{20}BH^2$	$\frac{\sqrt{15}}{20}H$ $=0.1937H$
T 형	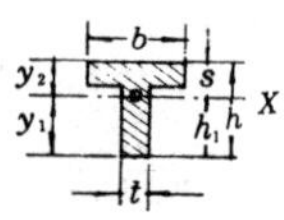	$bs+h_1t$	$y_1=$ $\frac{bh^2-h_1{}^2(b-t)}{2(bs+h_1t)}$ $y_2=h-y_1$	$ty_1{}^3+by_2{}^3-$ $\frac{(b-t)(y_2-s)^3}{3}$	$W_1=\frac{I_x}{y_1}$ $W_2=\frac{I_x}{y_2}$	$\sqrt{\frac{I_x}{A}}$
공 형	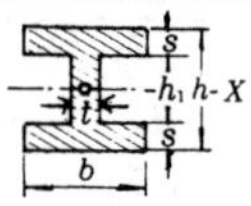	$bh-h_1(b-t)$	$\frac{h}{2}$	$\frac{bh^3-h_1{}^3(b-t)}{12}$	$\frac{bh^3-h_1{}^3(b-t)}{6H}$	$\sqrt{\frac{bh^2-h_1{}^2(b-t)}{12\{bh-h_1(b-t)\}}}$
십자형	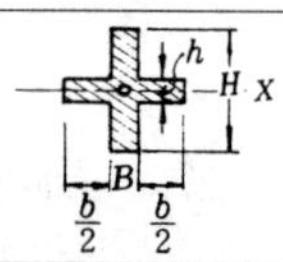	$BH+bh$	$\frac{H}{2}$	$\frac{BH^3+bh^3}{12}$	$\frac{BH^3+bh^3}{6H}$	$\sqrt{\frac{BH^3+bh^3}{12(BH+bh)}}$
정삼각형	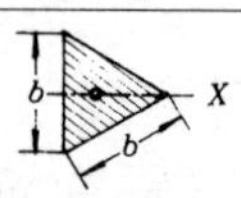	$\frac{\sqrt{3}b^2}{4}$ $=0.4330b^2$	$\frac{b}{2}$	$\frac{b^4}{32\sqrt{3}}$ $=0.01804b^4$	$\frac{b^3}{16\sqrt{3}}$ $=0.03609b^3$	$\frac{b}{2\sqrt{6}}$ $=0.2049b$
사다리꼴	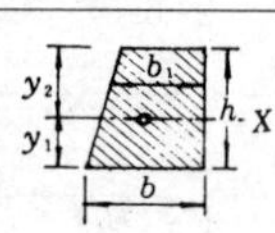	$\frac{(b+b_1)h}{2}$	$y_1=\frac{b+2b_1}{b+b_1}\ \frac{h}{3}$ $y_2=\frac{2b+b_1}{b+b_1}\ \frac{h}{3}$	$\frac{b^2+4ab_1+b_1{}^2}{36(b+b_1)}h^3$	$W_1=$ $\frac{b^2+4bb_1+b_1{}^2}{12(2b+b_1)}h^2$	$\frac{\sqrt{b^2+4bb_1+b_1{}^2}}{6(b+b_1)}$ $\sqrt{2h}$
정육각형	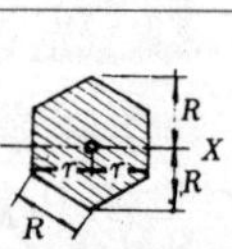	$3\sqrt{3}R^2/2$ $=2.5981R^2$ $=2\sqrt{3}r^2$ $=3.4641r^2$	$R=\frac{2r}{\sqrt{3}}$ $=1.1547r$	$5\sqrt{3}R^4/16$ $=0.5413R^4$ $=5\sqrt{3}r^4/9$ $=0.9623r^4$	$5\sqrt{3}R^3/16$ $=0.5413R^3$ $=5r^3/6$	$\sqrt{5/24}R$ $=0.4564R$ $=\sqrt{5/18}r$ $=0.5271r$
정육각형	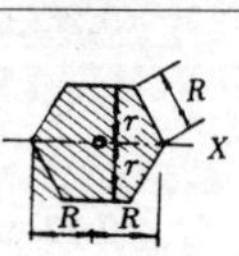	$2.5981R^2$ $=3.4641r^2$	$r=\frac{\sqrt{3}R}{2}$ $=0.8660R$	$5\sqrt{3}R^4/16$ $=0.5413R^4$ $=5\sqrt{3}r^4/9$ $=0.9623R^4$	$5R^3/8$ $=5\sqrt{3}r^3/9$ $=0.9623r^3$	$\sqrt{5/24}R$ $=0.4564R$ $=\sqrt{5/18}r$ $=0.5271r$

	도형	단면적 A	도심의 거리 y	도심축에 관한 단면 2차 모멘트 I_x	도심축에 관한 단면계수 Z	도심축에 관한 단면 2차 반경 r_x
정팔각형	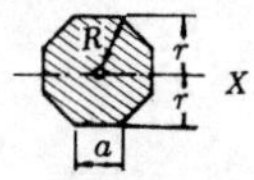	$2.8284R^2$ $=3.3137r^2$ $=4.8284a^2$	$0.9239R$ $=r$ $=1.2071a$	$0.6381R^4$ $=0.8758r^4$ $=1.8595a^4$	$0.6906R^3$ $=0.8758r^3$ $=1.54a^3$	$0.4570R$ $=0.5141r$ $=0.6206a$
정팔각형	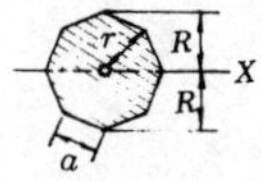	$2.8284R^2$ $=3.3137r^2$ $=4.8284a^2$	R $=1.0824r$ $=1.3066a$	$0.6381R^4$ $=0.8758r^4$ $=1.8595a^4$	$0.6381R^3$ $=0.8087r^3$ $=1.4232a^3$	$0.4570R$ $=0.5141r$ $=0.6206a$
원형	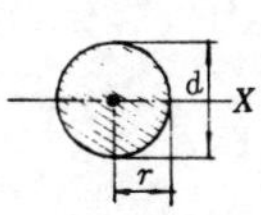	$\pi r^2=\frac{\pi d^2}{4}$	$r=\frac{d}{2}$	$\pi r^4/4$ $=0.7854r^4$ $=\pi d^4/64$ $=0.04909d^4$	$\pi r^3/4$ $=0.7854r^3$ $=\pi d^3/32$ $=0.09818d^3$	$\frac{r}{2}=\frac{d}{4}$
중공원형	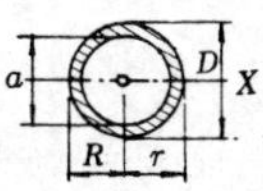	$\pi(R^2-r^2)$ 6 $=\frac{\pi}{4}(D^2-d^2)$	$R=\frac{D}{2}$	$\frac{\pi}{4}(R^4-r^4)$ $=\frac{\pi}{64}(D^4-d^4)$	$\frac{\pi}{4}\frac{R^4-r^4}{R}$ $=\frac{\pi}{32}\frac{D^4-d^4}{D}$	$\sqrt{\frac{R^2+r^2}{2}}$
반원형	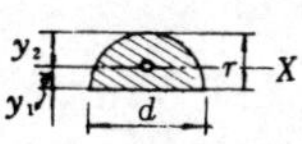	$\frac{\pi r^2}{2}=\frac{\pi d^2}{8}$	$y_1=4r/3\pi$ $=0.4244r$ $y_2=\frac{(3\pi-4)r}{3\pi}$ $=0.5756r$	$\left(\frac{\pi}{8}-\frac{8}{9\pi}\right)r^4$ $=0.1098r^4$ $=0.00686d^4$	$W_1=0.2586r^3$ $W_2=0.1908r^3$	$0.2643r$ $=0.1322d$
장원형	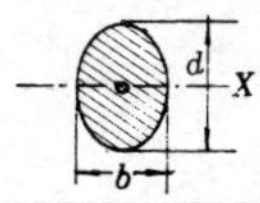	$\frac{\pi bd}{4}$ $=0.7854bd$	$\frac{d}{2}$	$\frac{\pi bd^3}{64}$ $=0.0491bd^2$	$\frac{\pi bd^2}{32}$ $=0.098bd$	$\frac{d}{4}$

연 습 문 제

문 1. $x-x$축의 단면 2차 모멘트를 구하시오.

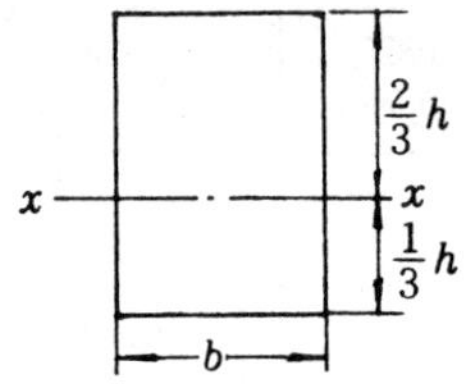

문 2. 빗금친 부분의 도심을 구하시오.

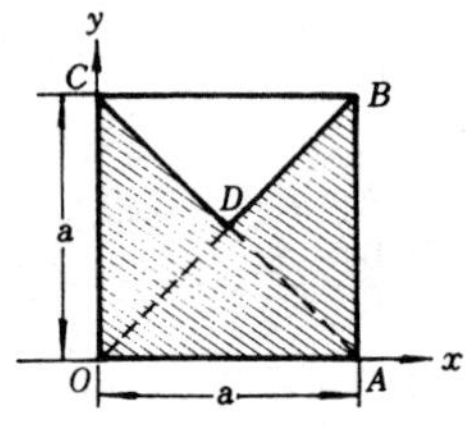

문 **3.** 빗금친 부분의 도심의 좌표를 구하시오.

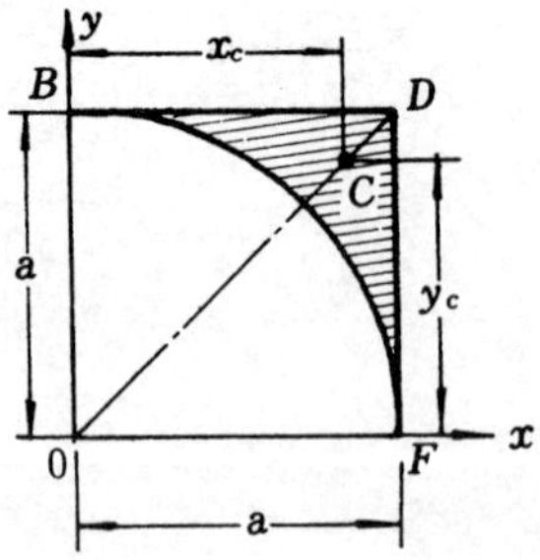

해답 1. $\frac{bh^3}{9}$ **2.** $y_c = \frac{7}{18}a$(OA로부터), $x_c = \frac{a}{2}$(OC로부터) **3.** $x_c = 0.777$, $a = y_c$

문 **4.** 다음과 같은 T형 단면의 단면 2차 모멘트 및 단면계수를 구하시오. 또한 회전반경도 구하시오.

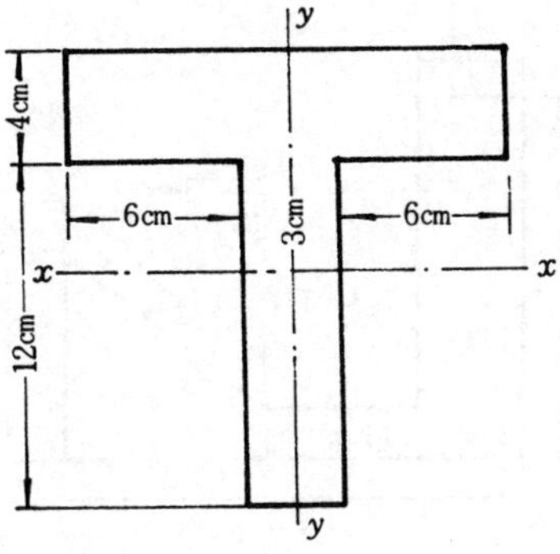

문 **5.** 단면계수와 단면 2차반경을 구하시오.

$I_x = 109\text{cm}^4$, $A = 14\text{cm}^2$

$L = 90 \times 75 \times 9$, $C_x = 27.5\text{mm}$

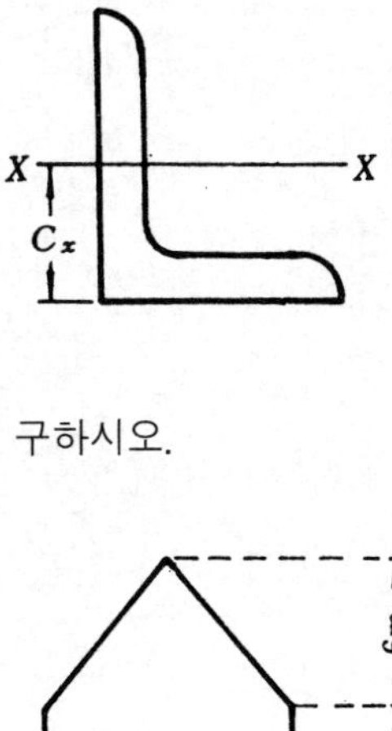

문 **6.** x축에 대한 단면 1차 모멘트를 구하시오.

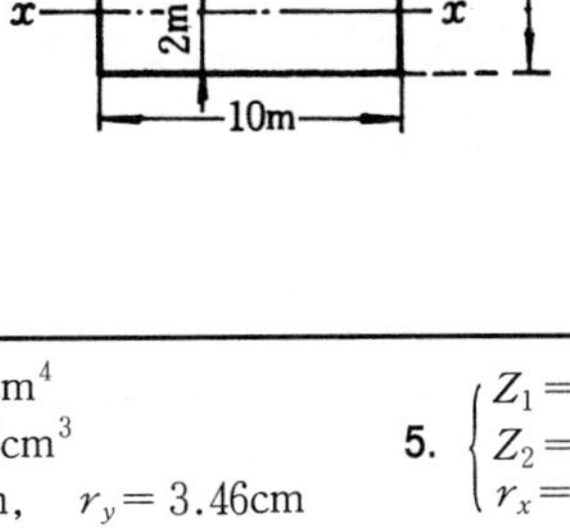

해답 4. $\begin{cases} I_x = 1,952\text{cm}^4, & I_y = 1,152\text{cm}^4 \\ Z_{xu} = 390.4\text{ cm}^3, & Z_{xD} \fallingdotseq 177.5\text{cm}^3 \\ Z_y = 153.6\text{cm}^3, & r_x \fallingdotseq 4.51\text{cm}, \quad r_y = 3.46\text{cm} \end{cases}$

5. $\begin{cases} Z_1 = 17.44\text{cm}^3 \\ Z_2 = 39.64\text{cm}^3 \\ r_x = 2.79\text{cm} \end{cases}$

6. $G_x = 400\text{m}^3$

문 7. 단면의 도심을 구하시오.

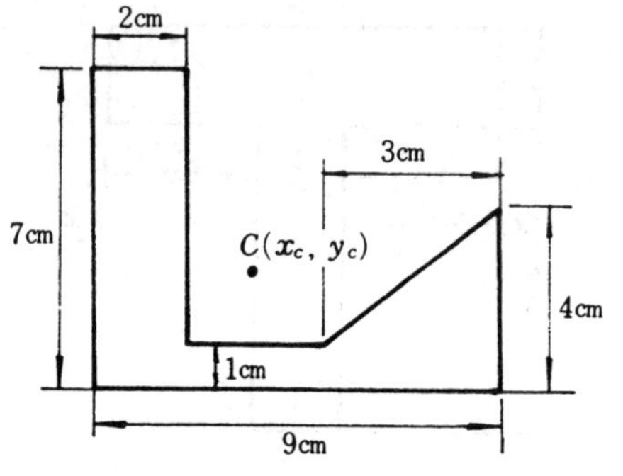

해답 7. $x_c = 3.47\text{cm}$, $y_c = 2.41\text{cm}$

제3장

구조물의 개론

제3장 구조물의 개론

1. 구조물의 절점

구조물을 구성하고 있는 부재와 부재가 연결된 곳을 절점(節點 ; panel point) 또는 격점(格點)이라 하며, 그림 3.1(a)와 같이 회전이 자유로운 힌지 절점 또는 골절(滑節 ; hinged joint)과 (b)와 같이 부재가 제거되어 절점에 모인 부재가 전혀 회전이 안 되고 완전히 고정되어 있는 강절(剛節 ; rigid joint)이 있다. 골절에서는 힘은 전달되지만 모멘트는 전달되지 않고, 강절에서는 힘과 모멘트가 전달된다.

골조구조물 중에서 모든 절점이 활절인 것을 트러스(truss)라 하고, 모든 절점이 강절인 것을 라멘(rahmen)이라 한다.

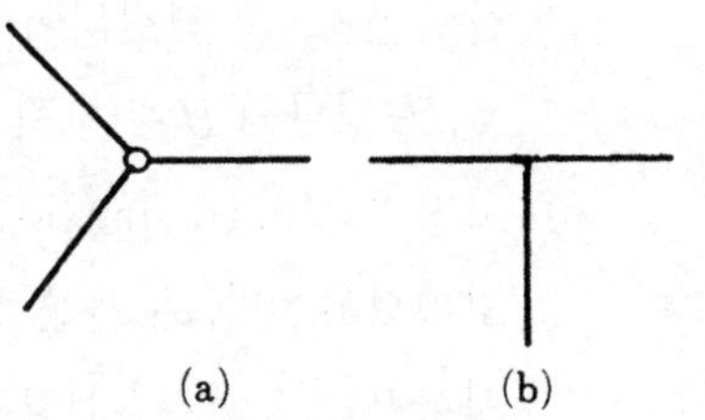

그림 3.1

2. 지점과 반력

구조물에 작용하는 하중을 하부구조물이나 지반에 전달하는 점(點), 즉 구조물을 받치는 점을 지점(支點 ; support)이라 한다.

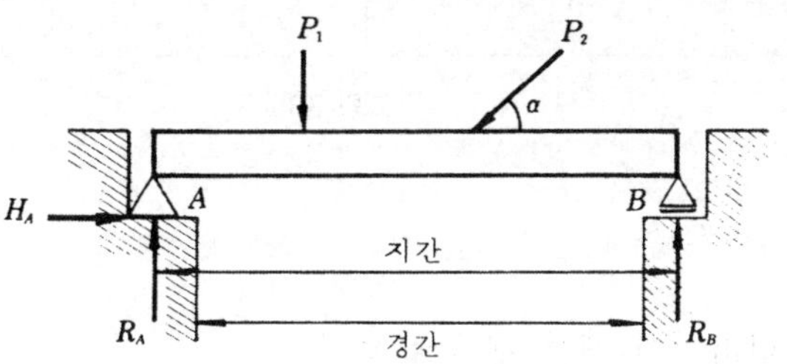

그림 3.2

그림 3.2에서 지점과 지점 사이의 거리를 지간(支間 ; span)이라 하고, 지점을 받치는 구조

물의 전면 사이의 거리를 경간(徑間) 또는 순지간(純支間 ; clear span)이라고 한다. 하중 P_1, P_2가 작용하였을 때 이 보가 정지상태에 있으려면 P_1, P_2에 균형되는 힘이 지점에 발생하기 때문이며, 이 수동적으로 지점에 생기는 힘, 즉 R_A, R_B 및 H_A를 반력이라고 말하며, 이것은 하중과 마찬가지로 외력으로 취급되어야 한다.

보통 사용되고 있는 지점의 종류는 다음과 같다.

(1) 이동지점(movable support) : 롤러 지점(roller support)이라고도 하며, 구조물이 수평 방향으로 이동할 수도 있고 회전도 자유로이 할 수 있으며, 수직 방향으로만 구속되어 이동이 가능한 방향에 대해서 1개의 수직한 방향의 반력만이 생기게 된다[그림 3.3(a)].

(2) 힌지지점(hinged support or pin support) : 회전지점 또는 핀 지점이라고도 하며, 구조물이 pin으로 연결되어 어떤 방향으로도 이동할 수 없고 회전만을 자유로이 한 것으로, 수평반력 H와 수직반력 V의 2개의 반력이 생기게 된다[그림 3.3(b)].

(3) 고정지점(fixed support) : 보의 끝을 끼워 넣은 것처럼 되어 있으며, 구조물이 완전히 고정되어 이동은 물론 회전도 할 수 없으므로 수평반력 H, 수직반력 V 및 회전에 저항하는 모멘트 M의 3개의 반력이 생기게 된다[그림 3.3(c)].

지점의 종류	구　조	표시기호	반력성분
(a) 이동지점			
(b) 힌지지점	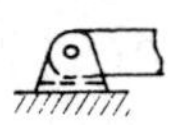	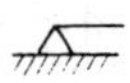	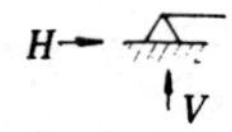
(c) 고정지점	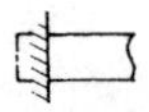		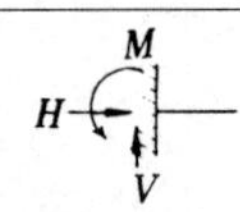

그림 3.3

3. 구조물의 종류

힘을 받는 상태에 따라서 부재를 생각해 보면

(1) 인장재(tension member) : 그림 3.4(a)와 같이 축방향으로 늘어나는 방향의 힘을 받는 부재로서 부호는 (+)로 표시한다.

(2) 압축재(compression member) : 그림 3.4(b)와 같이 축방향으로 줄어드는 방향의 힘을

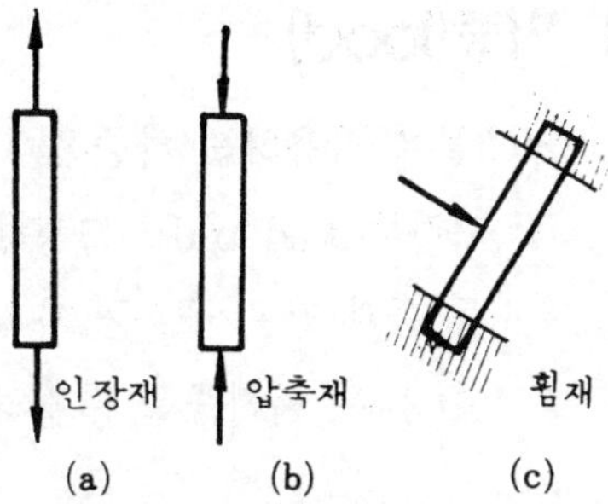

그림 3.4

받는 부재를 말하며 부호는 (−)로 표시한다.

(3) 휨재(bending member) : 그림 3.4(c)와 같이 부재의 축과 수직인 방향으로 하중을 받는 부재를 말한다.

이상과 같은 부재로 구성된 구조물의 종류에는 다음과 같은 것들이 있다.

1) 보(beam) : 막대기를 몇 개의 지점으로 받친 구조물을 말한다[그림 3.5(a)].
2) 라멘(rahmen) : 부재가 모두 고정 절점으로 연결된 구조물이다[그림 3.5(b)].
3) 합성라멘 : 부재가 고정 절점과 회전 절점으로 연결된 구조물이다[그림 3.5(c)].
4) 트러스(truss) : 부재가 회전 절점으로 짜여진 구조물을 말한다[그림 3.5(d)].
5) 아치(arch) : 부재의 축이 곡선으로 된 구조물을 말한다[그림 3.5(e)].
6) 슬래브(slab) : 마루 바닥과 같이 평면형의 판으로 되어 있는 구조물을 말한다[그림 3.5(f)].
7) 샤이베(shiebe) : 벽면과 같이 슬래브를 세워 하중을 받도록 만들어진 구조물을 말한다[그림 3.5(g)].
8) 샬렌(schalen) : 곡면 슬래브를 말한다[그림 3.5(h)].

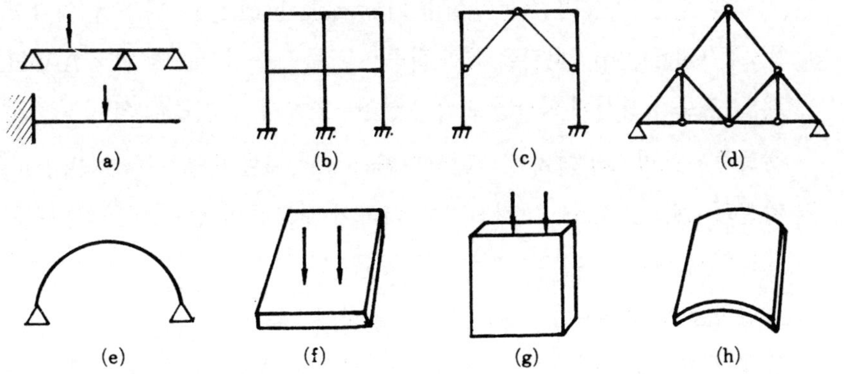

그림 3.5

4. 하중(load)

구조물에 작용하는 하중은 사하중(死荷重)과 활하중(活荷重)으로 구분할 수 있다.

(1) 사하중(dead load) : 고정하중 또는 정하중(靜荷重)이라고도 하며 지붕, 마루바닥, 보, 기둥 등과 같은 구조물 자체의 무게로 항상 일정한 무게로 작용하는 하중이다.

표 3.1은 사하중을 추정하기 위한 재료의 단위중량을 나타낸 것이다.

표 3.1 재료의 단위 중량

재료	단위중량(t/m³)	재료	단위중량(t/m³)
강철	7.85	시 멘 트 몰 탈	2.20
연철	7.80	목재	0.80
주철	7.25	자 갈 · 모 래	1.70
철근콘크리트	2.40	흙	1.60
콘 크 리 트	2.20	아스팔트 포장	2.80
(건축에서는)	2.30	석재	2.60

(2) 활하중(live load) : 적재하중 또는 동하중(動荷重)이라고도 하며 군중, 눈, 얼음, 바람, 차량, 건물에 놓이는 물건 등을 말한다. 특히 기차나 자동차 바퀴와 같이 일정한 간격을 두고 이동하는 하중을 연행하중(traveling load)이라고도 한다. 활하중은 차량이나 기차와 같이 스스로 움직이는 이동하중(移動荷重 ; moving load)과 가구(家具), 눈, 또는 사람과 같은 가동하중(可動荷重 ; movable load)으로 나누어 생각할 수도 있다.

1) 풍하중(wind load) : 바람에 의한 하중으로 풍압을 말하는데, 미국 AASHTO 도로교(道路橋) 표준 시방서에 의하면 교량의 상부구조에서 종축(縱軸)의 수직방향에서 작용하는 풍하중은 트러스와 아치에 대해서 336kg/m^2, 보에 대해서는 244kg/m^{2}로 하고 있다.

2) 지진력(seismis force) : 지진력에 의하여 구조물이 받는 하중인데, 우리나라에서는 고려하지 않아도 된다.

3) 적설하중(snow load) : 적설의 단위중량에 그 지방에 있어서의 수직 최심적설량을 곱해서 계산하는데, 적설의 단위중량은 적설량 1cm마다 1m^{2}에 대하여 눈이 많은 지역에서는 3kg 이상, 기타의 지역에서는 2kg 이상으로 하여야 한다.

4) 충격하중(impact load) : 주로 차량이나 기차와 같은 이동하중이 작용할 때 나타나게 되는 것으로, 충격 응력은 활하중 응력에 충격계수를 곱하여 구하게 된다.

한국도로표준시방서에는 강교(鋼橋)에 대한 충격계수를 $i = \frac{20}{50+L}$ 으로 규정하고 있다. 여기서 L은 meter로 표시된 활하중의 재하(載荷)길이이다.

(3) 구조물에 작용하는 하중을 다음과 같이 구별할 수도 있다.

1) 분포상태에 의한 분류

1점에 집중하여 작용하는 하중을 집중하중(concentrated load)이라 하며 kg, ton등으로 나타낸다. 또 구조물의 자체 중량 등과 같이 어떤 범위에 분포하여 작용하는 것을 분포하중(distributed load)이라 하며 단위폭에 대한 것을 계산하게 되므로 단위길이(1m)에 대한 무게, 즉 kg/cm, t/m 등으로 나타낸다. 분포하중은 균등하게 분포된 등분포하중(uniform load), 직선적으로 변하는 등변분포 하중(uniformly varying load)으로 크게 나눌 수 있다.

2) 작용방향에 의한 분류

적설하중 등과 같은 수직하중(vertical load), 풍하중과 같은 수평하중(horizontal load) 등이 있다.

3) 작용하는 시간에 의한 분류

사하중, 고정하중 등과 같은 장기하중(long time loading), 풍하중, 충격하중 등과 같은 단기하중(short time loading) 등이 있다.

4) 작용위치에 따른 분류

부재 단면의 중심에 작용하는 중심하중(center load)과 중심에서 떨어진 곳에 작용하는 편심하중(eccentric load)이 있다.

5) 작용상태에 의한 분류

직접하중(direct load), 간접하중(indirect load)이 있다.

5. 구조물의 안정, 불안정, 정정, 부정정 및 판별

구조물이 어떠한 외력을 받더라도 항상 평형상태를 이루면 그 구조물을 안정(stable)이라 하고 그렇지 못할 때를 불안정(unstable)이라고 한다.

이 안정과 불안정은 다시 내적 및 외적으로 구분되며 어떠한 외력에 대해서도 구조물 전체가 위치를 옮기지 않으면 외적 안정(externally stable), 위치를 옮기면 외적 불안정(externally unstable)이라 하고, 어떠한 외력에 대하여도 구조물 자체의 형태가 변하지 않는 구조물을 내적 안정, 변할 때를 내적 불안정이라고 한다.

외적으로 안정하려면 구조물에 작용하는 외력(하중과 지점반력) 간에는 평형조건을 유지해야 하며, 이에 대해서 생각해 보면 그림 3.6(a)의 구조물은 지점반력수가 2개이므로 하중의 수평성분에 균형될 수평반력이 없어서 불안정하다.

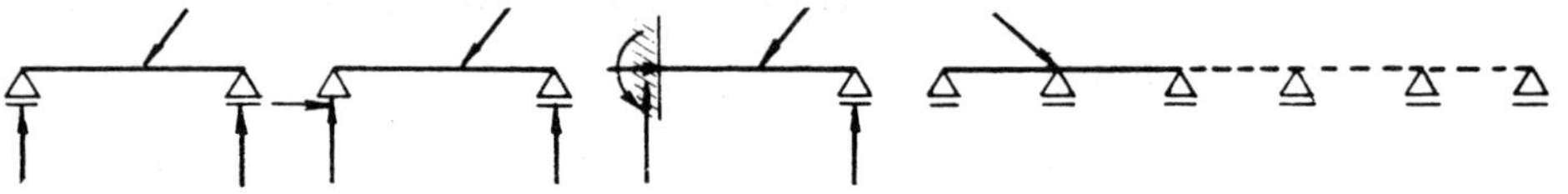
(a) (b) (c) (d)

그림 3.6

그림 3.6(b)와 (c)는 지점반력수가 각각 3개 및 3개 이상이며 수평분력도 있으므로 외적 안정으로 볼 수 있다. 그러나 그림 3.6(d)의 경우는 반력수는 3개이나 힘의 평형조건이 성립되지 않으므로 불안정이다.

구조물의 지점반력수를 r이라 할 때, $r<3$일 때는 필요조건은 못 되지만 외적 불안정, $r \geq 3$일 때는 충분조건은 못 되지만 외적 안정이다. 그림 3.7(a)는 외적 안정, 내적 불안정, (b)는 외적 안정, 내적 안정, (c)는 외적 불안정, 내적 안정이다. 그림 3.8과 같은 경우에는 실선으로 표시한 것과 같은 외력을 받을 때 이 골조는 $r<3$이므로 수평방향으로 이동하여 불안정이 된다.

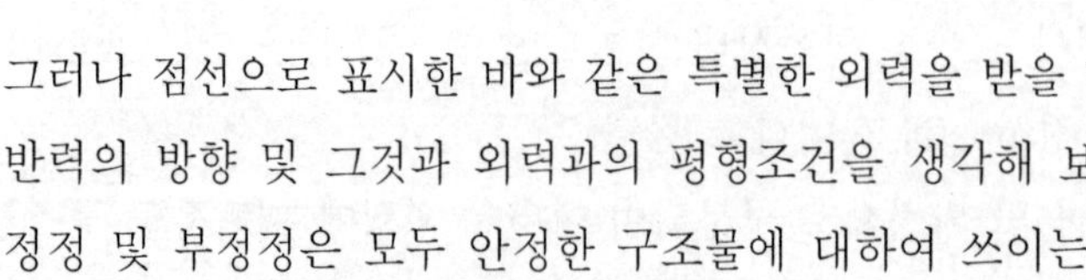

(a) (b) (c)

그림 3.7

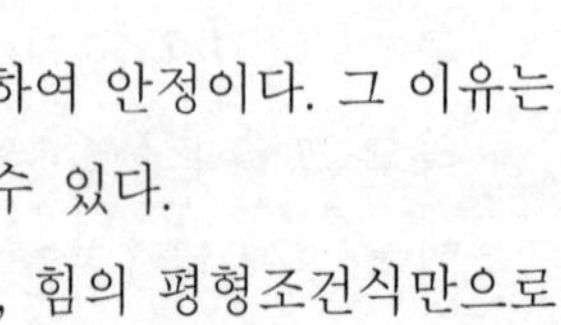
그림 3.8

그러나 점선으로 표시한 바와 같은 특별한 외력을 받을 때에 한하여 안정이다. 그 이유는 반력의 방향 및 그것과 외력과의 평형조건을 생각해 보면 알 수 있다.

정정 및 부정정은 모두 안정한 구조물에 대하여 쓰이는 것으로, 힘의 평형조건식만으로 지점반력, 부재력을 구할 수 있는 구조를 정정(statically determinate)이라 하는데, 지점반력을 평형조건식만으로 구할 수 있을 때를 외적 정정(externally statically determinate)이라 하고, 부재의 부재력을 구할 수 있을 때를 내적 정정(internally statically determinate)이라고 한다.

또한 힘의 평형조건식만으로 반력, 부재력 등을 구하지 못하는 구조를 부정정(statically indeterminate)이라 하는데 반력을 구할 수 없을 때를 외적 부정정(externally statically determinate), 부재력을 구할 수 없을 때를 내적 부정정(internally statically indeterminate)이라고 한다.

부정정 차수는 보, 트러스, 라멘, 아치 등에서는 $n=r-3$, 보, 라멘, 합성라멘, 아치 등에서는 $n=L+r-3m$으로 구한다. 여기서 n은 부정정 차수이고 r은 지점반력수, L은 링크수, m은 부재수를 나타낸다. 링크수 및 부재수의 계산 방법은 다음과 같이 한다.

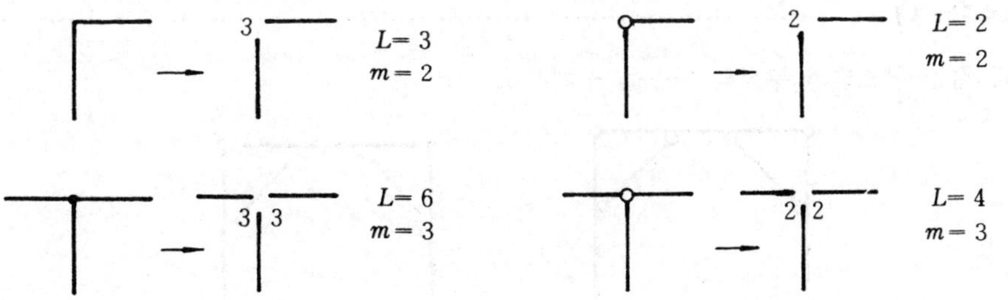

(a) 고정절점 (b) 회전절점

그림 3.9

【예제 1】

그림과 같은 연속보의 부정정 차수를 구하시오.

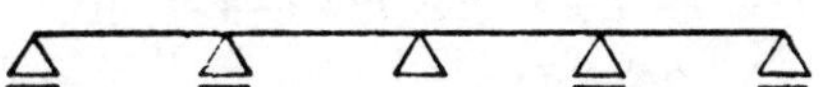

그림 3.10

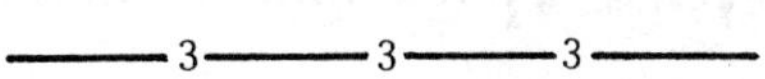

그림 3.11

풀이 (1) $r=6$, $n=r-3=3$차

(2) 그림 3.11에서 $L=9$, $m=4$, $r=6$, $n=L+r-3m=9+6-3\times4=3$차

【예제 2】

그림과 같은 구조물에서 부정정 차수를 구하시오.

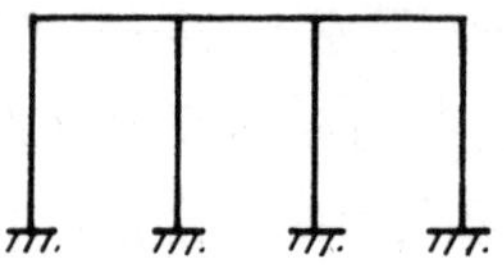

그림 3.12

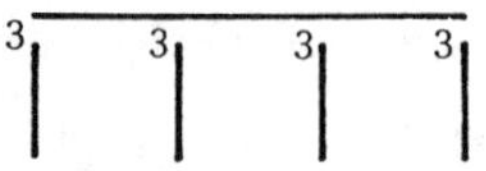

그림 3.13

풀이 (1) $n=r-3=12-3=9$차

(2) 그림 3.13에서 $L=3\times4=12$, $m=5$

$\therefore\ n=L+r-3m=12+12-3\times5=9$차

【예제 3】

그림과 같은 구조물의 부정정 차수를 구하시오.

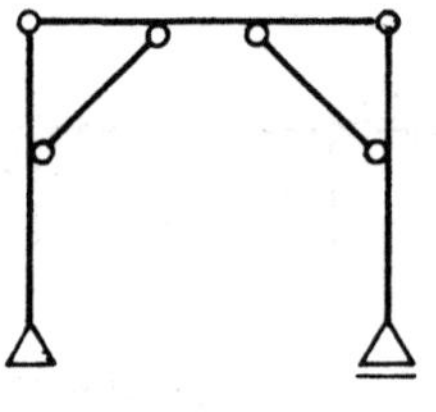

그림 3.14

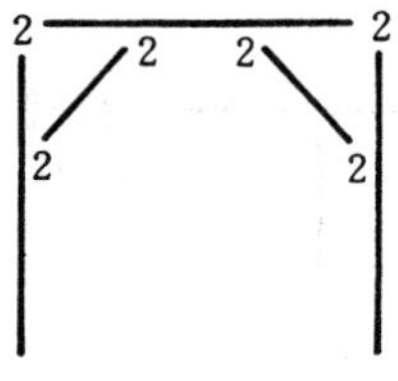

그림 3.15

풀이 그림 3.15에서 $L=12$, $r=3$, $m=5$

$\therefore\ n=L+r-3m=12+3-3\times5=0$

$\therefore$ 정정 구조물

【예제 4】

그림에서 부정정 차수를 구하시오.

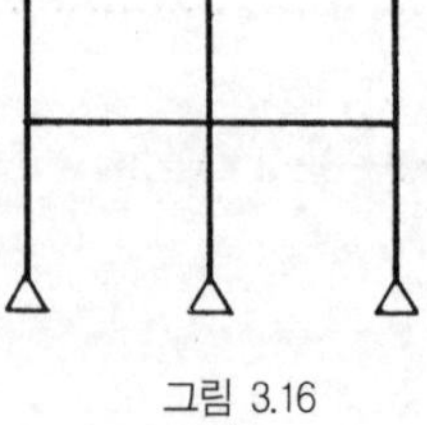

그림 3.16

그림 3.17

풀이 층으로 구성된 라멘 구조에서는 $n=r-3$의 판별식으로 적용이 안 되므로 그림 3.17에서 보면

$L=3\times8=24$, $m=7$, $r=2\times3=6$

$\therefore\ n=L+r-3m=24+6-3\times7=9$차

【예제 5】

그림에서 부정정 차수를 구하시오.

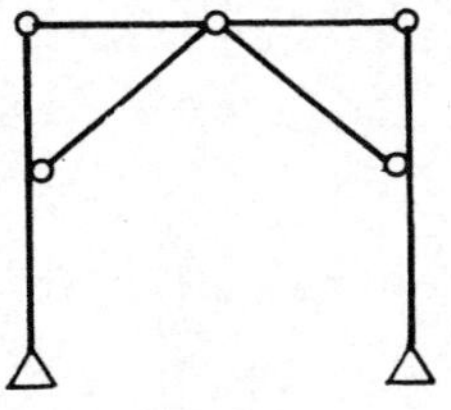

그림 3.18

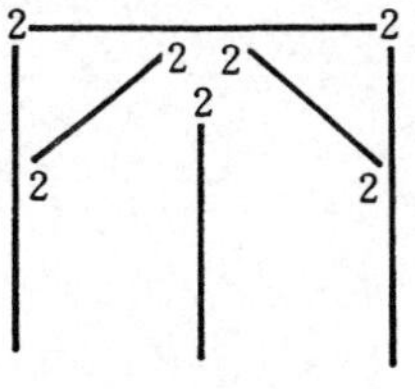

그림 3.19

풀이 그림 3.19에서 $L=2\times7=14$

$m=6$, $r=4$

$\therefore\ n=L+r-3m=14+4-3\times6=0$

$\therefore$ 정정 구조물

【예제 6】

그림과 같은 구조물의 부정정 차수를 구하시오.

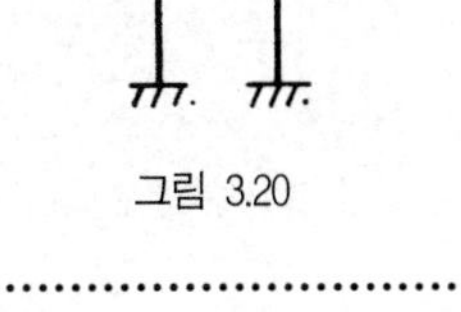

그림 3.20

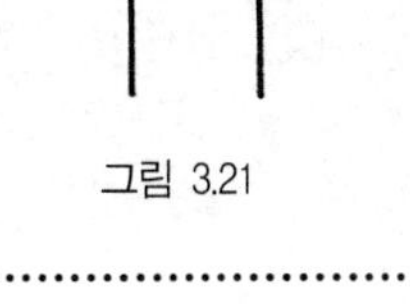

그림 3.21

풀이 그림 3.21에서 $L=6, r=10, m=3$이므로

$n=6+10-3\times3=7$차

제4장

정정보

제4장 정정보

1. 보

(1) 보의 종류

1) 단순보(simple beam) : 그림 4.1(a)와 같이 일단(一端)이 회전지점, 타단(他端)이 이동지점으로 지지되어 있는 보
2) 캔틸레버 보(cantilever deam) : 외팔보라고도 하며 그림 4.1(b)와 같이 일단이 고정지점이고, 타단은 지점이 없이 자유인 상태의 보
3) 내민보(overhanging beam) : 돌출보라고도 하며 그림 (c)와 같이 지점의 구조는 단순보와 같으나 보의 일단 혹은 양단이 외측으로 내민보로서, 일단만 내민보를 일단 내민보(one side overhanging beam)라 하고 양단이 다 내민보는 양단 내민보(both sides overhanging beam)라고 한다.
4) 게르버 보(gerber's beam) : 그림 (d)와 같이 3개 이상의 지점으로 지지하고 있는 보로서, 힘의 평형방정식만으로 풀 수 있도록 하기 위하여 보의 적당한 곳에 힌지를 넣은 보이다. 게르버 박사가 이것을 고찰하여 게르버 보라고 한다.

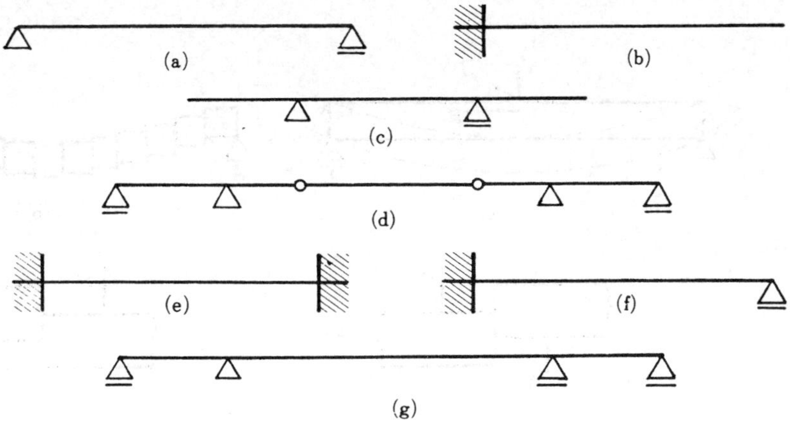

그림 4.1

5) 고정보(fixed beam) : 고정지점을 갖는 보로서, 그림 (e)와 같이 양단이 고정지점으로 되어 있는 부정정 보를 양단 고정보라 하고, 그림 (f)와 같이 일단이 고정지점이고 타단이 이동지점인 보를 일단 고정보라고 한다.
6) 연속보(continuous beam) : 그림 (g)와 같이 연속된 부재를 3개 이상의 지점으로 받친 부정정 보이다.

(2) 보의 단면력

보에 작용하는 단면력(section force)에는 전단력(S), 휨모멘트(M), 축방향력(N) 등이 있다.

1) 전단력(shearing force) : 그림 4.2(a)에서와 같은 힘 P가 주어질 때, 이 막대기가 그림 (b)와 같이 그 축과 수직인 방향으로 잘리려고 하는 힘을 말하며, 힘의 단면 크기는 그 점의 좌측(또는 우측) 부에서 보의 축방향과 수직한 분력의 대수합이다. 또한 보의 임의 단면에 대하여 좌측에 걸리는 힘의 대수적 총합과 우측에 걸리는 힘의 대수적 총합은 크기가 같다. 부호는 좌측에서부터 구할 때는 상향력을 (+), 하향력을 (−)로 하고 우측에서 구할 때는 이와 반대가 된다.
   즉, 그림 4.2(c)와 같이 끊으려는 전단력을 정(+), 그림 (d)와 같이 끊으려고 할 때를 부(−)로 나타내고 있다.
   단위는 kg, ton 등을 사용하며, 각 단면의 전단력의 변화를 나타내는 그림을 전단력도(Shearing Force Diagram : SFD) 또는 S-도(S-diagram)라 한다. 정의 전단력을 기선 위에, 부의 전단력을 기선 아래에 그리는 것이 관례로 되어 있다.

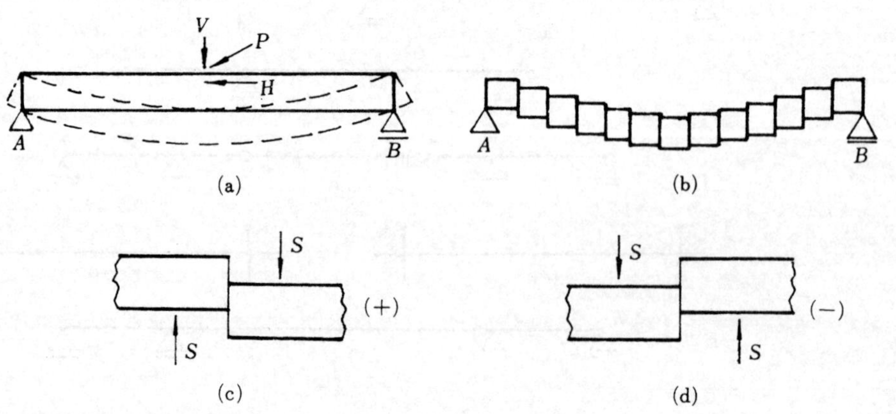

그림 4.2

2) 휨모멘트(bending moment) : 그림 4.2(a)에서 힘 P의 수직분력 V와 같이 막대기를 구부리려고 하는 힘을 말하며, 외력과 거리의 상승적으로 계산될 수 있다. 휨모멘트는 임의의 단면에 대하여 좌측에 걸리는 힘의 모멘트의 대수적 총합과 우측에 걸리는 힘의 모멘트의 대수적 총합은 같으므로 어느 쪽이든지간에 구하기 쉬운 쪽의 대수적 총합을 구하면 된다. 부호는 단면의 좌측에서 생각할 때는 시계방향을 (+), 우측에서 생각할 때는 그 반대이다. 즉, 그림 4.3과 같이 된다.
각 단면의 휨모멘트의 변화 상태를 나타낸 그림을 휨모멘트도(Bending Moment Diagram : *BMD*) 또는 $M-$도($M-$diagram)라 부른다. 보통 기선보다 하측에 (+)값을, 상측에 (−)값을 그린다.

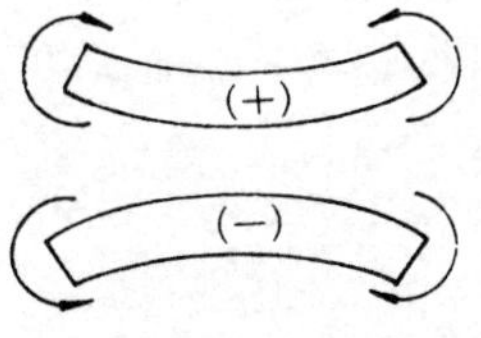

그림 4.3

3) 축방향력(axial force) : 그림 4.2(a)에서 수평분력 H와 같이 축방향 쪽으로 이동시키려고 하는 힘을 말하며, 그림 4.4와 같이 인장력일 때는 (+), 압축력일 때는 (−)로 표시되며, 축방향력의 크기를 나타낸 그림을 축방향력도(Axial Force Deagram : *AFD*) 또는 $N-$도($N-$diagram)라 한다.

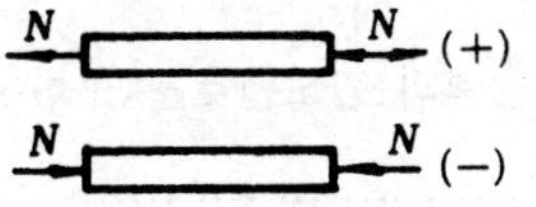

그림 4.4

【예제 1】

다음 그림에서 반력을 구하시오.

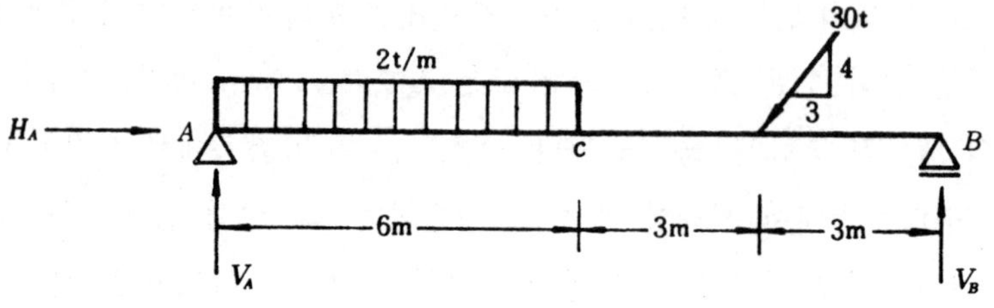

그림 4.5

풀이 지점반력을 구하려면 하중과 지점반력이 균형을 이룬다는 조건을 이용하면 된다.

우선 30(t)에 대한 수평분력과 수직분력을 구하면

$$H=30\times\frac{3}{5}=18\ (\text{t})$$

$$V=30\times\frac{4}{5}=24\ (\text{t})$$

평형조건식을 적용시키면

$\Sigma M_B=0$에서 $V_A\times12-2\times6\times9-24\times3=0$

$\therefore\ V_A=15(\text{t})(\uparrow)$

$\Sigma V=0$에서 $2\times6+24=V_A+V_B$

$\therefore\ V_B=21(\text{t})(\uparrow)$

$\Sigma H=0$에서 $H_A-18=0$

$\therefore\ H_A=18(\text{t})(\rightarrow)$

【예제 2】

그림 4.5에서 중앙점 C의 전단력과 휨모멘트를 구하시오.

풀이 전단력이란 그 점까지의 수직력의 총합이므로

$S_C=V_A-2\times6=+3(\text{t})$

$M_C=V_A\times6-2\times6\times3=+54(\text{t}\cdot\text{m})$

(3) 하중, 전단력 및 휨모멘트와의 관계

보의 임의 단면에서의 하중과 전단력, 휨모멘트의 관계식은 응용역학 계산에 매우 편리한 방법을 제시해 주므로, 이들의 상호관계를 생각해 보기로 한다. 그림 4.6에서와

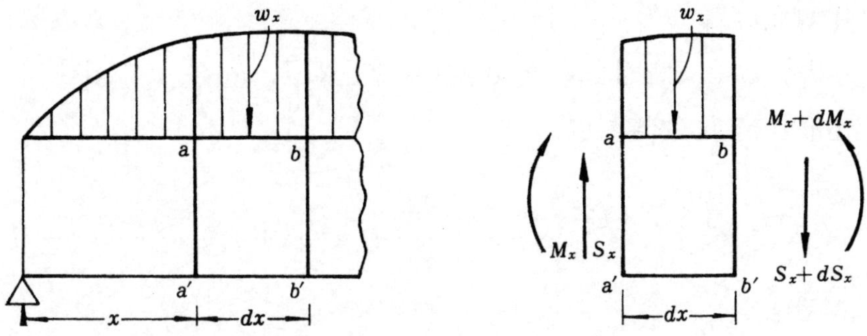

그림 4.6

같이 분포하중 w가 작용할 때 임의 거리 x만큼 떨어진 $a-a'$단면과, 미소거리 dx 만큼 떨어진 $b-b'$단면에서의 전단력과 휨모멘트의 관계를 살펴보면 다음과 같다.

$\Sigma V=0$에 의해 $S_x-w_xdx-(S_x+dS_x)=0$

$$\frac{dS_x}{dx}=-w_x \qquad (4\text{-}1)$$

$\Sigma M_b=0$에 의해 $M_x+S_xdx-w_xdx\frac{dx}{2}-(M_x+dM_x)=0$

dx^2은 2차의 미소량이므로 무시하면

$$\frac{dM_x}{dx}=S_x \qquad (4\text{-}2)$$

식(4-2)을 x에 관해 미분하고 식(4-1)에 대입하면

$$\frac{d^2M}{dx^2}=\frac{dS}{dx}=-w_x \qquad (4\text{-}3)$$

식(4-3)에서 알 수 있듯이 휨모멘트를 2차 미분하면 하중강도가 되며, 거리로 미분하면 전단력이 되고, 또 전단력을 거리로 미분하면 그 단면에 작용하는 단위하중에 부의 부호를 붙인 것과 같다.

또한 식(4-1)을 x로 한번 적분하면

$$S_x=-\int w_xdx+C_1 \qquad (a)$$

이 된다.

여기서 C_1은 적분상수로 $x=0$에서의 전단력 즉, R_A의 값이 된다.

식(4-2)를 x로 적분하면

$$M_x = \int S_x dx + C_2 \quad \cdots\cdots \text{(b)}$$

로 된다.

여기서 C_2는 적분상수로 $x=0$에서의 휨모멘트의 값이다. (a)로부터 (b)는

$$M_x = -\int\int w_x dx dx + C_1 x + C_2 \quad \cdots\cdots \text{(4-4)}$$

로 된다.

이상의 여러 식으로부터 다음과 같은 사항을 알 수 있다.

1) 휨모멘트가 극대가 된 단면에서는 $\frac{dM}{dx}=0$이 되어야 하므로, 식(4-2)에서 $\frac{dM}{dx}=S=0$이 된다. 즉, 전단력이 0이 되는 단면에서는 휨모멘트는 최대의 값을 가진다[그림 4.6.1(a)].

2) 집중하중만을 받는 보의 극대 휨모멘트는 그 좌우에 있어서 전단력의 부호가 바뀌는 단면에서 생긴다. 그러므로 반드시 하중이 작용하는 점에서 생기게 된다[그림 4.6.1(b)].

3) $\frac{dM}{dx}$는 BMD의 구배로 전단력 S로서 나타난다(식 4-2). 따라서 S가 일정한 경우 BMD는 직선변화[그림 4.6.1(b)]를 하고, S가 직선변화를 하는 경우(등분포하중을 받을 때) BMD는 x의 2차곡선 즉, 포물선으로 된다[그림 4.6.1(a)].

4) 단순보에 모멘트가 작용하지 않을 경우는

$$\int_0^l S dx = \int_0^l dM = (M)_{x=l} - (M)_{x=0} = 0$$

즉, 단순보의 SFD의 총합은 0이다. 다시 말하면 SFD의 (+)의 면적과 (−) 면적은 같다[그림 4.6.1(a), (b)].

5) $\frac{dS_x}{dx}$는 SFD의 구배이므로 SFD의 구배가 $-w_x$로 나타난다.

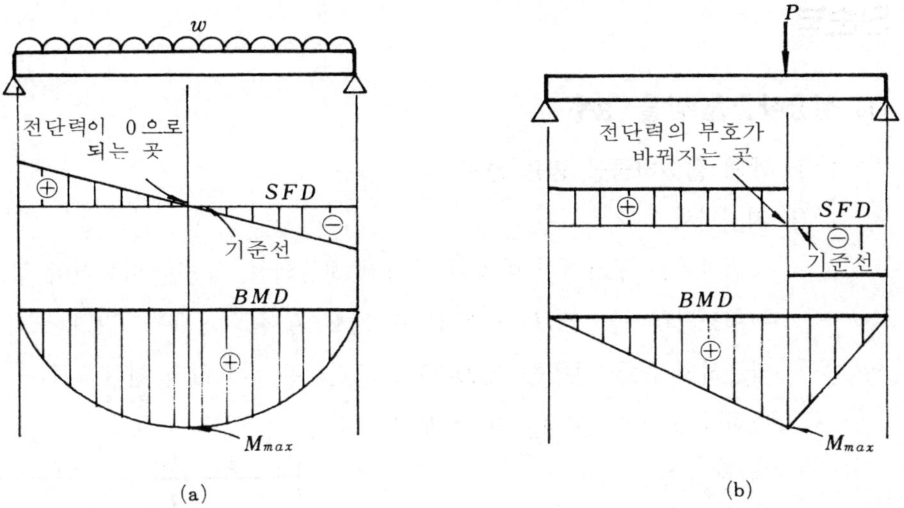

그림 4.6.1

즉, 임의 점에서 전단력도의 기울기는 그 점에서의 분포하중의 강도와 같다.

6) 하중이 없는 부분의 전단력도는 기선과 나란한 직선이 되고, 휨모멘트는 경사 직선이 된다[그림 4.6.1(b)].

7) 모멘트가 아닌 하중을 받는 보의 임의 단면의 휨모멘트의 절대치는 그 단면의 좌측 또는 우측의 전단력도의 넓이의 절대치와 같다[그림 4.6.1(a), (b)].

8) 임의의 두 점 사이의 *BMD*의 종거차(縱距差)는 이 두 점 사이에서의 *SFD* 면적과 같다(식 4-2를 보의 임의구간 *AB*에 적용하면 $M_B - M_A = \int_A^B S dx$).

9) 임의의 두 점 사이의 *SFD*의 종거차는 이 두 점 사이에서의 보에 작용하는 전체 하중과 같다(식 4-1을 보의 임의구간 *AB*에 적용하면 $S_B - S_A = -\int_A^B w dx$).

10) 보의 어떤 단면에서 단면력을 계산하려면, 그 단면의 좌측 또는 우측의 어느 한 쪽에서만 생각하여 계산하면 된다. 왜냐하면 어떠한 단면의 좌측의 외력으로 계산한 단면력 즉, S, M, N은 우측의 외력으로 계산한 S, M, N과 크기는 같고 방향만이 다르기 때문이다.

2. 단순보

(1) 집중하중을 받을 경우

1) 한 개의 집중하중을 받을 경우

① 지점반력

지점반력을 구하려면 이것과 주어진 하중과는 균형을 이루어야 하므로, 힘의 평형조건식 즉, $\Sigma H=0$, $\Sigma V=0$, $\Sigma M=0$ 을 사용한다. 만일 보에 수평력이 작용하지 않을 경우는 $\Sigma H=0$의 조건식은 필요없게 된다.

그림 4.7(a)에서 $\Sigma M_B=0$으로부터

$$\Sigma M_B=R_A l-Pb=0$$

$$\therefore\ R_A=\frac{Pb}{l} \quad \cdots\cdots\cdots\cdots\cdots (4\text{-}5)$$

$$\Sigma M_A=-R_B l+Pa=0$$

$$\therefore\ R_B=\frac{Pa}{l} \quad \cdots\cdots\cdots\cdots\cdots (4\text{-}6)$$

또한 R_B는 $\Sigma V=0=R_A+R_B-P=0$으로부터 $R_B=P-R_A$로도 구할 수 있다.

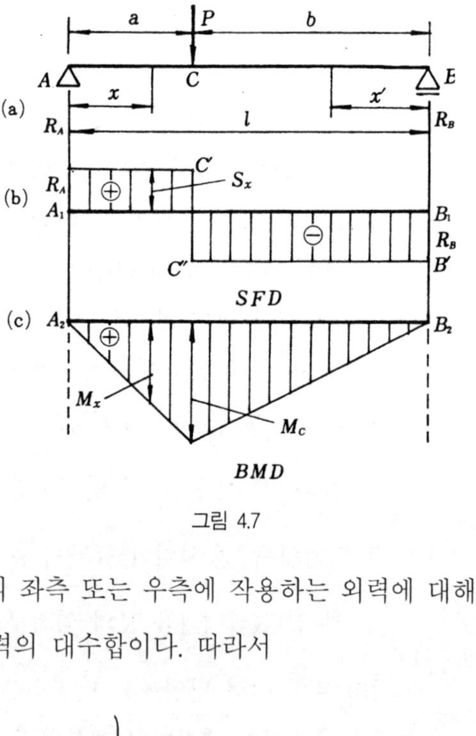

그림 4.7

② 전단력

임의 단면의 전단력 S_x는 그 단면의 좌측 또는 우측에 작용하는 외력에 대해서 그 단면방향의 분력 즉, 수직분력의 대수합이다. 따라서

$$\left.\begin{aligned} &AC \text{ 사이 ; } 0\leq x\leq a \text{ 에서 } S_x=R_A \\ &CB \text{ 사이 ; } a\leq x\leq l \text{ 에서 } S_x=R_A-P=-R_B \end{aligned}\right\} \cdots\cdots\cdots\cdots\cdots (4\text{-}7)$$

그림 4.7(b)와 같이 $\overline{A_1B_1}$의 기선을 긋고 식(4-7)에서 구한 각 단면의 전단력을 그 점의 종거(縱距)로서 나타내면 그림을 얻을 수 있다. 즉, A_1점에서 B_A의 힘만큼 위로 올라가고(R_A가 ⊕이므로) 그 점에서 C점까지는 하중이 없으

므로 기선과 나란한 직선이 되고, C'점에서 하중 P만큼 밑으로 내리면 C''점이 되며($C'C''$의 길이는 P크기와 같음), C''에서 B점까지는 하중이 없으므로 기선과 나란한 직선이 되어 B'점에 이르고, B'점에서 R_B의 크기만큼 위로 (R_B가 ⊕이므로) 그리면 B_1점이 된다($B_1B'=R_B$임). 이와 같이 그린 그림을 전단력도(*SFD*)라 하면, ⊕의 전단력은 기선에 대해서 위쪽으로, ⊖는 아래쪽으로 그리는 것이 통례로 되어 있다. 즉, 전단력도(*SFD*)란 하중의 크기와 작용점이 주어지면 보의 모든 단면에 생기는 전단력을 그 단면의 밑에 나타낸 것이다. 따라서 *SFD*는 그림 4.7(b)와 같이 된다.

③ 휨모멘트

M_x도 그 단면의 좌측 또는 우측에 작용하는 외력의 그 단면에 대한 모멘트의 대수합이므로(좌측에서부터 계산하면 시계방향의 모멘트가 (+), 우측부터 계산하면 반시계 방향의 모멘트가 (+)이다)

$$\left.\begin{array}{l} AC \text{ 사이 ; } 0 \leqq x \leqq a \text{ 에서 } M_x = R_A \cdot x \\ CB \text{ 사이 ; } a \leqq x \leqq l \text{ 에서 } M_x = R_A \cdot x - P(x-a) = R_B \cdot x \end{array}\right\} \cdots\cdots (4\text{-}8)$$

M_x는 x에 관한 1차식이므로 직선변화를 이룬다.

$$M_{\max} = M_C = R_A \cdot a = \frac{pba}{l} \cdots\cdots (4\text{-}9)$$

만약 P가 지간 중앙에 작용한다면

$$M_{\max} = M_{x=\frac{l}{2}} = \frac{pl}{4} \cdots\cdots (4\text{-}10)$$

전단력의 경우와 같이 식(4-8)에서 구한 단면의 휨모멘트를 그 점의 종거(縱距)로 나타내면 이것이 휨모멘트도(*BMD*)가 된다. *BMD*는 (+)를 기선 밑에, (−)를 기선 위에 그리는 것이 통례이다. *BMD*는 그림 4.7(c)와 같이 된다.

【예제 3】

다음 그림에서 단면력을 구하고 단면력도를 그리시오.

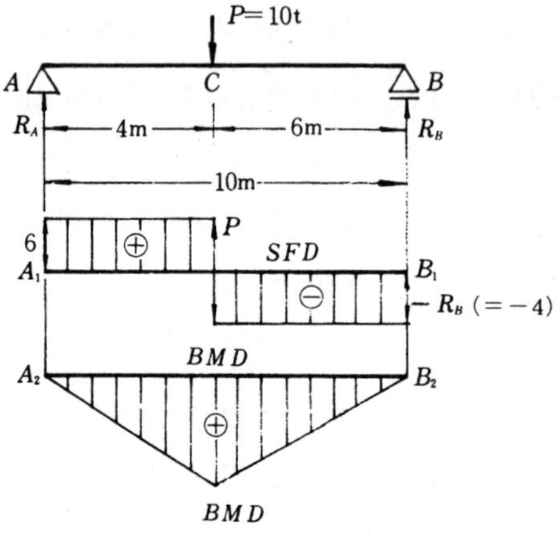

그림 4.8

풀이 $\Sigma M_B=0$에서

$R_A\times 10-10\times 6=0$, $R_A=6\,(t)$

$\Sigma V=0$에서

$R_A+R_B-10=0 \quad \therefore\ R_B=4\,(t)$

$S_{A\sim C}=R_A=6(t)$,

$S_{C\sim B}=R_A-P=-4(t) = -R_B$

$M_A=0$, $M_C=R_A\times 4=6\times 4=24\,(t\cdot m)$

$M_B=0$

【예제 4】

다음 그림에서 단면력을 구하고 단면력도를 그리시오.

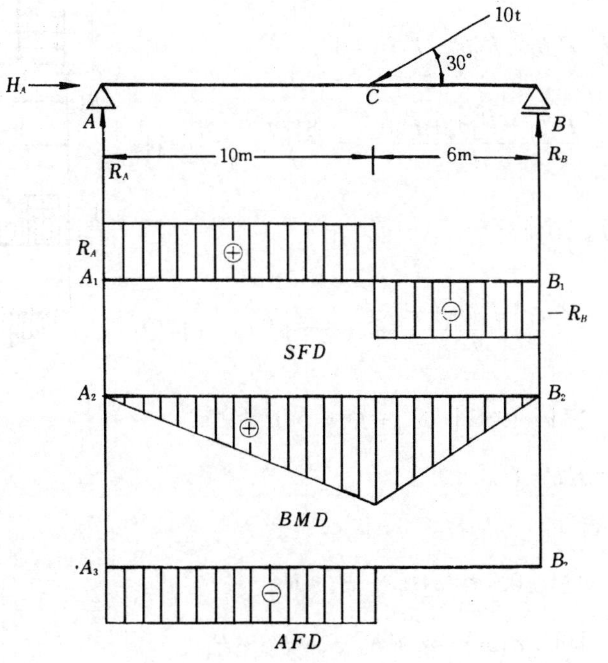

그림 4.9

풀이 먼저 10(t)에 대한 H와 V를 구하면

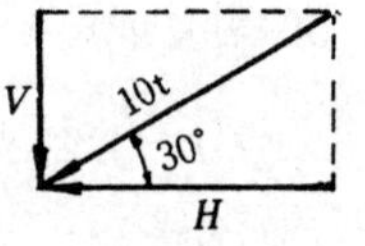

$H=10\cos 30°=8.66\,(\mathrm{t})$ $\qquad$ $V=10\sin 30°=5.00\,(\mathrm{t})$

$\Sigma H=0$에서

$H_A-8.66=0 \quad \therefore\ H_A=8.66\,(\mathrm{t})(\rightarrow)$

$\Sigma M_B=0,\ R_A\times 16-5\times 6=0 \quad \therefore\ R_A=1.875\,(\mathrm{t})(\uparrow)$

$\Sigma M_A=0,\ -R_B\times 16+5\times 10=0 \quad \therefore\ R_B=3.125\,(\mathrm{t})(\uparrow)$ 혹은 $R_B=V-R_A=3.125\,(\mathrm{t})$

$S_{A\sim C}=R_A=1.875\,(\mathrm{t})$

$S_{C\sim B}=R_A-5=-3.125=-R_B$

$M_A=0$

$M_C=1.875\times 10=18.75\,(\mathrm{t\cdot m})$

$M_B=0$

$A_{A\sim C}=-H_A=-8.66\,(\mathrm{t})$ ($\because$ 압축력이므로)

$A_{C\sim B}=0$

2) 여러 개의 집중하중을 받을 경우

① 지점반력

$\Sigma M_B=0$에서

$R_A l-P_1b_1-P_2b_2-P_3b_3=0$

$$R_A=\frac{P_1b_1+P_2b_2+P_3b_3}{l}=\frac{\Sigma Pb}{l} \quad \cdots\cdots (4\text{-}11)$$

$\Sigma M_A=0$에서

$$R_B=\frac{P_1a_1+P_2a_2+P_2a_3}{l}=\frac{\Sigma Pa}{l} \quad \cdots\cdots (4\text{-}12)$$

또는 $\Sigma V=0$에서 $R_A+R_B=\Sigma P$이므로

$R_B=\Sigma P-R_A$

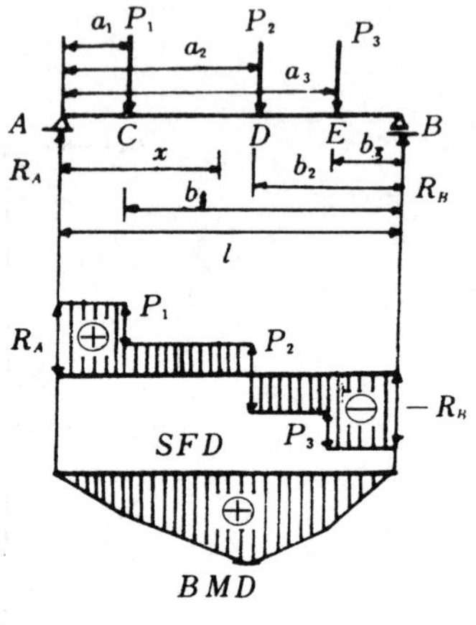

그림 4.10

② 전단력

$$\left.\begin{array}{l} AC \text{ 사이 ; } 0\leqq x\leqq a_1\text{에서 } S_x=R_A \\ CD \text{ 사이 ; } a_1\leqq x\leqq a_2\text{에서 } S_x=R_A-P_1 \\ DE \text{ 사이 ; } a_2\leqq x\leqq a_3\text{에서 } S_x=R_A-P_1-P_2 \\ EB \text{ 사이 ; } a_3\leqq x\leqq l \text{ 에서 } S_x=R_A-P_1-P_2-P_3=-R_B \end{array}\right\} \cdots\cdots (4\text{-}13)$$

③ 휨모멘트

$$\left.\begin{array}{l} AC \text{ 사이 ; } 0\leqq x\leqq a_1\text{에서 } M_x=R_A\cdot x \\ CD \text{ 사이 ; } a_1\leqq x\leqq a_2\text{에서 } M_x=R_A\cdot x-P_1(x-a_1) \\ DE \text{ 사이 ; } a_2\leqq x\leqq a_3\text{에서 } M_x=R_A\cdot x-P_1(x-a_1)-P_2(x-a_2) \\ EB \text{ 사이 ; } a_3\leqq x\leqq l \text{ 에서 } M_x=R_A\cdot x-P_1(x-a_1)-P_2(x-a_2)-P_3(x-a_3) \end{array}\right\}$$

$$\cdots\cdots (4\text{-}14)$$

M_x의 값은 x에 관한 1차식이므로 직선변화를 이룬다.

【예제 5】

단면력을 구하고 *SFD* 및 *BMD*를 그리시오.

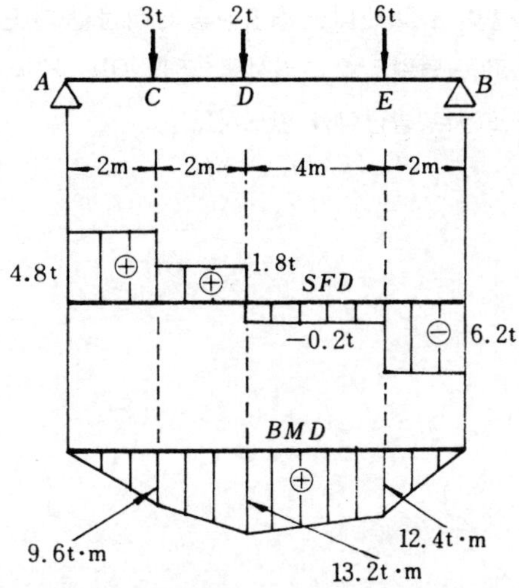

그림 4.11

풀이 $\Sigma M_B=0$에서

$R_A\times10-3\times8-2\times6-6\times2=0 \quad \therefore R_A=4.8\,(\mathrm{t})$

$\Sigma V=0$에서

$3+2+6-4.8-R_B=0 \quad \therefore R_B=6.2\,(\mathrm{t})$

$S_{A\sim C}=4.8\,(\mathrm{t})$

$S_{C\sim D}=4.8-3=1.8\,(\mathrm{t})$

$S_{D\sim E}=4.8-3-2=-0.2\,(\mathrm{t})$

$S_{E\sim B}=-6.2\,(\mathrm{t})$

$M_A=M_B=0$

$M_C=4.8\times2=9.6\,(\mathrm{t\cdot m})$

$M_D=4.8\times4-3\times2=13.2\,(\mathrm{t\cdot m})$

$M_E=6.2\times2=12.4\,(\mathrm{t\cdot m})$

【예제 6】

방향이 서로 반대인 집중하중이 작용할 때 단면력을 구하고 단면력도를 그리시오. 또한 DB 구간에 있어서의 휨모멘트 방정식을 만드시오.

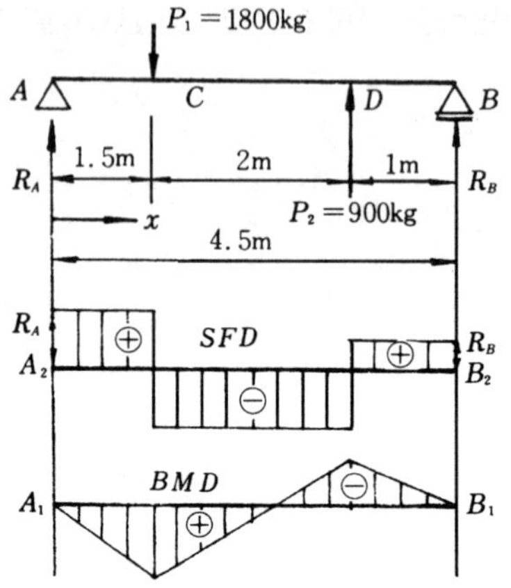

그림 4.12

풀이 (1) 지점반력

$\Sigma M_B = R_A \times 4.5 - 1800 \times 3 + 900 \times 1 = 0$ $\quad\therefore\ R_A = 1000\,\text{kg}$

$\Sigma V = 1800 - 900 - 1000 - R_B = 0$ $\quad\therefore\ R_B = -100\,\text{kg}(\downarrow)$

(2) 전단력

$S_{A\sim C} = R_A = 1000\,\text{kg}$

$S_{C\sim D} = R_A - P_1 = -800\,\text{kg}$

$S_{D\sim B} = R_A - P_1 + P_2 = 100\,\text{kg} = -R_B$

(3) 휨모멘트

$M_C = R_A \times 1.5 = 1500\,\text{kg}\cdot\text{m}$

$M_D = R_A \times 3.5 - 1800 \times (3.5 - 1.5) = -100\,\text{kg}\cdot\text{m}$

(4) DB 구간의 휨모멘트 방정식

$M_x = R_A x - 1800(x - 1.5) + 900(x - 3.5) = -450 + 100x$

(2) 분포하중을 받을 경우

1) 등분포하중일 경우

① 지점반력

등분포하중 w 대신 그 전하중(합력) wl 이 집중하중으로서 지간의 중앙에 작용한다고 생각한다.

$\Sigma M_B = 0$에서

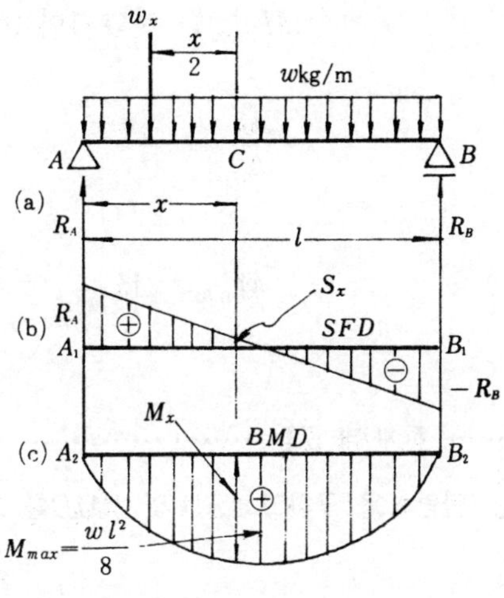

그림 4.13

$$R_A l - wl \times \frac{l}{2} = 0$$

$$\therefore\ R_A = \frac{wl}{2} \quad \cdots\cdots\cdots\cdots \text{(4-15)}$$

$\Sigma V=0$에서

$$R_B = wl - R_A = \frac{wl}{2} \quad \cdots\cdots\cdots \text{(4-16)}$$

② 전단력

$$S_x = R_A - w_x = \frac{w}{2}(l-2x) \quad \cdots\cdots \text{(4-17)}$$

이것은 x에 관한 1차식이므로 SFD는 직선 변화를 한다[그림 4.13(b)].

$$\left.\begin{aligned} &x=0\text{에서}\ S_A = R_A = \frac{wl}{2} \\ &x=\frac{l}{2}\text{에서}\ S_x=0 \\ &x=l\text{에서}\ S_B = -R_B = -\frac{wl}{2} \end{aligned}\right\} \cdots\cdots\cdots\cdots \text{(4-18)}$$

전단력이 0이 되는 위치를 구하려면 $S_x=0$에서

$$S_x = R_A - wx = 0 \qquad \therefore\ x = \frac{l}{2}$$

③ 휨모멘트

그림 4.13(a)와 같은 단면 C의 휨모멘트 M_x를 구하려면 그 단면의 좌측에 있는 등분포하중의 합력 wx가 C점에서 $x/2$ 점에 작용하는 것으로 생각하면 된다.

$$M_x = R_A \cdot x - wx \cdot \frac{x}{2} = R_A \cdot x - \frac{wx^2}{2}\ (\text{포물선}) \quad \cdots\cdots\cdots\cdots \text{(4-19)}$$

$x=0$에서 $M_A=0$, $x=l$ 에서 $M_B=0$

이 식의 우변은 x에 대한 2차식이므로 휨모멘트도(BMD)는 그림 4.13(c)와 같이 포물선으로 나타내어진다.

$M_{\max}$는 전단력이 0인 곳 즉,

$$\frac{dM_x}{dx}=\frac{w\,l}{2}-w\,x=0 \qquad \therefore\ x=\frac{l}{2}$$

$$\therefore M_{\max}=M_{x=\frac{l}{2}}=\frac{w\,l^2}{8} \qquad \text{(4-20)}$$

【예제 7】

단면력을 구하고 *SFD* 및 *BMD*를 그리시오.

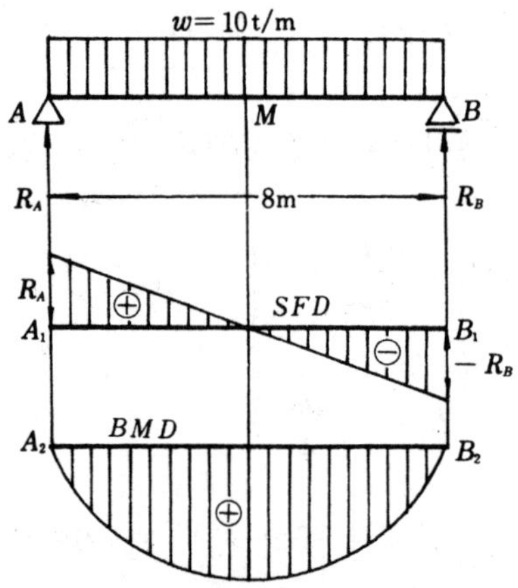

그림 4.14

풀이 (1) 반력

$\Sigma M_B=R_A\times8-10\times8\times4=0$

$R_A=40\,(\text{t})$

$\Sigma V=0$에서 $\qquad R_B=8\times10-40=40\,(\text{t})$

(2) 전단력

$S_A=R_A=40(\text{t})$

$S_M=R_A-10\times4=0$

$S_B=R_A-10\times8=-40\,(\text{t})=-R_B$

(3) 휨모멘트

$M_A=0,\ M_B=0,\qquad M_M=R_A\times4-10\times4\times2=80\,(\text{t}\cdot\text{m})=M_{\max}$

【예제 8】

단면력을 구하고 단면력도를 그리시오.

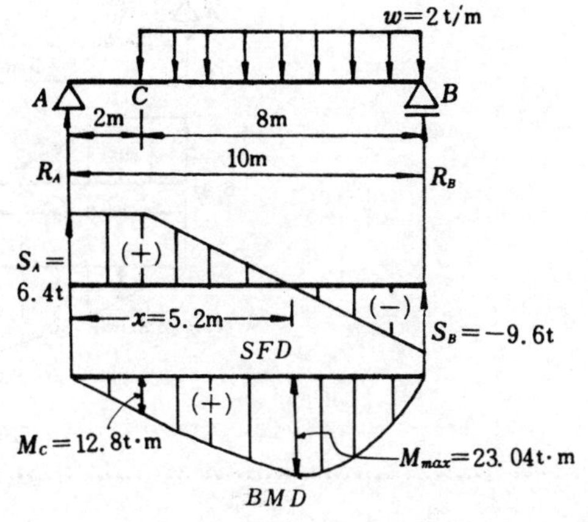

그림 4.15

풀이 (1) 반력

$\Sigma M_B=0,\ R_A\times10-2\times8\times\frac{8}{2}=0 \qquad \therefore R_A=6.4\,(\text{t})$

$\Sigma V=0,\ R_A+R_B=2\times8=16\,(\text{t}) \qquad \therefore R_B=9.6\,(\text{t})$

(2) 전단력

$0\leqq x\leqq2,\ S_x=R_A=6.4\,(\text{t})$

$2\leqq x\leqq10,\ S_x=R_A-w(x-2)=6.4-2(x-2)=10.4-2x$

$\therefore\ S_B=S_{x=10}=10.4-2\times10=-9.6\,(\text{t})=-R_B$

전단력이 0이 되는 점

$S_x=10.4-2x=0 \qquad \therefore x=5.2\text{m}$

(3) 휨모멘트

$0\leqq x\leqq2,\ M_x=R_A\cdot x=6.4x \qquad \therefore M_C=6.4\times2=12.8\,(\text{t}\cdot\text{m})$

$2\leqq x\leqq10,\ M_x=R_A\cdot x-w(x-2)(x-2)/2=-x^2+10.4x-4$

$M_B=M_{x=10}=0$

$M_{\max}=M_{x=5.2}=-(5.2)^2+10.4\times5.2-4=23.04\,(\text{t}\cdot\text{m})$

【예제 9】

단면력도를 그리시오.

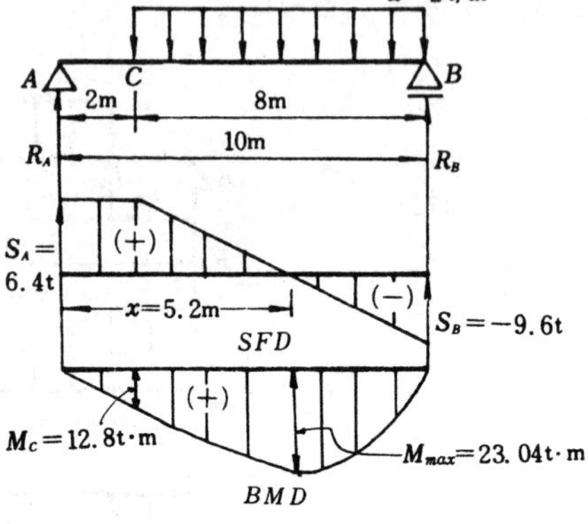

그림 4.16

풀이 $R_A = \frac{1}{12}(4\times10 + 6\times7 + 0.4\times6\times\frac{6}{2}) = 7.43\,(t)$

$R_B = 4+6+0.4\times6-7.43 = 4.97\,(t)$

$S_{AD} = R_A = 7.43\,(t)$

$S_{DE} = 7.43-4 = 3.43\,(t)$

$S_{EC} = 3.43-6 = -2.57\,(t)$

$S_m = -2.57-0.4\times3 = -3.77\,(t)$

$S_B = -R_B = -4.97\,(t)$

$M_D = 7.43\times2 = 14.86\,(t\cdot m)$

$M_E = 7.43\times5-4\times3 = 25.15\,(t\cdot m)$

$M_C = 7.43\times6-4\times4-6\times1 = 22.58\,(t\cdot m)$

$M_m = 4.97\times3-0.4\times3\times\frac{3}{2} = 13.11\,(t\cdot m)$

【예제 10】

다음 보에서 M_{max}이 생기는 점의 위치 및 크기를 계산하시오.

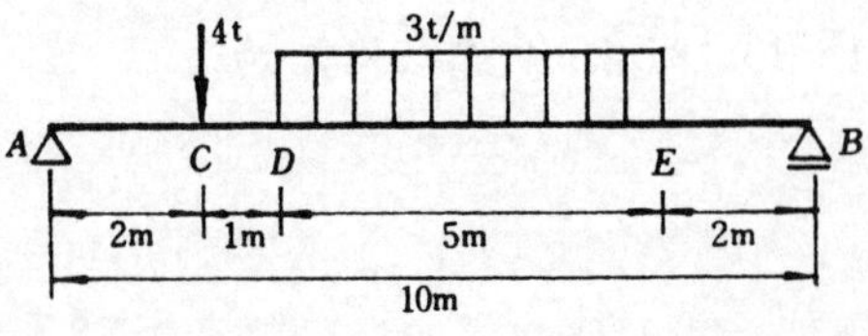

그림 4.17

풀이 $R_A = \dfrac{4\times8+3\times5\times(2+2.5)}{10} = 9.95$ (t)

$\Sigma V=0$에서

$R_B=9.05$ (t), $S_A=R_A=9.95$ (t)

$$S_C \begin{cases} =S_A=9.95\,(t) \\ =9.95-4=5.95(t) \end{cases}$$

$S_D=S_C=5.95$ (t), $S_E=5.95-15=-9.05$ (t)

$S_B=-R_B=-9.05$ (t)

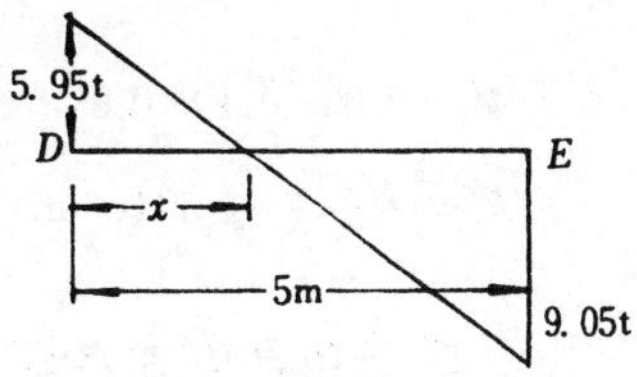

따라서 전단력이 0이 되는 점은 D점과 E점 사이에 있다.

$x : 5.95=(5-x) : 9.05$ 에서 $x=1.98$ m (혹은 $5.95-3x=0$)

A점부터는 $3+1.98=4.98$ m 되는 곳에서 M_{max} 이 생긴다.

$M_{max}=9.95\times4.98-4\times2.98-3\times1.98\times\dfrac{1.98}{2} \fallingdotseq 31.75$ (t · m)

【예제 11】

다음 단순보의 SFD, BMD를, 그리고 M_{max}를 구하시오.

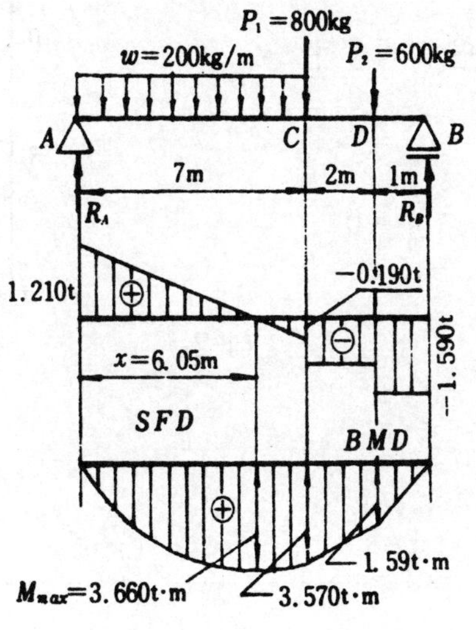

그림 4.18

풀이 $R_A=\dfrac{1}{10}\{(200\times7)\times6.5+800\times3+600\times1\}=1210$ kg

$\Sigma V=0$에서

$R_B=1,590$ kg

AC 사이에서 $S_x=1.210-0.2x$

$x=0$일 때 $S_A=1.21$ (t)

$x=7$일 때 $S_C=1.210-0.2\times7=-0.19$ (t)

CD 사이 $S_{CD}=-0.19-0.8=-0.99$ (t)

DB 사이 $S_{DB}=-0.99-0.6=-1.59$ (t)

전단력이 0이 되는 점은

$S_x=1210-wx=1210-200x=0 \quad \therefore \ x=6.05\text{m}$

$\therefore \ M_{\max}=1210\times6.05\times\frac{1}{2}\fallingdotseq3.66$ (t · m)[제4장 1. (3)의 7) 참조]

$M_C=3.66-0.19\times0.95\times\frac{1}{2}=3.57$ (t · m)

$M_D=R_B\times1=1.59$ (t · m)

2) 등변분포 하중일 경우

① 지점반력

그림 4.19(a)에서와 같이 하중의 합력 $P=w\times l\times\frac{1}{2}=\frac{wl}{2}$은 지점 A에서 $\frac{2}{3}l$ 거리의 단면에 작용하므로

$\Sigma M_B=0$에서

$R_A\times l-wl\times\frac{1}{2}\times\frac{l}{3}=0$

$\therefore \ R_A=\frac{wl}{6}$ .... (4-21)

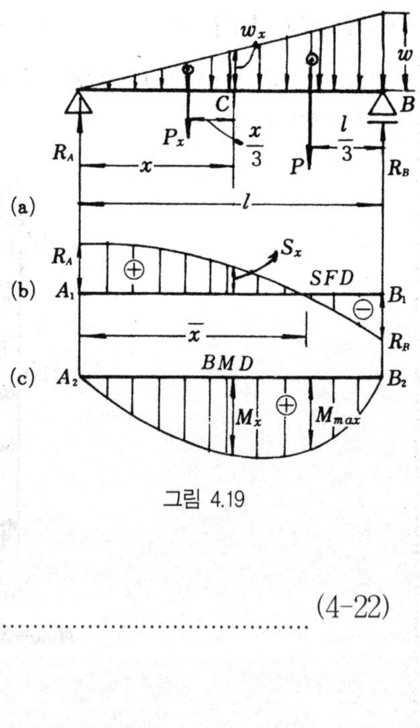

그림 4.19

$\Sigma V=0$에서

$R_B=\frac{wl}{2}-\frac{wl}{6}=\frac{wl}{3}$ .... (4-22)

② 전단력

단면 C의 단위하중의 크기 w_x는

$l:w=w:w_x, \ w_x=\frac{wx}{l}$이므로 C점의 좌측에 있는 하중의 합력 P_x는

$P_x=\frac{w_x\cdot x}{2}=\frac{wx^2}{2l}$

$$\therefore\ S_x = R_A - P_x = \frac{wl}{6} - \frac{wx^2}{2l} \quad \cdots\cdots (4\text{-}23)$$

x에 관한 2차식이므로 그림 4.19(b)와 같이 포물선이 된다.

③ 휨모멘트

임의 단면 C의 휨모멘트

$$M_x = R_A \cdot x - P_x \cdot \frac{x}{3} = \frac{wl}{6}x - \frac{wx^3}{6l}$$

이 식에 대한 BMD는 그림 4.19(c)와 같다.

M_{max}가 생기는 위치는

$$\frac{dM_x}{dx} = S_x = \frac{wl}{6} - \frac{w\bar{x}^2}{2l} = 0,\quad \bar{x} = \frac{l}{\sqrt{3}}$$

$$\therefore\ M_{max} = M_{x=\frac{l}{\sqrt{3}}} = \frac{wl}{6} \cdot \frac{l}{\sqrt{3}} - \frac{w}{6l} \cdot \left(\frac{l}{\sqrt{3}}\right)^3 = \frac{wl^2}{9\sqrt{3}} \quad \cdots\cdots (4\text{-}24)$$

【예제 12】

보의 단면력을 구하고 SFD, BMD를, 그리고 M_{max}를 구하시오.

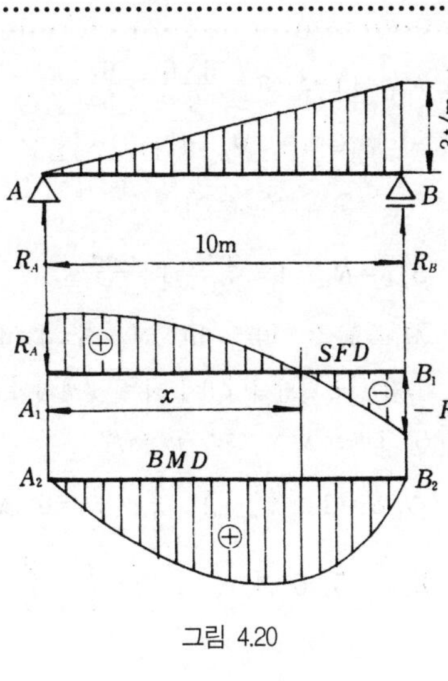

그림 4.20

풀이 $\Sigma M_B = R_A \times 10 - 3 \times 10 \times \frac{1}{2} \times \frac{10}{3} = 0$

$R_A = 5\ (\mathrm{t})$

$\Sigma V = 0$에서

$R_B=10\,(t)$, $S_A=R_A=5\,(t)$

$S_B=-R_B=-10\,(t)$

$x=\dfrac{l}{\sqrt{3}}=5.77\,m$ (S가 0이 되는 점) 혹은 $3:10=w_x:x$, $w_x=\dfrac{3}{10}x$

$S=5-\dfrac{3x}{10}\times x\times\dfrac{1}{2}=0$

$\therefore\ x=5.77\,m$

$10:3=5.77:w_x$ (w_x는 S가 0이 되는 점의 단위하중), $w_x=1.731$

$M_A=0$

$M_{max}=R_A\times5.77-1.731\times5.77\times\dfrac{1}{2}\times\dfrac{5.77}{3}=19.245\,(t\cdot m)$

$M_B=0$

【예제 13】

단면력을 구하고 M_{max}을 구하시오.

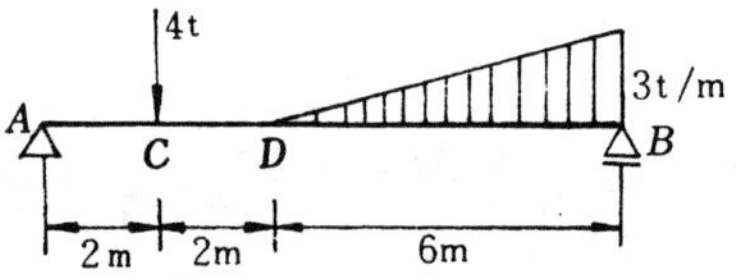

그림 4.21

풀이 $R_A\times10-4\times8-\dfrac{3\times6}{2}\times\dfrac{6}{3}=0$

$\therefore\ R_A=5(t)$, $R_B=8\,(t)$ ($\because\ \Sigma V=0$이므로)

$S_{AC}=5(t)$, $S_{CD}=1(t)$

$S_{DB}=R_A-4-\dfrac{wx}{2}=1-\dfrac{wx}{2}$

$M_C=5\times2=10(t\cdot m)$, $M_D=5\times4-4\times2=12(t\cdot m)$

D점부터 전단력이 0이 되는 곳까지의 거리를 x라 하고 그 점의 단위하중을 w라 하면

$6:3=x:w \qquad \therefore\ w=x/2$

$\therefore\ S_x=1-\dfrac{wx}{2}=1-\dfrac{x}{2}\cdot\dfrac{x}{2}=0$, $x=2m$

$M_{max}=5\times6-4\times4-1\times2\times\dfrac{1}{2}\times\dfrac{2}{3}=M_{6m}=13.33(t\cdot m)$

(3) 모멘트 하중을 받을 경우

1) 지점반력

$\Sigma M_B=0$에서

$R_A l + M = 0$

$$\therefore\ R_A = -\frac{M}{l}\ (R_A\text{가 }-\text{이므로 가정과 반대방향인 }\downarrow\text{임}) \qquad \text{(4-25)}$$

$\Sigma M_A = 0$에서

$-R_B l + M = 0$

$$\therefore\ R_B = \frac{M}{l}\ (\uparrow) \qquad \text{(4-26)}$$

즉, 반력의 크기는 M의 작용위치와 관계없다.

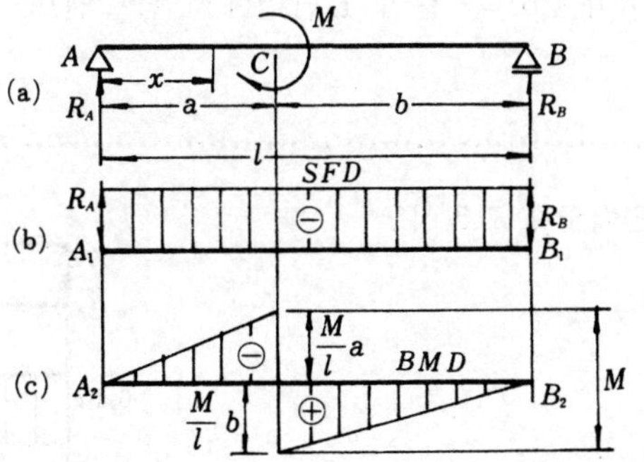

그림 4.22

2) 전단력

전단력은 모멘트 M과 직접적인 관계가 없으므로, AC간과 CB간을 구별할 필요가 없다.

따라서, S_x는

$$S_x = R_A = -\frac{M}{l} \qquad \text{(4-27)}$$

따라서 그림 4.22(b)와 같이 AB 사이에서 일정하다.

3) 휨모멘트

여기서는 M이 휨모멘트와 직접적인 관계가 있다.

$M_A=0$

AC 사이 ; $M_x=R_A \cdot x=-\dfrac{M}{l}x$

$x=a$면 $M_{C1}=-\dfrac{M}{l}a$ .... (4-28)

CB 사이 ; $M_x=R_A \cdot x+M$

$x=a$면 $M_{C2}=-\dfrac{M}{l}a+M=\dfrac{M}{l}\cdot b$ .... (4-29)

$M_B=0$

따라서 그림 4.22(c)와 같이 C단면에서 휨모멘트의 부호가 바뀌고 계단처럼 된다.

【예제 14】

단면력을 구하고 단면력도를 그리시오.

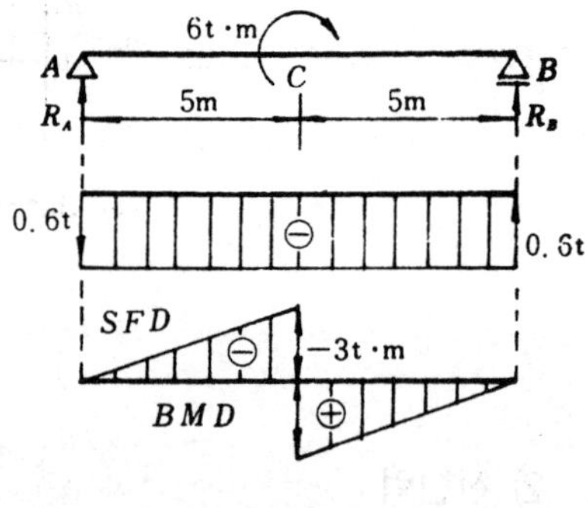

그림 4.23

풀이 R_A를 상향으로 가정하면

$\Sigma M_B=0$, $R_Al+M=0$

$\therefore R_A=-0.6\,(t)$ (하향)

$\Sigma V=0$에 의해 $R_B=0.6\,(t)$ (상향)

$S_{AC}=R_A-0.6\,(t)$, $S_{CB}=-R_B=-0.6\,(t)$

$M_x=R_A \cdot x=-0.6x$ (AC 구간에서)

$M_C(\text{좌})=M_{x=5}=-0.6\times5=-3\,(t\cdot m)$

$M_C(\text{우})=R_A\times5+6=3\,(t\cdot m)$

【예제 15】

단면력을 구하고 단면력도를 그리시오.

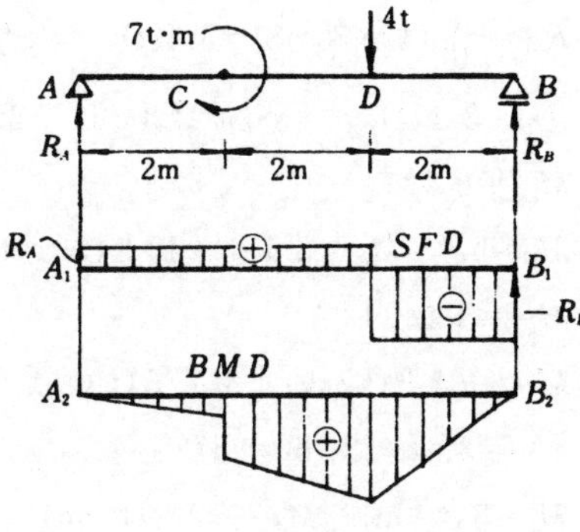

그림 4.24

풀이 $\Sigma M_B = R_A \times 6 + 7 - 4 \times 2 = 0$, $R_A = 0.17\,(t)$

$\Sigma V = 0$에서 $R_B = 4 - 0.17 = 3.83\,(t)$

$S_{AD} = R_A = 0.17\,(t)$, $S_{DB} = R_A - 4 = -3.83\,(t) = -R_B$

$M_A = 0$

$M_{C1} = 0.17 \times 2 = 0.34\,(t \cdot m)$, $M_{C2} = 0.34 + 7 = 7.34\,(t \cdot m)$, $M_D = 0.17 \times 4 + 7 = 7.68\,(t \cdot m)$

【예제 16】

단면력을 구하고 *SFD* 및 *BMD*를 그리시오.

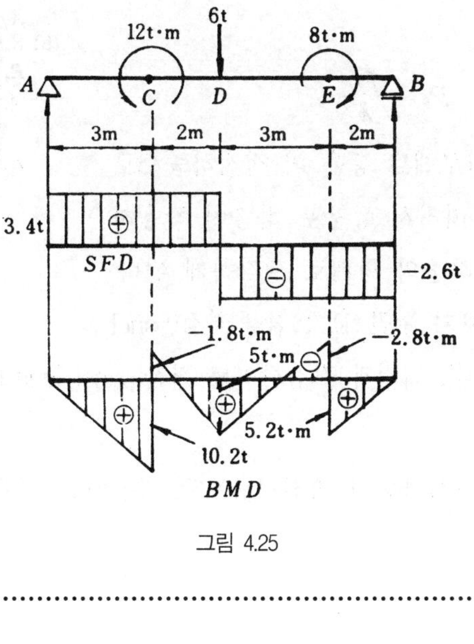

그림 4.25

풀이 $\Sigma M_B=0$

$R_A=\frac{1}{10}(12+30-8)=3.4(\mathrm{t})\qquad R_B=6-3.4=2.6(\mathrm{t})$

$S_{AD}=3.4(\mathrm{t}),\qquad S_{DB}=3.4-6=-2.6(\mathrm{t})$

$M_{AC}=3.4x$

$M_A=0,\quad M_{C1}=3.4\times3=10.2(\mathrm{t\cdot m})$

$M_{CD}=3.4x-12$

$M_{C2}=-1.8(\mathrm{t\cdot m}),\quad M_D=5(\mathrm{t\cdot m})$

$M_{DE}=3.4x-12-6(x-5)$

$M_D=5(\mathrm{t\cdot m}),\quad M_E=-2.8(\mathrm{t\cdot m})$

$M_{EB}=2.6x,\quad M_E=5.2(\mathrm{t\cdot m}),\quad M_B=0$

혹은 $M_{EB}=3.4x-12-6(x-5)+8$에서 $M_E=5.2(\mathrm{t\cdot m})$

(4) 간접하중을 받을 경우

그림 4.26(a)와 같이 하중 P가 가로항 ①, ②를 거쳐서 보 AB에 작용하는 간접하중일 경우를 생각해 보자.

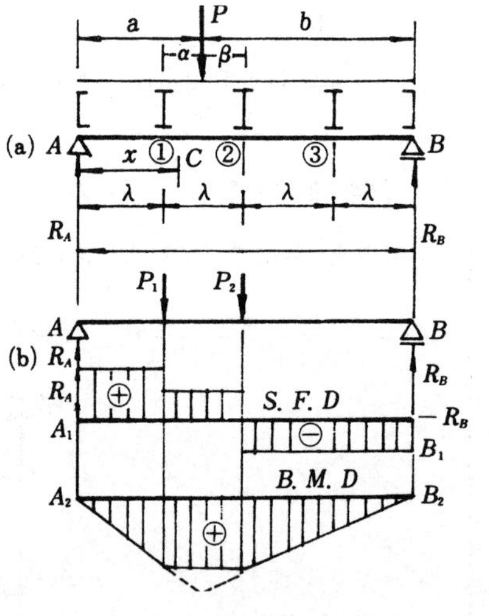

그림 4.26

우선 간접하중 P를 그림 4.26(b)에서와 같이 보 AB에 직접으로 작용하는 절점하중 P_1, P_2를 구한다.

즉, $P_1=\frac{P\beta}{\lambda},\quad P_2=\frac{P\alpha}{\lambda}$

반력, 전단력, 휨모멘트 등은 이 절점하중으로 계산하면 된다. 따라서 등분포 하중이 작용하여도 항상 집중하중의 형태로 생각하게 된다. 그림에서 가로 보가 놓인 ①, ②점을 격점(panel point) (혹은 절점), 격점과 격점사이를 격간(panel length)이라 부른다.

1) 지점반력

지점반력은 절점하중이 직접하중으로 작용하는 경우와 같은 방법으로 구한다.

$$\left.\begin{aligned} R_A &= \frac{P_1 3\lambda + P_2 2\lambda}{l} \\ R_B &= \frac{P_1 \lambda + P_2 2\lambda}{l} \end{aligned}\right\} \cdots\cdots (4\text{-}30)$$

2) 전단력, 휨모멘트

P_1, P_2가 집중하중을 받는 단순보를 풀 때와 같은 방법으로 한다.

【예제 17】

단면력을 구하고 단면력도를 그리시오.

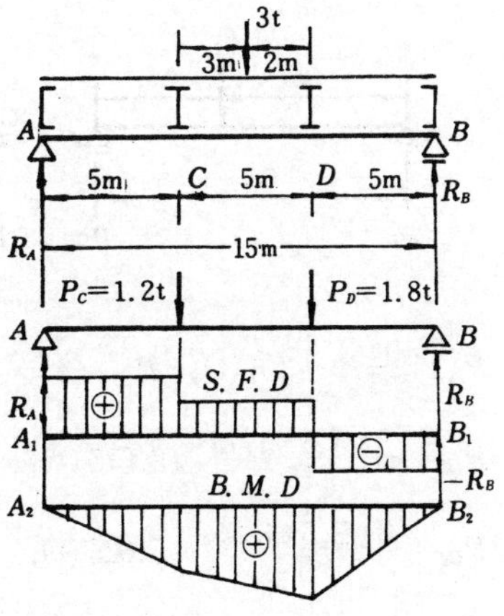

그림 4.27

풀이

$$\left.\begin{aligned} P_C &= \frac{3\times2}{5} = 1.2(\text{t}) \\ P_D &= \frac{3\times3}{5} = 1.8(\text{t}) \end{aligned}\right\} \cdots\cdots (\text{절점하중})$$

$\Sigma M_B=0$에서

$R_A=\dfrac{1.2\times10+1.8\times5}{15}=1.4\,(\text{t})$

$R_B=3-1.4=1.6\,(\text{t})$

$S_{AC}=1.4\,(\text{t})$

$S_{CD}=1.4-1.2=0.2\,(\text{t})$

$S_{DB}=-R_B=-1.6\,(\text{t})$

$M_A=0$, $M_C=1.4\times5=7\,(\text{t}\cdot\text{m})$

$M_D=1.4\times10-1.2\times5=8\,(\text{t}\cdot\text{m})$

$M_B=0$

【예제 18】

단면력도를 그리시오.

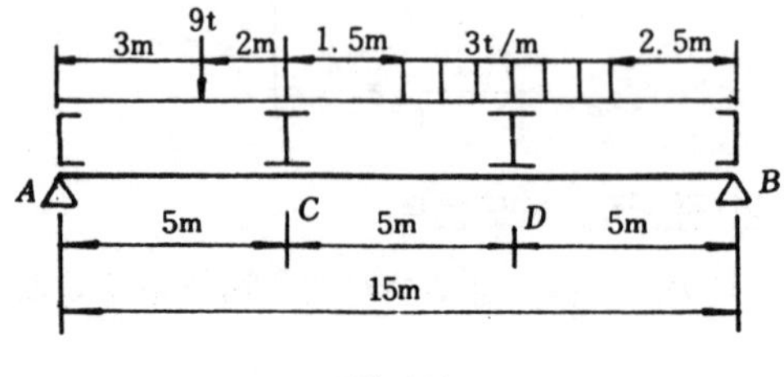

그림 4.28

풀이

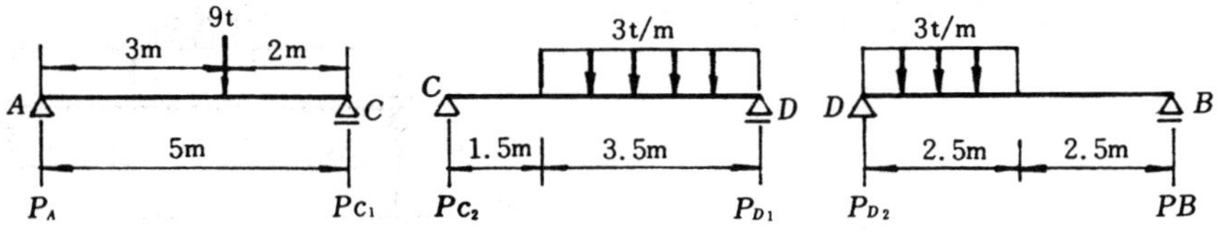

$P_A = \dfrac{9\times2}{5} = 3.6\,(\mathrm{t})$, $P_{C1} = \dfrac{9\times3}{5} = 5.4\,(\mathrm{t})$

$P_{C2} = \dfrac{3\times3.5\times1.75}{5} = 3.675\,(\mathrm{t})$, $P_{D1} = \dfrac{3\times3.5\times3.25}{5} = 6.825\,(\mathrm{t})$

$P_{D2} = \dfrac{3\times2.5\times3.75}{5} = 5.625\,(\mathrm{t})$, $P_B = \dfrac{3\times2.5\times1.25}{5} = 1.875\,(\mathrm{t})$

$P_C = P_{C1} + P_{C2} = 9.075\,(\mathrm{t})$, $P_D = P_{D1} + P_{D2} = 12.450\,(\mathrm{t})$

따라서 보 AB는 다음과 같이 된다.

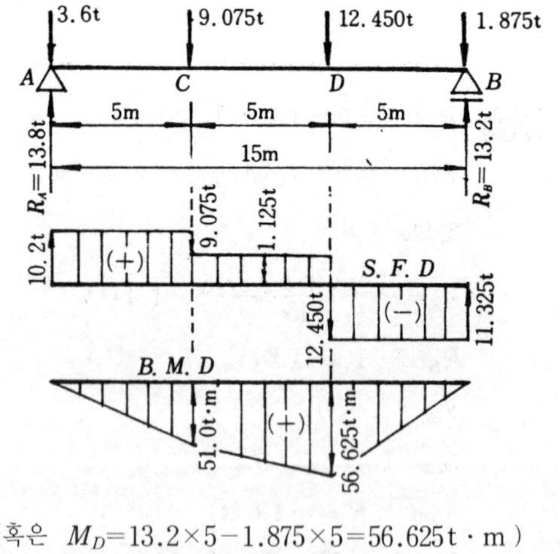

$\Sigma M_B = 0$에서

$R_A = \dfrac{3.6\times15 + 9.075\times10 + 12.45\times5}{15} = 13.8\,(\mathrm{t})$

$\Sigma M_A = 0$에서

$R_B = \dfrac{9.075\times5 + 12.45\times10 + 1.875\times15}{15} = 13.2\,(\mathrm{t})$

$S_{AC} = R_A - 3.6 = 10.2\,(\mathrm{t})$

$S_{CD} = 10.2 - 9.075 = 1.125\,(\mathrm{t})$

$S_{DB} = 1.125 - 12.45 = -11.325\,(\mathrm{t})$

$M_A = 0$, $M_C = 13.8\times5 - 3.6\times5 = 51.0\,(\mathrm{t\cdot m})$

$M_D = 13.8\times10 - 3.6\times10 - 9.075\times5 = 56.625\,(\mathrm{t\cdot m})$ (혹은 $M_D = 13.2\times5 - 1.875\times5 = 56.625\,\mathrm{t\cdot m}$)

$M_B = 0$

【예제 19】

보의 단면력을 구하고 *SFD* 및 *BMD*를 그리시오.

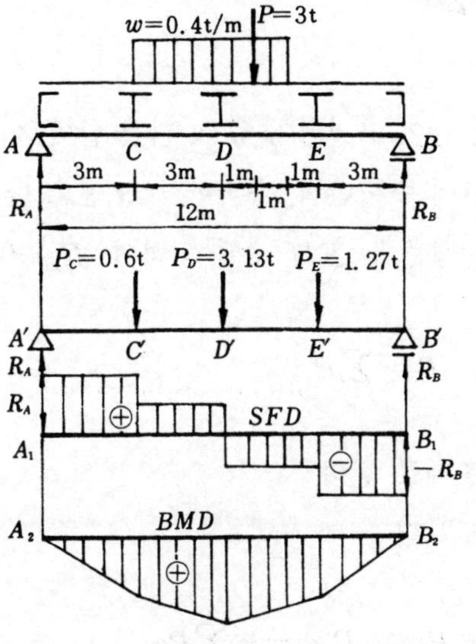

그림 4.29

풀이 $R_A=2.333\,(\mathrm{t}),\quad R_B=2.667\,(\mathrm{t})$

$S_{A'\sim C'}=2.333\,(\mathrm{t})$

$S_{C'\sim D'}=2.333-0.6=1.733\,(\mathrm{t})$

$S_{D'\sim E'}=2.333-0.6-3.13=-1.397\,(\mathrm{t})$

$S_{E'\sim B'}=-2.667\,(\mathrm{t})$

$M_{A'}=0$

$M_{C'}=2.333\times3=6.999\,(\mathrm{t}\cdot\mathrm{m})$

$M_{D'}=2.333\times6-0.6\times3=12.198\,(\mathrm{t}\cdot\mathrm{m})$

$M_{E'}=2.667\times3=8.001\,(\mathrm{t}\cdot\mathrm{m})$

$M_{B'}=0$

참고 $P_D=\dfrac{0.4\times3}{2}+\dfrac{0.4\times2\times2}{3}+\dfrac{3\times2}{3}=3.13\,(\mathrm{t})$

$P_E=\dfrac{0.4\times2\times1+3\times1}{3}=1.27\,(\mathrm{t})$

$P_C=\dfrac{0.4\times3}{2}$ 혹은 $P_C=\dfrac{0.4\times3\times1.5}{3}$

3. 캔틸레버 보

(1) 집중하중을 받을 경우

1) 지점반력

캔틸레버 보는 한 끝이 고정되어 있고, 다른 끝이 자유롭게 되어 있기 때문에 지점반력은 고정단 A에 수평반력, 수직반력, 모멘트 반력 3개가 생기나, 이 경우에는 수평하중이 없기 때문에 $\Sigma H=0$에 의하여 $R_H=0$이 되고, $\Sigma V=0$으로부터

$$R_A = P_1 + P_2 + P_3 = \sum_1^3 P \qquad \text{(4-31)}$$

즉, 작용하중의 총계로 된다.

또한 $\Sigma M=0$으로부터

$$M_A = -P_1 a_1 - P_2 a_2 - P_3 a_3 = -\sum_1^3 Pa \qquad \text{(4-32)}$$

가 된다.

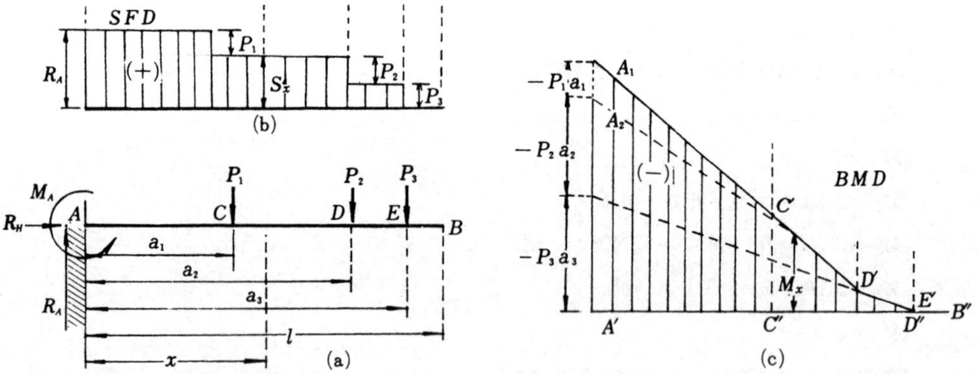

그림 4.30

2) 전단력

$$\left.\begin{array}{l} AC \text{ 사이 }; S_x=R_A=\sum_1^3 P \\ CD \text{ 사이 }; S_x=R_A-P_1=P_2+P_3 \\ DE \text{ 사이 }; S_x=R_A-P_1-P_2=P_3 \\ EB \text{ 사이 }; S_x=R_A-P_1-P_2-P_3=0 \end{array}\right\} \cdots\cdots (4\text{-}33)$$

즉, S_x는 x에서 자유단 사이에 있는 하중의 총계가 되며, 고정지점이 왼쪽에 있으면 (+)(수직반력 R_A가 상향이므로) 오른쪽에 있으면 (−)로 규정(힘 P가 하향이므로)하고 있으며, 하중 방향이 상향일 경우는 부호가 반대가 된다.

3) 휨모멘트

$$\left.\begin{array}{l} EB \text{ 사이 }; M_x=0 \\ DE \text{ 사이 }; M_x=-P_3(a_3-x) \\ CD \text{ 사이 }; M_x=-\{P_2(a_2-x)+P_3(a_3-x) \\ AC \text{ 사이 }; M_x=R_A\cdot x+M_A=(P_1+P_2+P_3)x-(P_1a_1+P_2a_2+P_3a_3) \\ \qquad\qquad\qquad =-\{P_1(a_1-x)+P_2(a_2-x)+P_3(a_3-x) \end{array}\right\}$$

$$\cdots\cdots (4\text{-}34)$$

즉, M_x는 x에서 자유단 사이에 있는 하중에 의한 x점에 대한 휨모멘트의 합이며, 부호는 하향하중이 작용할 경우에 고정단의 위치에 관계없이 항상 (−)이다(보가 위로 볼록하게 굽기 때문). 그리고 계산은 자유단부터 시작하는 것이 좋다.

【예제 20】

단면력도를 그리시오.

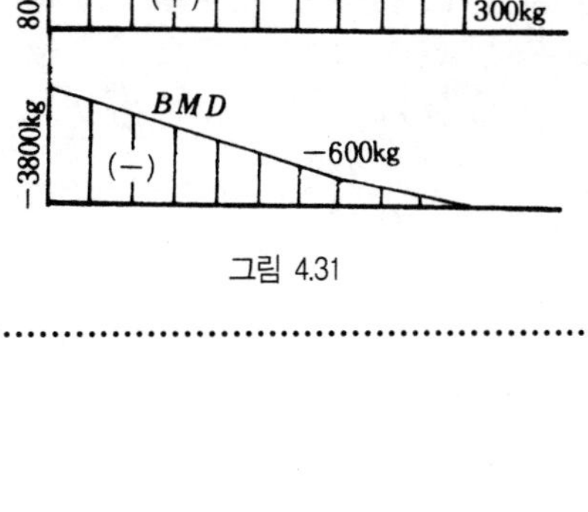

그림 4.31

풀이 (1) 반력

$R_A = 500 + 300 = 800\text{kg}$

$M_A = -(300\times 6 + 500\times 4) = -3800\text{kg}\cdot\text{m}$

(2) 전단력

$S_{AC} = R_A = 800\text{kg}$

$S_{CD} = 800 - 500 = 300\text{kg}$

$S_{DB} = 0$

(3) 휨모멘트

$M_D = 0$

$M_C = -300\times 2 = -600\text{kg}\cdot\text{m}$

【예제 21】

단면력을 구하고 단면력도를 그리시오.

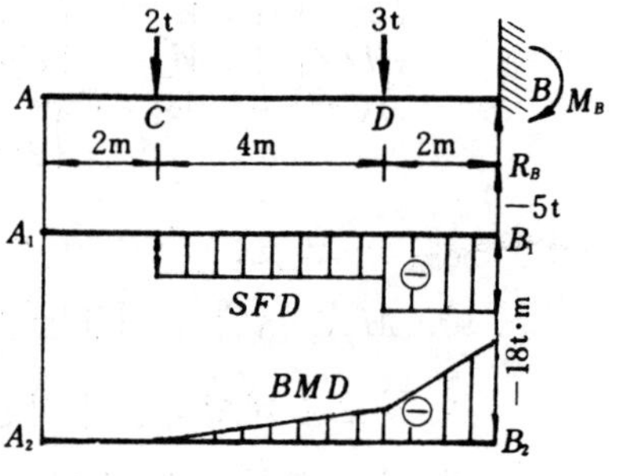

그림 4.32

풀이 $R_B = 2 + 3 = 5(\text{t})$

$M_B = -2\times 6 - 3\times 2 = -18\ (\text{t}\cdot\text{m})$

$S_{A\sim C} = 0,\ S_{CD} = -2(\text{t})$

$S_{DB} = -2 - 3 = -5(\text{t})$

$M_A = 0,\ M_C = 0$

$M_D = -2\times 4 = -8\ (\text{t}\cdot\text{m})$

【예제 22】

단면력을 구하고 단면력도를 그리시오.

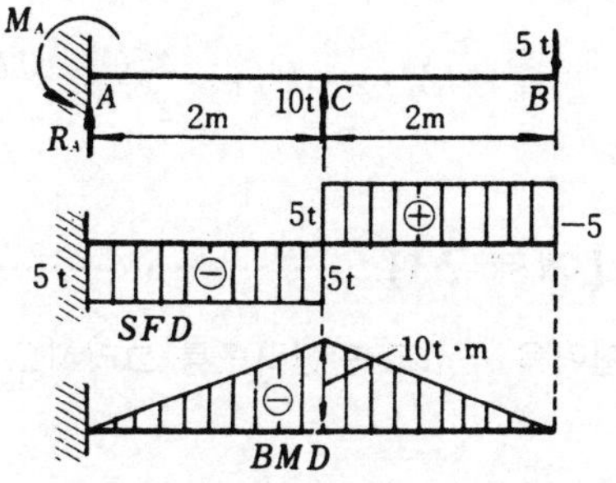

그림 4.33

풀이 $R_A = -10+5 = -5$ (t) (하향)

$M_A = -5\times4+10\times2 = 0$

$S_{AC} = -5$(t), $S_{BC} = 5$ (t)

$M_B = 0$

$M_C = -5\times2 = -10$ (t · m)

(2) 등분포하중을 받을 경우

1) 지점반력

전하중 wl가 지간중앙에 작용한다고 보고 생각한다.

$$R_A = wl \quad \cdots\cdots (4\text{-}35)$$

$$M_A = -\left(wl\times\frac{l}{2}\right) = -\frac{wl^2}{2} \quad \cdots\cdots (4\text{-}36)$$

2) 전단력

$$\left.\begin{aligned} S_x &= -wx \\ S_A &= S_{x=o} = 0 \\ S_B &= S_{x=l} = -wl \end{aligned}\right\} \cdots\cdots (4\text{-}37)$$

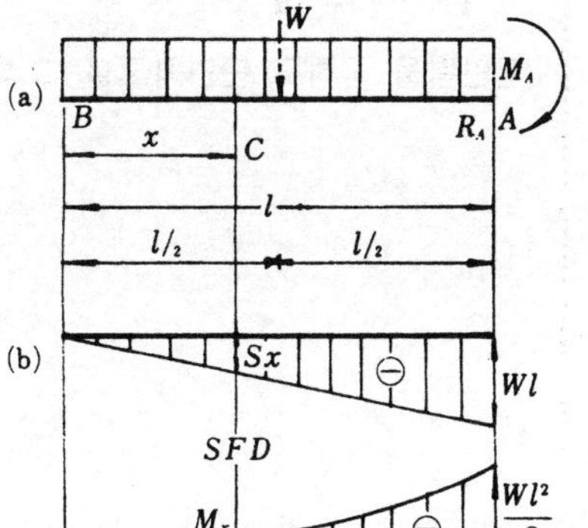

그림 4.34

3) 휨모멘트

$$M_x = -\left(wx \times \frac{x}{2}\right) = -\frac{wx^2}{2} \quad \cdots\cdots (4\text{-}38)$$

【예제 23】

단면력을 구하고 단면력도를 그리시오.

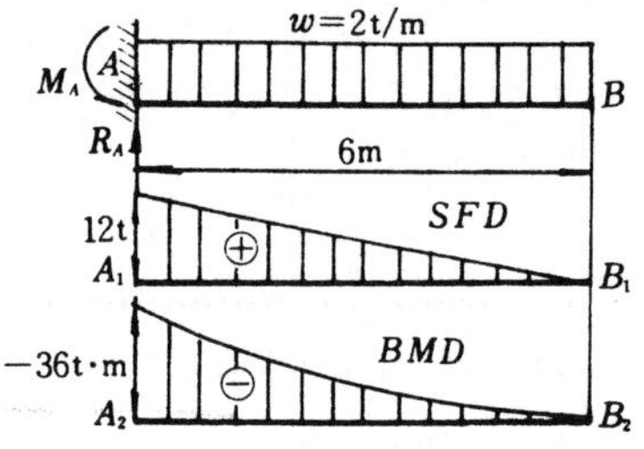

그림 4.35

풀이

$R_A = 2 \times 6 = 12\,(\text{t})$

$M_A = -2 \times 6 \times \frac{6}{2} = -36\,(\text{t}\cdot\text{m})$

$S_A = R_A = 12\,(\text{t})$

$S_B = 0$

【예제 24】

단면력을 구하고 단면력도를 그리시오.

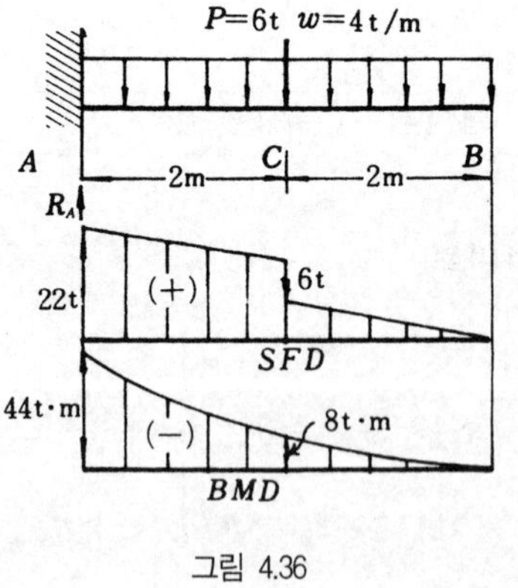

그림 4.36

풀이

$R_A = 6 + 4 \times 4 = 22\,(\text{t})$

$M_A = -(6 \times 2 + 4 \times 4 \times 2) = -44\,(\text{t}\cdot\text{m})$

$S_A = R_A = 22\,(\text{t})$

$S_{C1} = 22 - 4 \times 2 = 14\,(\text{t})$

$S_{C2} = 14 - 6 = 8\,(\text{t})$

$S_B = 0$

$M_C = -(4 \times 2 \times \frac{2}{2}) = -8\,(\text{t} \cdot \text{m})$

$M_B = 0$

【예제 25】

반력과 각 점의 단면력을 구하시오.

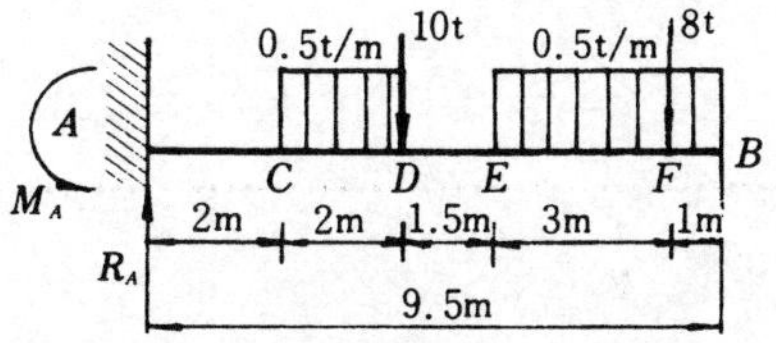

그림 4.37

풀이 $R_A = 0.5 \times 2 + 10 + 0.5 \times 4 + 8 = 21\,(\text{t})$

$M_A = -0.5 \times 4 \times 7.5 - 8 \times 8.5 - 10 \times 4 - 0.5 \times 2 \times 3 = -126\,(\text{t} \cdot \text{m})$

$S_{AC} = 21\,(\text{t})$

$S_D = 21 - 0.5 \times 2 = 20\,(\text{t})$

$S_{DE} = 10\,(\text{t})$

$S_F = 8.5\,(\text{t}),\ \ S_B = 0,\ \ M_B = 0$

$M_F = -0.5 \times 1 \times 0.5 = -0.25\,(\text{t} \cdot \text{m})$

$M_E = -0.5 \times 4 \times 2 - 8 \times 3 = -28\,(\text{t} \cdot \text{m})$

$M_D = -0.5 \times 4 \times 3.5 - 8 \times 4.5 = -43\,(\text{t} \cdot \text{m})$

$M_C = -0.5 \times 4 \times 5.5 - 8 \times 6.5 - 10 \times 2 - 0.5 \times 2 \times 1 = -84\,(\text{t} \cdot \text{m})$

【예제 26】

단면력도를 그리시오.

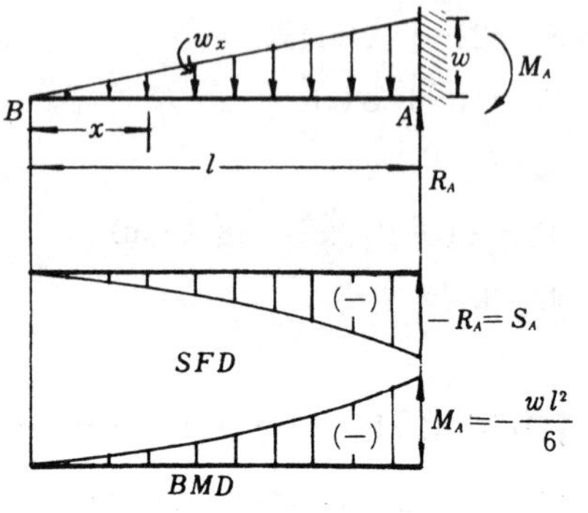

그림 4.38

풀이 $R_A=w\times l\times\frac{1}{2}=\frac{wl}{2}$

$M_A=-w\times l\times\frac{1}{2}\times\frac{l}{3}=-\frac{wl^2}{6}$

$l:w=x:w_x\ ,\quad w_x=\frac{w\cdot x}{l}$

$S_x=-w_x\cdot x\cdot\frac{1}{2}=-\frac{wx^2}{2l}$ (2차 곡선)

$S_B=S_{x=0}=0,\quad S_A=S_{x=l}=-\frac{wl}{2}$

$M_x=-w_x\cdot x\cdot\frac{1}{2}\cdot\frac{x}{3}=-\frac{wx^3}{6l}$ (3차 곡선)

【예제 27】

각 점에 대한 단면력을 구하고 단면력도를 그리시오.

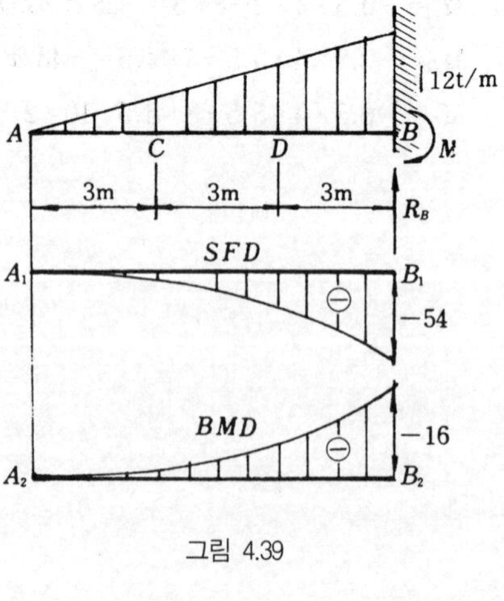

그림 4.39

풀이 $R_B=12\times9\times\frac{1}{2}=54(\text{t})$

$M_B=-9\times12\times\frac{1}{2}\times\frac{9}{3}=-162(\text{t}\cdot\text{m})$

$S_B=-54(\text{t})$

$S_D=-54+\frac{8+12}{2}\times3=-24(\text{t})$

$S_C=-54+\frac{4+12}{2}\times6=-6(\text{t})$

$S_A=0,\ M_A=0$

$M_C=-3\times4\times\frac{1}{2}\times\frac{3}{3}=-6(\text{t}\cdot\text{m})$

$M_D=-6\times8\times\frac{1}{2}\times\frac{6}{3}=-48(\text{t}\cdot\text{m})$

(3) 모멘트 하중을 받을 경우

수평, 수직반력은 모두 0이고 반력 모멘트 M_A만이 생길 것이다.

$\Sigma M=0$에 의하여 $M_A=M$, 수직하중이 없기 때문에 전단력은 0이고 휨모멘트는

$0\leqq x\leqq a$일 때 $M_x=M$

$a\leqq x\leqq l$ 일 때 $M_x=0$

부호는 (↰ − ↱) 이므로 (+)이다.

일반적으로 모멘트 하중을 받을 때의 단면력도를 표시하면 다음 그림과 같다.

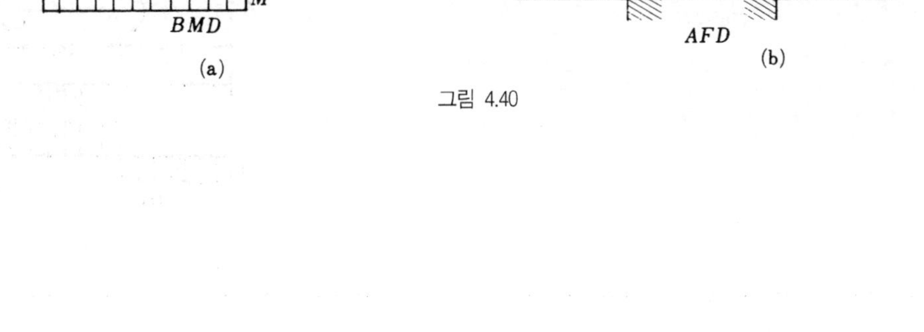

그림 4.40

【예제 28】

단면력도를 그리시오.

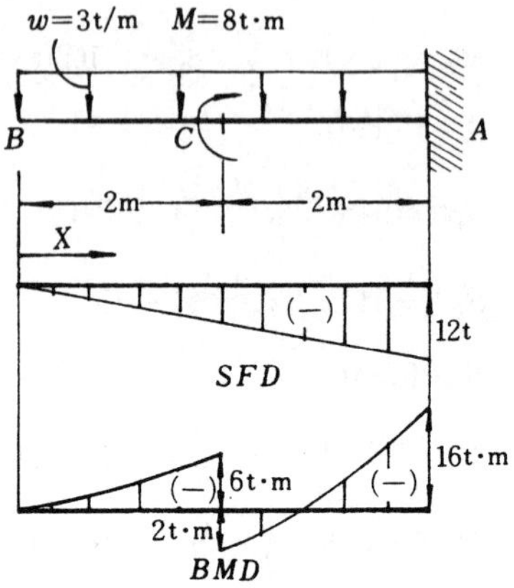

그림 4.41

풀이 (1) 반력

$\Sigma V=0,\quad R_A=wl=3\times4=12\,(\mathrm{t})$

$\Sigma M=0,\quad M_A=-3\times4\times2+8=-16\,(\mathrm{t\cdot m})$

(2) 전단력

$S_x=-wx=-3x,\qquad S_A=S_{x=4}=-12\,(\mathrm{t})$

(3) 휨모멘트

$0\leqq x\leqq2,\quad M_x=-3x\times\dfrac{x}{2}=-\dfrac{3x^2}{2}$

$\therefore\ M_C=M_{x=2}=-6\,(\mathrm{t\cdot m})$

$2\leqq x\leqq4,\quad M_x=-\dfrac{3x^2}{2}+8$

$\therefore\ M_C=M_{x=2}=-\dfrac{3\times2^2}{2}+8=2\,(\mathrm{t\cdot m})$

【예제 29】

SFD 및 *BMD*, 그리고 M_A를 구하시오.

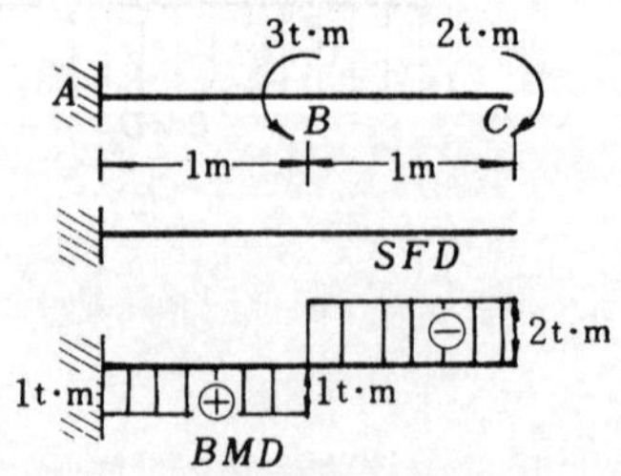

그림 4.42

풀이 $S_{AB}=S_{BC}=0$

$M_{BC}=-(+2)=-2(t \cdot m)$

$M_{AB}=-(2-3)=1(t \cdot m)$

$\therefore\ M_A=1(t \cdot m)$

【예제 30】

SFD 및 BMD, 그리고 M_A를 구하시오.

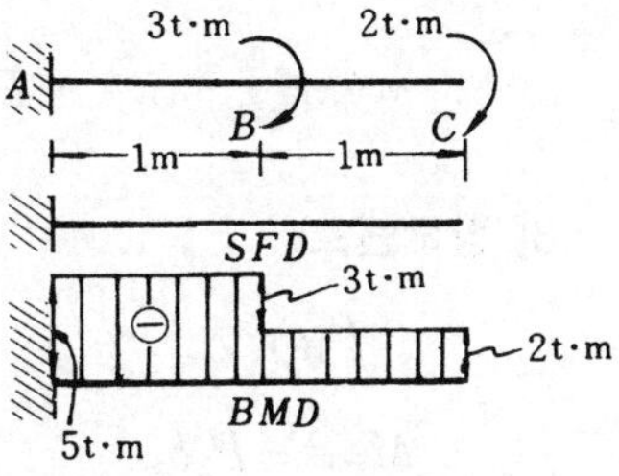

그림 4.43

풀이 $S_{AB}=S_{BC}=0$

$M_{BC}=-2\,(t \cdot m)$

$M_{AB}=-2-3=-5\,(t \cdot m)$

$\therefore\ M_A=-5\,(t \cdot m)$

4. 내민보

내민보는 단순보와 캔틸레버 보를 조합한 것으로 볼 수 있으며, 양 지점 사이를 중앙부, 연장된 부분을 내민부라고 한다.

(1) 집중하중을 받을 경우

1) 지점반력

$\Sigma M_B=0$에 의해

$$R_A \times l - P(a_1+l) - P_1 \times b + P_2 \times b_1 = 0$$

$$R_A=\frac{1}{l}\{P_1(a_1+l)+Pb-P_2 b_1\} \quad \cdots\cdots (4\text{-}39)$$

$\Sigma V=0$에 의해

$$R_B = P_1 + P + P_2 - R_A \quad \cdots\cdots\cdots\cdots\cdots\cdots \text{(4-40)}$$

2) 전단력

내민부분의 전단력은 캔틸레버 보와 같이 계산한다. 중앙부의 전단력은

$$\left.\begin{aligned} 0 \leqq x \leqq a, \quad & S_x = -P_1 + R_A \\ a \leqq x \leqq l, \quad & S_x = -P_1 + R_A - P \end{aligned}\right\} \cdots\cdots \text{(4-41)}$$

3) 휨모멘트

$$\left.\begin{aligned} & -P_1 a_1 \\ & M_B = -P_2 b_1 \\ & 0 \leqq x \leqq a, \quad M_x = -P_1(a_1 + x) + R_A x \\ & a \leqq x \leqq l, \quad M_x = -P_1(a_1 + x) + R_A x - P(x - a) \end{aligned}\right\} \cdots\cdots\cdots\cdots\cdots\cdots \text{(4-42)}$$

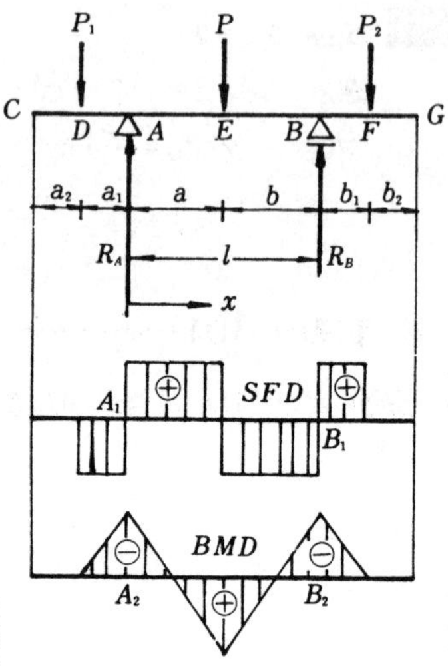

그림 4.44

【예제 31】

단면력도를 그리고 S_E 및 M_E를 구하시오. 또한 반곡점의 위치도 구하시오.

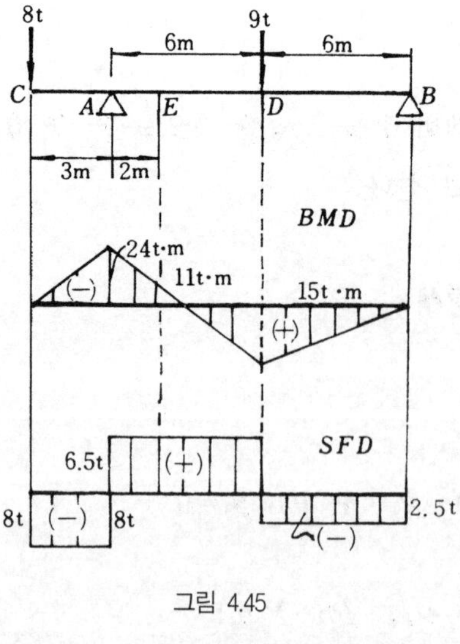

그림 4.45

풀이 (1) 지점반력

$\Sigma M_B=0$, $R_A=\frac{1}{12}(9\times6+8\times15)=14.5\,(\mathrm{t})$

$\Sigma V=0$, $R_B=8+9-14.5=2.5\,(\mathrm{t})$

(2) 전단력

$S_{CA}=-8\,(\mathrm{t})$

$S_{AD}=-8+14.5=6.5\,(\mathrm{t})$

$S_{DB}=6.5-9=-2.5\,(\mathrm{t})=\mathrm{R_B}$

$S_E=S_{AD}=6.5\,(\mathrm{t})$

(3) 휨모멘트

$M_C=0$, $M_A=-8\times3=-24(\mathrm{t\cdot m})$

$M_D=-8\times9+14.5\times6=15(\mathrm{t\cdot m})$

혹은 $M_D=R_B\times6=15(\mathrm{t\cdot m})$

$M_B=0$, $M_E=-8\times5+14.5\times2=-11(\mathrm{t\cdot m})$

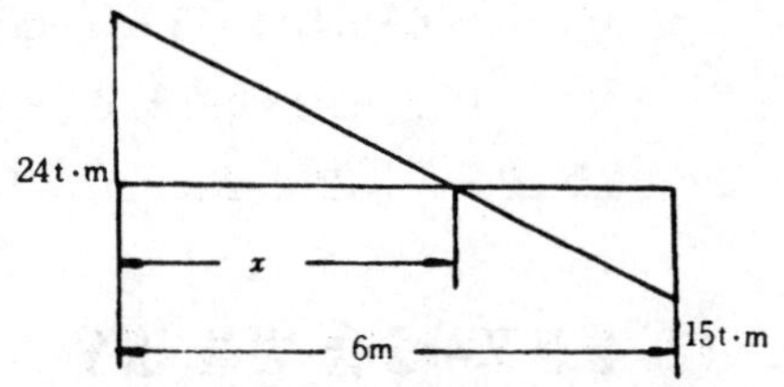

(4) 반곡점의 위치

$x:6-x=24:15$, $x\fallingdotseq3.7\,\mathrm{m}$ 즉 A점에서 3.7m의 점에 있다.

【예제 32】

단면력도를 그리시오.

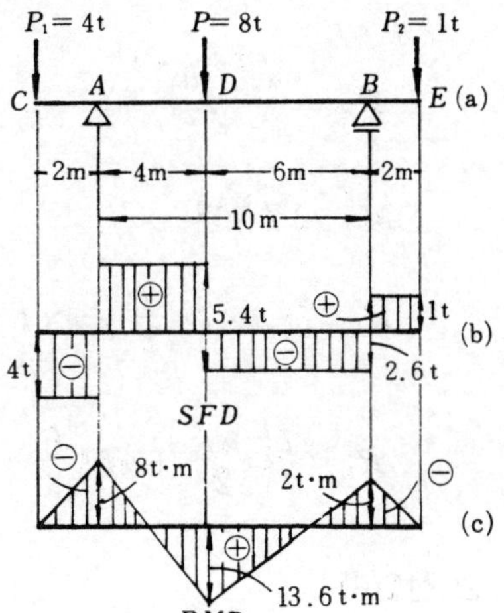

그림 4.46

풀이 (1) 지점반력

$\Sigma M_B=0$에 의해

$R_A=\frac{1}{10}\{4\times(10+2)+8\times6-1\times2\}=9.4\,(\mathrm{t})$

$\Sigma V=0$, $R_B=4+8+1-9.4=3.6\,(\mathrm{t})$

(2) 전단력

$S_{CA}=-4$(t), $S_{AD}=-4+9.4=5.4$ (t)

$S_{DB}=-4+9.4-8=-2.6$ (t)

$S_{BE}=-4+9.4-8+3.6=1.6$ (t)

(3) 휨모멘트

$M_C=0$

$M_A=-4\times 2=-8$ (t·m)

$M_D=-4\times 6+9.4\times 4=13.6$ (t·m)

$M_B=-4\times 12+9.4\times 10-8\times 6=-2$ (t·m)

혹은 $M_B=-1\times 2=-2$ (t·m), $M_E=0$

(2) 등분포하중을 받을 경우

1) 지점반력

$\Sigma M_B=0$으로부터

$$R_A\times l-w\times l\times \frac{l}{2}+w\times l_1\times \frac{l_1}{2}=0$$

$$R_A=\frac{wl^2-wl_1{}^2}{2l} \quad \cdots\cdots\cdots (4\text{-}43)$$

$\Sigma M_A=0$로부터

$$-R_B\times l+w\times l\times \frac{l}{2}+w\times l_1\times \left(\frac{l_1}{2}+l\right)=0$$

$$R_B=\frac{l}{l}\left\{\frac{wl^2}{2}+wl_1\left(\frac{l_1}{2}+l\right)\right\} \quad \cdots\cdots\cdots (4\text{-}44)$$

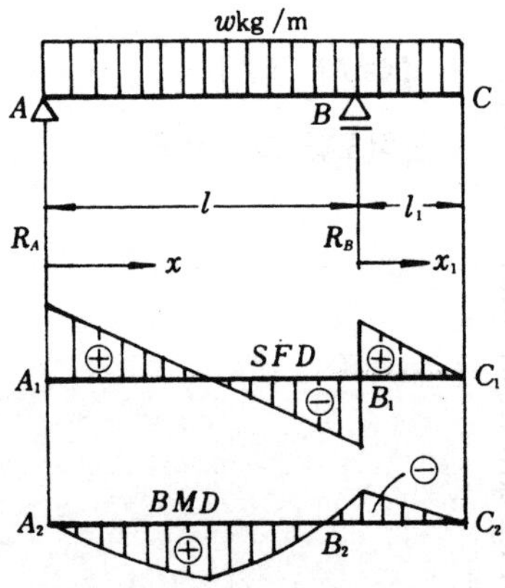

그림 4.47

2) 전단력

$$\left.\begin{array}{l} S_x=R_A-wx \\ S_{x1}=w\,(l_1-x_1) \end{array}\right\} \cdots\cdots\cdots (4\text{-}45)$$

3) 휨모멘트

$$M_x=R_Ax-w\times x\times \frac{x}{2}=R_Ax-\frac{wx^2}{2}$$

$$M_{x1}=-w(l_1-x_1)\times\frac{(l_1-x_1)}{2}=-\frac{w(l_1-x_1)^2}{2}$$

【예제 33】

단면력을 구하고 단면력도를 그리시오. 또한 $M_{\oplus max}$의 값 및 반곡점의 위치도를 구하시오.

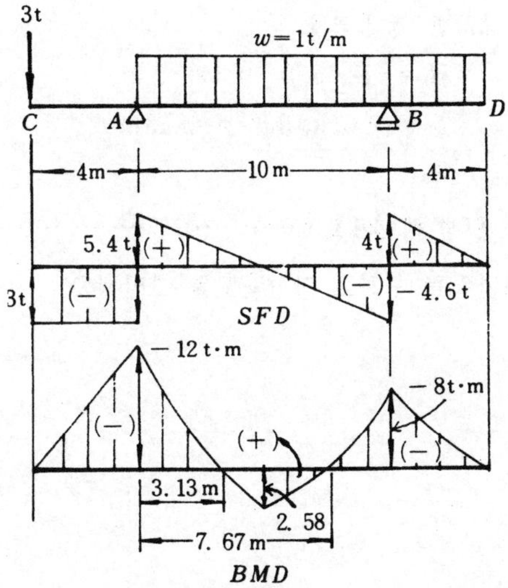

그림 4.48

풀이 (1) 지점반력

$\Sigma M_B=0$으로부터

$$R_A\times10-3\times(4+10)-1\times10\times\frac{10}{2}+1\times4\times\frac{4}{2}=0$$

$\therefore\ R_A=8.4\,(\text{t}\cdot\text{m})$

$\Sigma V=0$으로부터

$R_B=3+1\times(10+4)-8.4=8.6\,(\text{t})$

(2) 전단력

$S_{CA}=-3\,(\text{t})$

AB 사이 ; $S_x=R_A-3-wx=5.4-x$

$S_A=S_{x=0}=5.4\,(\text{t})$, $S_B=S_{x=10}=5.4-10=-4.6\,(\text{t})$

BD 사이 ; $S_x=wx=x$, $S_D=S_{x=0}=0$

$S_B=S_{x=4}=4\,(\text{t})$

(3) 휨모멘트

$M_A=-3\times4=-12\,(\text{t}\cdot\text{m})$, $M_B=-1\times4\times\frac{4}{2}=-8(\text{t}\cdot\text{m})$, $M_C=0$, $M_D=0$

(4) $M_{\oplus max}$

AB 사이 ; $M_x=8.4x-3(4+x)-\dfrac{1\times x^2}{2}=-12+5.4x-0.5x^2$

전단력이 0인 위치는 AB 사이의 전단력의 식 $S_x=0$으로 놓아 x_0를 구하면

$S_x=5.4-x_0=0 \qquad \therefore\ x_0=5.4\,\text{m}$

$\therefore\ M_{\oplus\max}=-12+5.4\times5.4-0.5\times5.4^2=2.58\,(\text{t}\cdot\text{m})$

(5) 반곡점의 위치

$M_x=-12+5.4x-0.5x^2=0$

$\therefore\ x=7.67\,\text{m}$ 또는 $x=3.13\,\text{m}$

【예제 34】

단면력을 구하고 단면력도를 그리시오.

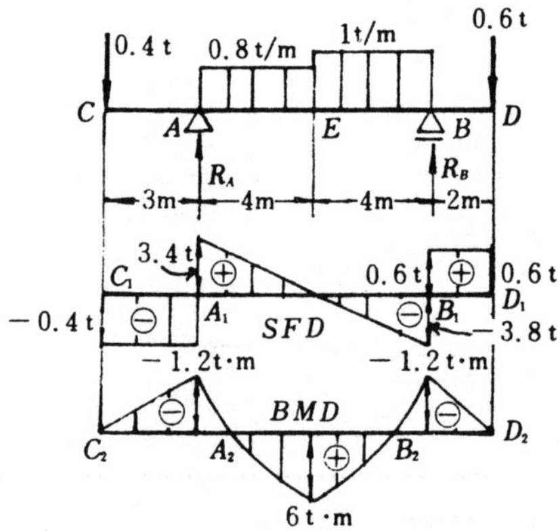

그림 4.49

풀이 $\Sigma M_B=R_A\times8-0.4\times11-0.8\times4\times6-1\times4\times2+0.6\times2=0$

$\therefore\ R_A=3.8\,(\text{t})$

$R_B=0.4+0.8\times4+1\times4+0.6-3.8=4.4\,(\text{t})$

$S_{CA}=-0.4\,(\text{t})$

$S_A=3.8-0.4=3.4\,(\text{t}),\quad S_E=3.8-0.4-0.8\times4=0.2\,(\text{t})$

$S_{B1}=3.8-0.4-0.8\times4-1\times4=-3.8\,(\text{t}),\quad S_{B2}=0.6\,(\text{t}),\ M_C=0$

$M_A=-0.4\times3=-1.2\,(\text{t}\cdot\text{m}),\quad M_B=-0.6\times2=-1.2\,(\text{t}\cdot\text{m})$

$M_E=-0.4\times7+3.8\times4-0.8\times4\times2=6\,(\text{t}\cdot\text{m}),\quad M_D=0$

【예제 35】

단면력을 구하고 단면력도를 그리시오.

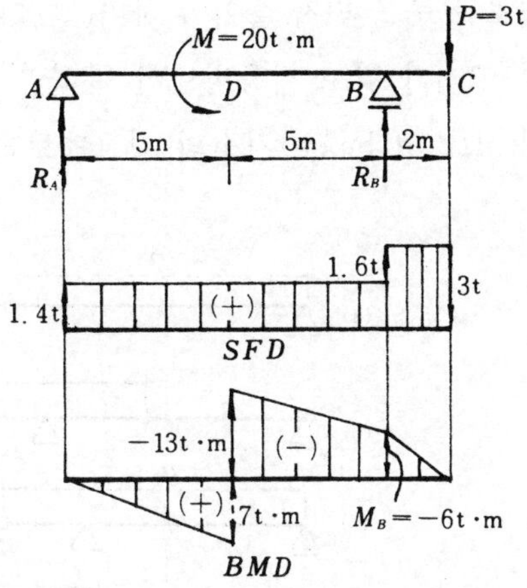

그림 4.50

풀이 (1) 지점반력

$\Sigma M_B=0$,　$R_A\times10-20+3\times2=0$

$\therefore\ R_A=1.4\,(\mathrm{t})$

$R_B=3-1.4=1.6\,(\mathrm{t})$

(2) 전단력

$S_{AB}=R_A=1.4(\mathrm{t})$,　$S_{BC}=R_A+R_B=3\,(\mathrm{t})=\mathrm{P}$

(3) 휨모멘트

AB 사이 ; $M_x=R_A\cdot x=1.4x$

$M_D=M_{x=5}=1.4\times5=7\,(\mathrm{t\cdot m})$

DB 사이 ; $M_x=R_A\cdot x-20=1.4x-20$

$M_D=M_{x=5}=1.4\times5-20=-13\,(\mathrm{t\cdot m})$,　　$M_B=M_{x=10}=1.4\times10-20=-6\,(\mathrm{t\cdot m})$

5. 게르버 보

독일사람 게르버(Gerber)가 고안한 다리의 제1형식으로 n개의 지점을 가지는 연속보에 $(n-2)$개의 hinge를 넣어서 힘의 평형조건만으로 풀 수 있게 한 외적 정정보를 말하며 그 예를 들면 그림 4.51과 같다. 그림에서 알 수 있듯이 1개의 게르버 보는 단순보(S)와 내민보(O)가 교대로 되게끔 hinge를 배치하게 된다. 그림 4.51(d)는 2개의 게르버 보를 연결한 것이고 그림 (e)는 특수한 경우이다.

게르버 보는 그 구조상 단순보 부분에 실린 하중은 내민보 부분의 지점반력이나 단면력에 영향을 주지만 내민보 부분에 실린 하중은 단순보 부분에 아무런 영향을 주지 않으므로 단순보 부분을 먼저 풀어야 하며(그림 4.52 참조), 여기서 hinge점의 반력을 구하여 이 반력과 크기가 같고 작용방향이 반대인 힘을 내민부분 끝에 작용시켜 내민보로 계산하면 된다. 그리고 hinge 지점의 휨모멘트는 0이다.

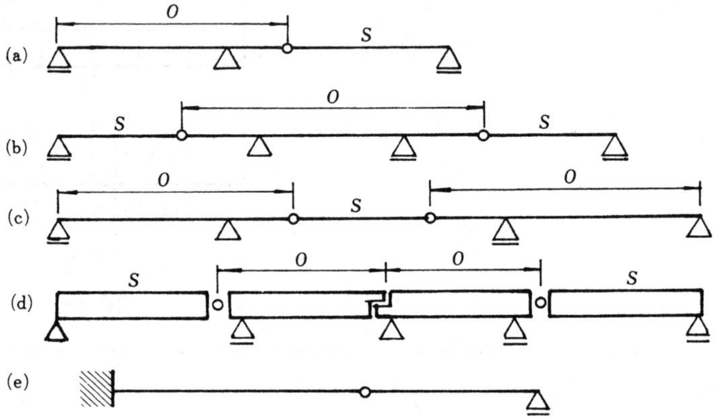

그림 4.51

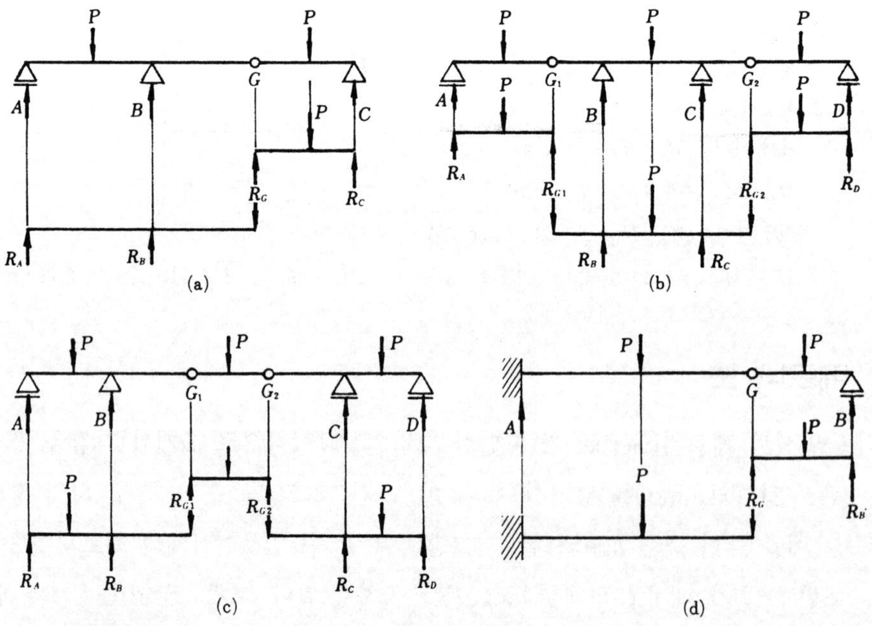

그림 4.52

(1) 집중하중을 받을 경우

1) 지점반력

그림 4.53(b)에서

$$R_E = \frac{P_2 b_2}{l_3}, \qquad R_F = \frac{P_2 a_2}{l_3}$$

그림 (c)와 같이 내민보로 보아 각 지점반력을 구하면

$\Sigma M_A = 0$으로부터

$$R_C l_1 - P_1 b_1 + R_E l_2 = 0$$

$$\therefore\ R_C = \frac{P_1 b_1 - R_E l_2}{l_1} \qquad \text{(4-46)}$$

$\Sigma M_C = 0$으로부터

$$-R_A l_1 + P_1 a_1 + R_E (l_1 + l_2) = 0$$

$$\therefore\ R_A = \frac{P_1 a_1 + R_E (l_1 + l_2)}{l_1} \qquad \text{(4-47)}$$

$\Sigma M_D = 0$으로부터

$$R_B l_5 = R_F (l_4 + l_5) - P_3 b_3 = 0$$

$$\therefore\ R_B = \frac{R_F (l_4 + l_5) + P_3 b_3}{l_5} \qquad \text{(4-48)}$$

$\Sigma M_B = 0$으로부터

$$-R_D l_5 + P_3 a_3 - R_F l_4 = 0$$

$$\therefore\ R_D = \frac{P_3 a_3 - R_F l_4}{l_5} \qquad \text{(4-49)}$$

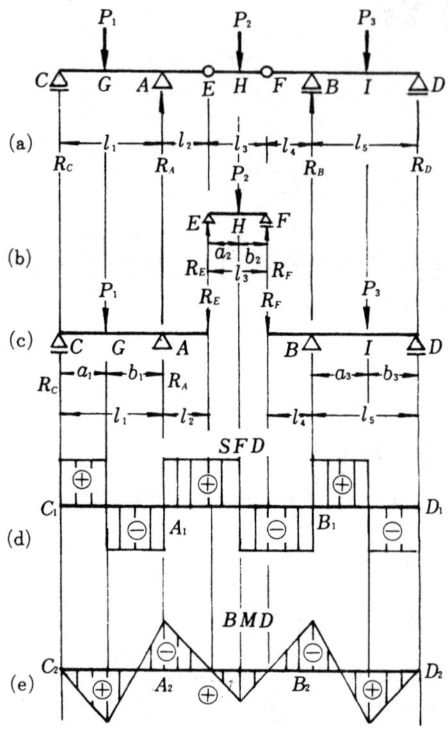

그림 4.53

2) 전단력

$$S_{CG}=R_C,\quad S_{GA}=R_C-P_1,\quad S_{AH}=R_C-P_1+R_A,\quad S_{HB}=R_C-P_1+R_A-P_2$$

$$S_{BI}=R_C-P_1+R_A-P_2+R_B=-R_D+P_3$$

$$S_{ID}=R_C-P_1+R_A-P_2+R_B-P_3=-R_D$$

3) 휨모멘트

$$M_C=0,\quad M_G=R_Ca_1,\quad M_A=-R_El_2,\quad M_E=0,\quad M_H=R_Ea_2,\quad M_F=0$$

$$M_B=-R_Fl_4,\quad M_I=R_Db_3,\quad M_D=0$$

(2) 등분포하중을 받을 경우

1) 지점반력

$$R_E=R_C=\frac{wl_3}{2},\quad R_D=R_F=\frac{wl_4}{2}$$

$\Sigma M_B=0$으로부터

$$-R_E(l_1+l)-wl_1\left(\frac{l_1}{2}+l\right)+R_A l-w\frac{l^2}{2}+R_F l_2+w\frac{{l_2}^2}{2}=0$$

$$R_A=\frac{1}{l}\left\{R_E(l_1+l)+\frac{w(l_1+l)^2}{2}-R_F l_2-\frac{w{l_2}^2}{2}\right\} \quad \cdots\cdots (4\text{-}50)$$

$\Sigma V=0$으로부터

$$R_B=R_E+w(l_1+l_2+l)+R_F-R_A \quad \cdots\cdots (4\text{-}51)$$

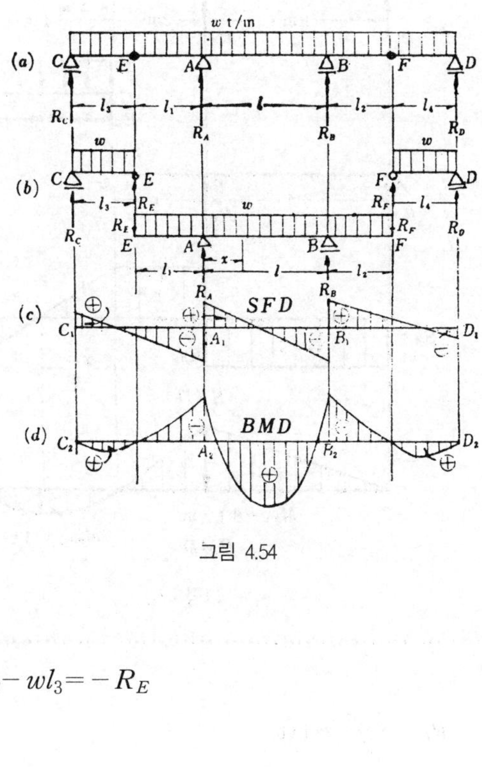

그림 4.54

2) 전단력

$S_C=R_C,\quad S_E=R_C-wl_3=-R_E$

$S_{A1}=-R_E-wl_1$

$S_{A2}=-R_E-wl_1+R_A$

$S_{B1}=-w(l_1+l)-R_E+R_A$

$S_{B2}=-w(l_1+l)-R_E+R_A+R_B$

$S_F=-w(l_1+l+l_2)-R_E+R_A+R_B=R_F$

$S_D=-R_D$

3) 휨모멘트

$$M_C=0,\ M_E=0,\ M_D=0,\ M_F=0$$

$$M_A=-R_E l_1-\frac{wl^2}{2},\quad M_B=-R_F l_2-\frac{wl_2{}^2}{2}$$

【예제 36】

단면력을 구하고 단면력도를 그리시오.

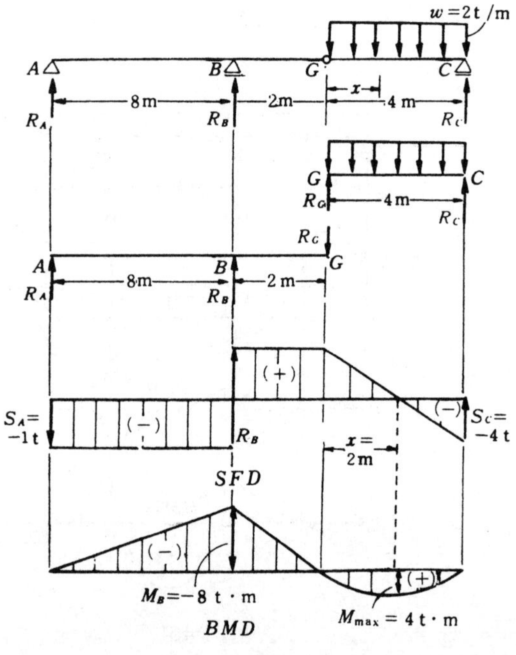

그림 4.55

풀이 (1) 지점반력

GC 구간 : $R_G=R_C=\dfrac{2\times4}{2}=4\,(t)$

AG 구간 : $\Sigma V=0,\ \ R_A+R_B=R_G=4\,(t)$

$\Sigma M_B=0,\ \ R_A\times8+4\times2=0$

$\therefore\ R_A=-1\,(t),\qquad \therefore\ R_B=4-R_A=5\,(t)$

(2) 전단력

$S_{AB}=R_A=-1\,(t)=S_A$

$S_{BG}=R_A+R_B=-1+5=4\,(t)$

$S_G = 4(\text{t})$

GC 구간 : $S_x = R_A + R_B - wx = 4 - 2x$

$S_C = S_{x=4} = -4(\text{t})$

(3) 휨모멘트

$M_A = 0$, $M_B = R_A \times 8 = -1 \times 8 = -8(\text{t} \cdot \text{m})$

$M_G = R_A \times 10 + R_B \times 2 = -1 \times 10 + 5 \times 2 = 0$

GC 구간 : $M_{\max} = \dfrac{wl^2}{8} = \dfrac{2 \times 4^2}{8} = 4(\text{t} \cdot \text{m})$

【예제 37】

단면력을 구하고 단면력도를 그리시오.

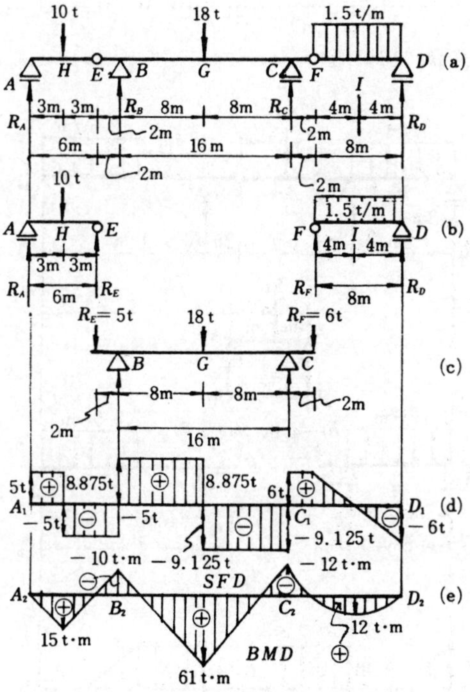

그림 4.56

풀이 $R_A = R_E = \dfrac{10}{2} = 5\,(\text{t})$

$R_F = R_D = \dfrac{1}{2} \times 1.5 \times 8 = 6\,(\text{t})$

$\Sigma M_C = 0$에 의하여, $R_B = \dfrac{1}{16}(18 \times 8 + 5 \times 18 - 6 \times 2) = 13.875\,(\text{t})$

$\Sigma M_B=0$에 의하여, $R_C=\frac{1}{16}(18\times 8-5\times 2+6\times 18)=15.125\,(\text{t})$

$S_{AH}=R_A=5\,(\text{t})$, $S_{HB}=5-10=-5\,(\text{t})(=-RE)$, $S_{BG}=-5+13.875=8.875\,(\text{t})$

$S_{GC}=8.875-18=-9.125(\text{t})$, $S_{CF}=-9.125+15.125=6\,(\text{t})(=R_F)$, $S_I=6-1.5\times 4=0$

$S_D=6-1.5\times 8=-6\,(\text{t})(=-R_D)$

$M_A=0$, $M_H=5\times 3=15\,(\text{t}\cdot\text{m})$

$M_E=0$, $M_B=-5\times 2=-10\,(\text{t}\cdot\text{m})$

$M_G=-5\times 10+13.875\times 8=61\,(\text{t}\cdot\text{m})$

$M_C=-6\times 2=-12\,(\text{t}\cdot\text{m})$, $M_F=0$

$M_I=6\times 4-\frac{1}{2}\times 1.5\times 4^2=12\,(\text{t}\cdot\text{m})$

【예제 38】

단면력을 구하고 단면력도를 그리시오.

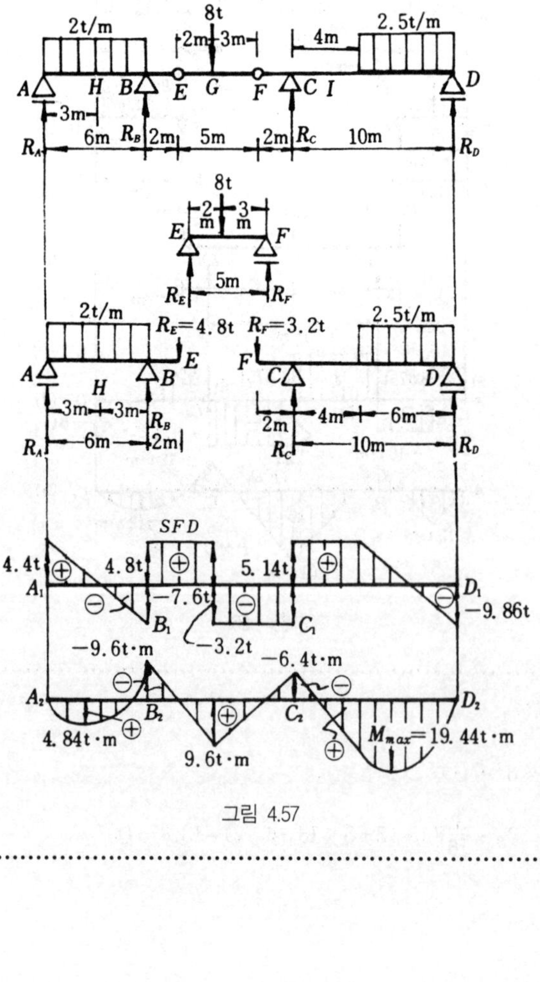

그림 4.57

풀이 $R_E = \frac{1}{5} \times 8 \times 3 = 4.8\,(t)$

$R_F = \frac{1}{5} \times 8 \times 2 = 3.2\,(t)$

$R_A = \frac{1}{6}(2 \times 6 \times 3 - 4.8 \times 2) = 4.4\,(t)$

$R_B = \frac{1}{6}(2 \times 6 \times 3 + 4.8 \times 8) = 12.4\,(t)$

$R_C = \frac{1}{10}(2.5 \times 6 \times 3 + 3.2 \times 12) = 8.34\,(t)$

$R_D = \frac{1}{10}(2.5 \times 6 \times 7 - 3.2 \times 2) = 9.86\,(t)$

$S_A = R_A = 4.4\,(t)$, $S_H = 4.4 - 2 \times 3 = -1.6\,(t)$, $S_B = 4.4 - 2 \times 6 = -7.6\,(t)$

$S_{BG} = -7.6 + 12.4 = 4.8\,(t)(=R_E)$, $S_{GC} = 4.8 - 8 = -3.2\,(t)(=R_F)$

$S_{CI} = -3.2 + 8.34 = 5.14\,(t)$, $S_D = 5.14 - 2.5 \times 6 = -6.86\,(t)$

$M_A = 0$

AB 부분에서 전단력이 0이 되는 점의 $M = 4.4 \times 2.2 - \frac{2 \times 2.2^2}{2} = 4.84\,(t \cdot m)$

$M_B = -4.8 \times 2 = -9.6\,(t \cdot m)$ (혹은 $4.4 \times 6 - \frac{1}{2} \times 2 \times 6^2$)

$M_E = 0$, $M_G = 4.8 \times 2 = 9.6\,(t \cdot m)$, $M_F = 0$, $M_C = -3.2 \times 2 = -6.4\,(t \cdot m)$

$M_I = -3.2 \times 6 + 8.34 \times 4 = 14.16\,(t \cdot m)$

$M_{\max} = 9.86 \times 3.944 - 2.5 \times \frac{3.944^2}{2} = 19.44\,(t \cdot m)$, $M_D = 0$

【예제 39】

단면력도를 그리시오.

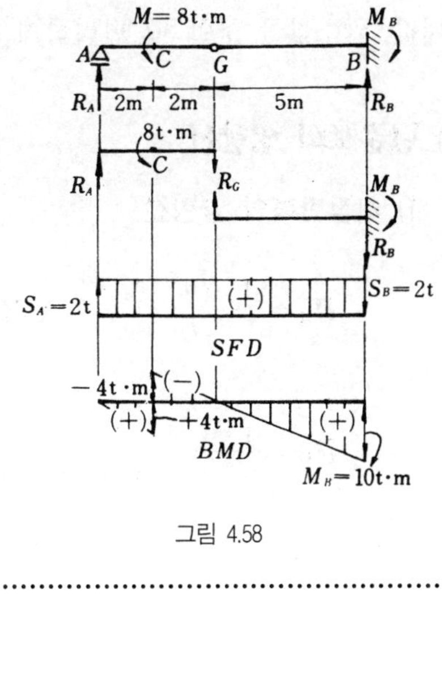

그림 4.58

풀이 (1) 지점반력

$\Sigma M_G=0,\ R_A\times4-8=0 \qquad \therefore\ R_A=2\,(t)$

$\Sigma M_A=0,\ -R_G\times4-8=0 \qquad \therefore\ R_G=-2\,(t)$

$R_B=R_G=-2\,(t)(\downarrow)$

$M_B=R_G\times5=2\times5=10\,(t\cdot m)$

(2) 전단력

$S_{AG}=R_A=2\,(t),\ \ S_{GB}=R_A=-R_B=2\,(t) \qquad \therefore\ S_A=S_B=2\,(t)$

(3) 휨모멘트

M_C(좌)$=R_A\times2=4\,(t\cdot m)$, M_C(우)$=R_A\times2-8=-4\,(t\cdot m)$

$M_G=R_A\times4-8=0,\ M_B=2\times5=10\,(t\cdot m)$

6. 영향선(Influence line)

영향선이란 이동단위하중이 구조물 위를 지나가는 동안에 지점반력 및 단면력이 어떻게 변화하는가를 나타내는 선도(線圖)로서, A.Winkler에 의해 제안되어 그 후 J. JWegrauch와 H. Muller-Breslau 등의 여러 사람에 의해 각 방면으로 응용 연구된 것으로, 이동하중을 받는 교량구조물 등의 설계에는 대단히 중요하다.

즉, 미리 단위하중($P=1$의 집중하중)을 보 위로 이동시켜서 그 하중으로써 표시되는 것으로, 반력, 전단력, 휨모멘트 선도를 그려놓고 실하중의 경우는 그 하중, 단위하중의 경우는 그림의 세로길이를 곱하면 반력, 전단력, 휨모멘트 등이 구하여지는 것이다.

이 영향선은 이동하중의 작용을 받는 구조물의 반력, 전단력, 휨모멘트 등을 구하거나 그 극대값, 극소값을 구할 때 편리하게 이용된다.

(1) 단순보의 영향선

1) 지점반력의 영향선

$$R_A=\frac{1\times(l-x)}{l}\ (\because\ \Sigma M_B=0) \quad \cdots\ (4\text{-}52)$$

$$R_B=\frac{1\times x}{l} \quad \cdots\cdots\ (4\text{-}53)$$

이므로,

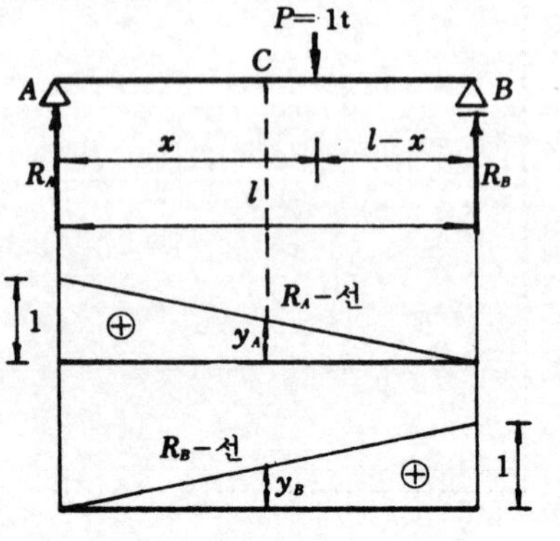

그림 4.59

$x=0$이면 $R_A=1$, $R_B=0$

$x=l$이면 $R_A=0$, $R_B=1$ 이 된다.

즉, 하중 $P=1$이 A지점에 있을 때는 R_A는 1이고 R_B는 0이며, B지점에 있을 때 R_B는 1이고 R_A는 0이다. 그리고 하중이 C지점 위에 있을 때 R_A는 y_A이고 R_B는 y_B이다.

즉, $R_A=1\times y_A=P\times y_A$, $R_B=1\times y_B=P\times y_B$

그림 4.60(a)에서(집중하중일 경우)

$$\left.\begin{aligned} R_A&=P_1y_{A1}+P_2y_{A2}+P_3y_{A3} \\ R_B&=P_1y_{B1}+P_2y_{B2}+P_3y_{B3} \end{aligned}\right\} \cdots\cdots (4\text{-}54)$$

그림 4.60(b)에서는(등분포하중일 경우)

$$\left.\begin{aligned} R_A&=wF_A=\frac{w(y_{A1}+y_{A2})}{2}\times C \\ R_B&=wF_B=\frac{w(y_{B1}+y_{B2})}{2}\times C \end{aligned}\right\} \cdots\cdots (4\text{-}55)$$

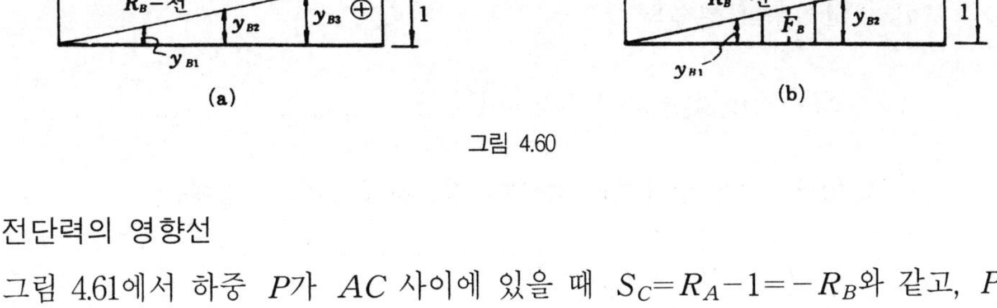

그림 4.60

2) 전단력의 영향선

그림 4.61에서 하중 P가 AC 사이에 있을 때 $S_C=R_A-1=-R_B$와 같고, P가 CB 사이에 있을 때에는 $S_C=R_A$와 같다.

따라서 전단력의 영향선은 지점반력의 영향선을 이용하여 구할 수 있다. 즉, 기선

A_1B_1에 연하여 $+R_A$선과 $-R_B$선을 서로 붙여 그리고, 점 C로부터 내린 수선과의 교점을 D, E라고 하면 A_1DEB_1이 전단력의 영향선이 된다.

이 때 A_1C 사이에는 (−), B_2C 사이에는 (+)가 된다.

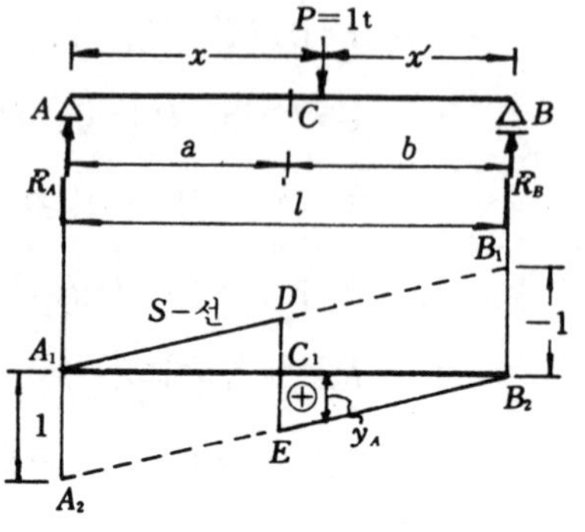

그림 4.61

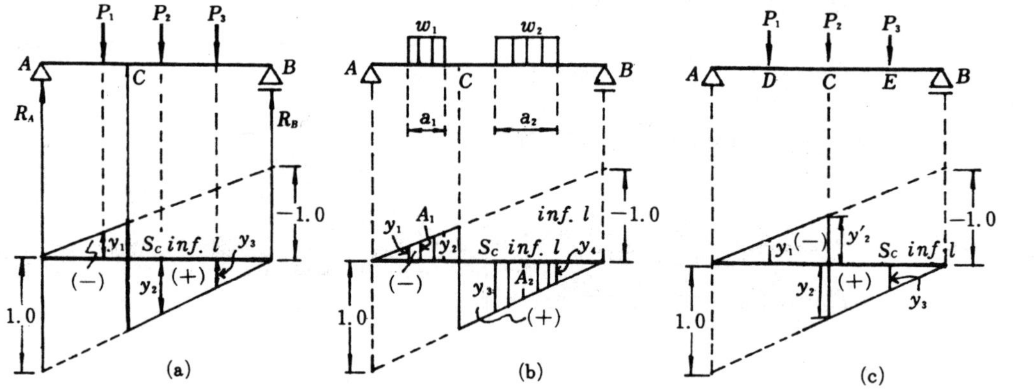

그림 4.62

그림 4.62(a)에서

$$S_C = -P_1y_1 + P_2y_2 + P_3y_3 = \Sigma Py \quad \cdots\cdots (4\text{-}56)$$

가 되며, (b)의 경우는

$$S_C = -w_1A_1 + w_2A_2 = \Sigma wA \quad \cdots\cdots (4\text{-}57)$$

이고, (c)와 같이 구하려는 점 C에 집중하중이 있을 때에는

$$S_C \begin{cases} = -P_1y_1 + P_2y_2 + P_3y_3 = S_{D\sim C} \\ = -P_1y_1 - P_2y_2 + P_3y_3 = S_{C\sim E} \end{cases} \quad \cdots\cdots (4\text{-}58)$$

과 같이 2개의 값을 취하게 된다.

3) 휨모멘트의 영향선

임의 단면 C에서의 휨모멘트는 하중이 BC 사이에 있을 때 $M_C=R_A \cdot a$, AC 사이에 있을 때 $M_C=R_B \cdot b$로 된다. 즉 R_A, R_B 의 영향선을 각각 a 곱 및 b 곱한 것을 이용하여 단면 C의 휨모멘트의 영향선을 구한다. A_1B_1을 기준선으로 그어 $A_1A_2=a$, $B_1B_2=b$가 되게 A_2B_2를 정하고, A_1B_2, A_2B_1 을 맺어 그 교점을 C_1으로 하면 $A_1C_1B_1$이 M_C의 영향선이 된다.

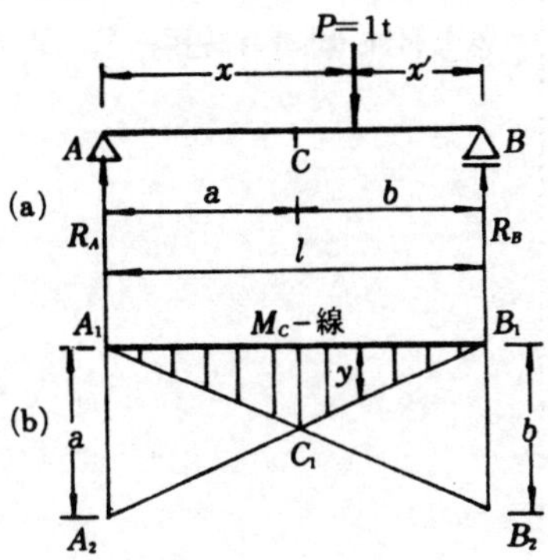

그림 4.63

여기서 $M_C=Py$ .... (4-59)

그림 4.64(a)의 경우 $M_C=P_1y_1+P_2y_2=P_3$

$y_3=\Sigma Py$ .... (4-60)

그림 4.64(b)의 경우는

$M_C=w_1A_1+w_2A_2=\Sigma wA$ .... (4-61)

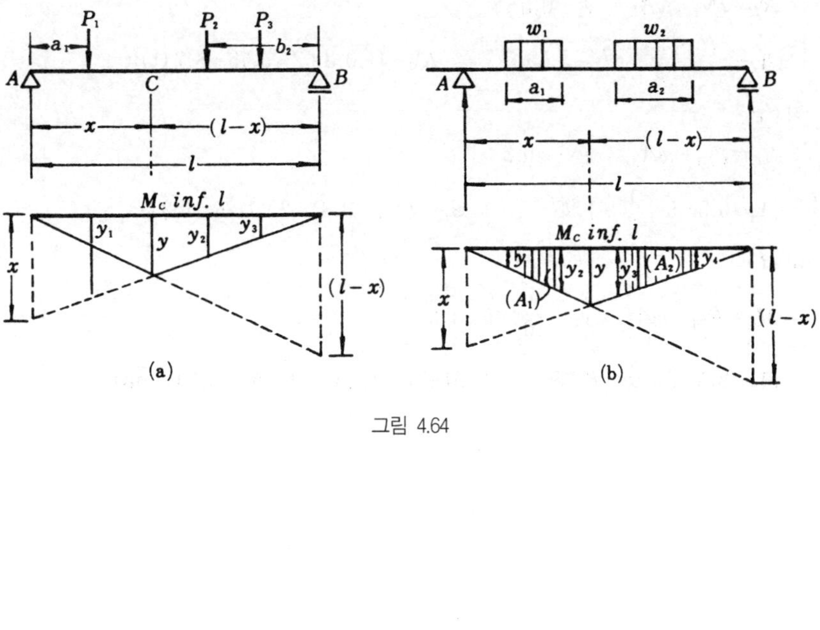

그림 4.64

【예제 40】

영향선에 의하여 반력, S_C 및 M_C를 구하시오.

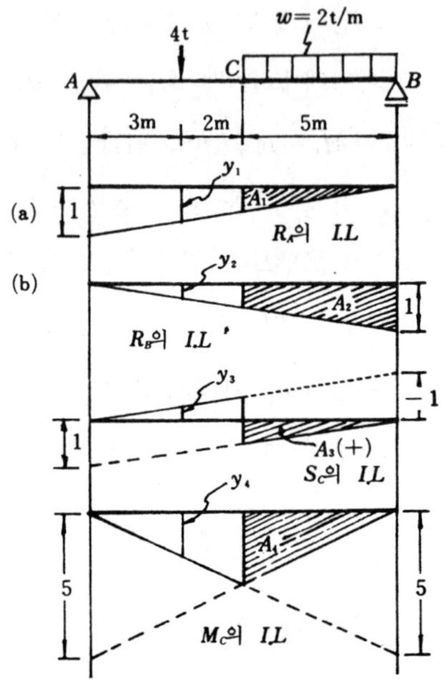

그림 4.65

풀이 (1) 반력

$R_A = P \cdot y_1 + wA_1,\ y_1 = \frac{7}{10} \times 1 = \frac{7}{10}$

$A_1 = 0.5 \times 5 \times \frac{1}{2} = 1.25 \qquad \therefore\ R_A = 4 \times 0.7 + 2 \times 1.25 = 5.3\,(\text{t})$

$R_B = Py_2 + wA_2, \quad y_2 = 0.3$

$A_2 = \frac{(0.5+1) \times 5}{2} = 3.75 \qquad \therefore\ R_B = 4 \times 0.3 + 2 \times 3.75 = 8.7\,(\text{t})(\text{t})$

(2) S_C

$S_C = Py_3 + wA_3, \quad y_3 = -0.3$

$A_3 = 0.5 \times 5 \times \frac{1}{2} = 1.25 \qquad \therefore\ S_C = 4 \times (-0.3) + 2 \times 1.25 = 1.3\,(\text{t})$

(3) M_C

$M_C = Py_4 + wA_4, \quad y_4 = \frac{3}{10} \times 5 = 1.5$

$A_4 = 2.5 \times 5 \times \frac{1}{2} = 6.25 \qquad \therefore\ M_C = 4 \times 1.5 + 2 \times 6.25 = 18.5\,(\text{t} \cdot \text{m})$

【예제 41】

영향선에 의하여 반력, S_C 및 M_C를 구하시오.

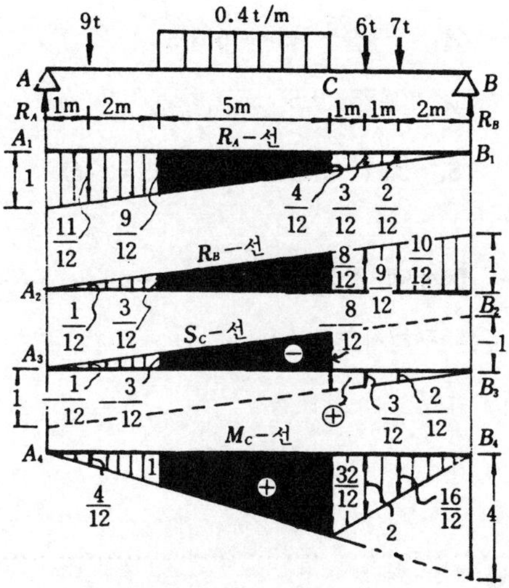

그림 4.66

풀이 $R_A=9\times\frac{11}{12}+6\times\frac{3}{12}+7\times\frac{2}{12}+0.4\times\left(\frac{9}{12}+\frac{4}{12}\right)\times\frac{1}{2}\times5=12\,(\text{t})$

$R_B=9\times\frac{1}{12}+6\times\frac{9}{12}+7\times\frac{10}{12}+0.4\times\left(\frac{3}{12}+\frac{8}{12}\right)\times\frac{1}{2}\times5=12\,(\text{t})$

$S_C=-9\times\frac{1}{12}+6\times\frac{3}{12}+7\times\frac{2}{12}-0.4\times\left(\frac{3}{12}+\frac{8}{12}\right)\times\frac{1}{2}\times5=1\,(\text{t})$

$M_C=9\times\frac{4}{12}+6\times2+7\times\frac{16}{12}+0.4\times\left(1+\frac{32}{12}\right)\times\frac{1}{2}\times5=28\,(\text{t}\cdot\text{m})$

【예제 42】

S_C를 영향선으로 구하시오.

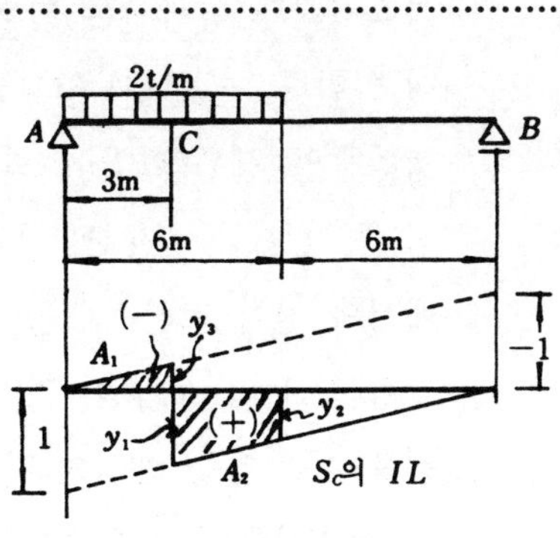

그림 4.67

풀이 $y_3=\frac{-3}{12}\times1=-0.25$

$y_1=\frac{9}{12}\times1=0.75$, $y_2=\frac{6}{12}\times1=0.5$

$A_1=\frac{-0.25}{2}\times3=-0.375$

$A_2=\frac{0.75+0.5}{2}\times3=1.875$

$S_C=2\times(-0.375)+2\times1.875=3\,(\mathrm{t})$

【예제 43】

S_C를 구하시오.

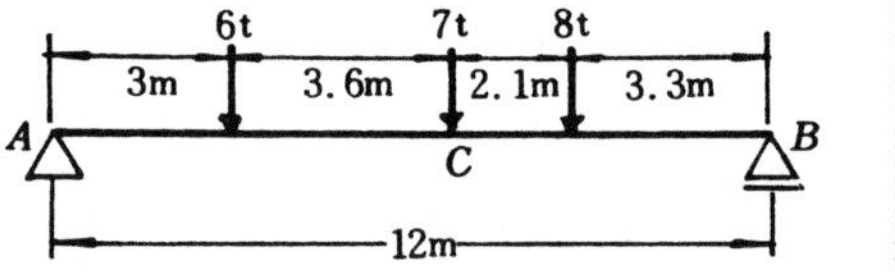

그림 4.68

풀이 $y_1=\frac{3}{12}=0.25$, $y_2{}'=\frac{6.6}{12}=0.55$

$y_2=1-0.55=0.45$, $y_3=\frac{3.3}{12}=0.276$

$S_{I\sim C}=-6\times0.25+7\times0.45+8\times0.275=3.85\,(\mathrm{t})$

$S_{C\sim II}=-6\times0.25-7\times0.55+8\times0.275=-3.15\,(\mathrm{t})$

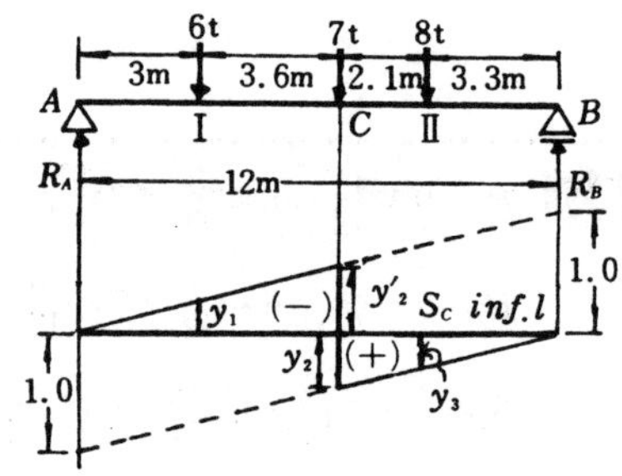

4) 간접하중을 받을 경우의 영향선

지점반력의 영향선은 직접하중일 경우와 같이 그린다. 전단력과 휨모멘트의 영향선도 직접하중일 경우와 같이 되나, 구하려고 하는 점 즉, C점의 구간 ①, ②를 그림 4.69(a), (b)에서와 같이 직선으로 연결하면 된다.

그림 4.69에서 하중이 격간 ①, ② 이외의 부분을 지날 때는 C점의 전단력이나 휨모멘트는 직접하중이 작용할 때와 같다. 왜냐하면 단면 C의 좌측 또는 우측에 하중이 있을 때에는 어느 한쪽의 지점반력만으로 단면력을

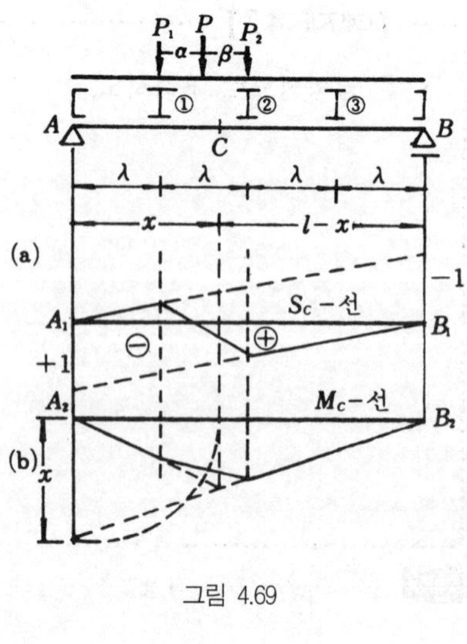

그림 4.69

구할 수 있기 때문이다. 다음에 하중이 격간 ①, ② 사이를 지날 때를 생각해 보기로 하자.

우선 격점하중 $P_1=1\cdot\frac{\beta}{\lambda}$, $P_2=1\cdot\frac{\alpha}{\lambda}$, 이때의 지점반력 $R_A=\frac{l-\lambda-\alpha}{l}$ 이므로

$$S_C=R_A-P_1=\frac{l-\lambda-\alpha}{l}-\frac{\beta}{\lambda},\quad M_C=R_Ax-P_1(x-\lambda)=\frac{l-\lambda-\alpha}{l}x-\frac{\beta}{\lambda}(x-\lambda)$$

로서 S_C 및 M_C는 변수 α 및 β에 관한 일차식이므로 1개의 직선으로 격점 ①, ②를 이어서 표시하게 된다.

【예제 44】

R_A, S_C, M_C를 영향선에 의해 구하시오.

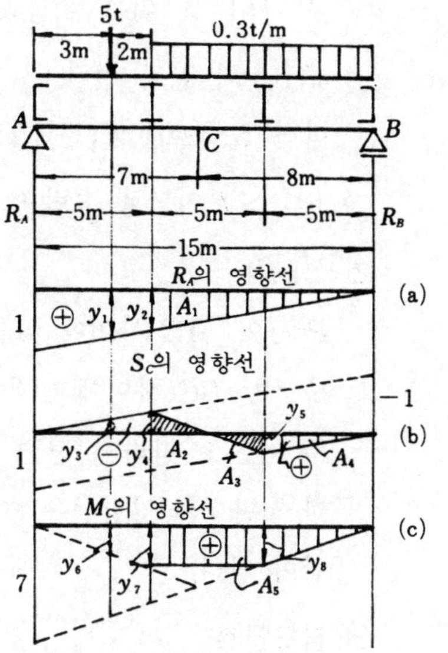

그림 4.70

풀이

$y_1 : 12=1 : 15 \quad \therefore y_1=0.8$

$y_2 : 10=1 : 15 \quad \therefore y_2=0.67$

$y_3 : 3=-1 : 15 \quad \therefore y_3=-0.2$

$y_4 : 5=-1 : 15 \quad \therefore y_4=-0.33$

$y_5 : 5=1 : 15 \quad \therefore y_5=0.33$

$y_6 : 3=8 : 15 \quad \therefore y_6=1.6$

$y_7 : 5=8 : 15 \quad \therefore y_7=2.67$

$y_8 : 5=7 : 15 \quad \therefore y_8=2.33$

$$A_1 = \frac{0.67 \times 10}{2} = 3.35$$

$$-A_2 + A_3 = 0 \ (\because \ y_4 = -0.33, \ y_5 = 0.33)$$

$$A_4 = \frac{0.33 \times 5}{2} = 0.83, \quad A_5 = \frac{2.67 + 2.33}{2} \times 5 + \frac{2.33 \times 5}{2} = 18.33$$

$$R_A = Py_1 + wA_1 = 5 \times 0.8 + 0.3 \times 3.35 = 5.00\,(\text{t})$$

$$S_C = Py_3 + wA_4 = 5 \times (-0.2) + 0.3 \times 0.83 = -0.75\,(\text{t})$$

$$M_C = Py_6 + wA_5 = 5 \times 1.6 + 0.3 \times 18.33 = 13.50\,(\text{t} \cdot \text{m})$$

(2) 캔틸레버 보의 영향선

1) 지점반력

$P=1$이 보 위를 이동하여 어떠한 위치에 있어도 R_A는 항상 1이므로, 그림 4.71(b)와 같이 된다.

반력 모멘트 M_A는 그림 4.71(a)와 같을 때 $M_A = -Pa = -a$이고, 변수 a는 $0 \leqq a \leqq l$ 이므로 그림 (c)와 같이 된다.

2) 전단력

$P=1$이 AC 사이에 있을 때 $S_C=0$, BC 사이에 있을 때 $S_C=P=1$. 따라서 단면 C에 대한 전단력의 영향선은 그림 (d)와 같이 된다.

3) 휨모멘트

$P=1$이 AC 사이에 있을 때 $M_C=0$, BC 사이에 있을 때 $M_C = -P(a-x) = -(a-x)$ 여기서 변수 a는 $x \leqq a \leqq l$ 이므로 단면 C에 대한 휨모멘트의 영향선은 그림 (e)와 같다.

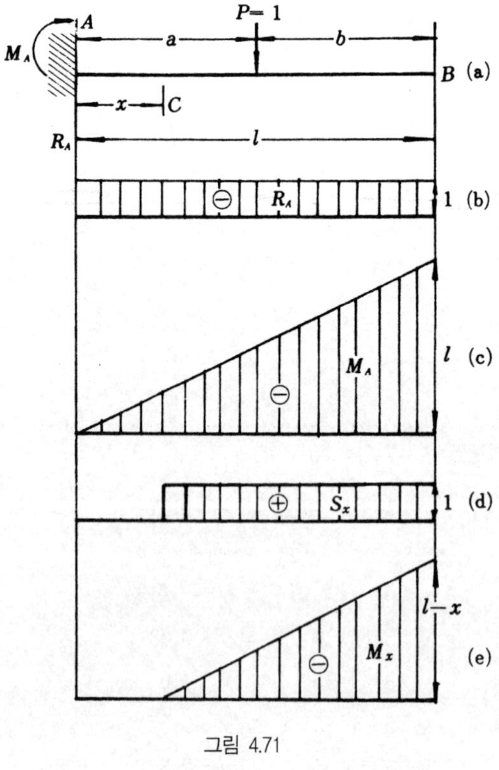

그림 4.71

【예제 45】

반력, S_m, M_m을 영향선으로 구하시오.

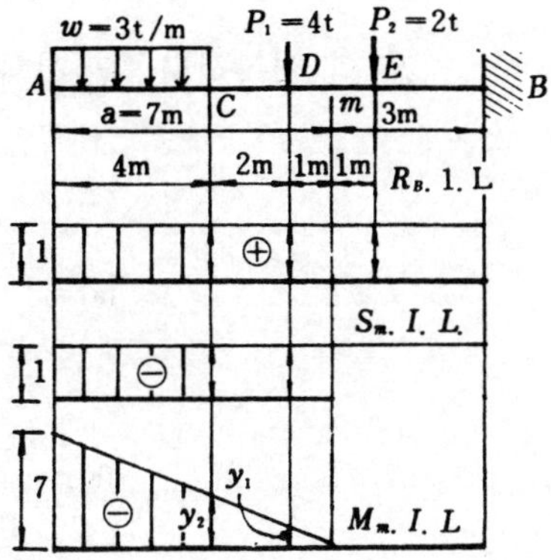

그림 4.72

풀이 $R_B=3\times4\times1+4\times1+2\times1=18(\mathrm{t})$

$S_m=-3\times4\times1-4\times1=-16(\mathrm{t})$

$y_1=\dfrac{1\times7}{7}=1,\ y_2=\dfrac{7\times3}{7}=3$

$\therefore\ M_m=-3\left\{(7+3)\times4\times\dfrac{1}{2}\right\}-4\times1=-64(\mathrm{t\cdot m})$

(3) 내민보의 영향선

내민보의 영향선은 중앙부(단순보 구간)의 반력, 단면력에 대해서는 단순보와 같이 그리고, 돌출부는 직선으로 연장하면 된다. 또한 돌출부분의 단면력의 영향선은 cantilever 때와 같다.

1) 지점반력

$P=1$이 AD 사이에 작용할 때 $R_A=\dfrac{1(l+x_1)}{l}$이므로 R_A의 영향선은 직선 변화를 이루고 AB간의 영향선은 그대로 연장한 것이 되며,

$x_1=0$이면 $R_A=1$

$x_1=l_1$이면 $R_A=\dfrac{1(l+l_1)}{l}$이 된다.

$P=1$이 BE 사이에 작용할 때는 $R_A=-\dfrac{x_2}{l}$로서 이것도 직선변화이므로 AB간의 영향선을 연장한 것으로 그 값은 (−)이다.

$x_2=0$이면 $R_A=0$, $x_2=l_2$ 이면 $R_A=-\dfrac{l_2}{l}$

R_B의 영향선도 R_A선과 같은 방법으로 구하면 그림 4.73(c)와 같이 된다.

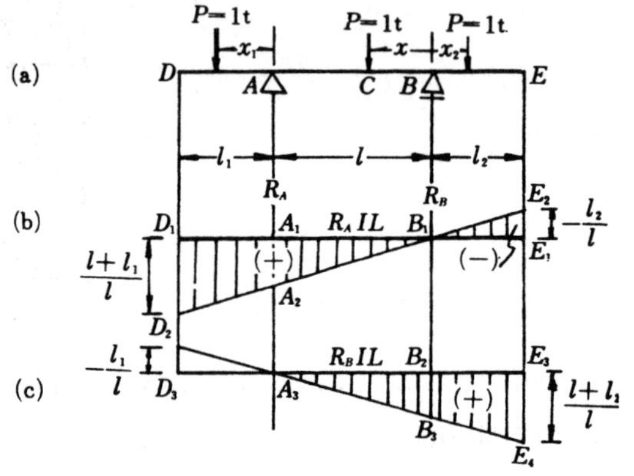

그림 4.73

2) 전단력

$P=1$이 AD 사이에 있을 때 $S_{C1}=R_A-P=\dfrac{1(l+x_1)}{l}-1=\dfrac{x_1}{l}$으로 직선변화이므로 B_2A_1의 연장선이 된다.

$x_1=0$이면 $S_{C1}=0$

$x_1=l_1$이면 $S_{C1}=\dfrac{l_1}{l}$ ($\because$ $1:l=S_{C1}:l_1$)

$P=1$이 BE에 있을 때도 위와 같은 방법에 의하여 A_2B_1을 연장하면 되고 그 값은 (−)이다. 내민부 DA와 BE 사이에 있는 S_{C2} 및 S_{C3}의 영향선은 캔틸레버 보의 영향선으로 볼 수 있으므로 그림 4.74(c)와 같이 된다.

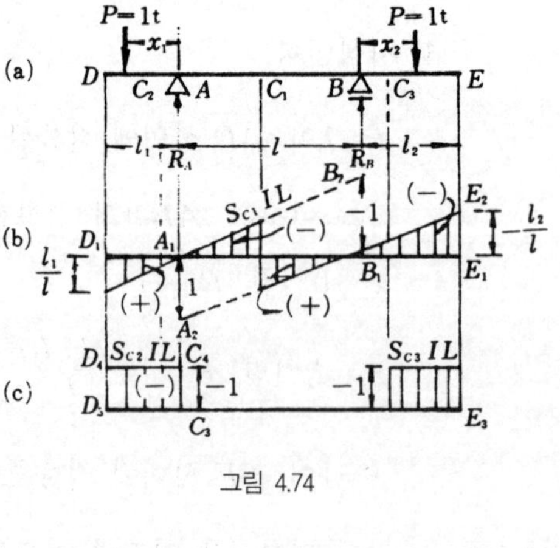

그림 4.74

3) 휨모멘트

$P=1$이 AD 사이에 작용할 때 $M_{C1}=R_A\times a-1\times(a+x_1)=\dfrac{l+x_1}{l}\times a-(a+x_1)$

로 직선변화를 이루므로 B_2A_1을 연장한 것이 된다.

$x_1=0$이면 $M_{C1}=0$

$$x_1=l_1\text{이면 } M_{C1}=\frac{(l+l_1)a}{l}-(a+l_1)=\frac{(l+l_1)a-l(a+l_1)}{l}$$

$$=\frac{l_1(a-l)}{l}=-\frac{l_1}{l}b$$

$P=1$이 BE 사이에 있을 때도 위와 같은 방법으로 하면 A_2B_1의 연장선으로 표시된다. 내민부 DA 부분은 캔틸레버 보로 보아 $M_{C2}=-1\cdot x$이며 x=0이면 $M_{C2}=0$(C_2점의 휨모멘트 영향선은 0), $x=l_1-C$이면 $M_{C2}=-(l_1-C)$가 되며 BE 부분도 마찬가지 방법으로 그림 4.75(c)와 같다.

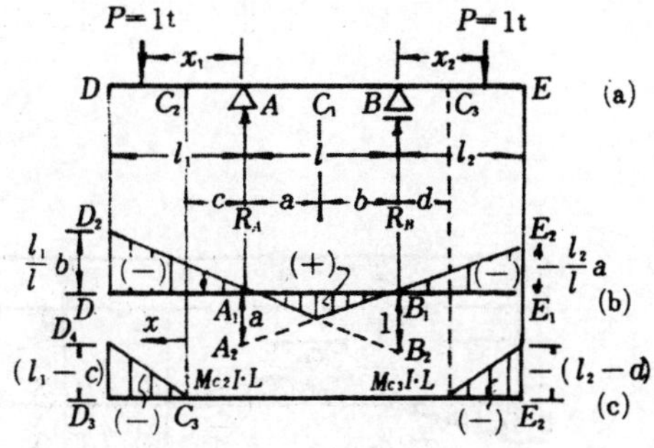

그림 4.75

【예제 46】

반력, $S_{A\sim m}$, M_m을 영향선으로 구하시오.

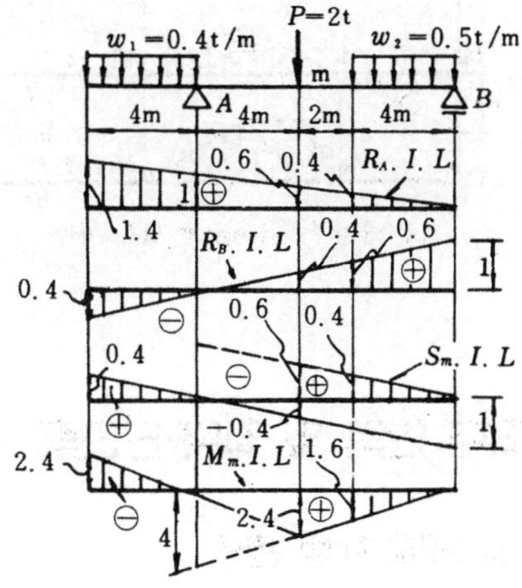

그림 4.76

풀이 $R_A=0.4\left\{(1+1.4)\times4\times\frac{1}{2}\right\}+2\times0.6+0.5(0.4\times4\times\frac{1}{2})=3.52\,(\text{t})$

$R_B=-0.4(0.4\times4\times\frac{1}{2})+2\times0.4+0.5\left\{(1\times0.6)\times4\times\frac{1}{2}\right\}=2.08\,(\text{t})$

$S_{A\sim m}=0.4(0.4\times4\times\frac{1}{2})+2\times0.6+0.5\left(0.4\times4\times\frac{1}{2}\right)=1.92\,(\text{t})$

$M_m=-0.4(2.4\times4\times\frac{1}{2})+2\times2.4+0.5(1.6\times4\times\frac{1}{2})=4.48\,(\text{t}\cdot\text{m})$

(4) 게르버 보의 영향선

게르버 보는 단순보와 내민보의 조합으로 이루어진 구조이므로 그 영향선도 단순보와 내민보의 영향선의 조합으로 이루어진다(그림 4.77 참조).

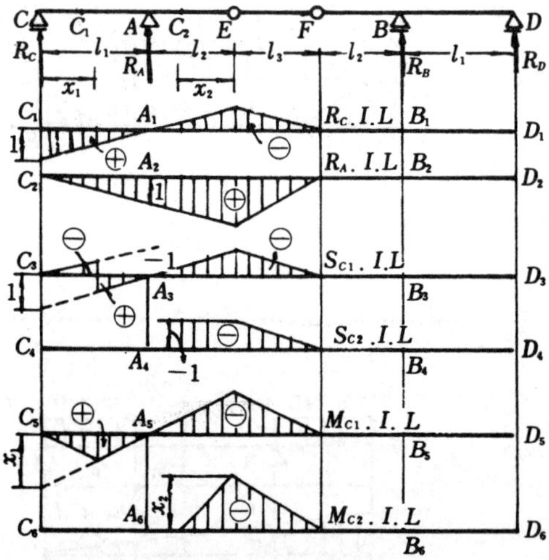

(a) 중앙부에 hinge가 있는 경우

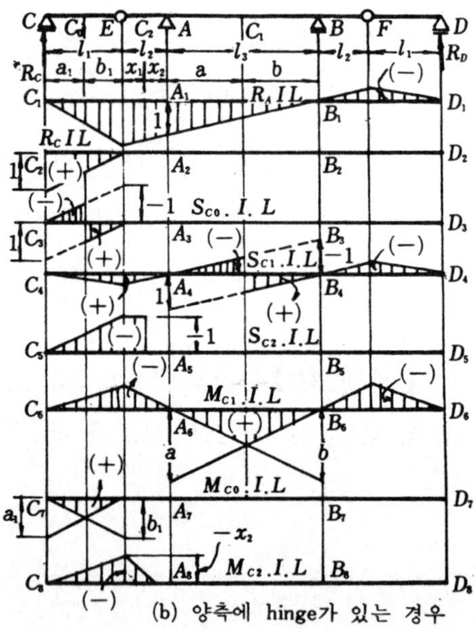

(b) 양측에 hinge가 있는 경우

그림 4.77

7. 최대 반력 및 최대 단면력

(1) 최대 지점 반력

1) 집중하중이 이동하는 경우

그림 4.78에서 $R_A = P_1 y_1 + P_2 y_2 + \cdots\cdots + P_n y_n = \Sigma P y$로 된다. 이 식에 의하면 하중이 그림의 위치로부터 좌측으로 이동함에 따라 R_A의 값은 커지고 하중 P_1이 A점에 실린 순간 그 값은 최대가 된다. 다음에 하중 P_1이 A지점을 통과하면 R_A는 갑자기 작아졌다가 P_2가 A지점에 접근함에 따라 다시 커질 것이다. 이와 같이 하여 P_1, $P_2 \cdots\cdots$가 A지점에 실릴 때마다 R_A가 최대로 되는데 그 중에서 가장 큰 것을 최대 반력이라 한다. 즉, 연행하중이 단순보 위를 이동할 때, 각 하중이 지점 위에 올 때마다 그 지점반력은 최대로 되고, 그 극대치들 중에서 최대로 되는 값을 말한다.

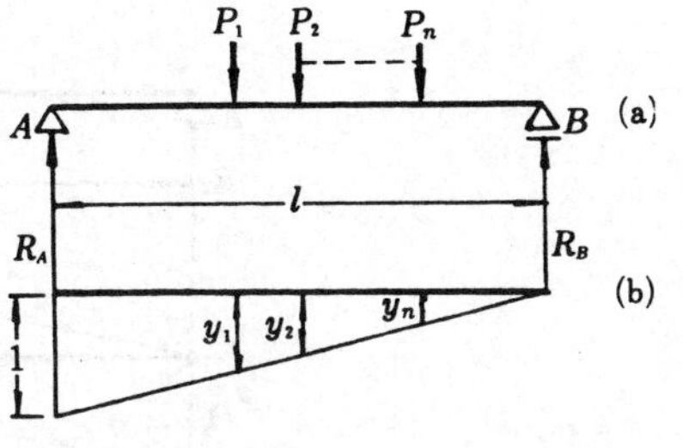

그림 4.78

2) 등분포하중이 이동하는 경우

그림 4.79에서 R_A는 등분포하중의 일단이 A지점에 실렸을 때 최대가 되고 그 크기는 $A_1C_1C_2A_2$의 면적에 w를 곱한 값이 된다.

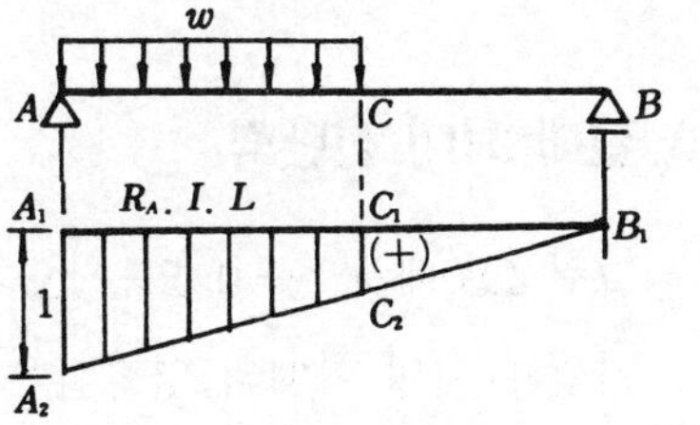

그림 4.79

(2) 최대 전단력

1) 집중하중이 이동하는 경우

그림 4.80에서 각각의 하중이 C점에 실릴 때마다의 전단력 값을 구하여, 그 중에서 절대값이 가장 큰 것을 C단면의 최대 전단력이라고 한다.

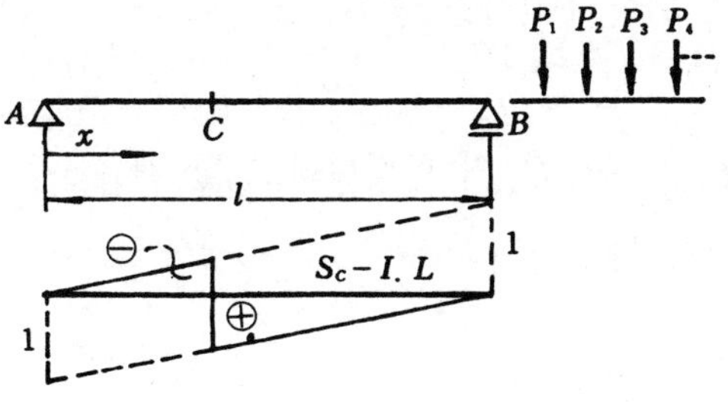

그림 4.80

2) 등분포하중이 이동하는 경우

그림 4.81에서 하중의 선단이 C점에 올 때 $S_{C\max}=(+)A_1 \cdot w$가 되고 하중의 후단이 C점에 올 때 $S_{C\max}=(-)A_2 \cdot w$가 된다. 이 두 개의 값 중 절대값이 가장 큰 것이 최대 전단력이 된다.

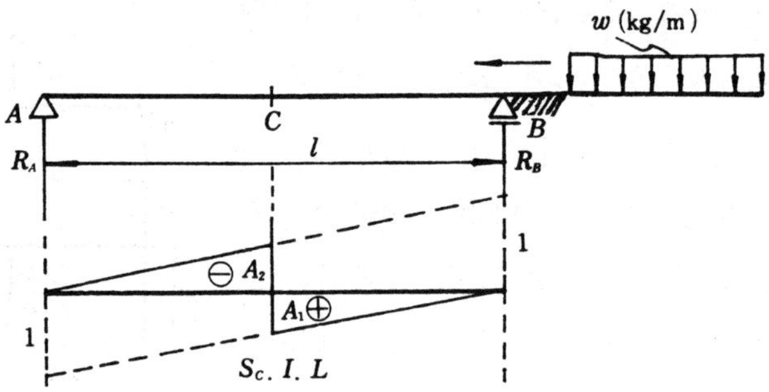

그림 4.81

(3) 절대 최대 전단력

그림 4.80에서 $x=0$ 또는 $x=l$ 로 취하면 C단면은 A지점 또는 B지점에 무한히 가깝게 되며 이때의 영향선은 (+) 아니면 (−)로 되기 때문에 가장 커진다. 이때의 최대 전단력을 절대 최대 전단력이라 하며 그 값은 최대 반력과 같다. 따라서 $R_A-I.L$, $R_B-I.L$에서 구할 수 있다.

(4) 최대 휨모멘트

1) 집중하중이 이동할 경우

연행하중이 이동할 때 단면 C에서 최대 휨모멘트가 일어나기 위한 조건식을 생각해 보기로 한다. 그림 4.82에서 $R_1=P_1, P_2, \cdots\cdots, P_{m-1}$ 의 합력, $R_2=P_m, \cdots\cdots, P_n$ 의 합력이라고 할 때 단면 C의 휨모멘트

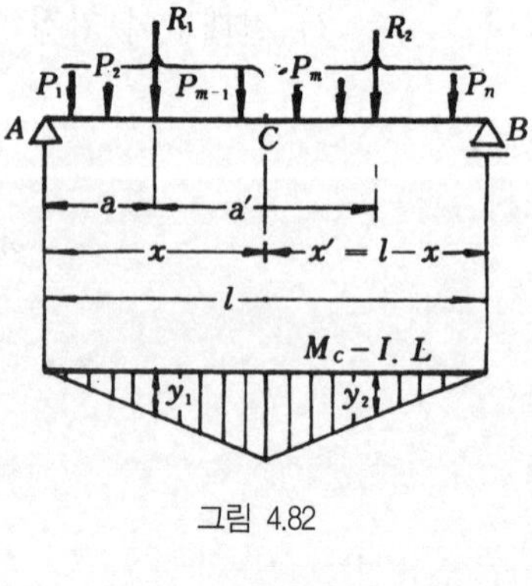

그림 4.82

$$M_x=R_1y_1+R_2y_2 \quad \cdots\cdots (4\text{-}62)$$

이다. 여기서

$y_1 = \frac{ax'}{l}$, $y_2 = \frac{x}{l}(l-a-a')$이므로 식(4-62)는

$$M_x = R_1\frac{ax'}{l} + R_2\frac{x}{l}(l-a-a') = \frac{x}{l}\left\{R_2(l-a') + ax'\left(\frac{R_1}{x} - \frac{R_2}{x'}\right)\right\} \quad \cdots\cdots (4\text{-}63)$$

가 된다. 이 식에서 $\left(\frac{R_1}{x} - \frac{R_2}{x'}\right)$ 이외의 항은 모두 (+)이고, 또 하중은 이동하므로 a를 변수라고 생각하면

$$\frac{R_1}{x} - \frac{R_2}{x'} < 0 \quad \cdots\cdots (4\text{-}64)$$

일 때는 a가 작아질수록 M_x의 값은 커진다. 이것은 그림 4.82에서 알 수 있듯이 하중이 좌측으로 이동하여 P_m이 단면 C에 가까워질수록 이 단면의 휨모멘트가 커진다는 것을 뜻한다.

다음에 P_m이 단면 C를 지났을 경우를 생각해 보면 $R_1' = P_1, P_2, \cdots\cdots, P_m$의 합력, $R_2' = P_{m+1}, \cdots\cdots, P_n$의 합력이라고 하면 식(4-63)에서와 같이 단면 C의 휨모멘트 M_x는

$$M_x = \frac{x}{l}\left\{R_2'(l-a') + ax'\left(\frac{R_1'}{x} - \frac{R_2'}{x'}\right)\right\} \quad \cdots\cdots (4\text{-}65)$$

이 식에서 M_x가 a의 감소에 따라 작아져야 한다. 즉,

$$\frac{R_1'}{x} - \frac{R_2'}{x'} > 0 \quad \cdots\cdots (4\text{-}66)$$

인 조건이 성립되어져야 한다.

그런데 $R_1 = \sum_1^{m-1} P$, $R_2 = \sum_m^n P$ 라고 놓을 수 있으므로 식(4-64)는

$$\frac{\sum_{1}^{m-1} P}{x} - \frac{\sum_{m}^{n} P}{x'} < 0 \quad \therefore \frac{x'}{x} < \frac{\sum_{m}^{n} P}{\sum_{1}^{m-1} P} \quad \cdots\cdots (4\text{-}67)$$

또한, $R_1' = \sum_{1}^{m} P, \quad R_2' = \sum_{m+1}^{n} P$ 이므로 식(4-66)은

$$\frac{\sum_{1}^{m} P}{x} - \frac{\sum_{m+1}^{n} P}{x'} > 0 \quad \therefore \frac{x'}{x} > \frac{\sum_{m+1}^{n} P}{\sum_{1}^{m} P} \quad \cdots\cdots (4\text{-}68)$$

식(4-67)과 식(4-68)로부터

$$\frac{\sum_{m+1}^{n} P}{\sum_{1}^{m} P} < \frac{x'}{x} < \frac{\sum_{m}^{n} P}{\sum_{1}^{m-1} P} \quad \cdots\cdots (4\text{-}69)$$

식(4-69)의 각 변에 1을 더하고 그 역수를 취하면

$$\frac{\sum_{1}^{m} P}{\sum_{1}^{n} P} > \frac{x}{l} > \frac{\sum_{1}^{m-1} P}{\sum_{1}^{n} P} \quad \therefore \sum_{1}^{m} P > \frac{x}{l} \sum_{1}^{n} P > \sum_{1}^{m-1} P \quad \cdots\cdots (4\text{-}70)$$

즉, 식(4-70)을 만족시키는 휨모멘트 중에서 가장 큰 것이 그 단면의 최대 휨모멘트가 된다.

2) 등분포하중이 이동할 경우

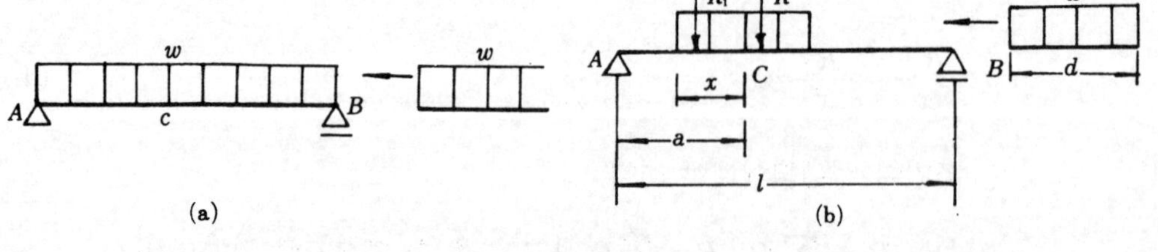

그림 4.83

그림 4.83(a)의 경우와 같이 보 AB의 길이보다 긴 등분포하중일 경우는 전 하중이 만재되었을 때 C점의 최대 휨모멘트가 일어나나 (b)의 경우와 같을 때는 우선 x

의 거리를 구해야 한다. 여기서 $R_1 = xw$, $R = dw$ 이며 $l : a = dw : xw$ 가 된다.

따라서 $x = \frac{ad}{l}$ .... (4-71)

가 된다.

즉, 식(4-71)에서 x의 거리에 하중을 놓고 최대 휨모멘트를 계산하면 된다.

【예제 47】

절대 최대 전단력을 구하시오.

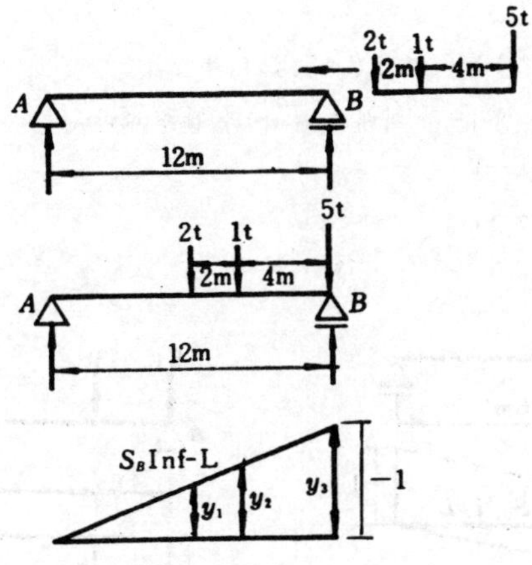

그림 4.84

풀이 5(t)이 B지점에 있을 때 절대 최대 전단력을 구할 수 있다.

$12 : -1 = 6 : y_1, \quad y_1 = -\frac{6}{12}$

$12 : -1 = 8 : y_2, \quad y_2 = -\frac{8}{12}$

$12 : -1 = 12 : y_3, \quad y_3 = -\frac{12}{12}$

$\therefore \ S_{absmax} = -\left(2 \times \frac{6}{12} + 1 \times \frac{8}{12} + 5 \times \frac{12}{12}\right) = -6.7\,(t)$

【예제 48】

*C*점의 최대 전단력과 절대 최대 전단력을 구하시오.

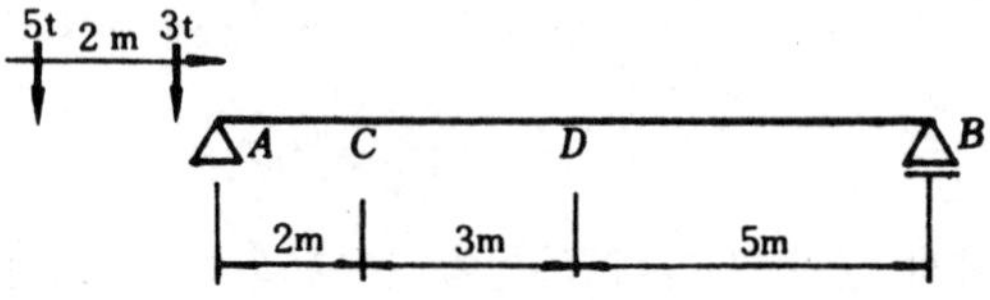

그림 4.85

풀이 영향선의 길이가 길고 부호를 같게 하기 위해서는 아래 그림 (a)와 같이 작용하면 *C*점의 최대 전단력을 구할 수 있다.

$10:1=8y_1,\quad y_1=0.8$

$10:1=6:y_2,\quad y_2=0.6$

$\therefore\ S_{C\max}=P_1y_1+P_2y_2=5\times0.8+3\times0.6=5.8\,(\mathrm{t})$

절대 최대 전단력은 지점에서 생기므로 아래 그림 (b)와 같을 때이다.

$10:1=8:y_4,\quad y_4=0.8,\ y_3=1$

$\therefore\ S_{\mathrm{absmax}}=5\times1+3\times0.8=7.4\,(\mathrm{t})$

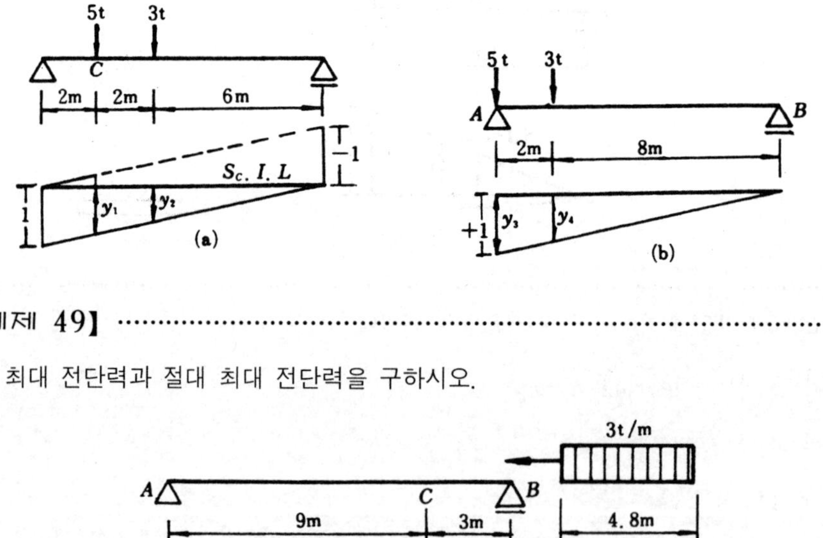

【예제 49】

*C*점의 최대 전단력과 절대 최대 전단력을 구하시오.

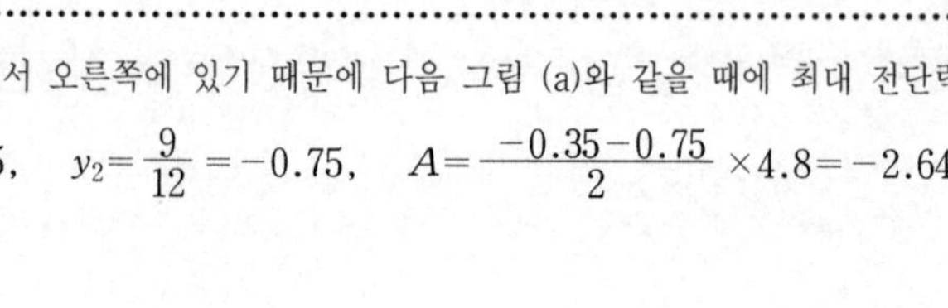

그림 4.86

풀이 *C*점이 span 중앙에서 오른쪽에 있기 때문에 다음 그림 (a)와 같을 때에 최대 전단력이 생긴다.

$y_1=\dfrac{4.2}{12}=-0.35,\quad y_2=\dfrac{9}{12}=-0.75,\quad A=\dfrac{-0.35-0.75}{2}\times4.8=-2.64$

$S_{C\max}=3\times(-2.64)=-7.92\,(t)$

절대 최대 전단력은 그림 (b)와 같을 때 생기며

$y=\dfrac{7.2}{12}=0.6,\ A=\dfrac{1+0.6}{2}\times4.8=3.84$

$S_{absmax}=3\times3.84=11.52\,(t)$

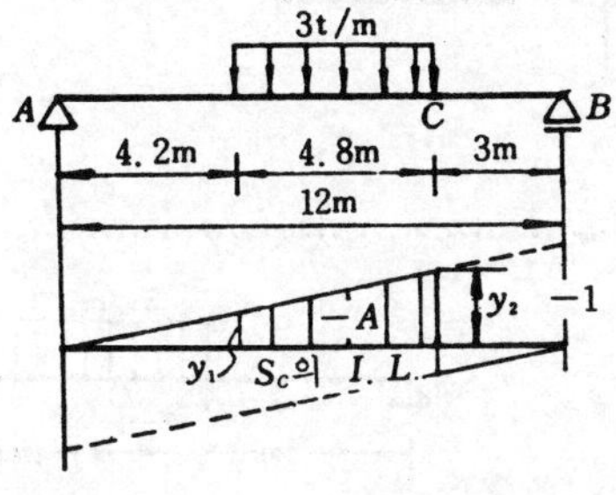

(a)

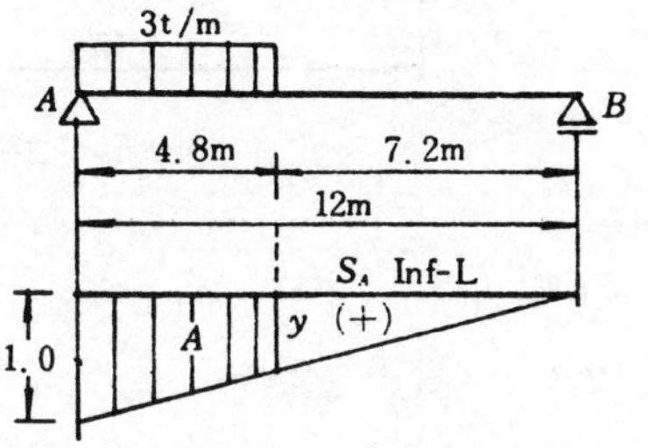

(b)

【예제 50】

C점의 최대 전단력과 절대 최대 전단력을 구하시오.

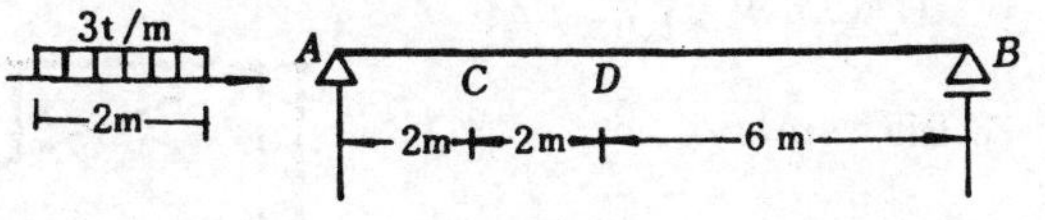

그림 4.87

풀이 오른쪽 그림 (a)와 같을 때 최대 전단력이 생기며

$10:1=8:y_1,\quad y_1=0.8$

$10:1=6:y_2,\quad y_2=0.6$

$A=(0.8+0.6)\times2\times\dfrac{1}{2}=1.4$

$\therefore\ S_{C\max}=wA=3\times1.4=4.2\,(t)$

오른쪽 그림 (b)와 같을 때 절대 최대 전단력이 생기며,

$y_1=1,\quad y_2=0.8,\quad A=(1+0.8)\times2\times\dfrac{1}{2}=1.8$

$\therefore\ S_{absmax}=3\times1.8=5.4\,(t)$

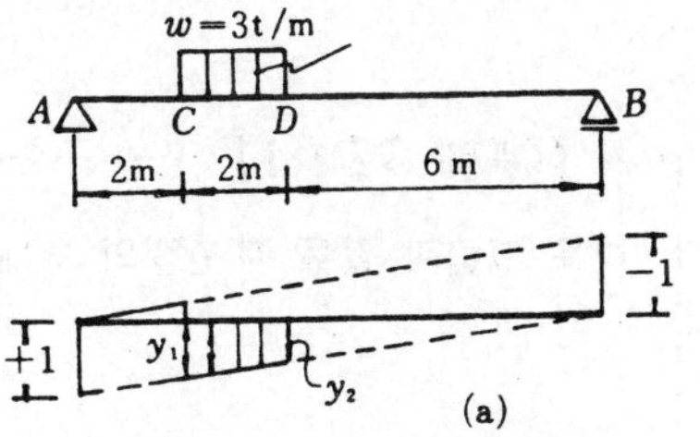

(a)

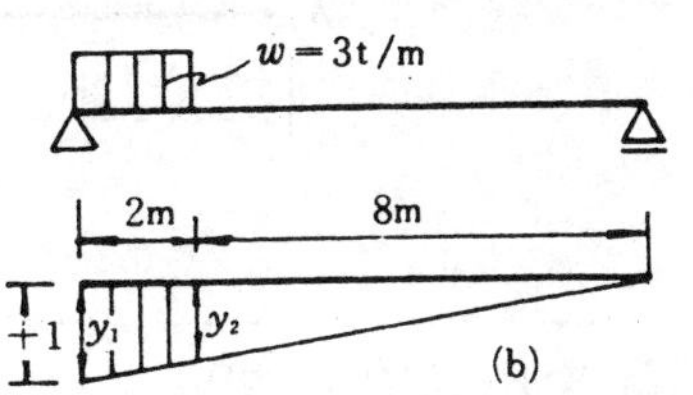

(b)

【예제 51】

C점의 최대 휨모멘트를 구하시오.

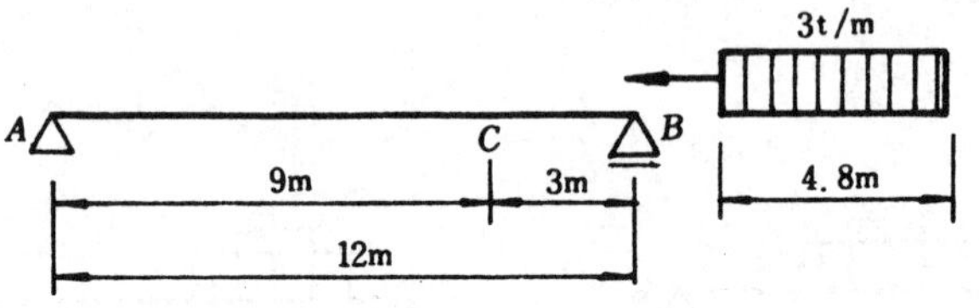

그림 4.88

풀이 우선 x를 구하면

$x=\frac{ad}{l}$ 이므로 $x=\frac{4\times 6}{10}=2.4\,\mathrm{m}$

(혹은 $10:6=12:3x$ ∴ $x=2.4\,\mathrm{m}$)

그러므로 다음과 같을 때 $M_{C\max}$가 된다.

$y=\frac{6\times 4}{10}=2.4\,\mathrm{m}$, $y_1=\frac{3.6}{6}\times 2.4=1.44\,\mathrm{m}$

$y_2=\frac{2.4}{4}\times 2.4=1.44\,\mathrm{m}$

$A=\frac{1.44+2.4}{2}\times 2.4+\frac{1.44+2.4}{2}\times 1.6=7.68$

∵ $M_{C\max}=3\times 7.68=23.04\,(\mathrm{t\cdot m})$

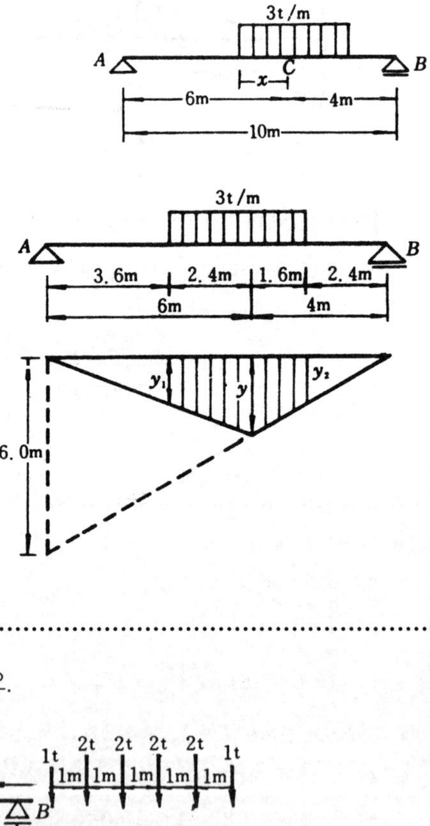

【예제 52 · 1】

다음 그림과 같을 때 C점의 최대 휨모멘트를 구하시오.

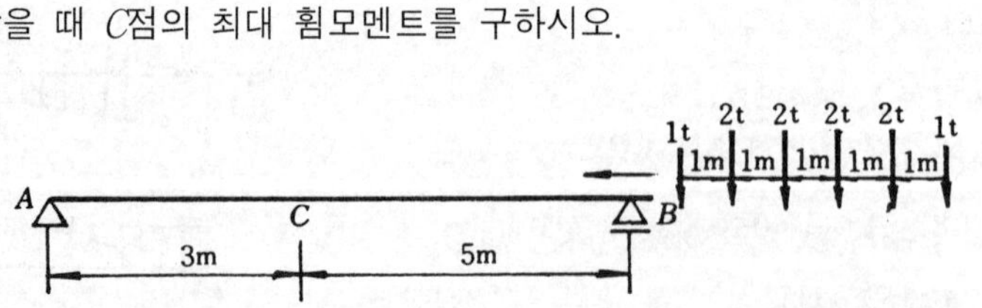

그림 4.89

풀이 $\sum_{1}^{m}P>\frac{x}{l}\sum_{1}^{n}P>\sum_{1}^{m-1}P$ 에 대입해 보면

(1) 처음의 2(t)이 C점에 실릴 경우 : $3>\frac{3}{8}\times 10>1$

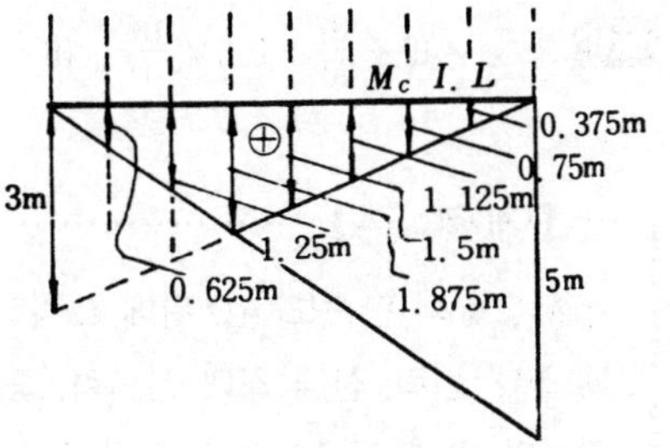

∴ 만족치 못함

(2) 두 번째 2(t)이 C점에 실릴 경우 : $5 > \frac{3}{8} \times 10 > 3$

∴ 만족함

(3) 세 번째 2(t)이 C점에 실릴 경우 : $7 > 3.7 > 5$

∴ 만족치 못함

따라서 (2)의 경우로

$$M_{C\max} = 1 \times 0.625 + 2 \times (1.25 + 1.875 + 1.5 + 1.125) + 1 \times 0.75 = 12.875\ (\text{t} \cdot \text{m})$$

【예제 52 · 2】

위 문제에서 하중이 그림 4.90과 같은 경우 C점의 최대 휨모멘트를 구하시오.

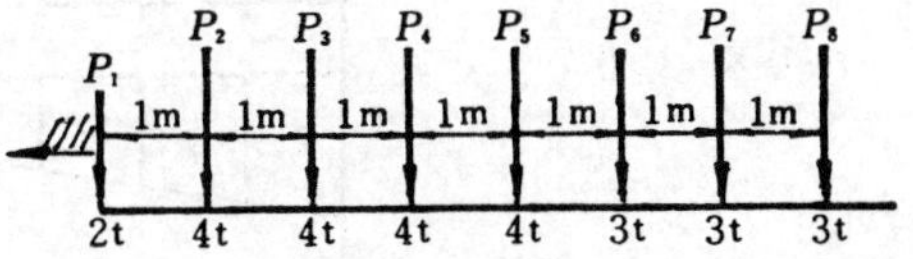

그림 4.90

풀이 $\frac{x}{l}\sum_{1}^{n} P = \frac{3}{8} \times (2+4+4+4+4+3+3+3) = 10.125$

$P_x > 10.125 > P_y$ 를 만족시키려면

$P_1 + P_2 + P_3 + P_4 (=14) > 10.125 > P_1 + P_2 + P_3 (=10)$이 되므로 P_4가 C점에 왔을 때 M_{max}이 일어남을 알 수가 있다.

즉, $M_C = 2 \times 0 + 4 \times (0.625 + 1.25 + 1.875 + 1.5) + 3 \times (1.125 + 0.75 + 0.375) = 27.75\ (\text{t} \cdot \text{m})$

【예제 53】

C점에 대한 최대 전단력을 구하시오.

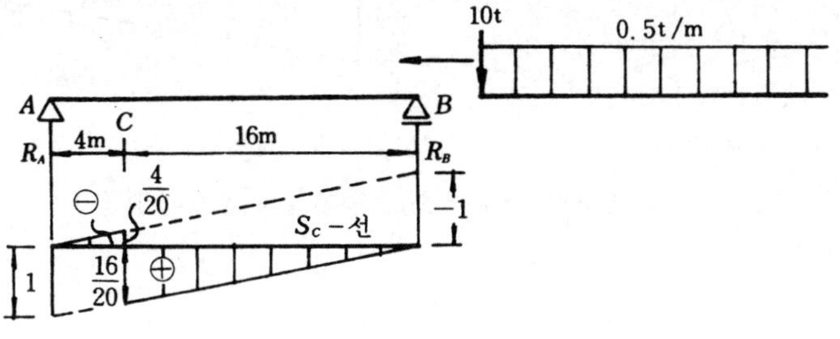

그림 4.91

풀이 $S_{C\max.} = 10 \times \frac{16}{20} + 0.5 \times \frac{16}{20} \times 16 \times \frac{1}{2} = 11.2\,(\text{t})$

【예제 54】

span 20m의 단순보 AB 위에 그림과 같은 연행하중이 지날 때 최대 반력, 절대 최대 전단력, 중앙점의 최대 전단력, 중앙점의 최대 휨모멘트를 각각 구하시오.

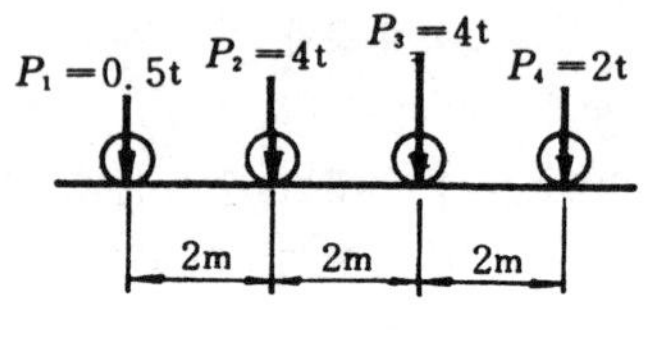

그림 4.92

풀이 (1) 최대 반력

P_1이 A점에 실렸을 때의

$R_{A1} = 0.5 \times 1 + 4 \times 0.9 + 4 \times 0.8 + 2 \times 0.7$

$= 8.7(\text{t})$

P_2가 A점에 실렸을 때의

$R_{A2} = 4 \times 1 + 4 \times 0.9 + 2 \times 0.8 = 9.2\,(\text{t})$

P_3가 B점에 실렸을 때의

$R_{B1} = 0.5 \times 0.8 + 4 \times 0.9 + 4 \times 1 = 8\,(\text{t})$

P_4가 B점에 실렸을 때의

$R_{B2} = 0.5 \times 0.7 + 4 \times 0.8 + 4 \times 0.9 + 2 \times 1 = 9.15\,(\text{t})$

$\therefore\ R_{\max} = R_{A2} = 9.2\,(\text{t})$

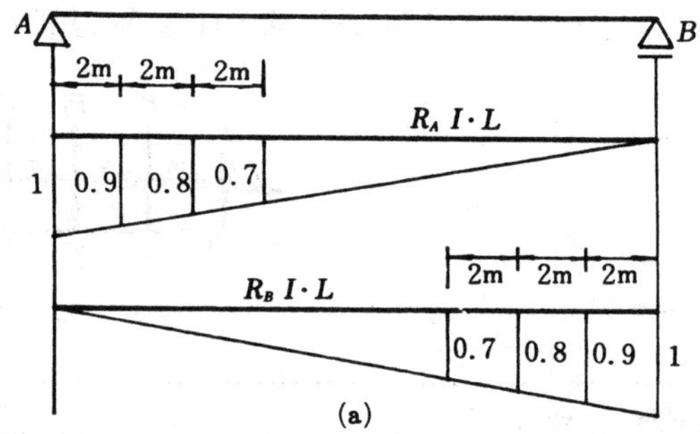

(a)

(2) 절대 최대 전단력은 최대 반력과 같으므로 9.2(t)이다.

(3) 최대 전단력

P_1이 C에 실렸을 때

$S_{C1} = 0.5 \times 0.5 + 4 \times 0.4 + 4 \times 0.3 + 2 \times 0.2$

$= 3.45\,(\text{t})$

P_2가 C에 실렸을 때

$S_{C2} = 0.5 \times (-0.4) + 4 \times 0.5 + 4 \times 0.4 + 2 \times 0.3 = 4\,(\text{t})$

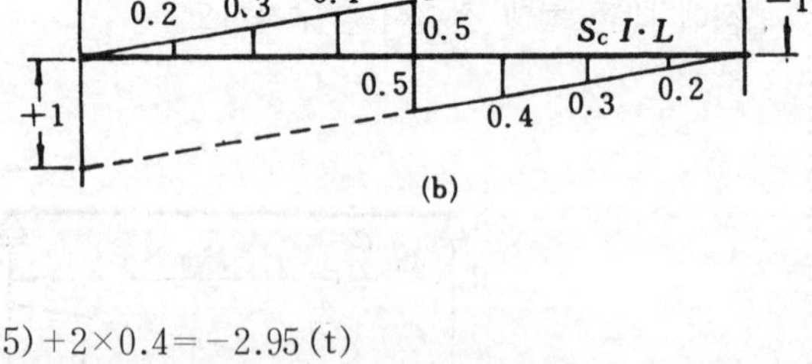

(b)

P_3가 C에 실렸을 때

$S_{C3} = 0.5 \times (-0.3) + 4 \times (-0.4) + 4 \times (-0.5) + 2 \times 0.4 = -2.95\,(\text{t})$

P_4가 C에 실렸을 때

$S_{C4} = -0.5 \times 0.2 - 4 \times 0.3 - 4 \times 0.4 - 2 \times 0.5 = -3.9\,(\text{t})$

$\therefore\ S_{\max} = S_{C2} = 4\,(\text{t})$

(4) 최대 휨모멘트

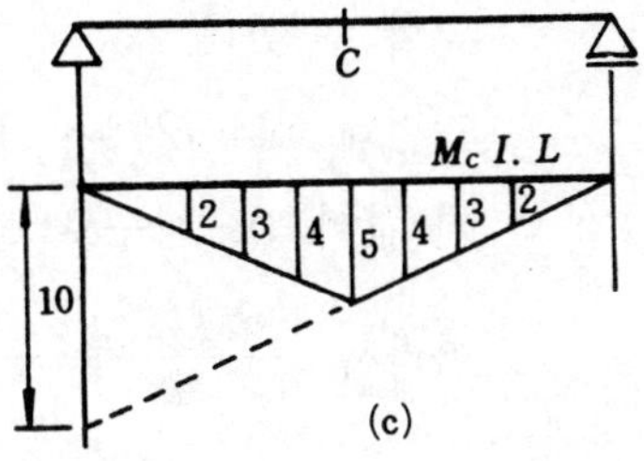

(c)

$\sum_1^m P > \frac{x}{l}\sum_1^n P > \sum_1^{m-1} P$에서

$\frac{x}{l}\sum_1^n P = \frac{10}{20}(P_1+P_2+P_3+P_4)=10.5$

$P_x > 10.5 > P_y$에 만족되려면

$P_1+P_2+P_3(=8.5) > 10.5 > P_1+P_2(=4.5)$

이므로 P_3가 C에 실렸을 때 최대 휨모멘트가 생기게 된다.

$\therefore M_{max}=0.5\times3+4\times4+4\times5+2\times4=45.5(\text{t}\cdot\text{m})$

(5) 절대 최대 휨모멘트

보 위의 각 점 최대 휨모멘트 중에서 가장 큰 최대 휨모멘트를 절대 최대 휨모멘트라고 하며, 철도교에서는 이 절대 최대 휨모멘트로서 교량단면을 결정하여야 한다.

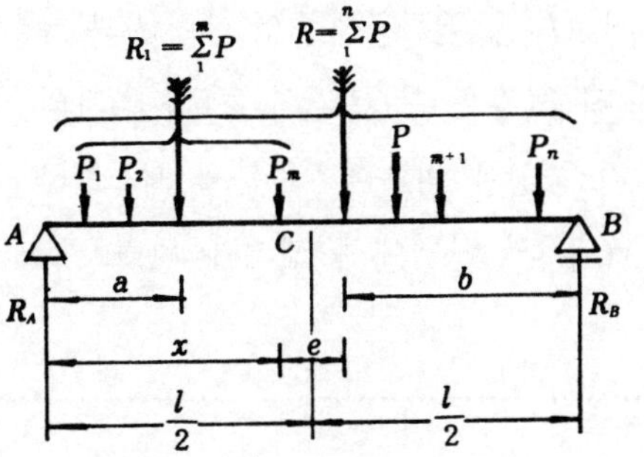

그림 4.93

그림 4.93에서 P_m이 실렸을 때 단면 C의 최대 휨모멘트 $M_{x\cdot\max}$가 일어난다고 하고, 이때의 $M_{x\cdot\max}$을 구해보면

$M_{x\cdot\max}=R_Ax-R_1(x-a)$

그런데 $R_A=\frac{R\cdot b}{l}=\frac{R}{l}\{l-(x+e)\}$이므로

$$M_{x\cdot\max}=\frac{R}{l}\{l-(x+e)\}x-R_1(x-a) \quad \text{(4-72)}$$

이다. 여기서 만일 단면 C의 최대 휨모멘트가 다른 어떠한 단면보다도 커진다고 하면, 그 위치는 식(4-72)에 있어서 x를 변수라 생각하고 $\frac{dM_{x\cdot\max}}{dx}=0$으로 놓으면

구할 수 있다.

그런데 식(4-72)에서 $(x-a)$ 값은 x가 변하더라도 하중에 변동이 없으면 항상 일정한 값이므로 상수로 볼 수 있다.

따라서, $\dfrac{dM_{x\cdot\max}}{dx}=\dfrac{R}{l}(b-x)=0$

$$\therefore\ x=b \qquad\cdots\cdots (4\text{-}73)$$

즉, P_m과 R의 작용점 사이의 거리가 지간 중앙에 의하여 2등분 되는 곳의 단면임을 뜻하며, 이와 같은 P_m이 될 수 있는 하중은 일반적으로 전 하중의 합력의 작용점에 가장 가까운 하중이고, 만일 그 하중이 극히 작을 때에는 그 부근의 가까운 큰 하중이 된다.

즉, 그림 4.93에서 M_{absmax}은 전 하중의 합력 R과 그와 가장 가까운 하중(혹은 그 부근의 큰 하중)과의 사이가 보의 지간 중앙에 의하여 2등분될 때 그 하중(P_1) 바로 밑(C점)의 단면에서 생기게 된다.

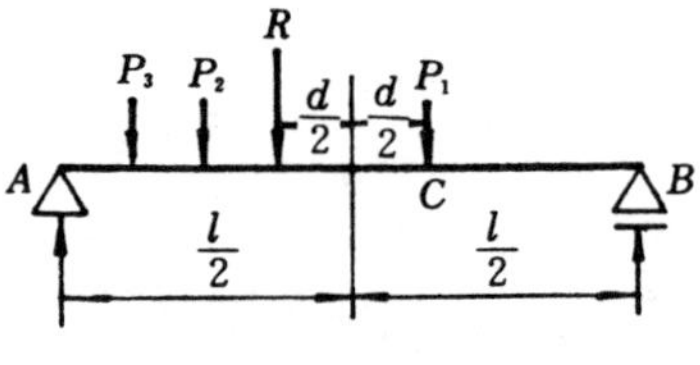

그림 4.94

【예제 55】

M_{absmax}이 생기는 위치와 그 값을 구하시오.

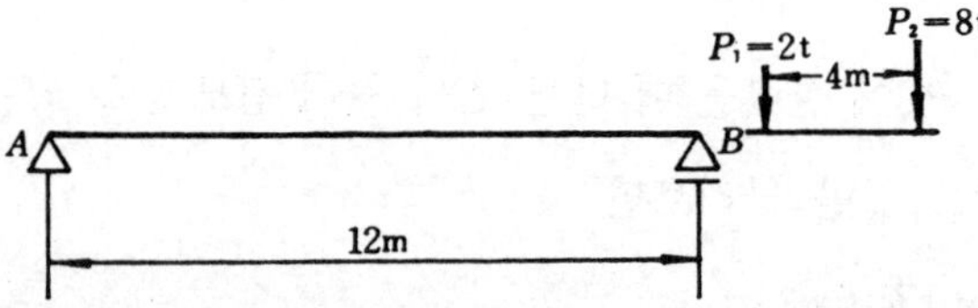

그림 4.95

풀이 $R=2+8=10(\text{t})$

P_2에서 R까지의 거리를 x라 하면

$x=0.8\,\text{m}$

다음 그림 (a)와 같을 때 P_2점 즉, A로부터 6.4m 되는 곳에서 생기며, 그 값은 $\Sigma M_B=0$에서

$R_A=\dfrac{1}{12}\{2\times(5.6+0.8+3.2)+8\times5.6\}=5.33\,(\text{t})$

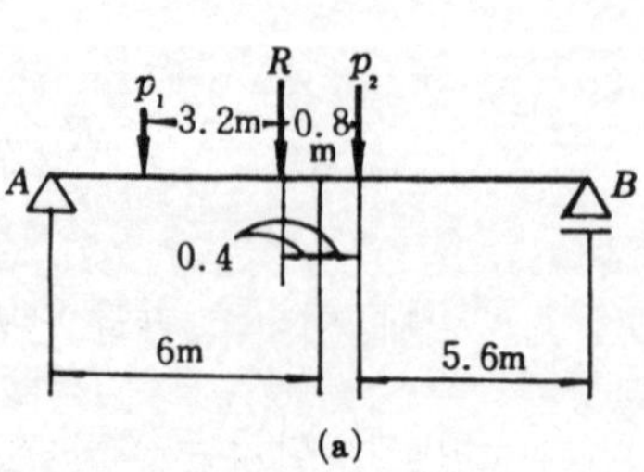

(a)

$\therefore M_{absmax} = 5.33 \times 6.4 - 2 \times 4 = 26.13(t \cdot m)$

【예제 56】

지간 10m의 단순보 위를 그림과 같은 연행하중 P_1, P_2가 지나갈 때 절대 최대 휨모멘트를 구하시오.

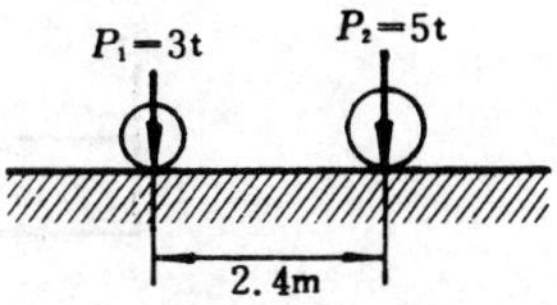

그림 4.96

풀이 $R = 3 + 5 = 8\ (t)$

P_2에서 R까지의 거리를 x라고 하면

$3 \times 2.4 = 8 \times x, \quad x = 0.9\,m$

즉, 오른쪽 그림 (a)에서 P_2의 위치에서 생기며 그 값은

$M_{absmax} = R_B \cdot b = 3.64 \times 4.55 = 16.562\ (t \cdot m)$

$\left(\because R_B = \dfrac{Ra}{l} = \dfrac{8 \times 4.55}{10} = 3.64(t)\right)$

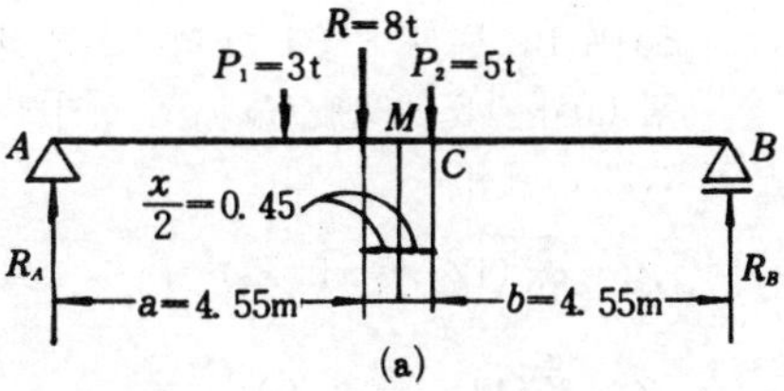

(a)

【예제 57】

그림과 같은 이동하중이 지간 10m의 단순보 위를 이동할 때의 M_{absmax}을 구하시오.

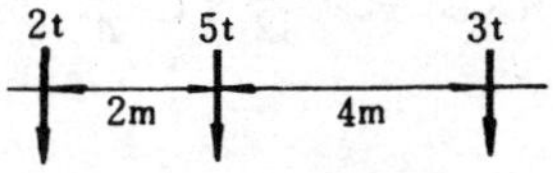

그림 4.97

풀이 P_3에서 R까지의 거리를 x라 하면

$2 \times (2+4) + 5 \times 4 = (2+5+3) \cdot x \qquad \therefore x = 3.2m$

따라서, 오른쪽 그림 (a)와 같을 경우에 P_2 밑에서 M_{absmax}가 생긴다.

$10 : 4.6 = 1.4 : y_3, \ y_3 = 0.644$

$10 : 4.6 = 5.4 : y_2, \ y_2 = 2.484$

$y_1 = 1.404 (10 : 5.4 = 2.6 : y_1)$

$\therefore M_{absmax} = 2 \times 1.404 + 5 \times 2.484 + 3 \times 0.644$

$= 17.16\ (t \cdot m)$

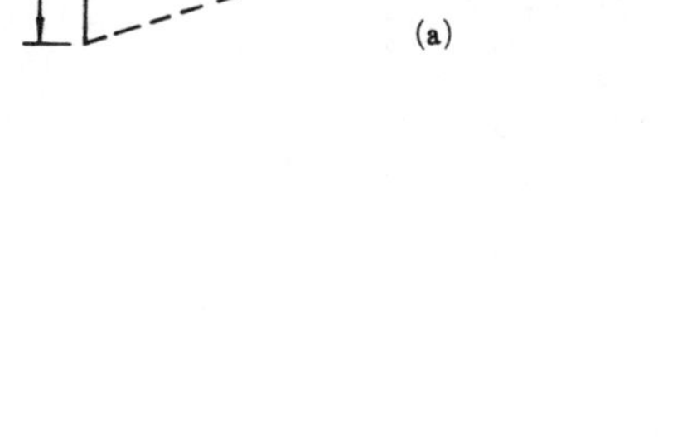

(a)

【예제 58】

그림 4.98과 같은 연행하중이 지간 12m의 단순보 위를 지날 때 일어나는 절대 최대 휨모멘트를 구하시오.

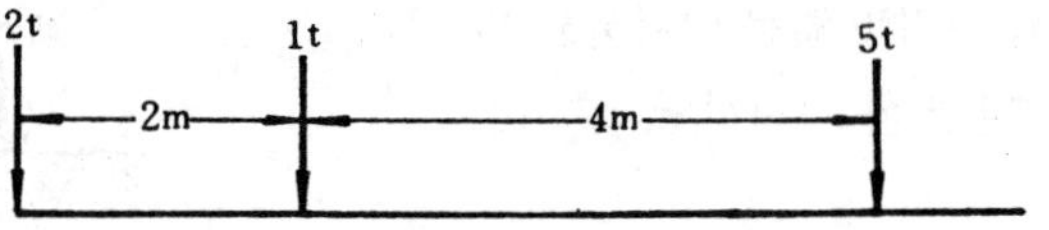

그림 4.98

풀이 R과 5(t) 하중과의 거리 x를 구해보면

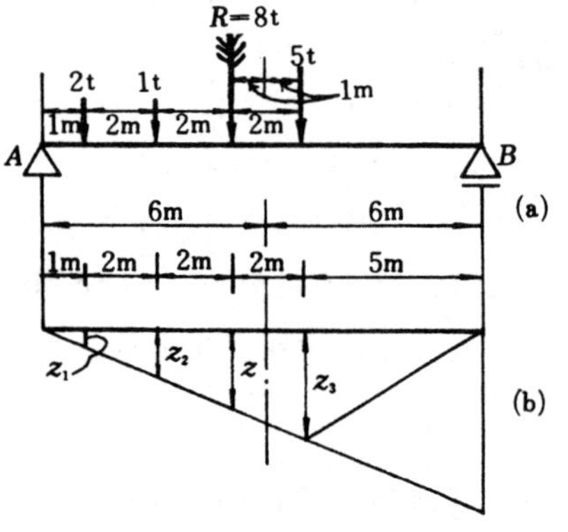

$8x=2\times6+1\times4$이므로 $x=2$m로서 R과 가장 가까운 하중은 5(t)과 1(t) 두 개가 있다. 이 때에는 큰 하중에 대하여 오른쪽 그림 (a)와 같을 경우에 M_{absmax}가 생기게 된다.

그림 (b)에서

$Z_1=\frac{5}{12}(12:5=1:Z_1)$

$Z_2=\frac{5}{4}(12:5=3:Z_2)$

$Z_3=\frac{35}{12}(12:5=7:Z_3)$이므로

$M_{absmax}=2\times\frac{5}{12}+1\times\frac{5}{4}+5\times\frac{35}{12}=\frac{50}{3}$ (t · m)이다.

종 합 문 제

【문제 1】

단면력을 구하고 단면력도를 그리시오.

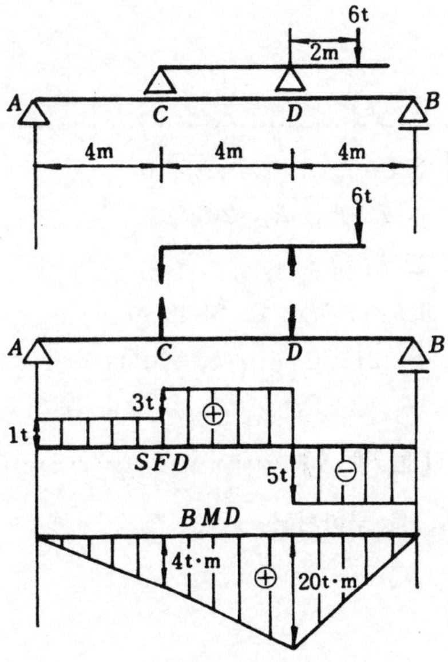

그림 4.99

풀이 $\Sigma M_D=0$에 의해 P_C, P_D를 계산하면

$P_C \times 4+6\times 2=0$ $\therefore\ P_C=-3$(t)(하향)

$\Sigma V=0$에 의해

$P_D=6+3=9$(t)(상향)

$\Sigma M_B=0$에 의해

$R_A\times 12+P_C\times 8-P_D\times 4=0$

$R_A\times 12+3\times 8-9\times 4=0$

$\therefore\ R_A=1$(t)(상향)

$S_{A\sim C}=R_A=1$(t)

$S_{C\sim D}=R_A+P_C=1+3=4$(t)

$S_{D\sim B}=R_A+P_C-P_D=1+3-9=5$(t)($=-R_B$)

$M_C=1\times 4=4$(t · m)

$M_D=R_A\times 8+P_C\times 4=1\times 8+3\times 4=20$ (t · m)

【문제 2】

다음과 같은 보에서 지점의 반력이 같게 되는 하중의 위치를 구하시오.

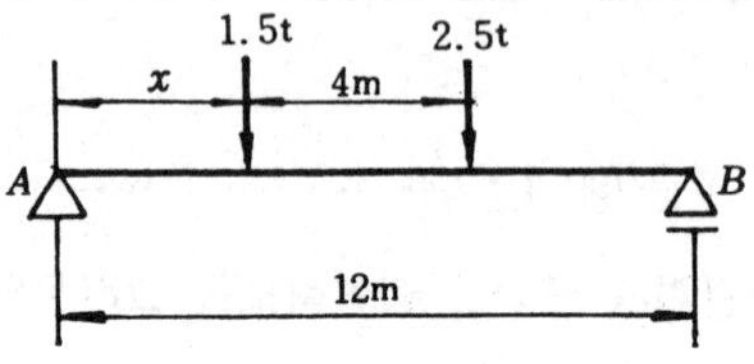

그림 4.100

풀이 $\Sigma V=0,\ 2R-1.5-2.5=0$

$\therefore\ R=R_A=R_B=2(\mathrm{t})$

$\Sigma M_A=0$

$1.5x+2.5(x+4)-2\times12=0$

$4x=24-10 \qquad \therefore\ x=3.5\mathrm{m}$

【문제 3】

$M_{\max}$를 구하시오.

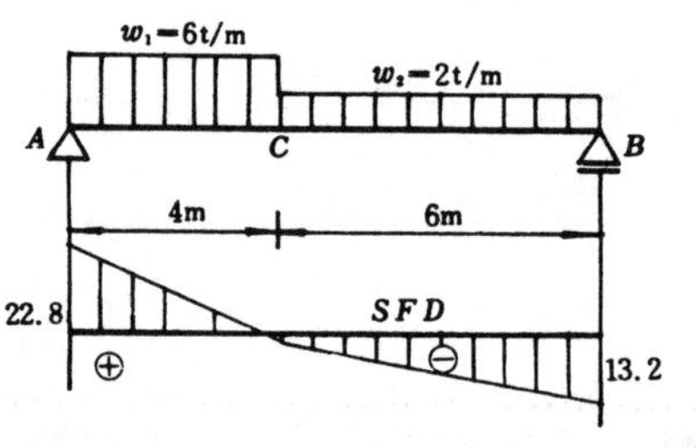

그림 4.101

풀이 $R_A\times(4+6)-6\times4\times(2+6)-2\times6\times3=0$

$\therefore\ R_A=22.8\,(\mathrm{t})$

전단력이 0이 되는 위치 x는

$S_x=R_A-w_1x=0$

$x=R_A/w_1=22.8/6=3.8\mathrm{m}$

$$M_{\max}=R_A\cdot x-\frac{w_1x^2}{2}$$

$$=22.8\times3.8-\frac{6\times3.8^2}{2}=43.32\,(\mathrm{t}\cdot\mathrm{m})$$

【문제 4】

지간 12m인 단순보가 1.8(t · m)의 휨모멘트를 받을 수 있다고 한다. 이 보에 실을 수 있는 등분포하중은 얼마인가?

풀이 $M_{\max}=\dfrac{wl^2}{8}$ 으로부터

$w=8M_{\max}/l^2=8\times1.8/12^2=0.1\,(t\cdot m)$

【문제 5】

M_C 및 $M_{\max}$를 구하시오.

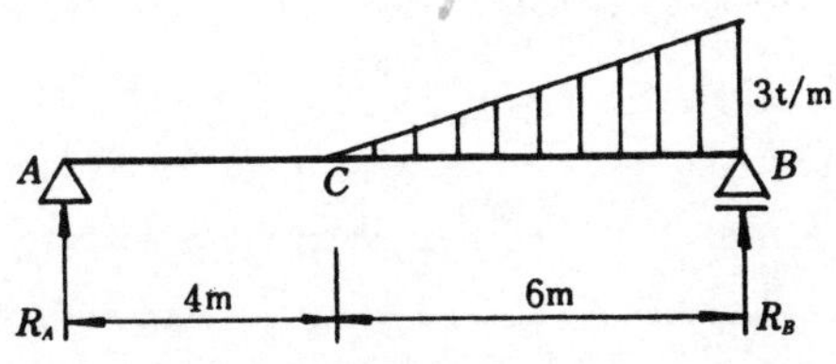

그림 4.102

풀이 $R_A\times10-\dfrac{3\times6}{2}\times\dfrac{6}{3}=0 \qquad \therefore\ R_A=1.8\,(t)$

$M_C=R_A\times4=1.8\times4=7.2\,(t\cdot m)$

$3:6=w_0:x, \qquad w_0=x/2$

$S_{CB}=R_A-\dfrac{w_0x}{2}=1.8-\dfrac{x^2}{4}=0$

$x^2=1.8\times4=7.2$

$x=\sqrt{7.2}\fallingdotseq2.68$ (전단력이 0이 되는 곳)

$M_{\max}=1.8\times(4+\sqrt{7.2})-\sqrt{7.2}\times\dfrac{\sqrt{7.2}}{2}\times\dfrac{1}{2}\times\dfrac{\sqrt{7.2}}{3}=10.42\,(t\cdot m)$

【문제 6】

$M_{\max}$를 구하시오.

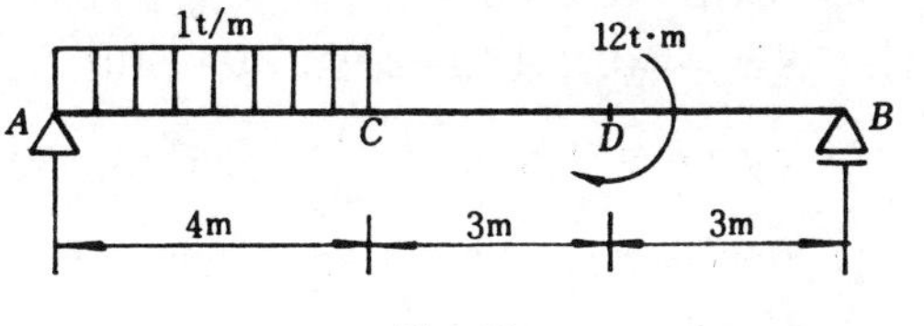

그림 4.103

풀이 $R_A\times10-1\times4\times8+12=0 \qquad \therefore\ R_A=2(t)$

$R_B=4-2=2(t)$

모멘트 하중이 걸렸을 때 전단력이 0이 되는 곳에서 반드시 M_{max} 이 생기지 않는다(모멘트 하중은 전단력과 직접 관계되지 않으므로). 따라서 특수점에 대하여 모두 계산하여야 된다.

$M_C = R_A \times 4 - 1 \times 4 \times 2 = 0$, $M_D = R_A \times 7 - 1 \times 4 \times 5 = -6$ (t · m)

혹은 $M_D = R_B \times 3 = 2 \times 3 = 6$ (t · m)

$\therefore M_{max} = M_D = \pm 6$ (t · m)

【문제 7】

다음과 같은 하중이 작용할 때 반력과 단면력 및 M_{max}를 구하시오.

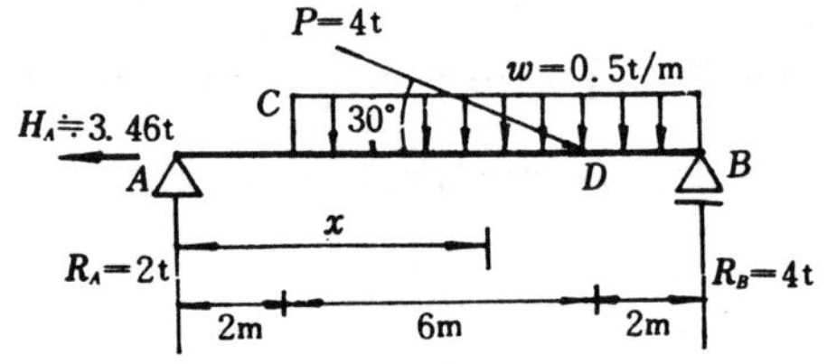

그림 4.104

풀이 (1) 반력

$\Sigma V = R_A + R_B - 0.5 \times 8 - 4 \times \sin 30° = 0$

$R_A + R_B = 4 + 4 \times \frac{1}{2} = 6$ .... ①

$\Sigma M_B = R_A \times 10 - (0.5 \times 8) \times 4 - \left(4 \times \frac{1}{2}\right) \times 2 = 0$

$R_A = 2$(t) .... ②

①에 ②를 대입하면 $R_B = 6 - 2 = 4$(t)

$\Sigma H = H_A + 4 \times \cos 30° = 0$

$H_A = -4 \times \frac{\sqrt{3}}{2} \fallingdotseq -3.46$ (t) (가정이 역←방향)

(2) 축방향력

$N_{A\sim D} = 3.46$ (t), $N_{D\sim B} = 0$

(3) 전단력

$S_{A\sim C} = 2$(t), S_D(좌) $= 2 - 0.5 \times 6 = -1$(t)

S_D(우) $= 2 - 0.5 \times 6 - 4 \times \frac{1}{2} = -3$(t), S_B(좌) $= -R_B = -4$(t)

(4) 휨모멘트

$M_A = 0$

$M_C = 2 \times 2 = 4$(t · m)

$M_D = 2 \times 8 - (0.5 \times 6) \times 3 = 7$(t · m)

$M_B = 0$

(5) M_{max}

전단력이 0이 되는 위치는 CD 구간이므로 CD 사이의 S_x를 구하여 0이라 놓는다.

$S_x=2-0.5(x-2)=0 \qquad \therefore\ x=\dfrac{3}{0.5}=6$

$\therefore\ M_{max}=2\times6-(0.5\times4)\times2=8(t\cdot m)$

【문제 8】

다음 그림과 같은 모멘트 하중이 작용할 때 단면력을 구하고 단면력도를 그리시오.

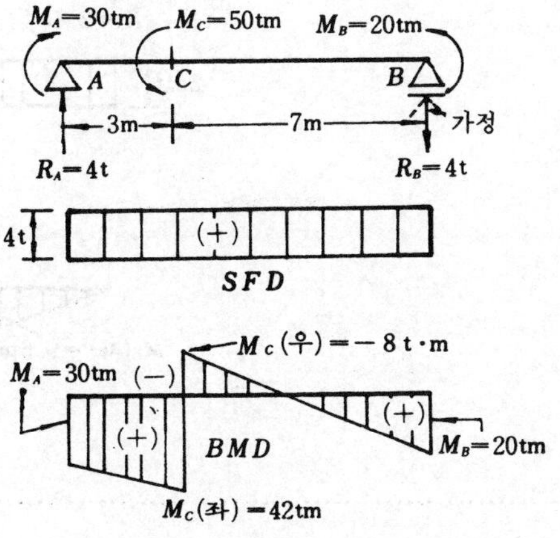

그림 4.105

풀이 (1) 반력

$\Sigma V=R_A+R_B=0$

$\Sigma M_B=R_A\times10+30-50-20=0$

$\therefore\ R_A=\dfrac{40}{10}=4\,(t),\quad R_B=-4\,(t)$

(2) 전단력

$S_{A\sim B}=4\,(t)$

(3) 휨모멘트

$M_A=30\,(t\cdot m)$

$M_C(좌)=30+4\times3=42\,(t\cdot m)$

$M_C(우)=30+4\times3-50=-8\,(t\cdot m)$, 또는 $M_C(우)=-4\times7+20=-8\,(t\cdot m)$

$M_B=20\,(t\cdot m)$

【문제 9】

그림에서 보는 것과 같이 스팬길이 l=10m의 단순보에 있어서, A단에서 4m의 곳에 레버(손잡이)를 설치하여 P=8t의 힘을 작용시킬 때의 반력, 단면력을 구하고 단면력도를 그리시오.

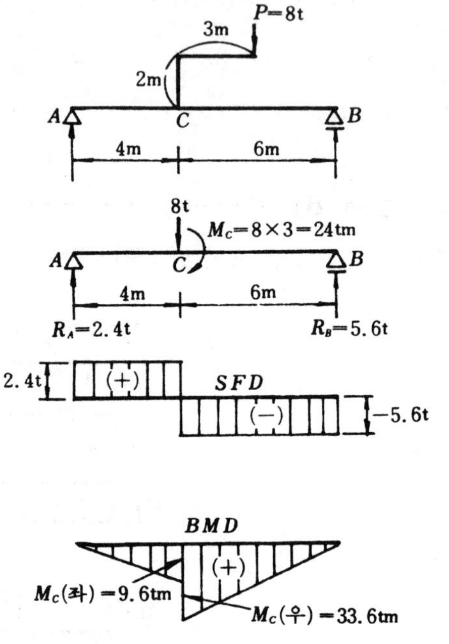

그림 4.106

풀이 (1) 반력

$\Sigma V = R_A + R_B - 8 = 0$

$R_A + R_B = 8$ .... ①

$\Sigma M_B = R_A \times 10 - 8 \times 6 + 24 = 0$

$R_A = 2.4\,(t)$ .... ②

①에 ②를 대입하면

$R_B = 8 - 2.4 = 5.6\,(t)$

혹은 $\Sigma M_B = R_A \times 10 - 8 \times 3 = 0$ $\quad \therefore R_A = 2.4\,(t)$

(2) 전단력

$S_{AC} = 2.4\,(t) \qquad S_{CB} = -5.6\,(t)$

(3) 휨모멘트

$M_A = 0$, M_C(좌)$= 2.4 \times 4 = 9.6\,(t \cdot m)$

M_C(우)$= 2.4 \times 4 + 24 = 33.6\,(t \cdot m)$

혹은 M_C(우)$= 5.6 \times 6 = 33.6\,(t \cdot m)$, $M_B = 0$

【문제 10】

그림과 같은 경사 단순보의 C점에 $P=8$t이 작용할 때 단면력을 구하시오.

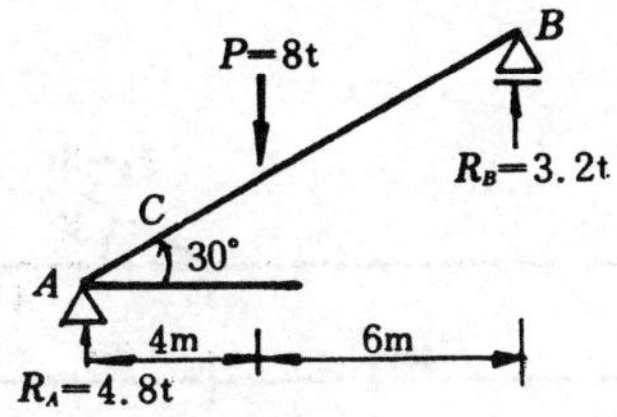

그림 4.107

풀이 (1) 반력

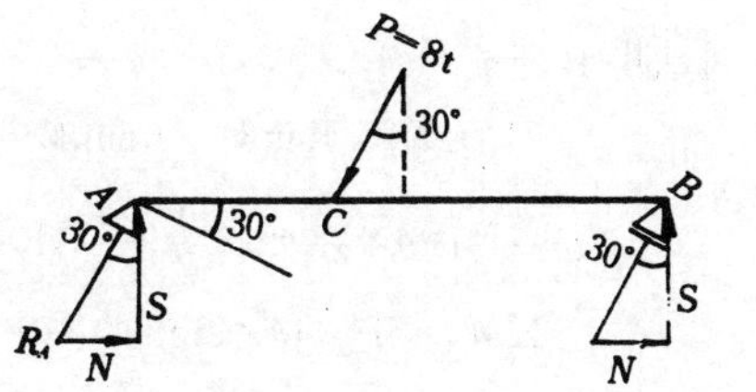

$\Sigma V = R_A + R_B - 8 = 0$

$R_A + R_B = 8$ .... ①

$\Sigma M_B = R_A \times 10 - 8 \times 6 = 0$

$R_A = 4.8\,(\text{t})$ .... ②

①에 ②를 대입하면 $R_B = 8 - 4.8 = 3.2\,(\text{t})$

(2) 전단력

$$S_{AC} = R_A \cos 30° = 4.8 \times \frac{\sqrt{3}}{2} \fallingdotseq 4.16\,(\text{t})$$

$$S_{CB} = R_A \cos 30° - 8 \times \cos 30° = 4.8 \times \frac{\sqrt{3}}{2} - 8 \times \frac{\sqrt{3}}{2} = -2.77\,(\text{t})$$

혹은 $S_{CB} = -R_B \cos 30° = -3.2 \times \frac{\sqrt{3}}{2} \fallingdotseq -2.77\,(\text{t})$

(3) 휨모멘트

$N_A = 0$, $M_C = 4.8 \times 4 = 19.2\,(\text{t}\cdot\text{m})$, $M_B = 0$

(4) 축방향력

$$N_{AC} = -R_A \sin 30° = -4.8 \times \frac{1}{2} = -2.4\,(\text{t})$$

$$N_{CB} = -R_A \sin 30° + 8 \times \sin 30° = -4.8 \times \frac{1}{2} + 8 \times \frac{1}{2} = 1.6\,(\text{t})$$

또는, $N_{CB} = R_B \sin 30° = 3.2 \times \frac{1}{2} = 1.6\,(\text{t})$

【문제 11】

다음 그림에서와 같이 l=6m의 캔틸레버에서 자유단 B에 P_1=4t의 힘을 우향 30°의 방향에 경사하여 작용하고 P_2=6t의 힘을 좌향 30°의 방향에서 경사시켜 작용시킬 때의 단면력을 구하시오.

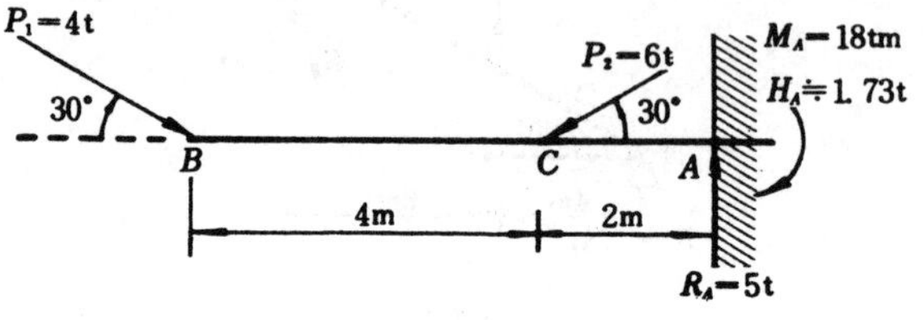

그림 4.108

풀이 (1) 반력

$\Sigma V = R_A - 4\sin 30° - 6\sin 30° = 0$

$\therefore R_A = 4\times\frac{1}{2} + 6\times\frac{1}{2} = 5\,(\text{t})(\uparrow)$

$\Sigma M_A = M_A - (4\times\sin 30°)\times 6 - (6\times\sin 30°)\times 2 = 0$

$M_A = \left(4\times\frac{1}{2}\right)\times 6 + \left(6\times\frac{1}{2}\right)\times 2 = 18\,(\text{t}\cdot\text{m})$ (시계방향)

$\Sigma H = H_A + 4\times\cos 30° - 6\times\cos 30° = 0$($\rightarrow$(+), $\leftarrow$(−), H_A는 (+), $\rightarrow$로 가정)

$H_A = -4\times\frac{\sqrt{3}}{2} + 6\times\frac{\sqrt{3}}{2} \fallingdotseq 1.73\,(\text{t})$ (우향$\rightarrow$)

(2) 전단력

$S_{BC} = -4\times\sin 30° = -4\times\frac{1}{2} = -2\,(\text{t})$

$S_{CA} = -4\times\sin 30° - 6\times\sin 30° = -5\,(\text{t})$

(3) 휨모멘트

$M_B = 0$

$M_C = -(4\times\sin 30°)\times 4 = -4\times\frac{1}{2}\times 4 = -8\,(\text{t}\cdot\text{m})$

$M_A = -(4\times\sin 30°)\times 6 - (6\times\sin 30°)\times 2 = -(4\times\frac{1}{2})\times 6 + (6\times\frac{1}{2})\times 2 = -18\,(\text{t}\cdot\text{m})$

(4) 축방향력

$N_{BC} = -4\times\cos 30° = -4\times\frac{\sqrt{3}}{2} \fallingdotseq -3.46\,(\text{t})$

$N_{CA} = -4\times\cos 30° + 6\times\cos 30° = -4\times\frac{\sqrt{3}}{2} + 6\times\frac{\sqrt{3}}{2} \fallingdotseq 1.73\,(\text{t})$

【문제 12】

고정단에서 $\frac{1}{4}$의 단면 C의 휨모멘트를 구하시오.

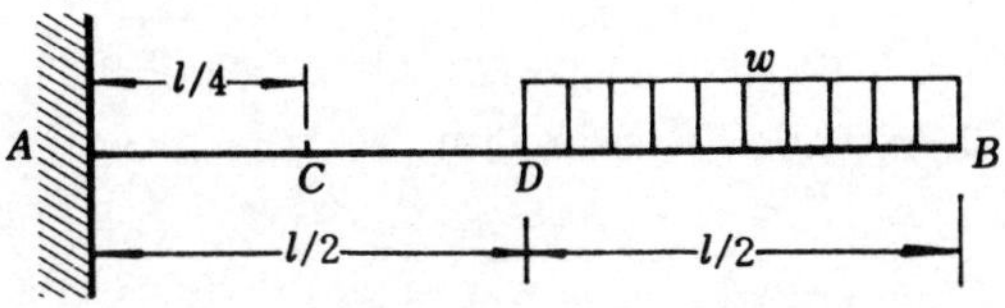

그림 4.109

풀이 $M_C = -\left\{ w \times \frac{l}{2} \times \left(\frac{l}{4} + \frac{l}{4} \right) \right\} = -\frac{wl^2}{4}$

【문제 13】

M_A를 구하시오.

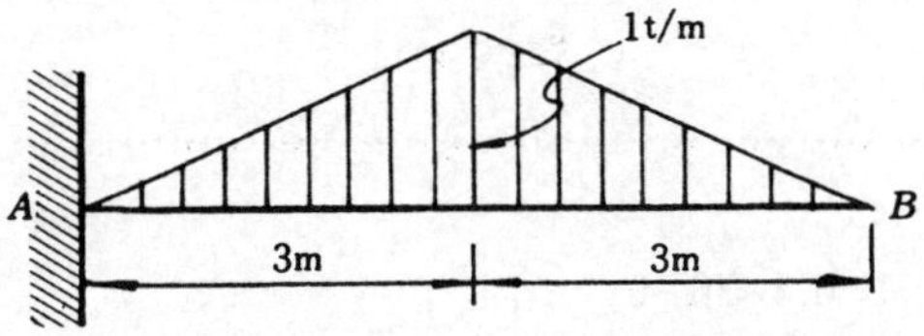

그림 4.110

풀이 $M_A = -(6 \times 1 \times \frac{1}{2} \times 3) = -9(\mathrm{t} \cdot \mathrm{m})$

【예제 14】

$B \cdot M$이 0이 되는 위치는 A점에서 얼마의 거리에 있는가?

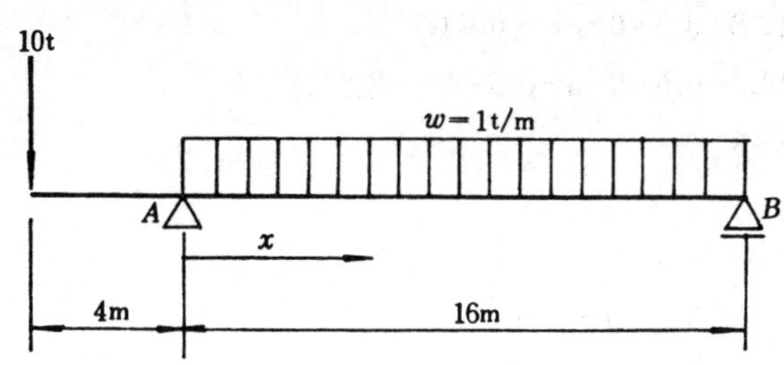

그림 4.111

풀이 $\Sigma M_B = 0$에서

$-10\times20+R_A\times16-1\times16\times8-0 \qquad \therefore\ R_A=20.5\,(\text{t})$

$M_x=-10(4+x)+20.5\times x-1\times x\times\dfrac{x}{2}=0$

$-0.5x^2+10.5x-40=0$

$x^2-21x+80=0$

$(x-5)(x-16)=0,\ \ x=5,\ 16 \qquad \therefore\ x=5\,\text{m}$

【문제 15】

그림과 같은 내민보에서의 단면력을 구하시오.

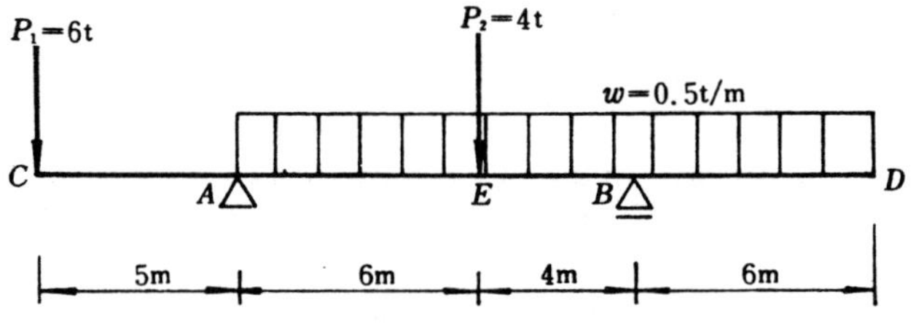

그림 4.112

풀이 (1) 반력

$\Sigma V=R_A+R_B-6-4-0.5\times16=0$

$R_A+R_B=8$ .... ①

$\Sigma M_B=R_A\times10-6\times15-4\times4-(0.5\times10)\times5+(0.5\times6)\times3=0$

$R_A=12.2\,(\text{t})$ .... ②

①에 ②를 대입하면 $R_B=18-12.2=5.8\,(\text{t})$

(2) 전단력

$S_{C\sim A}=6\,(\text{t}),\quad S_A(\text{우})=-6+12.2=6.2\,(\text{t})$

$S_E(\text{좌})=-6+12.2-0.5\times6=3.2\,(\text{t})$

$S_E(\text{우})=-6+12.2-0.5\times6-4=-0.8\,(\text{t})$

$S_B(\text{좌})=-6+12.2-0.5\times6-4-0.5\times4=-2.8\,(\text{t})$

$S_B(\text{우})=0.5\times6=3\,(\text{t})$

$S_D=0$

(3) 휨모멘트

$M_C=0,\quad M_A=-6\times5=-30\,(\text{t}\cdot\text{m})$

$M_E=-6\times11+12.2\times6-(0.5\times6)\times3=-1.8\,(\text{t}\cdot\text{m})$

$M_B=-(0.5\times6)\times3=-9\,(\text{t}\cdot\text{m}),\quad M_D=0$

【문제 16】

다음과 같은 게르버 보의 단면력을 구하시오.

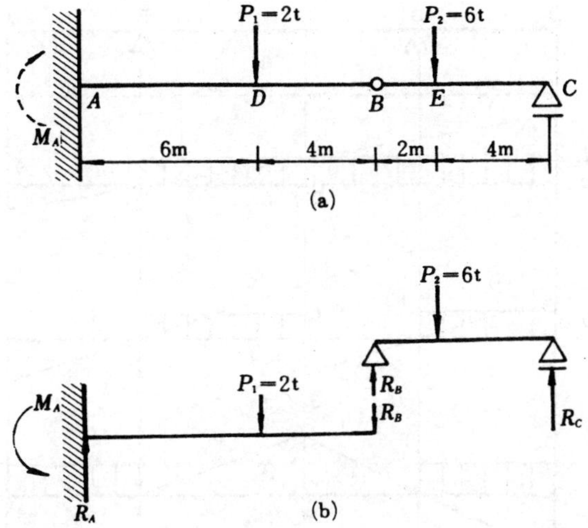

그림 4.113

풀이 (1) 반력

R_B, R_C

$R_B = \dfrac{6\times4}{6} = 4\,(\text{t})$

$R_C = \dfrac{6\times2}{6} = 2\,(\text{t})$

$\Sigma V = R_A - 2 - 4 = 0$

$R_A = 6(\text{t})$

$\Sigma M_A = M_A + 2\times6 + 4\times10 = 0$($M_A$는 ⌒ 로 가정)

$M_A = -52(\text{t}\cdot\text{m})$(가정과 역방향 ⌣)

(2) 전단력

$S_{A\sim D} = 6(\text{t})$, $S_{D\sim E} = 6-2 = 4\,(\text{t})$

$S_{E\sim C} = 6-2-6 = -2\,(\text{t})$

(3) 휨모멘트

$M_A = -52\,(\text{t}\cdot\text{m})$, $M_D = -4\times4 = -16\,(\text{t}\cdot\text{m})$, $M_B = 0$

$M_E = 2\times4 = 8\,(\text{t}\cdot\text{m})$, $M_C = 0$

【문제 17】

다음 내민보에 이동 등분포하중 w=2t/m가 작용할 때, R_A, S_C, M_C의 최대값을 구하시오.

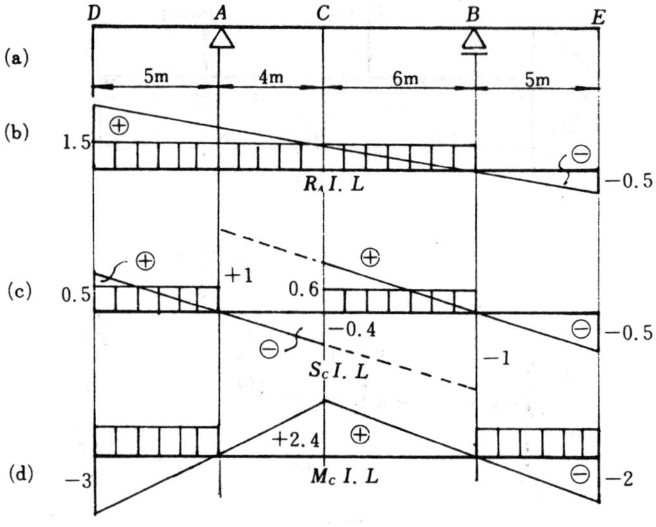

그림 4.114

풀이 (1) 반력

그림 4.114(b)에서

최대 $R_A = w \cdot A = 2\times(1.5\times15\times\frac{1}{2}) = 22.5\,(\text{t})$

(2) 전단력

그림 4.114(c)에서

최대 $S_C = w \cdot A = 2\times(0.6\times6\times\frac{1}{2} + 0.5\times5\times\frac{1}{2}) = 6.1\,(\text{t})$

(3) 휨모멘트

그림 4.114(d)에서 영향선의 면적이 ⊕쪽보다 ⊖쪽이 더 크므로

최대 $M_C = w \cdot A = -2\times(3\times5\times\frac{1}{2} + 2\times5\times\frac{1}{2}) = -25\,(\text{t}\cdot\text{m})$

【문제 18】

M_A를 구하시오.

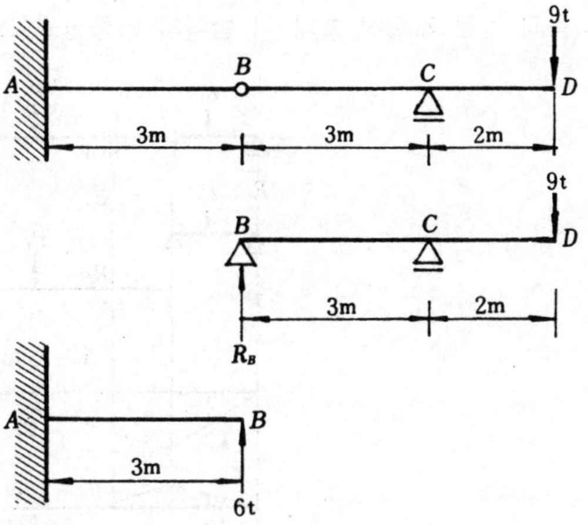

그림 4.115

풀이 내민보 BCD의 B점의 반력은

$R_B \times 3 + P \times 2 = 0$에서

$R_B = -6(t)$

AB는 캔틸레버 보로서

$M_A = -(-6 \times 3) = 18\,(t \cdot m)$

【문제 19】

다음과 같은 게르버 보의 각 반력의 영향선을 그리시오.

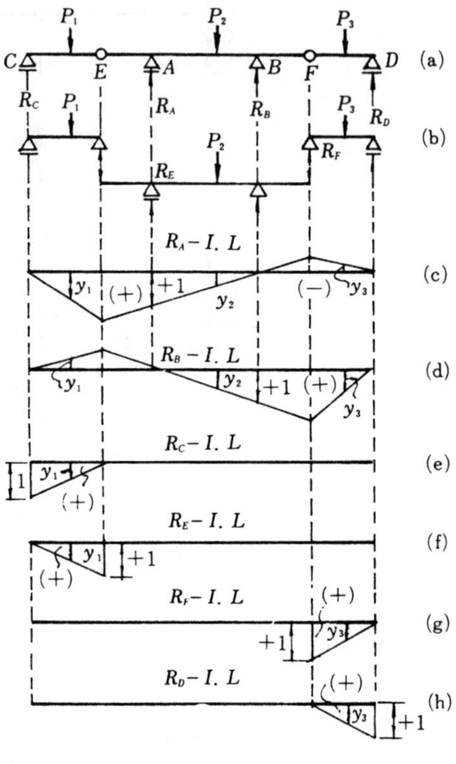

그림 4.116

풀이 그림 4.116(b)와 같이 고쳐서 생각해 보도록 한다.

P_1, P_3는 반력 R_A, R_B에 영향을 끼치나 P_2는 상부의 반력 R_C, R_D, R_E, R_F에 영향을 끼치지 않는다.

$R_A = P_1y_1 + P_2y_2 - P_3y_3$[그림 4.116(c)]

$R_B = -P_1y_1 + P_2y_2 + P_3y_3$[그림 4.116(d)]

$R_C = P_1y_1$[그림 4.116(e)]

$R_E = P_1y_1$[그림 4.116(f)]

$R_F = P_3y_3$[그림 4.116(g)]

$R_D = P_3y_3$[그림 4.116(h)]

【문제 20】

P=4t의 이동하중이 작용할 때 m점에 생기는 최대 전단력과 최대 휨모멘트를 구하시오.

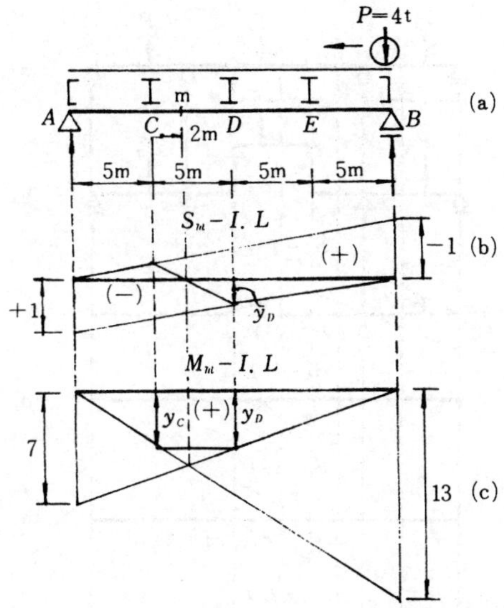

그림 4.117

풀이 (1) 최대 전단력

그림 4.117(b)에서 수직거리가 최대인 점의 위에 P가 왔을 때 최대로 되고 그림에서 D점이 된다.

$$y_D = \frac{1 \times 10}{20} = 0.5$$

$$\therefore\ S_{m \cdot \max} = P \cdot y_D = 4 \times 0.5 = 2(\text{t})$$

(2) 최대 휨모멘트

그림 4.117(c)에서 y_C와 y_D를 비교하여 수직거리가 긴 점 위에 왔을 때이므로

$$y_C = \frac{13 \times 5}{20} = \frac{13}{4}$$

$$y_D = \frac{7 \times 10}{20} = \frac{14}{4}$$

따라서 D점상에 왔을 경우이다.

$$\therefore\ M_{m \cdot \max} = P \cdot y_D = 4 \times \frac{14}{4} = 14(\text{t} \cdot \text{m})$$

【문제 21】

다음 게르버 보의 *m*, *n*, *O*의 각 점의 전단력 및 휨모멘트의 영향선도를 그리시오.

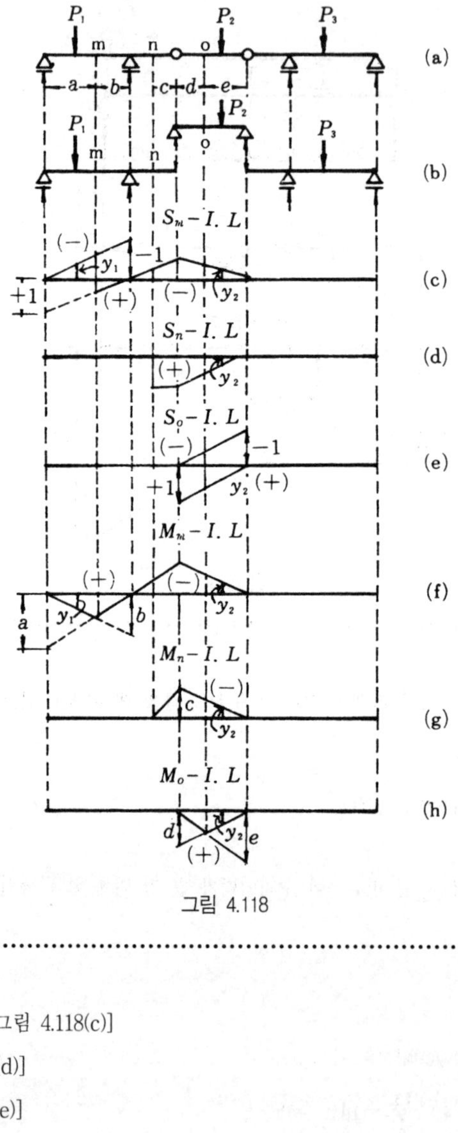

그림 4.118

풀이 (1) 전단력

$S_m = -P_1y_1 - P_2y_2$[그림 4.118(c)]

$S_n = P_2y_2$[그림 4.118(d)]

$S_o = P_2y_2$[그림 4.118(e)]

(2) 휨모멘트

$M_m = P_1y_1 - P_2y_2$[그림 4.118(f)]

$M_n = -P_2y_2$[그림 4.118(g)]

$M_o = P_2y_2$[그림 4.118(h)]

연 습 문 제

문 1. 그림과 같이 단순보 위에 30°의 각도로 빠져 나온 막대의 끝에 직각으로 $P=4t$의 힘이 작용할 때 이 보의 지점반력을 구하시오.

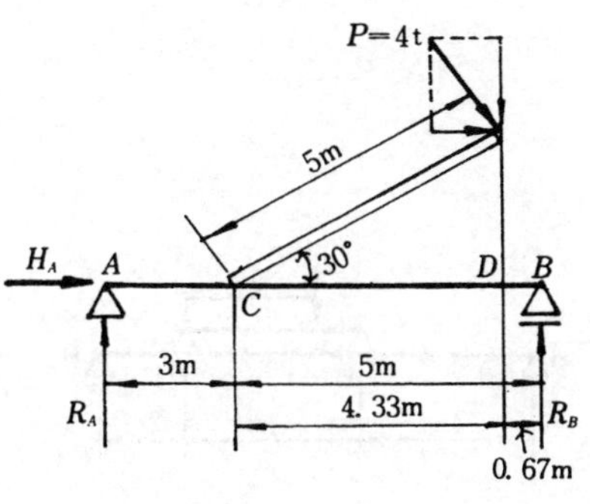

문 2. M_B및 M_m을 구하시오.

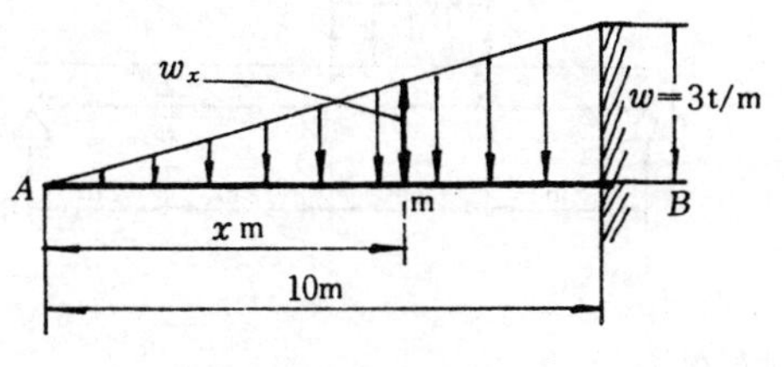

문 3. 그림과 같은 내민보에서 R_A, S_C, S_E 및 M_A, M_C, M_E, M_D를 구하시오.

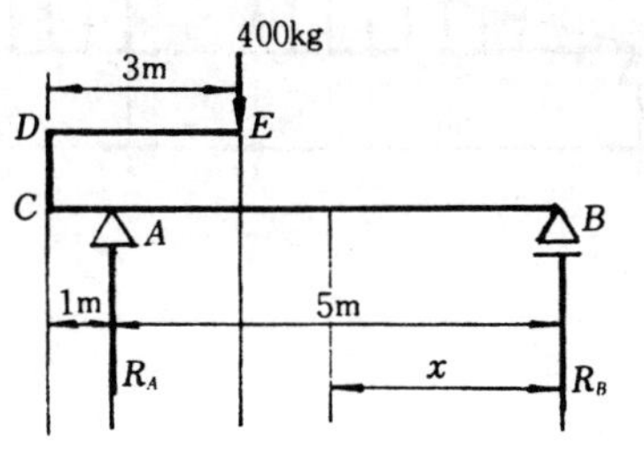

해답 1. $\begin{cases} H_A=-2\ (t)\ (\text{좌향}) \\ R_A=-0.335\ (t)\ (\text{하향}) \\ R_B=3.799\ (t)\ (\text{상향}) \end{cases}$

2. $\begin{cases} M_B=-50\ (t \cdot m) \\ M_m=-0.05x^3\ (t \cdot m) \end{cases}$

3. $\begin{cases} R_A=240kg, \quad S_C=-400kg \\ S_E=400kg, \quad M_A=800\,kg \cdot m \\ M_C=1200kg \cdot m, \quad M_E=0 \\ M_D=-1,200\ kg \cdot m \end{cases}$

문 **4.** 다음과 같은 게르버 보에서 S_F, S_C, M_B, M_F를 구하시오.

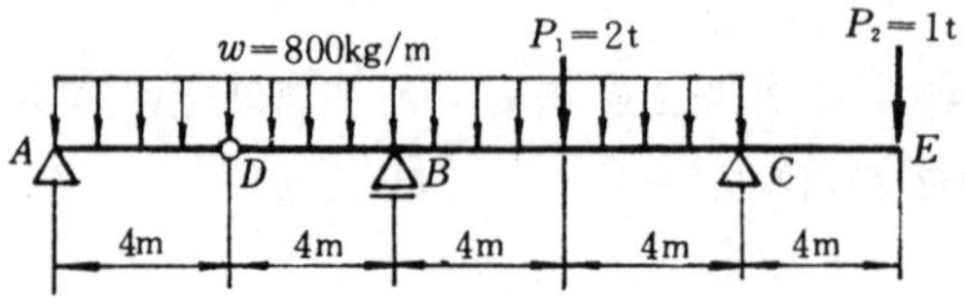

문 **5.** M_{max}를 구하시오.

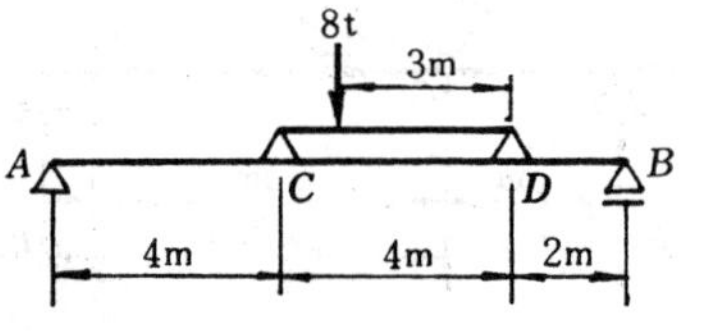

문 **6.** $S_{C\sim D}$ 및 M_D를 구하시오.

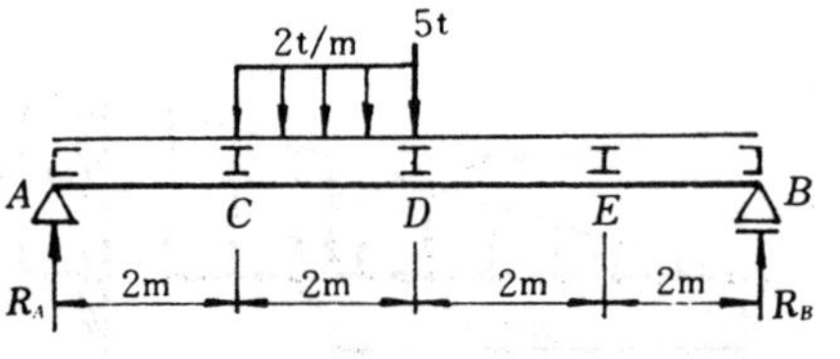

문 **7.** $S_{C\sim D}$ 및 M_{max}를 구하시오.

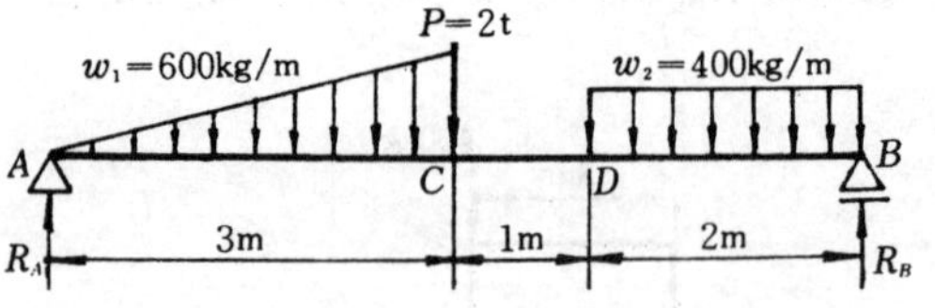

해답 **4.** $\begin{cases} S_F(\text{좌})=2.1\,(\text{t}), \quad S_F(\text{우})=-0.1\,(\text{t}) \\ S_C(\text{좌})=-3.1\,(\text{t}), \quad S_C(\text{우})=1\,(\text{t}) \\ M_B=-12.8\,(\text{t}\cdot\text{m}), \quad M_F=2\,(\text{t}\cdot\text{m}) \end{cases}$ **5.** $M_{max}=16(\text{t}\cdot\text{m})$ **6.** $\begin{cases} S_{C\sim D}=3(\text{t}) \\ M_D=16(\text{t}\cdot\text{m}) \end{cases}$

7. $\begin{cases} S_{C\sim D}=-1.167\,(\text{t}) \\ M_{max}=4.3\,(\text{t}\cdot\text{m}) \end{cases}$

문 **8.** 반력, S_D, M_D를 영향선을 이용하여 구하시오.

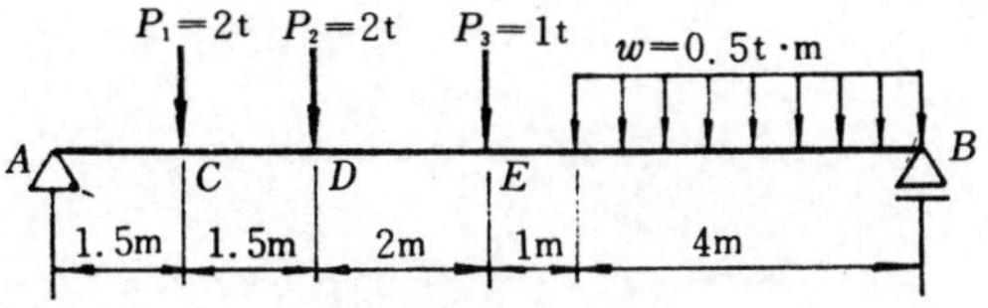

문 **9.** 그림과 같은 단순보의 C단면에서 최대 휨모멘트가 일어나는 하중의 위치와 M_{max}를 영향선을 이용하여 구하시오.

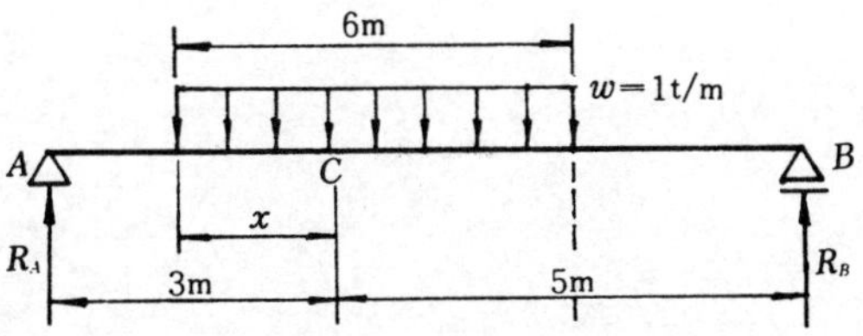

문 10. 그림과 같이 5개의 집중이동하중이 지간 15m의 단순보 위를 지날 때 절대 최대 전단력 및 절대최대 휨모멘트를 구하시오.

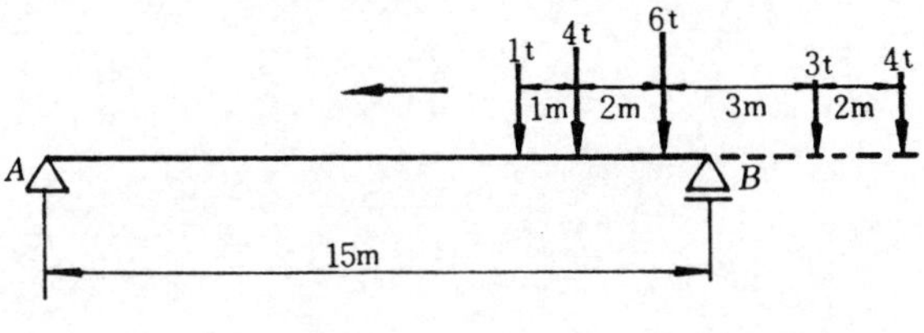

해답 **8.** $\begin{cases} S_D = 2\text{t} \\ M_D = 9.0(\text{t}\cdot\text{m}) \end{cases}$ **9.** $M_{max} = 7.032\ (\text{t}\cdot\text{m})$ **10.** $S_{absmax} = -13.2(\text{t})$, $M_{absmax} = 47.8(\text{t}\cdot\text{m})$

제5장

재료의 성질

- 1. 탄성과 소성
- 2. 응력
- 3. 응력의 종류
- 4. 변형
- 5. 응력과 변형과의 관계
- 6. Hooke의 법칙 및 탄성계수
- 7. 합성재
- 8. 허용응력과 안전율
- 9. 온도응력
- 10. 리벳 이음

제5장 재료의 성질

1. 탄성과 소성

스프링을 매달아 그 하단에 추를 늘어뜨리면 스프링은 무게에 의하여 어느 길이만큼 늘어나고 또한, 추를 제거하면 그 스프링은 원래의 길이로 돌아오게 된다. 이와 같이 외력을 받아서 변형한 물체가 외력을 제거하면 원형으로 되돌아 가는 성질을 탄성(elasticity)이라 하고, 이와 같은 성질을 갖고 있는 물체를 탄성체(elastic body)라 한다. 이 탄성은 재료의 성질상 중요한 것인 동시에, 우리들의 일상 생활과도 밀접한 관계를 가지고 있다. 예를 들어 시계가 그치지 않고 움직이는 것은 용수철의 탄성 때문이고, 자동차와 전차에 타고 충격을 별로 느끼지 않는 것도 차 축에 달려있는 스프링 때문이다. 이것에 반하여 물체를 변형시킨 외력을 제거하여도 원형으로 돌아가지 않는 성질을 소성(plasticity)이라 하고, 소성을 갖고 있는 물체를 소성체(plastic body)라 한다.

2. 응력

그림 5.1(a)와 같이 양 끝에 서로 반대 방향인 힘 P를 받고서 비김 상태를 이루고 있는 물체를 생각해 보자.

이 물체를 단면 a-a에서 자른다고 하면 그림 5.1(b)와 같이 분자의 결합력에 의하여 외력 P와 크기가 같고 방향이 반대인 힘 P가 생기게 된다. 이와 같이 하중에 의하여 물체 내부에 발생하여 외력에 저항하려는 힘을 내력(internal stress) 또는 응력(stress)이라고 하며, 단위면적에 대한 응력을 단위응력(intensity of force), 잘린 단면 전체에 대하여 생각한 응력을 전 응력(total stress)이라 한다. 일반적으로 응력이라 하면 단위응력을 말하는 것이다.

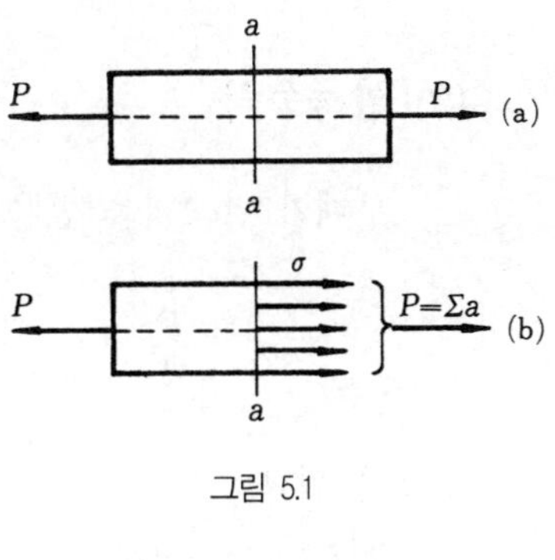

그림 5.1

전 응력의 단위는 힘의 단위 즉, kg, ton 등으로 표시되며 응력은 힘을 면적으로 나눈 것이므로 kg/cm^2, t/m^2 등으로 된다.

3. 응력의 종류

(1) 인장응력

그림 5.2와 같이 부재가 축방향으로 늘어나게 하려는 힘을 받을 때, 부재 내부에서 생기는 응력을 인장응력이라 하며, 수식으로 표시하면 그림 5.2에서 단위면적에 작용하는 응력을 σ, 면적 요소를 dA라 하고 σ가 그 단면 위에서 고르게 분포할 때 면적 요소 dA 위에 작용하는 법선방향의 힘의 요소는 σdA로 표시된다.

σdA를 전 단면적 A에 대하여 모아 놓으면 외력 P와 평형을 이루게 된다.

즉, $P=\int \sigma \cdot dA=\sigma \int dA=\sigma \cdot A$

따라서 인장응력 σ_t는

$$\sigma_t=\frac{P}{A} \qquad (5\text{-}1)$$

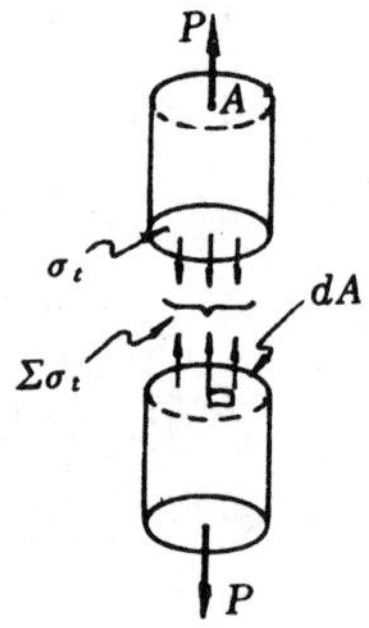

그림 5.2

여기서 P : 외력, A : 단면적, 부호는 (+)이다.

(2) 압축응력

부재가 압축력을 받을 때 일어나는 응력을 압축응력(compressive stress)이라 하고,

$$\sigma_c=\frac{P}{A} \qquad (5\text{-}2)$$

가 된다.

부호는 (−)이다.

압축응력과 인장응력은 모두 막대 단면에 대해서 수직으로 작용하므로 이들을 수직응력(normal stress)이라고도 한다.

(3) 전단응력

그림 5.3은 가위로 물건을 자르는 것과 같은 경우 즉, 극히 접근하고 있는 2개의 단면을 따라 크기가 같고 방향이 반대인 2개의 힘 S가 작용하여 물체를 자르려고 하는 경우이다.

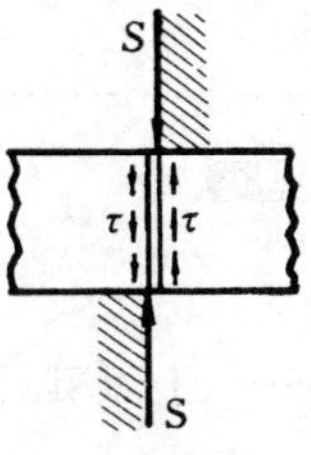

그림 5.3

이때의 힘 S를 전단력이라 하고, 전단력에 저항하는 응력 즉, 전단되려고 하는 단면에 따라 평행(접선적)으로 생기는 응력을 전단응력(shearing stress) 혹은 접선응력(tangential stress)이라고 하며 일반적으로 τ로 표시한다.

전단응력을 τ, 전단력을 S, 단면적을 A라고 할 때 이것이 단면에 고르게 분포된다고 생각하면

$$\tau = \frac{S}{A} \quad \cdots\cdots\cdots\cdots (5\text{-}3)$$

로 된다.

(4) 휨 응력

그림 5.4와 같이 부재의 양단을 지지하고 이것에 수직으로 하중(외력) P를 가하면, 부재에는 휨모멘트에 의하여 중심선(중립축)에서 위쪽에는 부재가 줄어들려는 압축력을 받게 되고, 아래쪽에는 늘어나려는 인장력을 받게 된다. 이 때 부재 내부에는 이러한 힘에 저항하기 위하여 응력이 생기게 되는데 이 응력을 휨 응력(bending stress)이라고 한다. 실제에는 부재가 휘면 전단응력도 함께 생기게 된다.

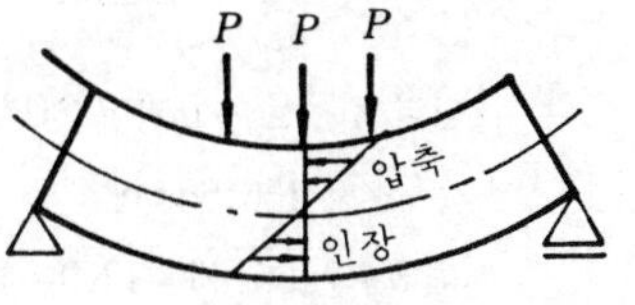

그림 5.4

(5) 비틀림 응력

부재의 양단에 반대방향의 우력 모멘트를 그림 5.5와 같이 적용시키면 이 부재는 비틀어지게 되고, 이와 같은 힘에 저항하여 일어나는 응력을 비틀림 응력(torsional stress)이라고 하며, 전단응력과 그 성질이 같다.

그림 5.5

【예제 1】

단면이 20cm×20cm인 기둥에 20t의 압축력이 작용할 때 기둥의 압축응력은 얼마인가?

풀이 $\sigma = \frac{P}{A} = \frac{20,000}{20 \times 20} = 50\text{kg/cm}^2$

【예제 2】

지름이 19mm인 강봉에 3.200kg의 인장력이 작용할 때 인장응력을 구하시오.

풀이 $\sigma = \frac{P}{A} = \frac{3,200}{\frac{\pi \times (1.9)^2}{4}} = 1,129\text{kg/cm}^2$

【예제 3】

정사각형의 목재기둥에 15ton의 하중이 작용한다. 이 목재 기둥의 허용응력 $\sigma_{ca} = 90\text{kg/cm}^2$라고 할 때 이 단면의 최소치수를 구하시오.

풀이 $\sigma_{ca} = \frac{P}{A}$

$\therefore A = \frac{P}{\sigma_{ca}} = \frac{15,000}{90} = 166.66\text{cm}^2$

1변의 길이를 $a$cm라고 하면

$A = a^2 = 166.66\text{cm}^2$

$\therefore a = \sqrt{166.66} = 12.9 \fallingdotseq 13\,\text{cm}$

따라서, 단면은 13cm×13cm이면 좋다.

(6) 물체 내의 응력

물체에 여러 가지 힘이 작용하여 균형 상태에 있을 때, 임의의 단면을 생각하면 그 면에 작용하는 응력은 그림 5.6과 같이 단면에 대해서 임의의 방향에 작용할 것이다. 그러나 이것을 단면에 대해서 수직 및 접선방향의 전 응력으로 나누면 그 응력은 수직응력과 전단응력(접선 응력)의 두 가지로 나누어진다. 이와 같이 물체 내의 응력은 결국 이 두 가지로 분류될 수 있다. 이것에 대해서 좀더 알아보기로 하자.

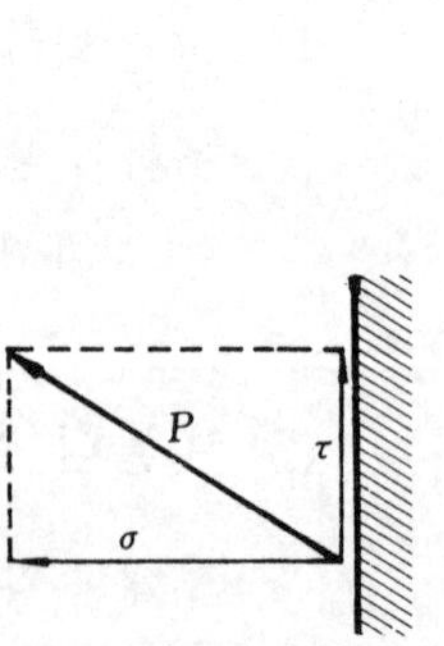

그림 5.6

(7) 수직응력과 접선응력

그림 5.6.1(a)와 같이 단면적 A인 부재가 축방향에 인장력 P를 받는 경우, 수직단면 $m-n$에 생기는 응력은 균일하며 그 크기는 $\sigma = P/A$이다. 이 $m-n$단면과 θ의 각을 이루는 경사단면 $P-q$위의 응력상태를 생각해 보자.

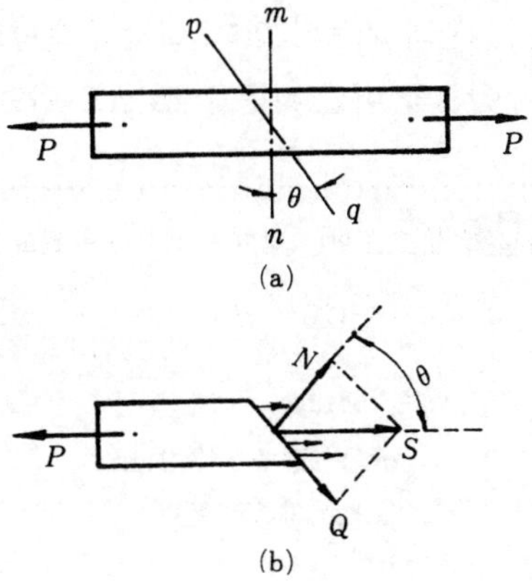

그림 5.6.1

그림 (b)와 같이 이 부재를 절단하였다고 가정하면 힘의 평형조건에 의하여 외력 P와 내력 S는 크기가 같고 방향이 반대이다. 이 힘 P를 수직방향과 접선방향의 성분 N와 Q로 분해하면

$N = P\cos\theta$, $Q = P\sin\theta$이며, 경사 단면 $P-q$의 면적을 A'라고 하면,

$A' = \dfrac{A}{\cos\theta}$ 이므로 이들 N, Q성분의 응력은

$$\sigma_n(\text{수직응력}) = \frac{N}{A'} = \frac{P}{A}\cos^2\theta = \sigma \cdot \frac{1+\cos 2\theta}{2} \quad \cdots\cdots (5\text{-}4)$$

$$\tau\ (\text{접선응력}) = \frac{Q}{A'} = \frac{P}{A}\sin\theta \cdot \cos\theta = \frac{\sigma}{2} \cdot \sin 2\theta \quad \cdots\cdots (5\text{-}5)$$

위의 식(5-4), (5-5)에서 보는 바와 같이 σ_n 및 τ는 θ의 함수로 나타나며 σ_n는 $\theta=0$일 때 최대로 되고 이 때 $\sigma_{\max} = \dfrac{P}{A}$로 된다.

그러나 θ가 증가하면 수직응력(σ_n)은 감소하며 $\theta = \dfrac{\pi}{2}$일 때 0이 된다. 이 때는 수직응력이 작용하지 않음을 알 수 있다. 접선응력은 각 θ가 커짐에 따라 증가하여 $\theta = \dfrac{\pi}{4}$에서 $\tau_{\max} = \dfrac{1}{2} \cdot \dfrac{P}{A}$에 달하고 θ의 증가에 따라 감소하여 $\theta = \dfrac{\pi}{2}$에서 $\tau = 0$이 된다.

【예제 4】

강관의 기둥이 있다. 이것의 축방향에 40t의 압축력을 가할 때 허용 압축응력도를 1,200kg/cm² 강관의 바깥 지름을 20cm로 하면 그 안지름은 얼마로 하면 좋은가?

풀이 기둥 길이의 영향은 생각하지 않고 계산한다. 안지름을 d로 하면 단면적 A는

$$A = \frac{\pi}{4}(20^2 - d^2), \quad \frac{\pi}{4}(20^2 - d^2) \geqq \frac{P}{\sigma_{ca}} = \frac{40,000}{1,200}$$

$$d^2 \fallingdotseq 358.9$$

$$\therefore\ d \leqq \sqrt{358.9} \fallingdotseq 18.9\,\text{cm}$$

즉, 18.9cm 이하면 된다.

【예제 5】

지름 2cm의 강봉이 있다. 이 강봉을 하중 P로 인장할 때 P는 몇 kg까지 가능한가?(단, 허용인장응력 $\sigma_{ta} = 1,400\text{kg/cm}^2$로 한다)

풀이 $P = \sigma_{ta} \cdot A = 1,400 \times \dfrac{\pi \times 2^2}{4} = 4,396\,\text{kg}$

【예제 6】

길이 30cm, 지름 15cm의 콘크리트에 압축시험을 하여 압축력을 가했더니 31.86t의 눈금을 기록할 때 파괴되었다. 이때의 압축응력도를 구하여라.

풀이 $A = \pi r^2 = 3.14 \times \left(\dfrac{15}{2}\right)^2 \fallingdotseq 177\text{cm}^2$

$$\therefore\ \sigma = \frac{P}{A} = \frac{31,860}{177} \fallingdotseq 180\text{kg/cm}^2$$

【예제 7】

그림과 같이 $\theta=30°$인 경우 AB면에 생기는 수직응력 σ와 접선 응력 τ를 구하시오.

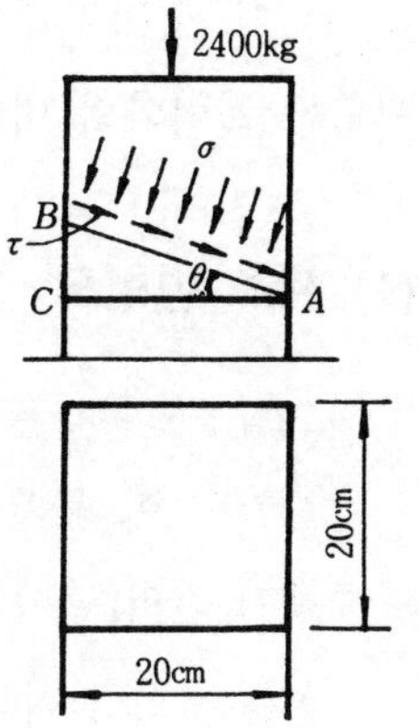

그림 5.7

풀이 AC면의 수직응력도 $\sigma=\dfrac{P}{A}=\dfrac{2,400}{20\times20}=6\text{kg/cm}^2$

수직응력 $\sigma=\dfrac{P}{A}\cos^2\theta=6\times\cos^2\theta=4.5\text{kg/cm}^2$

접선응력 $\tau=\dfrac{P}{A}\sin\theta\cdot\cos\theta\fallingdotseq2.60\text{kg/cm}^2$

【예제 8】

지름 6cm의 직선봉을 10t의 힘으로 잡아당길 때 축에 수직한 단면의 수직응력(σ_t)을 구하여라. 또 봉의 축에 45°인 면에 생기는 수직응력과 접선응력을 구하시오.

풀이 $\sigma_t=\dfrac{P}{A}=\dfrac{10,000}{\dfrac{3.14\times6^2}{4}}=353.86\text{kg/cm}^2$

수직응력 $\sigma_n=\dfrac{P}{A}\cos^2\theta=\dfrac{10,000}{28.26}\left(\dfrac{1}{\sqrt{2}}\right)^2=176.93\text{kg/cm}^2$

접선응력 $\tau=\dfrac{P}{A}\sin\theta\cdot\cos\theta=\dfrac{10,000}{28.26}\left(\dfrac{1}{\sqrt{2}}\right)^2=176.93\text{kg/cm}^2$

4. 변형

물체가 외력을 받으면 내부에 응력이 생기고 또한 물체가 완전한 강성이 아닌 이상 반드시 변형을 일으켜서 형상(shape)과 촌수(size)에 변화가 생긴다. 그리고 단위 길이에 대한 변형량으로서 변형의 정도를 비교하지 않으면 안 되므로 변형량을 재료의 원 촌수로 나눈 값, 즉 원 치수에 대한 변형량의 비를 단위변형도, 또는 단지 변형도(strain)라 부르고 변형도는 길이와의 비(比)이므로 차원을 가지고 있지 않은 것이 된다.

(1) 세로 변형도

그림 5.8과 같은 물체에 서로 반대인 힘을 작용시키면 이 물체는 늘어나든가 줄어든다. 변형하기 전의 길이를 l, 늘어난 후의 길이를 l_1, 줄어든 후의 길이를 l_2, 변형량을 Δl라 하면 인장력에 의해 늘어난 길이 $\Delta l = l_1 - l > 0$, 압축력에 의해 줄어든 길이 $\Delta l = l_2 - l < 0$을 세로변형(longitudinal deformation)이라고 하며, 이 Δl의 본래의 길이 l에 대한 비를 ε라 할 때

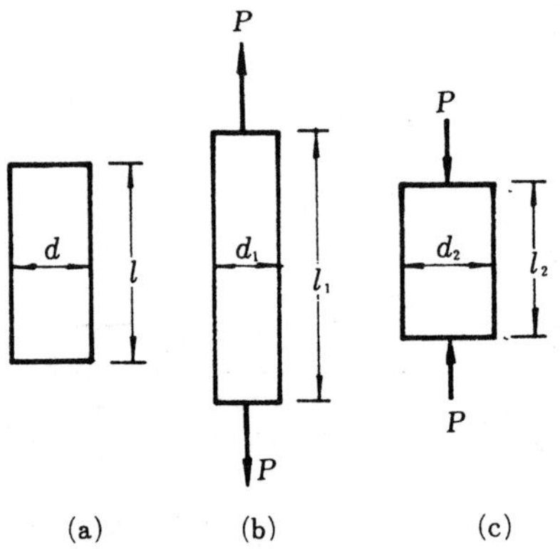

그림 5.8

$$\varepsilon = \frac{\Delta l}{l} \quad \cdots\cdots (5\text{-}6)$$

이 ε를 세로 변형도(longitudinal strain)라고 한다.

(2) 가로 변형도

그림 5.8에서 굵기에 대한 가로 변형량 Δd는 그림 5.8(b)에서 $\Delta d = d_1 - d < 0$, 그림 5.8(c)에서 $\Delta d = d_2 - d > 0$를 가로 변형(lateral deformation)이라고 하며, 이 Δd의 본래 굵기 d에 대한 비를 β라고 하면

$$\beta = \frac{\Delta d}{d} \quad \cdots\cdots (5\text{-}7)$$

이 β를 가로 변형도(lateral strain)라고 한다.

변형도는 모두 길이의 비이므로 단위가 없으며, 인장력을 받을 때 즉, 늘어날 때의 변형도는 (+), 압축력을 받을 때 즉, 줄어들 때의 변형도를 (−)로 표시하기로 한다.

(3) 전단변형도(γ)

그림과 같이 재료 내부의 l 만큼 떨어진 상대되는 평행2평면이 전단력을 받아서 λ_s만큼 미끄러져 나갔다고 할 때, 이와 같은 변형을 미끄럼 변형(sliding deformation)이라 부르고, λ_s 는 l에 대한 변형량이다. 전단변형도 γ는 단위길이마다의 미끄럼 변형량으로 표시하고 다음 식으로 주어진다.

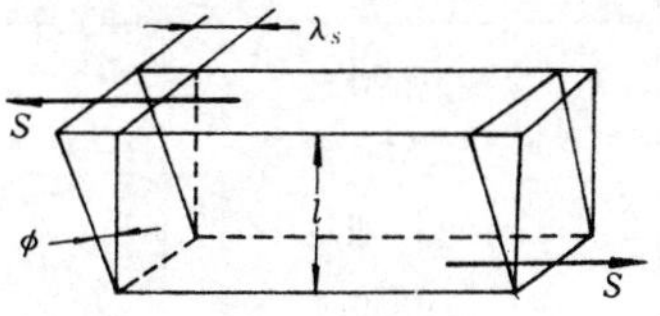

그림 5.8.1

$$\gamma = \frac{\lambda_s}{l}$$

또한 그림에서 λ_s만큼 미끄러져 나갔기 때문에 하중이 수직한 면이 각 ϕ만큼 경사되었다고 할 때 이 각 ϕ를 전단각(shearing angle)이라 부르고 (rad)로 표시한다. ϕ는 일반적으로 아주 미소하므로 전단변형도 γ는 다음과 같이 된다.

$$\gamma = \frac{\lambda_s}{l} = \tan\phi \fallingdotseq \phi$$

(4) 포아송 비

세로 변형과 가로 변형 사이에는 일정한 관계가 성립된다.

즉, $\nu = \frac{\beta}{\varepsilon} = -\frac{1}{m}$ .... (5-8)

여기서 ν : 포아송 비(poisson's ratio)

m : 포아송 수(poisson's number)

한 부재에 있어서 ε와 β는 변형의 성질이 반대이기 때문에 식(5-8)에서 (−)를 붙이고, m의 값은 재료에 따라 정해지는 것이며 구조용 강재(보통의 재료)에서는 m= 3~4, 연강은 3이고, 콘크리트에서는 m=6~12이다. 포아송 비는 탄성한도 이내에서 성립하는 것이다.

표 5.1 포아송 비

재 료	포아송 비	재료	포아송 비
유 리	0.2451	동(銅)	0.3270
납	0.4282	주 철	0.270
석 재	0.2500	연 철	0.278
연 강	0.303	셀룰로이드	0.400
고 무	0.500		

(5) 부피 변형도

부피가 V인 물체에 압력을 가하여 부피가 V_1으로 되었다면 $\varDelta V = V_1 - V$를 부피의 변형이라 하고 부피의 변형도를 ε_V라고 하면

$$\varepsilon_V = \frac{V_1 - V}{V} = \frac{\varDelta V}{V} \quad \cdots\cdots (5\text{-}9)$$

한 변의 길이를 l, V_1일 때의 길이를 l_1이라고 하면

$$\varDelta V = V_1 - V = (l \pm \varDelta l)^3 - l^3 = l^3 \pm 3l^2 \varDelta l \pm 3l(\varDelta l)^2 \pm (\varDelta l)^3 - l^3$$

$\varDelta l$은 극히 미소하므로 l^2 이하의 항을 생략하면

$$\varDelta V = \pm 3l^2 \cdot \varDelta l \quad \cdots\cdots (a)$$

식(5-9)에 (a)를 대입하면

$$\varepsilon_V = \frac{\pm 3l^2 \cdot \varDelta l}{l^3} = 3 \times \left(\pm \frac{\varDelta l}{l} \right) \quad \cdots\cdots (b)$$

식(b)에서 $\frac{\varDelta l}{l}$은 세로 변형도이므로 $\varepsilon_V = 3 \times \varepsilon$이 된다. 즉, 부피 변형도는 세로 변형도의 3배라는 것을 알 수 있다.

5. 응력과 변형과의 관계

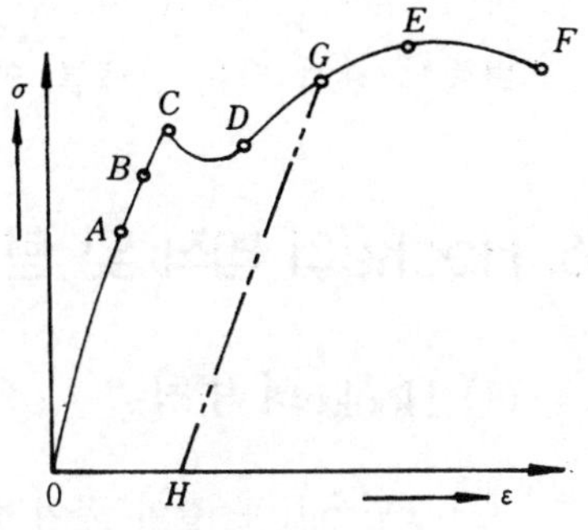

그림 5.9

재료의 강도시험에 있어서 공시체(test piece : 모양과 크기를 일정하게 만든 재료시험용 물체)의 응력(σ)과 변형도(ε)와의 관계를 그린 곡선을 응력변형도 곡선(stress-strain diagram)이라고 하며, 강재의 인장시험에 의해 그린 곡선의 예를 들면 그림 5.9와 같다. 인장력이 증가하면 철재의 지름이 가늘어져 단면적이 작게 되지만, 변화가 작으므로 σ를 구할 때는 최소의 단면을 그대로 이용하고 있다. 이 그림에서 O에서 A까지는 직선이고 응력도와 변형도는 정비례한다. 이 부분이 Hooke의 법칙이 성립되는 범위로 A점을 비례한도(proportional limit)라 한다. 다음에 B점까지 가해진 하중을 제거하여 응력을 0으로 하면 변형도도 0이 된다. 따라서 O점과 B점 사이는 탄성의 성질을 지니고 있는 범위로서 B점을 탄성한도(elastic limit)라고 한다.

응력이 탄성한도를 넘어 훨씬 빨리 증가하여 점 C에 도달하면 인장력을 더 이상 증가시키지 않아도 상당한 신장이 생기기 시작한다. 이 현상을 그 재료의 강복(yielding)이라고 하며, C점을 상강복점(upper yield point), D점을 하강복점(lower yield point)이라고 부른다.

CD 영역에서는 그 재료가 소성상태로 되었다고 말하며, 봉에는 실제로 비례한도까지에 생긴 신장의 10 또는 15배 정도의 소성신장이 일어난다. 신장과 더불어 응력은 증가하고 점 E에서 응력은 그 최대치 즉, 극한강도(ultimate strength)에 도달하게 된다. E점을 지나면 강재지름이 가늘어져 점 F에 이르러 파괴하게 된다. 이 F점을 파괴강도(breaking strength) 또는 파괴응력(breaking stress)이라고 한다.

이 과정에서 최대 응력은 E점이지만 응력이 항복점에 달하면 변형이 매우 커져서 구조물에 있어서는 큰 처짐이 일어나기 때문에 좋지 않다. 따라서 구조용 강재에서 응력의 한도는 강복점 응력이 되어야 한다. 참고로 C점의 응력은 강재의 경우 약 2,400kg/cm^{2}이고, F점의 응력은 4,000~5,000kg/cm^{2}이다.

또한 강복점 이상, 예를 들면 점 G에 있어서 응력을 0으로 다시 제거하면 처음의 응력 상승시의 경로를 지나지 않고, 대략 $\overline{OA}$에 평행하게 $\overline{GH}$에 따라 변형도가 감소하여 변형도 OH가 남는데, 이때의 OH를 영구변형 혹은 잔유변형이라고도 한다.
다시 말하면 하중을 제거하여도 공시체가 완전히 원래의 상태로 돌아오지 않고 일부의 변형이 남게 되는 상태를 의미하는 것이다.

6. Hooke의 법칙 및 탄성계수

(1) Hooke의 법칙

그림 5.10과 같이 길이가 l인 균일한 단면을 가지고 있는 봉에 인장력 P를 가하면 그 봉은 하중을 서서히 증가시킬 때마다 조금씩 늘어나고, 그 하중을 서서히 감소시켜 완전히 제거하면 늘어난 양 l은 점점 줄어들어 봉의 처음길이 l로 되돌아 오려는 경향을 나타낸다. 이와 같은 탄성을 가지고 있는 물체 중에서도 완전히 처음 길이로 되돌아오면 완전 탄성체(perfectly elastic body)라 하고, 그렇지 않은 것을 불완전 탄성체(partically elastic body)라 한다.

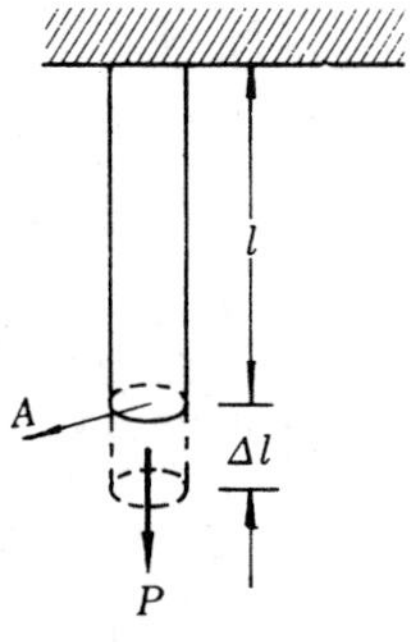

그림 5.10

구조용 재료는 모두 어떤 한도 내에서는 완전 탄성체라 할 수 있다.
여러 가지 재료에 의한 인장시험 결과 탄성한도 내에서 늘어난 양 Δl는 인장력 P와 길이 l에 비례하고 단면적 A에 반비례한다는 것을 알 수 있다.

즉, $$\Delta l = \frac{1}{E} \cdot \frac{Pl}{A} = \frac{P \cdot l}{A \cdot E} \qquad (5\text{-}10)$$

식(5-10)은 영국의 과학자 Robert Hooke(1635~1703)가 고안한 식으로서 그의 이름을 따라 Hooke의 법칙이라 부른다.

(2) 탄성계수

식(5-10)에서 E는 재료에 따라 정해지는 일정한 상수로서 이를 탄성계수(modulus of elasticity)라고 하며,

$\sigma = \dfrac{P}{A}$, $\varepsilon = \dfrac{\Delta l}{l}$ 의 관계를 이용하면 식(5-10)에 의해

$$E=\frac{\sigma(\text{응력})}{\varepsilon(\text{변형도})} \quad \cdots\cdots (5\text{-}11)$$

이 된다.

식(5-11)에서 ε은 무차원이므로 탄성계수 E는 응력의 단위와 같이 kg/cm², t/m² 등이 된다.

(3) 탄성계수의 종류

1) 종탄성계수(modulus of longitudinal elasticity)

영계수(young's modulus)라고도 하며, 수직응력 σ와 세로 변형도 ε과의 관계를 나타내는 계수로서

$$E=\frac{\sigma}{\varepsilon}=\frac{\frac{P}{A}}{\frac{l}{l}}=\frac{Pl}{A\cdot \Delta l} \quad \cdots\cdots (5\text{-}12)$$

로 나타내어지는 값이다.

2) 횡탄성계수(modulus of laternal elasticity)

전단 탄성계수(shear modulus) 또는 강성률(modulus of rigidity)이라고도 하며 미소립방체가 전단력의 작용을 받아 하나의 면이 평행사변형으로 되었을 경우 탄성한도 내에서는 전단응력 τ 와 전단변형도 γ와의 비도 일정한 상수로 나타내며,

$$G=\frac{\tau}{r}=\frac{S/A}{\Delta\lambda/l}=\frac{S\cdot l}{A\cdot \Delta\lambda} \quad \cdots\cdots (5\text{-}13)$$

이다.

여기서 $\Delta\lambda$는 전단력에 의해 횡으로 변형된 길이, G는 대략 E의 $\frac{2}{5}$ 정도이다.

3) 체적 단성계수(volumetric modulus)

수직응력 σ와 체적변형률 ε_V 와의 비를 나타낸 값으로 K로 나타낸다.

$$K=\frac{\sigma}{\varepsilon_V} \quad \cdots\cdots (5\text{-}14)$$

여기서, $\varepsilon_V = \dfrac{\Delta V}{V}$ 이다.

표 5.2 재료의 탄성계수(kg/cm²)

재 료	$E(1\times10^6)$	재료	$E(1\times10^6)$
연 강	2.1	구 리	1.25
경 강	2.2	콘 크 리 트	0.14
주 강	2.15	유 리	0.075
주 철	0.75~1.30	알 루 미 늄	0.72
니 켈	2.1		

7. 합성재

철근콘크리트와 같이 탄성계수가 서로 다른 2가지 이상의 재료를 하나로 하여 하중을 작용시켜 꼭 같은 변형이 일어나도록 만든 합성재(composite member)에 대하여 생각해 보기로 하자.

그림 5.11과 같이 단면적 (A_1, A_2)와 탄성계수(E_1, E_2)가 서로 다른 재료의 압축력을 받을 때 2개의 재료는 공동체로서 작용하므로 이들의 변형은 같을 것이다. 각각의 압축응력을 σ_1, σ_2 라고 하면 식(5-11)에 의해

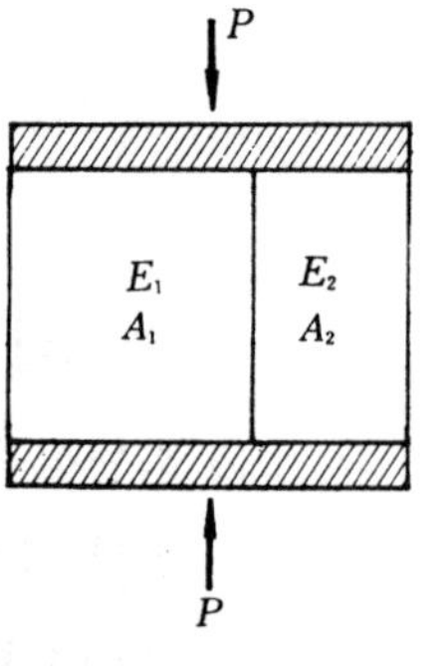

그림 5.11

$$\varepsilon = \frac{\sigma_1}{E_1} = \frac{\sigma_2}{E_2} \qquad \text{(a)}$$

그런데 전 응력 σ와 외력 P는 평형상태이므로 $\sigma = \dfrac{P}{A}$ 로부터

$$P = \sigma_1 A_1 + \sigma_2 A_2 \qquad \text{(b)}$$

여기에 식(a)를 대입하면

$$\left.\begin{aligned} \sigma_1 &= \frac{PE_1}{E_1A_1+E_2A_2} = \frac{P}{A_1+nA_2} \\ \sigma_2 &= \frac{PE_2}{E_1A_1+E_2A_2} = \frac{P_n}{A_1+nA_2} \end{aligned}\right\} \qquad \text{(5-15)}$$

단, $n=E_2/E_1$로서 탄성계수의 비이다.

식(a)로부터

$$\frac{\sigma_1}{\sigma_2}=\frac{E_1}{E_2} \quad \cdots\cdots (5\text{-}16)$$

즉, 부재에 생기는 응력은 부재의 탄성계수에 비례한다. 이상은 압축력을 받을 때도 같다. 합성구조물을 설계할 때에는 식(5-15)로부터 각 합성재의 응력을 구하여 그것이 모두 각 재료의 허용응력을 넘지 않도록 하면 된다.

8. 허용응력과 안전율

구조물을 설계함에 있어서 각 부재의 응력이 최대 응력이 되게 하는 것이 가장 경제적이라 하겠으나, 몇 개의 공시체로 행한 시험의 결과가 전체를 정확하게 표시하기 어려우며, 재료 자체의 결함이나 단면의 치수 차 혹은 설계계산의 이론에 불완전한 점이 있고, 이론과 실제가 일치하지 않을 염려가 있다는 점, 시공상의 불완전한 점, 오랜 세월 후에 풍화 등에 의하여 단면이 적어진다는 점 등의 이유로 최대 응력을 그대로 설계에 쓰는 것은 대단히 위험한 일이다. 따라서 구조물의 설계에 있어서는 실제 사용할 수 있는 재료의 최대 응력을 정하여야 하는데 이것은 실제 그 재료의 극한강도보다 얼마간 낮출 필요가 있다. 그래서 구조물을 이루고 있는 재료에 대해서 실제 작용하도록 하는 최대 응력을 허용응력(allowable stress)이라고 한다. 그리고 극한강도와 허용응력과의 비를 안전율(factor of safety)이라 하고 안전율 S는

$$S=\frac{\text{극한강도}}{\text{허용응력}}=\frac{\sigma_b}{\sigma_a} \quad \cdots\cdots (5\text{-}17)$$

로 나타내어진다. 이 때 $S>1$의 관계가 항상 성립되어야 하나 안전율을 크게 잡으면 설계가 안전성은 있으나, 경제성은 떨어지므로 최적설계를 하려면 안전율을 되도록 작게 1에 가까운 수치를 취하게 된다. 허용응력 또는 안전율의 크기를 정하는 데에는 재질이 균일한가, 하중이 정적인가, 응력의 종류, 구조물의 중요한 정도, 구조물이 일시적인가, 영구적인가 등에 따라서 달리하고 있다. 허용응력의 크기는 시방서에 정해놓고 있어서 이에 따르면 된다. 허용응력의 종류로는 허용 인장응력, 허용 압축응력, 허용 전단응력, 허용 휨응

력 등이 있다.

표 5.3 안전율

재료 \ 목적	가 옥	교 량	기 계
중 강	5	7	15
연 강	4	6	10
주 철	6	15	20
목 재	8	10	15
석 재 벽 돌	15	25	30

【예제 9】

직경 1mm, 길이 10mm인 강선에 100kg의 장력을 가할 때 강선의 신장량(Δl)을 구하시오(단, 탄성계수 $E=2,150,000\text{kg/cm}^2$).

풀이 $E=\dfrac{\sigma}{\varepsilon}=\dfrac{Pl}{\Delta l\cdot A}$, $\Delta l=\dfrac{Pl}{EA}$

$$\therefore\ \Delta l=\frac{100\times 1}{2,150,000\times\dfrac{\pi\times 0.1^2}{4}}=0.0059\,\text{cm}$$

【예제 10】

지름 2cm, 길이 1m의 강봉을 4t의 힘으로 인장하였을 때, 이 강봉의 늘어난 길이는 얼마인가? (단, 탄성계수 $E=2.1\times 10^6\text{kg/cm}^2$이다)

풀이 식(5-10)으로부터 $\Delta l=\dfrac{P\cdot l}{A\cdot E}$

$$A=\frac{\pi d^2}{4}=\frac{\pi\times 2^2}{4}=\pi\text{cm}^2$$

따라서, $\Delta l=\dfrac{4,000\times 100}{3.14\times 2.1\times 10^6}=0.0606\,\text{cm}$

【예제 11】

직경 d=20mm 강봉을 P= 10t으로 인장하여 0.01cm 늘어났을 때 강봉의 길이 l은 얼마인가?
(단, 탄성계수의 값은 2.1×10^6kg/cm^2)

풀이 $l=\frac{E\cdot A\cdot \Delta l}{P}=\frac{2.1\times10^6\times0.01\times\pi\times1\times1}{10,000}\fallingdotseq6.6\,\text{cm}$

【예제 12】

직경 22mm의 철근을 6t의 힘으로 잡아당길 때 이 철근에 생기는 응력은 얼마인가?

풀이 $A=\frac{\pi D^2}{4}=0.785\times2.2^2=3.7994\,\text{cm}^2$

$\sigma=\frac{P}{A}=\frac{6,000}{3.7994}=1579.2\,\text{kg/cm}^2$

【예제 13】

높이 1m의 콘크리트 기초 위에 200t의 하중을 얻으려고 하고, 이 때 콘크리트의 줄어드는 양은 5mm 이하로 하려고 하면, 콘크리트가 안전하게 하기 위한 기초의 단면치수는 얼마가 좋은가?
(단, 콘크리트의 허용 압축 응력도를 50kg/cm^2, 탄성계수를 1.4×10^5kg/cm^{2}로 한다)

풀이 하중에 견디기 위한 기초의 필요한 단면적 A는 $\sigma_c=\frac{P}{A}$ 로부터

$\frac{P}{A}\leqq\sigma_{ca}$, $\therefore A\geqq\frac{200,000}{50}=4,000\,\text{cm}^2$ .... ①

또한 줄어드는 양(5mm)에 의한 기초 단면적 A는 식(5-10)으로부터

$A=\frac{Pl}{E\Delta l}=\frac{200,000\times100}{1.4\times10^5\times0.5}\fallingdotseq285.71\,\text{cm}^2$ .... ②

①>②이므로 안전하기 위해서는 4,000cm^{2}의 단면적을 필요로 한다.

즉, 정사각형 단면일 때는 1변 b는 $b\geqq\sqrt{4,000}=63.3\,\text{cm}$

원형 단면일 때 지름 d는

$d\geqq\frac{\sqrt{4,000\times4}}{\pi}\fallingdotseq71.4\,\text{cm}$

【예제 14】

단면이 10cm×10cm, 길이 1m인 각재에 7t의 압축력을 가했더니 1mm가 줄었다. 이 각재의 탄성계수는?

풀이 식(5-12)로부터 $E=\dfrac{Pl}{A\cdot\Delta l}=\dfrac{7,000\times100}{10\times10\times0.1}=70,000\,\text{kg/cm}^2$

【예제 15】

지름 1.5cm, 길이 50cm의 원봉이 인장력을 받아 0.032cm가 늘어났다. 이때 포아송의 수를 $3\frac{1}{3}$이라 하면 가로방향의 신장(Δd)은 얼마인가?

풀이 세로 변형도(ε) $=\dfrac{\Delta l}{l}=\dfrac{0.032}{50}=0.00064$

$m=\dfrac{\varepsilon}{\beta}$ 에서

가로변형도 $\beta=\dfrac{\varepsilon}{m}=\dfrac{0.00064}{3\frac{1}{3}}=0.000192$

$\beta=\dfrac{\Delta d}{d}$ 이므로

$\Delta d=\beta\times d=0.000192\times1.5=0.00029\,\text{cm}$

【예제 16】

길이 10m, 지름 4mm의 강선을 1cm 늘리기 위해서는 얼마의 힘이 필요한가?
(단, $E_s=2.1\times10^6\,\text{kg/cm}^2$)

풀이 식(5-10)으로부터 $P=\dfrac{E\cdot A\cdot\Delta l}{l}=\dfrac{2.1\times10^6\times0.1256\times1}{1,000}=263.76\,\text{kg}$

【예제 17】

변형률이 0.0015일 때 응력이 1,200kg/cm²이면 탄성계수 E는 얼마인가?

풀이 $E=\dfrac{\sigma}{\varepsilon}=\dfrac{1,200}{0.0015}=800,000\,\text{kg/cm}^2$

【예제 18】

단면적 $3cm^2$인 철근이 그림 5.12와 같은 힘을 받을 때 이 철근은 얼마나 늘어나겠는가?(단, $E=2,100,000\,kg/cm^2$)

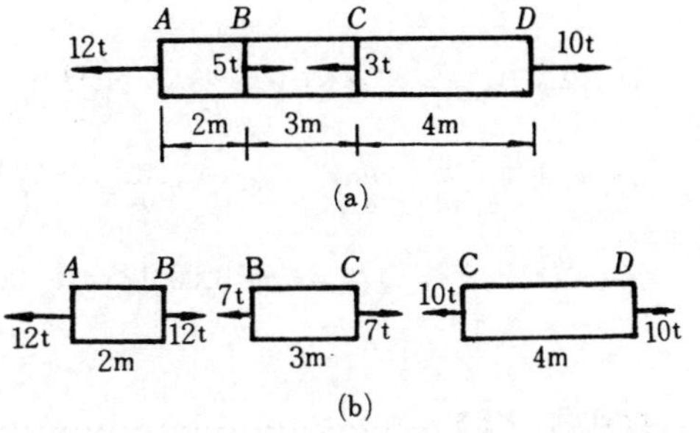

그림 5.12

풀이 이 철근은 비김상태에 있으므로 그림 5.12(b)와 같이 3부분으로 잘라 나눈다고 하면, 이 잘린 3부분 자신도 비김상태를 이루어야 할 것이다. 따라서 3부분의 늘어난 양을 각각 l_1, l_2, l_3라고 하면 식(5-10)으로부터

$$\Delta l_1 = \frac{12,000 \times 200}{3 \times 2,100,000} = 0.381\,cm$$

$$\Delta l_2 = \frac{7,000 \times 300}{3 \times 2,100,000} = 0.333\,cm$$

$$\Delta l_3 = \frac{10,000 \times 400}{3 \times 2,100,000} = 0.635\,cm$$

그러므로 전체의 늘어난 양 Δl은 $\Delta l = \Delta l_1 + \Delta l_2 + \Delta l_3 = 0.381 + 0.333 + 0.635 = 1.349\,cm$

【예제 19】

직경 20mm, 길이 2m인 환강에 20t의 인장력을 작용시켰더니 길이가 2.08m, 직경이 19.8mm로 되었다면 포아송 비는 얼마인가?

풀이 식(5-8)에서 $\nu = \dfrac{\beta(\text{가로 변형도})}{\varepsilon(\text{세로 변형도})}$

$$\varepsilon = \frac{\Delta l}{l} = \frac{2.08 - 2.00}{2.00} = 0.04, \quad \beta = \frac{\Delta d}{d} = \frac{19.8 - 20}{20} = 0.01$$

$$\therefore \ \nu = \frac{0.01}{0.04} = \frac{1}{4}$$

【예제 20】

직경 3cm의 강봉을 7,000kg으로 잡아당길 때 막대기는 얼마로 가늘게 되는가?(단, 포아송 비는 $\frac{1}{4}$, 탄성계수 $E=2,000,000\,kg/cm^2$이다)

풀이 $\sigma = \dfrac{P}{A} = \dfrac{7,000}{\dfrac{3.14 \times 3^2}{4}} = 990.8\text{kg/cm}^2$

$E = \dfrac{\sigma}{\varepsilon}$에서 ε(세로 변형도) $= \dfrac{\sigma}{E} = \dfrac{990.8}{2,000,000} = 0,0005$

포아송 비 $\nu = \dfrac{1}{m} = \dfrac{\beta}{\varepsilon}$ $\quad \therefore \beta = \dfrac{\varepsilon}{m} = \dfrac{0.0005}{4} = 0.000125$

$\beta = \dfrac{\Delta d}{d}$ $\quad \therefore \Delta d = \beta \cdot d = 0.000125 \times 3 = 0.000375\,\text{cm}$

【예제 21】

직경 10mm의 환강에 최대 600kg의 하중을 매달았을 때 그 안전율은 얼마인가?(단, 환강의 극한 강도는 5,000kg/cm²이다)

풀이 안전율 $S = \dfrac{\sigma_b(\text{극한강도})}{\sigma_a(\text{허용응력})} = \dfrac{\sigma_b}{P/A}$

$= \dfrac{\sigma_b \cdot A}{P} = \dfrac{\sigma_b \cdot \pi D^2/4}{P} = \dfrac{\sigma_b \cdot \pi D^2}{4P} = \dfrac{5,000 \times 3.14 \times 1^2}{4 \times 600} = 6.5449$

【예제 22】

2cm 각 2m인 봉을 4.2t의 하중으로 인장할 때 0.1cm 늘어났다면 영 계수를 구하시오.

풀이 $E = \dfrac{Pl}{A \cdot \Delta l} = \dfrac{4,200 \times 200}{2 \times 2 \times 0.1} = 2,100,000\text{kg/cm}^2$

【예제 23】

포아송 비가 0.2일 때 포아송 수는 얼마인가?

풀이 포아송 수는 포아송 비의 역수 즉, $m = \dfrac{1}{\nu} = \dfrac{1}{0.2} = 5$

【예제 24】

어떤 재료에 전단력을 가하여 $\dfrac{1}{1,200}$rad의 전단변형도가 생겼다. 이때의 전단응력이 680kg/cm²이었다면 전단 탄성계수는 얼마인가?

풀이 $G=\frac{\tau}{\gamma}$ 에서

$\tau=680\,\text{kg/cm}^2$, $\gamma=\frac{1}{1,200}\,\text{rad}$ 이므로

$$G=\frac{680}{1/1,200}=816,000\,\text{kg/cm}^2$$

【예제 25】

다음 그림에서 강판이 각각 P=1,800kg의 인장력을 받을 때 리벳에 생기는 전단응력을 구하시오.

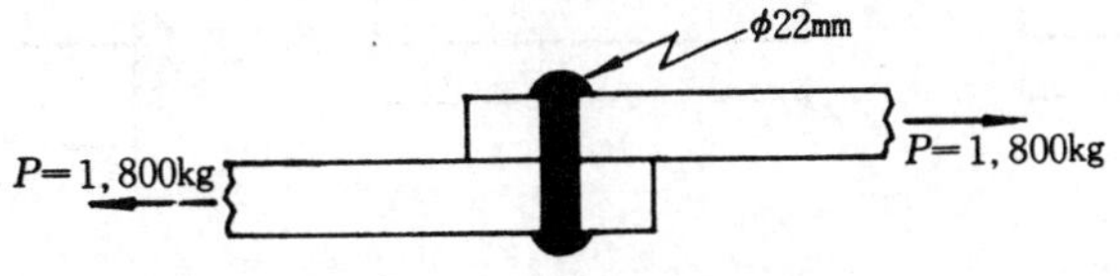

그림 5.13

풀이 리벳의 단면적

$$A=\frac{\pi d^2}{4}=\frac{3.14\times2.2^2}{4}=3.8\text{cm}^2$$

식(5-3)에서 $\tau=\frac{S}{A}=\frac{1,800}{3.8}\fallingdotseq473.7\text{kg/cm}^2$

【예제 26】

그림과 같이 3매의 강판을 직경 22mm의 리벳으로 이음하여 이것을 3t의 힘으로 인장하면 리벳에 일아나는 전단응력을 구하시오.

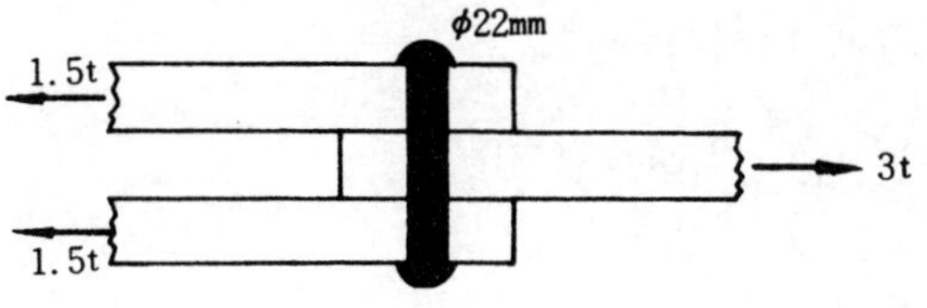

그림 5.14

풀이 리벳의 단면적 $A=\frac{\pi d^2}{4}=\frac{3.14\times2.2^2}{4}=3.8\text{cm}^2$

$$\tau=\frac{S}{2A}=\frac{3,000}{2\times3.8}=3.95\text{kg/cm}^2$$

9. 온도응력

물체는 온도 변화에 따라 팽창 또는 수축한다. 이 때 1℃의 온도변화에 의한 단위 길이에 대한 변화 비율을 선팽창계수라고 말하고 일반적으로 α로 표시한다. 그림 5.15(a), (b)와 같이 길이 l의 봉이 온도가 일정한 t_1℃에서 t_2℃로 변화하였을 때 길이의 변화량 Δl는

$$\Delta l = \alpha l (t_2 - t_1) \quad \cdots\cdots (5\text{-}18)$$

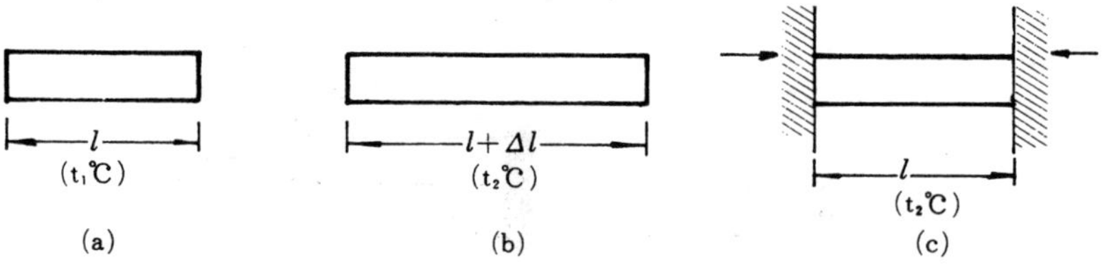

그림 5.15

지금 그림 5.15(c)와 같이 양단이 고정된 봉은 온도변화에 의한 신축은 자유롭지 못하고, 내부의 횡단면에 응력이 생긴다. 이 응력을 온도응력이라고 말하고, 그 크기 σ는

$$\sigma = E \cdot \alpha (t_2 - t_1) \quad \cdots\cdots (5\text{-}19)$$

$t_2 > t_1$이면 σ는 압축응력, $t_2 < t_1$이면 σ는 인장응력이다.

식(5-19)를 유도해보면 다음과 같다.

봉을 자유롭게 방치하면 Δl만큼 변형되나, 양단을 고정시키면 변형되지 않고 길이 $l+\Delta l$의 봉의 길이가 l로 되도록 외력을 가할 때와 같은 응력이 생긴다고 생각한다. 이때 변형을 ε라 하고 Δl은 l에 비해서 적으므로

$$\varepsilon = \frac{\Delta l}{l+\Delta l} \fallingdotseq \frac{l}{l} \text{ 또는 } E = \frac{\sigma}{\varepsilon} \text{ 이므로}$$

$$\sigma = \varepsilon E = E\frac{\Delta l}{l} = E\frac{\alpha l (t_2 - t_1)}{l} = E\alpha (t_2 - t_1)$$

【예제 27】

강의 선팽창계수 $\alpha = 1.2 \times 10^{-5}$, 탄성계수 $E = 2.1 \times 10^6 kg/cm^2$이고 온도가 2℃에서 7℃로 상승했을 때 강의 온도응력을 구하시오.

풀이 식(5-19)로부터 $\sigma = E \cdot \alpha(t_2 - t_1) = 2.1 \times 10^6 \times 1.2 \times 10^{-5}(7-2) = 126\text{kg/cm}^2$

【예제 28】

양단 고정인 직경 4cm 강봉이 상온 18℃인 것이 28℃가 되었을 때 부재가 받는 힘은 얼마인가?
$E = 2.1 \times 10^6 \text{kg/cm}^2$, $\alpha = 12 \times 10^{-6}$)

풀이 $\sigma = E \cdot \alpha(t_2 - t_1) = 2.1 \times 10^6 \times 12 \times 10^{-6} \times (28-18) = 252\text{kg/cm}^2$

$$\therefore P = \sigma \cdot A = \sigma \cdot \frac{\pi D^2}{4} = 252 \cdot \frac{3.14 \times 4^2}{4} = 3166.72\text{kg}$$

10. 리벳 이음

리벳 이음(rivet joint)이란 리벳을 사용하여 철부재를 서로 이어 합친 접합을 말한다. 리벳은 일반적으로 연강에 의하여 만들어지고, 그 모형은 보통의 것은 둥근 리벳이라 하여 그림 5.16(a)에 표시한 것과 같이 shank(또는 리벳 길이)라고 하는 원통형의 부분과 머리라고 하는 반원형의 부분으로 되어 있고, 간(幹)의 지름에 의하여 그 크기를 표현하고 있다. 리벳 이음을 하는 것은 먼저 이음을 하여 한 철부재의 쌍방에 리벳 구멍을 만들고, 이 리벳 구멍에 리벳을 꽂아 그림 5.16(b)의 점선부분을 두드려 박고 반원형의 머리를 만드는 것이다.

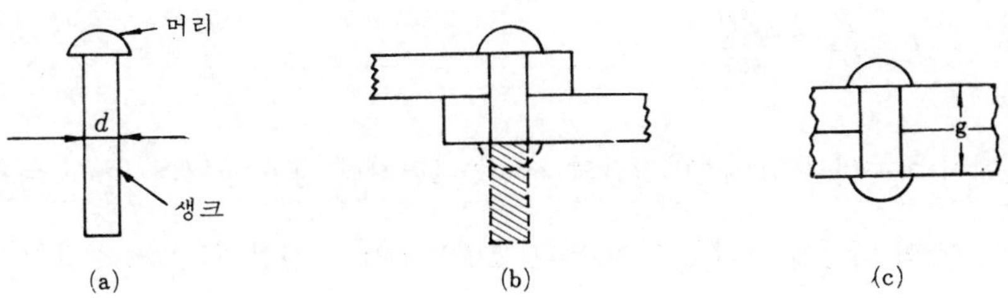

그림 5.16

그림 5.16(c)에서와 같이 양두 사이의 길이 g를 grip이라 하며, 이 부분의 강도가 주가 되어 리벳 이음의 강도에 영향을 준다. 리벳 이음 방법에는 그림 5.17(a)와 같이 판의 끝을 서로 포개서 리벳을 두드려 접합하는 겹이음(lap joint)과 그림 5.17(b), (c)와 같이 판의 양단을 맞붙여, 그 한쪽 또는 양쪽에 붙임판을 대어 리벳치기를 한 맞이음(butt joint)이 있다.

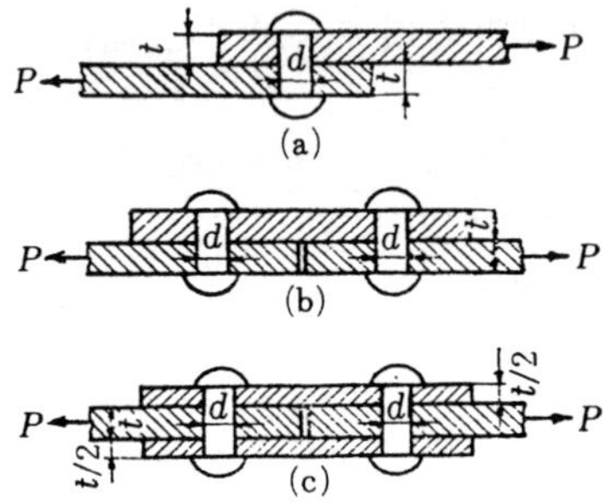

그림 5.17

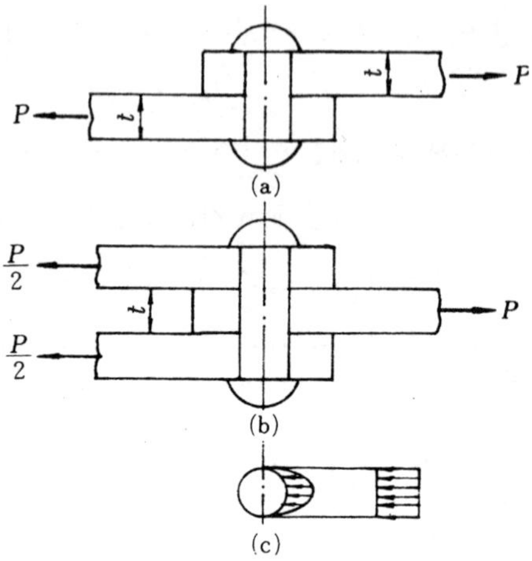

그림 5.18

그림 5.18(a)와 같이 리벳이 1면에 의하여 전단되려고 할 때를 단전단 또는 1면전단(single shear)이라 하고 전단력을 P, 리벳의 단면적을 A, 전단응력을 τ, 리벳의 지름을 d라 하면 식(5-3)으로부터

$$\tau = \frac{P}{A} = \frac{4P}{\pi d^2} \quad \cdots\cdots (5\text{-}20)$$

그림 5.18(b)에서는 작용면이 2면이기 때문에 복전단 또는 2면전단(double shear)이라 하고

$$\tau = \frac{P}{2A} = \frac{2P}{\pi d^2} \quad \cdots\cdots (5\text{-}21)$$

위 식에서 아는바와 같이 2면전단의 경우는 1면전단 경우 응력의 $\frac{1}{2}$이 되므로 1개의 리벳으로 2배의 하중에 견디는 것이 된다. 1개의 리벳이 전할 수 있는 전단력의 크기 P_{sa}는 허용 전단응력을 τ_a라 할 때 식(5-20), (5-21)로부터

$$\left.\begin{aligned} &\text{1면전단이면 } P_{sa} = \pi d^2 \tau_a / 4 \\ &\text{2면전단이면 } P_{sa} = \pi d^2 \tau_a / 2 \end{aligned}\right\} \quad \cdots\cdots (5\text{-}22)$$

으로 주어지며 이것을 리벳의 허용전단세기(allowable shearing strength)라고 한다. 리벳 이음에서 전단응력은 판의 구멍과 리벳의 주위에 작용하며, 응력의 분포상태는 그림

5.18(c)와 같은 곡선으로 표시되지만, 간단하게 생각하여 일정하게 분포하는 것으로 가정한다. 이러한 응력을 지압응력(bearing stress)이라고 한다. 지금 1개의 리벳이 견딜 수 있는 지압력 P_{ba}는 리벳의 허용 지압응력을 σ_a라고 할 때 식(5-2)를 참조하여

$$P_{ba}=\sigma_a td \quad \cdots\cdots (5\text{-}23)$$

이것을 리벳의 허용지압세기(allowable bearing strength)라고 한다. 또한 리벳에 작용하는 힘을 P라 하면 필요한 리벳의 개수는

$$n=P/P_a \quad \cdots\cdots (5\text{-}24)$$

로 구할 수 있으며, 이 식의 P_a값은 식(5-22), (5-23)의 최소값으로 잡는다.

이 최소값을 리벳의 강도 또는 리벳값(rivet value)이라 하는데, 정조물(精造物)의 이음을 설계할 때는 이 리벳값에 대하여 안전하도록 리벳의 직경이나 수를 결정하여야 한다. 그러나 리벳의 간격이 너무 좁다든가 리벳의 위치가 철판 끝에 너무 가까울 때는 철판 쪽이 오히려 파괴될 우려가 있으므로 주의를 요한다.

【예제 29】

20t의 인장력을 받는 겹이음 리벳에서 지름 22mm의 리벳이 몇 개 필요한가?(단, 판의 두께는 12mm, 리벳의 허용 전단응력은 900kg/cm^2, 허용 지압응력은 1,800kg/cm^{2}로 한다)

풀이 식(5-22), (5-23)에서

$$P_{sa}=\frac{\pi\times 2.2^2}{4}\times 900 \fallingdotseq 3,421\,\text{kg}$$

$$P_{ba}=1,800\times 2.2\times 1.2=4.752\,\text{kg}$$

$$\therefore\ n=\frac{20,000}{3,421}=5.8$$ 즉, 6개가 필요하다.

【예제 30】

그림과 같이 인장판이 전단을 받을 때 리벳의 수는 몇 개가 필요한가?(단, 판의 허용 인장응력 $\sigma_{ta} = 1,200\text{kg/cm}^2$, 리벳의 허용 전단응력 $\tau_a = 800\text{kg/cm}^2$, 리벳의 허용 지압응력 $\sigma_{ba} = 1,600\text{kg/cm}^2$로 한다)

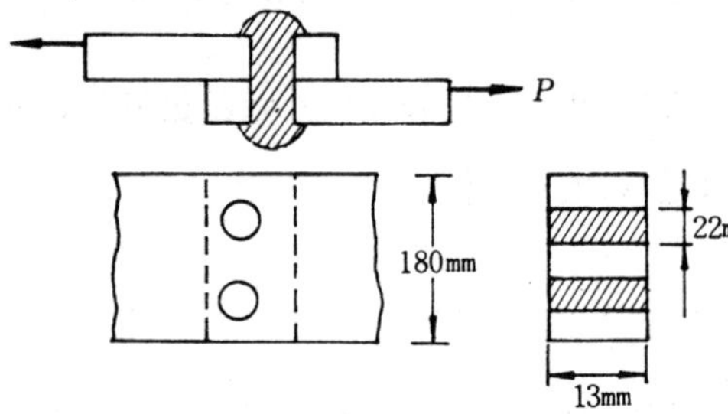

그림 5.19

풀이 (1) 인장판의 순 단면적

$$A = 18\times1.3 - 2.2\times1.3\times2 = 17.68\text{cm}^2$$

$$\sigma_{ta} = \frac{P}{A}$$

$$\therefore\ P = A\times\sigma_{ta} = 17.68\times1,200 = 21,216\,\text{kg}$$

(2) 리벳값 계산

허용전단세기

$$P_{sa} = \tau_a\times\frac{\pi d^2}{4} = 800\times\frac{3.14\times2.2^2}{4} = 3,041\,\text{kg}$$

허용지압세기

$$P_{ba} = dt\sigma_{ba} = 2.2\times1.3\times1,600 = 4,576\,\text{kg}$$

$$\therefore\ n = \frac{P}{P_{sa}} = \frac{21,216}{3,041} \fallingdotseq 7\text{개}$$

2열 배열이므로 시공상 8개를 사용하도록 한다.

연 습 문 제

문 1. 소나무의 압축 허용응력은 $60kg/cm^2$이고, 탄성계수는 $80,000kg/cm^2$라고 한다. 6t의 압축력을 받는 정사각형 소나무 기둥의 1변을 얼마로 하면 좋겠는가? 또, 이 기둥의 길이가 3m라고 하면 얼마나 줄어들겠는가?(단, $E=80,000kg/cm^2$이다)

문 2. 단면 $1cm^2$, 길이 4m의 철봉을 수평으로 놓았는데 온도의 영향으로 1mm가 늘어났다. 이 변형을 없애기 위해서 작용시켜야 할 압축력은 얼마인가?(단, $E=2\times10^6kg/cm^2$로 한다)

문 3. 지름 0.25cm의 철선이 35℃일 때 50kg의 하중으로 인장되어 있다. 그런데 양단이 완전히 고정되어 있다고 하면, 온도가 −30℃로 내려갈 때 양단에서 인장력은 얼마나 작용하는가?(단, 선팽창계수는 12×10^{-6}, $E=21\times10^5kg/cm^2$로 한다)

문 4. 다음 그림에서 $N=100t$의 인장력이 작용하고 있을 때 단면의 인장 응력도가 $f_t=80kg/cm^2$로 되게 단면의 촌수를 결정하라. 또한 $E=70,000kg/cm^2$일 때의 늘어난 길이 Δl을 구하시오.

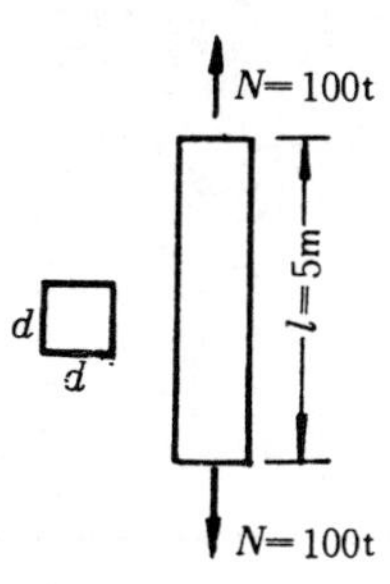

해답 1. $x=10cm$, $\Delta l=0.225cm$ 2. 500kg 3. 130kg 4. $d=36cm$, $\Delta l=0.552cm$

문 5. 1변의 길이 10cm의 정방형 단면을 가진 길이 20cm의 막대에 압축력 20t을 가하였을 때, 막대의 길이가 0.2mm 줄어들고 폭은 0.02mm 커졌다. 이 막대의 영 계수, 포아송 비 및 전단 탄성계수를 구하시오.

문 6. 직경 16mm의 리벳으로 30ton의 인장력을 받는 복전단 이음을 설계하려고 한다. 리벳의 허용 전단응력을 2,720kg/cm²라 할 때 소요 리벳 수를 구하시오.
또한 리벳의 허용 지압응력 σ_{ba}=4,080kg/cm²라 하면 양쪽에 댈 철판 1개의 소요두께는 얼마인가?

문 7. 앞 문제에서 리벳을 그림과 같이 배치하였다. 소요 철판의 폭을 구하시오(단, 철판의 허용인장력 σ_{ta}=1,600kg/cm²이다).

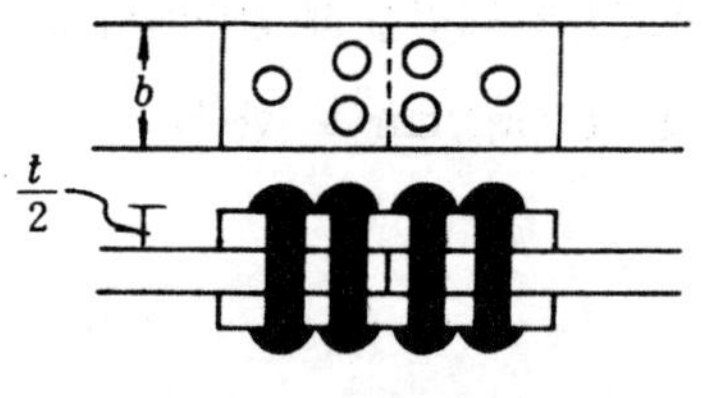

문 8. 3cm×3cm×4.0m의 강봉을 0.1cm 늘리려면 얼마만한 힘으로 잡아당기면 되는가?(단, E=21×10⁵kg/cm²이다)

해답 5. E=200,000kg/cm², ν=0.2, G=83,333kg/cm²　6. 리벳 수는 한쪽에 3개씩 모두 6개이다. 8mm의 철판을 사용하면 된다.　7. b=15cm　8. 4.7(t)

문 9. 어떤 재료에 전단력을 가하여 $\frac{1}{1,200}$ rad의 전단변형도가 생겼다. 이 때의 전단응력이 680kg/cm²였다면 전단 탄성계수를 구하시오.

문 10. 그림에서 $AB=AC$일 경우 단면적을 얼마로 하면 되는가?(단, 재료의 허용 인장응력은 1,000kg/cm²이다)

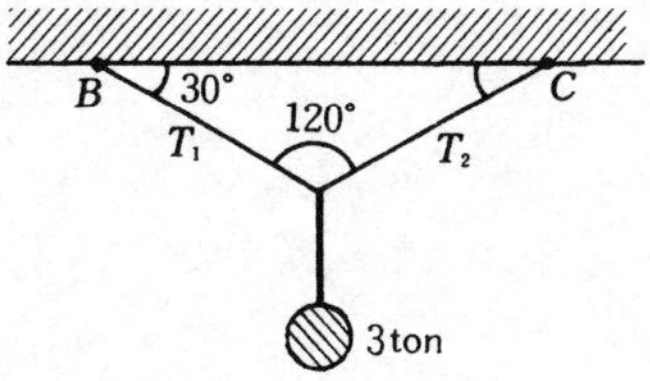

해답 9. $G=816,000\,kg/cm^2$　10. AB, AC 모두 $3cm^2$

제6장

보의 응력과 설계

1. 휨 응력
2. 전단응력
3. 주 응력(principal stress)
4. 보의 최대 응력
5. 임의 단면에 생기는 응력
6. Mohr의 응력도
7. 보의 설계
8. 합성응력을 받는 보의 설계

제6장 보의 응력과 설계

하중이 작용하면 보 내부의 단면력에 저항하기 위해 어떠한 응력이 생기는가를 알아보기로 하자. 즉, 보에서는 축방향력에 의하여 축방향 응력이 생기게 됨과 같이 휨모멘트에 의하여 휨 응력(bending stress), 전단력에 의하여 전단응력(shearing stress)이 생긴다. 또한 휨모멘트와 전단력이 동시에 작용할 때 휨 응력과 전단응력과의 조합에 의하여 주 응력(principal stress)이 생긴다.

1. 휨 응력

보에 하중이 작용하면 휨모멘트에 의하여 그림 6.1과 같이 변형한다. 휨모멘트가 정(+)이면 그림과 같이 어떠한 선 $n-n$을 경계로 하여 보의 상면은 수축되고 하면은 늘어나게 된다. 즉, 그림6.1(b)와 같이 되고 윗면에는 압축 응력도 σ_c가 작용하며 아랫면에는 인장 응력도 σ_t가 작용한다. 이것은 직선적으로 변화한다고 생각하며 중립축 $n-n$에서는 신축이 생기지 않고 응력도는 0이 된다. 휨모멘트를 받는 보의 응력을 구하기 위하여 탄성한도 내에서 응력은 변형률에 비례($\sigma=E\varepsilon$)한다는 Hooke의 법칙이 성립하며, 보의 축에 직각인 단면은 변형 후에도 축에 직각인 평면을 갖는다고 가정하는데 이것을 베르누이(Bernoulli)의 가정이라고 한다.

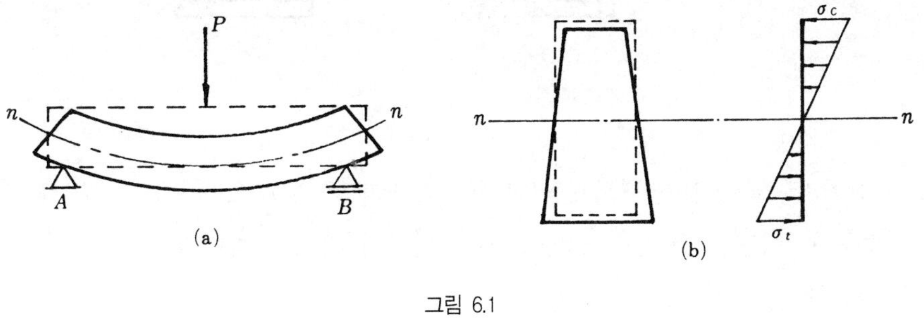

그림 6.1

지금 보의 휨 응력도 σ_c와 σ_t를 구해보도록 하자.

그림 6.1(a)와 같이 하중을 받아서 조금 구부러진 보의 일부를 그림 6.2 (a)와 같이 빼내어 생각한다. □$abcd$가 ⏢ $a'b'c'd'$와 같이 변형한 것이 되고, $\overline{a'b'}$, $\overline{c'd'}$ 면은 점 O에서 교차되고 곡률반지름은 ρ가 된다. 그림 6.2(a)는 계산이 편리하도록 그림6.2 (b)와 같이 생각한다. 중립축에서 y의 거리에 있는 면에서의 변형을 Δdx, 응력도를 σ_x, 이 재료의 탄성계수를 E로 하면 $\Delta dx/dx = y/\rho$이므로

$$\sigma_x = E\varepsilon_x = E\frac{dx}{dx} = E\frac{y}{\rho}$$

보의 축에 작용하는 수평력 $\Sigma H=0$이므로 그림 6.1(b)에서 이 보에 작용하는 휨 응력도 σ_x의 총합은 0이다.

$$\int \sigma_x dA = \int E\frac{y}{\rho}\,dA = \frac{E}{\rho}\int y dA = 0$$

$\int y dA$는 단면 1차모멘트이고, 이것이 0인 것은 $n-n$축이 도심(圖心)을 지나는 것을 의미하고 있다.

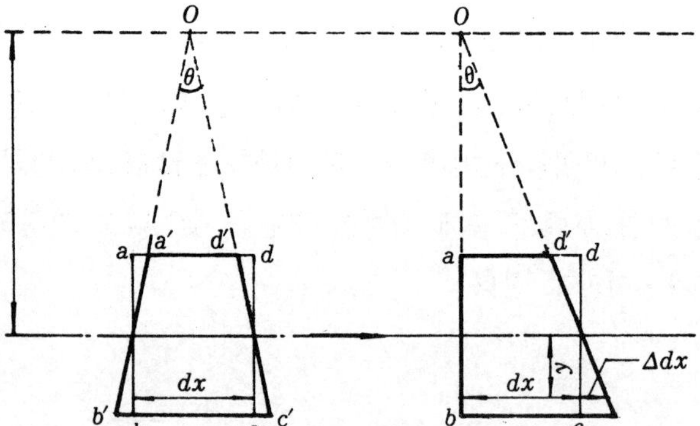

그림 6.2

또 그림 6.3과 같이 휨 응력도에 의하여 우력 모멘트($\Sigma H=0$에서 $C=T$)가 보의 내부에 발생하는데, 이것은 외력의 모멘트 M에 의하여 일어난 것이다.

우력 모멘트를 일반식으로 쓰면

$\int(\sigma_x dA)y$이므로

$$M=\int(\sigma_x dA)y=\int\left(\frac{E}{\rho}ydA\right)y=\frac{E}{\rho}\int y^2dA$$

$\int y^2dA$는 이 단면의 단면 2차모멘트이고 I로 하면

$$M=\frac{EI}{\rho} \quad \therefore \quad \frac{1}{\rho}=\frac{M}{EI}$$

따라서 $\sigma_x=E\frac{y}{\rho}$이므로 $\sigma_x=\frac{M}{I}y=\frac{M}{Z_x}$ .... (6-1)

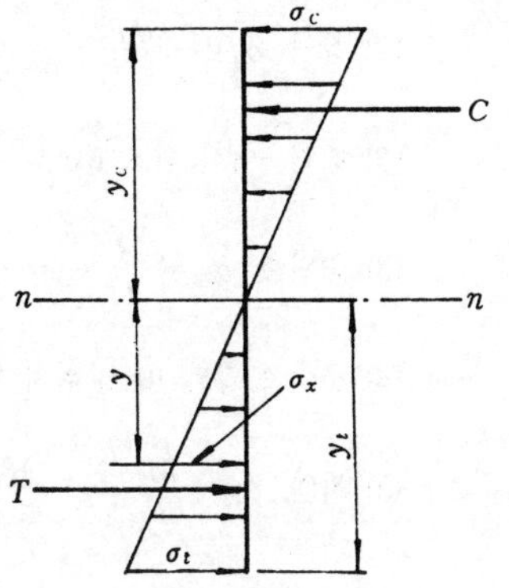

그림 6.3

여기서 Z_x는 중립축에서 y거리의 단면계수이다.

식(6-1)에서 y는 중립축으로부터의 거리를 나타내므로 중립축에서 즉, $y=0$일 때 $\sigma=0$이며, σ는 y에 비례하고 중립축에서 가장 거리가 먼 압축측 끝과 인장측 끝에서 최대 응력 σ_c, σ_t가 발생하며, 응력 분포도는 그림 6.1(b)와 같이 됨을 알 수 있고 압축 응력도는 부(−)로 나타낸다.

$$\left.\begin{aligned}\therefore\ \sigma_c&=-\frac{M}{I}y_c=-\frac{M}{Z_c}\\ \sigma_t&=\frac{M}{I}y_t=\frac{M}{Z_t}\end{aligned}\right\} \quad \cdots\cdots (6\text{-}2)$$

σ_c, σ_t를 연 응력도(extreme fiber stress)라 한다.

【예제 1】

그림과 같은 단면의 장방향 보의 하중과 자중에 의한 휨모멘트가 2t·m일 때 상·하연과 각 10cm 위치마다의 휨 응력도를 구하시오.

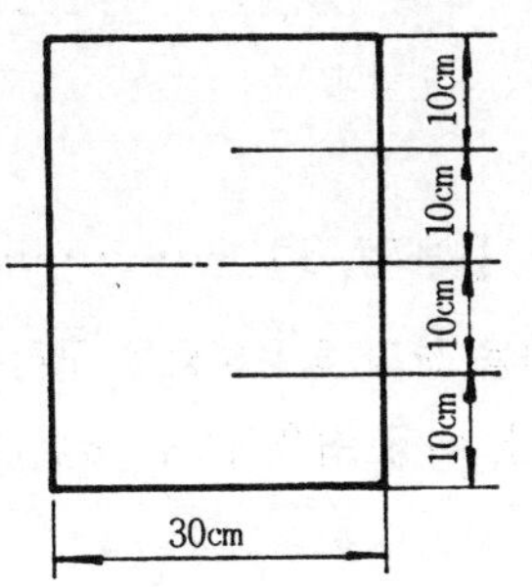

그림 6.4

풀이 $I=\frac{bh^3}{12}=\frac{30\times40^3}{12}=160,000=16\times10^4\ (\text{cm}^4)$

(1) 상연 $\sigma_0 = -\frac{M}{I}y = -\frac{M}{Z} = -\frac{M}{bh^2/6} = -\frac{6M}{bh^2} = \frac{6\times2\times10^5}{30\times40^2} = -25\,\text{kg/cm}^2$

(2) 중립축에서 위로 10cm $\sigma_{10} = -\frac{M}{I}y = -\frac{2\times10^5}{16\times10^4}\times10 = -12.5\,\text{kg/cm}^2$

(3) 중립축 $\sigma_{20} = \frac{M}{I}\cdot y = \frac{2\times10^5}{16\times10^4}\times0 = 0$

(4) 중립축 밑의 10cm 위치 $\sigma_{30} = \frac{M}{I}\cdot y = -\frac{2\times10^5}{16\times10^4}\times10 = 12.5\,\text{kg/cm}^2$

(5) 하연 $\sigma_{40} = \frac{M}{I}\cdot y = \frac{M}{z} = \frac{6M}{bh^2} = \frac{6\times2\times10^5}{30\times40^2} = 25\,\text{kg/cm}^2$

【예제 2】

그림과 같은 중앙점 C의 휨 응력도를 구하고 허용 휨 응력도 σ_a=100kg/cm²로 했을 때의 안전 여부를 검토하시오.

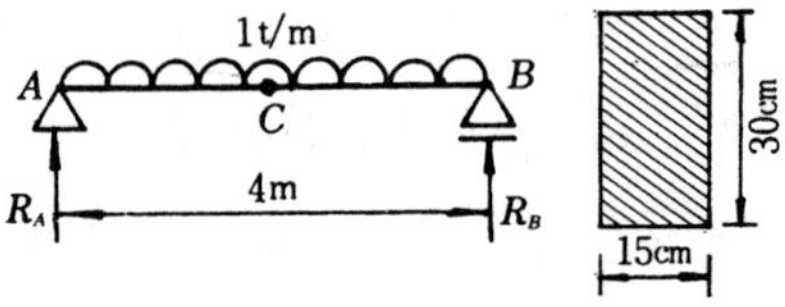

그림 6.5

풀이 $M_{max} = M_c = \frac{wl^2}{8} = \frac{1\times4^2}{8} = 2\,(\text{t}\cdot\text{m})$

b=15cm, h=30cm이므로

$I = \frac{bh^3}{12} = \frac{15\times30^3}{12} = 33,750\,\text{cm}^2$

$y_t = y_c = y = 15\,\text{cm}$ 이므로 $Z_c = Z_t = \frac{33,750}{15} = 2,250\,\text{cm}^3$

$\sigma_{max} = \frac{M_{max}}{Z_c(Z_t)} = \frac{200,000}{2,250} \fallingdotseq 89\text{kg/cm}^2 < \sigma_a = 100\text{kg/cm}^2$

∴ 안전하다.

【예제 3】

다음 보의 허용하중을 구하시오.
(단, 허용 휨응력도는 σ_a=100kg/cm²로 한다)

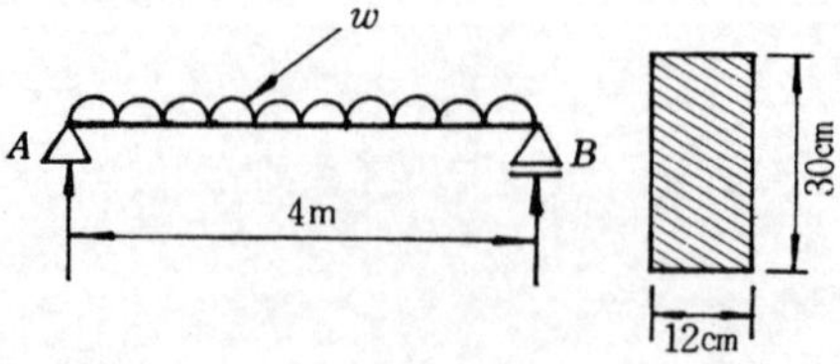

그림 6.6

풀이 보에 생기는 최대 휨모멘트

$$M_{\max}=\frac{wl^2}{8}=w\times\frac{4^2}{8}=2w(\text{t}\cdot\text{m})$$

또한 보의 단면계수는

$$Z=\frac{I}{y}=\frac{\frac{bh^3}{12}}{\frac{h}{2}}=\frac{bh^2}{6}=\frac{12\times30^2}{6}=1,800\,\text{cm}^3$$

$\sigma_a=100\,\text{kg/cm}^2$ 이므로 $M_r=\sigma_a\cdot Z=100\times1,800=18,000\,\text{kg}\cdot\text{cm}=1.8\,(\text{t}\cdot\text{m})$

따라서 허용하중 w는 $2w=1.8$

$\therefore\ w=0.9\,(\text{t}\cdot\text{m})$

【예제 4】

최대 수직응력(연 응력)을 구하시오.

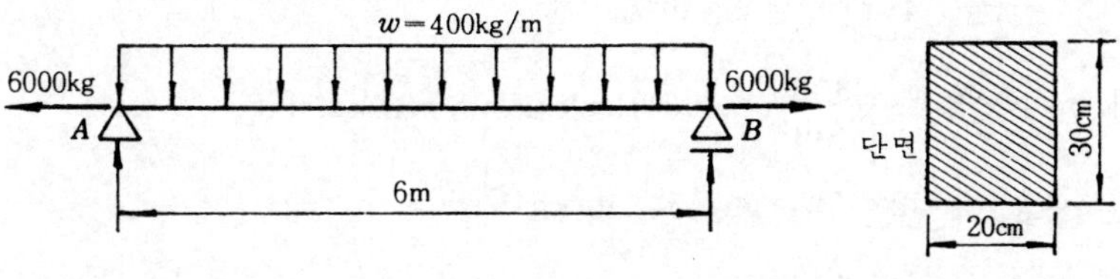

그림 6.7

풀이 이 경우는 축방향력 6,000kg과 w=400kg/m가 동시에 작용하므로 식(5−1)과 (6-2)를 합한 응력으로 계산해야 된다.

$$M_{\max}=\frac{wl^2}{8}=\frac{400\times6^2}{8}=1,8000\,\text{kg}\cdot\text{m}=180,000\text{kg}\cdot\text{cm}$$

$$Z=\frac{bh^2}{6}=\frac{20\times30^2}{6}=3,000\,\text{cm}^3$$

최대 인장응력 $\sigma_t=\frac{P}{A}+\frac{M}{Z}=\frac{6,000}{20\times30}+\frac{180,000}{3,000}=10+60=70\,\text{kg/cm}^2$

또, 압축측의 연 응력 $\sigma_c=\frac{P}{A}-\frac{M}{Z}=10-60=-50\,\text{kg/cm}^2$

【예제 5】

C점 및 D점의 휨 응력은 얼마인가?

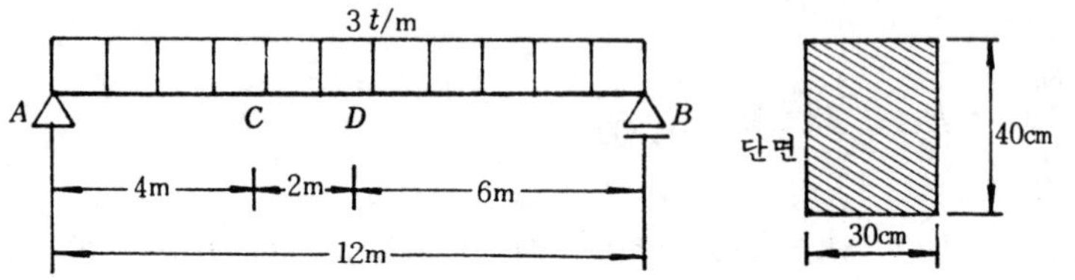

그림 6.8

풀이 $Z=\frac{bh^2}{6}=\frac{30\times40^2}{6}=8,000\,\text{cm}^3$

$R_A=\frac{wl}{2}=\frac{1}{2}\times3\times12=18(\text{t})$

$M_C=18\times4-\frac{3\times4^2}{2}=48(\text{t}\cdot\text{m})=48\times10^5\text{kg}\cdot\text{cm}$

$\therefore$ C점의 $\sigma_c=\frac{-M}{Z}=\frac{-48\times10^5}{8\times10^3}=-600\,\text{kg/cm}^2$, $\sigma_t=600\text{kg/cm}^2$

$M_D=\frac{1}{8}wl^2=\frac{1}{8}\times3\times12^2=54(\text{t}\cdot\text{m})=54\times10^5\text{kg}\cdot\text{cm}$

$\therefore$ D점의 $\sigma_c=\frac{-M}{Z}=\frac{-54\times10^5}{8\times10^3}=-675\,\text{kg/cm}^2$, $\sigma_t=675\text{kg/cm}^2$

【예제 6】

그림과 같은 직사각형 단면보에 최대 휨모멘트 10(t · m)가 작용할 때 σ_{max}을 구하고, 도심축에서 15cm 떨어진 단면에서의 휨 응력 σ를 구하시오.

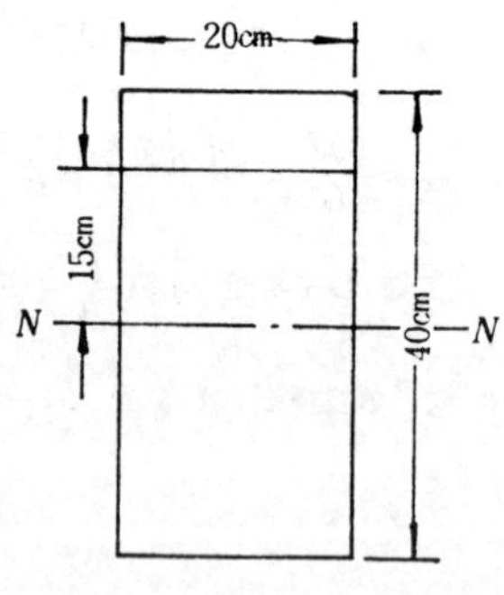

그림 6.9

풀이 $I=\frac{bh^3}{12}=\frac{20\times40^3}{12}=106,667\,\text{cm}^4$, $Z=\frac{bh^2}{6}=\frac{20\times40^2}{6}=5,333\,\text{cm}^3$

(1) $\sigma_{max}=\pm\frac{M}{I}y=\pm\frac{M_{max}}{Z}=\pm\frac{1,000,000}{5,333}=\pm187.5\text{kg/cm}^2$

(2) $\sigma_{15}=-\dfrac{M}{I}y=-\dfrac{1,000,000}{106,667}\times 15=-140.62\,\text{kg/cm}^2$

【예제 7】

그림과 같은 I형 단면의 보가 최대 휨모멘트 M=4.6(t · m)를 받을 때 상연의 휨 응력 σ_c와 하연의 휨 응력 σ_t의 값은 얼마인가? 또한 중립축에서 10cm 떨어진 위치의 휨 응력도도 구하시오.

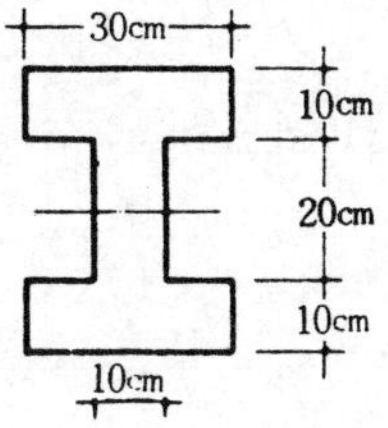

그림 6.10

풀이 $I_n=\dfrac{bh^3}{12}-\dfrac{b_1h_1^{\ 3}}{12}=\dfrac{30\times 40^3}{12}-\dfrac{10\times 20^3}{12}\times 2=146,666.6\,\text{cm}^4$

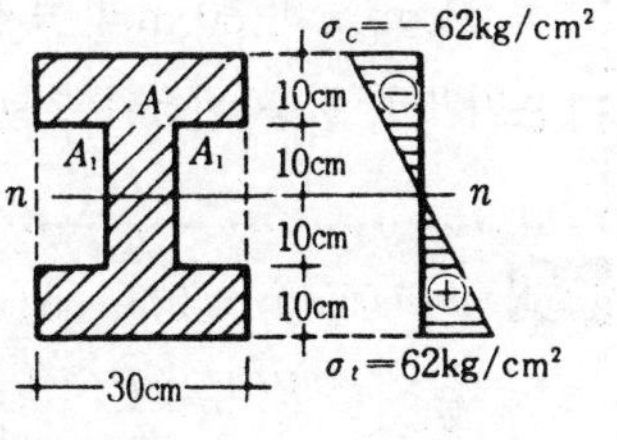

(1) 압축, 인장연까지의 거리

$y_c=y_t=40/2=20\text{cm}$

(2) 휨 응력도

$$\sigma_c=-\frac{M}{I}\cdot y_c=-\frac{4.6\times 10^5}{146,666.6}\times 20=-62.7\,\text{kg/cm}^2$$

$$\sigma_t=\frac{M}{I}\cdot y_t=\frac{4.6\times 10^5}{146,666.6}\times 20=62.7\,\text{kg/cm}^2$$

중립축에서 10cm 떨어진 위치의 휨 응력도를 σ_{10}이라고 하면

$$\sigma_{10}=\pm\frac{M}{I}\cdot y=\pm\frac{M}{bh^3/12}\cdot y=\pm\frac{4.6\times 10^5}{146,666.6}\times 10=\pm 31.36\,\text{kg/cm}^2$$

【예제 8】

그림과 같은 T형 보에 M=58,000kg · cm의 모멘트 하중이 작용할 때 상연의 휨 응력 σ_c와 하연의 휨 응력 σ_t를 구하시오.

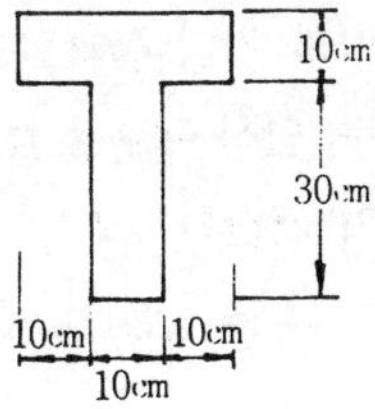

그림 6.11

풀이 (1) 단면적

$A_1=30\times 10=300\,\text{cm}^2,\ \ A_2=10\times 30=300\text{cm}^2$

(2) 중립축

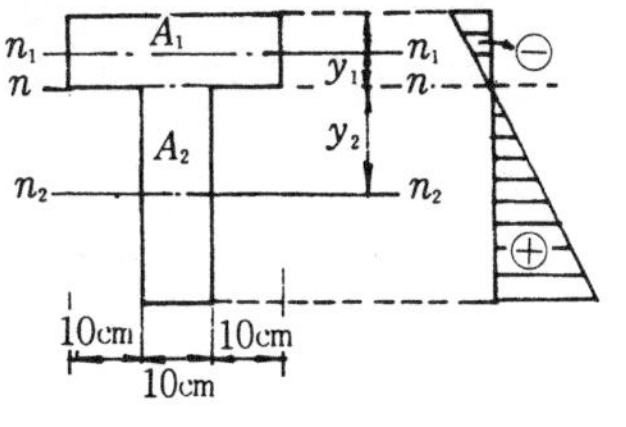

$$y = \frac{A_1y_1 + A_2(2y_1 + y_2)}{A_1 + A_2} = \frac{300\times5 + 300(10+15)}{300+300}$$

$=15$cm(윗변으로부터의 거리)

(3) 단면 2차모멘트

$$I_n = I_{A1} + I_{A2} = \frac{30\times10^3}{12} + 30\times10(15-5)^2 + \frac{10\times30^3}{12} + 10\times30\times10^2 = 85,000\,\text{cm}^4$$

(4) 휨 응력도

$$\sigma_c = -\frac{M}{I}\cdot y_c = -\frac{0.58\times10^5}{85,000}\times15 = -10.23\,\text{kg/cm}^2$$

$$\sigma_t = \frac{M}{I}y_t = \frac{0.58\times10^5}{85,000}\times(40-15) = 17.06\,\text{kg/cm}^2$$

【예제 9】

폭 20cm, 높이 30cm의 목재로서 span 8m의 단순보 중앙에 집중하중을 얼마나 작용시킬 수 있는가?(단, 허용 휨응력은 80kg/cm^2, 단위중량은 600kg/m^{3}로 한다)

풀이 $w = 600\times0.2\times0.3 = 36\ (\text{kg}\cdot\text{m})$

$$M_{\max} = \frac{Pl}{4} + \frac{wl^2}{8} = \frac{8P}{4} + \frac{36\times8^2}{8} = 2P + 288\ (\text{kg}\cdot\text{m})$$

$$Z = \frac{bh^2}{6} = \frac{0.2\times0.3^2}{6} = 0.003\text{m}^3 = 3,000\text{cm}^3$$

$\sigma = \dfrac{M}{Z}$, $M = Z_\sigma$에서 $2P + 288 = 3,000\times80\div100$

$\therefore\ P = 1,056\,\text{kg}$

【예제 10】

그림과 같이 플레이트거더에 180(t · m)의 휨모멘트가 작용할 경우, 안전 여부를 검토하고 얼마까지의 휨모멘트를 받을 수 있는가 계산하시오.

(단, $\sigma_{ca} = 1,300\,\text{kg/cm}^2$, $\sigma_{ta} = 1,400\,\text{kg/cm}^2$)

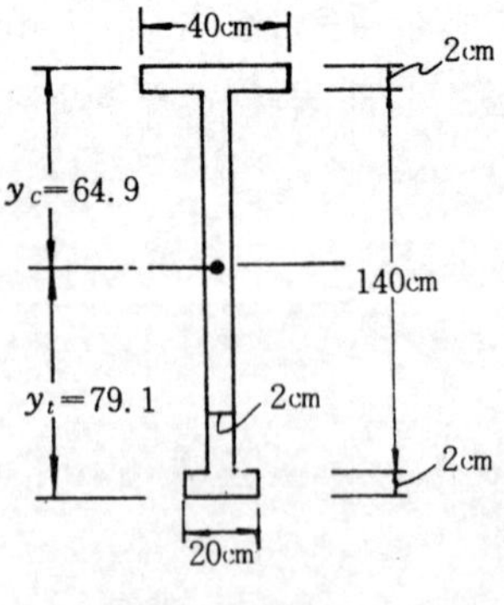

그림 6.12

풀이 (1) 도심의 위치

$$y=\frac{G}{A}=\frac{20\times2\times1+140\times2\times72+40\times2\times143}{20\times2+140\times2+40\times2}=79.1\,\text{cm}\ (\text{밑변으로부터의 거리})$$

(2) 단면 2차모멘트(도심축에 대하여)

$$I_X=I_x+A\cdot y^2=\frac{20\times2^3}{12}+20\times2\times(78.1)^2+\frac{40\times2^3}{12}+40\times2\times(63.9)^2+$$

$$\frac{2\times140^3}{12}+140\times2\times(9.1)^2=1,051,201\,\text{cm}^4$$

(3) 연 응력

$$\sigma_c=\frac{M}{I}y_c=\frac{18,000,000}{1,051,201}\times64.9=1,111.3\,\text{kg/cm}^2<\sigma_{ca}$$

∴ 안전

$$\sigma_t=\frac{M}{I}y_t=\frac{18,000,000}{1,051,201}\times79.1=1,354.5\,\text{kg/cm}^2<\sigma_{ta}$$

∴ 안전

플레이트거더가 받을 수 있는 최대 휨모멘트

$$\sigma=\frac{M}{Z}\ \text{으로부터}\ M_{rt}=\sigma_{ta}\times\frac{I}{y_t}=1,400\times\frac{1,051,201}{79.1}=186\,(\text{t}\cdot\text{m})$$

【예제 11】

I형강을 사용하여 span 5m의 단순보를 만들 때 작용시킬 수 있는 최대 등분포하중은 얼마인가?(단, 단면계수는 1,400cm^3, 단위길이에 대한 중량은 70kg/m, 허용 굽힘응력은 1,400kg/cm^{2}로 한다)

풀이 $M=\sigma\cdot Z=1,400\times1,400=196\times10^4\,\text{kg}\cdot\text{cm}=196\times10^2\,\text{kg}\cdot\text{m}$

$$M=\frac{wl^2}{8}=\frac{w\times5^2}{8}=196\times10^2,\quad w=6,272\,\text{kg/m}$$

따라서 자중을 빼면 6,272−70=6,202kg/m

2. 전단응력

외력의 작용에 의하여 휘게 되는 보의 각 단면에는 일반적으로 휨모멘트와 전단력이 동시에 작용한다.

그림 6.13과 같이 보에 하중이 작용하면 휨모멘트에 의하여 휘게 되는 동시에 전단력이 생겨 그림 6.13(a), (b)와 같이 변형하려는 경향이 생긴다. 즉, 보의 축에 평행 및 수직한 면에 따라 미끄러지려고 하며, 여기에 저항해서 이들 면에 각각 전단응력이 생긴다.

지금 전단력을 받고 있는 휨재의 일부인 그림 6.14와 같은 미소육면체를 생각하고, 여기에

작용하는 수평 전단응력도를 τ로 하면 d인 거리를 갖는 우력 C는

$C=(a\times b\times \tau)\times d$로 되고 회전하게 된다.

이 육면체가 정지되기 위해서는 AC, BD면에 따라 전단응력이 존재해서 반대방향의 우력이 되지 않으면 안 된다. 이 전단응력도를 τ'로 하면 우력의 크기 C'는 $C'=(d\times b\times \tau')\times a$로 되고

$C=C'$에서 $a\times b\times \tau\times d=d\times b\times \tau'\times a \quad \therefore \ \tau=\tau'$

즉, 균형상태에 있는 물체 내의 한 점에 어떤 방향의 전단응력이 작용할 때는 반드시 이와 직교하는 방향에도 전단응력이 존재하며 쌍방의 전단응력도는 서로 같고 평형된다. 전단응력에 관한 공식을 유도해 보면 그림 6.15(a)와 같이 보에서 미소직방체 $abcd$를 잘라내어 생각하는데, 두 변 ad와 bc는 미소거리 dx만큼 떨어져 있고, 또한 축에 직각을 이루는 것으로 하자.

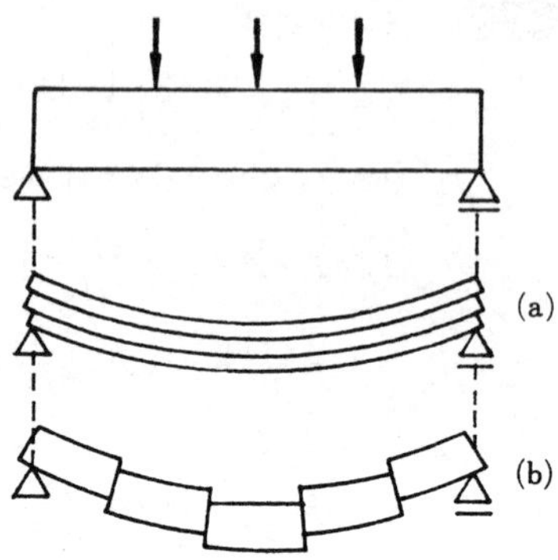

그림 6.13

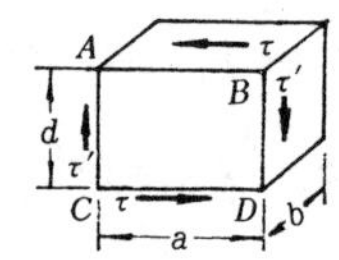

그림 6.14

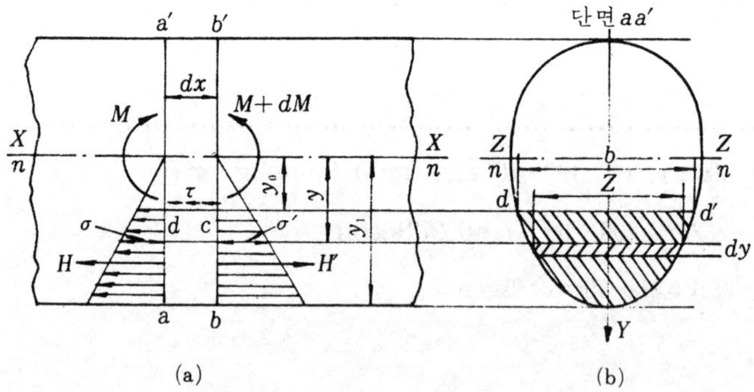

(a) (b)

그림 6.15

이 미소직방체가 균형을 이루기 위해서는 도심축 $X-X$에서 y_0만큼 떨어진 면 cd에 어떠한 전단응력이 생기는가를 알아보기로 한다. 이러한 목적에서 미소직방체 $abcd$에 작용하는 힘의 축방향에서 균형을 생각하는데, 단면 ad와 bc간의 축방향력 크기는 변화가 없는 것으로 보면 축방향력에 의해서 이 단면에 생기는 응력은 크기가 같고 반대방향이므로 축방향력의 영향은 무시할 수 있다.

따라서 단면 ad와 bc에 수직응력의 차가 생기는 것은 이들 단면에 작용하는 굽힘 모멘트의 크기가 다르기 때문이다.

그림 6.15(a)에서 M= 단면 aa'에 작용하는 굽힘 모멘트, σ= 단면 ad상에 도심축 $X-X$에서 y거리에 있는 점에서의 수직응력이라고 하면, 응력관계는 그림 6.15(a)와 같고 식(6-1)에서 $\sigma=\dfrac{M}{I}y$

따라서 단면 ad의 수직응력 σ의 합력 H는

$$H=\int_{y_0}^{y_1}\sigma Zdy=\int_{y_0}^{y_1}\frac{M}{I}yZdy=\frac{M}{I}\int_{y_0}^{y_1}yZdy \qquad \text{(a)}$$

같은 방법으로 단면 bc의 수직응력의 합력 H'는 단면 bb'에 작용하는 굽힘 모멘트를 $M+dM$으로 보아

$$H'=\int_{y_0}^{y_1}\sigma' Zdy=\int_{y_0}^{y_1}\frac{M+dM}{I}yZdy=\frac{M+dM}{I}\int_{y_0}^{y_1}yZdy \qquad \text{(b)}$$

미소직방체가 균형이 되기 위해서는 축방향 분력의 총합은 0이 되어야 한다. 즉, 식(a)와 식(b)의 H와 H'의 차가 cd면의 전단응력의 합 T와 같아야 한다.

따라서 $T=H'-H$ ......(c)

그런데 전단응력 τ가 일어나는 면은 $b\cdot dx$이므로

$$T=\tau bdx \qquad \text{(d)}$$

식(a), (b), (d)를 (c)에 대입하면

$$\tau bdx=\frac{M+dM}{I}\int_{y_0}^{y_1}yZdy-\frac{M}{I}\int_{y_0}^{y_1}yZdy=\frac{dM}{I}\int_{y_0}^{y_1}yZdy$$

$$\therefore\ \tau=\frac{dM}{Ibdx}\int_{y_0}^{y_1}yZdy \qquad \text{(e)}$$

그런데 단면 $a-a'$에 작용하는 전단력 S는

$S=\dfrac{dM}{dx}$ 이므로 식(e)는 다음과 같이 고쳐 쓸 수 있다.

$$\tau = \frac{S}{Ib}\int_{y_0}^{y_1} yZdy \quad \text{(f)}$$

또 이 식에서 우변에 있는 적분값은 그림 6.15(b)에서 빗금 친 부분 즉, 선 $d-d'$로부터 하측 단면의 도심축 $Z-Z$에 대한 단면 1차모멘트이다.

따라서 이 값을 G_z라고 놓으면 식(f)는 다음과 같다.

$$\tau = \frac{S}{Ib}G_z, \quad G_z = \int_{y_0}^{y_1} yZdy \quad \text{(6-3)}$$

이렇게 해서 보의 임의 단면 내의 한 점에 생기는 축방향의 전단응력이 구해졌는데, 축에 직교하는 방향의 전단응력도 이것과 같은 크기가 된다.

전단응력의 분포를 생각해 보면 최소치는 G_z가 최소가 되는 곳 즉, 도심축에서 제일 멀리 떨어진 점에서 일어나며 $y_0 = y_1$

$\therefore\ G_z = 0,\quad I = 0$

τ가 최대로 되는 곳은 단면의 폭이 일정할 때 $y_O = 0$

$\therefore\ G_z \rightarrow \max,\quad \tau \rightarrow \max$로 된다.

전단력이 직접 단면에 작용할 경우 전단응력의 분포는 $\tau = \dfrac{S}{A}$로 균일한 값이 되는데, 보에서의 전단응력 분포는 위에서와 같이 균일하지 않게 된다.

【예제 12】

구형 단면의 보에서 전단응력의 분포상태를 구하시오.

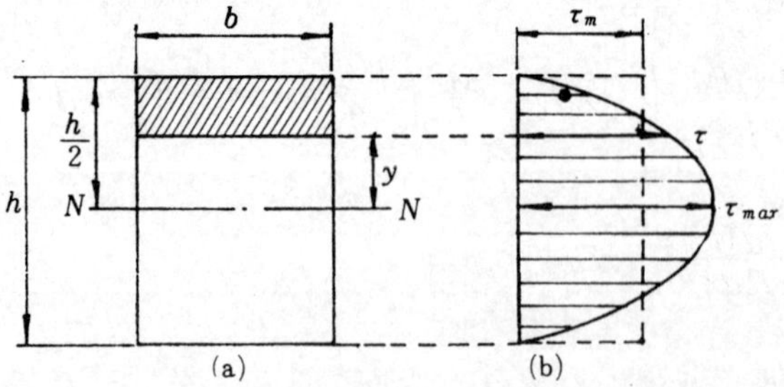

그림 6.16

풀이 $dA = b \cdot dy,\ \ y_2 = \frac{h}{2}$ 이므로

$$G = \int_{y_0}^{y_1} y \cdot dA = \int_{y_0}^{\frac{h}{2}} y \cdot dy = \frac{b}{2}\left(\frac{h^2}{4} - y^2\right)$$

식(6-3)에 의하여

$$\tau = \frac{S}{I \cdot b} \cdot \frac{b}{2}\left(\frac{h^2}{4} - y^2\right) = \frac{S}{2I}\left(\frac{h^2}{4} - y^2\right)$$

전단응력 τ는 y의 크기에 따라 포물선으로 변화하며, $y = \pm\frac{h}{2}$를 대입하면 $\tau = \frac{S}{2I}\left(\frac{h^2}{4} - \frac{h^2}{4}\right) = 0$

$y=0$을 대입하면 $\tau = \frac{S}{2I}\left(\frac{h^2}{4} - 0\right) = \frac{Sh^3}{8I}$ 으로 최대가 된다.

중립축에서는 $I = \frac{bh^3}{12}$ 이고 $y=0$이 되며 최대 전단응력이 생기므로

$$\tau_{\max} = \frac{S \cdot h^2}{8 \cdot \frac{bh^3}{12}} = \frac{3}{2} \cdot \frac{S}{bh}$$

단면의 평균 전단응력을 τ_m이라 하면

$$\tau_m = \frac{S}{bh} \qquad \therefore\ \tau_{\max} = \frac{3}{2}\tau_m = 1.5\tau_m$$

【예제 13】

원형 단면의 최대 전단응력과 전단응력 분포를 구하시오.

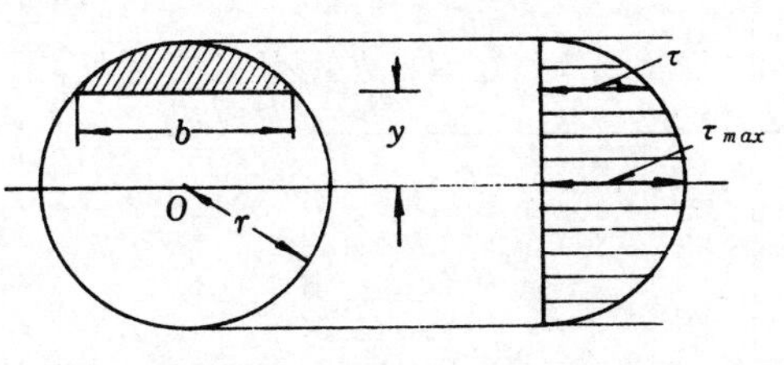

그림 6.17

풀이 $G = \frac{b^3}{12}$ 또는 $\left(\frac{b}{2}\right)^2 + y^2 = r^2 \qquad b^2 = 4(r^2 - y^2)$

$$\tau = \frac{S \cdot G}{I \cdot b} = \frac{S \cdot \frac{b^3}{12}}{I \cdot b} = \frac{S}{I} \cdot \frac{b^2}{12} = \frac{S(r^2 - y^2)}{3I}$$

$y=0$ 즉, 중립축에서 최대가 되므로 위의 식에 대입하여

$$\tau_{\max} = \frac{S \cdot r^2}{3I} = \frac{S \cdot r^2}{3 \cdot \frac{\pi r^4}{4}} = \frac{S \cdot r^2}{\frac{3\pi r^4}{4}} = \frac{4}{3} \cdot \frac{S}{\pi r^2}$$

표 6.1 각 단면의 전단응력 분포

단면	전단응력
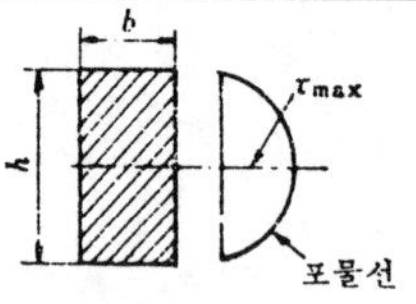	$\tau_{\max}=\frac{3S}{2bh}$, $\tau_{aver}=\frac{S}{bh}$, $\frac{\tau_{\max}}{\tau_{aver}}=\frac{3}{2}$
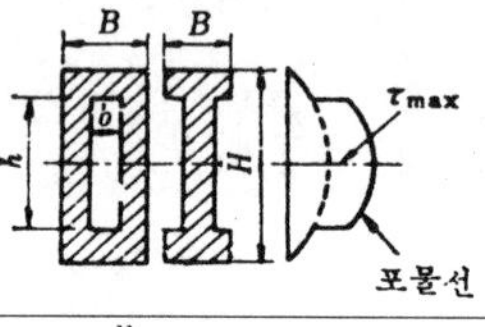	$\tau_{\max}=\frac{(BH^2-bh^2)}{(BH^3-bh^3)(B-b)}\times\frac{3S}{2}$, $\frac{\tau_{\max}}{\tau_{aver}}=\frac{3(BH^2-bh^2)(BH-bh)}{2(BH^3-bh^3)(B-b)}$ $\tau_{aver}=\frac{S}{(BH-bh)}$
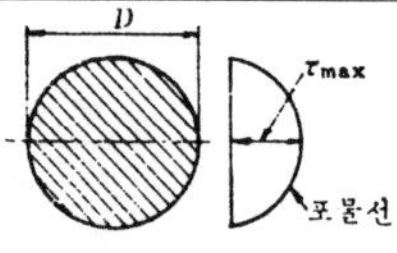	$\tau_{\max}=\frac{3}{4}\times\frac{S}{\pi\gamma^2}$, $\tau_{aver}=\frac{S}{\pi r^2}$, $\frac{\tau_{\max}}{\tau_{aver}}=\frac{4}{3}$
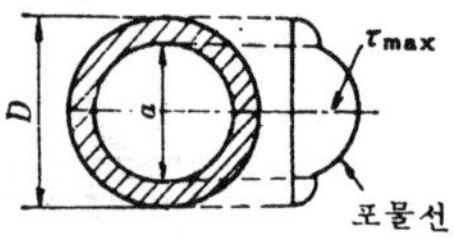	$\tau_{\max}=\frac{16}{3}\times\frac{(D^2+Dd+d^2)}{\pi(D^4-d^4)}$, $\tau_{aver}=\frac{4S}{\pi(D^4-d^4)}$ $\frac{\tau_{\max}}{\tau_{aver}}=\frac{4}{3}\left[1+\frac{Dd}{D^2+d^2}\right]$
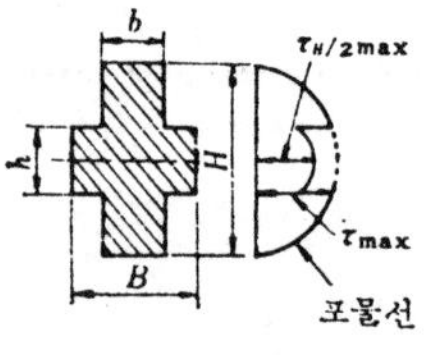	$\tau_{\max}=\frac{3S}{2B}\cdot\frac{bH^3+(B-b)h^2}{bH^3+(B-b)h^3}$ $\tau_{\max}=\frac{H^2-h^2}{bH^3+(B-b)h^3}\frac{\cdot 3S}{2}$ [$y=\frac{h}{2}$ 일 때] $\tau_{aver}=\frac{S}{bH+(B-b)h}$, $\frac{\tau_{\max}}{\tau_{aver}}=\frac{\{bH^2+(B-b)h^2\}\{bH+(B-b)h\}}{B\{bH^3+(B-b)h^3\}}$ $\frac{\tau_{\max}}{\tau_{aver}}=\frac{3}{2}\cdot\frac{(H^2-h^2)\{bH+(B-b)h\}}{bH^3+(B-b)h^3}$ [$y=\frac{h}{2}$ 일 때]
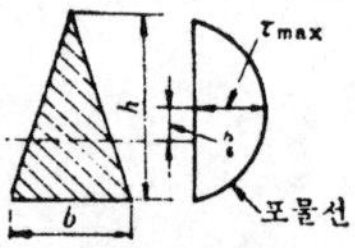	$\tau_{\max}=3\cdot\frac{S}{bh}$ $\tau_{aver}=2\cdot\frac{S}{bh}$, $\frac{\tau_{\max}}{\tau_{acer}}=\frac{3}{2}$
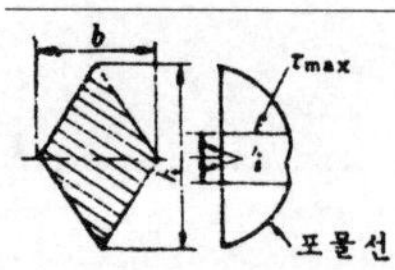	$\tau_{\max}=\frac{9}{4}\cdot\frac{S}{bh}$ $\tau_{aver}=2\cdot\frac{S}{bh}$, $\frac{\tau_{\max}}{\tau_{aver}}=\frac{9}{8}$
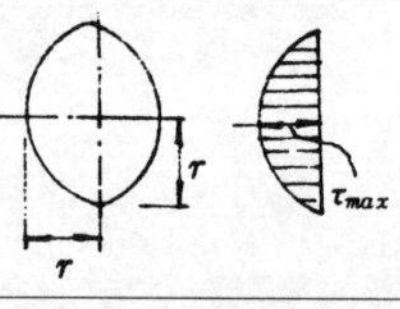	$\tau_{\max}=\frac{4}{3}\times\frac{S}{\pi rr'}$ $\tau_{aver}=\frac{S}{\pi r'r'}$, $\frac{\tau_{\max}}{\tau_{aver}}=\frac{4}{3}$
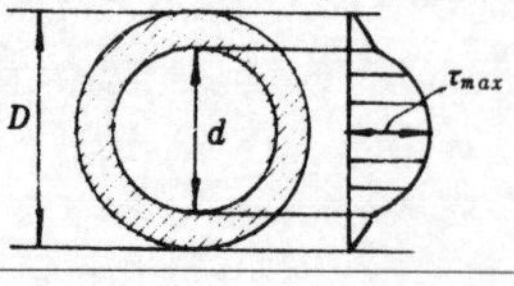	$\tau_{\max}=\frac{16}{3}\times\frac{D^2+Dd+d^2}{\pi(D^4-d^4)}$, $\tau_{aver}=\frac{4S}{\pi}\times\frac{1}{D^2-d^2}$ $\frac{\tau_{\max}}{\tau_{aver}}=\frac{4}{3}\left(1+\frac{Dd}{D^2+d^2}\right)$

【예제 14】

폭 20cm, h=30cm인 구형 단면의 목재들 보에서 S=1.8(t)이 작용할 때 τ_{max}을 구하시오.

풀이 $\tau_{max}=1.5\dfrac{S}{bh}=1.5\times\dfrac{1,800}{20\times30}=4.5\text{kg/cm}^2$

【예제 15】

지간이 3.6m, 단면이 15cm×30cm인 목재로 된 보가 자중을 포함하여 0.9(t·m)의 등분포하중을 받고 있을 때 안전 여부를 검토하시오(단, 목재의 허용 휨응력은 70kg/cm^2, 허용 전단응력은 4.5kg/cm^2이다).

풀이 $M_{max}=\dfrac{wl^2}{8}=\dfrac{0.9\times3.6^2}{8}=1,458\,(\text{t}\cdot\text{m})=145,800\text{kg}\cdot\text{cm}$

$S_{max}=\dfrac{wl}{2}=\dfrac{0.9\times3.6}{2}=1.62\,(\text{t})=1,620\text{kg}$

(1) 휨 응력에 대하여 검토해 보면

$\sigma=\dfrac{M}{Z}$ 에서 $Z=\dfrac{I}{y}=\dfrac{\frac{bh^3}{12}}{\frac{h}{2}}=\dfrac{bh^2}{6}$

$\therefore\ \sigma=\dfrac{6M}{bh^2}=\dfrac{6\times145,800}{15\times30^2}=64.8\text{kg/cm}^2<70\text{kg/cm}^2$ ∴ 안전

(2) 전단응력에 대하여 검토해 보면

$\tau_{max}=1.5\dfrac{S}{A}=\dfrac{1.5\times1,620}{15\times30}=5.4\text{kg/cm}^2>4.5\text{kg/cm}^2$ ∴ 불안전

【예제 16】

S=5t이 작용할 때 상연, 상연에서 5cm, 15cm 및 중립축의 전단응력을 구하시오.

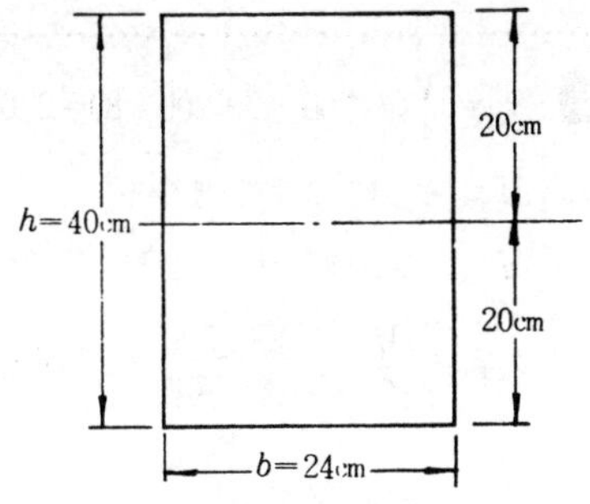

그림 6.18

풀이 $I_{n-n}=\dfrac{bh^3}{12}=\dfrac{24\times40^3}{12}=128,000\,\text{cm}^4$

상연 ; y=20cm의 점 ; G=0(단면적이 없으므로) $\therefore\ \tau=0$

상연에서 5cm ; 중립축으로부터 15cm의 점이므로

y=15cm의 점 ; G=(단면적)×(중립축까지의 거리) $=(24\times5)\times(15+\dfrac{5}{2})=2,100\,\text{cm}^3$

$$\tau=\frac{S\cdot G}{I\cdot b}=\frac{5,000\times2,100}{128,000\times24}=3.42\text{kg/cm}^2$$

상연에서 15cm ; y=5cm의 점 ; $G=(24\times15)\times(5+\dfrac{15}{2})=4,500\,\text{cm}^3$

$$\tau=\frac{S\cdot G}{I\cdot b}=(5,000\times4,500)/(128,000\times24)=7.32\,\text{kg/cm}^2$$

중립축 ; y=0의 점 ; $G=(24\times20)\times\dfrac{20}{2}=4,800\,\text{cm}^3$

$$\tau=\frac{S\cdot G}{I\cdot b}=(5,000\times4,800)/(128,000\times24)=7.81\,\text{kg/cm}^2$$

(중립축은 $\tau=1.5\dfrac{S}{A}$ 로 계산하여도 결과는 마찬가지임)

【예제 17】

단면이 20cm×40cm의 목재 보에 그림과 같은 하중이 작용할 때 σ_{max}와 τ_{max}를 구하시오. (단, 자중은 무시한다)

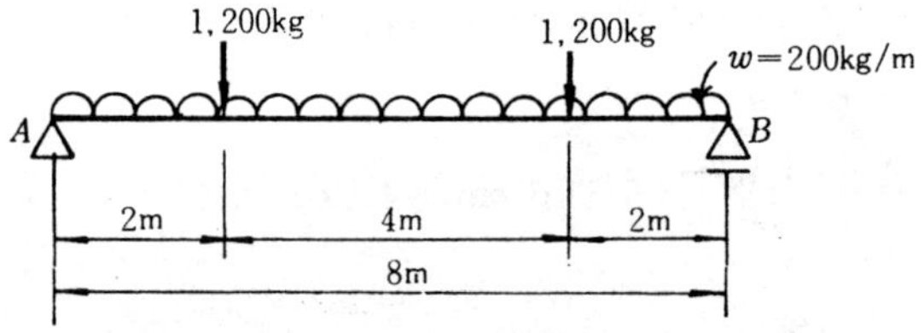

그림 6.19

풀이 $R_A=\dfrac{1}{2}(1,200\times2+200\times8)=2,000\,\text{kg}$

M_{max}은 중앙점에서 생기며

$M_{max}=2,000\times4-1,200\times2-200\times4\times2=4,000\text{kg}\cdot\text{m}=400,000\text{kg}\cdot\text{cm}$

$$\sigma_{max}=\frac{M}{Z}=\frac{400,000}{\dfrac{20\times40^2}{6}}=75\text{kg/cm}^2$$

$S_{max}=R_A=2,000\,\text{kg}$

$$\tau_{max}=\frac{3}{2}\cdot\frac{S}{A}=\frac{3}{2}\times\frac{2,000}{20\times40}=3.75\text{kg/cm}^2$$

【예제 18】

다음과 같은 하중을 받는 구형 보에서 폭이 14cm일 때 높이는 얼마로 해야 되겠는가? (단, 허용 전단응력을 $7kg/cm^2$로 한다)

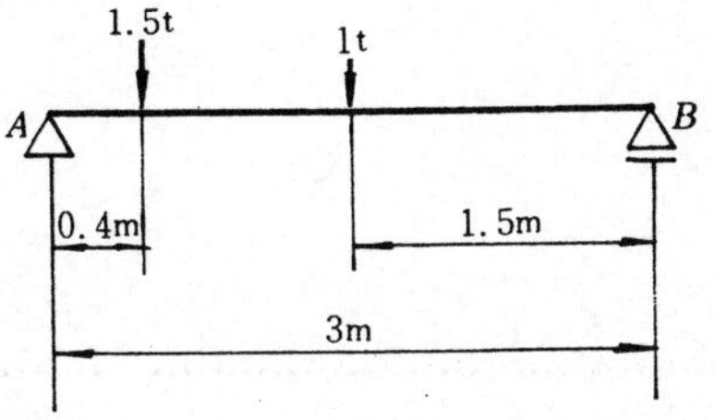

그림 6.20

풀이 S_{max}은 R_A와 같으므로

$$R_A = \frac{1.5 \times 2.6 + 1 \times 1.5}{3} = 1,800\,kg$$

$\tau_{max} \leqq 7kg/cm^2$로 되어야 하므로

$$\frac{3}{2} \times \frac{S}{A} = 7, \quad A = b \cdot h = 14h$$

$$\frac{3}{2} \times \frac{1,800}{14h} = 7, \quad h = 27.6cm$$

$\therefore\ h \fallingdotseq 28cm$

【예제 19】

다음 그림에서 단면의 보가 S=6t을 받을 때 $a-a$ 단면의 전단응력을 구하시오.

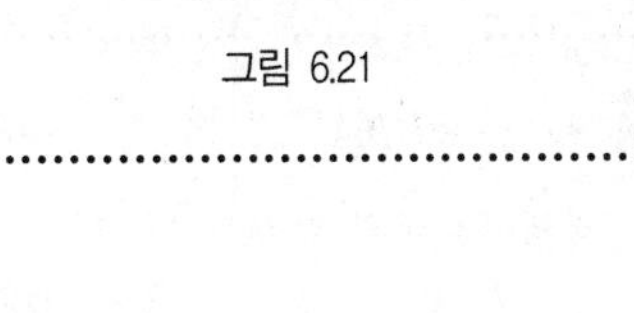

그림 6.21

풀이 $I = \frac{40 \times 60^3}{12} - \frac{30 \times 50^3}{12} = 407,500cm^4$

$G = A \cdot y = 40 \times 5 \times 27.5 = 5,500\,cm^3$

$b_1 = 40cm, \quad b_2 = 5cm + 5cm = 10cm$

$$\tau_1 = \frac{SG}{Ib_1} = \frac{6,000\times5,500}{407,500\times40} = 2.02\,\text{kg/cm}^2$$

$$\tau_2 = \frac{SG}{Ib_2} = \frac{6,000\times5,500}{407,500\times10} = 8.10\,\text{kg/cm}^3$$

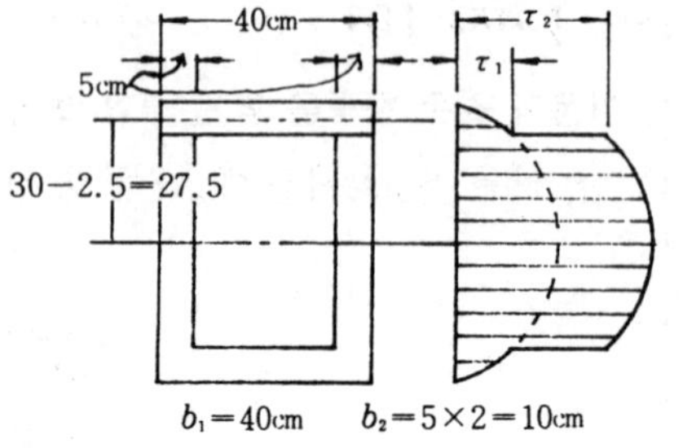

【예제 20】

b=12cm, h=30cm의 구형 보에서 2.4t의 전단력을 받을 때 위 가장자리, 위 가장자리에서 5cm 및 중립축의 전단응력을 구하시오.

풀이 $I_n = \frac{12\times30^3}{12} = 27,000\,\text{cm}^4$

위 가장자리 y=15cm의 전단응력 $\tau_{y=15}$는 $G=0$ 이므로 $\tau_{y=15}=0$ 이다.

위 가장자리에서 5cm 즉, y=10cm의 전단응력 $\tau_{y=10}$은

$$G=(12\times5)\times(10+\frac{5}{2})=750\,\text{cm}^3$$

$$\tau_{y=10} = \frac{S\cdot G}{I\cdot b} = \frac{2,400\times750}{27,000\times12} \fallingdotseq 5.6\,\text{kg/cm}^2$$

중립축 y=0cm의 전단응력 $\tau_{y=0}$은

$$G=(12\times15)\times\frac{15}{2}=1,350\,\text{cm}^3$$

$$\tau_{y=0} = \frac{S\cdot G}{I\cdot b} = \frac{2,400\times1,350}{27,000\times12} = 10\,\text{kg/cm}^2$$

【예제 21】

직경 d=30cm의 원형 단면보에 전단력 S=4t이 작용했을 때 중립축 및 상연에서 5cm 점의 전단응력을 구하시오.

풀이 $I_{n-n} = \pi d^4/64 = \frac{3.14\times30^4}{64} \fallingdotseq 39,741\,\text{cm}^4$

중립축 y=0의 점(예제 13 참조)

$$\tau_{y=0} = \frac{4}{3}\cdot\frac{S}{\pi r^2} = \frac{4\times4,000}{3\times3.14\times15^2} = 7.55\,\text{kg/cm}^2$$

y=10cm 즉, 상연에서 5cm 점

$$\tau_{y=10} = \frac{S(r^2-y^2)}{3I} = \frac{4,000\times(15^2-10^2)}{3\times39,700} = 4.20\,\text{kg/cm}^2$$

【예제 22】

그림과 같은 I형 단면이 8,000kg의 전단력을 받을 때

① web와 flange 사이의 수평 전단응력

② 최대 전단응력도

③ 최소 전단응력도

④ 전단응력 분포도를 구하시오

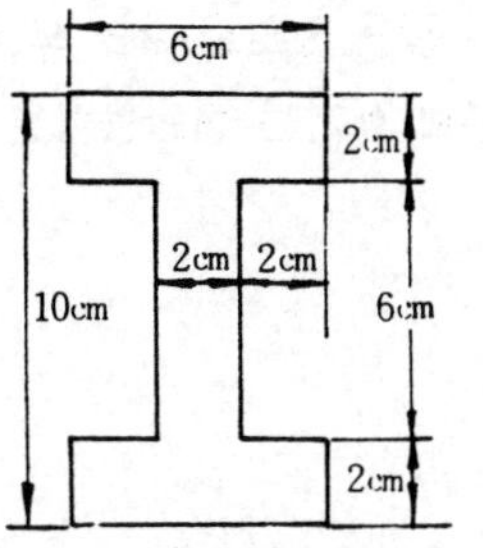

그림 6.22

풀이 $I=\frac{6\times10^3}{12}-\frac{4\times6^3}{12}=428\,\text{cm}^4$

$G=(6\times2)\times(3+1)=48\text{cm}^3$(중립축에 대한 단면 1차모멘트)

① $\tau=\frac{S\cdot G}{I\cdot b}=\frac{8,000\times48}{428\times6}=149.5\,\text{kg/cm}^2$

$\tau'=\frac{S\cdot G}{I\cdot b}=\frac{8,000\times48}{428\times2}=448.6\,\text{kg/cm}^2$(여기서 $b=2$는 단면과 연결된 부분을 말함)

② $\tau_{\max}$은 중립축에서 생긴다.

$G=(6\times2)\times4+(2\times3)\times1.5=57\,\text{cm}^3$

$\therefore\ \tau_{\max}=\frac{S\cdot G}{I\cdot b}=\frac{8,000\times57}{428\times2}=532.7\,\text{kg/cm}^2$

③ $\tau_{\max}$은 상·하 양갓이며 0이다.

④ 전단응력 분포도

【예제 23】

그림과 같은 단면을 갖는 보에서 전단력이 5,000kg일 때 *a*, *b* 이음부에 생기는 전단응력을 구하시오.

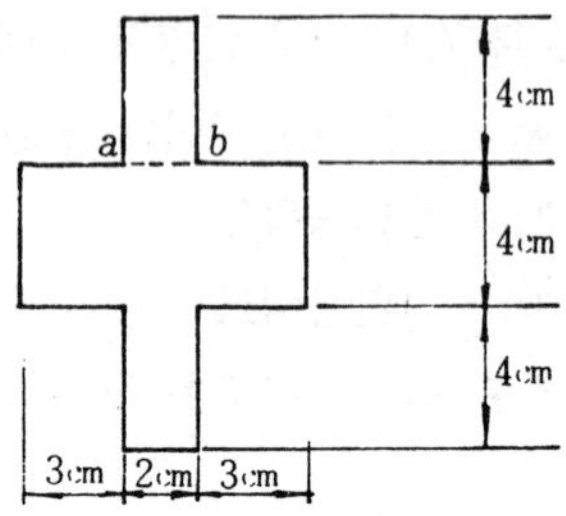

그림 6.23

풀이

$$I=\frac{2\times 12^3}{12}+\frac{3\times 4^3}{12}\times 2=320$$

$$G=Ay=4\times 2\times (2+2)=32$$

$$\tau=\frac{S\cdot G}{I\cdot b}=\frac{5,000\times 32}{320\times 2}=250\,\mathrm{kg/cm^2}$$

3. 주 응력(principal stress)

보를 설계할 때 보에 작용하는 최대 휨모멘트를 구하고 이 휨모멘트에 대하여 단면을 결정하며 전단력에 대해서도 안전성을 검토하였다. 그러나 외팔 보 및 짧은 스팬의 보에 있어서는 최대 휨모멘트와 최대 전단력이 동시에 작용하기도 하고, 또 휨모멘트보다 큰 전단력이 작용한다. 이 경우에는 휨 응력과 전단응력으로 합성된 응력인 주 응력을 고려하게 된다.

다시 말하면, 보의 임의 단면에는 이 단면에 수직한 방향으로 휨 응력과 전단응력이 생기는데, 보의 축과 임의의 경사를 가진 단면에는 이 두 수직응력의 합성응력을 받게 되며, 이 임의의 단면 가운데 전단응력이 0으로 되는 단면을 주 응력면이라 하고, 그 면에 작용하는 수직응력을 주 응력이라 한다.

그림 6.24에서와 같이 하중작용 하에 응력을 일으키고 있는 물체 내에 직각좌표 *XOY*를 취하여, 이 축에 평행한 $\overline{AB}$와 $\overline{AC}$를 두 변으로 하는 미소삼각형판 *ABC*를 생각해 보기로 한다.

지금 변 *AB*, *AC* 위의 응력 σ_x, σ_y, τ_{xy} 를 알고 있을 때 남은 한 변 *BC* 위의 응력 σ', τ' 은 어떻게 되는가 구해

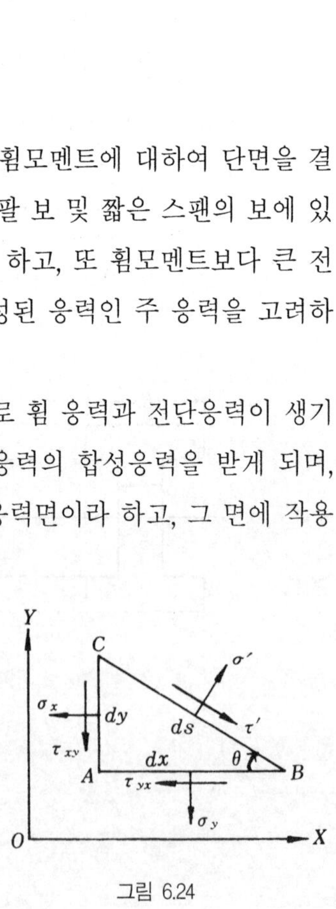

그림 6.24

보도록 한다.

$\triangle ABC$의 두께를 ds라 하고 균형조건을 적용하면 $\Sigma H=0$에서

$$\sigma' ds \sin\theta + \tau' ds \cos\theta - \tau_x dy - \tau_{xy} dx = 0 \quad \cdots\cdots\cdots (a)$$

$\Sigma V=0$에서

$$\sigma' ds \cos\theta - \tau' ds \sin\theta - \sigma_y dx - \tau_{xy} dy = 0 \quad \cdots\cdots\cdots (b)$$

그림 6.24에서 $ds\cos\theta = dx$, $ds\sin\theta = dy$의 관계이므로

$$\left.\begin{aligned} \sigma' &= \sigma_x \sin^2\theta + \sigma_y \cos^2\theta + 2\tau_{xy} \sin\theta\cos\theta \\ \tau' &= (\sigma_x - \sigma_y)\sin\theta\cos\theta + \tau_{xy}(\cos^2\theta - \sin^2\theta) \end{aligned}\right\} \cdots\cdots\cdots (c)$$

식(c)는 다음과 같이 표시하기도 한다.

$$\left.\begin{aligned} \sigma' &= \frac{\sigma_x + \sigma_y}{2} + \frac{\sigma_y - \sigma_x}{2}\cos 2\theta + \tau_{xy}\sin 2\theta \\ \tau' &= \frac{\sigma_x - \sigma_y}{2}\sin 2\theta + \tau_{xy}\cos 2\theta \end{aligned}\right\} \cdots\cdots\cdots (d)$$

여기서 $\triangle ABC$는 미소삼각형판이므로 변 BC는 점 A를 포함한다고 보아도 좋다. 다시 말해서 물체 내의 1점을 지나는 임의의 경사 θ를 이룬 면에서 응력이 구해진 것이다. 식(d)의 첫째 식에서 σ'의 극치를 구하기 위해 $d\sigma'/d\theta=0$으로 놓으면

$$\frac{d\sigma'}{d\theta} = -\frac{\sigma_y - \sigma_x}{2} 2\sin 2\theta + 2\tau_{xy}\cos 2\theta = 0 \qquad \therefore\ \tan 2\theta_1 = \frac{2\tau_{xy}}{\sigma_y - \sigma_x}$$

$$\theta_1 = \frac{1}{2}\tan^{-1}\frac{2\tau_{xy}}{\sigma_y - \sigma_x} + n\frac{\pi}{2}\ (n : \text{정수}) \quad \cdots\cdots\cdots (6\text{-}4)$$

주 응력면은 식(6-4)에 의하여 구할 수가 있다.

이 식은 식(d)에서 $\tau'=0$으로 한 것과 같은 결과가 되었다. 즉, 수직응력 σ'가 최대 또는 최소가 되는 면에서는 전단응력 τ'가 0이 되고, 이러한 단면은 X축과 위 식의 각 θ를 만들어 2개가 존재하며 서로 직교한다는 것을 알 수 있다. 이와 같이 전단응력이 0이 되는 면을 주 응력면(principal plane), 이 면에 작용하는 수직응력을 주 응력(principal stress)

이라 하고, 주 응력면의 방향에 있는 축을 주축(principal axis)이라고 한다.

주 응력을 σ'_{max} σ'_{min}으로 하고 그 크기는 식(6-4)를 식(d)의 첫 번째 식에 대입하면 구할 수 있다.

$$\left.\begin{aligned}\sigma'_{max} &= \frac{\sigma_x+\sigma_y}{2}+\frac{1}{2}\sqrt{(\sigma_y-\sigma_x)^2+4\tau_{xy}{}^2}\\ \sigma'_{min} &= \frac{\sigma_x+\sigma_y}{2}-\frac{1}{2}\sqrt{(\sigma_y-\sigma_x)^2+4\tau_{xy}{}^2}\end{aligned}\right\} \quad \cdots\cdots (6\text{-}5)$$

식(6-5)는 주 응력의 크기를 구하는 식이다.

또한 같은 방법으로 식(d)의 제2식으로 주어지는 τ'의 극치를 구하기 위하여 $d\tau'/d\theta=0$으로 하면

$$\frac{d\tau'}{d\theta}=\frac{\sigma_x-\sigma_y}{2}2\cos2\theta-2\tau_{xy}\sin2\theta=0 \qquad \therefore\ \tan2\theta_2=\frac{\sigma_x-\sigma_y}{2\tau_{xy}}$$

$$\theta_2=\frac{1}{2}\tan^{-1}\frac{\sigma_x-\sigma_y}{2\tau_{xy}}+n\frac{\pi}{2}\ (n:\text{정수}) \quad \cdots\cdots (6\text{-}6)$$

여기에서도 τ'가 최대 또는 최소로 되는 면은 서로 직교되는 2면이 존재한다는 것을 알 수 있다.

또한 식(6-4)와 식(6-6)의 $\tan2\theta$를 서로 곱하면 -1이 되어서 이들 2θ는 서로 $\frac{\pi}{2}=90°$를 이루고 있음을 알 수 있다.

즉, $\tan2\theta_1\cdot\tan2\theta_2=-1 \qquad \therefore\ \tan2\theta_1=-\cot2\theta_2$

그런데 $\tan(90°+\theta)=-\cot\theta$의 공식을 적용하면

$$90°+2\theta_1=2\theta_2 \qquad \therefore\ \theta_2=\theta_1+45°$$

따라서 σ'가 극치가 되는 면과 τ'가 극치가 되는 면은 45°의 각을 이루게 된다. 이 전단력이 극치로 되는 면을 주 전단응력면(principal shearing stress plane)이라 하고, 이 면에 작용하는 전단응력을 주 전단응력(principal shearing stress)이라고 한다.

또한 주 응력면에서 전단응력은 0이지만 주 전단응력면에서는 수직 응력 σ'가 반드시 0이 되지는 않는다.

주 전단응력을 τ'_{max}, τ'_{min}으로 하면 식(6-6)을 식(d)의 둘째 식에 대입하여

$$\left.\begin{aligned}\tau'_{\max}&=\frac{1}{2}\sqrt{(\sigma_x-\sigma_y)^2+4\tau_{xy}{}^2}\\ \tau'_{\min}&=-\frac{1}{2}\sqrt{(\sigma_x-\sigma_y)^2+4\tau_{xy}{}^2}\end{aligned}\right\}\cdots\cdots(6\text{-}7)$$

식(6-7)은 주 전단응력의 크기를 구하는 식이며 이 식에서 보면 2개의 주 전단응력은 절대값이 같고 부호만을 서로 반대로 하고 있음을 알 수 있다.

주 응력의 계산은

① 지간이 짧은 보에서 휨모멘트가 작고 전단력이 큰 경우

② 캔틸레버의 지점에서 전단력과 휨모멘트의 최대값이 동시에 생길 경우

③ I형 단면의 보에서 플랜지와 웨브의 경계면에 생기는 주 응력이 연 응력보다 클 경우

④ 기타 스팬이 작고 단면이 큰 부재의 섬유방향의 전단응력 또는 철근 콘크리트 보에서 사인장 응력에 의한 파괴의 위험이 있는 경우 등에 필요하다.

【예제 24】

어떤 단면에서 σ_y=500kg/cm², σ_x=300kg/cm², τ_{xy}=75kg/cm²일 때 두 주 응력의 크기와 방향을 구하여라.

풀이 식(6-5)로부터

$$\sigma_{\max}=\frac{\sigma_x+\sigma_y}{2}+\frac{1}{2}\sqrt{(\sigma_y-\sigma_x)^2+4\tau_{xy}{}^2}$$

$$=\frac{300+500}{2}+\frac{1}{2}\sqrt{(500-300)^2+4\times75^2}=400+125=525\,\text{kg/cm}^2$$

$$\sigma_{\min}=\frac{\sigma_x+\sigma_y}{2}-\frac{1}{2}\sqrt{(\sigma_y-\sigma_x)^2+4\tau_{xy}{}^2}=400-125=275\,\text{kg/cm}^2$$

주 응력의 방향은 식(6-4)에 의하여

$$\tan 2\theta=\frac{2\tau_{xy}}{\sigma_y-\sigma_x}=\frac{2\times75}{500-300}=0.75$$

$2\theta=143°07'$, $\theta=71°33'$

【예제 25】

지름 4cm의 원형 단면의 짧은 기둥이 3,140kg의 압축하중을 받을 때 기둥 내부에 생기는 최대 전단응력 값을 구하시오.

풀이 $\sigma = \dfrac{P}{A} = \dfrac{3,140}{\dfrac{3.14 \times 4^2}{4}} = 250\,\text{kg/cm}^2$

식(5-5)에서 $\tau = \dfrac{\sigma}{2}\sin 2\theta$이므로 $\theta = 45°$일 때, 최대 전단응력이 생기며 $\sin 2\theta = 1$이다.

$\therefore\ \tau_{\max} = \dfrac{1}{2} \times 250 = 125\,\text{kg/cm}^2$

4. 보의 최대 응력

보의 축에 직각 방향으로 외력이 작용하면 축에 직각인 단면에는 휨 응력 σ가 생기고, 전단응력 τ가 동시에 작용한다. 앞 절의 식(6-4)와 식(6-6)에서 알 수 있듯이 이 경우에는

$$\sigma_x = \sigma,\ \sigma_y = 0,\ \tau = \tau \quad \cdots\cdots (a)$$

의 관계가 성립한다.

즉, X축에 평행한 면에서는 전단응력 τ가 생기지만 휨 응력은 일어나지 않는다.

식(6-4), (6-5)에 (a)의 관계를 대입하여

$$\left.\begin{aligned} &\tan 2\theta_1 = -\frac{2\tau}{\sigma} \\ &S_{n\cdot\max} = \frac{\sigma}{2} + \frac{1}{2}\sqrt{\sigma^2 + 4\tau^2} > 0 \\ &\sigma_{n\cdot\min} = \frac{\sigma}{2} - \frac{1}{2}\sqrt{\sigma^2 + 4\tau^2} < 0 \end{aligned}\right\} \quad \cdots\cdots (6\text{-}8)$$

또, 식(6-6), (6-7)에 (a)의 관계를 대입하면

$$\left.\begin{aligned} &\tan 2\theta_2 = \frac{\sigma}{2\tau} \\ &\tau_{\max} = \frac{1}{2}\sqrt{\sigma^2 + 4\tau^2} > 0 \\ &\tau_{\min} = -\frac{1}{2}\sqrt{\sigma^2 + 4\tau^2} < 0 \end{aligned}\right\} \quad \cdots\cdots (6\text{-}9)$$

여기서 $\sigma_{\min}$은 압축응력, $\sigma_{\max}$은 인장응력을 뜻한다.

이상의 결과를 정리하여 보면, 수직응력은 중립축에서 거리가 제일 먼 곳에서 최대로 되며, 전단응력 τ는 0이 된다.

최대 인장응력 $\sigma_{nmax} = \sigma_t$, $\theta = 90°$ 일 때

최대 압축응력 $\sigma_{nmin}=\sigma_c$, $\theta=-90°$ 일 때

즉, 여러 경사면을 가진 단면의 응력들 중에서 최대의 것은 축과 직각인 단면의 가선에서 생긴다.

중립축에 가까워질수록 σ_n는 점차 줄어 중립축에서 $\sigma_n=0$ 이고, 반대로 τ는 점점 증가하여 $\tau_{\max}$ 이 된다.

중립축에 직각인 단면에서는 $\sigma_n=0$이지만 중립축과 $\pm 45°$ 의 경사단면에서는 인장응력이 다음과 같이 생긴다.

중립축에서의 최대 인장응력 $\sigma_{tmax}=\tau_{\max}$, $\theta=45°$

중립축에서의 최대 압축응력 $\sigma_{cmax}=-\tau_{\max}$, $\theta=45°$

최대 전단응력은 중립축에서 $\sigma_n=0$, $\tau=\tau_{\max}$, $\theta=0$ 일 때이지만 중립축과 $\pm 45°$ 되는 단면에서는 다음과 같다.

인장측 표면의 최대 전단응력 $\tau_{\max}=\dfrac{\sigma_t}{2}$, $\theta=45°$

압축측 표면의 최대 전단응력 $\tau_{\min}=\dfrac{\sigma_c}{2}$, $\theta=-45°(135°)$

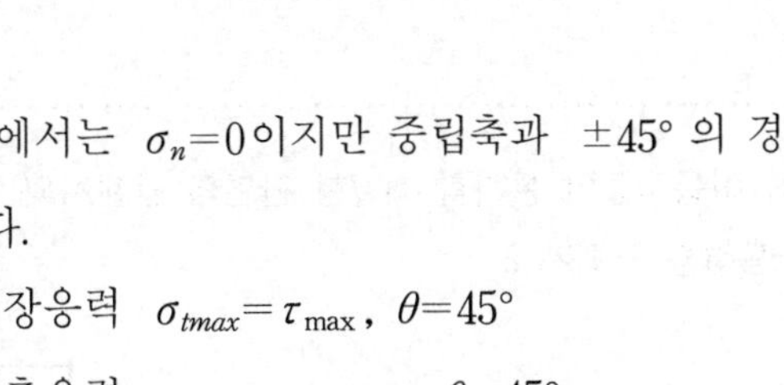

그림 6.25

지금 단순보에 등분포 하중이 작용할 때 보는 횡단면에 있어서 각 점의 주 응력면의 경사를 구하여 이를 연결하면 그림 6.25와 같이 된다. 이것을 주 응력선(principal stress line)이라고 한다. 이 때 실선과 직각방향에 최대의 압축응력, 파선과 직각방향에 최대의 인장응력이 생긴다.

그림 6.25.1과 같이 절곡철근(bent-up bar)을 45°로 휘어서 쓰는 이유도 이 주 응력을 응용한 것으로, 단순보에서는 중앙에서 지점에 가까이 갈수록 굽힘 모멘트 M은 감소하고 전단력 S는 증가하므로 지점 부근에서는 주 응력은 연 응력으로서 0에 가까우나, 중립축

에서 주 응력은 최대 전단응력과 같고 45°의 경사면에서 생긴다. 이것을 사인장력(diagonal tension)이라고 한다. 콘크리트는 인장에 대단히 약하므로 사인장력이 생기는 방향에 절곡철근을 넣는 것이다.

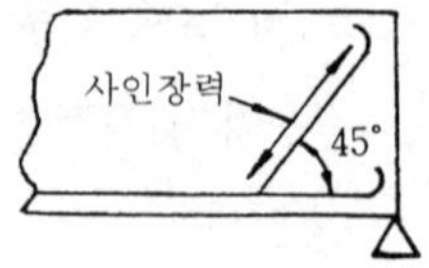

그림 6.25.1

【예제 26】

다음과 같은 I형 단면에 이동하중이 통과할 때 I형 단면의 플랜지와 웨브 사이에 생기는 최대 주응력과 최대 주 전단응력을 구하시오.

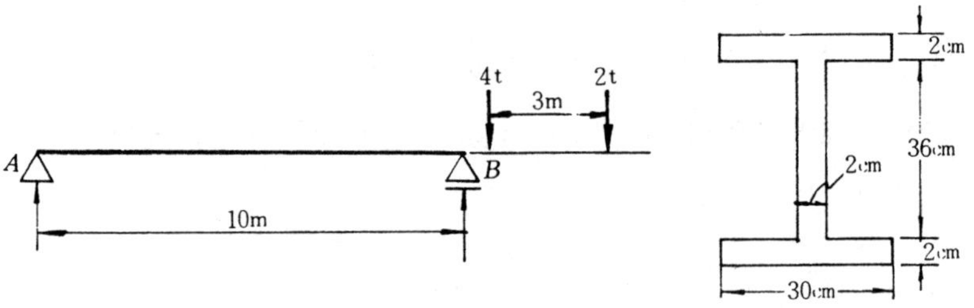

그림 6.26

풀이 최대 주응력은 식(6-8)에 의하여

$\sigma_{max} = \frac{\sigma}{2} + \frac{1}{2}\sqrt{\sigma^2 + 4\tau^2}$ 에서 σ와 τ를 먼저 구해야 한다.

$\sigma = \frac{M}{I}y$에서 $I = \frac{30 \times 40^3}{12} - \frac{28 \times 36^3}{12} = 51.136\,\text{cm}^4$

절대 최대 휨모멘트는 오른쪽 그림 (a)와 같은 경우에 일어나며

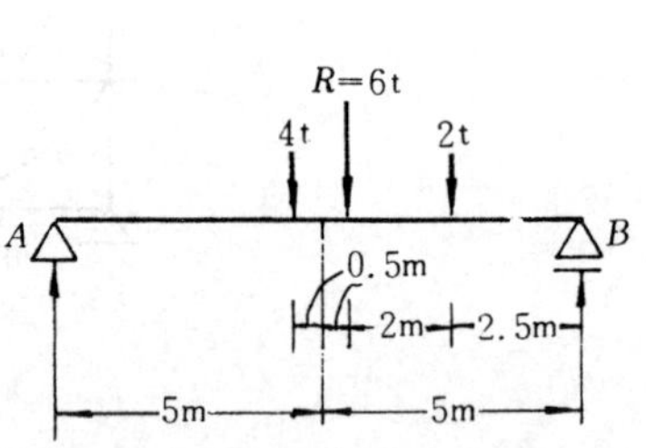

(a)

$R_A = \frac{4 \times 5.5 + 2 \times 2.5}{10} = 2.7$

$M_{absmax} = R_A \times 4.5 = 2.7 \times 4.5$

$= 12.15\,(\text{t} \cdot \text{m}) = 1{,}215{,}000\text{kg} \cdot \text{cm}$

따라서, 플랜지와 웨브 사이의 휨 응력은

$\sigma = \frac{M}{I}y = \frac{1{,}215{,}000}{51{,}136} \times 18 = 428\,\text{kg/cm}^2$

다음에 τ를 구하기 위하여 전단력의 값은 오른쪽 그림 (b)와 같이 4(t)이 A지점에 왔을 때 절대 최대 전단력이 생기며

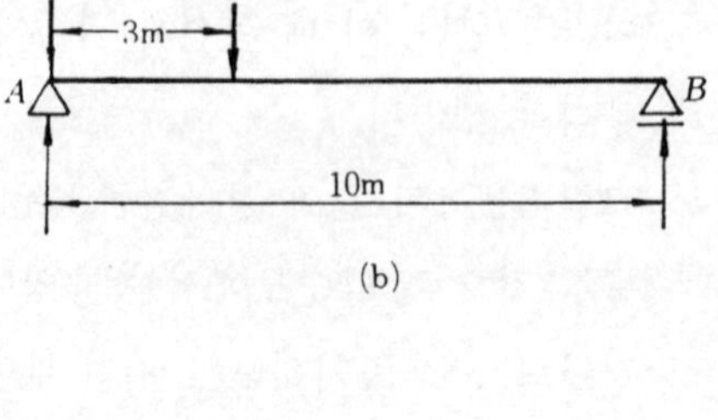

(b)

$R_A = \frac{4 \times 10 + 2 \times 7}{10} = 5.4\text{(t)}$

$S_{absmax} = 5.4\,\text{(t)} = 5{,}400\,\text{kg}$

따라서, 플랜지와 웨브 사이의 최대 전단응력값은

(1) 폭이 30cm일 때

$$\tau_1 = \frac{S}{Ib} \cdot G = \frac{5,400}{51,136 \times 30} \times 30 \times 2 \times 19 = 4\text{kg/cm}^2$$

(2) 폭이 2cm일 때

$$\tau_2 = \frac{S}{Ib} \cdot G = \frac{5,400}{51,136 \times 2} \times 30 \times 2 \times 19 = 60\text{kg/cm}^2$$

$$\therefore\ \sigma_{max} = \frac{\sigma}{2} + \frac{1}{2}\sqrt{\sigma^2 + 4\tau^2} = \frac{428}{2} + \frac{1}{2}\sqrt{428^2 + 4 \times 60^2} = 436\,\text{kg/cm}^2$$

최대 전단응력은 식(6-9)에서

$$\tau_{max} = \frac{1}{2}\sqrt{\sigma^2 + 4\tau^2} = \frac{1}{2}\sqrt{428^2 + 4 \times 60^2} = 222\text{kg/cm}^2$$

5. 임의 단면에 생기는 응력

직육면체의 수직단면에 인장력 P_x와 P_y가 작용했을 때 x방향의 응력을 σ_x, y방향의 응력을 σ_y라 하며 σ_x가 σ_y보다 대수적으로 크다고 가정하고, 그림 6.27(a)에서 보이는 바와 같이 법선 n이 x축과 각 θ를 이루는 경사 평면 ac에 작용하는 응력 상태를 조사해 보기로 하자.

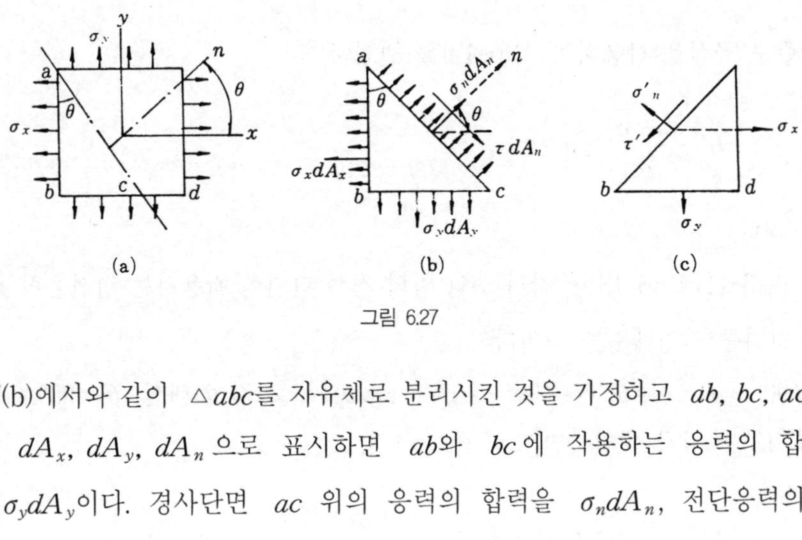

그림 6.27

그림 6.27(b)에서와 같이 $\triangle abc$를 자유체로 분리시킨 것을 가정하고 ab, bc, ac와 면적을 각각 dA_x, dA_y, dA_n으로 표시하면 ab와 bc에 작용하는 응력의 합은 각각 $\sigma_x dA_x$, $\sigma_y dA_y$이다. 경사단면 ac 위의 응력의 합력을 $\sigma_n dA_n$, 전단응력의 합력을 $\tau \cdot dA_n$이라면 이 힘들 사이에는 평형조건이 성립하므로 n방향 힘의 평형조건을 생각하면

$$\sigma_n dA_n = \sigma_x(dA_n \cdot \cos\theta)\cos\theta + \sigma_y(dA_n \cdot \sin\theta)\sin\theta$$

단, $dA_x = dA_n \cdot \cos\theta$, $dA_y = dA_n \cdot \sin\theta$

위 식의 양변을 dA_n으로 나누어

$$\sigma_n = \sigma_x \cos^2\theta + \sigma_y \sin^2\theta \qquad (6\text{-}10)$$

단, $\sin^2\theta = (1-\cos 2\theta)/2$, $\cos^2\theta = (1+\cos 2\theta)/2$ 이므로 식(6-10)을 변형하면

$$\sigma_n = \frac{(\sigma_x + \sigma_y)}{2} + \frac{(\sigma_x - \sigma_y)}{2} \cdot \cos 2\theta \qquad (6\text{-}11)$$

로 된다.

또 그림 6.27(b)에서 *ac* 방향의 힘의 평형조건을 생각하면

$$\tau \cdot dA_n = \sigma_x (dA_n \cdot \cos\theta)\sin\theta - \sigma_y (dA_n \cdot \sin\theta)\cos\theta$$

양변을 dA_n으로 나누어

$$\tau = \sigma_x \cos\theta \cdot \sin\theta - \sigma_y \sin\theta \cdot \cos\theta$$

$$= (\sigma_x - \sigma_y)\sin\theta \cdot \cos\theta \qquad (6\text{-}12)$$

삼각함수 공식을 사용하여 식(6-12)를 변형하면

$$\tau = \frac{\sigma_x - \sigma_y}{2} \sin 2\theta \qquad (6\text{-}13)$$

으로 된다.

위의 식(6-11)과 (6-13)은 각이 θ인 임의 경사 단면에 작용하는 법선응력 σ_n과 전단응력 τ의 크기를 결정해주는 식이다.

$\sin(90° + \theta) = \cos\theta$, $\cos(90° + \theta) = -\sin\theta$이므로 각 θ 대신 $\theta' = 90° + \theta$를 식(6- 11)과 (6-13)에 각각 대입하면[그림 6.27(c) 참조]

$$\sigma_n' = \sigma_x \sin^2\theta + \sigma_y \cos^2\theta = \frac{\sigma_x + \sigma_y}{2} - \frac{\sigma_x - \sigma_y}{2} \cos 2\theta \qquad (6\text{-}14)$$

$$\tau' = -(\sigma_x - \sigma_y)\cos\theta \cdot \sin\theta = -\frac{\sigma_x - \sigma_y}{2} \sin 2\theta \qquad (6\text{-}15)$$

식(6-14), (6-15)는 평면 *ac*와 직교하는 평면 위에 작용하는 법선응력을 나타낸다. 이상의 결과에 의하면

σ_n은 $\theta=0$에서 $\sigma_{n\cdot max}=\sigma_x$이고 $\theta=\frac{\pi}{2}$에서 $\sigma_{n\cdot min}=\sigma_y$로 된다.

그러므로 σ_x와 σ_y는 최대 및 최소의 법선응력이고 이를 주 응력이라고도 한다.

전단응력 τ 는 $\theta=\frac{\pi}{4}$에서 최대값을 가지며 이 때

$$\tau_{max}=\frac{\sigma_x-\sigma_y}{2} \quad \cdots\cdots (6\text{-}16)$$

이다.

두 응력이 서로 같을 경우($\sigma_x=\sigma_y$)에는 어떤 경사면에도 전단응력은 작용하지 않으며 인장력 대신 압축력이 작용할 경우는 σ_x, σ_y에 (−)의 부호만 붙여주면 된다.

【예제 27】

직경 2cm인 봉에 3,140kg의 인장력이 작용하고 160kg/cm²의 횡압력이 주위에서 작용한다면 횡단면과 30°의 각을 이루는 경사단면에서 수직응력과 전단응력 및 이들을 합성한 응력의 크기는 얼마인가?

풀이 $\sigma_x=\frac{P}{A}=\frac{4P}{\pi d^2}=\frac{4\times3,140}{3.14\times2\times2}=1,000\,\text{kg/cm}^2$

$\sigma_y=160\text{kg/cm}^2$이므로 식(6-11)에 의해

$$\sigma_n=\frac{\sigma_x+\sigma_y}{2}+\frac{\sigma_x-\sigma_y}{2}\cos2\theta=580+420\times0.5=790\,\text{kg/cm}^2$$

식(6-13)으로부터

$$\tau=\frac{\sigma_x-\sigma_y}{2}\sin2\theta=420\times\frac{\sqrt{3}}{2}=210\sqrt{3}\text{kg/cm}^2$$

합성응력 $\sigma_r=\sqrt{\sigma_n{}^2+\tau^2}=\sqrt{790^2+(210\sqrt{3})^2}=867.7\text{kg/cm}^2$

6. Mohr의 응력도

식(6-11), (6-13)에서 편의상

$\frac{\sigma_x+\sigma_y}{2}=\sigma_{av}$, $\frac{\sigma_x-\sigma_y}{2}=\tau_{max}$라고 놓으면

$$\sigma_n=\sigma_{av}+\tau_{max}\cdot\cos2\theta \quad \cdots\cdots (a)$$

$$\tau = \tau_{max} \cdot \sin 2\theta \qquad \text{(b)}$$

라고 쓸 수 있다.

이 식에서 θ를 소거하기 위하여

$$\sin 2\theta = \frac{\tau}{\tau_{max}} \qquad \text{(c)}$$

$\cos^2 2\theta = 1 - \sin^2 2\theta$, $\cos 2\theta = \sqrt{1 - \sin^2 2\theta}$ 이므로 이 식을 (c)에 대입하면

$$\cos 2\theta = \sqrt{1 - \left(\frac{\tau}{\tau_{max}}\right)^2} \qquad \text{(d)}$$

식(d)를 (a)에 대입하여

$$\sigma_n = \sigma_{av} + \tau_{max}\sqrt{1 - \frac{\tau^2}{\tau_{max}{}^2}} \qquad \therefore\ \sigma_n - \sigma_{av} = \tau_{max}\sqrt{1 - \frac{\tau^2}{\tau_{max}{}^2}}$$

양변을 제곱하면

$$(\sigma_n - \sigma_{av})^2 = \tau_{max}{}^2 - \tau^2$$

$$\therefore\ (\sigma_n - \sigma_{av})^2 + \tau^2 = \tau_{max}{}^2 \qquad \text{(6-17)}$$

식(6-17)은 반지름 τ_{max}, 즉 $\dfrac{\sigma_x - \sigma_y}{2}$ 이고 그 중심이 σ축 위의 σ_{av}, 즉 $\dfrac{\sigma_x + \sigma_y}{2}$ 인 곳에 있는 원을 나타내고 있음을 알 수 있다.

식(6-11), (6-13)을 하나의 원에 의하여 표현하는 것이 Mohr에 의하여 제안되었는데, 이 원을 모르의 응력도 (Mohr's stress circle)라고 한다.

그림 6.28과 같이 σ와 τ를 직각축으로 잡고 $\sigma_x = OA$, $\sigma_y = OB$를 취하여 AB를 지름으로 하는 원을 그리면 이 원주 위의 모든 점들은 임의의 각 θ를 갖는 단면상의 응력을 나타낸다.

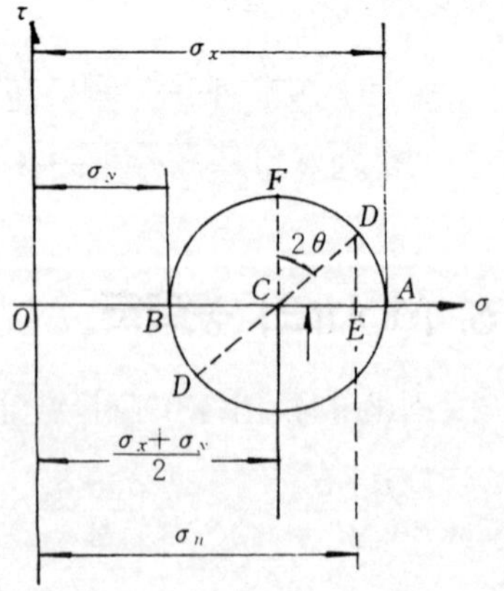

그림 6.28

그림에서 원주상의 임의점 D를 취하여 $\angle ACD = 2\theta$로 놓으면

$$OC=\frac{\sigma_x+\sigma_y}{2}, \quad CD=BC=\frac{\sigma_x-\sigma_y}{2}$$

$$OE=OC+CD\cos 2\theta=\frac{\sigma_x+\sigma_y}{2}+\frac{\sigma_x-\sigma_y}{2}\cos 2\theta \quad \cdots\cdots (6\text{-}18)$$

$$DE=CD\sin 2\theta=\frac{\sigma_x-\sigma_y}{2}\sin 2\theta \quad \cdots\cdots (6\text{-}19)$$

그러므로 점 D의 좌표들은 임의각 θ를 갖는 경사단면상에 작용하는 σ_n와 τ를 표시함이 증명된다.

따라서, $\theta=0$일 때 점 D는 점 A와 일치하므로 $\sigma_n=\sigma_x$, $\tau=0$ 이고

$\theta=45°$일 때 $2\theta=90°$이므로 F의 위치가 되어 $\sigma_n=\dfrac{\sigma_x+\sigma_y}{2}$, $\tau_{\max}=\dfrac{\sigma_x-\sigma_y}{2}$

$\theta=90°$일 때 $2\theta=180°$이므로 $\sigma_n=\sigma_y$, $\tau=0$

7. 보의 설계

보에 생기는 최대 응력이 재료의 허용응력을 넘지 않으면 그 보는 안정하다.

즉, $\sigma_{\max}$: 최대 수직응력, σ_a : 허용 수직응력

$\tau_{\max}$: 최대 전단응력, τ_a : 허용 전단응력

이라고 하면 $\sigma_{\max} \leqq \sigma_a$, $\tau_{\max} \leqq \tau_a$의 조건을 만족하도록 설계하면 된다.

보를 설계할 때의 유의할 점은 다음과 같다.

(1) 휨모멘트가 작고 전단력이 큰 경우에, 예를 들면 지간은 짧고 단면이 큰 경우에는 $\tau_{\max}$의 값으로 주 응력을 생각해야 될 때가 있다.

(2) 캔틸레버 보 지점에는 최대 전단력과 최대 휨모멘트가 함께 작용하므로 주 응력에 대하여 생각할 필요가 있다.

(3) I형 단면에서는 플랜지와 웨브의 경계면에서 생기는 주 응력이 연 응력보다 큰 경우가 있으므로 주 응력에 대해서도 검토한다.

(4) 콘크리트 보에서는 사인장 응력에 대하여 충분한 고려가 있어야 한다.

(5) 목재는 섬유와 평행한 방향의 전단강도가 적으므로 $\tau_{\max}$에 대하여 충분히 검토하여야 한다.

(6) 하중과 자중에 의한 휨모멘트에 대하여 충분한 단면을 결정하고 이것을 전단응력에 대하여 안전한가를 검사한다. 만약 전단응력에 대하여 안전하지 못하면 단면을 재차 수정한다.

보의 설계순서를 요약해 보면 다음과 같다.

(1) 예상되는 모든 하중에 의하여 최대 휨모멘트를 구한다.

(2) 사용재료를 정하고 허용응력을 시방서로부터 알아둔다.

(3) 최대 휨모멘트에 견디는 보의 단면을 가정하고, 사하중에 의한 보의 각 점의 전단력, 휨모멘트를 구한다.

(4) 사하중, 활하중에 의한 최대 휨모멘트에 대하여 안전한 단면을 구한다.

(5) 이 단면은 (3)에서 가정한 단면보다 작은 것이 설계의 안전조건이다.

(6) 이상의 단면이 최대 전단력에 대하여 안전한가를 검산한다.

자중을 가정하여 계산해야 될 경우에는 우선 자중(사하중)을 생각하지 않고 활하중만으로 단면을 가정한 후 목교(木橋)에서는 약 1할 정도 증가하고 강교에서는 2할 정도 증가한 것을 가정단면으로 하여 계산에 이용하면 된다.

【예제 28】

span 8m의 단순보에 집중하중 2t이 작용할 때, 이 보를 정사각형 단면으로 할 때의 단면치수를 구하시오(단, 이 보를 목재로 하고 허용 휨응력도 $\sigma_a = 100\text{kg/cm}^2$, 허용 전단응력도 $\tau_a = 8.5\text{kg/cm}^2$, 단위 용적 중량을 800kg/m^3로 한다).

풀이 위에서 설명한 설계순서에 따라 구해보도록 한다.

(1) 활하중에 의한 최대 휨모멘트($M_{l\cdot\max}$)

$$M_{l\cdot\max} = \frac{Pl}{4} = \frac{2\times8}{4} = 4(\text{t}\cdot\text{m}) = 400,000\text{kg}\cdot\text{cm}$$

(2) 허용응력 $\sigma_a = 100\text{kg/cm}^2$, $\tau_a = 8.5\text{kg/cm}^2$

(3) 사하중에 의한 최대 휨모멘트($M_{d\cdot\max}$)

치수를 31cm로 가정하고, 하중강도를 w_d(kg/m)로 하면

$$w_d = 800\times(0.31\times0.31) = 77\text{kg/m}$$

$$\therefore\ M_{d\cdot\max} = \frac{w_d l^2}{98} = \frac{77\times64}{8} = 616\text{kg}\cdot\text{m} = 61,600\text{kg}\cdot\text{cm}$$

(4) 최대 휨모멘트에 의한 단면의 결정

$$M_{\max} = M_{l\cdot\max} + M_{d\cdot\max} = 461,600\text{kg}\cdot\text{cm}$$

필요한 단면계수 $Z=\frac{b^3}{6}$ (b : 변의 길이)이므로

$$Z \geqq \frac{M}{\sigma_a} = \frac{461,600}{100} = 4,616\,\text{cm}^3$$

$b^3 \geqq 6 \times 4,616 = 27,696\,\text{cm}^3 \qquad \therefore\ b \geqq \sqrt[3]{27,696} \fallingdotseq 30.3\,\text{cm}$

즉, 1변의 길이가 30.3cm 이상이면 좋다. 따라서 30.5cm로 한다.

(5) 이것은 가정단면보다 작으므로 안전측에 있다.

(6) 최대 전단력에 대한 검산

1) 활하중에 의한 최대 전단력($S_{l\cdot\max}$)

$S_{l\cdot\max} = 2,000$kg[지점 위에 2t이 올 경우]

2) 사하중에 의한 최대 전단력($S_{d\cdot\max}$)

$$S_{d\cdot\max} = \frac{w_d \cdot l}{2} = \frac{77 \times 8}{2} = 308\,\text{kg}$$

3) 전단응력도의 계산

$S = S_{l\cdot\max} + S_{d\cdot\max} = 2,308\,\text{kg}$

$$\therefore\ \tau_{\max} = \frac{3}{2} \times \frac{S}{A} = \frac{3}{2} \times \frac{2,308}{30.5^2} \fallingdotseq 3,72\,\text{kg/cm}^2 < 8.5\text{kg/cm}^2$$

따라서, 전단응력도는 안전하다.

즉, 1변이 30.5cm인 정방형 단면이 구하는 단면이다.

【예제 29】

그림과 같은 단순보에서 자중에 의한 등분포하중이 1t/m라고 한다. 이 보의 $\sigma_a = 90\text{kg/cm}^2$이고 폭이 40cm인 직사각형 단면으로 할 때 높이 h를 구하시오.

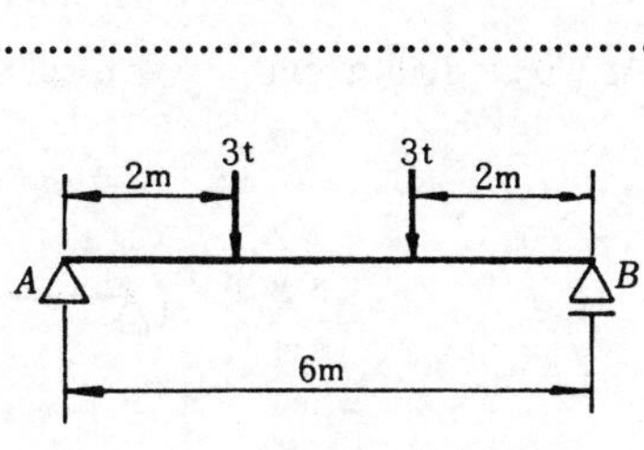

그림 6.29

풀이 $M_{\max} = 6 \times 3 - 3 \times 1 - \frac{1 \times 3^2}{2} = 10.5(\text{t}\cdot\text{m}) = 1,050,000\text{kg}\cdot\text{cm}$

$$\sigma = \frac{M}{Z} = \frac{1,050,000}{\frac{40 \times h^2}{6}} = 90$$

$$h = \sqrt{\frac{6 \times 1,050,000}{40 \times 90}} = 41.83 \fallingdotseq 42\,\text{cm}$$

【예제 30】

그림에서 $\sigma_a = 90\text{kg/cm}^2$라 할 때 보의 폭 b가 높이 h의 $\frac{1}{2}$이 되도록 단면의 치수를 결정하시오(단, 보의 자중은 무시한다).

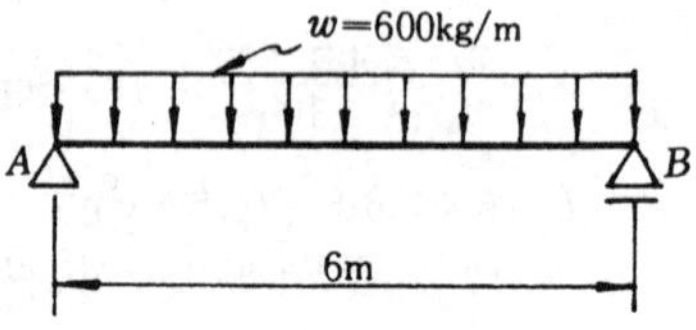

그림 6.30

풀이 $M_{\max} = \frac{wl^2}{8} = \frac{600\times 6^2}{8} = 2,700\text{kg}\cdot\text{m} = 270,000\text{kg}\cdot\text{cm}$

$Z = \frac{h/2}{6}\times h^2 = \frac{h^3}{12}$, $Z = \frac{M}{\sigma} = \frac{270,000}{90} = \frac{h^3}{12}$

$h^3 = \frac{270,000}{90}\times 12 = 36,000\,\text{cm}^3$

$h = \sqrt[3]{36,000}$, $h = 33\text{cm}$, $b = \frac{h}{2} = 16.5\text{cm}$

$\therefore\ b = 16.5\text{cm}$, $h = 33\text{cm}$

【예제 31】

span 10m의 구형 단면보가 그림과 같은 이동하중을 받을 때의 하중에 의한 단면을 계산하시오.
(단, $\sigma_a = 100\text{kg/cm}^2$, $\tau_a = 6\text{kg/cm}^2$, $b : h = 2 : 3$)

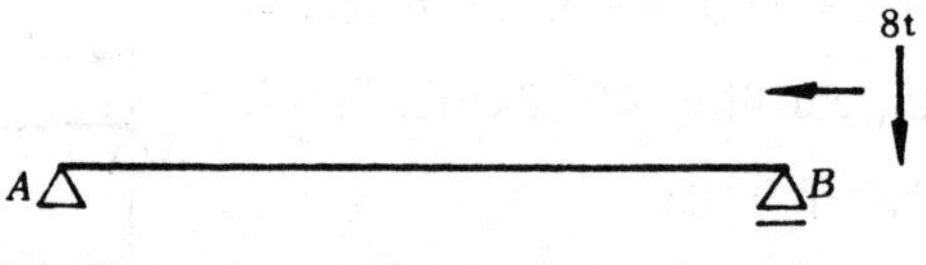

그림 6.31

풀이 (1) $M_{\max}$은 8(t)이 중앙에 왔을 때이므로

$M_{\max} = \frac{Pl}{4} = \frac{1}{4}\times 8\times 10 = 20(\text{t}\cdot\text{m}) = 20\times 10^5\text{kg}\cdot\text{cm}$

(2) $Z = \frac{M_{\max}}{\sigma_a} = \frac{20\times 10^5}{100} = 2\times 10^4(\text{cm}^3)$

(3) 단면

$Z = \frac{bh^2}{6}$, $b = \frac{2}{3}h$이므로

$Z = \frac{\frac{2}{3}h^3}{6} = \frac{h^3}{9} = 2\times 10^4 \qquad \therefore\ h = 56.5\,\text{cm}$

$\therefore\ b = \frac{2}{3}\times 56.5 = 37.6\,\text{cm} \qquad \therefore$ 57cm×38cm로 한다.

(4) 전단응력의 검산

$S_{max} = 8(t)$[8(t)이 지점 A에 왔을 때]

$$\tau_{max} = \frac{3}{2} \cdot \frac{S}{A} = \frac{3}{2} \times \frac{8,000}{38 \times 57} \fallingdotseq 5.5\text{kg/cm}^2 < \tau_a \qquad \therefore \text{ 안전하다.}$$

【예제 32】

span 6m의 직사각형 단면의 목재보가 자중을 포함해서 720kg/m의 등분포하중을 받을 때 이 보의 단면을 정하시오(b=20cm로 가정).(단, $\sigma_a = 120\text{kg/cm}^2$, $\tau_a = 8\text{kg/cm}^2$로 함)

풀이 $M_{max} = \frac{wl^2}{8} = 720 \times 6^2/8 = 3,240\text{kg} \cdot \text{m} = 324,000\text{kg} \cdot \text{cm}$

$$S = \frac{wl}{2} = 720 \times 6/2 = 2,160\text{kg}$$

$$Z = \frac{M}{\sigma_a}, \quad \frac{bh^2}{6} = \frac{M}{\sigma_a} \text{ 에서 } h^2 = \frac{6M}{b\sigma_a}$$

$$h^2 = \frac{6 \times 324000}{20 \times 120} = 28.4\text{cm} \qquad \text{따라서 } h = 30\text{cm로 한다.}$$

$$\sigma = \frac{M}{Z} = \frac{324,000}{(20 \times 30^2)/6} = 108\text{kg/cm}^2 < \sigma_a \qquad \therefore \text{ 안전하다}$$

$$\tau = \frac{3}{2} \cdot \frac{S}{A} = \frac{3}{2} \times \frac{2,160}{20 \times 30} = 5.4\text{kg/cm}^2 < \tau_a \qquad \therefore \text{ 안전하다}$$

【예제 33】

그림과 같은 단순보에서 절대 최대 휨모멘트 및 절대 최대 전단력에 대하여 안정한 단면을 설계하시오[단, 직사각형 단면으로 $b=30\text{cm}$이며 $\sigma_a = 100\text{kg/cm}^2$, $\tau_a = 8\text{kg/cm}^2$, $w = 200\text{kg/m}$(자중 포함)이다].

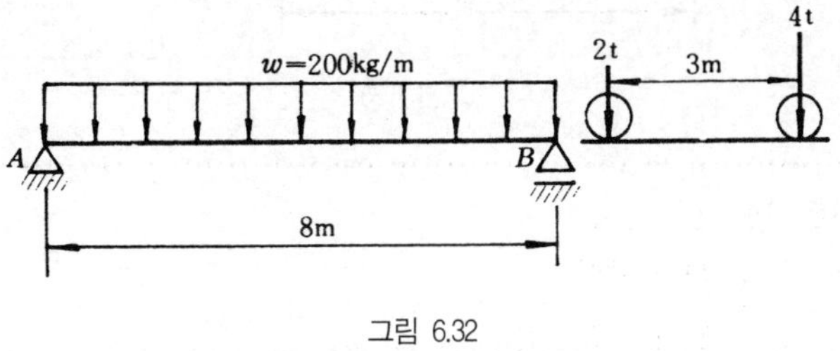

그림 6.32

풀이 이동하중의 합력과 4(t) 하중과의 거리를 e, B 지점으로부터 절대 최대 휨모멘트가 생기는 위치를 x_0라고 하면

$$6e = 2 \times 3 \qquad \therefore e = 1\text{m}$$

$$x_0 = \frac{8}{2} - \frac{1}{2} = 3.5\text{m}$$

즉, 절대 최대 휨모멘트는 4(t) 하중이 B지점에서 좌로 3.5m 위치에 실렸을 때, 이 하중 밑의 단면에서 생긴다.

$$절대\ 최대\ 모멘트 = R_A\times4.5-2,000\times3-\frac{200\times4.5^2}{2}=\left(\frac{200\times8}{2}+\frac{6,000\times4.5}{8}\right)\times4.5-2,000\times3$$

$$-\frac{200\times4.5^2}{2}=10,762.5\text{kg}\cdot\text{m}=1,076,250\text{kg}\cdot\text{cm}$$

절대 최대 전단력은 4(t) 하중이 B지점에 실렸을 때 B지점에서 생긴다.

즉, $8\times(-1)\times\frac{1}{2}\times200+4,000\times(-1)+2,000\times(-0.625)=-6.050\text{kg}$

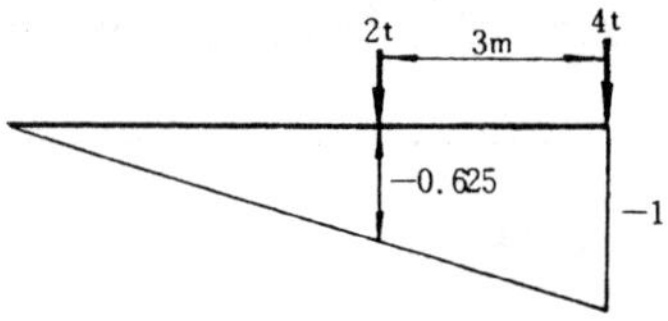

$Z\geq\frac{M}{\sigma_a}$ $\quad\therefore\ h^2\geq\frac{6\times1,076,250}{30\times100}=2,152.5\text{cm}^2$ $\quad\therefore\ h\geq46.3\text{cm}$

따라서 $h=47\text{cm}$

$\tau=\frac{3}{2}\cdot\frac{6,050}{30\times47}=6.40\text{kg/cm}^2<8\text{kg/cm}^2$ $\quad\therefore$ 안전하다.

【예제 34】

span 4m의 단순보에 그림과 같은 하중이 작용할 때 직사각형 단면을 설계하시오. $w=400\text{kg/m}$로 자중을 포함한 것으로 하며 $\sigma_a=100\text{kg/cm}^2$, $\tau_a=8.5\text{kg/cm}^2$로 한다.

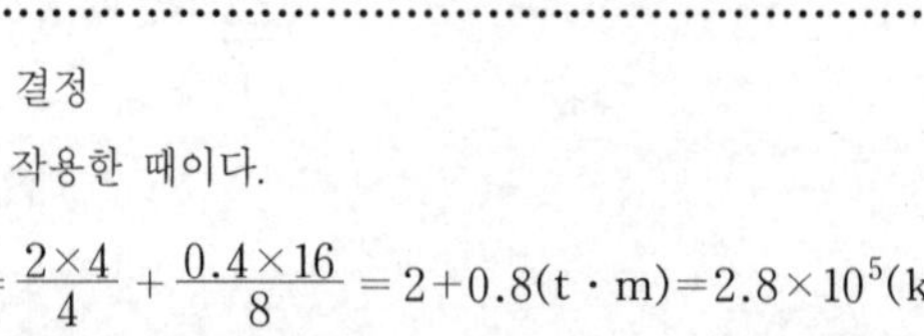

그림 6.33

풀이 (1) 휨모멘트에 의한 단면 결정

M_{max}은 P가 중앙에 작용한 때이다.

$$M_{max}=\frac{Pl}{4}+\frac{wl^2}{8}=\frac{2\times4}{4}+\frac{0.4\times16}{8}=2+0.8(\text{t}\cdot\text{m})=2.8\times10^5(\text{kg}\cdot\text{cm})$$

$$Z\geq\frac{M_{max}}{\sigma_a}=\frac{2.8\times10^5}{100}=2.8\times10^3$$

$Z=\frac{bh^2}{6}$ $\quad\therefore\ bh^2>168\times10^2$

$b=30\text{cm}$로 가정하면 $30h^2>168\times10^2$ $\quad\therefore\ h>23.6\text{cm}$

이것은 너비 b가 넓고, 높이 h가 짧고 단면계수가 작아서 비경제적이다.

따라서, 가정을 고친다.

$b=22\text{cm}$로 가정하면 $22h^2 > 168\times10^2$ $\therefore\ h^2 > 7.64\times10^2$ $\therefore\ h > 27.6\text{cm}$

안전하다고 생각하여 $h=28\text{cm}$로 가정하고 전단응력을 검산한다.

(2) 전단응력의 검산

$$\tau_{\max}=\frac{3}{2}\cdot\frac{S}{A}$$

최대 전단력은 P가 지점 위에 있을 때

$$S_{\max}=P+\frac{wl}{2}=2+\frac{0.4\times4}{2}=2.8(\text{t})=2,800\text{kg}$$

$$A=bh=616\text{cm}^2$$

$$\therefore\ \tau_{\max}=\frac{3}{2}\cdot\frac{S}{A}=\frac{3}{2}\times\frac{2,800}{616}=6.82<\tau_a$$

따라서 직사각형 단면은 $b=22\text{cm}$, $h=28\text{cm}$로 정한다.

【예제 35】

그림과 같은 캔틸레버에서 b와 h는 얼마로 하는 것이 좋은가?(단 $h=2b$, 허용 굽힘응력은 90 kg/cm², 허용 전단응력은 7kg/cm²로 한다)

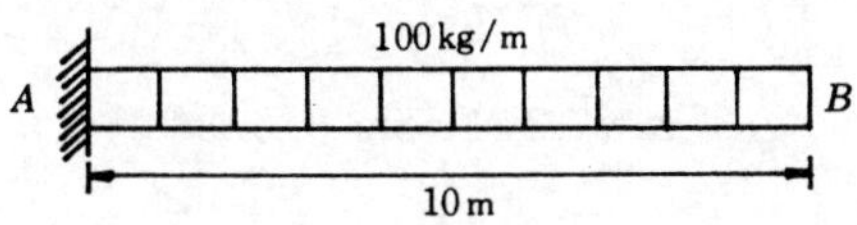

그림 6.34

풀이 캔틸레버는 고정단에서 최대 휨모멘트와 전단력이 생기며

$$M_{\max}=\frac{wl^2}{2}=\frac{100\times10^2}{2}=5,000\text{kg}\cdot\text{m},\quad S_{\max}=1,000\text{kg}\text{이다.}$$

먼저 휨모멘트에 의해서 단면을 정하면

$$\frac{bh^2}{6}=\frac{5,000\times100}{90}=5,555.6\text{cm}^3,$$

그런데 $h=2b$이므로 $b^3=8,333.4$ $\therefore\ b=20.2\text{cm}$

따라서 $b=21\text{cm}$, $h=42\text{cm}$가 적당하다.

<전단응력에 대한 검토>

$$\tau=\frac{3}{2}\times\frac{S}{A}=\frac{3}{2}\times\frac{1,000}{21\times42}=1.7\text{kg/cm}^2<7\text{kg/cm}^2$$

그러므로 전단응력에는 충분한 안전율을 갖는다.

【예제 36】

일반적으로 단순보는 지간이 길면 휨모멘트, 짧으면 전단력에 의해서 단면이 결정된다. w=3t/m를 받고 있는 목재 단순보에서 단면이 20cm×30cm이며 σ_a=90kg/cm²이고, τ_a=8kg/cm²일 때 x는 몇 m라야 하겠는가?

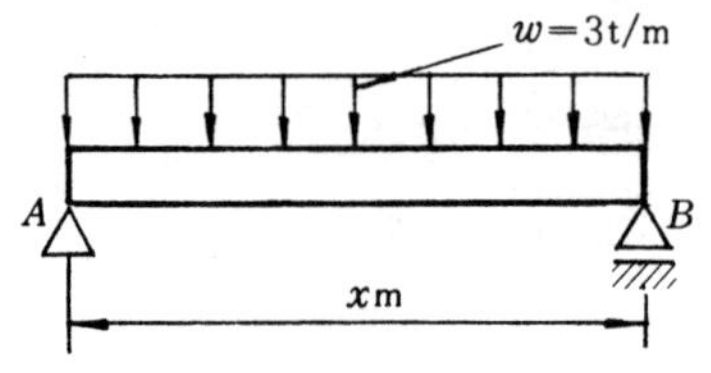

그림 6.35

풀이 $S_{max}=\frac{w}{2}x=1.5x(\text{ton})=1,500x(\text{kg})$

$$M_{max}=\frac{wx^2}{8}=\frac{3x^2}{8}=0.375x^2(\text{t}\cdot\text{m})=37,500x^2(\text{kg}\cdot\text{cm})$$

$$Z=\frac{bh^2}{6}=\frac{20\times900}{6}=3,000\,\text{cm}^3$$

$$\tau=\frac{3}{2}\cdot\frac{S}{A}=\frac{3}{2}\cdot\frac{1,500x}{600}\leqq8 \qquad \therefore\ x\leqq2.1\text{m}(\text{전단응력에 관해서})$$

$$\sigma=\frac{M}{Z}=\frac{37,500x^2}{3,000}\leqq90 \qquad \therefore\ x\leqq\sqrt{7.2}=2.68\text{m}(\text{휨 응력에 관해서})$$

따라서 $x\leqq2.1$m라야만 주어진 하중을 견딜 수 있다.

【예제 37】

span 10m의 직사각형 단면의 단순보에 P=4t이 작용할 경우의 단면 치수를 설계하시오[단, 보의 단위용적중량 800(kg/m³), 등분포하중 w=400kg/m, σ_a=100kg/cm², τ_a=8.5kg/cm²로 한다. 목교(木橋)로 설계하시오].

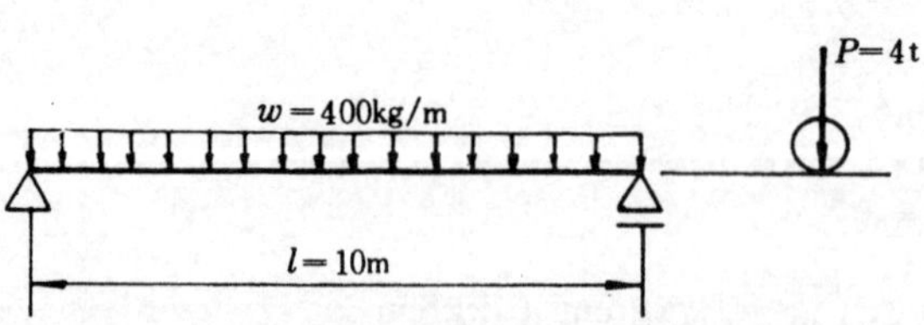

그림 6.36

풀이 (1) 활하중만으로 단면을 가정하면

$Z=\frac{bh^2}{6}$, $M_{max}=\frac{Pl}{4}+\frac{wl^2}{8}=\frac{4\times10}{4}+\frac{0.4\times10^2}{8}=10+5=15(\text{t}\cdot\text{m})=15\times10^5\text{kg}\cdot\text{cm}$

$Z\geq\frac{M}{\sigma_a}=\frac{15\times10^5}{100}=16\times10^3(\text{cm}^3)$ $\therefore\ bh^2>90\times10^3$

$b=30$cm로 가정하면

$30h^2>90\times10^3$ $\therefore\ h^2>30\times10^2$ $\therefore\ h>54.6$

$b=30$cm, $h=54.6$cm는 비경제적 단면이므로 다시 고친다.

$b=35$cm로 가정하면 $h^2>25.7\times10^2$ $\therefore\ h>50.6$

$\therefore\ b=35$cm, $h=51$cm로 사용한다.

(2) 가정단면의 결정

목교에서 10% 증가하면 가정단면은

$B=1.1\times b=1.1\times35\fallingdotseq39$cm, $H=1.1\times h=1.1\times51\fallingdotseq57$cm

여기서 사하중을 w_d로 하면

$w_d=800\times0.39\times0.57\fallingdotseq178$kg/m

사하중은 보의 전반에 걸쳐 분포하므로 사하중에 의한 중앙점의 모멘트 M_d는

$M_d=\frac{w_dl^2}{8}=\frac{0.718\times10^2}{8}=2.23(\text{t}\cdot\text{m})=2.23\times10^5\text{kg}\cdot\text{cm}$

(3) 설계단면의 결정

하중 $P=4$t, $w=0.4(\text{t}\cdot\text{m})$, $w_d=0.178(\text{t}\cdot\text{m})$

1) 단면의 계산

$Z=\frac{bh^2}{6}$, $M=\frac{Pl}{4}+\frac{wl^2}{8}+\frac{w_dl^2}{8}=15+2.23=17.23(\text{t}\cdot\text{m})=17.23\times10^5\text{kg}\cdot\text{cm}$

$Z\geq\frac{M}{\sigma_a}=\frac{17.23\times10^5}{100}=17.23\times10^3(\text{cm}^3)$

$\therefore\ bh^2>103,380$

$b=36$cm로 가정하면 $h^2>28.72\times10^2$ $\therefore\ h>53.6\fallingdotseq54$ cm

즉, 36cm×54cm로 한다.

2) 전단응력의 검산

$S=P+\frac{(w+w_d)l}{2}=4+\frac{(0.4+0.718)\times10}{2}=6.89(\text{t})$

$\tau_{max}=\frac{3}{2}\cdot\frac{S}{A}=\frac{3}{2}\times\frac{4,289}{54\times36}=5.32<\tau_a$

따라서 안전하다.

【예제 38】

span 4m, 하중 800kg/m의 등분포하중을 받고 σ_a=65kg/cm², τ_a=6.5kg/cm²의 단순보를 설계하시오(재료는 소나무임).

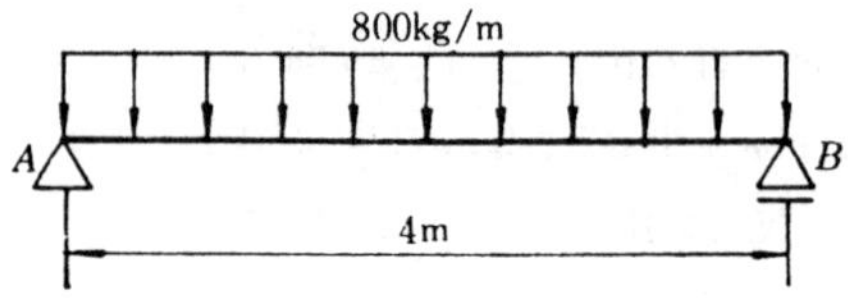

그림 6.37

풀이 $M_{max}=\frac{wl^2}{8}=\frac{800\times4^2}{8}=1,600\,kg\cdot m=160,000kg\cdot m$

$Z=\frac{M}{\sigma_a},\ Z=\frac{160,000}{65}=2.460\,cm^3$

$Z=\frac{bh^2}{6}=2,460\,cm^3 \qquad \therefore\ bh^2=14,760$

경험에 의하면 $h=1.5b\sim2b$가 적당하므로 $h=2b$라 하면 $4b^3=14,760$

$\therefore\ b=\sqrt[3]{\frac{14,760}{4}}=15.5\,cm \qquad \therefore\ h=31\,cm$

따라서 $b=16\,cm,\ h=32\,cm$

위의 단면은 자중을 생각하지 않고 결정하였으므로 자중에 의한 단면을 계산한다. 소나무의 무게를 800 kg/cm³라 하고, beam의 단위 길이에 대한 자중을 w라 하면

$w=800\times0.16\times0.32=41\,kg/m$

$M_w=\frac{wl^2}{8}=\frac{41\times4^2}{8}=82\,kg\cdot m$

$M_{max}=1,600+82=1,682\,kg\cdot m=168,200\,kg\cdot cm$

$Z=\frac{168,200}{65}=2,590\,cm^3 \qquad \therefore\ \frac{bh^2}{6}=2,590,\ \ bh^2=15,500$

$h=2b$라 하면 $4b^3=15,500 \qquad \therefore\ b=\sqrt[3]{\frac{15,500}{4}}=15.7\,cm < 16cm$

자중을 생각한 단면이 16cm보다 작으므로 제일 처음에 결정한 단면을 수정할 필요는 없다.

[전단력에 의한 검사]

하중과 자중에 의한 최대 전단력은 지점에 생기는 것이므로

$S=R_A=\frac{1}{2}(800+41)\times4=1,682\,kg$

최대 전단력

$\tau_{max}=1.5\frac{S}{A}=\frac{3}{2}\times\frac{1,682}{16\times31}=5.1<\tau_a$

∴ 안전하므로 h=32cm, b=16cm의 구형 단면을 사용하면 된다.

【예제 39】

I형강($400 \times 150 \times 10$, $I_x = 24{,}000\text{cm}^4$)을 단순보로 사용할 때 10t의 집중하중이 작용하는 경우 최대 경간은 몇 m까지 허용되는가?(단, $\sigma_a = 1{,}200\,\text{kg/cm}^2$로 하고, 전단력에 대하여도 안전하다고 한다)

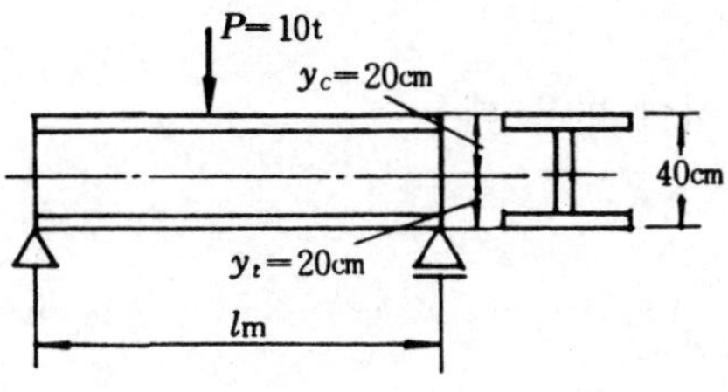

그림 6.38

풀이 이 I형강의 자체 중량은 72kg/m이다. 따라서 활하중, 사하중에 의한 최대 휨모멘트는

$$M_{\max} = \frac{Pl}{4} + \frac{wl^2}{8} = \frac{10{,}000}{4} l + \frac{72l^2}{8}$$

$$= 2{,}500l + 9l^2\,\text{kg} \cdot \text{m} = 250{,}000l + 900l^2\,\text{kg} \cdot \text{cm}$$

$$Z = \frac{I}{y} = \frac{24{,}000}{20} = 1{,}200\,\text{cm}^3$$

$\therefore\ \sigma_a \geq \dfrac{M}{Z}$ 에서 $M \leq \sigma_a Z = 1{,}440{,}000\,\text{kg} \cdot \text{cm}$ $\quad\therefore\ 900l^2 + 250{,}000l \leq 1{,}440{,}000$

따라서 $9l^2 + 2{,}500l - 14{,}400 = 0$으로 하여 2차식을 풀면

$$l = \frac{-2{,}500 \pm \sqrt{6{,}250{,}000 + 4 \times 9 \times 14{,}400}}{18} = \frac{-2{,}500 \pm \sqrt{6{,}768{,}400}}{18}$$

$$= \frac{-2{,}500 \pm 2{,}601.6}{18}$$

$\therefore\ l = 5.64\text{m}$

따라서, 5.64m 이하면 된다.

8. 합성응력을 받는 보의 설계

일반적으로 보에는 휨모멘트, 전단력, 축방향력 중 어느 하나만이 단독으로 작용하지 않고 두 종류 이상이 합성하여 작용하는 경우가 많다. 이와 같은 응력을 합성응력이라 한다. 보가 축방향력 P와 휨모멘트 M을 동시에 받을 때는 축방향력에 의한 응력 σ_n와 휨모멘트에 의한 응력을 동시에 받으므로

$$\sigma = \frac{P}{A} + \frac{M}{I} \cdot y \quad \cdots\cdots (6\text{-}20)$$

단면계수를 이용하면

$$\left.\begin{aligned} \text{최대 압축응력 } \sigma_{cmax} &= \frac{P}{A} - \frac{M}{Z_1} \\ \text{최대 인장응력 } \sigma_{tmax} &= \frac{P}{A} + \frac{M}{Z_2} \end{aligned}\right\} \quad \cdots\cdots (6\text{-}21)$$

인장력과 휨모멘트를 동시에 받을 때

$$\frac{P}{A} + \frac{M}{Z_2} \leqq \sigma_{ta} \quad \cdots\cdots (6\text{-}22)$$

압축력과 휨모멘트를 동시에 받을 때

$$\frac{P}{A} + \frac{M}{Z_1} \leqq \sigma_{ca} \quad \cdots\cdots (6\text{-}23)$$

【예제 40】

단면이 10cm×15cm인 소나무 각재(角材)로 된 보가 그림과 같은 하중을 받을 때 안전 여부를 검토하고 최대 압축응력을 구하시오(단, 소나무의 허용응력 σ_{ta}는 70kg/cm²이고 자체 중량은 무시한다).

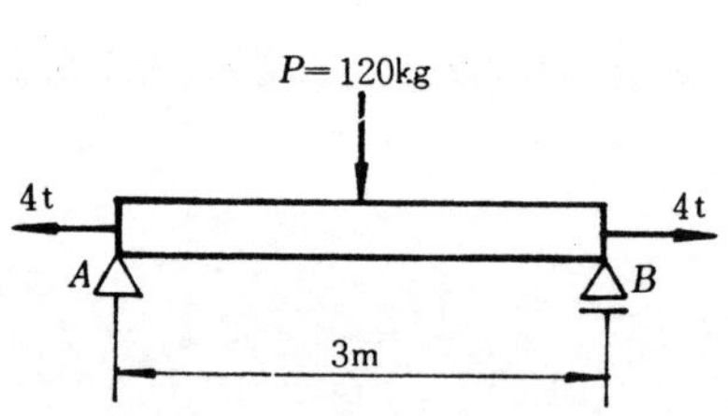

그림 6.39

풀이 (1) $P = 4,000\,\text{kg}$, $\quad M = \dfrac{Pl}{4} = \dfrac{120 \times 300}{4} = 9,000\,\text{kg}\cdot\text{cm}$

$$Z = \frac{bh^2}{6} = \frac{1}{6} \times 10 \times 15^2 = 375\,\text{cm}^3$$

$$\sigma_{max} = \frac{P}{A} + \frac{M}{Z} = \frac{4,000}{10 \times 15} + \frac{9,000}{375} = 26.67 + 24 = 50.67\,\text{kg/cm}^2 \qquad \therefore \text{ 안전하다.}$$

(2) 최대 압축 응력도는

$$\sigma_{cmax} = \frac{P}{A} - \frac{M}{Z} = 26.67 - 24 = 2.67\,\text{kg/cm}^2$$

종 합 문 제

【문제 1】

다음 그림에서 보는 바와 같은 단순보에 이동하중을 받아서 진행할 때 이 보에 생기는 최대 휨응력 σ_{max}를 구하시오.

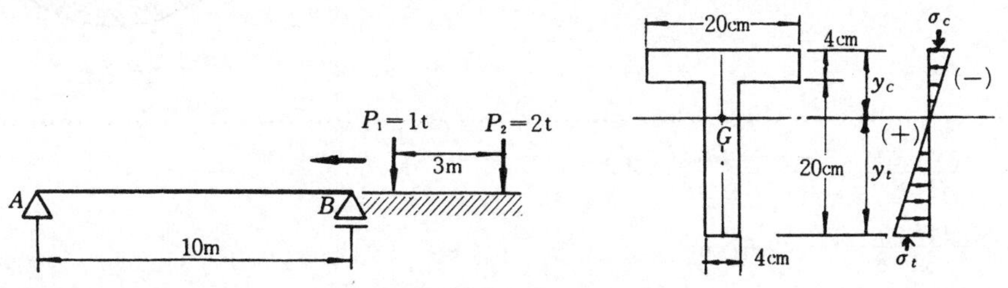

그림 6.40

풀이 (1) 절대 최대 휨모멘트

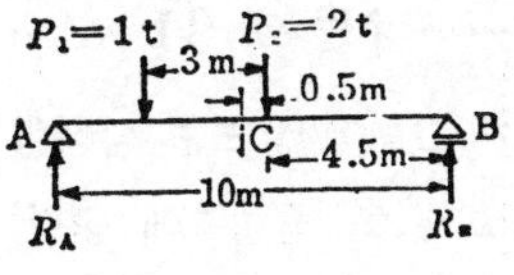

$R=1+2=3t,\ \ -1\times3=-3x,\ \ \therefore\ x=1m$

$\frac{x}{2}=\frac{1}{2}=0.5m,\ \ R_B=\frac{2\times5.5+1\times2.5}{10}=1.35\,(t)$

$M_c=M_{max}=R_B\times4.5=6.075\,(t\cdot m)=607,500kg\cdot m$

(2) 도심축에 대한 단면 2차 모멘트

$G_x=80\times22+80\times10=2,560\,cm^3,\quad A=80+80=160\,cm^2$

$y_t=\frac{G_x}{A}=\frac{2,560}{160}=16cm,\ \ y_c=24-16=8cm$

$I=\left(\frac{20\times4^3}{12}+80\times6^2\right)+\left(\frac{4\times20^3}{12}+80\times6^2\right)\fallingdotseq8,533\,cm$

(3) 최대 휨응력

상연응력 $\sigma_c=-\frac{M}{I}\cdot y_c=-\frac{607,500}{8,533}\times8\fallingdotseq-569.55\,kg/cm^2$

하연응력 $\sigma_t=\frac{M}{I}y_t=\frac{607,500}{8,533}\times16\fallingdotseq1,139.10\,kg/cm^2$

$\therefore$ 최대 휨응력 $\sigma_{max}=\sigma_t=1,139.10\,kg/cm^2$

【문제 2】

그림에서 보는 바와 같은 외경 8cm, 내경 5cm의 파이프형 단면의 보가 휨모멘트 1,500kg · cm를 받으면 이 보 속의 휨 응력을 구하시오.

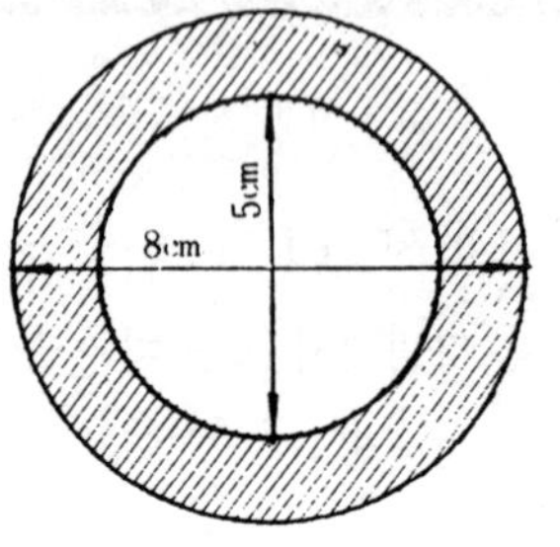

그림 6.41

풀이

$$Z=\frac{\pi(8^4-5^4)}{32\times 8}=\frac{\pi(8^2-5^2)(8^2+5^2)}{32\times 8}$$

$$=\frac{3.14\times 39\times 89}{32\times 8}=42.57\,\mathrm{cm}^3$$

$$\sigma=\frac{M}{Z}=\frac{1,500}{42.57}\fallingdotseq 35.2\,\mathrm{kg/cm^2}$$

【문제 3】

그림에서 보는 삼각형 단면의 보에 S=4t의 전단력이 작용할 때 중립축에 대한 전단응력을 구하시오.

그림 6.42

풀이

$$I=\frac{bh^3}{36}=\frac{60\times 90^3}{36}=1,215,000\,\mathrm{cm}^4$$

$$90:60=60:b$$

$$\therefore\ b=\frac{60\times 60}{90}=40\mathrm{cm}$$

$$G=\left(\frac{40\times 60}{2}\right)\times 20=24,000\,\mathrm{cm}^3$$

$$\therefore\ \tau=\frac{SG}{Ib}=\frac{4,000\times 24,000}{1,215,000\times 40}\fallingdotseq 1.98\,\mathrm{kg/cm^2}$$

【문제 4】

그림과 같은 T형 단면보에서 $S=8$t이 작용할 때 aa', bb', cc'에 있어서의 전단응력을 구하시오.

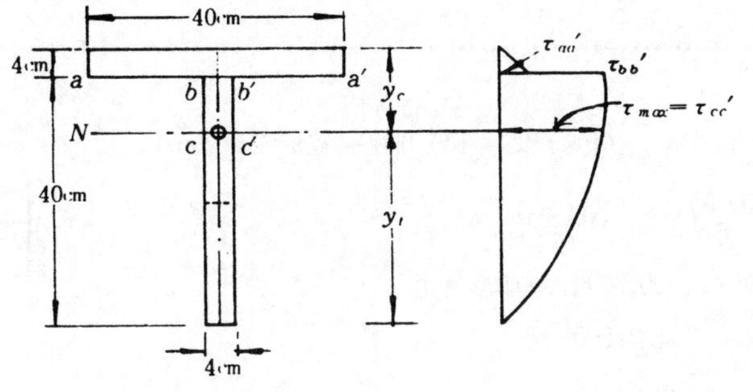

그림 6.43

풀이 (1) 도심의 위치

$$y_t=\frac{G_x}{A}=\frac{160\times42+160\times20}{160+160}=31\,\text{cm}$$

$$y_c=44-31=13\text{cm}$$

(2) 단면 2차 모멘트

$$I_n=\left(\frac{40\times4^3}{12}+160\times11^2\right)+\left(\frac{4\times40^3}{12}+160\times11^2\right)\fallingdotseq60,267\,\text{cm}^4$$

(3) 단면 1차 모멘트

$$G_a=(40\times4)\times11=1,760\,\text{cm}^3$$

$$G_b=(40\times4)\times11=1,760\,\text{cm}^3$$

$$G_c=(31\times4)\times15.5=1,922\,\text{cm}^3 \text{ [혹은 } 40\times4\times11+4\times9\times4.5=1,922\,\text{cm}^3\text{]}$$

$$G_d=(4\times20)\times10=800\,\text{cm}^3$$

(4) 각 단면의 전단응력

$$\tau_{aa'}=\frac{SG}{Ib}=\frac{8,000\times1,760}{60,267\times40}\fallingdotseq5.84\,\text{kg/cm}^2$$

$$\tau_{bb'}=\frac{SG}{Ib}=\frac{8,000\times1,760}{60,267\times4}\fallingdotseq58.4\,\text{kg/cm}^2$$

$$\tau_{cc'}=\frac{SG}{Ib}=\frac{8,000\times1,922}{60,267\times4}\fallingdotseq63.78\,\text{kg/cm}^2$$

$$\tau_{dd'}=\frac{SG}{Ib}=\frac{8,000\times800}{60,267\times4}\fallingdotseq26.55\,\text{kg/cm}^2$$

【문제 5】

폭 20cm, 높이 30cm의 단면을 가진 캔틸레버 보에 집중하중과 등분포하중이 작용하고 있다. w를 구하시오(단, $\sigma_a = 80\,\text{kg/cm}^2$이다).

풀이 (1) 도심의 위치

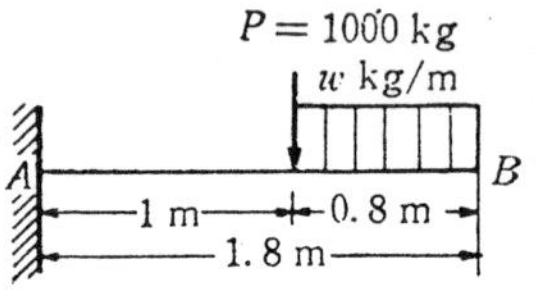

$M_{\max} = P\times 100 + 0.8\times w(100+40) = 100,000 + 112w\,(\text{kg}\cdot\text{cm})$

$Z = \dfrac{bh^2}{6} = \dfrac{20\times 30^2}{6} = 3,000\,\text{cm}^3$

$M = \sigma_a \cdot Z = 80\times 3,000 = 240,000\,\text{kg}\cdot\text{cm}$

$100,000 + 112w = 2,400,000$

$w = \dfrac{140,000}{112} = 1,250\,\text{kg}\cdot\text{m}$

【문제 6】

그림에서와 같이 단순보에 P=6t의 이동하중이 작용할 때 이 보의 단면을 설계하시오(단, $\sigma_a = 90\,\text{kg/cm}^2$, $\tau_a = 8\,\text{kg/cm}^2$, $b: h = 1: 2$이고 자중은 고려하지 않는다).

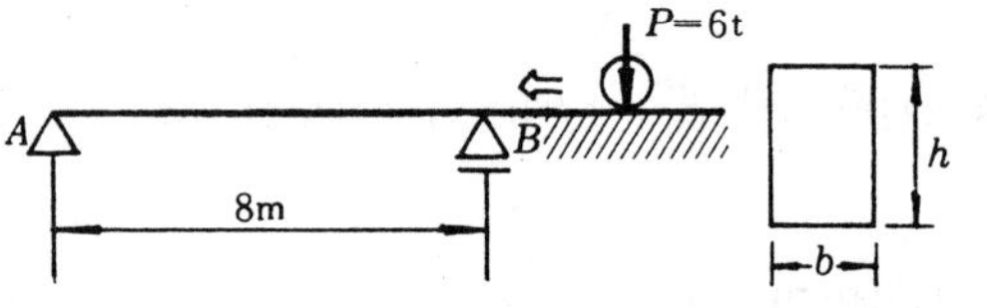

그림 6.44

풀이 (1) $M_{\max} = \dfrac{Pl}{4} = \dfrac{6\times 8}{4} = 12(\text{t}\cdot\text{m}) = 12\times 10^5\text{kg}\cdot\text{cm}$

(2) $S_{\max} = 6(\text{t}) = 6,000\text{kg}$

(3) 단면의 결정 : $Z = \dfrac{bh^2}{6} = \dfrac{M}{\sigma_a}$ 에서

$$bh^2 = \frac{6M}{\sigma_a} \quad \cdots\cdots ①$$

$$\frac{b}{h} = \frac{1}{2} \text{ 에서 } h = 2b \quad \cdots\cdots ②$$

식 ①에 ②를 대입하면

$b(2b)^2 = 4b^3 = \dfrac{6\cdot M}{\sigma_a}$

$\therefore\ b = \sqrt[3]{\dfrac{6M}{4\sigma_a}} = \sqrt[3]{\dfrac{6\times 1200000}{4\times 90}} \fallingdotseq 28\,\text{cm}$

$h = 2b = 2\times 28 = 56\,\text{cm}$

(4) 검산 : $\tau_{\max}=\frac{3}{2}\times\frac{S}{bh}=\frac{3\times 6,000}{2\times 28\times 56}\fallingdotseq 5.74\,\mathrm{kg/cm^2} < \tau_a=8\,\mathrm{kg/cm^2}$

따라서 전단응력에 대해서도 안전하므로 $b=28\mathrm{cm}$, $h=56\mathrm{cm}$

【문제 7】

그림과 같은 I형 단면을 가진 보에서 휨 응력, 전단응력, 주 응력을 비교하시오(단, 보의 자중은 무시하기로 한다).

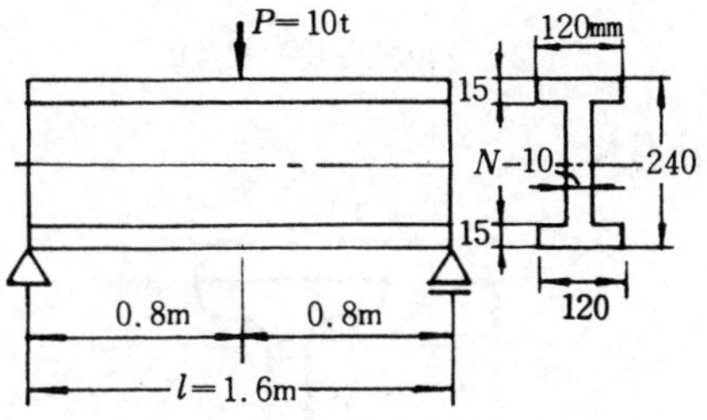

그림 6.45

풀이 (1) $I_N=\frac{12\times 24^3}{12}-\frac{11\times 21^3}{12}=5,335\,\mathrm{cm^4}$

플랜지 부분의 단면 1차 모멘트는

$G_N=1.5\times 12\times 11.25=202.5\,\mathrm{cm^3}$

$M_{\max}=\frac{Pl}{4}=\frac{10\times 1.6}{4}=4(\mathrm{t\cdot m})=400,000\,\mathrm{kg\cdot cm}$

$S_{\max}=\frac{P}{2}=5(\mathrm{t})=5,000\mathrm{kg}$

$\sigma_{\max}=\frac{M}{I}y=\frac{400,000}{5,335}\times 12=900\,\mathrm{kg/cm^2}$

플랜지 하단에서 σ_x, τ는

$\sigma_x=\frac{400,000}{5,335}\times 10.5=787\,\mathrm{kg/cm^2}$

$\tau=\frac{S}{Ib}G_N=\frac{5,000\times 202.5}{5,335\times 1}=190\,\mathrm{kg/cm^2}$

따라서 이 점에서의 주 응력은

$\sigma'_{\max}=\frac{\sigma}{2}+\frac{1}{2}\sqrt{\sigma^2+4\tau^2}=\frac{1}{2}\times 787+\frac{1}{2}\sqrt{787^2+4\times 190^2}=830\,\mathrm{kg/cm^2}$

다음에 N축에 대해서 상부단면의 단면 1차 모멘트는

$G_N=202.5+10.5\times\frac{10.5}{2}=257.6\,\mathrm{cm^3}$

$\tau_{\max}=\frac{S}{Ib}\cdot G_N=\frac{5,000\times 257.6}{5,335\times 1}=241\,\mathrm{kg/cm^2}$

따라서 중립축에서의 주 응력은

$\sigma'_{max}=\tau_{max}=241\,kg/cm^2$

이 경우는 지간은 짧고 하중은 비교적 크다. 이런 때에는 휨 응력 외에도 전단력에 의한 주 응력에 대해서도 검토할 필요가 있다. 즉, 플랜지 하단에서 휨 응력 $\sigma_x=787\,kg/cm^2$에 대하여 주 응력 $\sigma'_{max}=830\,kg/cm^2$으로 나왔다.

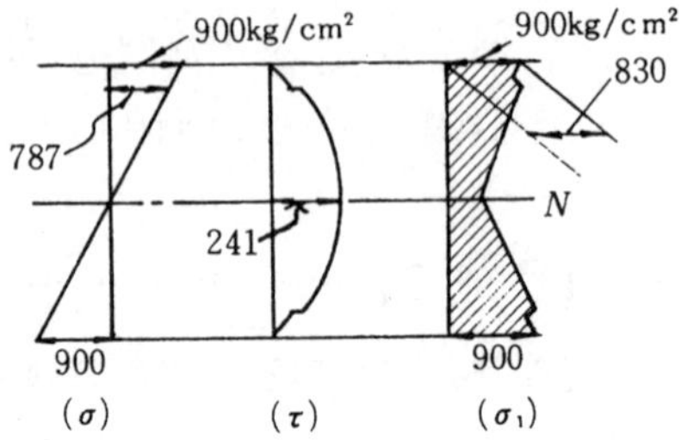

표 6.2 강(鋼)의 표준 규격표

(1) I형 단면보의 표준규격표

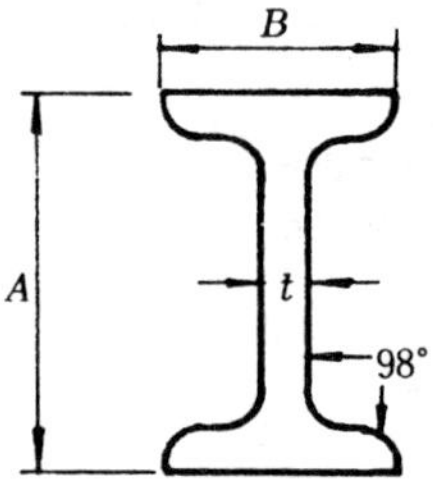

A×B(mm)	t(mm)	단면적 (cm²)	중량 (kg/m)	단면 2차 모멘트(cm⁴)		회전반경(cm)		단면계수(cm³)	
				I_x	I_y	i_x	i_y	z_x	z_y
75×75	5	15.18	11.9	145.8	48.29	3.10	1.78	38.88	12.88
100×75	5	16.43	12.9	282.7	48.32	4.15	1.72	56.54	12.88
125×75	5.5	20.45	16.1	539.8	59.03	5.14	1.70	86.36	15.74
150×75	5.5	21.83	17.1	820.1	59.07	6.13	1.65	109.3	15.75
150×125	8.5	46.15	36.2	1779	394.5	6.21	2.92	237.2	63.11
180×100	6	30.06	23.6	1674	141.2	7.46	2.17	186.0	28.24
200×100	7	33.06	26.0	2175	142.0	8.11	2.07	217.5	28.40
200×150	9	64.16	50.4	4492	770.5	8.37	3.47	449.2	102.70
230×100	7.5	39.08	30.7	3347	167.5	9.25	2.07	291.0	33.50
250×125	7.5	48.79	38.3	5186	344.8	10.31	2.66	414.9	55.16
250×125	10	70.73	55.5	7338	560.1	10.19	2.81	537.0	89.62
300×150	8	61.58	48.3	9499	600.0	12.42	3.12	633.2	79.99
300×150	10	83.47	65.5	12730	886.4	12.35	3.26	848.7	118.2
300×150	11.5	97.88	76.8	14719	1115	12.26	3.38	981.3	148.7
350×150	9	74.58	58.5	15286	715.2	14.29	3.10	870.6	95.36
350×150	12	111.1	87.2	22455	1230	14.22	3.33	1283	164.0
400×150	10	91.73	72.0	23974	887	16.17	3.11	1199	118.3

$A \times B$(mm)	t(mm)	단면적 (cm^2)	중량 (kg/m)	단면 2차 모멘트(cm^4)		회전반경 (cm)		단면계수 (cm^3)	
				I_x	I_y	i_x	i_y	z_x	z_y
400×150	12.5	122.1	95.8	31689	1238	16.11	3.25	1584	171.8
450×175	11	116.8	91.7	39210	1551	18.33	3.64	1743	177.2
450×175	13	146.1	115	48814	2096	18.23	3.79	2169	239.5
500×190	11.5	141.8	111	59538	2300	20.49	4.03	2383	242.1
500×190	15	184.7	145	75482	3120	20.21	4.11	3032	328.4
600×190	13	169.4	133	98172	2538	24.07	3.87	3272	267.2
600×190	16	224.5	176	129767	3701	24.04	4.06	4326	389.6

(2) 부등변 산형강의 표준규격표

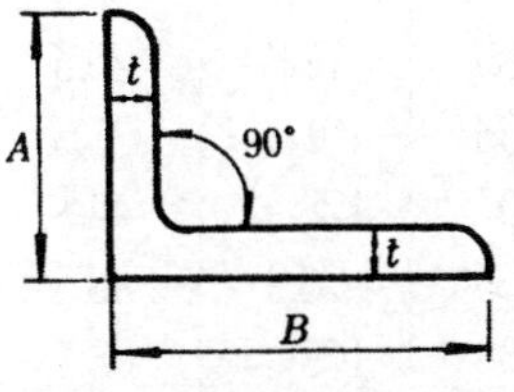

$A \times B$(mm)	t(mm)	단면적 (cm^2)	중량 (kg/m)	단면 2차 모멘트(cm^4)		회전반경 (cm)		단면계수 (cm^3)	
				I_x	I_y	i_x	i_y	z_x	z_y
40×20	3	1.75	1.37	2.81	0.47	1.27	0.52	1.09	0.30
40×20	5	2.75	2.16	4.21	0.68	1.24	0.50	1.68	0.46
50×35	4	3.29	2.58	8.08	3.25	1.57	0.99	2.36	1.23
50×35	6	4.74	3.72	11.2	4.43	1.54	0.97	3.35	1.72
60×50	5	5.30	4.16	18.5	11.7	1.87	1.48	4.40	3.16
60×50	7	7.21	5.66	24.4	15.2	1.84	1.45	5.89	4.20
65×50	5	5.55	4.36	23.2	11.9	2.04	1.47	5.14	3.19
65×50	7	7.56	5.94	30.6	15.6	2.01	1.44	6.90	4.25
65×50	9	9.54	7.49	37.8	19.2	1.99	1.42	8.69	5.33
70×60	6	7.54	5.91	35.3	23.9	2.17	1.78	7.17	5.40
70×60	8	9.76	7.66	44.4	29.8	2.13	1.75	9.13	6.80
70×60	10	12.0	9.42	53.6	36.0	2.11	1.73	11.2	8.41
75×50	6	7.23	5.67	40.4	14.4	2.36	1.41	7.97	3.78
75×50	8	9.36	7.35	50.8	17.8	2.33	1.38	10.2	4.77
75×50	9	10.4	8.20	56.2	19.6	2.32	1.37	11.30	5.32

$A \times B$(mm)	t(mm)	단면적 (cm²)	중량 (kg/m)	단면 2차 모멘트(cm⁴)		회전반경 (cm)		단면계수 (cm³)	
				I_x	I_y	i_x	i_y	z_x	z_y
75×50	10	11.5	9.03	61.4	21.4	2.31	1.36	12.5	5.85
75×65	6	8.13	6.38	44.1	30.7	2.03	1.94	8.30	5.29
75×65	8	10.6	8.29	55.5	28.4	2.29	1.91	10.6	8.13
75×65	9	11.8	9.26	61.5	42.5	2.28	1.90	11.8	9.07
75×65	10	13.0	10.2	67.3	46.5	2.27	1.87	13.0	9.99
80×60	6	8.13	6.38	51.5	24.8	2.52	1.75	9.30	5.50
80×60	8	10.6	8.29	65.0	31.0	2.48	1.71	11.9	6.97
80×60	1	13.0	10.2	78.7	37.4	2.46	1.70	14.6	8.55
80×70	6	8.73	6.85	54.1	38.6	2.49	2.10	9.52	7.46
80×70	9	12.7	9.96	76.8	53.8	2.44	2.06	13.6	10.6
80×70	12	16.1	13.0	96.6	68.3	2.41	2.03	17.7	13.8
90×60	6	8.73	6.85	71.5	25.6	2.86	1.71	11.7	5.57
90×60	9	12.7	9.96	101	35.5	2.82	1.67	16.7	7.90
90×60	12	16.6	13.0	128	44.8	2.78	1.65	21.8	10.2
90×75	6	9.63	7.56	76.9	48.6	2.83	2.25	12.1	8.68
90×60	9	14.0	11.0	109	68.1	2.78	2.20	17.4	12.4
90×75	12	18.4	14.4	139	86.8	2.75	2.17	22.6	16.1
90×80	7	11.5	9.04	89.6	66.5	2.79	2.40	14.0	11.3
90×80	10	16.0	12.6	121	89.1	2.74	2.36	19.1	15.4
90×80	13	20.4	16.0	151	111	2.72	2.33	24.4	19.6
100×75	7	11.9	9.32	118	67.0	3.15	2.19	17.0	10.1
100×75	10	16.5	13.0	159	76.1	3.11	2.15	23.3	13.7
100×75	13	21.1	16.5	199	94.8	3.03	2.12	29.7	17.4
100×80	7	12.2	9.59	120	68.6	3.14	2.37	17.2	11.4
100×80	10	17.0	13.3	163	91.9	3.09	2.33	23.6	15.6
100×80	13	21.7	17.0	2.23	115	3.06	2.30	23.3	13.7
100×90	7	12.9	10.1	2.35	95.9	3.11	2.73	29.7	17.4
100×90	10	18.0	14.1	2.46	129.0	3.07	2.68	17.2	11.4
100×90	13	23.0	18.1	212	162	3.06	2.65	23.6	15.6
125×75	7	13.6	10.7	219	60.4	4.01	2.11	30.1	19.9
125×75	9	17.2	13.5	271	73.7	3.97	2.07	17.5	14.4
125×75	10	19.0	14.9	293	80.9	3.96	2.06	24.0	19.8
125×75	13	24.3	19.1	376	101	3.93	2.04	30.6	25.2
125×90	7	14.7	11.5	23.3	102	3.99	2.64	26.1	14.8

$A \times B$(mm)	t(mm)	단면적 (cm^2)	중량 (kg/m)	단면 2차 모멘트(cm^4)		회전반경 (cm)		단면계수 (cm^3)	
				I_x	I_y	i_x	i_y	z_x	z_y
125×90	9	18.5	14.6	289	126	3.95	2.60	33.6	18.4
125×90	10	20.5	16.1	313	138	3.94	2.59	37.2	20.4
125×90	13	26.3	20.6	401	165	3.91	2.51	47.5	24.8
150×90	9	20.9	16.4	434	133	4.31	2.52	48.2	19.0
150×90	12	27.4	21.5	619	168	4.75	2.47	62.3	24.3
150×90	15	33.7	26.5	75.3	202	4.72	2.45	76.8	29.9
150×100	9	21.8	17.1	502	179	4.79	2.86	49.0	23.3
150×100	12	28.6	22.4	642	229	4.74	2.89	63.4	30.2
150×100	15	35.2	27.7	781	276	4.71	2.80	78.2	37.0
175×90	9	23.2	18.2	741	133	5.65	2.44	64.6	19.3
175×90	12	30.4	23.8	950	174	5.60	2.39	83.8	24.7
175×90	15	37.5	29.4	1160	210	5.50	2.37	103	30.4

(3) Z형강의 표준규격표

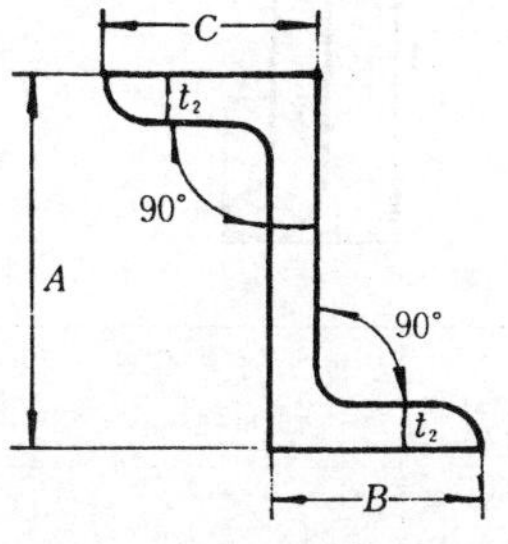

A×B×C (mm)	t_1 (mm)	t_2 (mm)	단면적 (cm^2)	중량 (kg/m)	단면 2차 모멘트(cm^4)		회전반경 (cm)		단면계수 (cm^3)	
					I_x	I_y	i_x	i_y	z_x	z_y
70×50×40	4	5	6.96	5.46	54.8	26.0	2.81	1.93	14.09	5.79
100×50×40	4	6.5	9.38	7.36	149.6	33.2	3.99	1.88	28.11	7.37
100×70×60	7	9	17.63	13.8	276.7	135.4	3.96	2.77	52.89	21.35
130×70×60	5	7	15.00	11.8	411.3	111.0	5.24	2.72	60.60	17.17
130×80×70	8	11	25.29	19.9	671.1	251.5	5.15	3.15	99.29	34.47
150×70×65	6	8	19.36	15.2	688.3	155.3	5.95	2.83	88.32	22.42
150×80×70	7	9	22.93	18.0	811.5	213.6	5.96	3.05	104.4	28.98
150×85×75	9	12	30.18	24.2	1072	332.4	5.90	3.29	138.0	42.83

(4) T형강의 표준규격표

$B \times A \times t$ (mm)	단면적 (cm^2)	중량 (kg/m)	단면 2차 모멘트(cm^4)		회전반경 (cm)		단면계수 (cm^3)	
			I_x	I_y	i_x	i_y	z_x	z_y
40×40×6	4.47	3.81	6.19	3.04	1.18	0.82	2.20	1.52
50×50×8	7.41	5.82	15.91	7.97	1.47	1.04	4.55	3.19
75×75×9.5	13.41	10.5	66.74	32.03	2.23	1.55	12.54	8.55
100×75×9.5	15.81	12.4	12.84	15.94	2.15	2.19	13.03	15.19
120×60×9.5	16.27	12.8	139.84	132.6	1.56	2.85	18.50	22.10
125×100×12.5	26.65	20.9	223.4	197.1	2.90	2.72	30.30	31.54
150×100×12.5	29.83	23.4	235.2	333.6	2.87	3.37	30.96	45.14

(5) 구산형(溝山形) 강철 표준규격표

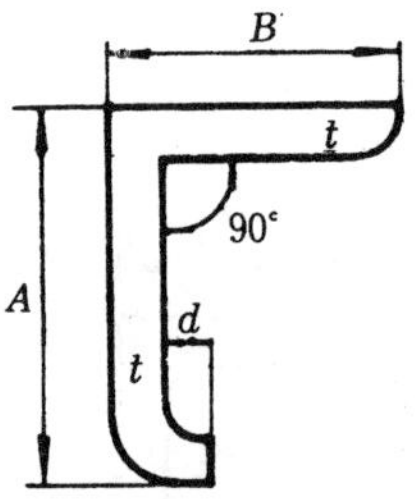

$A \times B \times t$ (mm)	d (mm)	단면적 (cm^2)	중량 (kg/m)	단면 2차 모멘트(cm^4)		회전반경 (cm)		단면계수 (cm^3)	
				I_x	I_y	i_x	i_y	z_x	z_y
140×75×7.5	18	18.20	14.3	491	69.3	5.19	1.95	60.33	11.67
150×75×8	20	20.41	16.0	633	74.4	5.57	1.91	74.91	12.53
180×75×9.5	23	27.39	21.5	1200	19.1	6.62	1.82	121.6	15.27
180×90×9.5	23	28.81	22.6	1276	152.5	6.66	2.30	124.9	21.39
200×75×10	26.5	31.87	25.0	1731	100.2	7.37	1.77	163.7	16.78
200×90×10	26.5	33.37	26.2	1845	165.2	7.44	2.22	168.1	23.04
200×90×16	26.5	49.21	38.6	2504	244.2	7.13	2.23	220.9	35.30
230×90×11	30	40.85	32.1	2959	188.5	8.51	2.15	241.5	26.19
230×90×17	30	58.37	45.8	3928	270.7	8.20	2.15	310.3	38.94
250×90×12	33	47.70	37.5	4128	205.4	9.30	2.07	308.1	28.14
250×90×14	33	53.99	42.4	4510	241.1	9.14	2.11	339.8	33.96
280×90×12	36	52.38	41.1	5536	222.6	10.28	2.06	392.2	30.92

(6) 구형(溝形) 강의 표준규격표

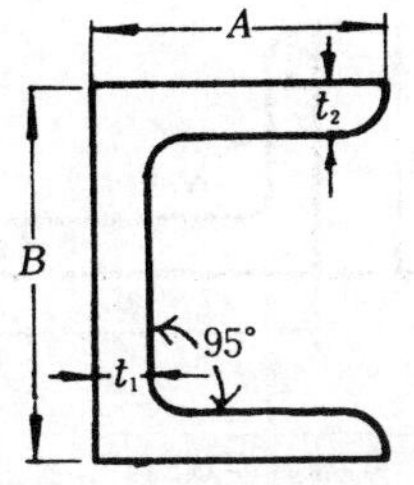

$A \times B$ (mm)	t_1 (mm)	t_2 (mm)	단면적 (cm^2)	중량 (kg/m)	단면 2차 모멘트(cm^4)		회전반경 (cm)		단면계수 (cm^3)	
					I_x	I_y	i_x	i_y	z_x	z_y
75×40	5	7	8.818	6.92	75.86	12.40	2.93	1.19	4.54	4.54
100×50	5	7.5	11.92	9.36	188.9	26.87	3.98	1.50	7.82	7.82
125×65	6	8	17.11	13.4	425.2	65.45	4.99	1.96	14.36	14.36
150×70	6	8.5	20.09	15.8	721.3	89.10	5.99	2.11	17.97	17.97
150×75	6.5	10	23.71	18.6	864.3	122.3	6.04	2.27	23.50	23.50
150×75	9	12.5	30.59	24.0	1055	158.8	5.87	2.22	29.06	29.06
180×75	7	10.5	27.20	21.4	1383	136.5	7.13	2.24	153.7	25.53
180×90	7.5	12.5	34.57	27.1	1836	258.2	7.29	2.73	204.0	41.96
200×70	7	10	26.92	21.1	1624	112.5	7.77	2.04	162.4	21.83
200×80	7.5	11	31.33	24.6	1949	177.1	7.89	2.38	194.9	3.75
200×90	8	13.5	38.65	30.3	2493	285.6	8.03	2.72	249.3	45.85
230×80	8	12	36.14	28.4	2902	200.2	8.96	2.35	252.3	34.22
230×90	8.5	13.5	42.14	33.1	3491	303.3	9.10	2.68	303.6	47.26
250×80	8	12.5	38.51	30.2	36.31	210.0	9.71	2.34	291.0	35.66
250×90	9	13	44.07	34.6	4181	306.0	9.74	2.64	334.5	46.47
250×90	11	14.5	51.17	40.2	4685	341.7	9.57	2.58	374.8	51.68
280×100	9	13	49.37	38.8	5928	428.2	10.96	2.95	423.4	58.19
280×100	11.5	6	61.37	48.2	7146	515.0	10.79	2.90	510.4	70.56
300×90	9	13	48.57	38.1	6435	324.7	11.51	2.59	429.0	47.95
300×90	10	15.5	55.74	43.8	7403	373.2	11.52	2.59	493.5	55.99
300×100	10	16	59.56	46.8	8167	514.2	11.71	2.59	544.5	70.56
300×100	12	18	68.83	54.0	9166	574.2	11.54	2.89	611.0	78.71
380×100	10.5	16	69.39	54.5	14481	556.9	14.45	2.83	762.2	73.32
380×100	13	20	85.71	67.3	17564	671.2	14.32	2.80	924.4	89.49

(7) 등변산형 강의 표준규격표

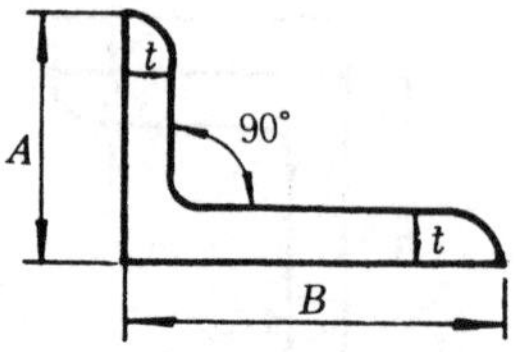

$A \times B$ (mm)	t (mm)	단면적 (cm²)	중량 (kg/m)	단면 2차 모멘트(cm⁴)		회전반경 (cm)		단면계수 (cm³)	
				I_x	I_y	i_x	i_y	z_x	z_y
20×20	3	1.13	0.88	0.39	0.39	0.59	0.59	0.28	0.28
25×25	3	1.43	1.12	0.80	0.80	0.75	0.75	0.45	0.45
25×25	5	2.25	1.76	1.18	1.18	0.72	0.72	0.69	0.69
30×30	3	1.73	1.36	1.42	1.42	0.91	0.91	0.66	0.66
30×30	5	2.75	2.16	2.14	2.14	0.88	0.88	1.03	1.03
35×35	3	2.04	1.60	2.32	2.32	1.07	1.07	0.92	0.92
35×35	5	3.25	2.56	3.53	3.53	1.04	1.04	1.44	1.44
40×40	3	2.34	1.83	3.53	3.53	1.23	1.23	1.21	1.21
40×40	5	3.75	2.95	5.42	5.42	1.20	1.20	1.91	1.91
45×45	4	3.49	2.74	6.50	6.50	1.36	1.36	2.00	2.00
45×45	6	5.04	3.96	9.00	9.00	1.34	1.34	2.83	2.83
45×45	8	6.56	5.15	11.2	11.2	1.31	1.31	3.61	3.61
50×50	4	3.89	3.06	9.06	9.06	1.53	1.53	2.49	2.49
50×50	6	5.64	4.43	12.6	12.6	1.50	1.50	3.55	3.55
50×50	8	7.36	5.78	16.1	16.1	1.48	1.48	4.52	4.52
60×60	5	5.80	4.55	19.6	19.6	1.84	1.84	4.32	4.32
60×60	7	7.91	6.21	25.9	25.9	1.81	1.81	6.06	6.06
60×60	9	9.99	7.85	31.9	31.9	1.79	1.79	7.62	7.62
65×65	6	7.53	5.91	29.4	29.4	1.98	1.98	6.27	6.27
65×65	8	9.76	7.66	36.8	36.8	1.94	1.94	7.97	7.97
65×65	10	12.00	9.42	44.4	44.4	1.92	1.92	9.79	9.79
70×70	6	8.13	6.38	37.1	37.1	2.14	2.14	7.33	7.33
70×70	8	10.6	8.29	46.6	46.6	2.10	2.10	9.34	9.34
70×70	10	13.0	10.2	56.4	56.4	2.08	2.08	11.5	11.5
75×75	6	8.73	6.85	46.1	46.1	2.30	2.30	8.47	8.47
75×75	9	12.7	9.96	64.40	64.40	2.25	2.25	12.1	12.1

$A \times B$ (mm)	t (mm)	단면적 (cm^2)	중량 (kg/m)	단면 2차 모멘트(cm^4)		회전반경 (cm)		단면계수 (cm^3)	
				I_x	I_y	i_x	i_y	z_x	z_y
75×75	12	16.6	13.0	81.9	81.9	2.22	2.22	15.7	15.7
80×80	6	9.33	7.32	56.4	56.4	2.46	2.46	9.70	9.70
80×80	9	13.6	10.7	79.2	79.2	2.41	2.41	13.9	13.9
80×80	12	17.8	13.9	101	101	2.38	2.38	18.1	18.1
90×90	7	12.2	9.59	93.0	93.0	2.76	2.76	14.2	14.2
90×90	10	17.0	13.3	125	125	2.71	2.71	19.5	19.5
90×90	13	21.7	17.0	156	156	2.68	2.68	24.8	24.8
100×100	7	13.6	10.7	129	129	3.08	3.08	17.7	17.7
100×100	10	19.0	14.9	175	175	3.03	3.03	24.4	24.4
100×100	13	24.3	19.1	220	220	3.00	3.00	31.1	31.1
130×130	9	22.7	17.9	366	366	4.01	4.01	38.7	38.7
130×130	12	29.8	23.4	467	467	3.96	3.96	49.9	49.9
130×130	15	36.7	28.8	568	568	3.93	3.93	61.5	61.5
150×150	11	32.0	25.1	684	684	4.62	4.62	62.8	62.8
150×150	12	34.8	27.3	740	740	4.61	4.61	68.1	68.1
150×150	15	42.7	33.6	888	888	4.56	4.56	82.6	82.6
150×150	19	53.4	41.9	1090	1090	4.52	4.52	103	103
200×200	15	57.8	45.3	2180	2180	6.14	6.14	150	150
200×200	20	76.0	59.7	2820	2820	6.09	6.09	197.0	197.0
200×200	25	93.8	73.6	3420	3420	6.04	6.04	242	242

연 습 문 제

문 **1.** 폭 10cm, 높이 12cm인 단형 단면에 $M=0.24(\mathrm{t}\cdot\mathrm{m})$의 휨모멘트와 $S=0.8(\mathrm{t})$의 전단력이 작용할 때 최대 휨 응력도와 최대 전단응력도를 구하시오.

문 **2.** 4,800kg의 하중을 받으려면 직경 2cm인 강봉이 몇 개가 필요한가?(단, $\sigma_a=1,200\,\mathrm{kg/cm^2}$ 이다)

문 **3.** 경간이 4m인 단순보에 400kg/m의 등분포하중이 작용한다. 이것을 원목으로부터 경제적인 구형 단면을 제재할 때의 치수를 계산하라. 목재의 $\sigma_a=80\mathrm{kg/cm^2}$, $\tau_a=8\mathrm{kg/cm^2}$, 단위중량을 $800\mathrm{kg/m^3}$로 하시오.

문 **4.** 그림과 같은 단면 재료에 $1,200\mathrm{kg/cm^2}$의 인장응력과 $800\mathrm{kg/cm^2}$의 압축응력이 서로 직각으로 작용할 때 인장응력이 작용하는 면과 30°의 각도를 이루는 경사 단면 위에 생기는 수직응력 σ_n의 값을 구하시오.

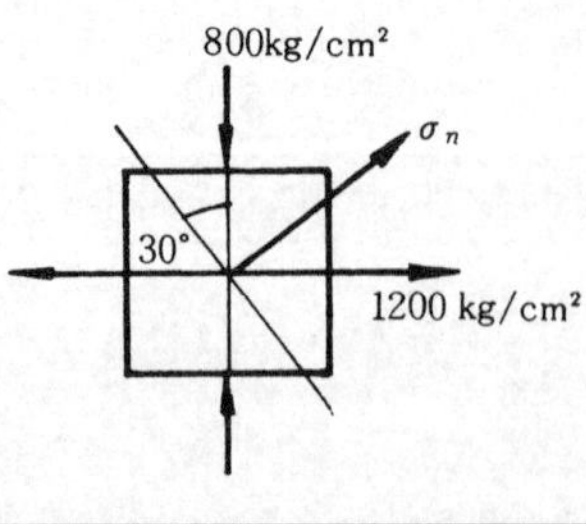

해답 1. $\begin{cases}\sigma_c=-100\,\mathrm{kg/cm^2}(\text{압축})\\ \sigma_t=100\,\mathrm{kg/cm^2}(\text{인장})\\ \tau=10\,\mathrm{kg/cm^2}\end{cases}$ **2.** 2개 **3.** 16cm×23cm **4.** $700\mathrm{kg/cm^2}$

문 5. 그림과 같은 판형 단면의 경간이 10m이면 보의 자중을 포함하여 얼마만한 등분포하중을 작용시킬 수 있는가?(단, 강재의 허용응력 $\sigma_{sa}=1,400\,\mathrm{kg/cm^2}$, $I_{nx}=640,440\,\mathrm{cm^4}$ 이다)

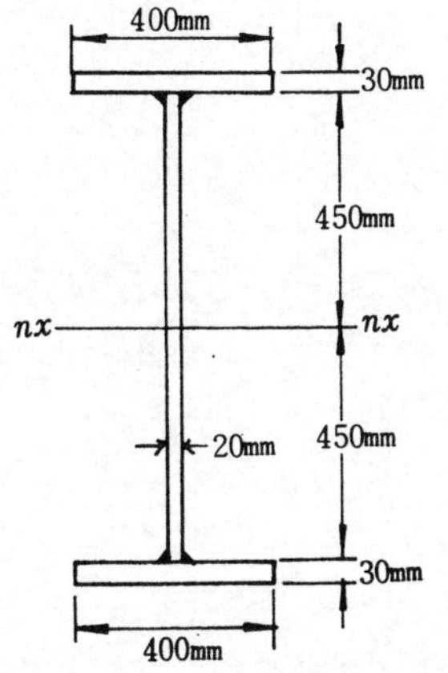

문 6. 폭 14cm, 높이 32cm인 소나무 보로서 span 8m일 때 중점에 얼마만한 크기의 집중하중을 실을 수 있는가?(단, $\sigma_a=80\,\mathrm{kg/cm^2}$, 소나무의 단위중량 $=600\,\mathrm{kg/m^3}$)

문 7. 경간 $l=4$m, 높이 $h=23$cm인 구형 단순보의 전 경간에 등분포하중 400kg/m가 만재했을 경우 이 보의 폭은 얼마인가?(단, $\sigma_a=80\,\mathrm{kg/cm^2}$, 보의 자중은 무시한다)

문 8. 경간 16m, 단면 $400\times150\times10$, 자중 72kg/m, 단면계수 $1,200\,\mathrm{cm^3}$ 인 I형 보에 실을 수 있는 허용 등분포하중은 얼마인가?(단, $\sigma_a=1,600\,\mathrm{kg/cm^2}$)

해답 5. $w=14,940$kg/m　6. $P=848.215$kg　7. $b=11.34$cm　8. 528kg/m

제7장

보의 처짐

1. 처짐과 처짐각 및 탄성곡선
2. 탄성곡선 방정식(2중 적분법 혹은 미분 방정식법)
3. 탄성곡선식의 응용 예
4. 탄성하중법에 의한 처짐의 해법
5. Green의 정리에 의한 처짐
6. 내민보의 처짐
7. 보의 처짐공식

제7장 보의 처짐

구조물에 하중이 작용하였을 때 적은 하중에 의해서도 굽힘이 커지는 경우가 있으며, 처짐이 커지면 이동하중이 작용할 때 진동 등이 커지고 보가 위험하게 되며 구조물의 미관도 해치므로 구조물설계 시방서에서는 보의 처짐을 제한하고 있다. 강도로교에서(44조) 활하중과 충격에 의한 처짐으로 연속보에서는 지간길이의 1/800 이내, 캔틸레버에서는 1/300 이내, 철도교에서(33조) 활하중과 사하중에 대하여 판형은 1/800, 트러스는 1/1000, 활하중만에 대하여는 1/1000과 1/200 이내로 제한하고 있다. 주로 사하중에 의한 보의 처짐량은 솟음(camber)을 미리 줌으로써 보정하기도 한다. 또한 보의 처짐을 구하는 중요한 이유는 부정정 구조물을 해석하는 데 상당히 긴요하게 이용된다는 점이다. 사실, 부정정 구조물을 해석할 때 처짐의 중요성은 정정 구조물에서 평형 방정식만큼이나 중요한 것이라고 볼 수 있다.

1. 처짐과 처짐각 및 탄성곡선

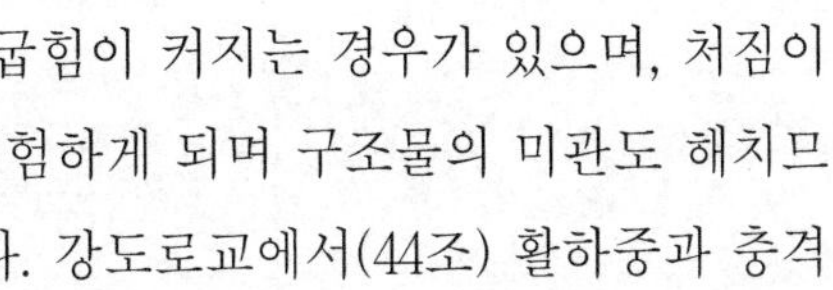

그림 7.1

그림 7.1과 같이 보의 축 $ACDB$가 하중이 작용하여 $AC'D'B$로 변형했을 때 이 $AC'D'B$를 처짐곡선(deflection curve) 혹은 탄성곡선(elastic curve)이라고 한다. 또, CC', DD'의 거리 y_C, y_D를 처짐(deflection)이라 하고 처짐곡선상의 1점에서 그은 접선이 변형 전 보의 축과 이루는 각 즉, θ_C, θ_D를 처짐각(deflection angle)이라 하며 처짐을 y라고 할 때 처짐각은 그 기울기 즉, $\frac{dy}{dx}$로 나타낼 수 있다.

보의 처짐에는 일반적으로 휨모멘트에 의한 것과 전단력에 의한 것이 있는데 전단력에 의한 처짐은 보통의 보에서 아주 작으므로 대개 무시하고 휨모멘트에 의한 처짐만을 생각하며 보가 처지면 그 가동 지점이 약간 이동하지만 아주 미소하므로 무시하는 것이 보통이다. 부호에 대한 규약은 처짐에 있어서는 아래로 내려간 것을 (+), 위로 올라간 것을 (−), 처짐각은 그림 7.1에서와 같이 시계 방향인 것을 (+), 반시계 방향인 것을 (−)로 표시한다.

2. 탄성곡선 방정식(2중 적분법 혹은 미분 방정식법)

그림 7.2는 하중이 작용하여 처진 보를 거리가 x되는 단면에서 $x+dx$인 단면을 자른 미소 부분이다.

이 단면에 작용하는 휨모멘트를 Mx, 중립축에 의한 단면 2차 모멘트를 I라 하면 중립축 $n-n$으로부터 y의 거리에 작용하는 휨 응력 σ는

$$\sigma = \frac{Mx}{I} \cdot y \quad \cdots\cdots (a)$$

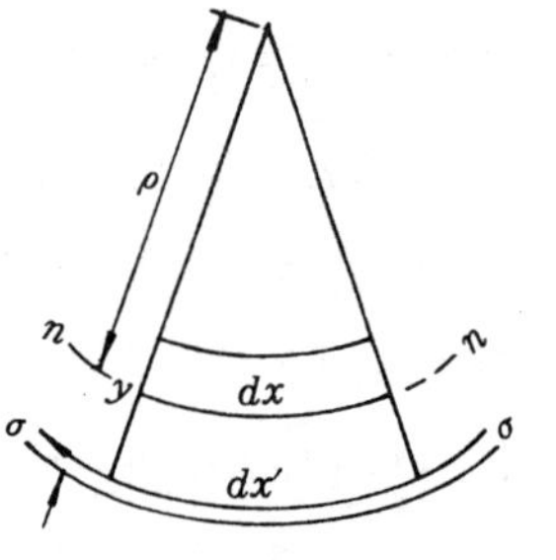

그림 7.2

이 σ 때문에 dx가 dx'로 변형하였다면 Hooke의 법칙으로부터

$$\frac{dx' - dx}{dx} = \frac{\sigma}{E} \quad \cdots\cdots (b)$$

곡률반경을 ρ라 하고 상사성을 생각해 보면

$$\frac{\rho + y}{dx'} = \frac{\rho}{dx} \quad \therefore \frac{dx' - dx}{dx} = \frac{y}{\rho} \quad \cdots\cdots (c)$$

식(b)와 (c)로부터

$$\frac{y}{\rho} = \frac{\sigma}{E} \quad \cdots\cdots (d)$$

식(a)와 (d)에서 y를 소거하면

$$\frac{1}{\rho} = \frac{M}{EI} \quad \cdots\cdots (7\text{-}1)$$

여기서 $\frac{1}{\rho}$: 곡률(curvature), ρ : 곡률반경(radius of curvature), EI : 휨강성 혹은 굴곡강성(flexural rigidity)이며 M이 일정할 때 EI를 크게 하면 ρ의 값은 커진다. 따라서 휨이 적으면 커짐도 적어지며 또한 EI가 일정할 때 M이 커지면 ρ는 작아진다. 따라서 휨이 커지면 처짐도 커진다.

【예제 1】

20cm×30cm의 목재로 된 단순보의 어느 단면의 휨모멘트가 4.5(t · m)일 때 그 단면의 곡률반경을 구하시오(단 $E=100,000\text{kg/cm}^2$).

풀이 $I=\dfrac{bh^3}{12}=\dfrac{20\times30^3}{12}=45,000\text{cm}^4$

$\rho=\dfrac{EI}{M}=\dfrac{100,000\times45,000}{450,000}=100\,\text{m}$

미분학에서 곡률반경

$$\rho=\pm\frac{\dfrac{d^2y}{dx^2}}{\left\{1+\left(\dfrac{dy}{dx}\right)^2\right\}^{\frac{3}{2}}} \qquad \text{(e)}$$

그런데 $\dfrac{dy}{dx}=\tan\theta\fallingdotseq\theta$로 이 값은 작으므로 $\left(\dfrac{dy}{dx}\right)^2$은 아주 작은 값이다. 따라서 이것을 무시하면 식(7-1)과 (e)로부터

$$\frac{d^2y}{dx^2}=\pm\frac{M}{EI} \qquad \text{(f)}$$

그런데 그림 7.3(a)에서와 같이 M이 정(+)이면 보는 아래로 처지게 되며 이때의 처짐 y는 하향으로 정이 되나 $\dfrac{d^2y}{dx^2}$는 (b)와 같을 경우에 정이 된다.

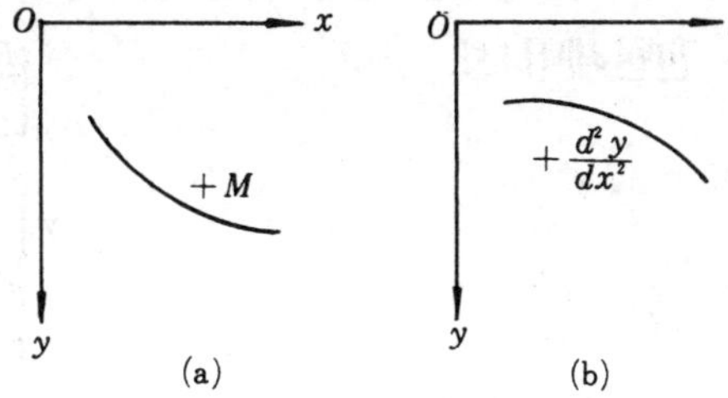

그림 7.3

즉, M의 부호와 처짐각의 부호는 역이 되므로 이 2가지의 부호 규약을 일치시키기 위하여 식(f)에서 우변을 (−)로 쓰도록 한다. 따라서,

$$\frac{d^2y}{dx^2} = -\frac{M}{EI} \qquad (7\text{-}2)$$

이 식(7-2)를 탄성곡선의 방정식이라고 하며 EI는 등질, 등단면이면 정수로 한다. 이 식(7-2)를 풀면 처짐과 하중과의 관계가 구해진다.

$$즉,\ \frac{d^3y}{dx^3} = -\frac{1}{EI} \cdot \frac{dM_x}{dx} = -\frac{S_x}{EI}\left(\because \frac{dM}{dx} = S\right) \qquad (7\text{-}3)$$

다시 미분하면

$$\frac{d^4y}{dx^4} = -\frac{1}{EI} \cdot \frac{d^2M_x}{dx^2} = -\frac{1}{EI} \cdot \frac{dS_x}{dx} = -\frac{w_x}{EI}\left(\because \frac{dS}{dx} = -w\right) \qquad (7\text{-}4)$$

식(7-2)를 1회 적분하면 처짐각 θ, 2회 적분하면 처짐 y가 구해진다.

$$즉,\ \theta_x = \frac{dy}{dx} = -\int \frac{M_x}{EI}\, dx + C_1 \qquad (7\text{-}5)$$

$$y_x = -\int\int \frac{M_x}{EI}\, dx \cdot dx + C_1x + C_2 \qquad (7\text{-}6)$$

위의 식들을 풀기 위한 경계조건으로는 고정지점에서 $y=0$, $\theta=0$, 이동지점 및 회전지점에서 $y=0$이다.

3. 탄성곡선식의 응용 예

(1) 집중하중을 받는 캔틸레버 보

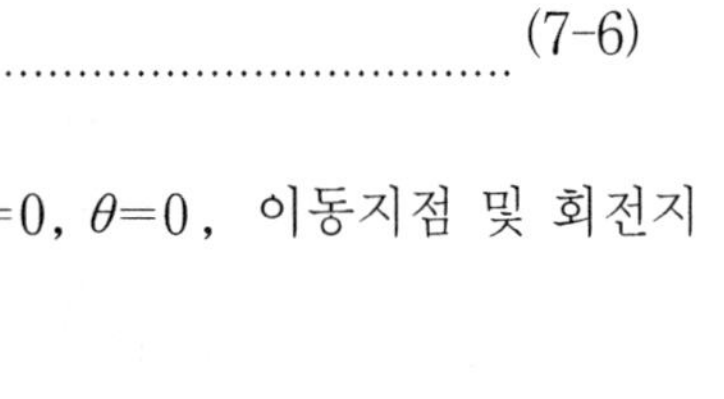

그림 7.4

임의 점에서의 $M_x = -Px$

$$\frac{d^2y}{dx^2} = -\frac{M_x}{EI} = \frac{Px}{EI}$$

EI를 일정하다고 보고 적분하면

$$\theta_x = \frac{dy}{dx} = -\frac{1}{EI}\int M_x d_x = -\frac{1}{EI}\int -Px \cdot dx$$

$$=\frac{P}{EI}\int x\cdot dx=\frac{P}{EI}\left(\frac{x^2}{2}\right)+C_1 \quad \cdots\cdots\cdots \text{(a)}$$

$$y_x=\int \theta_x\cdot dx=\int\left(\frac{P}{EI}\cdot\frac{x^2}{2}+C_1\right)dx=\frac{P}{EI}\cdot\frac{x^3}{6}+C_1x+C_2 \quad \cdots\cdots \text{(b)}$$

적분상수를 결정하기 위해 $x=l$일 때 $\theta=0$, $y=0$이므로 식(a), (b)로부터

$$\frac{P}{EI}\cdot\frac{l^2}{2}+C_1=0 \qquad \therefore\ C_1=\frac{Pl^2}{2EI}$$

$$\frac{Pl^3}{6EI}-\frac{Pl^2}{2EI}\cdot l+C_2=0 \qquad \therefore\ C_2=\frac{Pl^3}{3EI}$$

이 C_1, C_2를 식(a), (b)에 대입하면

$$\left.\begin{aligned}\theta_x&=-\frac{P}{2EI}(l^2-x^2)\\ y_x&=\frac{P}{6EI}(2l^3-3l^2x+x^3)\end{aligned}\right\} \quad \cdots\cdots\cdots \text{(7-7)}$$

최대 처짐각 및 최대 처짐은 자유단(A단)에서 생기며 $x=0$인 경우로서 식(7-7)에 대입하면

$$\left.\begin{aligned}\theta_A&=-\frac{Pl^2}{2EI}\\ y_A&=\frac{Pl^3}{3EI}\end{aligned}\right\} \quad \cdots\cdots\cdots \text{(7-8)}$$

(2) 등분포하중을 받는 단순보

$$M_x=\frac{wlx}{2}-\frac{wx^2}{2}=\frac{w}{2}(lx-x^2)$$

$$\frac{d^2y}{dx^2}=-\frac{M_x}{EI} \text{에서} \quad \frac{d^2y}{dx^2}=-\frac{1}{EI}\cdot\frac{w}{2}(lx-x^2)$$

식(7-5), (7-6)으로부터 $\theta_x=-\frac{1}{EI}\int M_x dx-\frac{1}{EI}\int\frac{w}{2}(lx-x^2)dx$

$$=-\frac{w}{2EI}\left(\frac{l}{2}x^2-\frac{1}{3}x^3\right)+C_1 \quad \cdots\cdots\cdots \text{(a)}$$

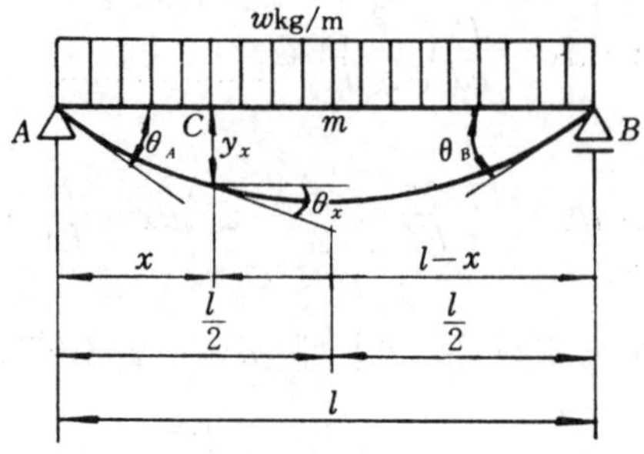

그림 7.5

$$y_x = \int \theta_x \cdot dx = \int \left\{ -\frac{w}{2EI}\left(\frac{l}{2}x^2 - \frac{1}{3}x^3\right) + C_1 \right\} dx$$

$$= -\frac{w}{2EI}\left(\frac{l}{6}x^3 - \frac{1}{12}x^4\right) + C_1 x + C_2 \quad \cdots\cdots (b)$$

지점 $A(x=0)$면 $y=0$으로서 $C_2=0$, 지점 $B(x=l)$면 $y=0$으로서

$$y = -\frac{w}{2EI}\left(\frac{1}{6}l^4 - \frac{1}{12}l^4\right) + C_1 \cdot l = 0 \qquad \therefore C_1 = \frac{wl^3}{24EI}$$

적분상수 C_1, C_2를 식(a), (b)에 대입하면

$$\left.\begin{aligned} \theta_x &= \frac{w}{24EI}(l^3 - 6lx^2 + 4x^3) \\ y_x &= \frac{wx}{24EI}(l^3 - 2lx^2 + x^3) \end{aligned}\right\} \quad \cdots\cdots (7\text{-}9)$$

θ_A, θ_B는 $x=0$, $x=l$ 인 경우이므로 식(7-9)에서

$$\left.\begin{aligned} \theta_A &= \frac{wl^3}{24EI} \\ \theta_B &= -\frac{wl^3}{24EI} \end{aligned}\right\} \quad \cdots\cdots (7\text{-}10)$$

보의 중앙점에서의 처짐각 θ_m 및 최대 처짐량 $y_{\max}$은 식(7-9)에 $x=\frac{l}{2}$을 대입하면

$$\left.\begin{aligned} \theta_C &= 0 \\ y_{\max} &= \frac{5wl^4}{384EI} \end{aligned}\right\} \quad \cdots\cdots (7\text{-}11)$$

4. 탄성하중법에 의한 처짐의 해법

(1) Mohr의 정리

식(7-5), (7-6)에서 EI가 일정할 때

$$\left.\begin{aligned} EI_y &= -\int\int M_x dxdx + C_1 x + C_2 \\ EI\theta &= -\int M_x dx + C_1 \end{aligned}\right\} \cdots\cdots (a)$$

그런데 $\dfrac{d^2M_x}{dx^2} = \dfrac{dS_x}{dx} = -q_x$이므로

$$\left.\begin{aligned} M_x &= -\int\int q_x dxdx + C_1' x + C_2' \\ S_x &= -\int q_x dx + C_1' \end{aligned}\right\} \cdots\cdots (b)$$

식(a)의 적분상수 C_1, C_2는 단순보의 경우에는 앞에서와 같이 $x=0$, $x=l$에서 $y=0$, 또 식(b)의 C_1', C_2'는 $x=0$, $x=l$에서 $M_x=0$의 경계조건으로 결정된다. 식(a)와 (b)를 비교하면 식(a)에서 EIy와 M_x와의 관계는 식(b)에서 M_x와 q_x와의 관계와 같고, 또 $EI\theta$와 M_x와의 관계는 S_x와 q_x와의 관계와 같다. 적분상수를 결정하는 경계조건도 같은 식이다.

따라서 하중 q_x대신 M_x를 하중으로 생각하여 휨모멘트를 구하고 그 값을 $1/EI$배 하면 처짐이 나오고, 전단력을 계산하여 $1/EI$배 하면 처짐각이 나오게 된다.

즉, 「단순보에서 휨모멘트도를 하중으로 생각했을 때 처짐각은 그 점에서 생기는 전단력을 $1/EI$배 한 것이고 처짐은 휨모멘트를 $1/EI$배 한 것이다.」 이것을 모르의 정리(Mohr's theorem)라고 한다.

(2) 탄성하중법에 의한 계산순서

Mohr의 정리에 의하여 처짐 및 처짐각을 구하는 방법을 탄성하중법(elastic load method) 혹은 Z-하중법이라고 하며 구하는 순서는

① 주어진 하중에 대한 BMD를 그린다.

② 이 BMD에 의해 M/EI인 $Z-$도를 그린다.

③ 보가 $Z-$도와 같은 하중을 받는다고 생각하여 구하려는 점의 전단력을 $Z-$도에서 구하면 구하려는 점의 처짐각 θ가 된다.

④ 구하려는 점의 휨모멘트를 $Z-$도에서 구하면 구하려는 점의 처짐 y가 된다.

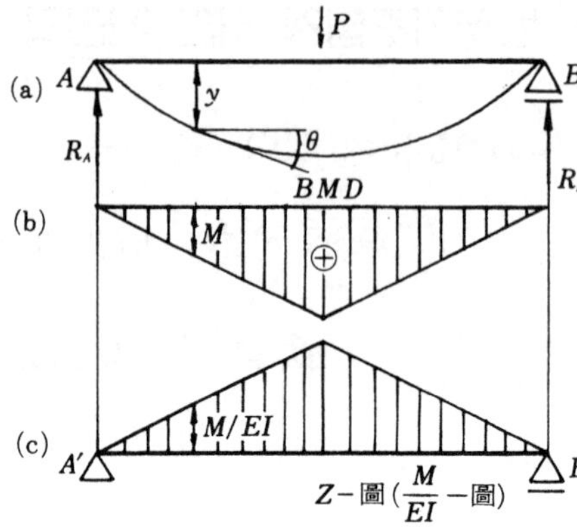

그림 7.6

여기서 $\frac{M}{EI}$을 탄성하중(elastic load) 혹은 $Z-$하중($Z-$load)이라고 하고 그림 7.6(c)의 $A'B'$보는 주어진 보의 그림 (b)와 비교하여 공액보(conjugate beam)라고 하며 이 공액보를 사용한다는 점에서 공액보법(conjugate beam method) 혹은 공액보의 면적을 계산의 기초로 하기 때문에 모멘트 면적법(moment area method)이라고도 한다.

보의 굴곡강성 EI가 일정할 때에는 $Z-$하중은 BMD를 그대로 사용하는 것이 좋다.

참고 탄성하중법을 풀기 위한 도형의 면적과 도심을 열거하면 다음과 같다.

(1) 사다리꼴

$$A=\frac{l}{2}(a+b),\quad x_2=\frac{l}{3}\cdot\frac{a+2b}{a+b}$$

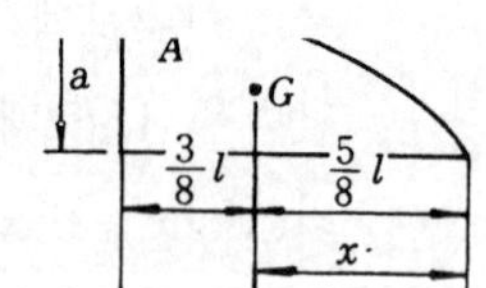

그림 7.7

(2) 2차 포물선

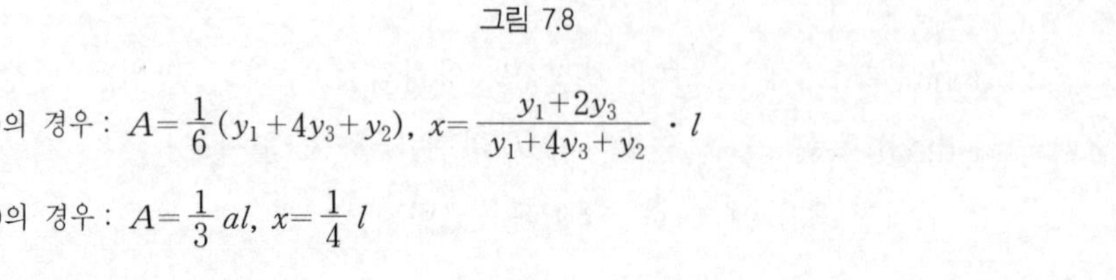

그림 7.8

(a)의 경우 : $A=\frac{1}{6}(y_1+4y_3+y_2)$, $x=\frac{y_1+2y_3}{y_1+4y_3+y_2}\cdot l$

(b)의 경우 : $A=\frac{1}{3}al$, $x=\frac{1}{4}l$

(c)의 경우 : $A=\frac{2}{3}al,\ x=\frac{5}{8}l$

(3) 3차 포물선

$A=\frac{1}{4}al,\ x=\frac{1}{5}l$

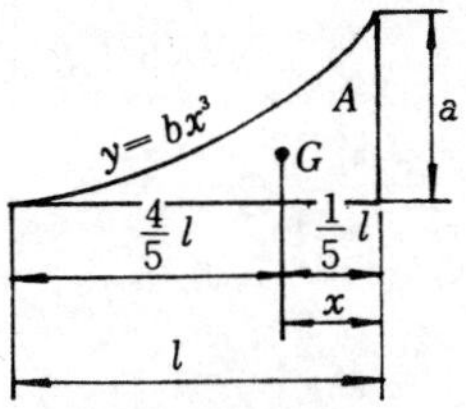

그림 7.9

(3) 단순보의 처짐

1) 등분포하중이 작용할 경우

그림 7.10(c)의 탄성하중의 합력 $\overline{w}$ 는

$$\overline{w}=2\int_0^{\frac{l}{2}}\frac{w}{2}(l-x)x\cdot dx=\frac{wl^3}{12}$$

$$\therefore\ R_A'=R_B'=\frac{\overline{w}}{2}=\frac{wl^3}{24}$$

혹은 $R_A'=\frac{wl^2}{8}\times\frac{l}{2}\times\frac{2}{3}=\frac{wl^3}{24}$

따라서

$$\theta_A=\frac{S_A}{EI}=\frac{R_A'}{EI}=\frac{wl^3}{24EI}$$

$$\theta_B=\frac{S_B}{EI}=-\frac{R_B'}{EI}=-\frac{wl^3}{24EI}$$

$$M_C'=R_A'\times\frac{l}{2}-\frac{\overline{w}}{2}\times\frac{3}{16}l=\frac{5wl^4}{384}$$

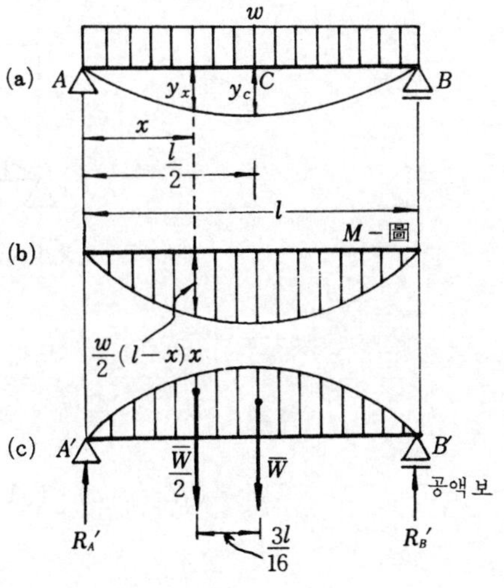

그림 7.10

$\therefore\ y_C=\frac{M_c'}{EI}=\frac{5wl^4}{384EI}$ 로서 식(7-10), (7-11)과 동일한 결과가 나오면서 간단한 방법임을 알 수 있다.

2) 집중하중이 작용할 경우

처짐각 $\theta_A(=S_A'=R_A')=\frac{1}{l}(A_2\times\frac{2}{3}b+A_1\times(\frac{a}{3}+b)$

$$=\frac{1}{l}\left[\left(\frac{Pab^2}{2lEI}\right)\left(\frac{2}{3}b\right)+\left(\frac{Pa^2b}{2lEI}\right)\left(\frac{a}{3}+b\right)\right]$$

$$=\frac{Pab(a+2b)}{6EIl}=\frac{Pab(l+b)}{6EIl} \qquad \text{(7-12)}$$

$$\text{처짐각 } \theta_B(=-S_B'=-R_B')=-\frac{1}{l}\left[\left(\frac{Pa^2b}{2lEI}\right)\left(\frac{2}{3}a\right)+\left(\frac{Pab^2}{2lEI}\right)\left(a+\frac{b}{3}\right)\right]$$

$$=-\frac{Pab(2a+b)}{6lEI}=-\frac{Pab(l+a)}{6lEI} \quad \cdots\cdots (7\text{-}13)$$

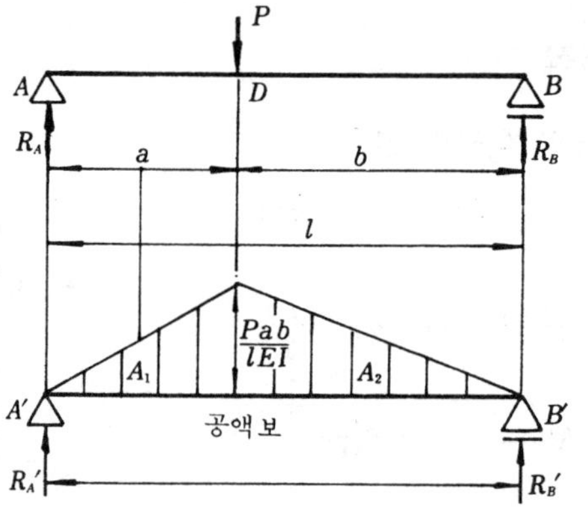

그림 7.11

처짐 $y_D=M_D'$ · (공액보에서 D점에 작용하는 모멘트)

$$=(R_A'\times a)-\left(A_1\times\frac{a}{3}\right)=\left[\frac{Pab(l+b)}{6EIl}\times a\right]-\left(\frac{Pa^2b}{2EIl}\times\frac{a}{3}\right)$$

$$=\frac{Pa^2b^2}{3EIl} \quad \cdots\cdots (7\text{-}14)$$

만일 P가 AB의 중앙점에 작용한다면

$a=b=\frac{l}{2}$ 이므로 식(7-12), (7-13), (7-14)에서

$$\theta_A=-\theta_B=\frac{Pl^2}{16EI} \quad \cdots\cdots (7\text{-}15)$$

$$y_m=y_{\max}=\frac{Pl^3}{48EI} \quad \cdots\cdots (7\text{-}16)$$

3) 여러 개의 하중이 작용할 경우

중합의 원리에 따라 하나하나의 하중에 의해서 생기는 처짐각과 처짐을 계산하여 이것을 합산하면 된다.

【예제 2】

θ_C와 y_C를 구하시오(단, 보의 단면은 b=10cm, h=15cm로 하고 $E=9.0\times10^4$kg/cm²로 한다).

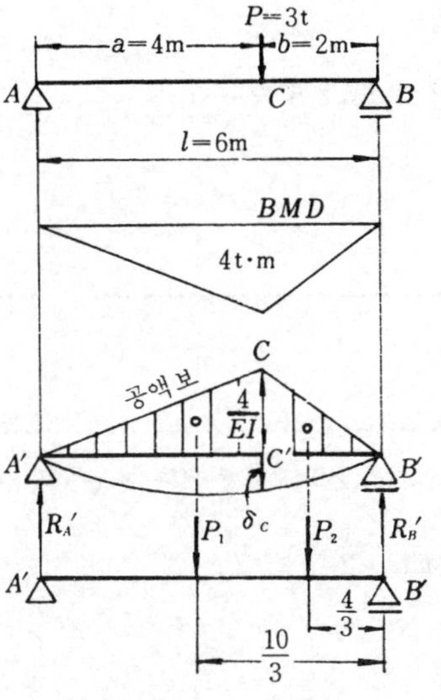

그림 7.12

풀이 공액보를 그리기 위하여 M_C를 구하면, $M_C=\dfrac{Pab}{l}=\dfrac{3\times4\times2}{6}=4\,(\text{t}\cdot\text{m})$

공액보의 반력 R_A'와 R_B'를 구하기 위하여 $\triangle ACC'$와 $\triangle BCC'$의 2개로 나누어 각각 P_1, P_2로 생각한다.

즉, $P_1=\triangle A'CC'=\dfrac{1}{2}\times4\times\dfrac{4}{EI}=\dfrac{8}{EI}$, $P_2=\triangle B'CC'=\dfrac{1}{2}\times2\times\dfrac{4}{EI}=\dfrac{4}{EI}$

$\therefore\ R_A'=\dfrac{1}{6}\left(P_1\times\dfrac{10}{3}+P_2\times\dfrac{4}{3}\right)=\dfrac{16}{3EI}\,(\text{t}\cdot\text{m}^2)$

$\therefore\ R_B'=\triangle A'B'C'-R_A'=\dfrac{12}{EI}-\dfrac{16}{3EI}=\dfrac{20}{3EI}\,(\text{t}\cdot\text{m}^2)$

처짐각 $\theta_C=S_C'=R_A'-\triangle A'CC'=\dfrac{16}{3EI}-\dfrac{1}{2}\times4\times\dfrac{4}{EI}=-\dfrac{8}{3EI}\,(\text{t}\cdot\text{m}^2)$

처짐 $y_C=R_A'\times4-\triangle A'CC'\times\dfrac{4}{3}=\dfrac{16}{3EI}\times4-\dfrac{8}{EI}\times\dfrac{4}{3}=\dfrac{32}{3EI}\,(\text{t}\cdot\text{m}^3)$

$I=\dfrac{bh^3}{12}=\dfrac{10\times15^3}{12}=2.81\times10^3\,(\text{cm}^4)$

$1(\text{t}\cdot\text{m}^2)=10^7(\text{kg}\cdot\text{cm}^2)$이므로(단위를 통일시킬 것에 유의)

$\theta_C=-\left(\dfrac{8}{3EI}\right)\times10^7=-\dfrac{8\times10^7}{3\times9\times10^4\times2.81\times10^3}=-0.105\,\text{rad}$

$1(\text{t}\cdot\text{m}^3)=10^9(\text{kg}\cdot\text{cm}^3)$

$$y_C=\left(\frac{32}{3EI}\right)\times10^9=\frac{32\times10^9}{3\times9\times10^4\times2.81\times10^3}=42.18\,\text{cm}$$

참고 처짐각의 단위는 radian으로 나타내어지며 1 radian이란 원에서 반지름과 같은 길이를 원주상에 나타냈을 때 이루는 각으로서(그림 7.12.1 참조)

$r : 2\pi r = 1\text{rad} : 360°$

$1\text{rad}=\frac{r\times360°}{2\pi r}=\frac{180°}{\pi}\fallingdotseq57.296°$가 된다.

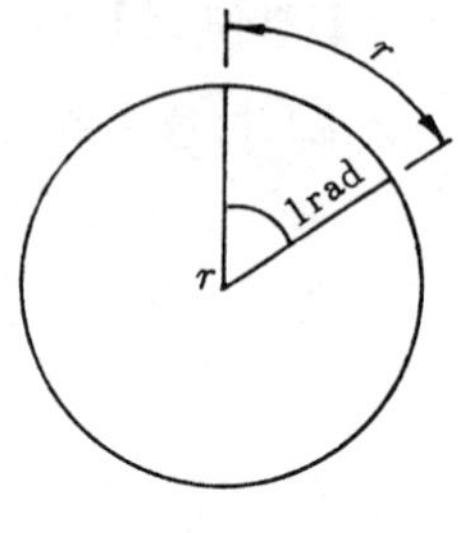

그림 7.12.1

【예제 3】

예제 2에서 y_{max}을 구하시오.

풀이 우선 최대 처짐이 일어나게 하는 거리 x를 구해야 되며 이 x는 처짐각 θ가 0일 때이므로

$$\theta=S_D'=R_A'-\triangle A'DD'=\frac{16}{3EI}-\frac{1}{2}\times x\times\frac{x}{EI}=0$$

$\therefore\ x=3.27\,\text{m}$

$$y_{max}=R_A'\times x-\triangle A'DD'\times\frac{x}{3}$$

$$=R_A'x-\frac{x^2}{2EI}\times\frac{x}{3}=R_A'x-\frac{x^2}{6EI}$$

$$=\frac{16}{3EI}\times3.27-\frac{3.27^3}{6EI}=\frac{34.83}{3EI}$$

$$=\frac{34.83\times10^9}{3\times9\times2.81\times10^7}=45.91\,\text{cm}$$

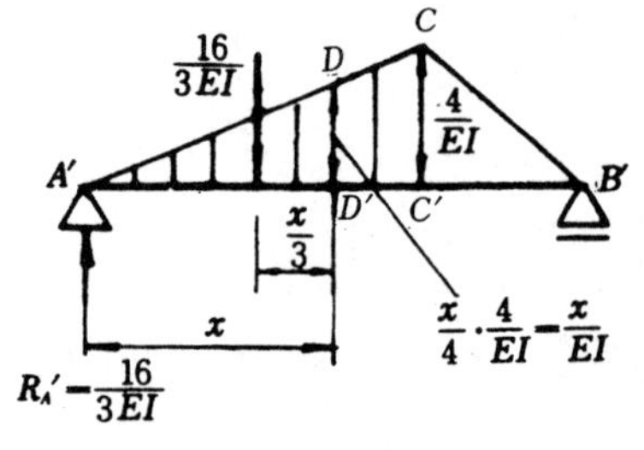

그림 7.13

【예제 4】

θ_A, θ_B, θ_C, θ_{max} 및 y_C를 구하시오.

(단 $E=1\times10^5\text{kg/cm}^2$이다)

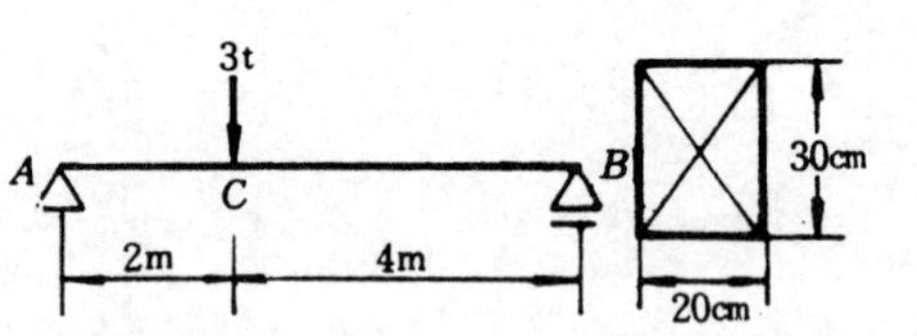

그림 7.14

풀이 우선 공액보를 그리기 위하여

$\Sigma M_B=0$, $R_A=2(\text{t})$

$\therefore\ M_C=R_A\times2=4(\text{t}\cdot\text{m})$

즉, 다음 그림 (b)와 같이 그려 Mohr의 정리를 적용한다.

공액보의 반력은 $\Sigma M_B'=0$

$R_A' \times 6 - A_1\left(\frac{2}{3}+4\right) - A_2 \cdot \frac{8}{3} = 0$

$A_1 = 4\times2\times\frac{1}{2}$, $A_2 = 4\times4\times\frac{1}{2}$ 이므로

$R_A' = \frac{20}{3}(\mathrm{t\cdot m^2}) = \frac{20}{3}\times10^7(\mathrm{kg\cdot cm^2})$

$R_B' = A_1 + A_2 - R_A' = \frac{16}{3}(\mathrm{t\cdot m^2}) = \frac{16}{3}\times10^7(\mathrm{kg\cdot cm^2})$

전단력 $S_A' = R_A' = \frac{20}{3}\times10^7(\mathrm{kg\cdot cm^2})$ 이므로

$I = \frac{bh^3}{12} = \frac{20\times30^3}{12} = 4.5\times10^4(\mathrm{cm^4})$

처짐 $\theta_A = S_A'/EI = \frac{20}{3}\times10^7\times\frac{1}{1\times10^5\times4.5\times10^4} = 0.0148\,\mathrm{rad}$

$S_B' = R_B' = \frac{16}{3}\times10^7(\mathrm{kg\cdot cm^2})$

$\therefore\ \theta_B = S_B'/EI = \frac{16}{3}\times10^7\times\frac{1}{1\times10^5\times4.5\times10^4} = -0.0118\,\mathrm{rad}$

$S_C' = R_A' - A_1 = \frac{8}{3}(\mathrm{t\cdot m^2}) = \frac{8}{3}\times10^7(\mathrm{kg\cdot cm^2})$

$\therefore\ \theta_C = S_C'/EI = \frac{8}{3}\times10^7\times\frac{1}{1\times10^5\times4.5\times10^4} = -0.0059\,\mathrm{rad}$

θ_{max}은 공액보의 반력 중 큰 쪽이므로 θ_A가 된다.

휨모멘트 $M_C' = R_A'\times2 - A_1\times\frac{2}{3} = \frac{32}{3}\times10^9(\mathrm{kg\cdot cm^3})$

$\therefore\ y_C = M_C'/EI = \frac{32}{3}\times10^9\times\frac{1}{1\times10^5\times4.5\times10^4} = 2.37\,\mathrm{cm}$

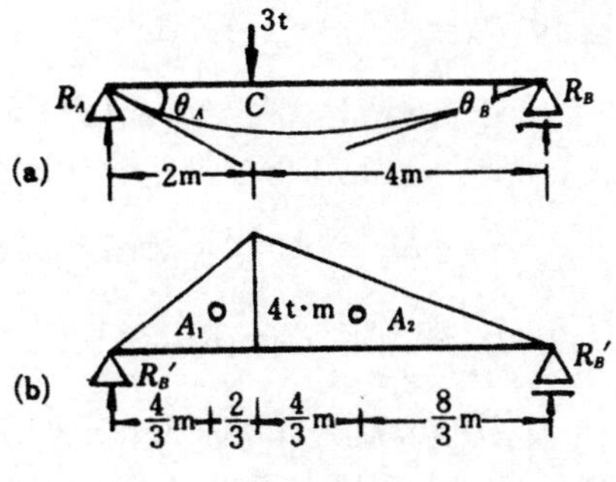

그림 7.14.1

【예제 5】

단면 20cm×30cm에 다음 그림과 같은 하중이 작용했을 때 θ_A, θ_B 및 중앙점의 처짐을 계산하시오.

(단, $E = 70,000\,\mathrm{kg/cm^2}$)

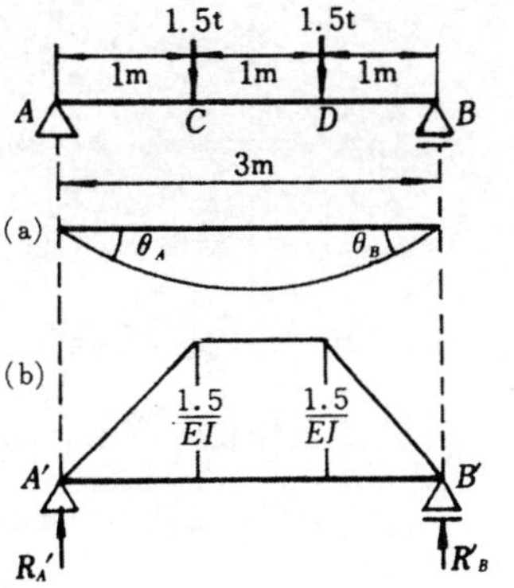

그림 7.15

풀이 $R_A = \frac{1.5+1.5}{2} = 1.5\,(\text{t})$

$M_C = R_A \times 1 = 1.5\text{t} \cdot \text{m}, \quad M_D = 1.5\,(\text{t} \cdot \text{m})$

따라서 그림 7.15(b)와 같은 공액보가 된다.

$S_A' = R_A' = \left(1.5 \times 1 \times \frac{1}{2} \times 2 + 1.5 \times 1\right) \times \frac{1}{2} = 1.5(\text{t} \cdot \text{m}^2)$

$I = \frac{20 \times 30^3}{12} = 45,000\text{cm}^4$

$EI = 70,000 \times 45,000 = 3,150,000,000\,\text{kg} \cdot \text{cm}^2 = 315(\text{t} \cdot \text{m}^2)$

$\theta_A = S_A'/EI = 1.5/315 = 0.0048\,\text{rad}$

$\theta_B = S_B'/EI = -0.0048\,\text{rad}$

중앙점의 처짐 $y_m = M_m'/EI = \frac{1}{EI}\left\{R_A' \times 1.5 - 1.5 \times 1 \times \frac{1}{2}\left(\frac{1}{3} + 0.5\right) - 1.5 \times \frac{1}{2} \times \frac{1}{4}\right\}$

$= 0.00456\text{m} = 0.46\text{cm}$

【예제 6】

θ_A와 $y_{\max}$을 구하시오(단, $E = 1 \times 10^5\text{kg/cm}^2$).

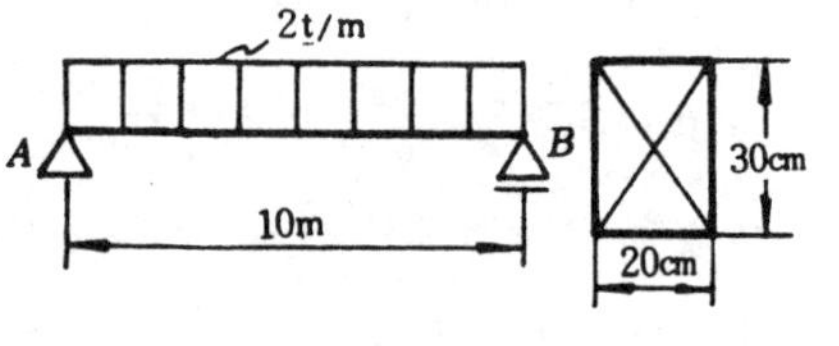

그림 7.16

풀이 $M_C = M_{\max} = \frac{wl^2}{8} = 25\,(\text{t} \cdot \text{m})$

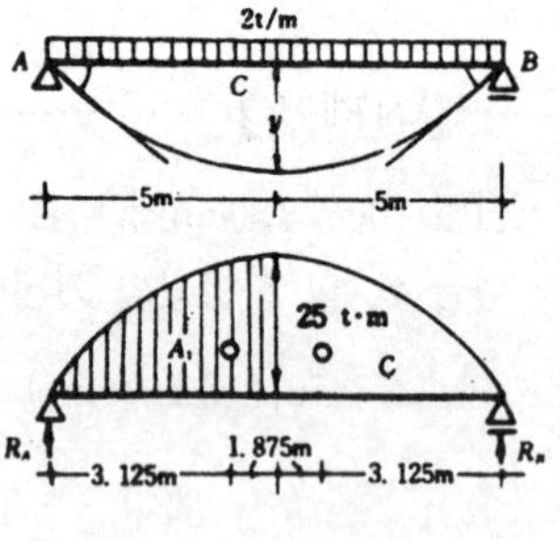

공액보의 전단력

$S_A' = R_A' = A_1 = 25 \times 5 \times \frac{2}{3} = \frac{250}{3}(\text{t} \cdot \text{m}^2) = \frac{25}{3} \times 10^8(\text{kg} \cdot \text{cm}^2)$

$I = \frac{bh^3}{12} = \frac{20 \times 30^3}{12} = 45 \times 10^3(\text{cm}^4)$

$\theta_1 = S_A'/EI = \frac{25}{3} \times 10^8 \times \frac{1}{1 \times 10^5 \times 45 \times 10^3} = 0.185\,\text{rad}$

$M_C' = R_A' \times 5 - A_1 \times 5 \times \frac{3}{8} = \frac{250}{3} \times 5 - \frac{250}{3} \times \frac{15}{8}$

$= 260.4166 \times 10^9(\text{kg} \cdot \text{cm}^3)$

$y_{\max} = M_C'/EI = 260.4166 \times 10^9 \times \frac{1}{1 \times 10^5 \times 45 \times 10^3} = 57.87\,\text{cm}$

별해 $\theta_A = \frac{wl^3}{24EI}$, $y_{\max} = \frac{5wl^4}{384EI}$에 대입하여도 결과는 같음.

단, $w = 2\text{t/m} = 20\text{kg/cm}$임.

【예제 7】

보의 양 지점에 모멘트 M이 작용할 경우 θ_A, y_C를 구하시오.

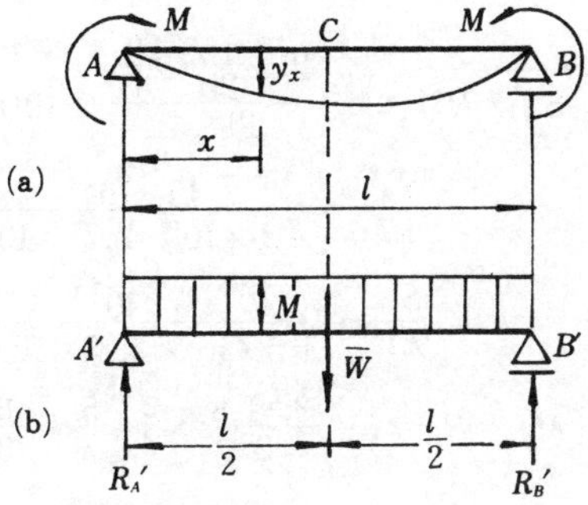

그림 7.17

풀이 탄성하중이 합력 $\overline{w}$는

$$\overline{w}=M\cdot l \qquad \therefore\ R_A{}'=\frac{\overline{w}}{2}=\frac{M\cdot l}{2}$$

$$\theta_A=R_A{}'/EI=\frac{M\cdot l}{2EI}$$

$$y_C=R_A{}'\times\frac{l}{2}-\frac{M}{EI}\cdot\frac{l}{2}\cdot\frac{l}{4}=\frac{M\cdot l^2}{8EI}$$

【예제 8】

θ_A, θ_B 및 y_C 를 구하시오(단, $E=1.5\times10^5\text{kg/cm}^2$, 단면은 10cm×30cm).

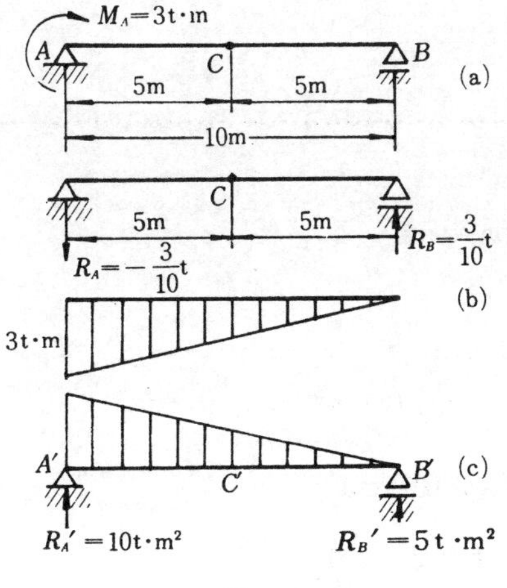

그림 7.18

풀이 $I=\dfrac{bh^3}{12}=\dfrac{10\times30^3}{12}=2.25\times10^4(\text{cm}^4)$

$$S_A'=R_A'=\frac{3\times10\times\frac{1}{2}\times\frac{20}{3}}{10}=10(\text{t}\cdot\text{m}^2),\quad S_B'=R_B'=\left(3\times10\times\frac{1}{2}-R_A'\right)=5(\text{t}\cdot\text{m}^2)$$

$$\therefore\ \theta_A=\frac{S_A'}{EI}=\frac{10\times10^7}{1.5\times10^5\times2.25\times10^4}=0.0296\,\text{rad}$$

$$\theta_B=\frac{S_B}{El}=\frac{-5\times10^7}{1.5\times10^5\times2.25\times10^4}=-0.0148\,\text{rad}$$

$$M_C'=R_A'\times5-\frac{3+1.5}{2}\times5\times\frac{5}{3}\times\frac{6+1.5}{3+1.5}=18.75(\text{t}\cdot\text{m}^3)$$

혹은 $M_C'=R_B'\times5-\dfrac{3}{2}\times5\times\dfrac{1}{2}\times\left(\dfrac{5}{3}\right)=18.75(\text{t}\cdot\text{m}^3)$

$$\therefore\ y_C=\frac{M_C'}{EI}=\frac{18.75\times10^9}{1.5\times10^5\times2.25\times10^4}=5.55\,\text{cm}$$

【예제 9】

A점에서 2m 되는 점의 처짐각과 처짐을 구하시오.
(단, $E=9.0\times10^4\text{kg/cm}^2$, $I=4.0\times10^4\,\text{cm}^4$)

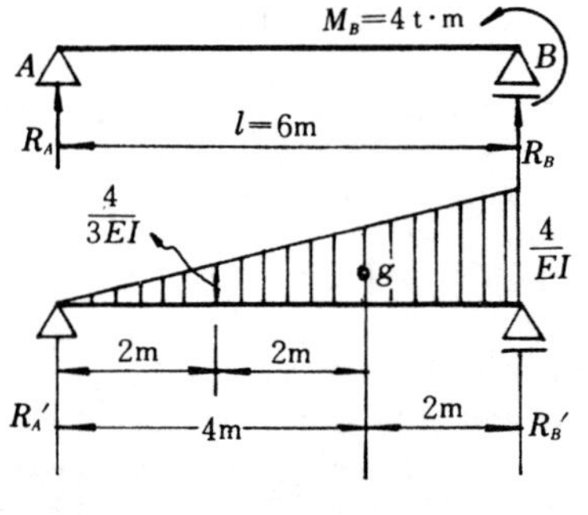

그림 7.19

풀이 $\Sigma M_B'=0$

$$R_A'\times6-\frac{4}{EI}\times6\times\frac{1}{2}\times2=0$$

$$R_A'=\frac{4}{EI}$$

$$S'_{2m}=R_A'-2\times\frac{4}{3EI}\times\frac{1}{2}=\frac{8}{3EI}\,(\text{t}\cdot\text{m}^2)$$

$$\theta_{2m}=S'_{2m}=\frac{8\times10^7}{3\times9\times4\times10^8}=0.0074\,\text{rad}$$

$$M'_{2m}=R_A'\times2-\frac{4}{3EI}\times2\times\frac{1}{2}\times\frac{2}{3}=\frac{64}{9EI}$$

$$y_{2m}=M'_{2m}=\frac{64\times10^9}{9\times9\times4\times10^8}=1.97\,\text{cm}$$

【예제 10】

A점에서 6m 되는 C점의 θ_C와 y_C를 구하시오.
(단, $E=9\times10^4\text{kg/cm}^2$, $I=5\times10^4\text{cm}^4$이다)

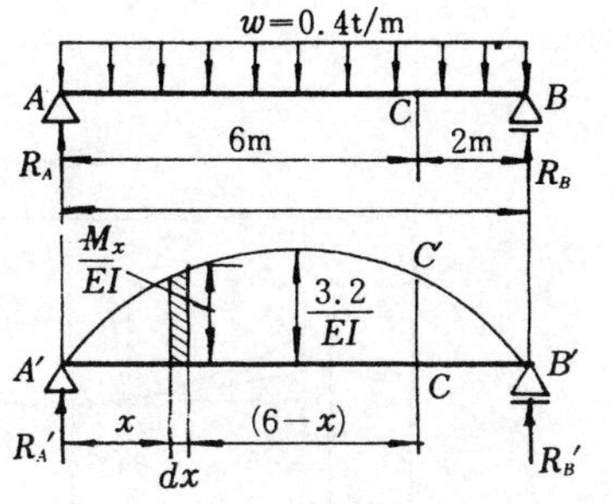

그림 7.20

풀이 $R_A=R_B=\dfrac{wl}{2}=1.6\,(\text{t})$

$$M_{\max}=\frac{wl^2}{8}=\frac{0.4\times8^2}{8}=3.2$$

$$M_x=R_A\cdot x-\frac{wx^2}{2}=1.6x-0.2x^2$$

탄성하중에 대한 $R_A'=\dfrac{2}{3}\times8\times\dfrac{1}{2}\times\dfrac{3.2}{EI}=\dfrac{25.6}{3EI}$

θ_C는 탄성하중의 전단력이므로

$$\theta_C=R_A'-\triangle A'CC'=\frac{25.6}{3EI}-\int_0^6\frac{Mx}{EI}dx=\frac{25.6}{3EI}-\frac{1}{EI}\int_0^6(1.6x-0.2x^2)dx$$

$$=\frac{25.6}{3EI}-\frac{1}{EI}\left[0.8x^2-\frac{0.2}{3}x^3\right]_0^6=\frac{25.6}{3EI}-\frac{43.2}{3EI}=-\frac{17.6}{3EI}=-\frac{17.6\times10^7}{3\times9\times5\times10^8}$$

$$=-0.013\text{rad}$$

$\therefore\ \theta_C=0°44'$

y_C는 탄성하중의 C점의 휨모멘트이다.

A점에서 x되는 곳의 하중강도는 $\dfrac{M_x}{EI}$, 너비 dx에 작용하는 힘은 $\dfrac{M_x}{EI}\cdot dx$이고, 이것이 C점에 일으키는 휨모멘트는 거리를 곱해야 되므로 $\left(\dfrac{M_x}{EI}\cdot dx\right)\times(6-x)$이다. 이것을 x가 0에서 6의 범위까지 적분하면 되므로 C점의 휨모멘트 즉, y_C는

$$y_C=R_A'\times6-\int_0^6\left(\frac{M_x}{EI}dx\right)(6-x)=R_A'x-\frac{1}{EI}\int_0^6(6-x)M_x\cdot dx$$

$$=\frac{25.6}{3EI}\times6-\frac{1}{EI}\int_0^6(0.2x^3-2.8x^2+9.6x)dx=\frac{51.2}{EI}-\frac{1}{EI}\left[\frac{0.2x^4}{4}-\frac{2.8}{3}x^3+\frac{9.6x^2}{2}\right]_0^6$$

$$=\frac{51.2}{EI}-\frac{1}{EI}\left[x^2\left(\frac{0.2}{4}x^2-\frac{2.8}{3}x+\frac{9.6}{2}\right)\right]_0^6=\frac{15.2}{EI}=\frac{15.2\times10^9}{9\times5\times10^8}=3.38\text{cm}$$

5. Green의 정리에 의한 처짐

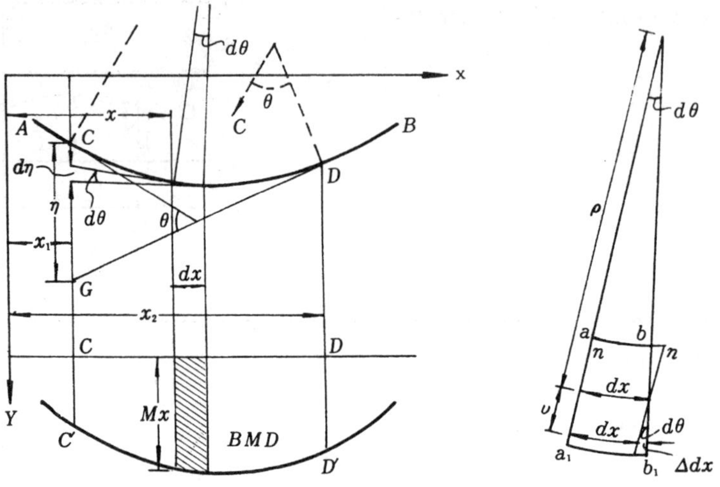

그림 7.21

Mohr의 정리로부터 유도된 것으로 캔틸레버 보의 처짐계산에 상당히 편리한 방법이다.

그림 7.21에서 $d\theta = \frac{dx'}{\rho}$

식(7-1)에서 $\frac{1}{\rho} = \frac{M_x}{EI}$ 이므로, $d\theta = \frac{M_x}{EI}dx$

즉, $$\left.\begin{aligned} \theta &= \sum_{x1}^{x2} d\theta = \int_{x3}^{x2} \frac{M_x}{EI}dx \\ &= \frac{1}{EI}\int_{x1}^{x2} M_x dx \end{aligned}\right\} \quad \cdots\cdots (7\text{-}17)$$

이 적분의 값은 CD 사이의 휨모멘트도의 면적과 같다.

또한 그림 7.21에서 보면 점 D에서 그은 접선이 점 C를 통하는 연직선과의 교점을 G라고 하여 CG의 길이를 η라고 하면

$d\eta = (x - x_1)d\theta$이므로

$$\eta = \int d\eta = \int_{x1}^{x2}(x - x_1)d\theta = \frac{1}{EI}\int_{x1}^{x2}(x - x_1)M_x dx \quad \cdots\cdots (7\text{-}18)$$

위 적분의 값은 C, D간의 휨모멘트도의 점 C에 대한 1차 모멘트의 값이 된다. 즉,

식(7-17)과 (7-18)로부터

「등단면균질(等斷面均質)보에서 처짐곡선상의 2점 사이에서의 처짐각은 휨모멘트도의 면적을 $1/EI$배한 것이고 처짐은 휨모멘트도가 구하고자 하는 점에 대한 단면 1차 모멘트의 값을 $1/EI$배 한 것이다.」 이것을 Green의 정리라고 한다.

(1) 집중하중이 작용하는 캔틸레버 보

그림 7.22에서

$\theta_B = BMD$의 Area/EI

$$= Pl \times l \times \frac{1}{2} \times \frac{1}{EI} = \frac{Pl^2}{2EI} = \theta_{\max} \quad \cdots\cdots (7\text{-}19)$$

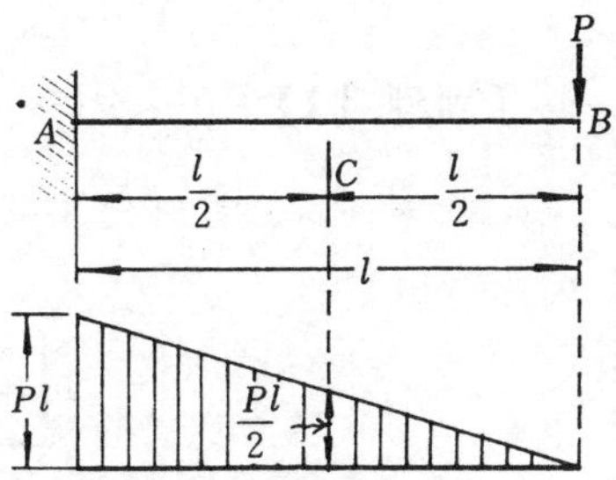

그림 7.22

$y_B = BMD$의 그 점에 관한 1차 모멘트/EI

$$= Pl \times l \times \frac{1}{2} \times \frac{2}{3} l \times \frac{1}{EI} = \frac{Pl^3}{3EI} = y_{\max} \quad \cdots\cdots (7\text{-}20)$$

으로서 식(7-8)과 동일한 결과가 나오면서 간편한 방법이다.

중앙점의

$$\theta_C = \left(Pl + \frac{Pl}{2}\right) \times \frac{l}{2} \times \frac{1}{2} \times \frac{1}{EI} = \frac{3Pl^2}{8EI} \quad \cdots\cdots (7\text{-}21)$$

중앙점의

$$y_C = \left(Pl + \frac{Pl}{2}\right) \times \frac{l}{2} \times \frac{1}{2} \times \frac{\frac{l}{2}}{3} \left\{ \frac{2Pl + \frac{Pl}{2}}{Pl + \frac{Pl}{2}} \right\} \times \frac{1}{EI} = \frac{5Pl^3}{48EI} \quad \cdots\cdots (7\text{-}22)$$

(2) 등분포하중이 작용하는 캔틸레버 보

$\theta_B = BMD$의 면적/EI

$$= \frac{wl^2}{2} \times l \times \frac{1}{3} \times \frac{1}{EI} = \frac{wl^3}{6EI} \quad \cdots\cdots (7\text{-}23)$$

y_B=BMD의 그 점에 관한 1차 모멘트/EI

$$=\frac{wl^3}{6EI}\times\frac{3}{4}l=\frac{wl^4}{8EI} \quad\cdots\cdots\cdots\cdots\cdots\cdots (7\text{-}24)$$

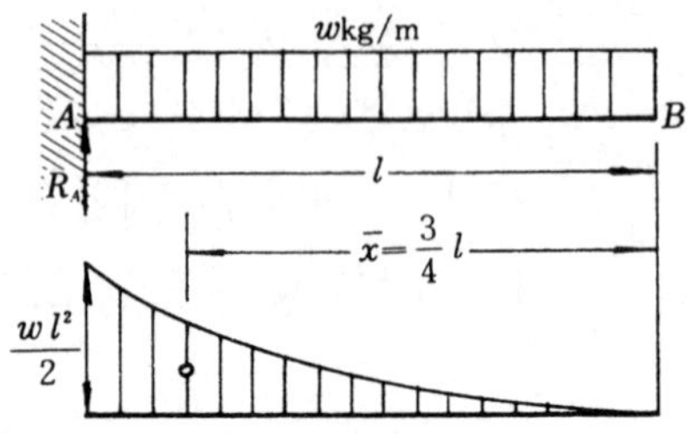

그림 7.23

【예제 11】

θ_C, y_C 및 θ_B, y_B를 구하시오(단, $E=1\times10^5\text{kg/cm}^2$이다).

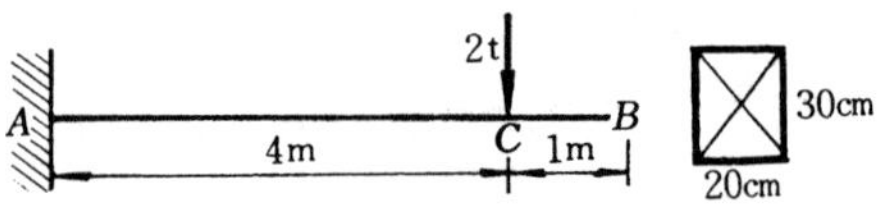

그림 7.24

풀이 $M_A=-Pl=-2\times4=-8\ (\text{t}\cdot\text{m})$

θ_C=BMD의 Area/EI

$$I=\frac{20\times30^3}{12}=45,000\text{cm}^4$$

$$\theta_C=8\times4\times\frac{1}{2}\times10^7\times\frac{1}{45\times10^8}\fallingdotseq0.0355\,\text{rad}$$

y_C=BMD의 그 점에 관한 1차모멘트/EI

$$=8\times4\times\frac{1}{2}\times10^7\times4\times\frac{2}{3}\times10^2\times\frac{1}{45\times10^8}\fallingdotseq9.48\,\text{cm}$$

$$\theta_B=8\times4\times\frac{1}{2}\times10^7\times\frac{1}{45\times10^8}=0.0355\,\text{rad}(=\theta_C)$$

$$y_B=8\times4\times\frac{1}{2}\times10^7\times(4\times\frac{2}{3}+1)\times10^2\times\frac{1}{45\times10^8}\fallingdotseq13.04\,\text{cm}$$

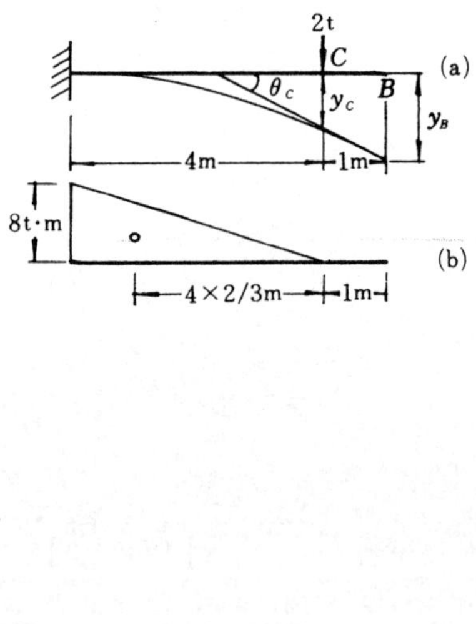

【예제 12】

θ_C, y_C 및 θ_B, y_B를 구하시오(단, $E=2\times10^6\text{kg/cm}^2$, $I=3\times10^4\text{cm}^4$).

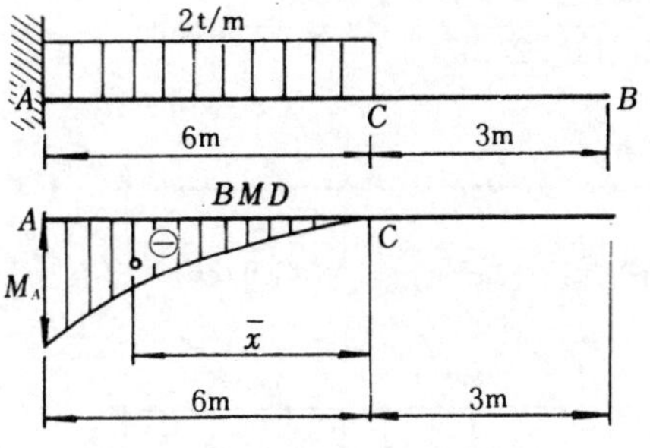

그림 7.25

풀이 $M_A=-(2\times6\times3)=-36\ (\text{t}\cdot\text{m})$

$A=\frac{1}{3}\times36\times6=72\ (\text{t}\cdot\text{m}^2)$

$\bar{x}=\frac{3}{4}l=\frac{3}{4}\times6=4.5\text{m}$

$EI=2\times10^6\times3\times10^4=6\times10^{10}(\text{kg}\cdot\text{cm}^2)=6\times10^3(\text{t}\cdot\text{m}^2)$

$\theta_C=\frac{72}{EI}=\frac{72}{6\times10^3}=0.012\text{rad}$

$y_C=\frac{72\times4.5\times10^9}{6\times10^{10}}=5.4\text{cm}$

$\theta_B=\theta_C=0.012\text{rad}$

$y_B=\frac{72\times7.5\times10^9}{6\times10^{10}}=9.0\text{cm}$

【예제 13】

480kg/m의 등분포하중이 작용할 때 y_{max}을 구하시오.
(단, 자중은 72kg/m, $I=23,974\text{cm}^4$, $E=21\times10^5\text{kg/cm}^2$)

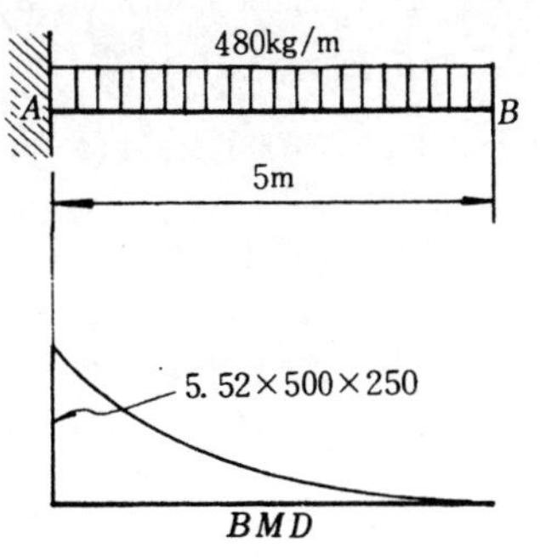

그림 7.26

풀이 자중을 포함한 등분포하중

$480+72=552\text{kg/m}=5.52\text{kg/cm}$

$$y_{max}=y_B=\frac{5.52\times 500\times 250\times 500\times \frac{1}{3}\times \frac{3}{4}\times 500}{21\times 10^5\times 23,974}=0.85\text{cm}$$

【예제 14】

A의 처짐과 처짐각을 구하시오(단, $E=1.3\times 10^6\text{kg/cm}^2$, $I=10^6\text{cm}^4$).

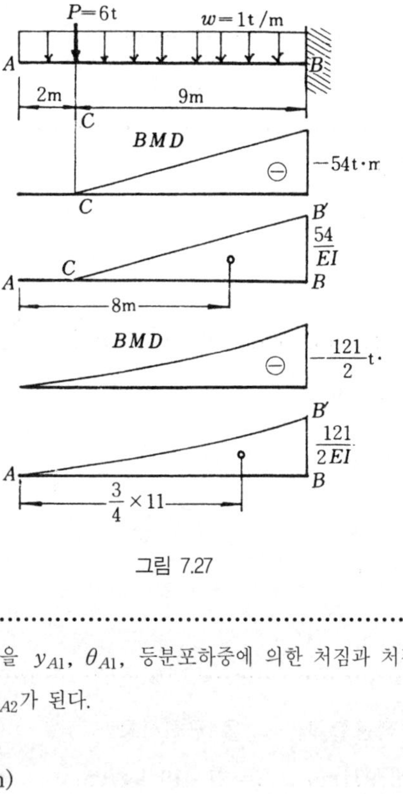

그림 7.27

풀이 집중하중에 의한 처짐과 처짐각을 y_{A1}, θ_{A1}, 등분포하중에 의한 처짐과 처짐각을 y_{A2}, θ_{A2}라 하면 $y_A=y_{A1}+y_{A2}$, $\theta_A=\theta_{A1}+\theta_{A2}$가 된다.

(1) 집중하중에 의한 처짐

$$M_{B1}=-6\times 9=-54\ (\text{t}\cdot\text{m})$$

$$\theta_{A1}=\frac{1}{2}\times 9\times \frac{54}{EI}=\frac{243}{EI}\ (\text{t}\cdot\text{m}^2)$$

$$y_{A1}=\frac{243}{EI}\times 8=\frac{1,944}{EI}\ (\text{t}\cdot\text{m}^3)$$

(2) 등분포하중에 의한 처짐

$$M_{B2}=-\frac{wl^2}{2}=-\frac{1\times 11^2}{2}=-\frac{121}{2}\ (\text{t}\cdot\text{m})$$

$$\theta_{A2}=\frac{1}{3}\times 11\times \frac{121}{2EI}=\frac{1,331}{6EI}\ (\text{t}\cdot\text{m}^2)$$

$$y_{A2}=\frac{1,331}{6EI}\times\frac{3}{4}\times 11=\frac{43,923}{24EI}\ (\text{t}\cdot\text{m}^3)$$

$$\theta_A=\theta_{A1}+\theta_{A2}=\frac{243}{EI}+\frac{1,331}{6EI}=\frac{2,789}{6EI}=\frac{2,789\times 10^7}{6\times 1.3\times 10^6\times 10^6}\fallingdotseq 0.00358\,\text{rad}$$

$$y_A=y_{A1}+y_{A2}=\frac{1,944}{EI}+\frac{43,923}{24EI}=\frac{30,193}{8EI}=\frac{30,193\times 10^9}{8\times 1.3\times 10^6\times 10^6}\fallingdotseq 2.903\,\text{cm}$$

【예제 15】

다음 그림에서 θ_B, y_B를 구하시오.
(E=1,000,000kg/cm², 단면은 10cm×30cm)

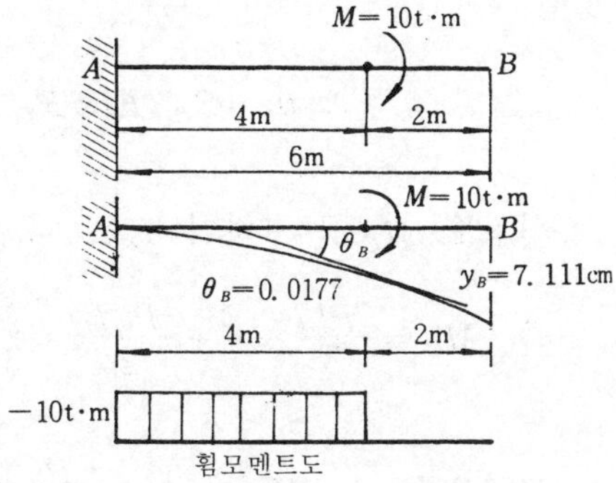

그림 7.28

풀이 $M_A=-10\ (\text{t}\cdot\text{m})$, $I=\frac{10\times 30^3}{12}=22,500\text{cm}^4$

$$\theta_B=\frac{10\times 4\times 10^7}{10^6\times 2.25\times 10^4}\fallingdotseq 0.0178$$

$$y_B=\frac{10\times 4\times (2+2)\times 10^8}{10^6\times 2.25\times 10^4}=7.111\,\text{cm}$$

6. 내민보의 처짐

(1) 집중하중이 작용할 경우

내민부분 AC의 처짐각과 처짐은 캔틸레버 보의 식을 그대로 써서는 안 된다. 왜냐하면 캔틸레버 보에서는 고정단(그림 7.29에서는 A)에서 처짐각은 0이 되나, 여기서는 A점에서 처짐각이 0이 아니기 때문이다. 따라서 이러한 것을 고려하여 그림 7.29(b)와 같이 자유단은 고정단,

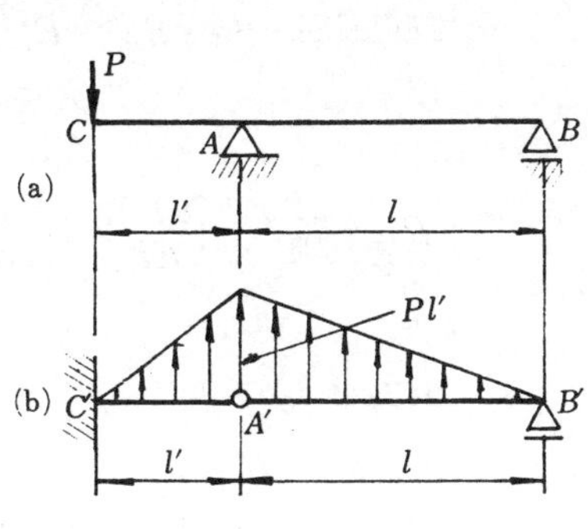

그림 7.29

A지점은 골절로 된 게르버 보로 보아 생각하도록 한다.

$A'B'$를 단순보로 보아 $\Sigma M_{B}'=0$

$R_A' \times l - Pl' \times l \times \frac{1}{2} \times \frac{2}{3} l = 0 \qquad \therefore R_A' = \frac{Pll'}{3}$

이 R_A'를 A'단에 작용시켜 R_C'를 구한다.

즉, $R_C' = R_A' + Pl' \times l' \times \frac{1}{2} = \frac{Pll'}{3} + \frac{Pl'l'}{2} = \frac{Pl'(2l+3l')}{6}$

$$\therefore \theta_C = S_C'/EI = R_C'/EI = -\frac{Pl'(2l+3l')}{6EI} \quad \cdots\cdots (7\text{-}25)$$

처짐도 M_C'를 구하여 EI로 나누어 주면 된다.

즉, $M_C' = \frac{Pl'l}{3} \times l' + \frac{Pl'l'}{2} \times \frac{2}{3} l' = \frac{Pl'^2(l+l')}{3}$

그러므로 $y_C = M_C' \times \frac{1}{EI} = \frac{Pl'^2(l+l')}{3EI} \quad \cdots\cdots (7\text{-}26)$

(2) 등분포하중이 작용할 경우

그림 7.30과 같은 경우에 θ_A, θ_C 및 y_C를 구해보도록 하자. 먼저 AB 구간을 단순보로 보았을 때의 R_A를 구해보면

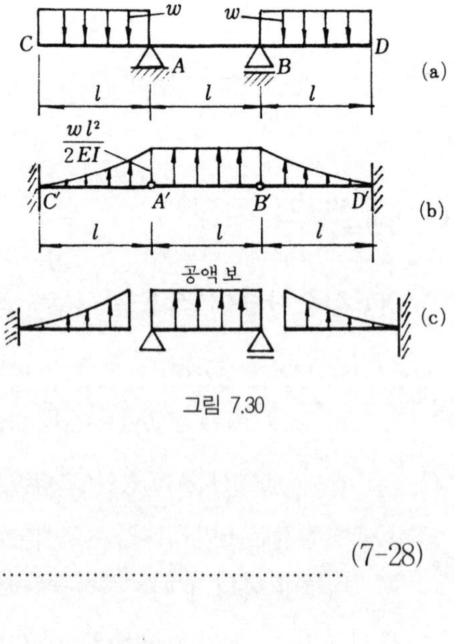

그림 7.30

$R_A' = \frac{wl^2}{2EI} \times l \times \frac{1}{2} = \frac{wl^3}{4EI}$

그러므로 $\theta_A = S_A' = R_A' = \frac{wl^3}{4EI} \quad \cdots (7\text{-}27)$

$R_C' = R_A' + \frac{wl^2}{2EI} \times l \times \frac{l}{3} = \frac{5wl^3}{12EI}$

따라서 $\theta_C = S_C' = R_C' = \frac{5wl^3}{12EI} \quad \cdots\cdots (7\text{-}28)$

y_C는 공액보에서 C점의 휨모멘트이므로

$$M_C' = \frac{wl^3}{4EI} \times l + \frac{1}{3} \times l \times \frac{wl^2}{2EI} \times \frac{3}{4} l = \frac{3wl^4}{8EI} \text{ (하향)} \quad \cdots\cdots (7\text{-}29)$$

【예제 16】

θ_C 및 y_C를 구하시오.

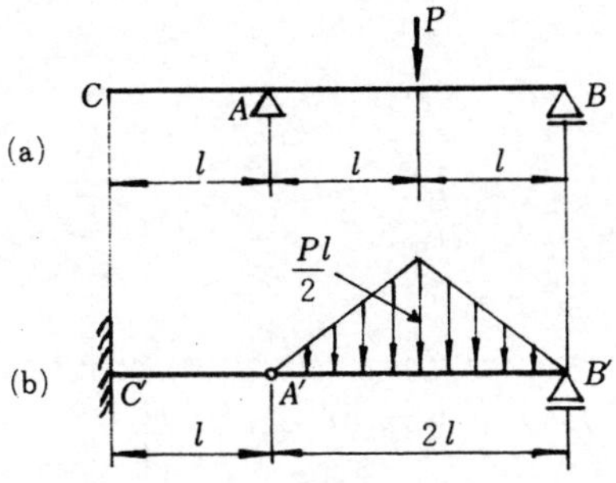

그림 7.31

풀이 $R_A' = \frac{Pl}{2} \times l \times \frac{1}{2} = \frac{Pl^2}{4}$ $\quad\therefore\ \theta_C = S_C'/EI = R_A'/EI = \frac{Pl^2}{4EI}$

$M_C' = -R_A' \times l = -\frac{Pl^3}{4}$ $\quad\therefore\ y_C = M_C'/EI = -\frac{Pl^3}{4EI}$

【예제 17】

모멘트 하중을 받을 때 θ_C를 구하시오.

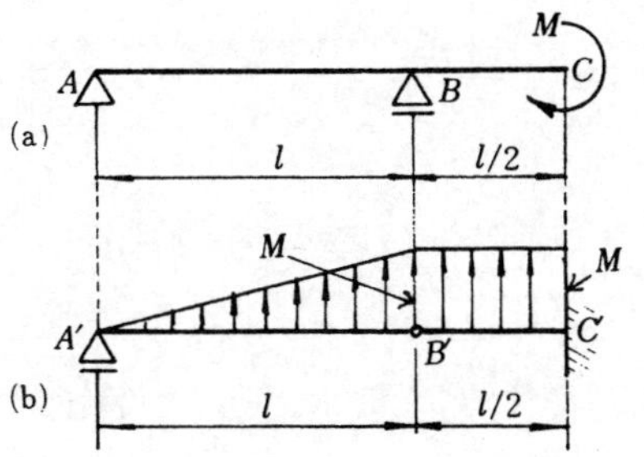

그림 7.32

풀이 우선 $A'B'$ 간을 단순보로 보아

$\Sigma M_A' = 0,\quad -R_B' l + M \times l \times \frac{1}{2} \times \frac{2}{3} l = 0$

$R_B' = \frac{Ml}{3}$ $\quad\therefore\ R_C' = R_B' + M \times \frac{l}{2} = \frac{Ml}{3} + \frac{Ml}{2} = \frac{5}{6} Ml$

따라서 $\theta_C = S_C'/EI = R_C'/EI = \frac{5Ml}{6EI}$

【예제 18】

θ_C 및 y_C를 구하시오.

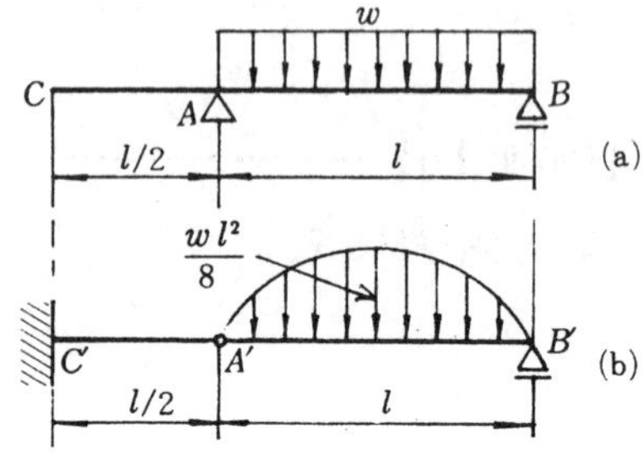

그림 7.33

풀이 $R_A{}' = \frac{wl^2}{8} \times l \times \frac{2}{3} \times \frac{1}{2} = \frac{wl^3}{24}$ $\quad\therefore\ \theta_C = S_C{}'/EI = R_A{}'/EI = \frac{wl^3}{24EI}$

$M_C{}' = -\frac{wl^3}{24} \times \frac{l}{2} = -\frac{wl^4}{48}$ $\quad\therefore\ y_C = M_C{}'/EI = -\frac{wl^4}{48EI}$

【예제 19】

θ_C 및 y_C를 구하시오.

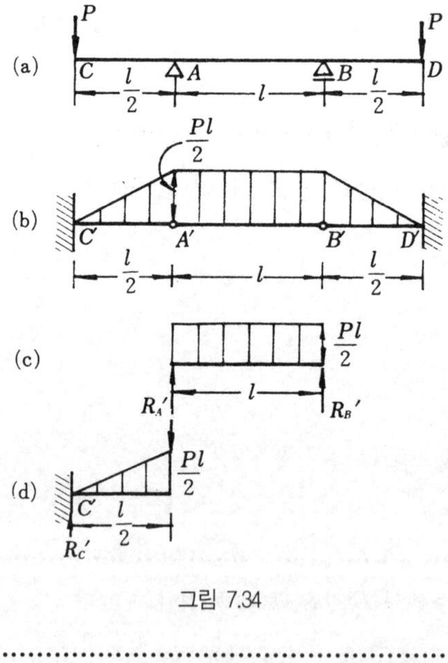

그림 7.34

풀이 그림 7.34(c)에서 $R_A{}' = \frac{1}{2} \times \frac{Pl}{2} \times l = \frac{Pl^2}{4}$

$R_C{}' = R_A{}' + $[그림 7.34(d)의 면적] $= \frac{Pl^2}{4} + \frac{1}{2} \times \frac{Pl}{2} \times \frac{l}{2} = \frac{3Pl^2}{8}$

$\therefore\ \theta_C = -R_c{}'/EI = -\frac{3Pl^2}{8EI}$

$$M_C' = R_A' \times \frac{l}{2} + \frac{1}{2} \times \frac{Pl}{2} \times \frac{l}{2} \times \frac{2}{3} \times \frac{l}{2} = \frac{Pl^3}{6}$$

$$\therefore \ y_C = M_C'/EI = \frac{Pl^3}{6EI}$$

7. 보의 처짐공식

하중상태	처짐각(θ) 및 처짐(y)	하중상태	처짐각(θ) 및 처짐(y)
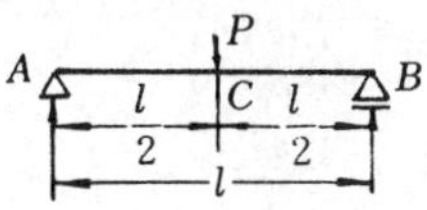	$\theta_A = -\theta_B = \frac{Pl^2}{16EI}$ $y_C = y_{max} = \frac{Pl^3}{48EI}$	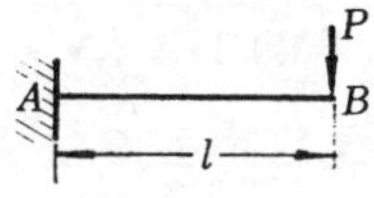	$\theta_B = \frac{Pl^2}{2EI}$ $y_B = \frac{Pl^3}{3EI}$
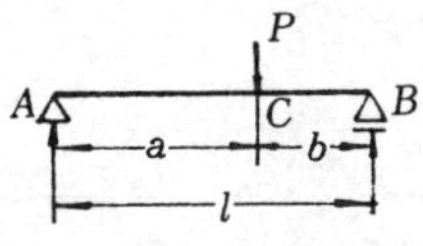	$\theta_A = \frac{Pab(l+b)}{6EIl}$ $\theta_B = \frac{Pab(l+a)}{6EIl}$ $y_C = \frac{Pa^2b^2}{3EIl}$	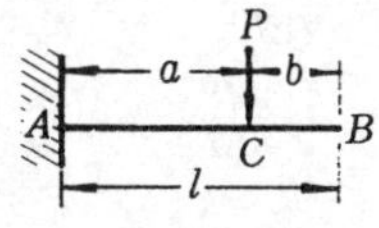	$\theta_B = \theta_C = \frac{Pa^2}{2EI}$ $y_B = \frac{Pa^2}{6EI}(3l-a)$ $y_C = \frac{Pa^3}{3EI}$
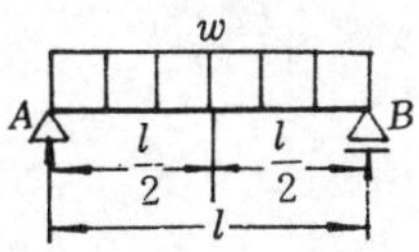	$\theta_A = -\theta_B = \frac{wl^3}{24EI}$ $y_{max} = \frac{5wl^4}{384EI}$	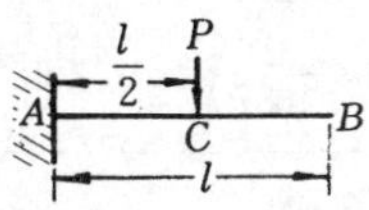	$\theta_C = \theta_B = \frac{Pl^2}{8EI}$ $y_B = \frac{5Pl^3}{48EI}$
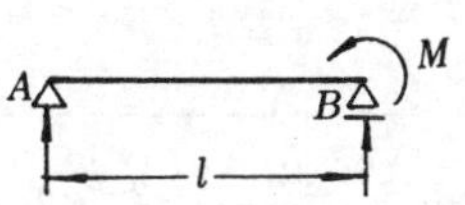	$\theta_A = \frac{Ml}{6EI}$, $\theta_B = \frac{Ml}{3EI}$ 중앙점에서 $y = \frac{Ml^2}{16EI}$	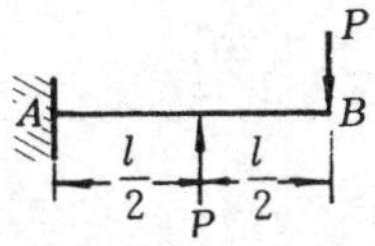	$\theta_B = \frac{3Pl^2}{8EI}$ $y_B = \frac{11Pl^3}{48EI}$
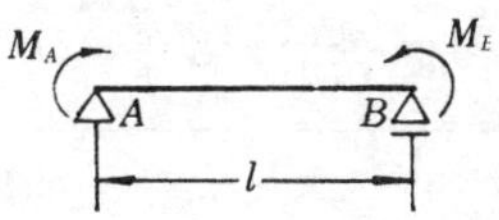	$\theta_A = \frac{(2M_A + M_B)l}{6EI}$ $\theta_B = \frac{(M_A + 2M_B)l}{6EI}$	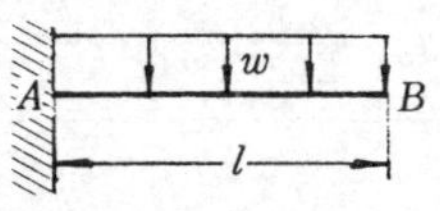	$\theta_B = \frac{wl^3}{6EI}$ $y_B = \frac{wl^4}{8EI}$
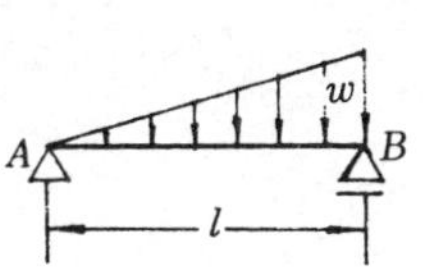	$\theta_A = \frac{7wl^3}{360EI}$ $\theta_B = -\frac{8wl^3}{360EI}$ $x = 0.519l$에서 $y_{max} = 0.00652 = \frac{wl^4}{EI}$	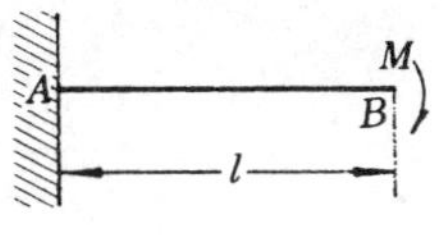	$\theta_B = \frac{Ml}{EI}$ $y_B = \frac{Ml^2}{2EI}$ $y_x = \frac{Mx^2}{2EI}$
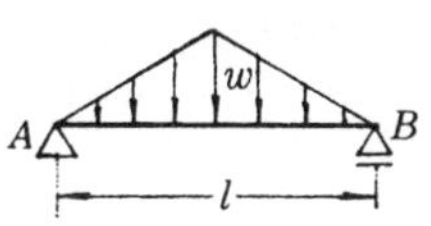	$\theta_A = -\theta_B = \frac{5wl^4}{192EI}$ $y_{max} = \frac{wl^4}{120EI}$	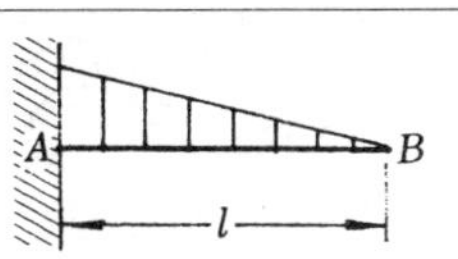	$\theta_B = \frac{wl^3}{24EI}$ $y_B = \frac{wl^4}{30EI}$

하중상태	처짐각(θ) 및 처짐(y)	하중상태	처짐각(θ) 및 처짐(y)
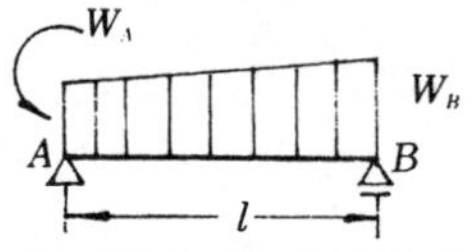	$\theta_A = \frac{(8w_A + 7w_B)}{360EI} l^3$ $\theta_B = \frac{-(7w_A + 8w_B)l^3}{360EI}$	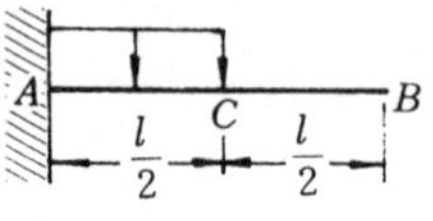	$\theta_C = \theta_B = \frac{wl^3}{48EI}$ $y_B = \frac{7wl^4}{384EI}$
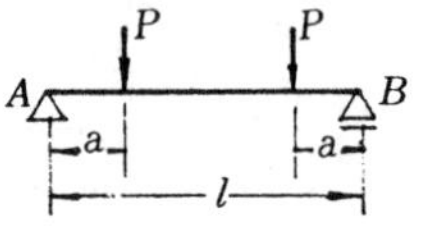	$\theta_A = -\theta_B = \frac{Pal}{2EI}(1 - \frac{a}{l})$ $y_{\max} = \frac{Pa}{24EI}(3l^2 - 4a^2)$	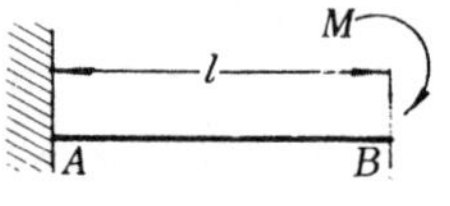	$\theta_B = \frac{Ml}{EI}$ $y_{\max} = \frac{Ml^2}{2EI} = y_B$
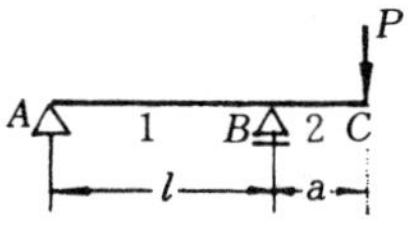	$y_{1\max} = 0.064 - \frac{Pal^2}{EI}$ $y_{2\max} = \frac{Pa^2(a+l)}{3EI}$	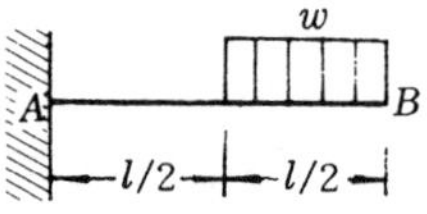	$\theta_B = \frac{7wl^3}{48EI}$ $y_B = \frac{41wl^4}{384EI}$
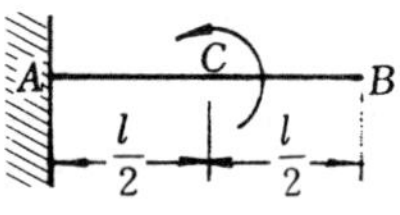	$\theta_B = \frac{MI}{2EI}$ $y_B = -\frac{3Ml^2}{8EI}$	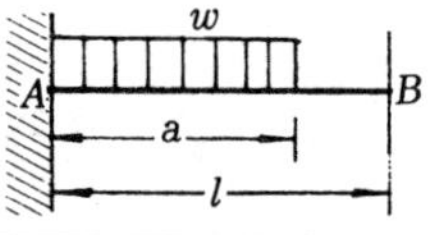	$\theta_C = \frac{wa^3}{6EI}$ $y_C = \frac{wa^4}{8EI}$
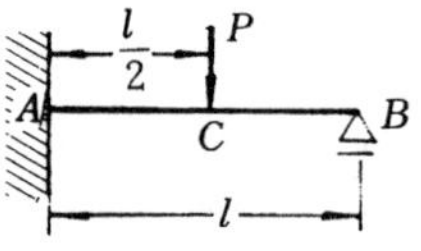	$\theta_B = \frac{Pl^2}{32EI}$ $y_C = \frac{7Pl^3}{768EI}$	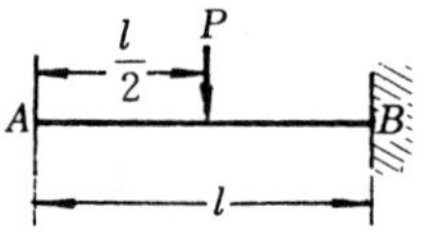	$y_{\max} = \frac{Pl^3}{192EI}$
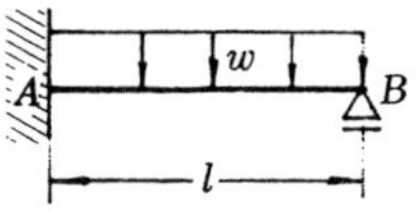	$\theta_B = \frac{wl^3}{8EI}$ $y_{\max} = \frac{wl^4}{185EI}$	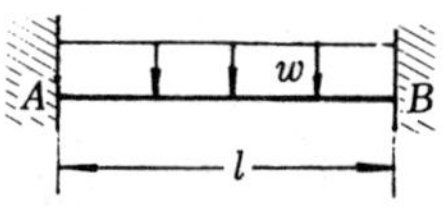	$y_{\max} = \frac{wl^4}{384EI}$
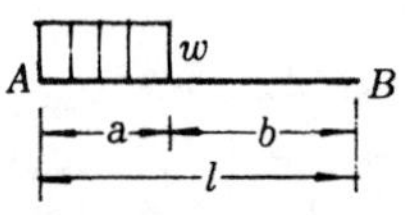	$\theta_A = \frac{wl^3}{24EI} \frac{a^2}{l^2} (2 - \frac{a}{l})^2$ $\theta_B = \frac{wl^3}{24EI} \frac{a^2}{l^2} (2 - \frac{a^2}{l^2})$	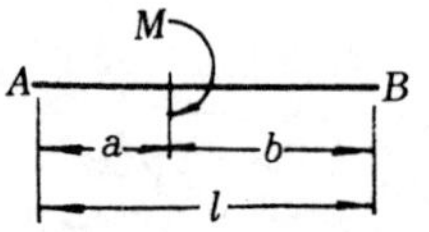	$\theta_A = -\frac{Ml}{6EI}(1 - 3\frac{b^2}{l^2})$ $\theta_B = \frac{Ml}{6EI}(1 - 3\frac{a^2}{l^2})$

종 합 문 제

【문제 1】

그림과 같은 단순보에서 지점 A, B점의 처짐각과 C, D점의 처짐 및 보에 생기는 최대 처짐을 구하시오(단, 단면은 30×150의 I형망이고 I=14,700cm^4, E=21×105kg/cm^{2}이다. 자중은 고려하지 않음).

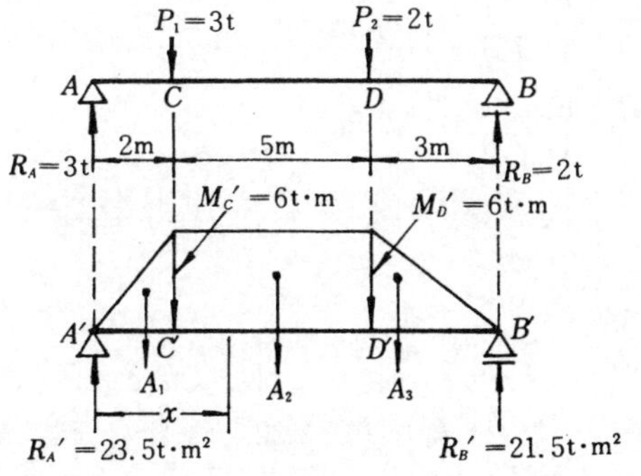

그림 7.35

풀이 (1) 하중에 의한 반력과 단면력

$$R_A=\frac{3\times8+2\times3}{10}=3\,(t)$$

$$R_B=5-3=2\,(t)$$

$$M_A=0,\ \ M_B=0$$

$$M_C=3\times2=6\,(t\cdot m),\ \ M_D=2\times3=6\,(t\cdot m)$$

$$A_1=2\times6\times\frac{1}{2}=6(t\cdot m^2)$$

$$A_2=5\times6=30\,(t\cdot m^2)$$

$$A_3=3\times6\times\frac{1}{2}=9\,(t\cdot m^2)$$

(2) 휨모멘트도를 하중으로 생각했을 때의 반력 및 단면력

$$R_A'=\frac{6\times8\frac{2}{3}+30\times5.5+9\times2}{10}=23.5\,(t\cdot m^2)$$

$$R_B'=6+30+9-23.5=21.5\,(t\cdot m^2)$$

$$S_A'=R_A'=23.5(t\cdot m^2)=235\times10^6(kg\cdot cm^2)$$

$$S_B'=-R_B'=-21.5\,(t\cdot m)=-215\times10^6(kg\cdot cm^2)$$

$M_C' = 23.5 \times 2 - 6 \times \frac{2}{3} = 47 - 4 = 43(\text{t} \cdot \text{m}^3) = 43 \times 10^9(\text{kg} \cdot \text{cm}^3)$

$M_D' = 21.5 \times 3 - 9 \times 1 = 64.5 - 9 = 55.5(\text{t} \cdot \text{m}^3) = 555 \times 10^8(\text{kg} \cdot \text{cm}^3)$

(3) 처짐각 θ_A, θ_B

$$\theta_A = \frac{S_A'}{EI} = \frac{235 \times 10^6}{21 \times 10^5 \times 14,700} \fallingdotseq 0.0076\,\text{rad} \fallingdotseq 0.436°$$

$$\theta_B = \frac{S_B'}{EI} = \frac{-215 \times 10^6}{21 \times 10^5 \times 14,700} \fallingdotseq 0.007\,\text{rad} \fallingdotseq -0.399°$$

(4) 처짐 y_C, y_D

$$y_C = \frac{M_C'}{EI} = \frac{43 \times 10^9}{21 \times 10^5 \times 14,700} \fallingdotseq 1.39\,\text{cm}$$

$$y_D = \frac{M_D'}{EI} = \frac{555 \times 10^8}{21 \times 10^5 \times 14,700} \fallingdotseq 1.80\,\text{cm}$$

(5) 최대 처짐 $y_{\max}$; 공액보에서 최대 휨모멘트가 생기는 점의 처짐이므로

$S_x' = 23.5 - 6 - 6 \times (x - 2) = 29.5 - 6x = 0$

$x = \frac{29.5}{6} \fallingdotseq 4.92\left(\frac{dM_x'}{dx} = S_x' = 0\text{으로 하여도 좋음}\right)$

$$M'_{\max} = 23.5 \times 4.92 - 6 \times \left(2.92 + \frac{2}{3}\right) - (6 \times 2.92) \times \frac{2.92}{2}$$

$$\fallingdotseq 68.5(\text{t} \cdot \text{m}^3) = 685 \times 10^8(\text{kg} \cdot \text{cm}^3)$$

$$\therefore\ y_{\max} = \frac{M'_{\max}}{EI} = \frac{685 \times 10^8}{21 \times 10^5 \times 14,700} \fallingdotseq 2.22\,\text{cm}$$

【문제 2】

다음 그림에서 보는 바와 같은 단순보의 A, B점의 처짐각과 거리 x점의 처짐을 구하여라(단, EI는 일정하다).

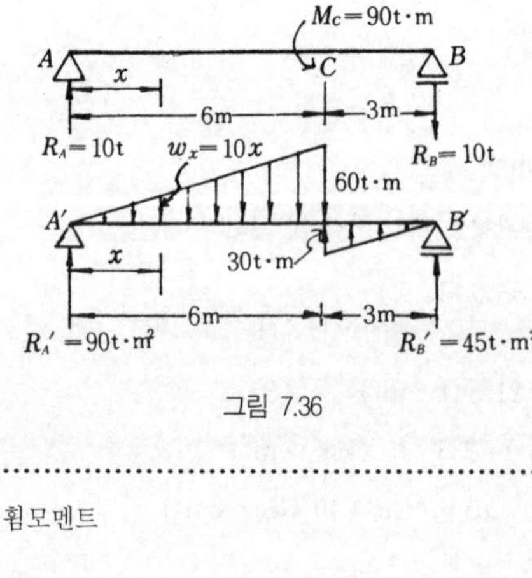

그림 7.36

풀이 (1) 모멘트에 의한 반력과 휨모멘트

$\Sigma M_B = R_A \times 9 - 90 = 0$

$R_A = 10(\text{t}),\ R_B = -10\ (\text{t})$

$M_C(\text{좌}) = 10 \times 6 = 60(\text{t} \cdot \text{m}),\ M_C(\text{우}) = 60 - 90 = -30\ (\text{t} \cdot \text{m})$

AC 사이 $M_x = 10x$

BC 사이 $M_x = -10(9-x)$

(2) 공액보에 의한 반력과 단면력

$\Sigma M_B' = R_A' \times 9 - \left(\frac{6 \times 60}{2}\right) \times 5 + \left(\frac{3 \times 30}{2}\right) \times 2 = 0$

$R_A' = \frac{900-90}{9} = 90(\text{t} \cdot \text{m}^2),\ R_{B'} = \left(\frac{6 \times 60}{2} - \frac{3 \times 30}{2}\right) - 90 = 45\ (\text{t} \cdot \text{m}^2)$

$S_A' = R_A' = 90\ (\text{t} \cdot \text{m}^2),\ S_B' = -R_B' = -45\ (\text{t} \cdot \text{m}^2)$

AC 사이 $M_x' = 90x - \left(\frac{x \times 10x}{2}\right) \times \frac{x}{3} = 90x - \frac{5}{3}x^3$

CB 사이 $M_x' = 45(9-x) + \frac{10(9-x) \times (9-x)}{2} \times \frac{(9-x)}{3} = 45(9-x) + \frac{5}{3}(9-x)^3$

$\therefore\ \theta_A = \frac{S_A'}{EI} = \frac{90}{EI},\ \theta_B = \frac{S_B'}{EI} = -\frac{45}{EI}$

AC 사이 $y_x = \frac{1}{EI}\left(90x - \frac{5}{3}x^3\right)$

CB 사이 $y_x = \frac{1}{EI}\left[\left\{45(9-x) + \frac{5}{3}(9-x)^3\right\}\right]$

【문제 3】

단면이 20cm×30cm, 길이 6m의 나무로 된 보의 중앙에 2t의 집중하중이 작용할 때 최대 처짐을 구하시오(단 $E = 10^5 \text{kg/cm}^2$).

풀이 $y_{\max} = \frac{Pl^3}{48EI}$

$I = \frac{bh^3}{12} = \frac{20 \times 30^3}{12} = 45,000\text{cm}^4$

$y_{\max} = \frac{2 \times 6^3 \times 10^7}{48 \times 10^5 \times 45,000} = 2\,\text{cm}$

【문제 4】

다음 보의 최대 처짐을 구하시오(단, $E=100,000\text{kg/cm}^2$, 자중은 무시한다).

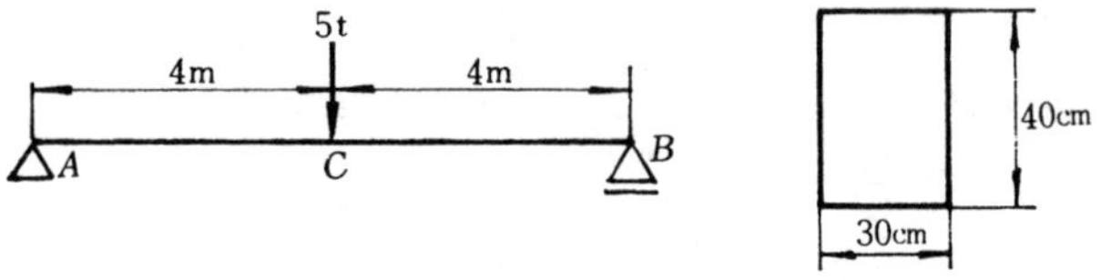

그림 7.37

풀이 $I=\dfrac{bh^3}{12}=\dfrac{30\times40^3}{12}=160,000\text{cm}^4$

(1) 공식을 이용하는 방법

$$y_C=\frac{Pl^3}{48EI}=\frac{5,000\times800^3}{48\times100,000\times160,000}=3.33\,\text{cm}$$

(2) Mohr의 정리를 이용하는 방법

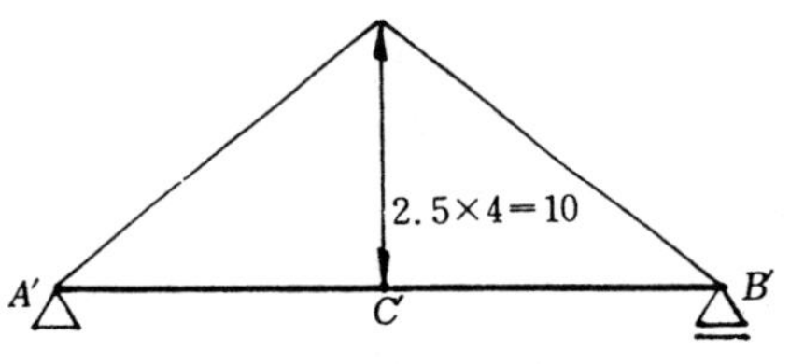

$$M_C'=R_A'\times4-10\times4\times\frac{1}{2}\times\frac{4}{3}=20\times4-\frac{80}{3}=53.3(\text{t}\cdot\text{m}^3)$$

$$=53,300,000,000\text{kg}\cdot\text{cm}^3$$

$$y_C=\frac{M_C'}{EI}=\frac{53,300,000,000}{10^5\times160,000}=3.33\,\text{cm}$$

【문제 5】

다음과 같은 캔틸레버 보에 등변분포 하중이 작용할 때 A점의 처짐각과 처짐을 구하시오(단, $E=2\times10^5\text{kg/cm}^2$, $I=2\times10^4\text{cm}^4$).

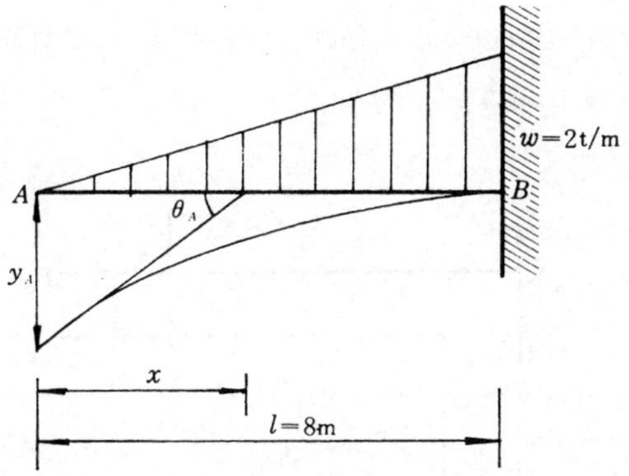

그림 7.38

풀이 A점의 처짐각과 처짐의 일반식을 유도하면 반력

$$R_B=\frac{wl}{2},\ M_x=\frac{wx^3}{6l}$$

임의 점의 처짐각 θ_x와 처짐량 y_x는

$$\theta_x=-\frac{1}{EI}\int M_x\cdot dx=-\frac{1}{EI}\int\left(-\frac{wx^3}{6l}\right)dx$$

$$=\frac{w}{6EIl}\cdot\frac{x^4}{4}+C_1=\frac{w}{24EIl}x^4+C_1 \quad\cdots\cdots ①$$

$$y_x=\int\theta_x\cdot dx=\int\left(\frac{w}{24EIl}x^4+C_1\right)=\frac{wx^5}{120EIl}C_1x+C_2 \quad\cdots\cdots ②$$

경계조건은 $x=l$ 면 $\theta=0$, $y=0$이므로

식 ①로부터 $\frac{w}{24EIl}l^4+C_1=0 \qquad \therefore\ C_1=\frac{wl^4}{24EIL}$

식 ②로부터 $\frac{wl^5}{120EIl}-\frac{w}{24EIl}l^5+C_2=0 \qquad \therefore\ C_2=\frac{wl^4}{30El}$

이 C_1, C_2의 값을 식 ①, ②에 대입하면

$$\theta_x=\frac{wx^4}{24EIl}-\frac{wl^4}{24EIl}=\frac{w}{24EIl}(x^4-l^4) \quad\cdots\cdots ③$$

$$y_x=\frac{wx^5}{120EIl}-\frac{wl^3x}{24EI}+\frac{wl^4}{30EI}=\frac{w}{120EIl}(x^5-5l^4x+4l^5) \quad\cdots\cdots ④$$

구하려는 A점의 처짐각과 처짐은 $x=0$일 때이므로 식 ③, ④로부터

$$\theta_A=\frac{wl^3}{24EI},\ y_A=\frac{wl^4}{30EI}$$

$$\therefore\ \theta_A=\frac{-20\times(800)^3}{24\times2\times10^5\times2\times10^4}=-0.1067\,\text{rad},\quad y_A=\frac{20\times(800)^4}{30\times2\times10^5\times2\times10^4}=68.267\,\text{cm}$$

【문제 6】

다음과 같이 캔틸레버 보에 1t의 하중이 작용하면 자유단 끝 B의 처짐 및 처짐각을 구하시오(단면은 15cm×20cm, $E=9\times10^4\text{kg/cm}^2$).

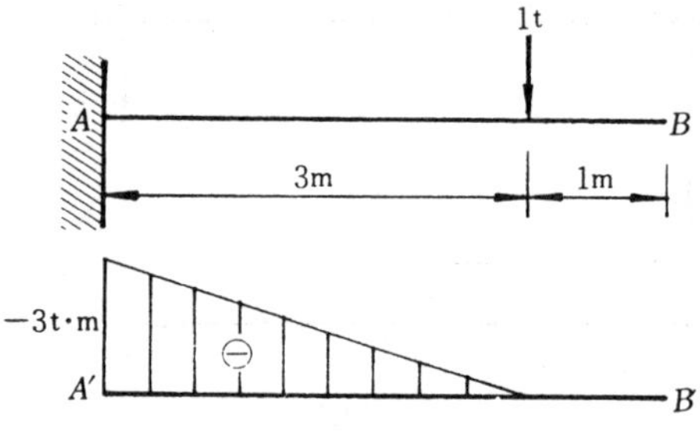

그림 7.39

풀이 $\theta_B=\dfrac{BMD\text{의 면적}}{EI}$

BMD의 면적 $=3\times3\times\dfrac{1}{2}=4.5(\text{t}\cdot\text{m}^2)=4.5\times10^7(\text{kg}\cdot\text{cm}^2)$

$\theta_B=\dfrac{4.5\times10^7}{9\times10^8}=0.05,\quad y_B=\dfrac{M_B'}{EI}$

$M_B'=4.5\times10^7\times\left(3\times\dfrac{2}{3}+1\right)\times10^8=13.5\times10^9(\text{kg}\cdot\text{cm}^3)$

$\therefore\ y_B=\dfrac{M_B'}{EI}=\dfrac{13.5\times10^9}{9\times10^8}=0.15\text{m}=15\text{cm}$

【문제 7】

θ_B, y_B를 구하시오(단, $E=1{,}000{,}000\,\text{kg/cm}^2$, 단면은 30cm×45cm임).

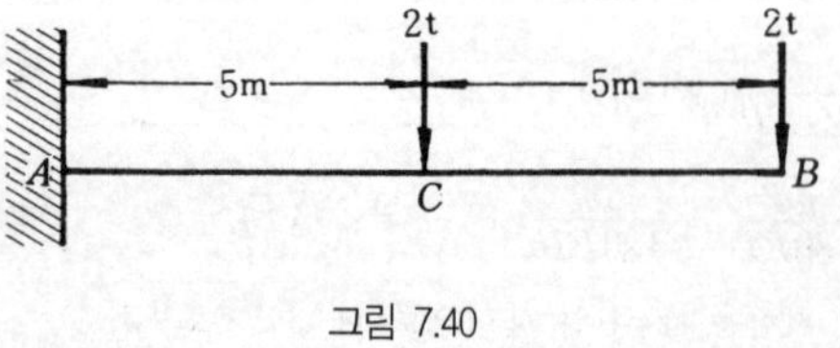

그림 7.40

풀이 $M_A=-(2\times5+2\times10)=-30\ (\text{t}\cdot\text{m})$

$M_C = -2 \times 5 = -10\ (\mathrm{t \cdot m})$

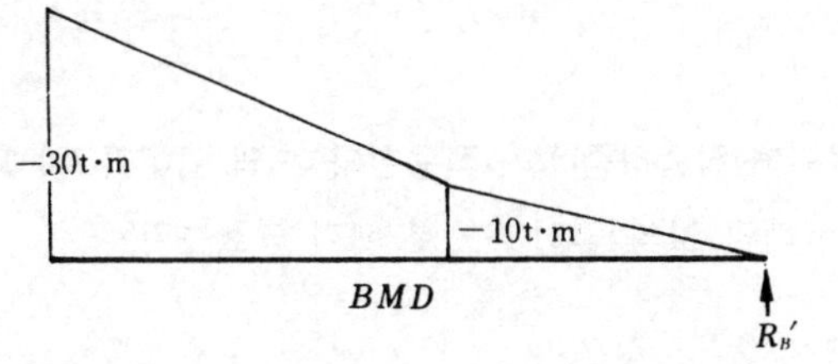

BMD도의 Area$= \left[\dfrac{(30+10)}{2} \times 5 + \dfrac{10 \times 5}{2} \right] = 125(\mathrm{t \cdot m^2})$

$M_B = \left[\dfrac{(30+10)}{2} \times 5 \times \left\{ \dfrac{5}{3} \times \dfrac{(2 \times 30 + 10)}{(30+10)} + 5 \right\} + \dfrac{10 \times 5}{2} \times \dfrac{2}{3} \times 5 \right] = 875(\mathrm{t \cdot m^3})$

$I = \dfrac{30 \times 45^3}{12} \fallingdotseq 227,800\mathrm{cm}^4$

$\theta_B = BMD$도의 Area$/EI = 125 \times 10^7 / 10^6 \times 22.78 \times 10^4 = 0.0055$

$y_B = M_B / EI = 875 \times 10^9 / 10^6 \times 22.78 \times 10^4 = 3.84\ \mathrm{cm}$

연 습 문 제

문 1. 균일한 단면을 가진 캔틸레버 보의 자유단에 집중하중 P가 작용한다. 보의 길이가 l일 때 자유단의 처짐이 Δ라면 처짐이 약 $\Delta 4$가 되려면 보의 길이 l는 몇 배가 되겠는가?

문 2. 지간 8m 되는 단순보에서 다음 그림과 같을 때 θ_A 및 y_C를 구하시오(단, $E=150,000\text{kg/cm}^2$, 단면은 20cm×30cm인 직사각형이다).

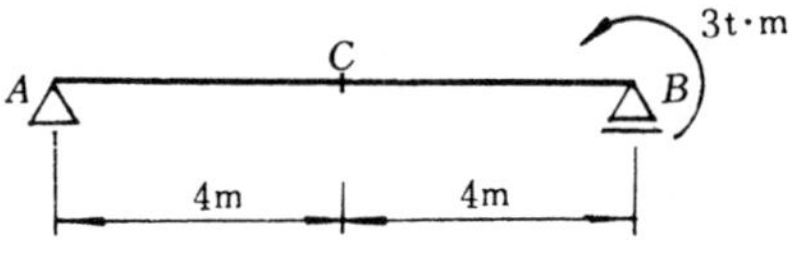

문 3. θ_A, θ_B, y_C 및 y_D를 구하시오(단, $E=1.5\times10^5$, 단면은 20cm×30cm로 한다).

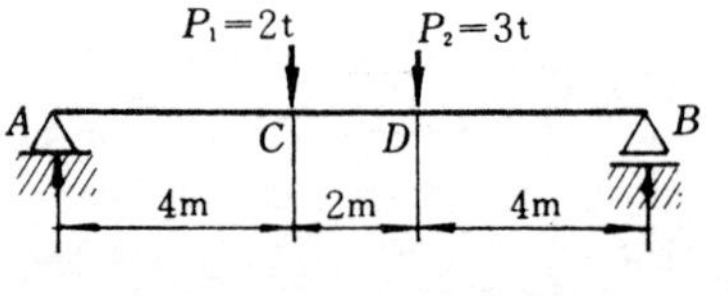

문 4. θ_B, θ_C 및 y_B, y_C를 구하시오(단, $E=1.4\times1^5\text{kg/cm}^2$, $I=3.6\times10^5\text{cm}^4$).

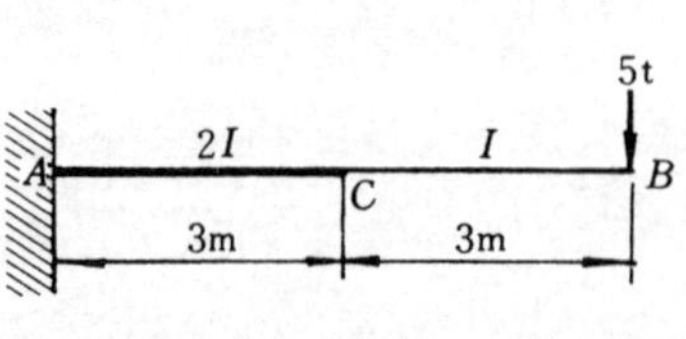

해답 1. 약 1.6배 2. $\theta=0.006\text{rad}$, $y_C=1.78\text{cm}$ 3. $\theta_A=0.0438$, $\theta_B=-0.045$, $y_C=13.748\text{cm}$, $y_D=13.91\text{cm}$
4. $\theta_C=0.0067\text{rad}$, $\theta_B=0.0112\text{rad}$, $y_C=1.12\text{cm}$, $y_B=4.02\text{cm}$

문 5. θ_{max} 및 y_{max}를 구하시오(단, $E=7.0\times10^4$kg/cm^2, $I=4\times10^4$cm^4).

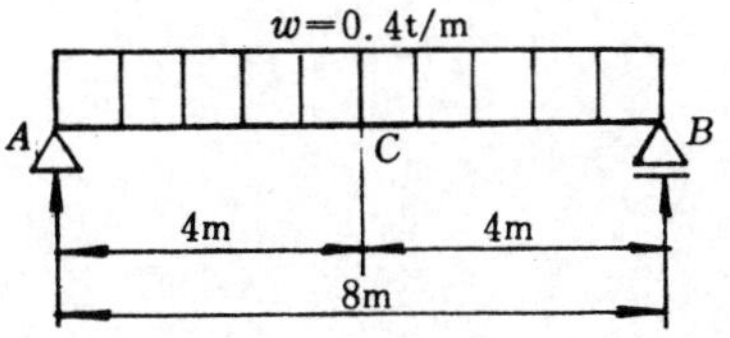

문 6. y_{max}이 일어나는 위치를 구하고 그 값을 계산하시오(단, $E=9\times10^4$kg/cm^2, $I=5.0\times10^4$cm^{4}로 한다).

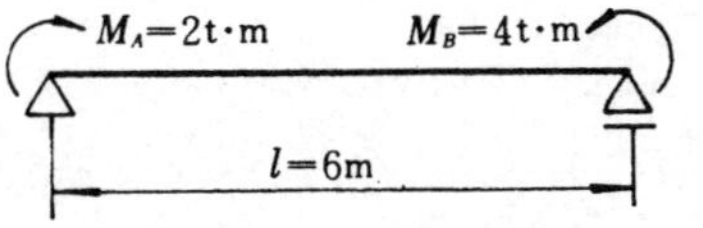

문 7. w=2t/m, l=10m, $E=2.0\times10^6$kg/cm^2, $I=1.3\times10^5$(cm^4)일 때, y_{max}은 얼마인가?

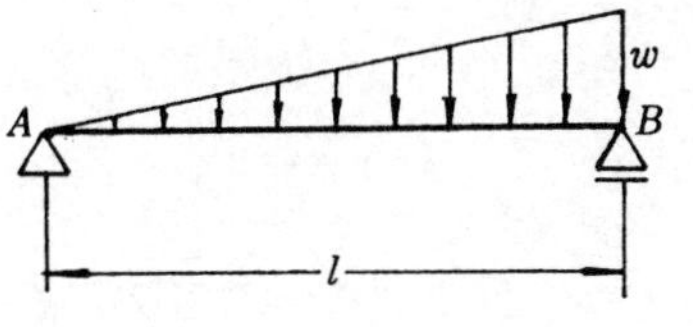

문 8. θ_A, θ_B를 구하시오(단, $E=1\times10^5$kg/cm^2)

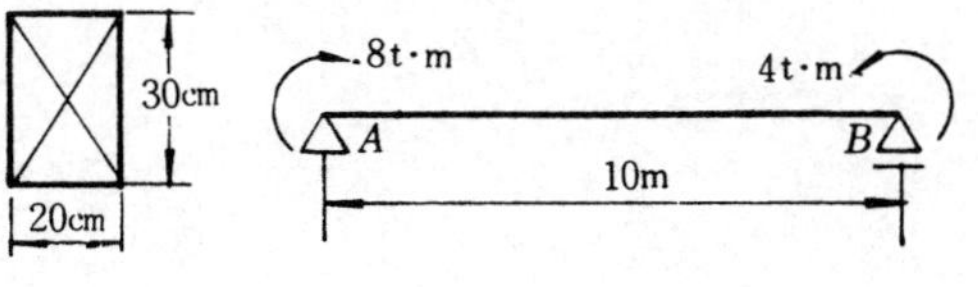

해답 5. $\theta_{max}=0.0304$, $y_{max}=7.62$cm　6. A점부터 3.15m에서 $y_{max}=3.01$cm　7. $y_{max}\fallingdotseq0.0005$cm
8. $\theta_A=0.074$rad, $\theta_B=-0.059$rad

문 9. 캔틸레버 보에 자중만 작용하는 것으로 하고 최대 처짐과 span과의 비를 1/600이 되도록 span을 정한다면 그 길이는 몇 m인가?(단, 자중은 76.8kg/m, $E=2.1\times10^6\,\text{kg/cm}^2$, $I=14,700\,\text{cm}^4$로 한다)

문 10. 단면이 20cm×30cm, 길이 6m의 나무로 된 보의 중앙에 2t의 집중하중이 작용할 때 최대 처짐을 구하시오(단, $E=10^5\,\text{kg/cm}^2$).

해답 **9.** 8.12m **10.** 2cm

제8장

부정정 구조

제8장 부정정 구조

1. 개요

정역학적인 힘의 평형조건식 즉, $\sum H=0$, $\sum V=0$, $\sum M=0$의 3조건식만으로 해석할 수 있는 보를 정정보(statically determinate beam)라고 부른다. 그러나 그림 8.1에서 보는 바와 같이 보는 지점반력이 3개보다 많아서 3개의 평형조건식만으로는 지점반력을 구할 수가 없다. 이러한 보를 부정정보(statically indeterminate beam)라고 부르며 반력의 수와 평형의 3조건과의 차를 부정정의 차수(order)라고 한다.

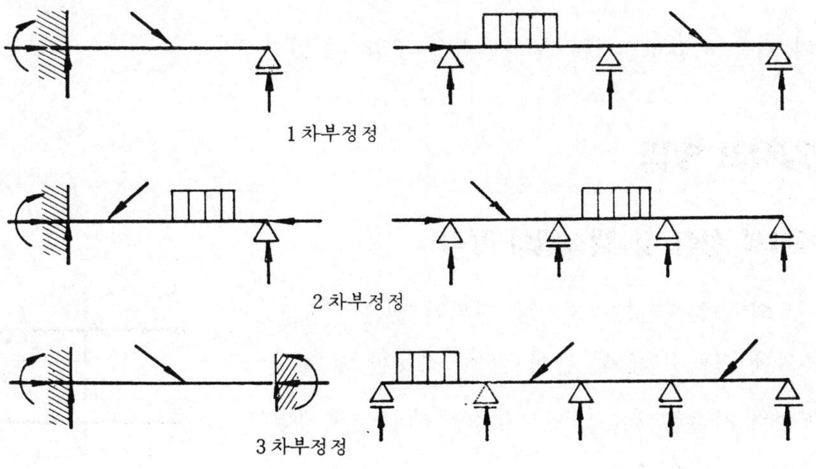

그림 8.1

즉, 미지의 지점반력이 4개이면 $4-3=1$, 즉 1차 부정정이고 미지의 지점반력이 5개이면 $5-3=2$, 즉 2차 부정정이라고 한다.

따라서 부정정 구조물을 풀자면 평형의 3조건 이외에 부정정 차수만큼의 다른 조건을 더 필요로 한다.

즉 부정정 구조물에서는 부정정 차수와 같은 수의 지점반력이나 단면력을 적당히 선정한 후 제거시켜서 정정 구조물로 만든다. 이것을 부정정 구조물의 정정기본계라 하고 이와 같이 선정한 반력이나 단면력을 부정정력이라고 한다.

예를 들면 그림 8.2(a)에서와 같은 1차 부정보에서 R_B를 부정정력으로 생각하면 그림 (b)와 같이 R_B만 작용시킴으로써 y_R의 처짐이 생길 것이다. 다음 R_B를 제거시킨 정정보 즉, 그림 (c)와 같이 등분포하중만이 작용하는 정정기본계에서의 처짐 y_w가 생기게 된다. 바꾸어 말하면 그림 (a)는 그림 (b)와 (c)를 합성한 것이 된다. 또한 B점의 처짐은 0이므로 R_B에 의한 처짐 y_R와 등분포하중에 의한 처짐 y_w의 합은 0이 되어야 한다.

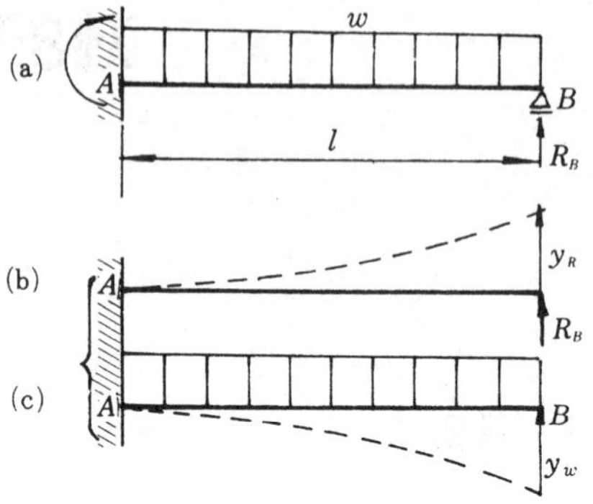

그림 8.2

즉, $y_R + y_w = 0$ .... (a)

식(a)와 같은 적합조건으로 부정정력을 구할 수 있다.

2. 변형일치의 방법

(1) 베티의 정리 및 맥스웰의 정리

온도의 변화가 없고 지점에 변위가 없는 탄성구조물에 그림 8.3(a)와 같이 P_1이 작용할 때 점 2에서의 처짐을 y_{21}, P_2가 작용할 때 점 1에서의 처짐을 y_{12}라 하면

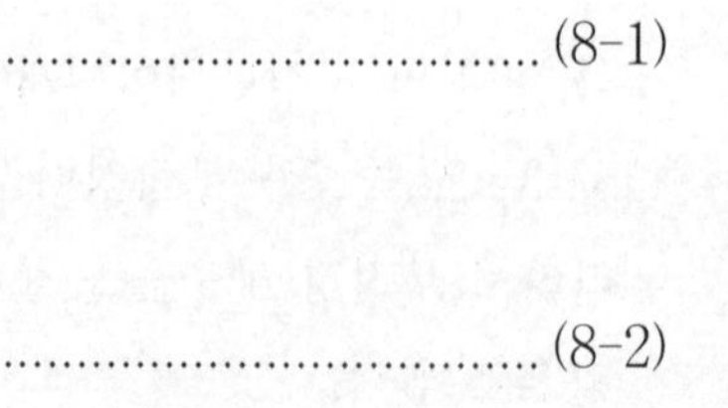

그림 8.3

$$P_1 y_{12} = P_2 y_{21} \quad \cdots\cdots (8\text{-}1)$$

이 된다. 여러 개의 하중이 작용한다고 생각하면

$$\sum P_i y_{ik} = \sum P_i y_{ki} \quad \cdots\cdots (8\text{-}2)$$

로 되는데 이것을 베티(Betti)의 정리라고 한다.

식(8-1)에서 $P_1 = P_2$ 혹은 $P_1 = P_2 = 1$인 단위하중이 작용할 때에는

$$y_{12} = y_{21} \quad \cdots\cdots \quad (8\text{-}3)$$

이 되는데 이것을 맥스웰(Maxwell)의 정리라고 한다.

이와 같은 베티와 맥스웰의 정리를 상반작용의 정리(reciprocal theorem) 혹은 중첩의 원리, 변형일치의 원리라고 하며 변형일치의 방법으로 부정정보를 해석할 때 이용하면 편리하다.

(2) 일단 고정, 타단 이동 지점보

1) 집중하중이 작용할 경우

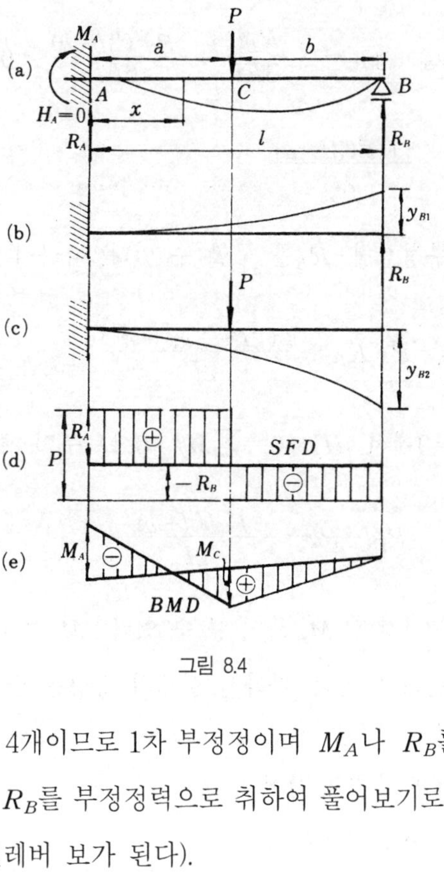

그림 8.4

그림 8.4(a)는 반력이 4개이므로 1차 부정정이며 M_A나 R_B를 부정정력으로 취할 수 있는데 여기서는 R_B를 부정정력으로 취하여 풀어보기로 한다(R_B를 하중으로 본다면 이 보는 캔틸레버 보가 된다).

즉 그림 8.4(b)는 캔틸레버 보에 부정정력 R_B만 작용한 것으로 보고 그림 (c)는

정정기본계(여기서는 캔틸레버 보임)에 하중 P만 작용한 것으로 본다. 이 때 각각의 처짐 y_{B1}과 y_{B2}가 생기게 되는데 B점은 지점이기 때문에 처짐이 0이므로 $y_{B1}+y_{B2}=0$으로 하여 R_B가 산출된다.

① 지점반력

표 7.1에서

$$y_{B1}=-\frac{R_B l^3}{3EI} \quad \cdots\cdots\cdots \text{(a)}$$

$$y_{B2}=\frac{Pa^2(3l-a)}{6EI} \quad \cdots\cdots\cdots \text{(b)}$$

처짐의 합은 0이 되어야 하므로

$$y_B=y_{B1}+y_{B2}=-\frac{R_B l^3}{3EI}+\frac{Pa^2(3l-a)}{6EI}=0$$

$$\therefore\ R_B=\frac{Pa^2(3l-a)}{2l^3} \quad \cdots\cdots\cdots \text{(8-4)}$$

로써 부정정력 R_B를 구할 수 있다. 따라서 $\sum V=0$에서 $R_A+R_B=P$

$$\therefore\ R_A=P-R_B=\frac{P(2l^3-3la^2+a^3)}{2l^3} \quad \cdots\cdots\cdots \text{(8-5)}$$

$\sum H=0$에서 $H_A=0$, $\sum M_A=0$으로부터 $M_A+Pa-R_Bl=0$

$$\therefore\ M_A=R_Bl-Pa=-\frac{Pab(l+b)}{2l^2} \quad \cdots\cdots\cdots \text{(8-6)}$$

로써 부정정력 M_A를 구할 수 있다. M_A는 $(-)$이므로 그림 8.4(a)의 가정 방향과 반대가 된다. 따라서 실제의 방향은 반시계 방향이 된다.

② 전단력

정정보의 경우와 같이

$$\left.\begin{aligned} S_{A\sim C}&=R_A=P-R_B \\ S_{C\sim B}&=-R_B \end{aligned}\right\} \quad \cdots\cdots\cdots \text{(8-7)}$$

따라서 SFD는 그림 8.4(d)와 같이 되는데, 이것은 그림 (b)와 (c)의 SFD를 합성한 것과 같다.

③ 휨모멘트

$$M_A = -\frac{Pab(l+b)}{2l^2}$$

$$M_x = R_A \cdot x + M_A,\quad M_C = R_A \cdot a + M_A,\quad M_B = 0 \quad \cdots\cdots (8\text{-}8)$$

BMD는 그림 8.4 (e)와 같고 그림 (b), (c)의 BMD를 합성한 것과 같은 결과가 나온다.

2) 등분포하중이 작용할 경우

① 지점반력

R_B를 부정정력으로 취하였을 때의 처짐[그림 8.5(b)] y_{B1}과 정정기본계에 등분포하중만이 작용하였을 때의 처짐[그림 8.5(c)] y_{B2}는 $y_{B1}+y_{B2}=0$이므로(B점이 지점이므로 처짐은 0이 된다)

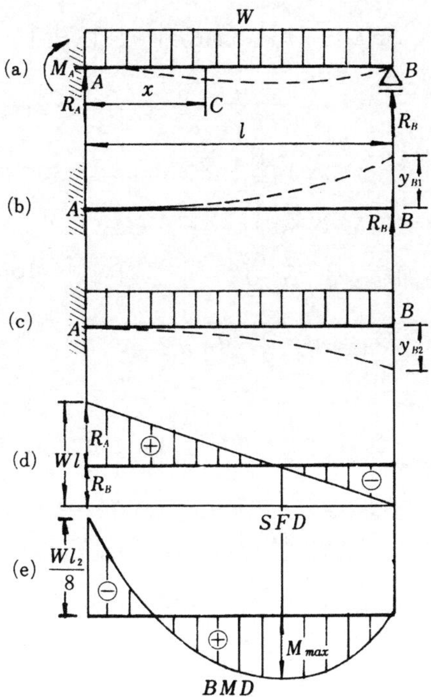

그림 8.5

$$-\frac{R_B l^3}{3EI}+\frac{wl^4}{8EI}=0$$

$$\therefore R_B=\frac{3wl}{8} \quad \cdots\cdots (8\text{-}9)$$

$\sum V=0$에서

$$R_A=wl-\frac{3}{8}wl=\frac{5}{8}wl \quad \cdots\cdots (8\text{-}10)$$

$$M_A=R_B\times l-wl\times\frac{l}{2}=\frac{wl^2}{8} \quad \cdots\cdots (8\text{-}11)$$

② 전단력

$$\left.\begin{aligned} S_x&=R_A-wx=\frac{5}{8}wl-wx=\frac{w}{8}(5l-8x)\\ S_A&=R_A=\frac{5}{8}wl\\ S_B&=-R_B=-\frac{3}{8}wl \end{aligned}\right\} \cdots\cdots (8\text{-}12)$$

따라서 SFD는 그림 8.5(d)와 같이 된다.

③ 휨모멘트

$$M_x=R_Ax-\frac{wx^2}{2}-M_A \quad \cdots\cdots (8\text{-}13)$$

BMD는 그림 8.5(e)와 같다.

(+)의 $M_{\max}$은 $S=0$이 되는 점에서 일어나므로

$$S_x=R_A-wx=0,\ \frac{5}{8}wl-wx=0 \qquad \therefore x=\frac{5}{8}l$$

$$\therefore M_{\oplus\max}=R_A\cdot x-\frac{wx^2}{2}+M_A=\frac{5}{8}wl\times\frac{5}{8}l-\frac{w}{2}\times\left(\frac{5}{8}l\right)^2-\frac{wl^2}{8}$$

$$=\frac{9}{128}wl^2 \quad \cdots\cdots (8\text{-}14)$$

【예제 1】

그림과 같은 부정정보를 풀고 단면력도를 그리시오(단, EI는 일정함).

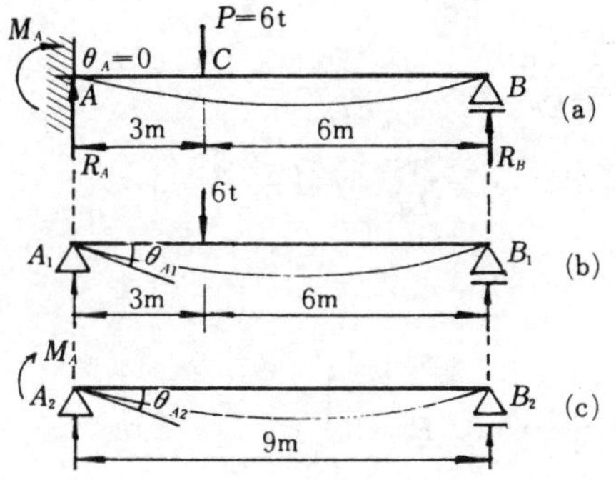

그림 8.6

풀이 (1) 처짐각에 의한 방법

1) 부정정력 계산(M_A)

부정정력을 M_A로 하여 오른쪽 그림 (b), (c)와 같은 정정기본계를 생각한다.

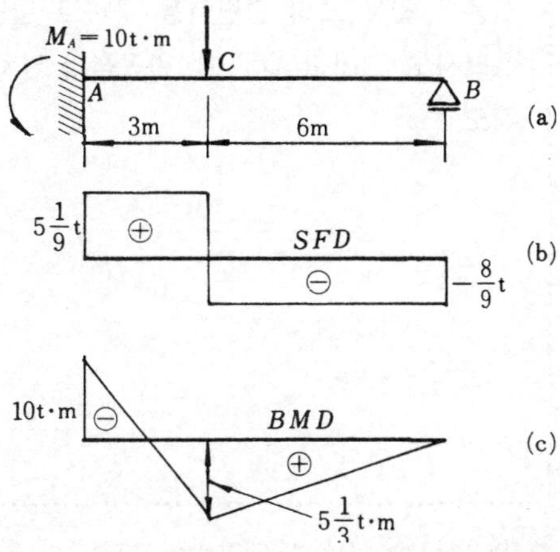

$$\theta_{A1}=\frac{Pab(l+b)}{6EIl}=\frac{6\times3\times6(9+6)}{6EI\cdot9}=\frac{30}{EI}$$

$$\theta_{A2}=\frac{M_A\cdot l}{3EI}=\frac{M_A\cdot 9}{3EI}=\frac{3\cdot M_A}{EI}$$

$\theta_A=\theta_{A1}+\theta_{A2}=0$이므로 $\dfrac{30}{EI}+\dfrac{3M_A}{EI}=0$

∴ $M_A=-10\,(\text{t}\cdot\text{m})$ (가정 방향과 반대임을 뜻하며 따라서 반시계 방향임)

2) 반력 R_A, R_B

$$\sum M_B=0$$

$$R_A\times9-10-6\times6=0,\ \ R_A=\frac{46}{9}=5\frac{1}{9}\ (\text{t})$$

$$\sum V=0,\ \ 5\frac{1}{9}+R_B-6=0,\ \ R_B=\frac{8}{9}\ (\text{t})$$

3) 전단력

$$S_{A\sim C}=5\frac{1}{9}\ (\text{t}),\ \ S_{C\sim B}=-\frac{8}{9}\ (\text{t})$$

4) 휨모멘트

$$M_A=-10\,(\text{t}\cdot\text{m}),\ \ M_C=-10+5\frac{1}{9}\times3=5\frac{1}{3}\ (\text{t}\cdot\text{m}),\ \ M_B=0$$

(2) 처짐에 의한 방법

R_B를 부정정력으로 하여 오른쪽 그림 (b), (c)의 정정기본계를 생각한다.

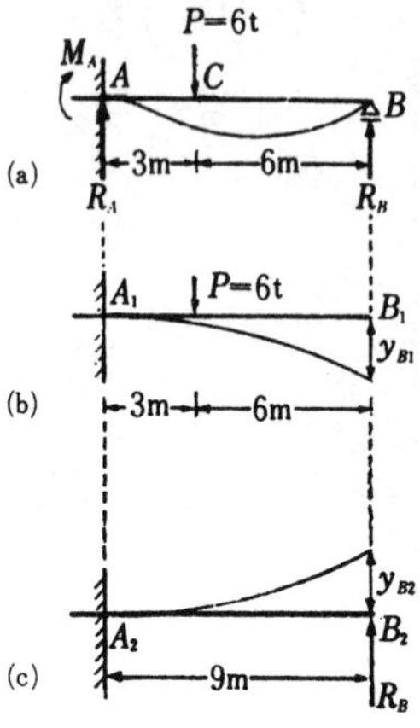

1) 부정정력 계산

$$y_{B1}=\frac{Pa^2(3l-a)}{6EI}=\frac{6\times3^2(3\times9-3)}{6EI}=\frac{216}{EI}$$

$$y_{B2}=-\frac{Pl^3}{3EI}=-\frac{R_B\cdot9^3}{3EI}=-\frac{R_B\cdot243}{EI}$$

$y_B=y_{B1}+y_{B2}=0$ 에 의해 $y_B=\dfrac{216}{EI}-\dfrac{R_B\cdot243}{EI}=0$

$$\therefore\ R_B=\frac{216}{243}=\frac{8}{9}$$

2) 반력 R_A, M_A

$\sum V=0$ 에서 $R_A+\dfrac{8}{9}-6=0,\ R_A=5\dfrac{1}{9}\ (\mathrm{t})$

$\sum M_B=0$ 에서 $M_A+5\dfrac{1}{9}\times9-6\times6=0,\ M_A=-10\ (\mathrm{t\cdot m})$

【예제 2】

다음과 같은 보의 단면력을 구하고 단면력도를 그리시오. 그리고 M_{max} 및 반곡점의 위치도 구하시오.

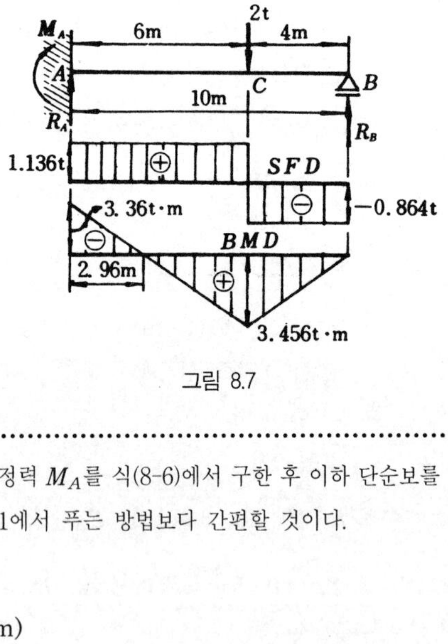

그림 8.7

참고 일단고정, 타단 이동지점보에 집중하중이 작용할 경우는 부정정력 M_A를 식(8-6)에서 구한 후 이하 단순보를 푸는 방법과 같이 반력, 전단력, 휨모멘트를 계산하는 것이 예제 1에서 푸는 방법보다 간편할 것이다.

풀이 부정정력 M_A를 식(8-6)에 의해 풀면

$$M_A=-\frac{Pab(l+b)}{2l^2}=\frac{2\times6\times4(10+4)}{2\times10^2}=-3.36\ (\mathrm{t\cdot m})$$

$\sum M_B=0,\ R_A\times l-2\times4+M_A=0$

$R_A\times10-2\times4-3.36=0$

$R_A=1.136\ (\mathrm{t}),\quad R_B=2-1.136=0.864\ (\mathrm{t})$

$S_{AC}=R_A=1.136(\mathrm{t}),\ S_{CB}=-R_B=-0.864\ (\mathrm{t})$

$M_C=R_A\cdot x+M_A=1.136\times6-3.36=3.456\ (\mathrm{t\cdot m})=\mathrm{M}_{max}$

반곡점의 위치는 모멘트가 0이 되는 점이므로

$R_A \cdot x + M_A = 0,\ 1.136 \times x + (-3.36) = 0,\ x = 2.958 \fallingdotseq 2.96\text{m}$

【예제 3】

단면력을 구하고 단면력도를 그리시오.

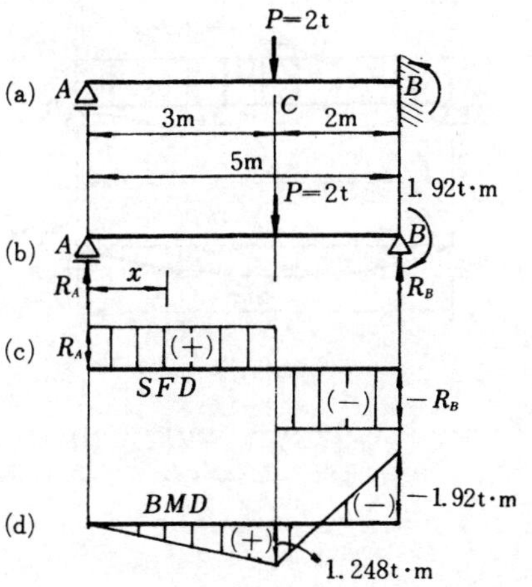

그림 8.8

풀이 (1) $M_B = -\dfrac{Pab(l+b)}{2l^2} = -\dfrac{2\times3\times2(5+3)}{2\times5^2} = -1.92(\text{t}\cdot\text{m})$

$\sum M_B = 0$에서 $R_A \times 5 - 2\times2 + 1.92 = 0$ (M_B가 +로 됨에 유의. 그림 8.8(b) 참조)

$\therefore\ R_A = 0.416\,(\text{t})$

$\sum V = 0$에서

$R_B = 2 - 0.416 = 1.584\,(\text{t})$

$S_{A\sim C} = R_A = 0.416\,(\text{t}),\quad S_{C\sim B} = -R_B = -1.584\,(\text{t})$

$M_C = R_A \times 3 = 1.248\,(\text{t}\cdot\text{m})$

BC 사이 $M_x = R_A x - P(x-3) = 0.416x - 2x + 6 = 6 - 1.584x$

$\therefore\ M_C = 6 - 1.584\times3 = 1.248\,(\text{t}\cdot\text{m})(= R_A \times 3)$

【예제 4】

그림과 같은 부정정보를 풀고 단면력도를 그리시오(단, EI는 일정함).

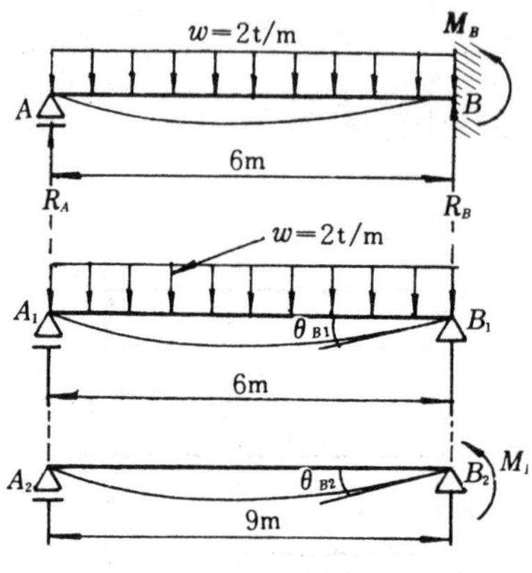

그림 8.9

풀이 (1) 처짐각에 의한 방법

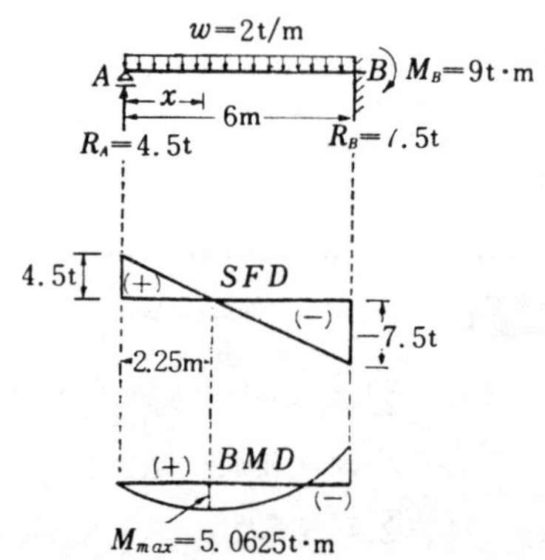

1) 부정정력 (M_B) 계산

$$\theta_{B1}=-\frac{wl^3}{24EI}=-\frac{2\times6^3}{24EI}=-\frac{18}{EI}$$

$$\theta_{B2}=-\frac{M_B\cdot l}{3EI}=-\frac{M_B\cdot 6}{3EI}=-\frac{2M_B}{EI}$$

$\theta_B=\theta_{B1}+\theta_{B2}=0$에 의해

$$\theta_B=-\frac{18}{EI}-\frac{2M_B}{EI}=0$$

$\therefore\ M_B=-9\,(\mathrm{t\cdot m})$ (가정 방향과 반대 방향임)

2) 반력 R_A, R_B

$\sum M_B=R_A\times6-(2\times6)\times3+9=0$

$R_A=4.5\,(\mathrm{t})$

$\sum V=0$에서 $4.5+R_B-2\times6=0$

$R_B=7.5\,(\mathrm{t})$

3) 전단력

$S_A=4.5\,(\mathrm{t})$, $S_B=-7.5\,(\mathrm{t})$, $S_x=4.5-2x$

4) 휨모멘트

$M_A=0$, $M_B=-9\,(\mathrm{t\cdot m})$, $M_x=4.5x-(2x)\times\frac{x}{2}=4.5x-x^2$

최대 휨모멘트 $S_x=0$에서

$4.5-2x=0,\ x=\dfrac{4.5}{2}$ m

$\therefore\ M_{max}=4.5\times2.25-2.25^2=5.0625$ (t · m)

(2) 처짐에 의한 방법

R_A를 부정정력으로 하여 오른쪽 그림 (b), (c)와 같은 정정기본계를 생각한다.

1) 부정정력(R_A) 계산

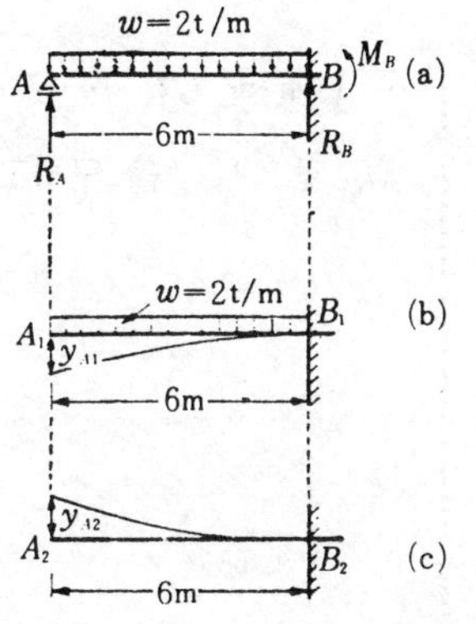

$y_{A1}=\dfrac{wl^4}{8EI}=\dfrac{2\times6^4}{8EI}=\dfrac{324}{EI}$

$y_{A2}=-\dfrac{R_Al^3}{3EI}=-\dfrac{R_A\times6^3}{3EI}=-\dfrac{72R_A}{EI}$

$y_A=y_{A1}+y_{A2}=0$에 의해

$y_A=\dfrac{324}{EI}-\dfrac{72R_A}{EI}=0 \qquad \therefore\ R_A=4.5$ (t)

2) 반력 $R_B,\ M_B$

$\sum M_B=4.5\times6-(2\times6)\times3-M_A=0$

$\therefore\ M_A=-9$ (t · m) (가정 방향과 반대)

$\sum V=0,\ 4.5+R_B-2\times6=0,\ R_B=7.5$ (t)

【예제 5】

단면력을 구하고 단면력도를 그리시오.

($M_{\oplus max}$도 구하시오)

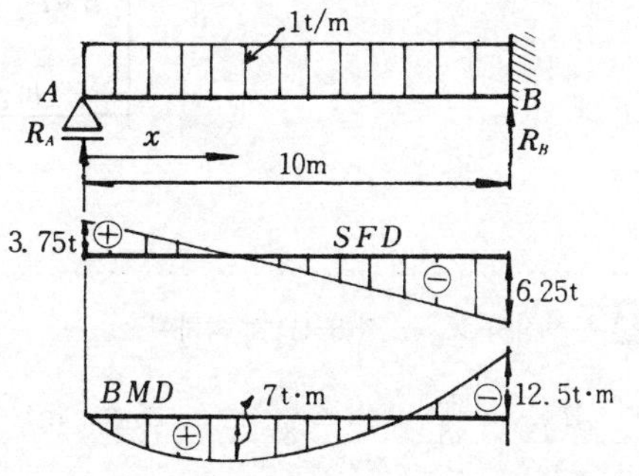

그림 8.10

참고 일단고정, 타단이동지점인 보에 등분포하중이 작용할 경우는 부정정력 M_A를 식(8-11)에 의해 구한 후 이하 단순보를 풀 때와 같은 방법으로 구하는 것이 예제 4에서 구하는 방법보다 간편할 것이다.

풀이 $M_B=-\dfrac{wl^2}{8}=-\dfrac{1\times10^2}{8}=-12.5$ (t · m)

$\sum M_B=0$

$R_Al-1\times10\times\dfrac{10}{2}+12.5=0 \qquad \therefore\ R_A=3.75$ (t)

$\sum V=0,\ R_B=wl-R_A=6.25$ (t)

$S_A = R_A = 3.75\,(\mathrm{t})$, $S_B = -R_B = -6.25\,(\mathrm{t})$

$M_{\oplus max}$는 전단력이 0이 되는 점에서 일어나므로

$S_x = R_A - wx = 3.75 - x = 0 \qquad \therefore x = 3.75\mathrm{m}$

$$\therefore\ M_{\oplus max} = R_A \times 3.75 - 1 \times 3.75 \times \frac{3.75}{2} = 7.03\,(\mathrm{t \cdot m}) \left(= \frac{9wl^2}{128}\right)$$

【예제 6】

M_C 및 $M_{\oplus max}$을 구하고 BMD를 그리시오.

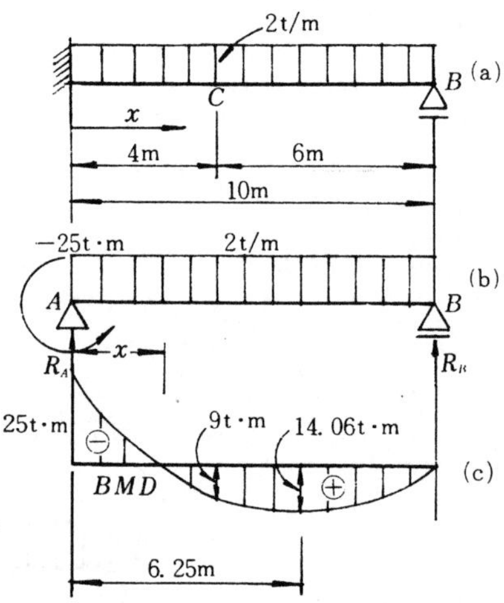

그림 8.11

풀이 부정정력 M_A는 식(8-11)에 의하여

$$M_A = -\frac{wl^2}{8} = -\frac{2 \times 10^2}{8} = -25\,(\mathrm{t \cdot m})$$

$$\sum M_B = 0$$

$$R_A \times 10 - 25 - 2 \times 10 \times 5 = 0 \qquad \therefore R_A = 12.5\,(\mathrm{t})$$

$$M_x = R_A \cdot x - \frac{wx^2}{2} - 25 = 12.5x - x^2 - 25$$

$$M_C = M_{x=4} = 12.5 \times 4 - \frac{2 \times 4^2}{2} - 25 = 9\,(\mathrm{t \cdot m})$$

$$\frac{dM_x}{dx} = S_x = 12.5 - 2x = 0$$

$\therefore\ x = 6.25\mathrm{m}$(혹은 $12.5 \div 2 = 6.25\mathrm{m}$)

$$\therefore\ M_{\oplus max} = 12.5 \times 6.25 - 6.25^2 - 25 = 14.06\,(\mathrm{t \cdot m})$$

[B점부터 계산하면 $M_{\oplus max}=7.5\times3.75-\frac{2\times3.75^2}{2}=14.06\,(t\cdot m)$]

【예제 7】

그림과 같은 부정정보를 풀고 단면력도를 그리시오(단, EI는 일정함).

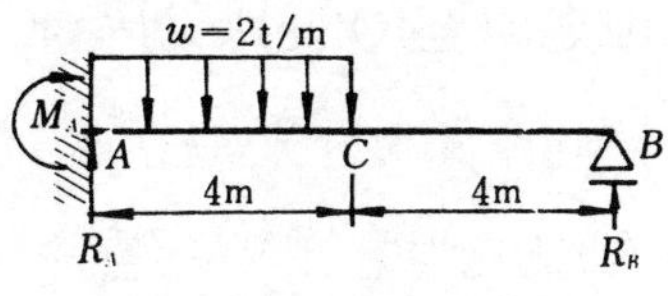

그림 8.12

풀이 R_B를 부정정력으로 오른쪽 그림 (a), (b)와 같은 정정기본계를 생각한다.

(1) 부정정력 계산

$$y_{B1}=\frac{7wl^4}{384EI}=\frac{7\times2\times8^4}{384EI}=\frac{448}{3EI}$$

$$y_{B2}=-\frac{R_Bl^3}{3EI}=-\frac{R_B\cdot8^3}{3EI}=-\frac{512\cdot R_B}{3EI}$$

$y_B=y_{B1}+y_{B2}=0$에 의해

$$y_B=\frac{448}{3EI}-\frac{512}{3EI}R_B=0$$

$$\therefore\ R_B=\frac{7}{8}\,(t)$$

(2) 반력 R_A, M_A

$$\sum V=R_A+\frac{7}{8}-2\times4=0$$

$$\therefore\ R_A=7\frac{1}{8}\,(t)$$

$$\sum M_A=M_A+(2\times4)\times2-\frac{7}{8}\times8=0$$

$$M_A=-16+7=-9.0\,(t\cdot m)$$

(가정 방향과 반대 방향)

(3) 전단력

$$S_A=7\frac{1}{8}\,(t),\quad S_{C\sim B}=-\frac{7}{8}\,(t)$$

(4) 휨모멘트

$$M_A=-9.0\,(t\cdot m),\quad M_C=\frac{7}{8}\times4=\frac{7}{2}\,(t\cdot m),\quad M_B=0$$

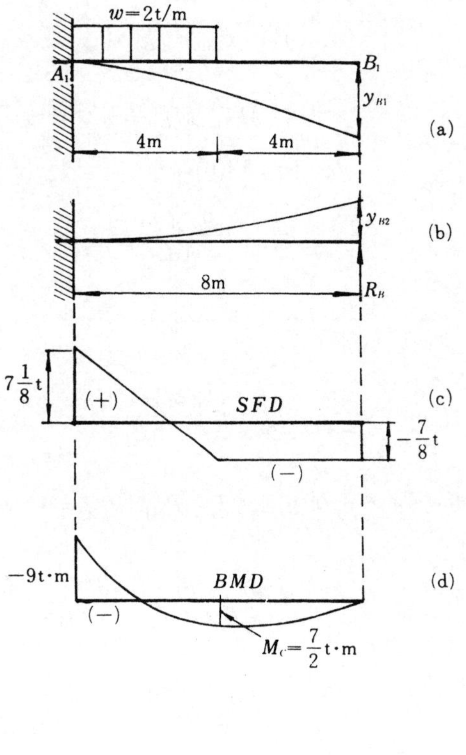

(3) 양단 고정보

1) 집중하중이 작용할 경우

양단을 고정지점으로 지탱한 보를 고정보(fixed beam)라고 하며 3차 부정정이다. 여기서 M_A, M_B를 부정정력으로 보면 그림 8.13(a)는 집중하중을 받는 단순보 그림 (b)와 부정정력 M_A, M_B를 받는 단순보 그림 (c)를 합성한 것으로 볼 수 있다. 고정지점의 처짐각은 0이므로

즉,

$$\left.\begin{aligned}\theta_A = \theta_{A1} + \theta_{A2} = 0 \\ \theta_B = \theta_{B1} + \theta_{B2} = 0\end{aligned}\right\} \quad \cdots\cdots\cdots \text{(a)}$$

로서 M_A, M_B(부정정력)를 구할 수 있다.

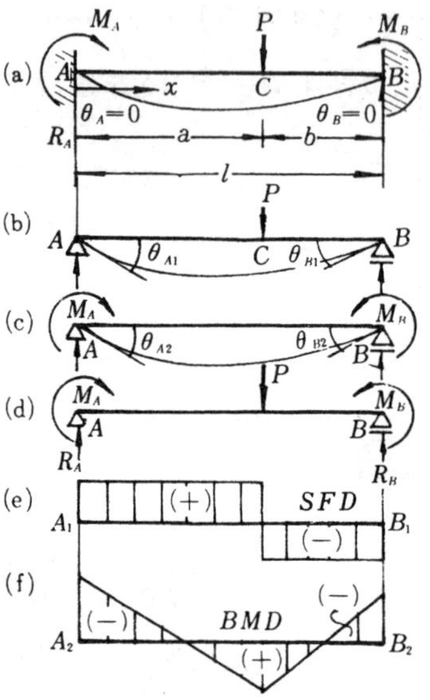

그림 8.13

그림 8.13(b)에서

$$\theta_{A1} = \frac{Pab(l+b)}{6EIl}, \quad \theta_{B1} = -\frac{Pab(l+a)}{6EIl} \text{ (표 7.1 참조)}$$

그림 8.13(c)에서

$$\theta_{A2} = \frac{(2M_A + M_B)l}{6EI}, \quad \theta_{B2} = \frac{(M_A + 2M_B)l}{6EI} \text{ (표 7.1 참조)}$$

식(a)로부터 $\theta_{A1} + \theta_{A2} = 0$, $\theta_{B1} + \theta_{B2} = 0$이므로 각각

$$\frac{Pab(l+b)}{6EIl} + \frac{(2M_A + M_B)l}{6EI} = 0 \quad \cdots\cdots\cdots \text{(b)}$$

$$-\frac{Pab(l+a)}{6EIl} - \frac{(M_A + 2M_B)l}{6EI} = 0 \quad \cdots\cdots\cdots \text{(c)}$$

식(b)와 (c)를 연립시켜서 풀면

$$M_A = -\frac{Pab^2}{l^2}, \quad M_B = -\frac{Pa^2b}{l^2} \quad \cdots\cdots \text{(8-15)}$$

부정정력이 구해졌으므로 그림 8.13(d)와 같이 정정계로 놓고 단면력을 구한다.

① 지점반력

$\sum M_B = 0$에 의해

$$\left.\begin{aligned} & R_A \cdot l + M_A - Pb - M_B = 0 \\ & R_A = \frac{P \cdot b}{l} - \frac{M_A - M_B}{l} = \frac{Pb^2(l+2a)}{l^3} \\ & \textstyle\sum M_A = 0\text{으로부터} \quad R_B = \frac{Pa}{l} + \frac{M_A - M_B}{l} = \frac{Pa^2(l+2b)}{l^3} \end{aligned}\right\} \cdots\cdots \text{(8-16)}$$

② 전단력

$$\left.\begin{aligned} & S_{A\sim C} = R_A = \frac{Pb^2(l+2a)}{l^3} \\ & S_{C\sim B} = -R_B = -\frac{Pa^2(l+2b)}{l^3} \end{aligned}\right\} \cdots\cdots \text{(8-17)}$$

따라서, *SFD*는 그림 8.13(e)와 같다.

③ 휨모멘트

$$\left.\begin{aligned} & M_A = -\frac{Pab^2}{l^2} \\ & M_x = R_A \cdot x \cdot M_A \\ & M_C = R_A \cdot a + M_A = \frac{Pab^2(l+2a)}{l^3} + M_A \\ & M_B = -\frac{Pa^2 \cdot b}{l^2} \end{aligned}\right\} \cdots\cdots \text{(8-18)}$$

*BMD*는 그림 8.13(f)와 같다.

※ 반곡점의 위치

AC 구간, $R_A x + M_A = 0, \quad x = -\frac{M_A}{R_A} = \frac{al}{l+2a}$

BC 구간, $R_B x + M_B = 0, \quad x = -\frac{M_B}{R_B} = \frac{bl}{l+2b}$

또한 집중하중이 보의 중앙에 작용할 경우(그림 8.14)에는 위에서 구한 식들에

$a=b=\frac{l}{2}$을 대입하면

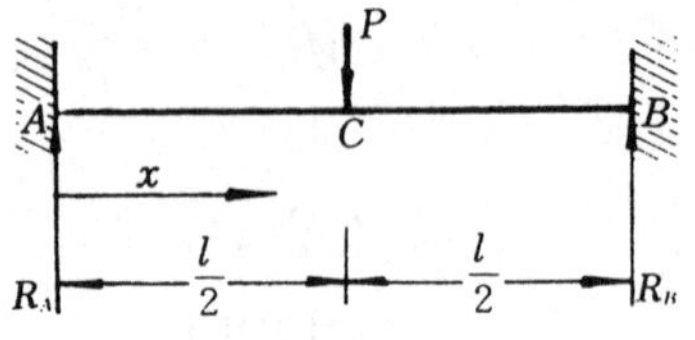
그림 8.14

AC 구간에서

$$M_x=R_Ax+M_A=\frac{P}{2}x-\frac{Pl}{8}=\frac{P}{8}(4x-l)$$

BC 구간에서

$$M_x=\frac{P}{2}(l-x)+M_B=\frac{P}{8}(3l-4x)$$

$$\left.\begin{aligned} M_{\max}&=M_{x=\frac{l}{2}}=\frac{Pl}{8} \\ M_A&=-\frac{Pl}{8}=M_B \end{aligned}\right\} \quad \cdots\cdots (8\text{-}19)$$

또한, 집중하중이 그림 8.15와 같을 경우에는 $a=\frac{l}{3}$, $b=\frac{2}{3}l$로 놓을 때와 $a=\frac{2}{3}l$, $b=\frac{l}{3}$로 놓을 때를 각각 계산하여 합성하면 된다. 따라서,

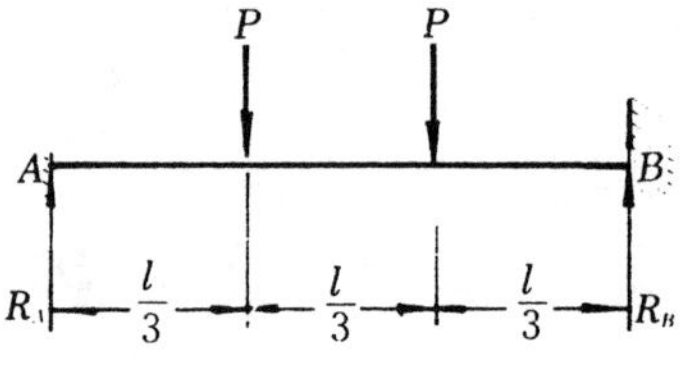
그림 8.15

$M_A=-\frac{2}{9}Pl$, $M_B=-\frac{2}{9}Pl$이 된다.

2) 등분포하중이 작용할 경우

'1) 집중하중이 작용할 경우'와 같은 방법으로 부정정력을 구한다. 즉 그림 8.16(c)의 M_A, M_B를 부정정력으로 하고, 이것을 제거한 그림 (b)와 같은 단순보를 정정기본계로 보아 이것을 합성해서 고정지점 A의 처짐각을 0으로 놓으면 된다. 여기서는 좌우대칭이므로 $M_A=M_B$이다.

그림 8.16(b)에서

$$\theta_{A1}=\frac{wl^3}{24EI},\quad \theta_{B1}=-\frac{wl^3}{24EI}$$

그림 8.16(c)에서

$$\theta_{A2}=\frac{M_Al}{2EI},\quad \theta_{B2}=-\frac{M_Bl}{2EI}\ \text{(이상 표 7.1 참조)}$$

고정지점 A의 처짐각은 0이므로

$$\theta_A = \theta_{A1} + \theta_{A2} = 0$$

$$\frac{wl^3}{24EI} + \frac{M_A \cdot l}{2EI} = 0$$

$$\therefore\ M_A = \frac{wl^3}{24EI} \times \frac{2EI}{l} = -\frac{wl^2}{12} \quad \cdots\cdots (8\text{-}20)$$

$$\theta_B = \theta_{B1} + \theta_{B2} = 0$$

$$-\frac{wl^3}{24EI} - \frac{M_B l}{2EI} = 0$$

$$M_B = -\frac{wl^3}{24EI} \times \frac{2EI}{l} = -\frac{wl^2}{12} \quad \cdots\cdots (8\text{-}21)$$

즉, 그림 8.16(d)와 같이 정정계로 놓고 단면력을 구한다.

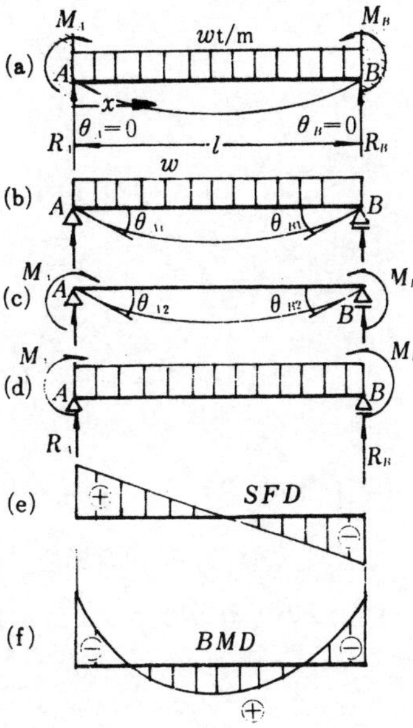

그림 8.16

① 지점반력

좌우대칭이므로 $R_A = R_B = \dfrac{wl}{2}$ .... (8-22)

② 전단력

$$\left.\begin{aligned} S_A &= R_A = \frac{wl}{2} \\ S_B &= -R_B = -\frac{wl}{2} \\ S_x &= R_A - wx = \frac{w}{2}(l-2x) \end{aligned}\right\} \quad \cdots\cdots (8\text{-}23)$$

따라서, SFD는 그림 8.16(e)와 같다.

③ 휨모멘트

$$M_A = -\frac{wl}{12} = M_B$$

$$M_x = R_A \cdot x + M_A - \frac{wx^2}{2} \quad \cdots\cdots (8\text{-}24)$$

따라서 BMD는 그림 8.16(f)와 같다.

(+)의 M_{max}은 지간의 중앙에서 생기므로

$$M_{\oplus\max} = \frac{wl}{2} \times \frac{l}{2} - \frac{wl^2}{12} - \frac{w}{2} \times \left(\frac{l}{2}\right)^2 = \frac{wl^2}{24} \quad \cdots\cdots (8\text{-}25)$$

반곡점의 위치는 식(8-24)에 의해 $M_x = R_A \cdot x + M_A - \frac{wx^2}{2} = 0$이므로 이것을 풀면

$$x = 0.211l, \quad x = 0.789l \quad \cdots\cdots (8\text{-}26)$$

【예제 8】

다음과 같은 양단 고정보를 풀고 단면력도를 그리시오.
(단, EI는 일정함)

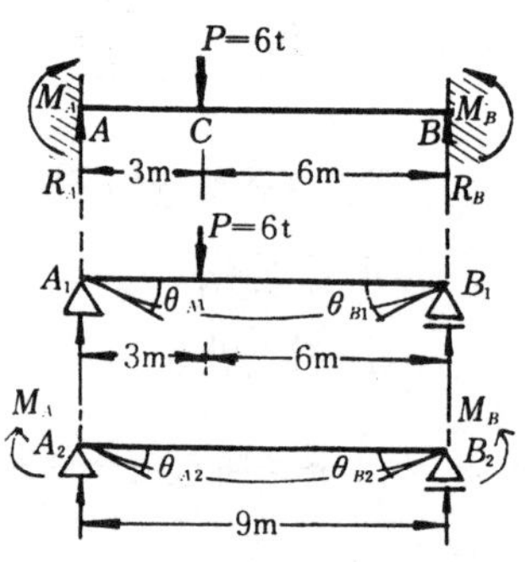

그림 8.17

풀이 (1) 부정정력의 계산(M_A, M_B)

$$\theta_{A1} = \frac{Pab(l+b)}{6EIl} = \frac{6\times3\times6(9+6)}{6EI\cdot9} = \frac{30}{EI}$$

$$\theta_{B1} = -\frac{Pab(l+a)}{6EIl} = -\frac{6\times3\times6(9+3)}{6EI\cdot9} = -\frac{24}{EI}$$

$$\theta_{A2} = \frac{(2M_A+M_B)l}{6EI} = \frac{(2M_A+M_B)\cdot9}{6EI} = \frac{(2M_A+M_B)\times1.5}{EI}$$

$$\theta_{B2} = -\frac{(M_A+2M_B)l}{6EI} = -\frac{(M_A+2M_B)\cdot9}{6EI} = -\frac{(M_A+2M_B)\times1.5}{EI}$$

$\theta_A=0$, $\theta_B=0$이므로

$$\theta_A = \theta_{A1} + \theta_{A2} = \frac{30}{EI} + \frac{1.5(2M_A+M_B)}{EI} = 0$$

$$3M_A + 1.5M_B = -30 \quad \cdots\cdots ①$$

$$\theta_B = \theta_{B1} + \theta_{B2} = -\frac{24}{EI} - \frac{1.5(M_A+2M_B)}{EI} = 0$$

$$1.5M_A + 3M_B = -24 \quad \cdots\cdots ②$$

식 ①, ②를 풀면

$M_A = -8\,(\mathrm{t \cdot m})$ (가정 방향과 반대)

$M_B = -4\,(\mathrm{t \cdot m})$ (가정 방향과 반대)

(2) 반력 R_A, R_B

$\sum M_B = R_A \times 9 - 8 - 6 \times 6 + 4 = 0$

$R_A = \frac{90}{4} = 4\frac{4}{9}\,(\mathrm{t})$

$\sum V = 0,\ 4\frac{4}{9} + R_B - 6 = 0$

$R_B = 1\frac{5}{9}\,(\mathrm{t})$

(3) 전단력

$S_{A\sim C} = 4\frac{4}{9}\,(\mathrm{t}),\quad S_{C\sim B} = -1\frac{5}{9}\,(\mathrm{t})$

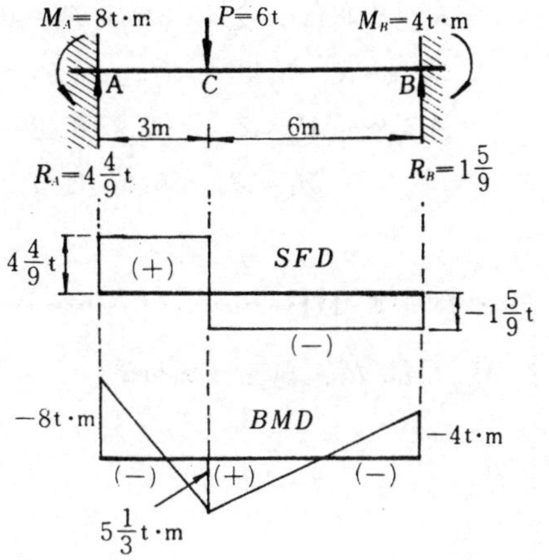

(4) 휨모멘트

$M_A = -8\,(\mathrm{t \cdot m}),\quad M_B = -4\,(\mathrm{t \cdot m}),\quad M_C = -8 + 4\frac{4}{9} \times 3 = 5\frac{1}{3}\,(\mathrm{t \cdot m})$

【예제 9】

단면력을 구하고 단면력도를 그리시오.

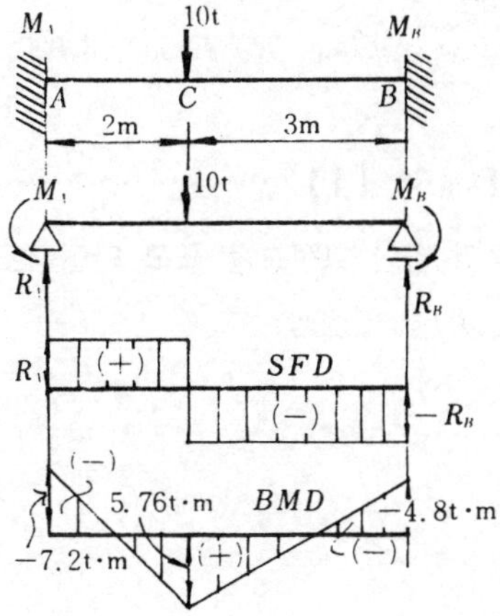

그림 8.18

풀이 먼저 부정정력 M_A, M_B를 식(8-15)로부터 구하여 계산하는 방법이 예제 8의 풀이보다 간편할 것이다.

$$M_A = -\frac{Pab^2}{l^2} = \frac{-10 \times 2 \times 3^2}{5^2} = -7.2\,(\mathrm{t \cdot m})$$

$$M_B = -\frac{Pa^2b}{l^2} = -\frac{10 \times 2^2 \times 3}{5^2} = -4.8\,(\mathrm{t \cdot m})$$

$$\sum M_B = R_A \times 5 - 10 \times 3 - 7.2 + 4.8 = 0$$

$R_A=6.48\,(t)$, $\sum V=0$에서 $R_B=10-6.48=3.52\,(t)$

$S_{A\sim C}=R_A=6.48(t)$, $S_{C\sim B}=-R_B=-3.52\,(t)$

AC 사이 $M_x=R_A\cdot x-7.2=6.48x-7.2$

$M_C=M_{x=2}=6.48\times2-7.2=5.76\,(t\cdot m)$

【예제 10】

M_A, M_B, R_A, R_B를 구하시오.

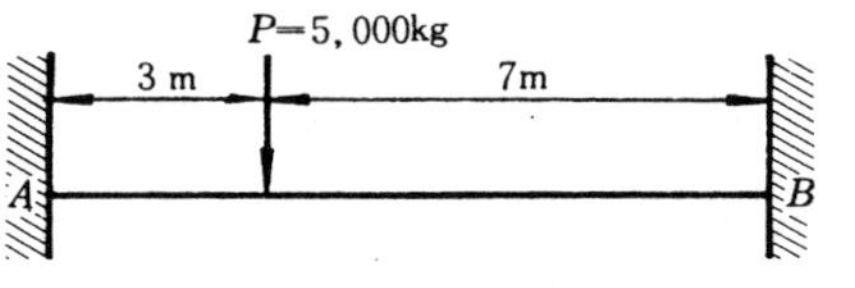

그림 8.19

풀이 $M_A=-\frac{Pab^2}{l^2}=-\frac{5,000\times3\times7^2}{10^2}=-7,350\,(kg\cdot m)$

$M_B=-\frac{Pa^2b}{l^2}=-\frac{5,000\times3^2\times7}{10^2}=-3,150\,(kg\cdot m)$

$\sum M_B=0$, $R_A\times10-7,350-5,000\times7+3,150=0$

$R_A=3,920kg$, $R_B=5,000-3,920=1,080\,kg$

【예제 11】

다음의 양단 고정보를 풀고 단면력도를 그리시오.
(단, EI는 일정함)

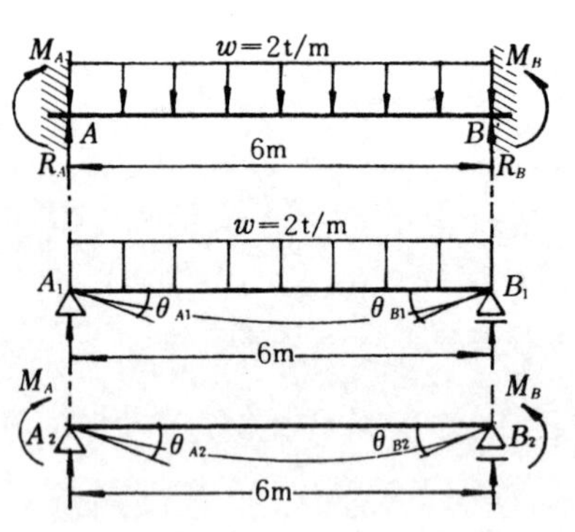

그림 8.20

풀이 $\theta_{A1}=\frac{wl^3}{24EI}=\frac{2\times6^3}{24EI}=\frac{18}{EI}$, $\theta_{B1}=-\theta_{A1}=-\frac{18}{EI}$

$\theta_{A2}=\frac{(2M_A+M_B)l}{6EI}=\frac{2M_A+M_B}{EI}$, $\theta_{B2}=-\frac{(M_A+2M_B)l}{6EI}=-\frac{M_A+2M_B}{EI}$

$\theta_A=0$, $\theta_B=0$이므로

$$\theta_A = \theta_{A1} + \theta_{A2} = \frac{18}{EI} + \frac{2M_A + M_B}{EI} = 0$$

따라서, $2M_A + M_B = -18$ .... ①

$$\theta_B = \theta_{B1} + \theta_{B2} = -\frac{18}{EI} - \frac{M_A + 2M_B}{EI} = 0$$

따라서, $M_A + 2M_B = -18$ .... ②

식 ①과 ②를 연립으로 풀면

$M_A = -6\,(t \cdot m)$(가정 방향과 반대), $M_B = -6\,(t \cdot m)$(가정 방향과 반대)

(1) 반력 R_A, R_B

$\sum M_B = R_A \times 6 - 6 - (2 \times 6) \times 3 + 6 = 0$

$R_A = \frac{36}{6} = 6\,(t)$

$\sum V = 6 + R_B - 2 \times 6 = 0$

$R_B = 6\,(t)$

(2) 전단력

$S_A = 6\,(t)$, $S_B = -6\,(t)$

(3) 휨모멘트

$M_A = -6(t \cdot m)$, $M_B = -6\,(t \cdot m)$

$M_x = -6 + 6 \cdot x - 2x \times \frac{x}{2} = -6 + 6x - x^2$

$\frac{dM_x}{dx} = 6 - 2x = 0$, $x = 3$

$M_{max} = -6 + 6 \times 3 - 3^2 = 3\,(t \cdot m)$

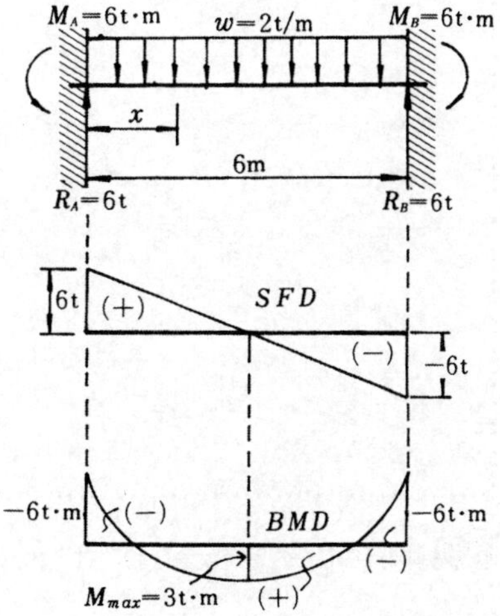

【예제 12】

M_C를 구하시오. 또한 $M_{\oplus max}$은 얼마인가?

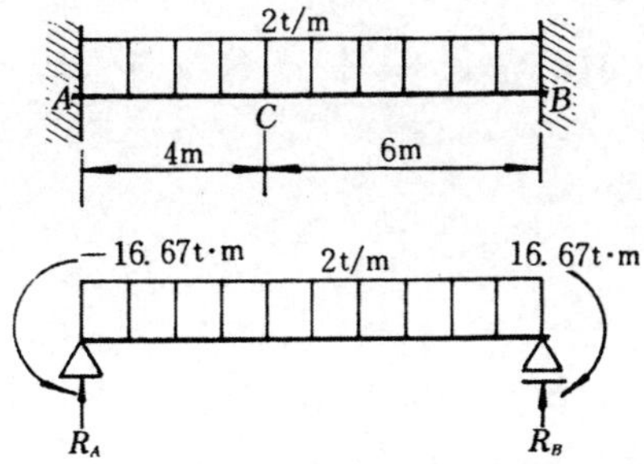

그림 8.21

풀이 부정정력 M_A, M_B를 먼저 구한다. 식(8-20), (8-21)로부터

$$M_A = M_B = -\frac{wl^2}{12} = -\frac{2\times10^2}{12} = -16.67\,(\mathrm{t\cdot m})$$

$$R_A = R_B = \frac{wl}{2} = \frac{2\times10}{2} = 10\,(\mathrm{t}), \quad M_C = R_A\times4-16.67-2\times4\times2 = 7.33\,(\mathrm{t\cdot m})$$

$$M_{\oplus\max} = \frac{wl^2}{24} = \frac{2\times10^2}{24} = 8.33\,(\mathrm{t\cdot m})$$

【예제 13】

단면력도를 그리시오.

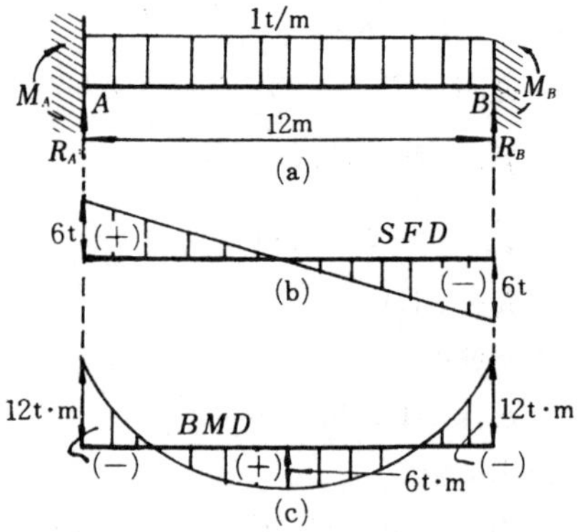

그림 8.22

풀이 $M_A = M_B = -\dfrac{wl^2}{12} = -12\,(\mathrm{t\cdot m}), \quad R_A = R_B = \dfrac{wl}{2} = 6\,(\mathrm{t})$

$M_{\oplus\max} = \dfrac{wl^2}{24} = \dfrac{1\times12^2}{24} = 6\,(\mathrm{t\cdot m})$ (식 8-25)

【예제 14】

R_B, M_A, $S_{B\sim m}$, $S_{m\sim A}$, M_m을 구하시오.

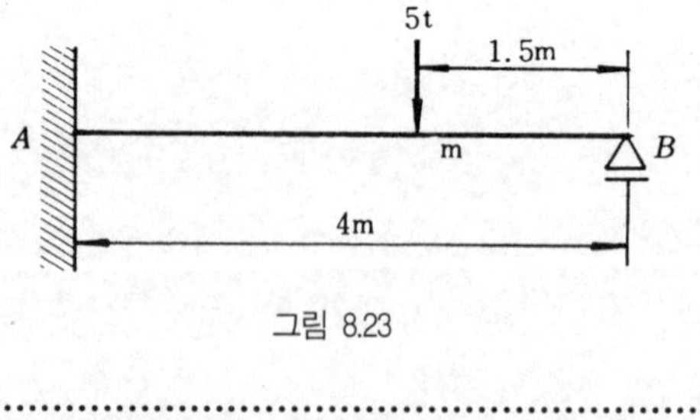

그림 8.23

풀이 $M_A = -\dfrac{Pab(l+b)}{2l^2} = -\dfrac{5\times1.5\times2.5\times(4+1.5)}{2\times4^2} = -3.223(\mathrm{t\cdot m})$

$\sum M_A = 0, \ -R_B\times4+5\times2.5-3.223=0 \quad \therefore\ R_B = 2.319\,(\mathrm{t}), \ S_{B\sim m} = -R_B = -2.319\,(\mathrm{t})$

$S_{m\sim A} = 5-2.319 = 2.681\,(\mathrm{t}), \quad M_m = 2.319\times1.5 = 3.479\,(\mathrm{t\cdot m})$

【예제 15】

다음과 같은 보에서 M_{max}이 6(t · m)가 작용할 때 얼마 이상의 하중에서 보가 파괴되는가?

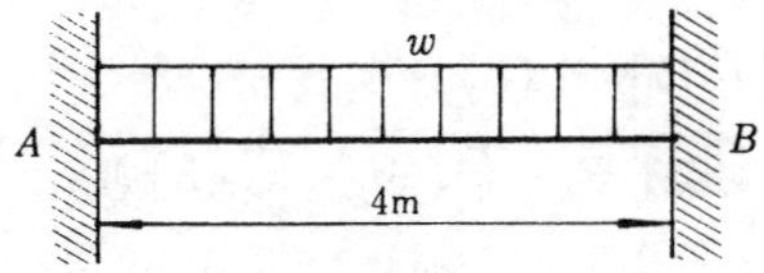

그림 8.24

풀이 $M_{max}=\dfrac{wl^2}{12}$, $6=\dfrac{w\times 4^2}{12}$ $\quad\therefore\ w=4.5(\text{t}\cdot\text{m})$ 이상

【예제 16】

M_D를 구하시오.

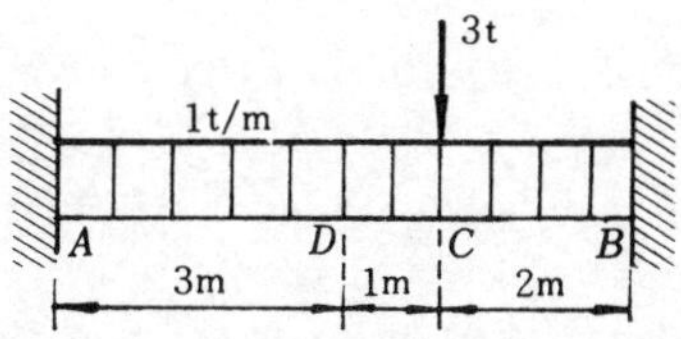

그림 8.25

풀이 부정정력 M_A, M_B를 먼저 구해야 한다.

등분포하중에 의한 $M_A{}'=M_B{}'=-\dfrac{wl^2}{12}$

집중하중에 의한 $M_A{}''=-\dfrac{Pab^2}{l^2}$, $M_B{}''=-\dfrac{Pa^2b}{l^2}$

$$\therefore\ M_A=M_A{}'+M_A{}''=-\left(\frac{wl^2}{12}+\frac{Pab^2}{l^2}\right)=-\left(\frac{1\times 6^2}{12}+\frac{3\times 4\times 2^2}{6^2}\right)=-4.33(\text{t}\cdot\text{m})$$

$$M_B=M_B{}'+M_B{}''=-\left(\frac{wl^2}{12}+\frac{Pa^2b}{l^2}\right)=-\left(\frac{1\times 6^2}{12}+\frac{3\times 4^2\times 2}{6^2}\right)=-5.67(\text{t}\cdot\text{m})$$

$$\sum M_B=0,\ R_A\times 6-4.33-3\times 2-1\times 6\times 3+5.67=0 \qquad \therefore\ R_A=3.78(\text{t})$$

$$\therefore\ M_D=3.78\times 3-4.33-1\times 3\times 1.5=2.51(\text{t}\cdot\text{m})$$

【예제 17】

다음과 같은 보에서 8(t · m)의 최대 휨모멘트가 작용한다면 몇 ton 이상의 집중하중으로서 보가 파괴되는가?

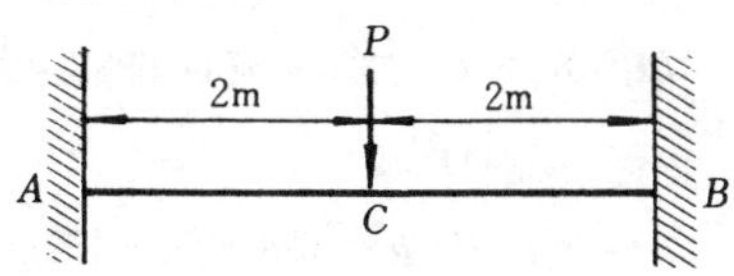

그림 8.26

풀이 $M_{max}=\dfrac{Pl}{8}$ 이므로 $8=\dfrac{P\times 4}{8}$ $\quad P=16\ (\text{t}\cdot\text{m})$

$\therefore$ 16(t) 이상

별해 $R_A=\dfrac{P}{2}$, $M_C=\dfrac{P}{2}\times 2+M_A$

$$M_A=-\frac{Pab^2}{l^2}=-\frac{P\times 2\times 2^2}{4^2}=-\frac{P}{2}$$

$$\therefore\ M_C=\frac{P}{2}>8 \qquad \therefore\ P>16\ (\text{t})$$

【예제 18】

전단력 및 휨모멘트의 방정식을 만드시오.

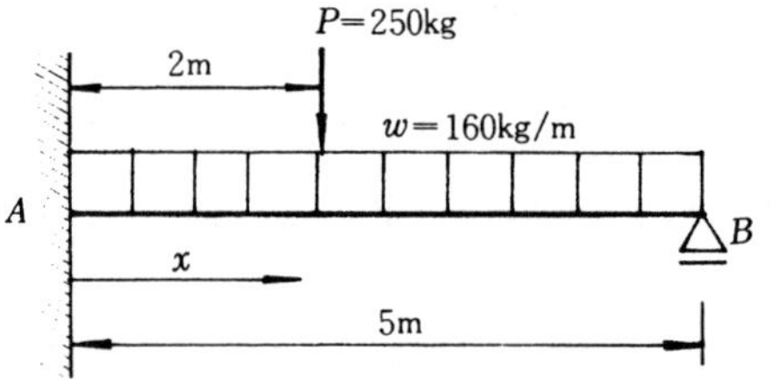

그림 8.27

풀이 집중하중에 의한

$$M_A=-\frac{Pab(l+b)}{2l^2}=-\frac{250\times 2\times 3(5+3)}{2\times 5^2}=-240\,\text{kg}\cdot\text{m}$$

등분포하중에 의한

$$M_A=-\frac{wl^2}{8}=-\frac{160\times 5^2}{8}=-500\,\text{kg}\cdot\text{m}$$

$$\therefore\ M_A=-240+(-500)=-740\,\text{kg}\cdot\text{m}$$

$$\sum M_A=0,\ -R_B\times 5+160\times 5\times 2.5+250\times 2-740=0$$

$R_B=352\,\text{kg}$

$R_A=250+160\times 5-352=698\,\text{kg}$

$0\leq x\leq 2$m일 때

$$S_x=R_A-wx=698-160x$$

$$M_x=R_A\cdot x-\frac{wx^2}{2}+M_A=698x-\frac{160x^2}{2}-740=-80x^2+698x-740$$

$2\text{m}\leq x\leq 5$m일 때

$$S_x=R_A-P-wx=698-250-160x=448-160x$$

$$M_x=R_Ax-\frac{wx^2}{2}-P(x-2)+M_A=698x-\frac{160x^2}{2}-250(x-2)-740=-80x^2+448x-240$$

【예제 19】

그림에서 보는 바와 같은 2경간 연속보를 풀고 단면력도를 그리시오(단, EI는 일정하고 침하는 없는 것으로 한다).

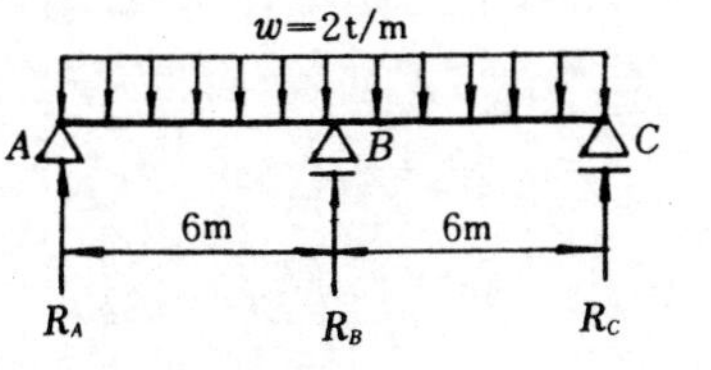

그림 8.28

풀이 (1) 처짐에 의한 방법

정정기본계를 단순보 AC로 하고 부정정력을 R_B로 한다. 이때 w가 작용한 경우의 오른쪽 그림 (b)와 R_B가 작용한 경우의 오른쪽 그림 (c)의 처짐을 구한다.

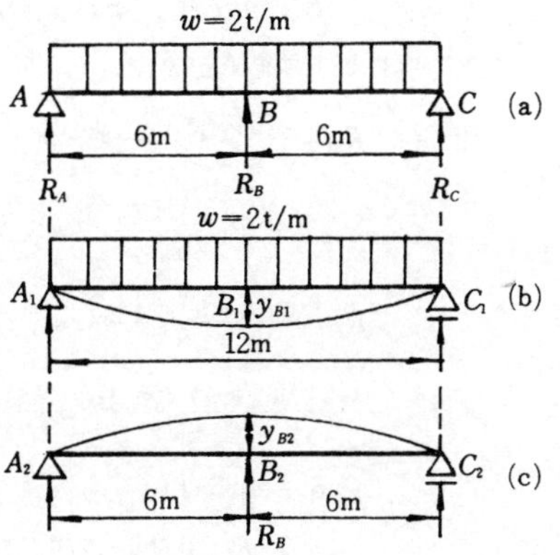

1) 부정정력 계산

$$y_{B1}=\frac{5wl^4}{384EI}=\frac{5\times2\times12^4}{384EI}=\frac{540}{EI}$$

$$y_{B2}=-\frac{R_Bl^3}{48EI}=-\frac{R_B\times12^3}{48EI}=-\frac{36\cdot R_B}{EI}$$

$y_B=y_{B1}+y_{B2}=0$으로부터

$$y_B=\frac{540}{EI}-\frac{36R_B}{EI}=0$$

$\therefore\ R_B=15(\text{t})$

2) 반력 R_A, R_C

$$R_A=\frac{(2\times12)\times6-15\times6}{12}=4.5(\text{t}),\quad R_C=\frac{(2\times12)\times6-15\times6}{12}=4.5(\text{t})$$

3) 전단력

$S_A=4.5\ (\text{t})$

$S_B(\text{좌})=4.5-2\times6=-7.5\ (\text{t})$

$S_B(\text{우})=4.5-2\times6+15=7.5\ (\text{t})$

4) 휨모멘트

$M_A=0,\ \ M_C=0$

$M_B=4.5\times6-(2\times6)\times3=-9(\text{t}\cdot\text{m})$

5) 최대 휨모멘트

$$M_x=4.5x-(2\cdot x)\cdot\frac{x}{2}=4.5x-x^2$$

$$\frac{dM_x}{dx}=4.5-2x=0,\ \ x=2.25\,\text{m}$$

$\therefore\ M_{\max}=4.5\times2.25-2.25^2=5.0625(\text{t}\cdot\text{m})$

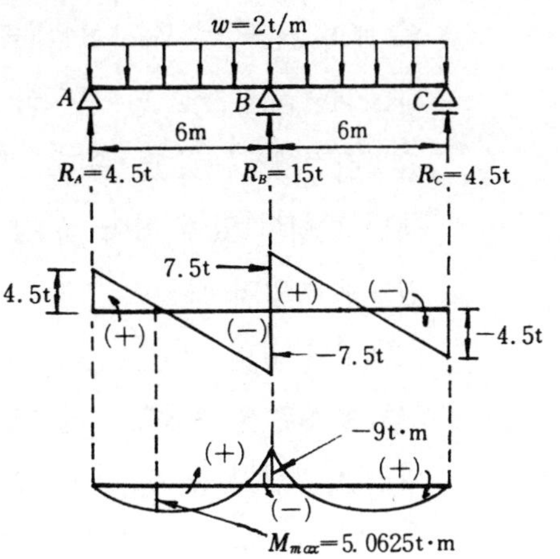

⑵ 처짐각에 의한 방법

아래 그림과 같이 지점의 휨모멘트 M_B를 부정정력으로 하여 2개의 정정보로 된 정정기본계를 생각하고 $\theta_{B1}=\theta_{B2}$라 놓는다.

1) 부정정력의 계산

$$\theta_{B1}=-\frac{wl^3}{24EI}-\frac{M_B\cdot l}{3EI}=-\frac{2\times6^3}{24EI}-\frac{M_B\cdot 6}{3EI}=-\frac{8}{EI}-\frac{2M_B}{EI}$$

$$\theta_{B2}=\frac{wl}{24EI}+\frac{M_B\cdot l}{3EI}=\frac{2\times6^3}{24EI}+\frac{M_B\cdot 6}{3EI}=\frac{18}{EI}+\frac{2M_B}{EI}$$

$\theta_{B1}=\theta_{B2}$로부터

$$-\frac{18}{EI}-\frac{2M_B}{EI}=\frac{18}{EI}+\frac{2M_B}{EI} \qquad \therefore\ M_B=-9\,(\mathrm{t\cdot m})$$

2) 반력 R_A, R_B, R_C

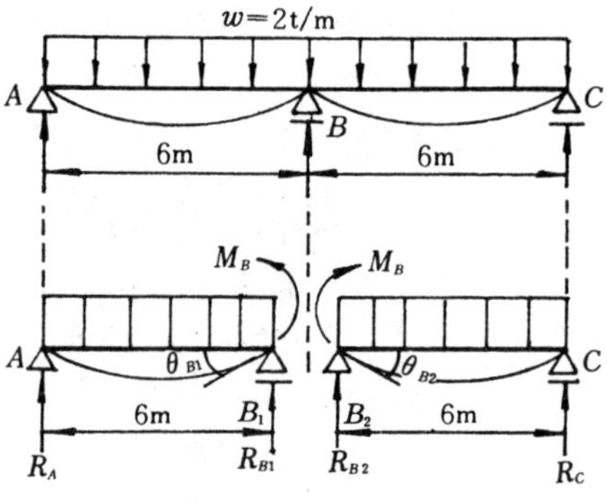

$$R_A=\frac{(2\times6)\times3-9}{6}=4.5\,(\mathrm{t})$$

$$R_{B1}=\frac{(2\times6)\times3+9}{6}=7.5\,(\mathrm{t})$$

$$R_{B2}=\frac{(2\times6)\times3+9}{6}=7.5\,(\mathrm{t})$$

$$R_C=\frac{(2\times6)\times3-9}{6}=4.5\,(\mathrm{t})$$

$\therefore\ R_A=4.5\,(\mathrm{t})$

$R_B=R_{B1}+R_{B2}=7.5+7.5=15\,(\mathrm{t})$

$R_C=4.5\,(\mathrm{t})$

(4) 연속보의 해법

한 개의 보를 3개 이상의 지점으로 받치되 지점의 한 개는 활절이고 다른 것은 이동단(roller end)으로 된 경우의 보를 연속보(continuous beam)라고 말한다.

활절지점에서는 수평, 수직 2개의 반력을 갖기 때문에 n지점을 가진 연속보는 $n+1$개의 반력이 있게 되어 $n+1-3=(n-2)$차의 부정정 구조가 된다.

연속보에 있어서는 보가 연속되어 있으므로 중간지점에서도 휨모멘트가 생기며 그림 8.29(a)와 같이 처짐곡선이 연속적인 파형을 이룬다.

그림 8.29와 같은 3경간 연속보의 해법을 생각해 보자(제8장 3.의 3연 모멘트 정리에 의하면 간단히 풀 수 있음). 그림 8.29(a)를 집중하중만 작용하는 그림 (b)와 등분포하중만 작용하는 그림 (d)로 나눌 수가 있다. 이 때 이들의 절단면인 B, C점에 그림 (c) 및 그림 (e)와 같이 크기가 같고 방향이 반대되는 모멘트 즉, 부정정력 M_{B2}(=

$-M_{B4}$), $M_{C2}(=-M_{C4})$를 작용시켜도 그림 (a)의 AD보와 동일하게 된다.

또한 연속보에서는 중간지점(그림 8.29의 B점 및 C점)에서는 왼쪽 지간에서 일어난 처짐각과 바른 쪽에서 일어난 처짐각의 크기는 같다. 왜냐하면 처짐곡선은 연속곡선이며 지점 B, 지점 C에서 처짐곡선에 한 개의 접선을 그을 수가 있는 까닭이다.

따라서 그림 (b), (c), (d), (e)에서 $\theta_{B1}+\theta_{B2}=\theta_{B3}+\theta_{B4}(=\theta_B)$, $\theta_{C1}+\theta_{C2}=\theta_{C3}+\theta_{C4}$ $(=\theta_C)$가 되며 이 관계로부터 부정정력 M_B와 M_C를 구할 수가 있다.

표 7.1에 의해 각각

$$\theta_{B1}=-\frac{P_1a_1b_1(l+a_1)}{6EIl},\quad \theta_{B2}=-\frac{M_{B2}l}{3EI}$$

$$\theta_{B1}+\theta_{B2}=-\frac{P_1a_1b_1(l+a_1)}{6EIl}-\frac{M_{B2}l}{3EI}$$

$$\theta_{B3}=\frac{wl^3}{24EI},\quad \theta_{B4}=\frac{(2M_{B4}+M_{C4})l}{6EI}$$

$$\theta_{B3}+\theta_{B4}=\frac{wl^3}{24EI}+\frac{(2M_{B4}+M_{C4})l}{6EI}$$

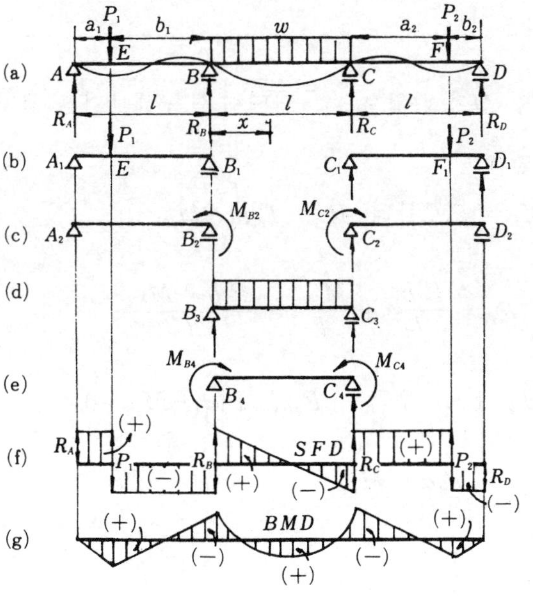

그림 8.29

$$\theta_{B1}+\theta_{B2}=\theta_{B3}+\theta_{B4} \quad \cdots\cdots \text{(a)}$$

$$\theta_{C1}=\frac{P_2a_2b_2(l+b_2)}{6EIl},\quad \theta_{C2}=\frac{M_{C2}l}{3EI}$$

$$\theta_{C1}+\theta_{C2}=\frac{P_2a_2b_2(l+b_2)}{6EIl}+\frac{M_{C2}l}{3EI}$$

$$\theta_{C3}=-\frac{wl^3}{24EI},\quad \theta_{C4}=-\frac{(M_{B4}+2M_{C4})l}{6EI}$$

$$\theta_{C3}+\theta_{C4}=-\frac{wl^3}{24EI}-\frac{(M_{B4}+2M_{C4})l}{6EI}$$

$$\theta_{C1}+\theta_{C2}=\theta_{C3}+\theta_{C4} \quad \cdots\cdots \text{(b)}$$

식(a), (b)로부터 부정정력 M을 구하면

$$\left.\begin{aligned} M_B(=M_{B2}=M_{B4})&=-\frac{1}{15l^2}\left\{4P_1a_1b_1(l+a_1)+\frac{3}{4}wl^4-P_2a_2b_2(l+b_2)\right\} \\ M_C(=M_{C2}=M_{C4})&=-\frac{1}{15l^2}\left\{-P_1a_1b_1(l+a_1)+\frac{3}{4}wl^4+4P_2a_2b_2(l+b_2)\right\} \end{aligned}\right\} \quad \cdots\cdots \text{(8-27)}$$

부정정력 M이 나왔으므로 단면력을 구해보기로 하자.

1) 지점반력

$\sum M_B=0$으로부터 $R_Al-P_1b_1-M_{B2}=0$

$$\therefore R_A=\frac{P_1b_1}{l}+\frac{M_{B2}}{l}=\frac{P_1b_1+M_{B2}}{l} \quad \cdots\cdots \text{(8-28)}$$

$\sum M_A=0$으로부터 $-R_{B1}l+P_1a_1-M_{B2}=0$

$$R_{B1}=\frac{P_1a_1-M_{B2}}{l}$$

$\sum M_C=0$에 의하여

$$R_{B2}l-\frac{wl^2}{2}+M_{B4}-M_{C4}=0,\quad R_{B2}=\frac{wl}{2}+\frac{M_{C4}-M_{B4}}{l}$$

$$R_B = R_{B1} + R_{B2} = \frac{P_1 a_1 - M_{B2}}{l} + \frac{wl}{2} + \frac{M_{C4} - M_{B4}}{l}$$

$$= \frac{1}{l}\left(P_1 a_1 + \frac{wl^2}{2} - M_{B2} - M_{B4} + M_{C4}\right) \quad \cdots\cdots (8\text{-}29)$$

같은 방법으로 $\sum M_D = 0$으로부터 $R_{C1} l - P_2 b_2 + M_{C2} = 0$

$$R_{C1} = \frac{P_2 b_2 - M_{C2}}{l}$$

$\sum M_B = 0$으로부터 $-R_{C2} l + \frac{wl^2}{2} + M_{B4} - M_{C4} = 0$

$$R_{C2} = \frac{wl}{2} + \frac{M_{B4} - M_{C4}}{l}$$

$$R_C = R_{C1} + R_{C2} = \frac{P_2 b_2 - M_{C2}}{l} + \frac{wl}{2} + \frac{M_{B4} - M_{C4}}{l}$$

$$= \frac{1}{l}(P_2 b_2 + \frac{wl^2}{2} - M_{C2} - M_{C4} + M_{B4}) \quad \cdots\cdots (8\text{-}30)$$

$\sum M_C = 0$에 의하여 $-R_D l + P_2 a_2 + M_{C2} = 0$

$$R_D l - P_2 a_2 + M_{C2}, \quad R_D = \frac{P_2 a_2 + M_{C2}}{l}$$

2) 전단력

$$S_{A\sim E} = R_A, \quad S_{E\sim B} = R_A - P_1$$

$$S_A = R_A - P_1 + R_B, \quad S_C = R_A - P_1 + R_B - wl$$

$$S_{C\sim F} = R_A - P_1 + R_B - wl + R_C$$

$$S_{F\sim D} = R_A - P_1 + R_B - wl + R_C - P_2 = -R_D$$

3) 휨모멘트

$$M_A = 0, \quad M_E = R_A \cdot a_1$$

$$M_B = -\frac{1}{15l^2}\left\{4P_1 a_1 b_1(l + a_1) + \frac{3}{4}wl^4 - P_2 a_2 b_2(l + b_2)\right\}$$

$$M_D = 0, \quad M_F = R_D \cdot b_2$$

$$M_C = -\frac{1}{15l^2}\left\{P_1 a_1 b_1(l + a_1) + \frac{3}{4}wl^4 + 4P_2 a_2 b_2(l + b_2)\right\}$$

BC지간의 B에서 x되는 점의 M_x는

$$M_x = R_{B2}x + M_B - \frac{wx^2}{2} = \frac{wl}{2}x + \frac{M_C - M_B}{l}x + M_B - \frac{wx^2}{2}$$

【예제 20】

반력 R_A, R_B 및 R_C를 구하시오(단, EI는 일정함).

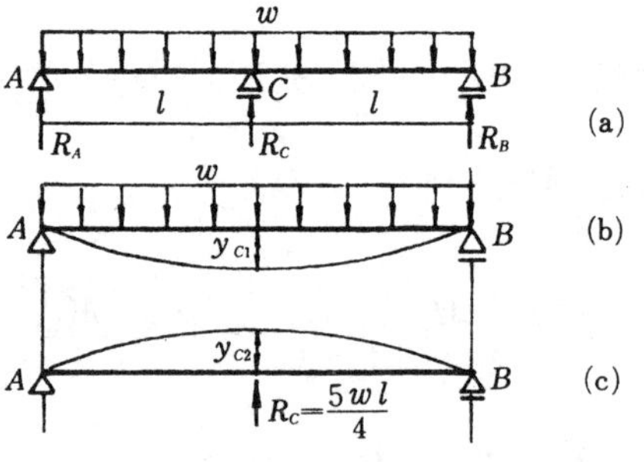

그림 8.30

풀이 하중 w에 의한 C점의 처짐을 y_{C1}, 또 반력 R_C에 의한 C점의 처짐을 y_{C2}라고 했을 때 C점의 처짐은 0이므로 $y_{C1} + y_{C2} = 0$이 된다.

$$y_{C1} = \frac{5w(2l)^4}{384EI} = \frac{5wl^4}{24EI}, \quad y_{C2} = \frac{-R_C(2l)^3}{48EI} = \frac{-R_C l^3}{6EI}$$

$y_{C1} + y_{C2} = 0$에서

$$\frac{R_C l^3}{6EI} = \frac{5wl^4}{24EI}$$

$$\therefore\ R_C = \frac{5wl}{4} \qquad \therefore\ R_A = R_B = w \times 2l - \frac{5}{4}wl \times \frac{1}{2} = \frac{3}{8}wl$$

【예제 21】

다음과 같은 2경간 연속보를 풀고 단면력도를 그리시오.
(단, EI는 일정하고 침하는 없는 것으로 한다)

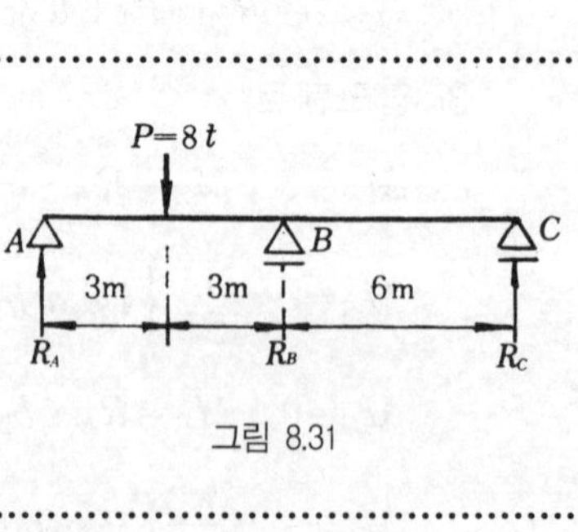

그림 8.31

풀이 (1) 처짐에 의한 방법

정정기본계로 단순보 A, C를 택하여 부정정력을 R_B로 한다. 또한 AC에 $P=8$(t)이 작용했을 때의 오른쪽 그림 (b)와, AC에 R_B가 작용했을 때의 오른쪽 그림 (d)의 B점의 처짐을 구한다.

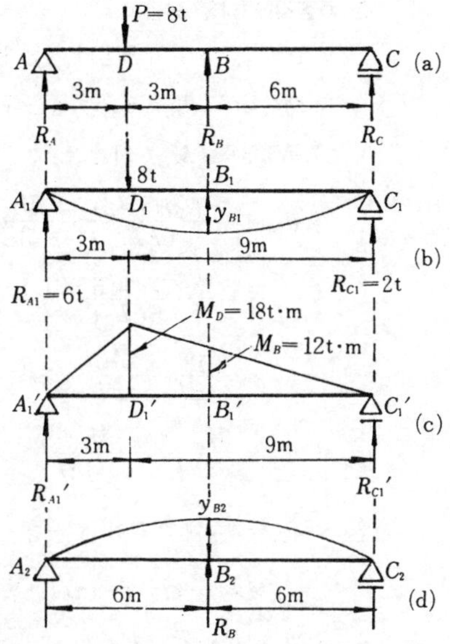

1) 부정정력(R_B) 계산

A_1C_1의 반력과 휨모멘트

$$R_{A1}=\frac{8\times9}{12}=6\,(\text{t}),\quad R_{C1}=\frac{8\times3}{12}=2\,(\text{t})$$

$$M_{B1}=2\times6=12(\text{t}\cdot\text{m})$$

$$M_{D1}=2\times9=18\,(\text{t}\cdot\text{m})$$

$A_1'C_1'$의 반력과 M_{B1}'

$$R_{C1}'=\frac{\left(\frac{3\times18}{2}\right)\times2+\left(\frac{9\times18}{2}\right)\times6}{12}$$

$$=45(\text{t}\cdot\text{m}^2)$$

$$M_{B1}'=45\times6-\left(\frac{6\times12}{2}\right)\times2=198\,(\text{t}\cdot\text{m}^3)$$

$$\therefore\ y_{B1}=\frac{198}{EI}$$

A_2C_2에 있어서 B점의 처짐

$$y_{B2}=-\frac{R_Bl^3}{48EI}=-\frac{R_B\cdot12^3}{48EI}=-\frac{36\cdot R_B}{EI}$$

B점의 처짐은 0이므로

$$y_B=y_{B1}+y_{B2}=0$$

$$y_B=\frac{198}{EI}-\frac{36R_B}{EI}=0$$

$$\therefore\ R_B=5.5\,(\text{t})$$

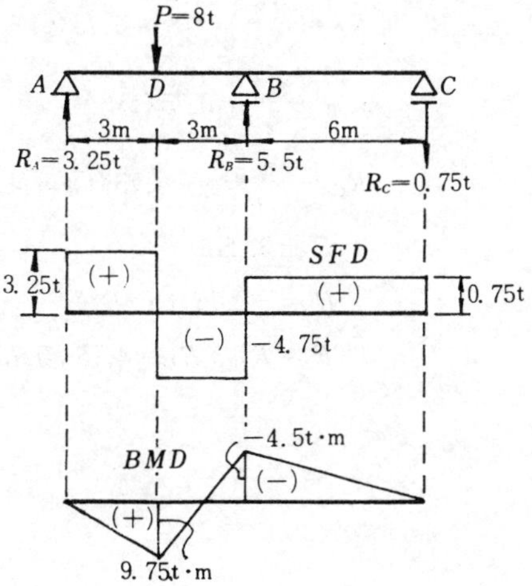

2) 반력 R_A, R_C

$$R_A=\frac{8\times9-5.5\times6}{12}=3.25(\text{t})$$

$$R_C=\frac{8\times3-5.5\times6}{12}=-0.75(\text{t})$$

3) 전단력

$S_{A\sim D}=3.25\,(\text{t})$,

$S_{D\sim B}=3.25-8=-4.75\,(\text{t})$,

$S_{B\sim C}=0.75\,(\text{t})$

4) 휨모멘트

$M_A=0$, $M_D=3.25\times3=9.75\,(\text{t}\cdot\text{m})$

$M_B=-0.75\times6=-4.5\,(\text{t}\cdot\text{m})$, $M_C=0$

(2) 처짐각에 의한 방법

오른쪽 그림과 같이 B점의 지점 휨모멘트 M_B를 부정정력으로 하고 (b)와 같이 2개의 단순보로 된 정정기본계를 생각하여 $\theta_{B1}=\theta_{B2}$라 놓는다.

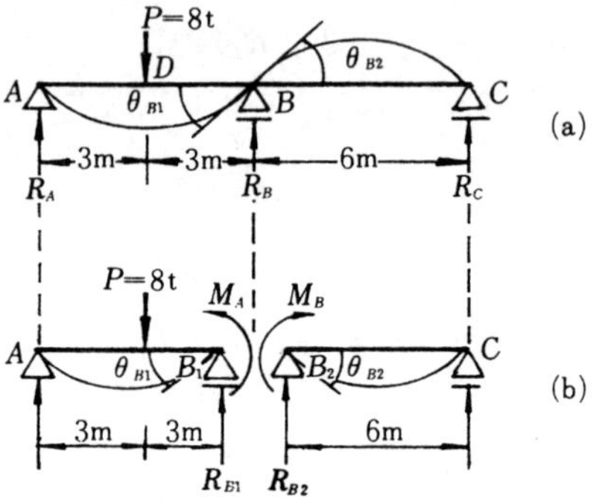

1) 부정정력 (M_B) 계산

$$\theta_{B1}=-\frac{Pab(l+a)}{6EIl}-\frac{M_B\cdot l}{3EI}$$

$$=-\frac{8\times3\times3(6+3)}{6EI\cdot6}-\frac{M_B\cdot6}{3EI}$$

$$=-\frac{18}{EI}-\frac{2M_B}{EI}$$

$$\theta_{B2}=\frac{M_B\cdot l}{3EI}=\frac{M_B\cdot6}{3EI}=\frac{2M_B}{EI}$$

$\theta_{B1}=\theta_{B2}$에 의하여 $-\dfrac{18}{EI}-\dfrac{2M_B}{EI}=\dfrac{2M_B}{EI}$

$\therefore\ M_B=-4.5\,(\mathrm{t\cdot m})$ (가정 방향과 반대)

2) 반력 $R_A,\ R_B,\ R_C$

$$R_A=\frac{8\times3-4.5}{6}=3.25\,(\mathrm{t})$$

$$R_{B1}=\frac{8\times3+4.5}{6}=4.75\,(\mathrm{t})$$

$$R_{B2}=\frac{4.5}{6}=0.75\,(\mathrm{t})$$

$$R_C=-\frac{4.5}{6}=-0.75\,(\mathrm{t})\text{(하향)}$$

$\therefore\ R_A=3.25(\mathrm{t})$

$R_C=-0.75\,(\mathrm{t})$(하향)

$R_B=R_{B1}+R_{B2}=4.75+0.75=5.5\,(\mathrm{t})$

【예제 22】

다음과 같은 연속보의 반력과 단면력을 구한 후 단면력도를 그리시오(단, EI는 일정함).

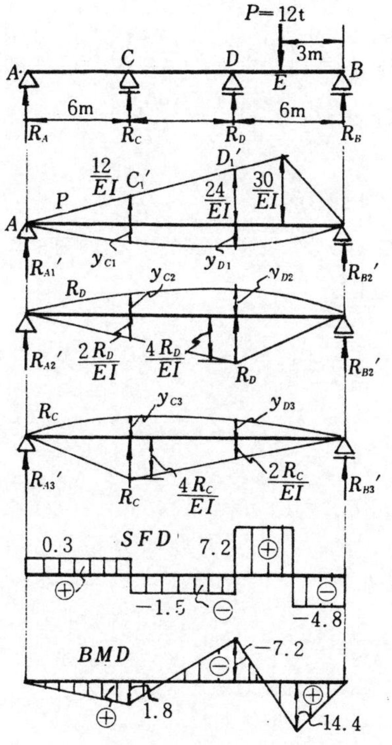

그림 8.32

풀이 R_C, R_D를 미지반력으로 하고 이 연속보를 AB의 단순보라고 보고 푼다. 즉 단순보 AB에 $P=12$(t)만이 작용할 때 C, D점의 처짐을 y_{C1}, y_{D1}, 단순보 AB에 R_D만 작용했을 때 C, D점의 처짐을 y_{C2}, y_{D2}라 하고 단순보 AB에 R_C만 작용했을 때 C, D점의 처짐을 y_{C3}, y_{D3}라고 한다.

(1) AB를 단순보로 보고 P가 작용했을 때

$$R_{A1}=\frac{1}{18}\times12\times3=2(\text{t}),\quad R_{B1}=12-2=10(\text{t}),\quad M_E=2\times15=30(\text{t}\cdot\text{m})$$

이것을 탄성하중으로 보고 계산한다.

$$R_{A1}'=\frac{1}{18}\left\{\left(\frac{1}{2}\times3\times\frac{30}{EI}\right)\times2+\left(\frac{1}{2}\times15\times\frac{30}{EI}\right)\times8\right\}=\frac{105}{EI}$$

R_{A1}'가 구해졌으므로 A점에서 6m, 12m 되는 곳의 처짐을 각각 구해 보면

$$y_{C1}=R_{A1}'\times6-\triangle AC_1C_1'\times2=\frac{105}{EI}\times6-\left(\frac{1}{2}\times6\times\frac{12}{EI}\right)\times2=\frac{558}{EI}$$

$$y_{D1}=R_{A1}'\times12-\triangle AD_1D_1'\times4=\frac{105}{EI}\times12-\left(\frac{1}{2}\times12\times\frac{24}{EI}\right)\times4=\frac{684}{EI}$$

(2) AB를 단순보로 보고 R_D만 작용할 경우

$$R_{A2}=\frac{1}{18}(R_D\times 6)=\frac{R_D}{3},\quad M_D=R_{A2}\times 12=4R_D$$

이것을 탄성하중으로 보면

$$R_{A2}'=\frac{1}{18}\left\{\left(\frac{1}{2}\times 6\times\frac{4R_D}{EI}\right)\times 4+\left(\frac{1}{2}\times 12\times\frac{4R_D}{EI}\right)\times 10\right\}=\frac{16R_D}{EI}$$

$$y_{C2}=-\left\{R_{A2}'\times 6-\left(\frac{1}{2}\times 6\times\frac{2R_D}{EI}\right)\times 2\right\}=-\frac{84R_D}{EI}$$

$$y_{D2}=-\left\{R_{A2}'\times 12-\left(\frac{1}{2}\times 12\times\frac{4R_D}{EI}\right)\times 4\right\}=-\frac{96R_D}{EI}$$

(3) AB를 단순보로 보고 R_C만 작용했을 경우, 우측에서 계산하면 (2)의 경우와 같으므로

$$y_{C3}=-\frac{96R_D}{EI},\quad y_{D3}=-\frac{84R_C}{EI}$$

이상에서 구한 각 처짐의 합계 y_C, y_D는 0이 되며, 여기서 R_C와 R_D가 구해진다.

$$\left.\begin{aligned} y_C&=y_{C1}+y_{C2}+y_{C3}=0\\ y_D&=y_{D1}+y_{D2}+y_{D3}=0\end{aligned}\right\}$$

$$\left.\begin{aligned} \frac{558}{EI}-\frac{84R_D}{EI}-\frac{96R_C}{EI}&=0\\ \frac{684}{EI}-\frac{96R_D}{EI}-\frac{86R_C}{EI}&=0\end{aligned}\right\}$$

$$\therefore\begin{cases} 84R_D+96R_C=558 \cdots\cdots ①\\ 96R_D+84R_C=684 \cdots\cdots ②\end{cases}$$

위의 연립방정식을 풀면

$R_C=-1.8(\text{t}),\ R_D=8.7(\text{t})$

이 R_C, R_D를 단순보에 작용하는 하중으로 보아

$$R_A=\frac{1}{18}\{12\times 3-8.7\times 6+1.8\times 12\}=0.3,\quad R_B=\frac{1}{18}\{12\times 15-8.7\times 12+1.8\times 6\}=4.8$$

검산 $\sum V=R_A+R_B+R_C+R_D-P=0$

$S_{A\sim C}=0.3(\text{t}),\ S_{C\sim D}=0.3-1.8=-1.5(\text{t})$

$S_{D\sim E}=-1.5+8.7=7.2(\text{t}),\quad S_{E\sim B}=7.2-12=-4.8(\text{t})$

$M_A=0,\ M_B=0,\ M_C=0.3\times 6=1.8(\text{t}\cdot\text{m})$

$M_D=0.3\times 12-1.8\times 6=-7.2(\text{t}\cdot\text{m})$

$M_E=4.8\times 3=14.4(\text{t}\cdot\text{m})$

3. 3연 모멘트 정리

(1) 기본식

1) 지점침하가 없는 경우

3연 모멘트 정리는 1855년 프랑스인 Bertot에 의해 창안된 것이다. 1857년에 Clapeyron, 1862년에 Bresse에 의하여 오늘날 사용되는 형태로 다듬어진 것으로 연속된 부재 위의 3점에서의 모멘트 사이에 존재하는 관계식이다. 즉, 2경간 이상의 연속보를 풀 경우에 사용하면 편리한 공식이다. 이것은 연속보 중에서 인접하는 임의의 2경간의 3지점 모멘트(부정정력) 관계를 연립 1차 방정식으로 나타낸 것이다. 그림 8.33과 같은 연속보에 하중이 작용하면 지점에 부정정력인 휨모멘트가 생기며 이 지점 모멘트를 구하면 연속보를 풀 수 있는데 3연 모멘트 정리는 바로 이 부정정력인 지점 모멘트를 구하는 데 사용되는 것이다. 지금 그림 8.33(b)에서와 같이 1, 2, 3의 3지점에 대해서 생각해 보면 처짐곡선은 연속되어 있으므로 지점 2에서의 처짐각

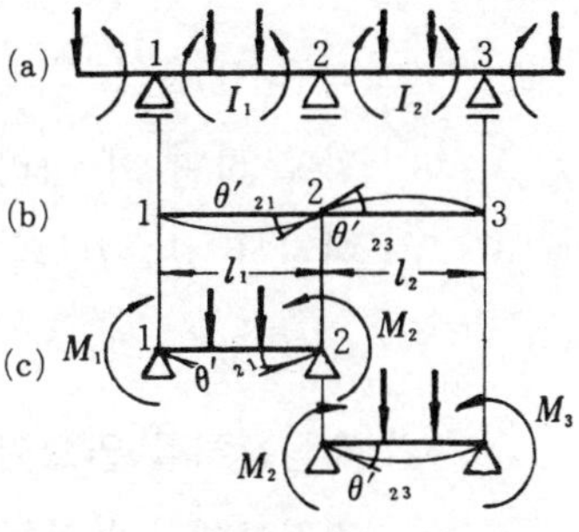

그림 8.33

$\theta'_{21}=\theta'_{23}$이 된다. .... (a)

그림 8.33(b)를 그림 (c)와 같이 각각 분리하여 생각할 수 있으므로 여기서 θ'_{21}과 θ'_{23}의 처짐각을 구해보면

$\theta'_{21}=\theta'_{23}=$[지점 모멘트에 의한 처짐각]+[하중에 의한 처짐각]

그러므로
$$\left.\begin{aligned}\theta'_{21}&=\frac{-(M_1+2M_2)}{6EI_1}l_1+\theta_{21}\\ \theta'_{23}&=\frac{(2M_2+M_3)}{6EI_2}l_2+\theta_{23}\end{aligned}\right\} \quad \cdots\cdots\cdots\cdots \text{(b)}$$

여기서 θ_{21} : 1~2간을 단순보로 보았을 때 하중에 의한 지점 2의 처짐각

θ_{23} : 2~3간을 단순보로 보았을 때 하중에 의한 지점 2의 처짐각

식(a), (b)로부터 $-\dfrac{(M_1+2M_2)}{6EI_1}l_1+\theta_{21}=\dfrac{(2M_2+M_3)}{6EI_2}l_2+\theta_{23}$

$$\therefore\ M_1\frac{l_1}{I_1}+2M_2\left(\frac{l_1}{I_1}+\frac{l_2}{I_2}\right)+M_3\frac{l_2}{I_2}=6E(\theta_{21}-\theta_{23}) \quad \cdots\cdots\cdots\cdots \quad (8\text{-}31)$$

식(8-31)을 크라페이론의 3연 모멘트 정리(Clapeyron's three moment equation)라고 하며 이 정리에 의하여 연속보를 푸는 방법을 3연 모멘트법이라고 한다. 여기서 θ_{21}, θ_{23}의 처짐값(하중항)은 표 7.1에서 단순보에 하중이 작용할 경우에 대한 값을 취하면 된다.

2) 지점침하를 일으키는 경우

정정보에서의 부등침하는 역학적인 문제는 없으나 부정정보에서는 이로 인해 단면력이 변화해서 응력에 변화를 일으키기 때문에 연약한 지반 위에서는 연속보를 사용하지 않는 것이 보통이다.

그림 8.34에서와 같이 1, 2, 3점에 부등침하량 Δ_1, Δ_2, Δ_3가 생겨서 1′, 2′, 3′로 변했다고 하면 β_1, β_2의 회전각이 생기게 되며 각각 그 값은 $\beta_1=\dfrac{\Delta_2-\Delta_1}{l_1}$, $\beta_2=\dfrac{\Delta_3-\Delta_2}{l_2}$로 되고 이 부등침하에 의한 회전각을 식(8-31)에 고려해 주면 된다.

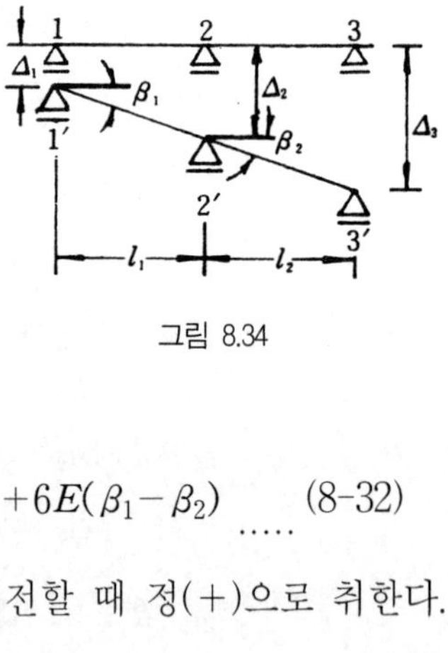

그림 8.34

$$M_1\frac{l_1}{I_1}+2M_2\left(\frac{l_1}{I_1}+\frac{l_2}{I_2}\right)+M_3\left(\frac{l_2}{I_2}\right)=6E(\theta_{21}-\theta_{23})+6E(\beta_1-\beta_2) \quad \cdots\cdots \quad (8\text{-}32)$$

단, β_1의 부호는 지간 l_1에 대하여 시계방향으로 회전할 때 정(+)으로 취한다.

(2) 3연 모멘트 정리의 적용방법

3연 모멘트 정리는 3개의 지점을 1조(組)로 하여 방정식을 세워 부정정력인 지점 모멘트를 구하는 식이다.

그림 8.35(a)와 같은 경우는 $M_1=M_3=0$이므로 미지량은 M_2 하나이다. 따라서 식(8-31) 하나만으로 부정정력 M_2를 구할 수 있다. 그림 8.35(b)와 같은 경우는 $M_1=$

$M_4=0$이므로 미지량은 M_2, M_3 2개이다. 방정식도 1, 2, 3 지점에서 1개, 2, 3, 4 지점에서 1개를 각각 세워 2개의 식으로서 부정정력 M_2, M_3를 구할 수 있다.

그림 8.35(c)와 같은 경우는 $M_1=M_5=0$으로서 미지량이 M_2, M_3, M_4의 3개이므로 그림과 같이 3개의 식을 만들어 부정정력 M_2, M_3, M_4를 구할 수가 있다.

그림 8.36과 같이 고정지점을 가진 보의 경우를 생각해 보면 그림 (a)에서 고정지점을 힌지로 바꾸어 놓고 가상 지간 1～1′를 만들도록 한다. 이 때 가상 지간의 $I=\infty$로 본다. 이렇게 하면 $M_3=0$이므로 미지량은 M_1, M_2 2개이고 그림에서와 같이 2개의 식을 만들어 풀면 부정정력 M_1, M_2가 구해진다.

그림 8.36(b)와 같은 경우도 미지량은 M_1, M_2, M_3, M_4의 4개이고 식도 4개 만들 수 있으므로 4개의 부정정력이 모두 구해진다.

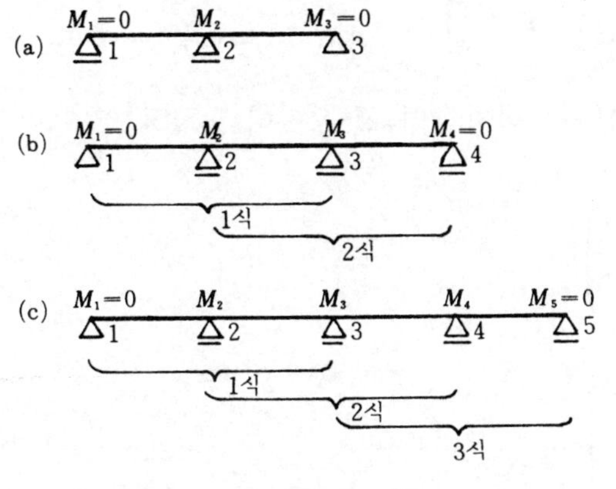

그림 8.35

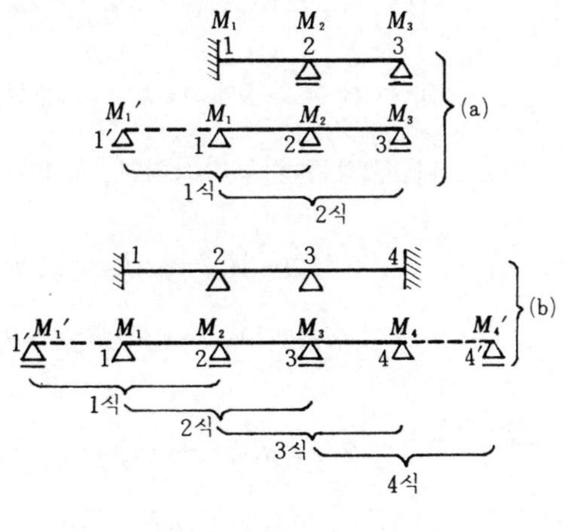

그림 8.36

(3) 연속보

연속보에서는 그림 8.33에서 상술한 바와 같이 지점 모멘트를 부정정력으로 취하고 식(8-31)을 이용하여 부정정력의 수만큼 방정식을 세워서 풀면 지점 모멘트를 구할 수가 있다.

그림 8.37과 같은 3경간 연속보를 3연 모멘트 정리로 풀어보기로 하자. 전 지간의 I, l 은 동일하고 지점침하는 없는 것으로 본다. 식(8-31)에 의해

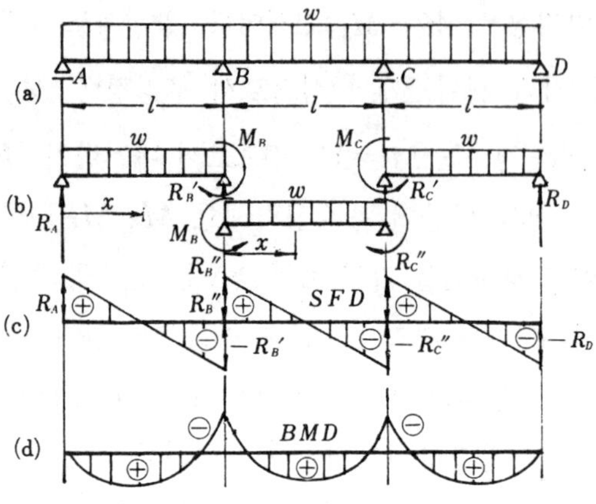

그림 8.37

지간 $A \sim B \sim C$에서 $M_A \frac{l}{I} + 2M_B \left(\frac{l}{I} + \frac{l}{I} \right) + M_C \frac{l}{I} = 6E(\theta_{BA} - \theta_{BC})$

지간 $B \sim C \sim D$에서 $M_B \frac{l}{I} + 2M_C \left(\frac{l}{I} + \frac{l}{I} \right) + M_D \frac{l}{I} = 6E(\theta_{CB} - \theta_{CD})$

A, D점은 이동지점이므로 $M_A = M_D = 0$ 이며 I가 전 구간에 동일하므로

$$\left. \begin{aligned} 4M_B l + M_C l &= 6EI(\theta_{BA} - \theta_{BC}) \\ M_B l + 4M_C l &= 6EI(\theta_{CB} - \theta_{CD}) \end{aligned} \right\} \cdots\cdots \text{(a)}$$

$$\left. \begin{aligned} \theta_{BA} = \theta_{CB} &= -\frac{wl^3}{24EI} \text{(표 7.1)} \\ \theta_{BC} = \theta_{CD} &= \frac{wl^3}{24EI} \end{aligned} \right\} \cdots\cdots \text{(b)}$$

구조와 하중이 대칭이므로 $M_B = M_C$가 되며 식(a), (b)로부터

$$M_B = M_C = -\frac{wl^2}{10} \cdots\cdots \text{(8-33)}$$

부정정력 M_B, M_C가 구해졌으므로 그림 8.37(b)와 같이 정정보로 놓고 반력을 구하면,

$\sum M_B = 0, \ R_A l - wl \times \frac{l}{2} + \frac{wl^2}{10} = 0$

$\therefore \ R_A = \frac{4wl}{10} (= R_D)$

$\sum V=0$에서

$$R_B=(3wl-\frac{4}{10}wl\times 2)\times\frac{1}{2}=\frac{11}{10}wl(=R_C)$$

$$AB \text{ 사이 ; } M_x=R_A\cdot x-\frac{wx^2}{2}=\frac{4}{10}wl\cdot x-\frac{wx^2}{2}=\frac{wx}{10}(4l-5x)$$

$$BC \text{ 사이 ; } M_x=R_B''\ x-\frac{wx^2}{2}-\frac{wl^2}{10}=\frac{wl}{2}\cdot x-\frac{wx^2}{2}-\frac{wl^2}{10}=\frac{wl}{2}(l-x)-\frac{wl^2}{10}$$

전단력은 $\frac{dM_x}{dx}=S_x$로부터

$$AB \text{ 사이 ; } S_x=\frac{4}{10}wl-wx,\qquad BC \text{ 사이 ; } S_x=\frac{w}{2}l-wx$$

이므로 *SFD*와 *BMD*는 그림 8.37(c), (d)와 같이 된다.

【예제 23】

다음 연속보의 M_B와 반력을 구하시오(EI는 일정, 지점침하는 없음).

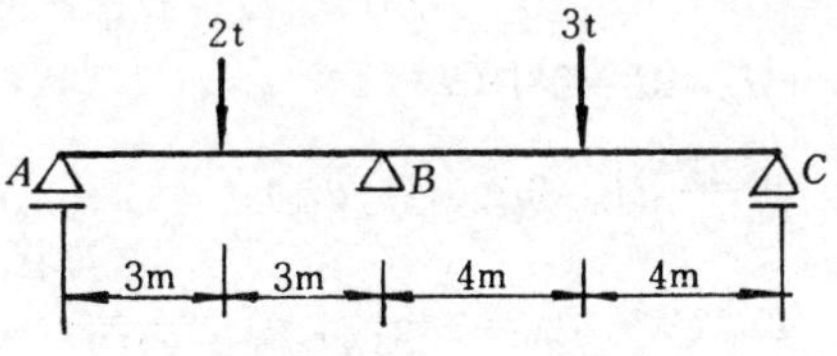

그림 8.38

풀이 식(8-31)에 의해

$$\frac{6}{I}M_A+2\left(\frac{6}{I}+\frac{8}{I}\right)M_B+\frac{8}{I}M_C=6E(\theta_{BA}-\theta_{BC})$$

$M_A=M_C=0$이므로

$$2\left(\frac{14}{I}\right)M_B=6E(\theta_{BA}-\theta_{BC})$$

표 7.1로부터 $\theta_{BA}=-\frac{Pl^2}{16EI}=-\frac{2\times 6^2}{16EI}=-\frac{72}{16EI}$

$$\theta_{BC}=\frac{Pl^2}{16EI}=\frac{3\times 8^2}{16EI}=\frac{192}{16EI}$$

$$\therefore\ \frac{28}{I}M_B=6E\left(-\frac{72}{16EI}-\frac{192}{16EI}\right)\qquad \therefore\ 28M_B=6\left(-\frac{264}{16}\right)$$

$\therefore\ M_B=-3.54(\text{t}\cdot\text{m})$

이로써 부정정력 M_B가 구해졌으므로

$\sum M_B=0$에서

$R_A\times 6-2\times 3+3.54=0\qquad \therefore\ R_A=0.41(\text{t})$

$\sum M_B=0$에서

$-R_C\times 8+3\times 4-3.54=0 \qquad \therefore\ R_C=1.0575(\text{t})$

$\sum V=0$에서

$R_B=2+3-(0.41+1.0575)=3.5325(\text{t})$

【예제 24】

지점 모멘트와 반력을 구하시오(단, EI는 일정하고 지점침하는 없음).

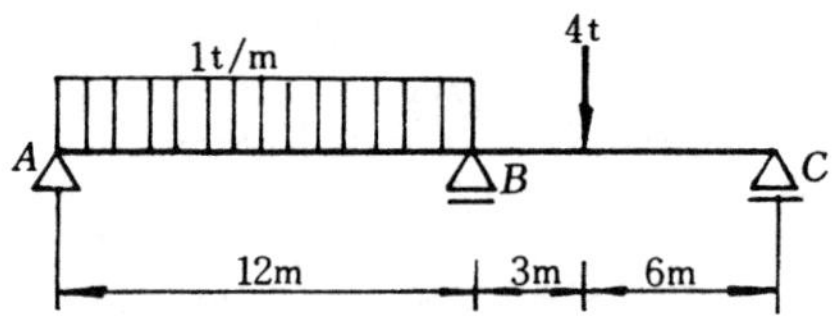

그림 8.39

풀이 식(8-31)에 의해

$$\frac{12}{I}M_A+2\left(\frac{12}{I}+\frac{9}{I}\right)M_B+\frac{9}{I}M_C=6E(\theta_{BA}-\theta_{BC})$$

$M_A=M_C=0$이므로

$$2\left(\frac{21}{I}\right)M_B=6E(\theta_{BA}-\theta_{BC})$$

표 7.1에서 $\theta_{BA}=-\dfrac{wl^3}{24EI}=-\dfrac{1\times 12^3}{24EI}=-\dfrac{72}{EI}$

$$\theta_{BC}=\frac{Pb}{6EIl}(l^2-b^2)=\frac{4\times 6}{6EI\times 9}(9^2-6^2)=\frac{20}{EI}$$

$$\therefore\ \frac{42}{I}M_B=6E\left(-\frac{72}{EI}-\frac{20}{EI}\right) \qquad \therefore\ 42M_B=-552$$

$\therefore\ M_B=-13.143(\text{t}\cdot\text{m})$

부정정력 M_B가 구해졌으므로

$\sum M_B=0$에서 $R_A\times 12-1\times 12\times 6+13.143=0$

$\therefore\ R_A=4.9(\text{t})$

$\sum M_B=0$에서 $-R_C\times 9+4\times 3-13.143=0$

$\therefore\ R_C=-0.13(\text{t})$

$\sum V=0$에서 $R_B=12+4-(4.9-0.13)=11.23(\text{t})$

【예제 25】

M_B와 $M_{\oplus max}$을 구하시오(EI는 일정, 지점침하 없음).

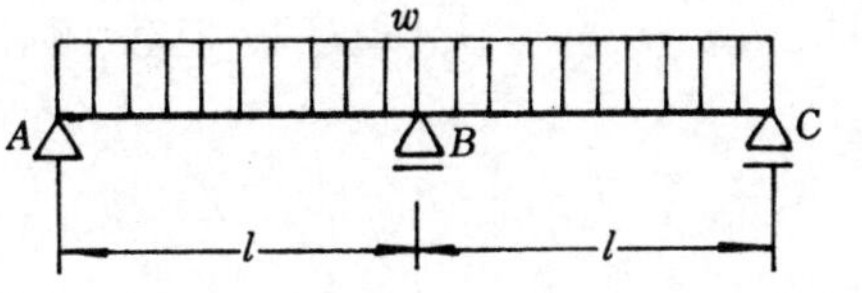

그림 8.40

풀이 $M_A = M_C = 0$이므로

$$2\left(\frac{l}{I}+\frac{l}{I}\right)M_B = 6E(\theta_{BA}-\theta_{BC})$$

$$\theta_{BA} = -\frac{wl^3}{24EI}, \quad \theta_{BC} = \frac{wl^3}{24EI}$$

$$\therefore \frac{4l}{I}M_B = 6E\left(-\frac{wl^3}{24EI}-\frac{wl^3}{24EI}\right)$$

$$\therefore M_B = -\frac{wl^2}{8}$$

$$\sum M_B = 0, \quad R_A l - \frac{wl^2}{2} + M_B = 0, \quad R_A = \frac{3}{8}wl$$

$M_{\oplus max}$은 전단력이 0이 되는 점에서 생기므로

$$S_x = R_A - wx = \frac{3}{8}wl - wx = 0, \quad x = \frac{3}{8}l$$

$$\therefore M_{\oplus max} = R_A \cdot x - \frac{wx}{2}\cdot x = \frac{3}{8}wl \times \frac{3}{8}l - \frac{w}{2}\left(\frac{3}{8}l\right)^2 = \frac{9}{128}wl^2$$

【예제 26】

예제 25에서 w=2t/m, 길이 l이 각각 4m일 때 A점에서 2m 되는 D점의 전단력과 모멘트를 구하시오.

풀이 $M_B = -\frac{wl^2}{8}$ 이므로 $M_B = \frac{-2\times 4^2}{8} = -4\,(\text{t}\cdot\text{m})$

$$\sum M_B = 0 \quad R_A \times 4 - 2\times 4\times 2 + 4 = 0 \qquad \therefore R_A = 3\,(\text{t})$$

$$\therefore S_D = 3 - 2\times 2 = -1\,(\text{t}), \quad M_D = 3\times 2 - 2\times 2\times 1 = 2\,(\text{t}\cdot\text{m})$$

【예제 27】

M_B, R_A, R_C를 구하시오(EI는 일정, 지점침하는 없음).

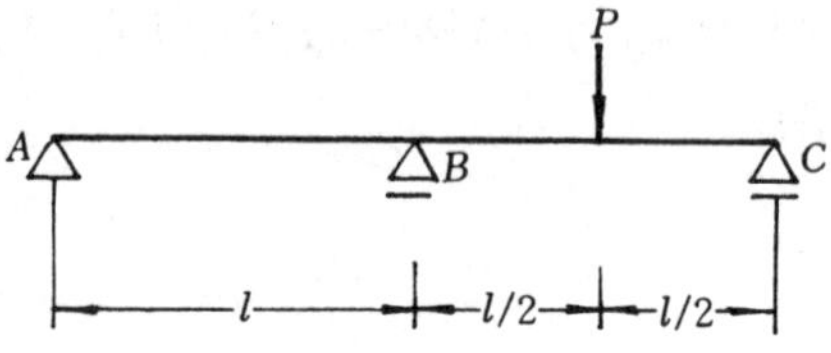

그림 8.41

풀이 $M_A=M_C=0$ 이므로

$$2\left(\frac{l}{I}+\frac{l}{I}\right)M_B=6E\left(0-\frac{Pl^2}{16EI}\right)$$

$$4lM_B=-6\times\frac{Pl^2}{16} \qquad \therefore\ M_B=-\frac{3}{32}Pl$$

$$\sum M_B=0,\ R_A l+\frac{3}{32}Pl=0 \qquad \therefore\ R_A=-\frac{3}{32}P$$

$$\sum M_B=0,\ -R_C l+P\times\frac{l}{2}-\frac{3}{32}Pl=0 \qquad \therefore\ R_C=\frac{13}{32}P$$

【예제 28】

$M_{\oplus\max}$을 구하고 BMD를 그리시오. 또한 반곡점의 위치는 B점에서 얼마의 위치에 있는가?(단, EI는 일정, 지점침하는 없음)

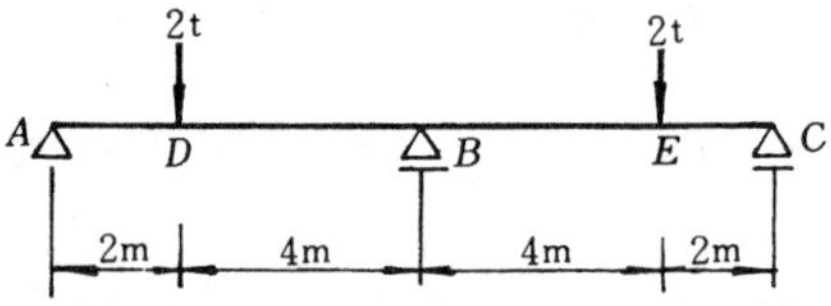

그림 8.42

풀이 $2\left(\frac{6}{I}+\frac{6}{I}\right)\cdot M_B=6E(\theta_{BA}-\theta_{BC})$

$$\theta_{BA}=-\frac{Pa}{6EIl}(l^2-a^2)=-\frac{2\times2}{6EI\times6}(6^2-2^2)=-\frac{128}{36EI}$$

$$\theta_{BC}=\frac{Pb}{6EIl}(l^2-b^2)=\frac{2\times2}{6EI\times6}(6^2-2^2)=\frac{128}{36EI}$$

$$\frac{24}{I}M_B=6E\left(-\frac{128}{36EI}-\frac{128}{36EI}\right) \qquad \therefore\ M_B=-1.778(\mathrm{t\cdot m})$$

$\sum M_B=0,\ R_A\times6-2\times4+1.778=0,\ R_A=1.037(\mathrm{t})=R_C$

$\sum M_A=0,\ -R_B'\times6+2\times2+1.78=0,\ R_B'=0.963$

$\sum M_C=0,\ R_B''\times6-2\times2-1.78=0,\ R_B''=0.963$

$\therefore\ R_B=R_B'+R_B''=1.926(\mathrm{t})$(혹은 $\sum V=0$에서 $R_B=4-1.037\times2=1.926\mathrm{t}$)

$M_D=R_A\times2=2.074\,(\mathrm{t\cdot m})=M_E=M_{\oplus\max}$

이로써 BMD를 그리면 오른쪽의 그림과 같다.

반곡점의 위치 x는 삼각형의 비례에 의하여

$2.074 : 1.778 = (4-x) : x$

$\therefore\ x \fallingdotseq 1.846\,\mathrm{m}$

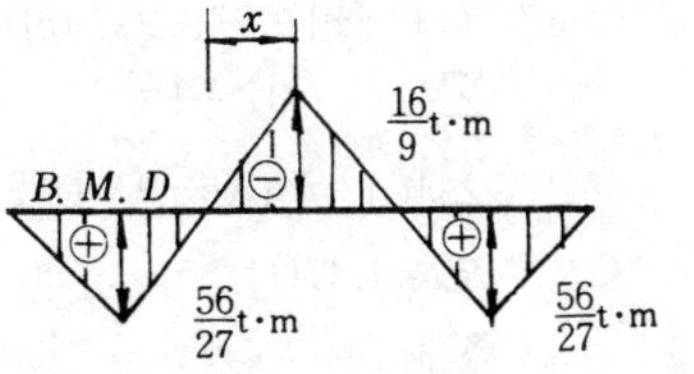

【예제 29】

다음 연속보의 지점 B에 침하 S가 일어났다면 M_B의 식을 만드시오(단 EI는 일정).

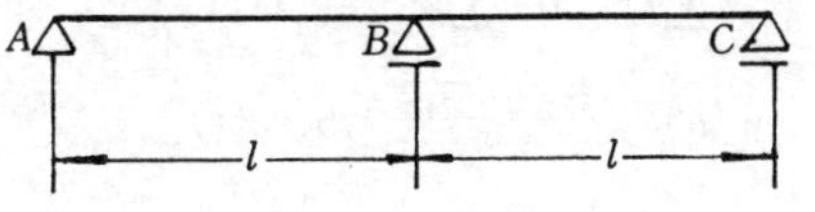

그림 8.43

풀이 하중항은 없고 $M_A = M_C = 0$이므로 식(8-32)로부터

$$2\left(\frac{l}{I}+\frac{l}{I}\right)M_B = 6E\left\{\frac{S}{l}-\left(\frac{0-S}{l}\right)\right\}$$

$$\therefore\ M_B = \frac{3S\cdot EI}{l^2}$$

【예제 30】

다음 연속보를 풀고 단면력도를 그리시오(단, EI는 일정하고 지점침하는 없음).

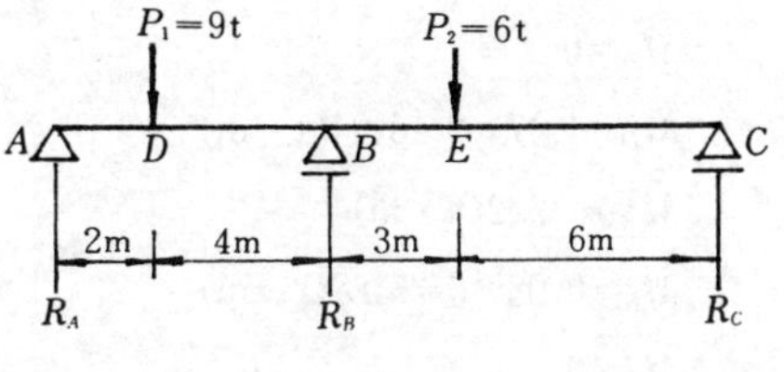

그림 8.44

풀이 (1) 부정정력(M_B) 계산

$M_A = 0,\ \ M_C = 0$

$$\theta_{BA} = -\frac{Pab(l+a)}{6EIl} = -\frac{9\times2\times4(6+2)}{6EI\cdot6} = -\frac{16}{EI}$$

$$\theta_{BC} = \frac{Pab(l+b)}{6EIl} = \frac{6\times3\times6(9+6)}{6EI\cdot9} = \frac{30}{EI}$$

Clapeyron의 공식에 의하여

$$2M_B(6+9) = 6EI\left(-\frac{16}{EI}-\frac{30}{EI}\right)$$

$$30M_B = -276$$

$\therefore\ M_B = -9.2(\mathrm{t\cdot m})$(가정 방향과 반대)

(2) 반력 계산[오른쪽 그림 (b)로부터]

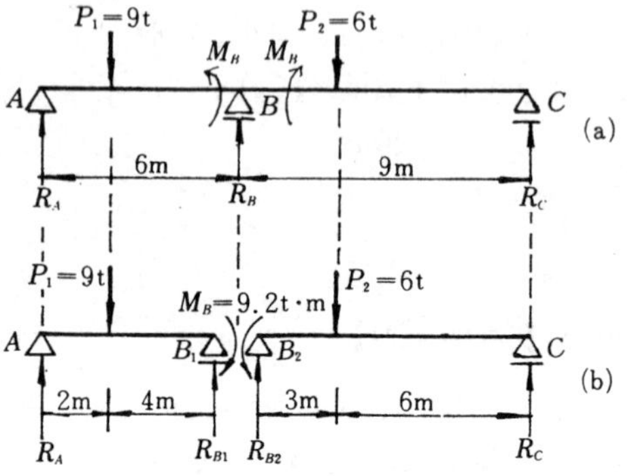

$\sum M_{B1}=0$을 이용하면

$\sum M_{B1}=R_A\times6-9\times4+9.2=0$

$R_A \fallingdotseq 4.47(t)$

$\sum M_A=0$으로부터

$\sum M_A=-R_{B1}\times6+9\times2+9.2=0$

$R_{B1}\fallingdotseq 4.53(t)$

$\sum M_C=0$, $\sum M_{B2}=0$으로 놓으면

$R_{B2}=\dfrac{6\times6+9.2}{9}\fallingdotseq 5.02(t)$

$R_C=\dfrac{6\times3-9.2}{9}\fallingdotseq 0.98(t)$

$\therefore\ R_A=4.47(t),\quad R_C=0.98(t)$

$R_B=R_{B1}+R_{B2}=4.53+5.02=9.55(t)$

(3) 전단력

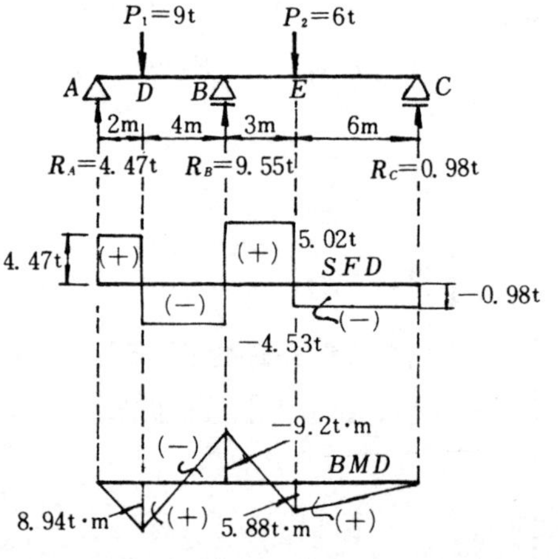

$S_{A\sim D}=4.47(t)$

$S_{D\sim B}=4.47-9=-4.53(t)$

$S_{B\sim E}=4.47-9+9.55=5.02(t)$

$S_{E\sim C}=-R_C=-0.98(t)$

(4) 휨모멘트

$M_A=0$

$M_D=4.47\times2=8.94(t\cdot m)$

$M_B=-9.2(t\cdot m)$

$M_E=0.98\times6=5.88(t\cdot m)$

$M_C=0$

【예제 31】

지점 B가 1cm의 침하가 생겼다면 M_B는 얼마인가?
(단, $EI=10^8$kg · cm²로 한다)

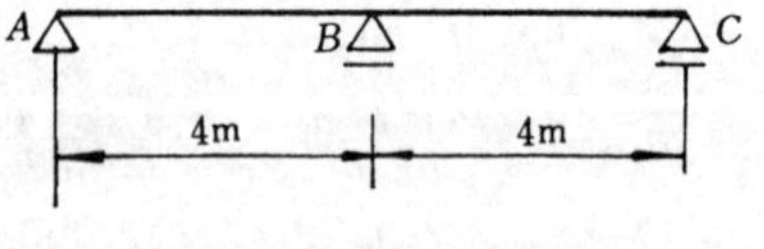

그림 8.45

풀이 $2\left(\dfrac{400}{I}+\dfrac{400}{I}\right)M_B=6E\left\{\dfrac{1-0}{400}-\left(\dfrac{0-1}{400}\right)\right\}$

$1600M_B=6\times\dfrac{1}{200}\times EI \qquad \therefore\ M_B=\dfrac{6\times10^8}{1600\times200}=1,875\text{kg}\cdot\text{cm}$

【예제 32】

그림과 같은 양단 고정보의 단면력을 구하고 $M_{\oplus max}$를 구하시오. 단면력도도 그리시오(EI 일정, 지점침하 없음).

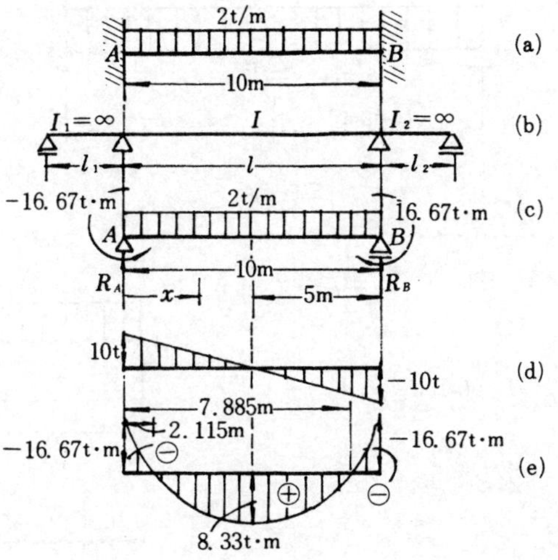

그림 8.46

풀이 그림 8.46(b)와 같이 가상 지간을 만들고 3연 모멘트 정리를 사용하면

$$2M_A\frac{l}{I}+M_B\frac{l}{I}=6E\left(-\frac{wl^3}{24EI}\right)$$

$$2M_A+M_B=-\frac{wl^2}{4}$$

구조와 하중이 대칭이므로

$M_A=M_B$로 되어 $3M_A=-\dfrac{wl^2}{4}$

$$\therefore\ M_A=M_B=-\frac{wl^2}{12}=-\frac{2\times10^2}{12}=-16.67(\text{t}\cdot\text{m})$$

그림 8.46(c)와 같이 정정보로 하여 단면력을 구하면 $\sum M_B=0$으로부터

$R_A=\dfrac{wl}{2}=10(\text{t})=R_B$(M_A와 M_B는 서로 상쇄됨)

$$M_x=R_A\cdot x-\frac{2x^2}{2}-16.67=10x-x^2-16.67$$

$$M_{\oplus max}=M_{x=5}=10\times5-5^2-16.67=8.33(\text{t}\cdot\text{m})$$

【예제 33】

그림과 같은 연속보의 M_B, M_C를 구하고 BMD를 그리시오(단, E는 일정하고 $I_1 : I_2 = 2 : 3$이다).

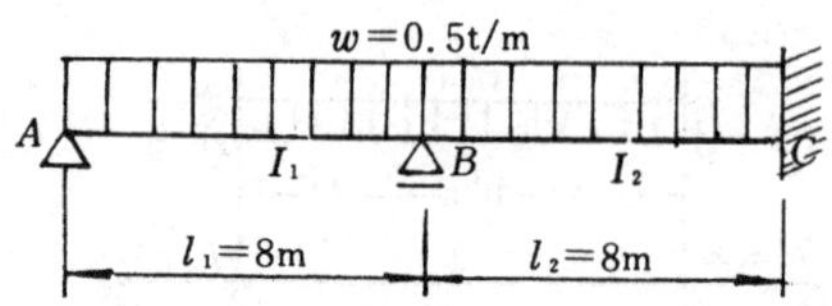

그림 8.47

풀이 CD 구간을 가상 span으로 하며, $l_3=0$, $M_D=0$이다.

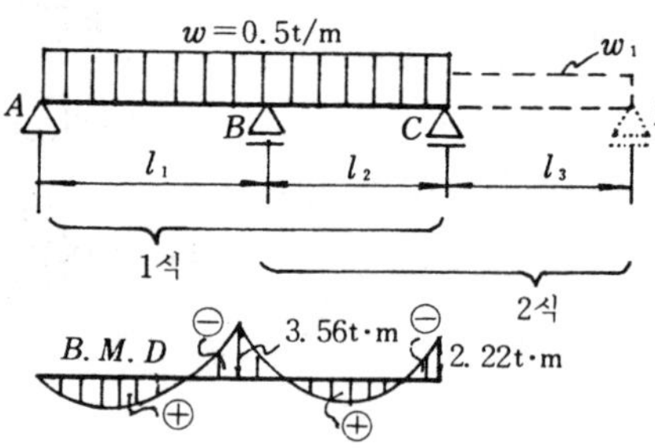

(1) ABC 구간

$$2\left(\frac{8}{I_1}+\frac{8}{I_2}\right)M_B+\frac{8}{I_2}M_C=6E(\theta_{BA}-\theta_{BC})$$

$$\theta_{BA}=-\frac{wl^3}{24EI_1}=-\frac{0.5\times8^3}{24EI_1}=-\frac{32}{3EI_1}$$

$$\theta_{BC}=\frac{wl^3}{24EI_2}=\frac{32}{3EI_2}$$

$$\therefore\ 2\left(\frac{8}{I_1}+\frac{8}{I_2}\right)M_B+\frac{8}{I_2}M_C=6E\left(-\frac{32}{3EI_1}-\frac{32}{3EI_2}\right)$$

$$2\left(\frac{8}{2}+\frac{8}{3}\right)M_B+\frac{8}{3}M_C=6E\left(-\frac{32}{3E\times2}-\frac{32}{3E\times3}\right)$$

$$\frac{40}{3}M_B+\frac{8}{3}M_C=6E\left(-\frac{160}{18E}\right)$$

$$\frac{40}{3}M_B+\frac{8}{3}M_C=-\frac{160}{3}$$

$$\therefore\ 5M_B+M_C=-20 \quad\cdots\cdots\ ①$$

(2) BCD 구간

$$\frac{8}{I_2}M_B+2\left(\frac{8}{I_2}+\frac{0}{I_3}\right)M_C=6E(\theta_{CB}-\theta_{CD})$$

$$\frac{8}{3}M_B+2\left(\frac{8}{3}\right)M_C=6E\left(-\frac{0.5\times8^3}{24EI_2}\right)$$

$$\frac{8}{3}M_B+\frac{16}{3}M_C=6E\left(-\frac{32}{9E}\right)$$

$$\therefore\ M_B+2M_C=-8 \quad\cdots\cdots\ ②$$

식 ①, ②를 연립으로 풀면

$M_B=-3.56(\text{t}\cdot\text{m})$, $M_C=-2.22(\text{t}\cdot\text{m})$

【예제 34】

다음과 같은 연속보의 단면력도를 그리고 $M_{\oplus max}$를 구하시오(단, EI는 일정함).

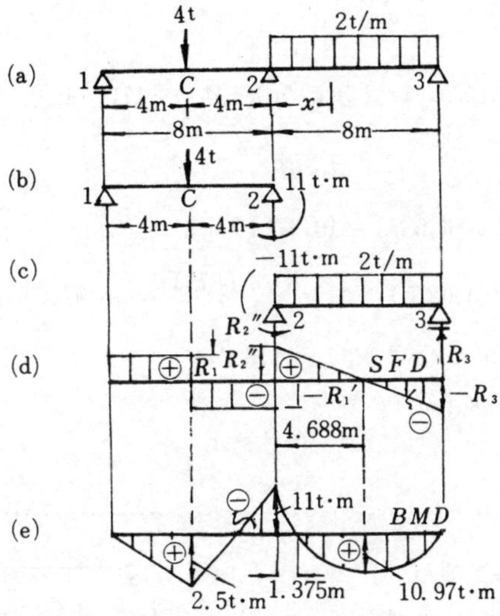

그림 8.48

풀이 먼저 처짐각을 구하면

$$\theta_{21}=-\frac{Pl^2}{16EI}=-\frac{4\times8^2}{16EI}=-\frac{16}{EI}$$

$$\theta_{23}=\frac{wl^3}{24EI}=\frac{2\times8^3}{24EI}=\frac{42.67}{EI}$$

$M_1=M_3=0$ 이고 $l_1=l_2$ 이므로 $2M_2\left(\frac{8}{I}+\frac{8}{I}\right)=6E\left(-\frac{16}{EI}-\frac{42.67}{EI}\right)$

$M_2 \fallingdotseq -11(\text{t}\cdot\text{m})$

그림 8.48(b)로부터

$\sum M_2=8R_1-4\times4+11=0$ $\quad\therefore\ R_1=0.625(\text{t})$

$\sum V=0,\ \ R_2'=4-0.625=3.375(\text{t})$

그림 8.48(c)로부터

$\sum M_3=8R_2''-11-2\times8\times4=0$ $\quad\therefore\ R_2''=9.375(\text{t})$

$\sum V=0,\ \ R_3=2\times8-9.375=6.625(\text{t})$ (혹은 $-R_3\times8+2\times8\times4-11=0$ $\quad\therefore\ R_3=6.625\text{t}$)

$R_2=R_2'+R_2''=3.375+9.375=12.75(\text{t})$ (혹은 $R_2=4+2\times8-R_1-R_3=12.75\text{t}$)

(1) 전단력

$S_{1\sim C}=R_1=0.625(\text{t}),\ \ S_{C\sim2}=-R_2'=-3.375(\text{t})$

2~3 사이 $S_x=R_2''-wx=9.375-2x$

$x=0$이면 $S_2=9.375$

$x=8\,\text{m}$이면 $S_3=9.375-2\times8=-6.625(\text{t})=R_3$

$S=0$인 위치는 $x=\dfrac{9.375}{2}=4.6875\,\text{m}$

(2) 휨모멘트

$M_1=0,\ M_C=R_1\times4=0.625\times4=2.5(\text{t}\cdot\text{m}),\ M_2=-11(\text{t}\cdot\text{m})$

2~3 사이 $M_x=R_2''x-\dfrac{wx^2}{2}-11=9.375x-x^2-11$

$M_{\oplus\max}=9.375\times4.6875-4.6875^2=10.97(\text{t}\cdot\text{m})$

혹은 $M_{\oplus\max}=R_3\times(8-4.6875)-\dfrac{2\times(8-4.6875)^2}{2}=10.97(\text{t}\cdot\text{m})$

반곡점은 $M_x=0$으로 놓고 x를 구하면 $x=1.375\,\text{m}$

SFD 및 *BMD*는 그림 8.48(d), (e)와 같다.

【예제 35】

그림과 같은 등단면의 연속보에서

① 지점 A가 δ만큼 침하했을 때

② 지점 B가 δ만큼 침하했을 때

③ 지점 B, C가 δ만큼 침하했을 때의

*BMD*를 그리시오.

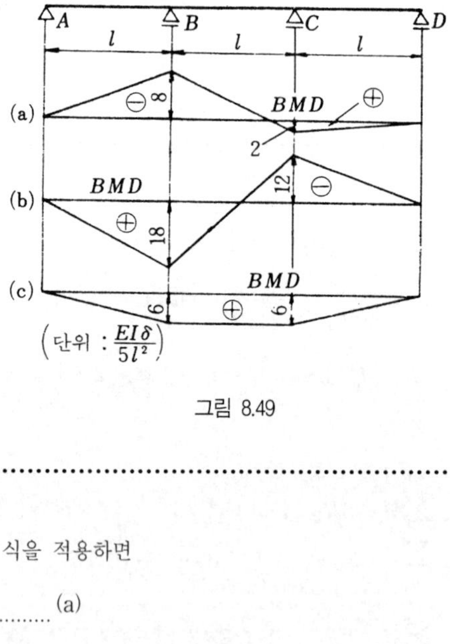

그림 8.49

풀이 (1) ①의 경우

$A\sim B\sim C$ 구간과 $B\sim C\sim D$ 구간에서 3연 모멘트 식을 적용하면

$$2\left(\frac{l}{I}+\frac{l}{I}\right)M_B+\frac{l}{I}M_C=6E\left(-\frac{\delta}{l}\right) \quad \cdots\cdots \text{(a)}$$

$$\frac{l}{I}M_B+2\left(\frac{l}{I}+\frac{l}{I}\right)M_C=0 \quad \cdots\cdots \text{(b)}$$

식(a), (b)를 풀면 $M_B=-\dfrac{8EI\delta}{5l^2}$, $M_C=\dfrac{2EI\delta}{5l^2}$로 되어 *BMD*는 그림 8.49(a)와 같다.

(2) ②의 경우

$A\sim B\sim C$ 구간과 $B\sim C\sim D$ 구간에서

$$2\left(\frac{l}{I}+\frac{l}{I}\right)M_3+\frac{l}{I}M_C=6E\left\{\frac{\delta}{l}-\left(-\frac{\delta}{l}\right)\right\} \quad \cdots\cdots \text{(c)}$$

$$\frac{l}{I}M_B+2\left(\frac{l}{I}+\frac{l}{I}\right)M_C=6E\left(-\frac{\delta}{l}\right) \cdots\cdots\cdots \text{(d)}$$

식(c), (d)를 풀면

$M_B=\dfrac{18EI\delta}{5l^2}$, $M_C=-\dfrac{12EI\delta}{5l^2}$ 로 되어 BMD는 그림 8.49(b)와 같다.

(3) ③의 경우

침하가 대칭이므로 지점 모멘트는 $M_B=M_C$로 된다. 따라서 $A\sim B\sim C$ 구간만을 생각하면 충분하므로

$2\left(\dfrac{l}{I}+\dfrac{l}{I}\right)M_B+\dfrac{l}{I}M_B=6E\left(\dfrac{\delta}{l}\right)$에서 $M_B=M_C=\dfrac{6EI\delta}{5l^2}$

따라서 BMD는 그림 8.49(c)와 같다. 여기서 알 수 있는 것은 특히 중간지점의 독립 침하는 나쁜 영향을 주며, 침하가 고르게 일어난다면 그 영향은 작아진다는 것이다.

【예제 36】

그림과 같은 연속보를 풀고 단면력도를 그리시오(단, EI는 일정하고 침하는 없는 것으로 한다).

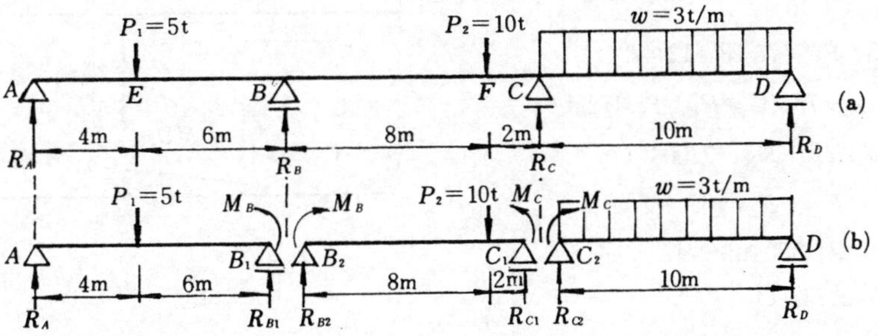

그림 8.50

풀이 (1) 부정정력(M_B, M_C) 계산

$M_A=0$, $M_D=0$

그림 8.50(b)로부터 θ를 구한다.

$$\theta_{Bl}=-\frac{Pab(l+a)}{6EIl}=\frac{5\times4\times6(10+4)}{6EI\times10}-\frac{28}{EI}$$

$$\theta_{Br}=\frac{Pab(l+b)}{6EIl}=\frac{10\times8\times2(10+2)}{6EI\times10}=\frac{32}{EI}$$

$$\theta_{Cl}=-\frac{Pab(l+a)}{6EIl}=-\frac{10\times8\times2(10+8)}{6EI\times10}=-\frac{48}{EI}$$

$$\theta_{Cr}=\frac{wl^3}{24EI}=\frac{3\times10^3}{24EI}=\frac{125}{EI}$$

Clapeyron의 식에 의하여

$$2M_B(10+10)+M_C\cdot10=6EI\left(-\frac{28}{EI}-\frac{32}{EI}\right)$$

$$40M_B+10M_C=-360 \cdots\cdots\cdots ①$$

$$10M_B+2M_C(10+10)=6EI\left(-\frac{48}{EI}-\frac{125}{EI}\right)$$

$10M_B+40M_C=-1.038$ .... ②

식 ①, ②의 연립 방정식을 풀면

$M_B=-2.68(\mathrm{t\cdot m})$(가정과 반대 방향), $M_C=-25.28(\mathrm{t\cdot m})$(가정과 반대 방향)

(2) 반력[그림 8.50.1(c)에서]

$\sum M_{B1}=R_A\times10-5\times6+2.68=0$

$\therefore\ R_A=2.732(\mathrm{t})$

$R_{B1}=5-2.732=2.268(\mathrm{t})$

$\sum M_{C1}=R_{B2}\times10-10\times2-2.68+25.28=0$

$R_{B2}=-0.26(\mathrm{t})$

$R_{C1}=10+0.26=10.26(\mathrm{t})$

$\sum M_D=R_{C2}\times10-(3\times10)\times5-25.28=0$

$$R_{C2}=\frac{150+25.28}{10}=17.528(\mathrm{t})$$

$R_D=3\times10-17.528=12.472(\mathrm{t})$

$\therefore\ R_A=2.732(\mathrm{t}),\ R_D=12.472(\mathrm{t})$

$\therefore\ R_B=R_{B1}+R_{B2}=2.008(\mathrm{t})$

$R_C=R_{C1}+R_{C2}=27.788(\mathrm{t})$

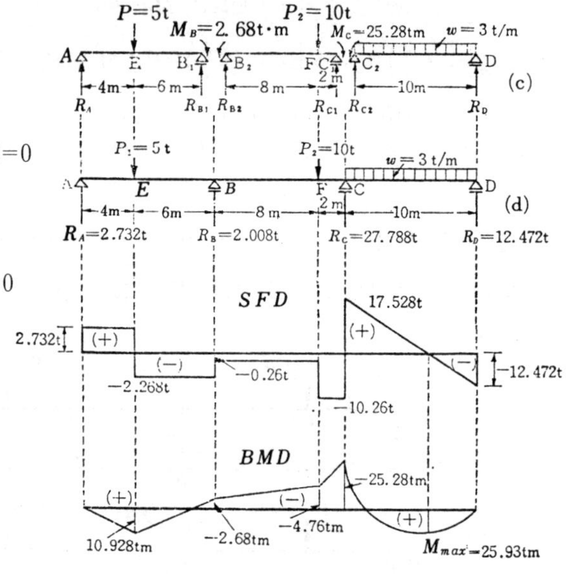

그림 8.50.1

(3) 전단력[그림 8.50.1(d)에서]

$S_{A\sim E}=2.732(\mathrm{t})$

$S_{E\sim B}=2.732-5=-2.268(\mathrm{t})$

$S_{B\sim F}=2.732-5+2.008=0.26(\mathrm{t})$

$S_{F\sim C}=2.732-5+2.008-10=-10.26(\mathrm{t})$

S_C(우)$=-12.472+3\times10=17.528(\mathrm{t})$, $S_D=-12.472(\mathrm{t})$

(4) 휨모멘트

$M_A=0,\quad M_E=2.732\times4=10.928(\mathrm{t\cdot m})$

$M_B=2.732\times10-5\times6=-2.68(\mathrm{t\cdot m})$

$M_F=2.732\times18-5\times14+2,008\times8=-4.76(\mathrm{t\cdot m})$

$M_C=12.472\times10-(3\times10)\times5=-25.28(\mathrm{t\cdot m})$

$M_D=0$

CD 사이의 $M_{\max}$

$$M_x=12.472x-3x\cdot\frac{x}{2}=12.472x-\frac{3}{2}x^2,\quad \frac{dM_x}{dx}=12.472-3x=0,\ x\fallingdotseq4.16$$

$$\therefore\ M_{\max}=12.472\times4.16-\frac{3}{2}\times(4.16)^2\fallingdotseq25.93(\mathrm{t\cdot m})$$

【예제 37】

다음 그림과 같은 부정정보를 풀고 단면력도를 그리시오.

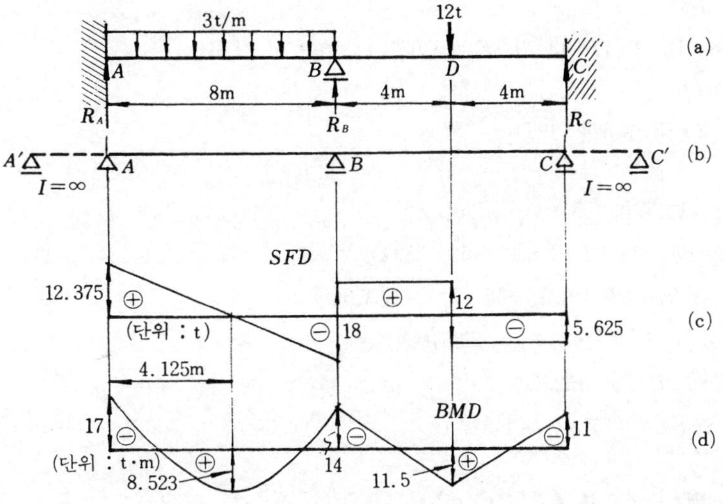

그림 8.51

풀이 이 보의 부정정 차수는 3차이다. 따라서 3연 모멘트의 정리에서 3개의 방정식을 얻어야 한다.

(1) 지점 모멘트

A, C가 고정단이므로 그림 8.51(b)와 같이 단순지지로 개조하여 지간을 연장하고 이 부분의 $I=\infty$로 보면

$A'\sim A\sim B$ 에서 $2\left(\frac{l'}{\infty}+\frac{8}{I}\right)M_A+\frac{8}{I}M_B$

$$=6E\left(0-\frac{3\times 8^3}{24EI}\right) \quad \cdots\cdots ①$$

$A\sim B\sim C$ 에서 $\frac{8}{I}M_A+2\left(\frac{8}{I}\frac{+8}{I}\right)M_B+\frac{8}{I}M_C$

$$=6E\left(-\frac{3\times 8^3}{24EI}-\frac{12\times 8^2}{16EI}\right) \quad \cdots\cdots ②$$

$B\sim C\sim C'$ 에서 $\frac{8}{I}M_B+2\left(\frac{8}{I}+\frac{l'}{\infty}\right)M_C$

$$=6E\left(-\frac{12\times 8^2}{16EI}-0\right) \quad \cdots\cdots ③$$

식 ①, ②, ③을 정리하면

$2M_A+M_B=-48$ ······ ①′

$M_A+4M_B+M_C=-84$ ······ ②′

$8M_B+16M_C=-288$ ······ ③′

식 ①′, ②′, ③′를 풀면 $M_A=-17(\text{t}\cdot\text{m})$, $M_B=-14(\text{t}\cdot\text{m})$, $M_C=-11(\text{t}\cdot\text{m})$로 된다.

(2) 지점반력

$\sum M_B=0$에서

$$R_A\times 8-\frac{3\times 8^2}{2}-17+14=0,\ \ R_A=12.375(\mathrm{t})$$

$\sum M_B=0$에서

$$-R_C\times 8+12\times 4+11-14=0,\ \ R_C=5.625(\mathrm{t})$$

$\sum V=0$에서

$$R_B=3\times 8+12-5.625-12.375=18(\mathrm{t})$$

(3) 전단력

$$S_A=R_A=12.375(\mathrm{t})$$

$$S_{Bl}=R_A-wl=12.375-3\times 8=-11.625(\mathrm{t})$$

$$S_{Br}=R_A+R_B-wl=12.375+18-3\times 8=6.375(\mathrm{t})$$

$$S_{Dl}=-R_C+12=-5.625+12=6.375(\mathrm{t})$$

$$S_{Dr}=S_C=-R_C=-5.625(\mathrm{t})$$

따라서, SFD는 그림 8.51(c)와 같다.

(4) 휨모멘트

$$M_A=-17(\mathrm{t\cdot m}),\ \ M_B=-14(\mathrm{t\cdot m})$$

$$M_D=R_C\times 4+M_C=5.625\times 4-11=11.5(\mathrm{t\cdot m})$$

또한 AB간의 $M_{\max}$은 전단력이 0이 되는 곳을 찾아야 하므로 $R_A-3x=0$에서 $x=4.125\,\mathrm{m}$

$$\therefore\ M_{\max}=R_A\times 4.125+M_A-3\times\frac{4.125^2}{2}=12.375\times 4.125-17-25.524=8.523(\mathrm{t\cdot m})$$

따라서 BMD는 그림 8.51(d)와 같다.

【예제 38】

다음과 같은 3 span 연속보를 풀고 SFD 및 BMD를 그리시오(단, EI는 일정하고 지점침하는 없음).

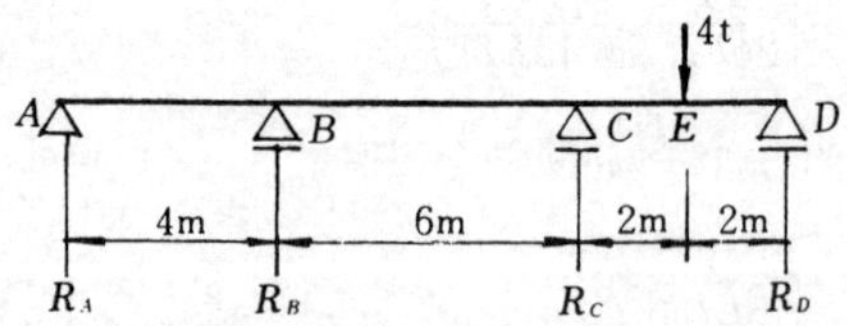

그림 8.52

풀이 $A\sim B\sim C$에서 $M_A=0$

$$2\left(\frac{4}{I}+\frac{6}{I}\right)M_B+\frac{6}{I}M_C=6E(\theta_{BA}-\theta_{BC})$$

$$\frac{20}{I}M_B+\frac{6}{I}M_C=0,\ \ 10M_B+3M_C=0 \quad\cdots\cdots\ ①$$

$B \sim C \sim D$에서 $M_D=0$

$$\frac{6}{I}M_B+2\left(\frac{6}{I}+\frac{4}{I}\right)M_C=6E(\theta_{CB}-\theta_{CD})$$

$$\theta_{CB}=0,\ \ \theta_{CD}=\frac{Pl^2}{16EI}=\frac{4\times4^2}{16EI}=\frac{4}{EI}$$

$$\frac{6}{I}M_B+\frac{20}{I}M_C=6E\left(0-\frac{4}{EI}\right)$$

$3M_B+10M_C=-12$ .... ②

식 ①, ②를 연립 방정식으로 풀면 $M_B=0.4(\mathrm{t\cdot m})$, $M_C=-1.319(\mathrm{t\cdot m})$

$\sum M_B=0,\ R_A\times4-0.4=0 \quad \therefore\ R_A=0.1(\mathrm{t})$

$\sum M_C=0,\ 0.1\times10+R_B\times6+1.319=0 \quad \therefore\ R_B=-0.39(\mathrm{t})$

$\sum M_C=0,\ -R_D\times4+4\times2-1.319=0 \quad \therefore\ R_D=1.67(\mathrm{t})$

$R_C=4-(0.1-0.39+1.67)=2.62(\mathrm{t})$

$M_E=R_D\times2=3.34(\mathrm{t\cdot m})$

$S_{AB}=0.1(\mathrm{t}),\ S_{BC}=0.1-0.39=-0.29(\mathrm{t})$

$S_{CE}=-0.29+2.62=2.33(\mathrm{t}),\ S_{ED}=-1.67(\mathrm{t})$

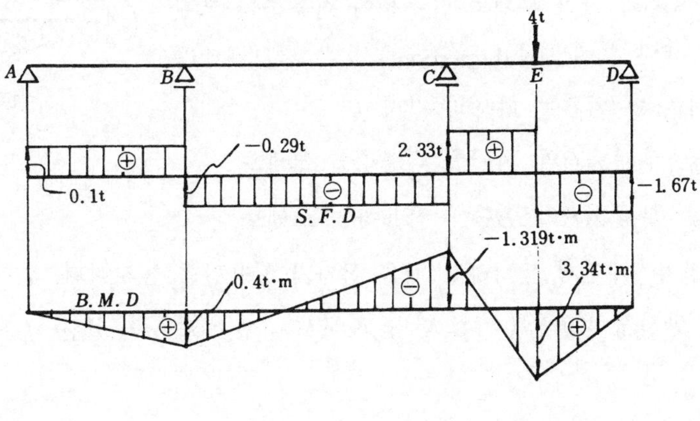

4. 처짐각법

(1) 개요

1915년 미국 미네소타 대학교의 G.A. Maney 교수는 강절뼈대(rigid frame) 또는 라멘(Rahmen)의 해석에 일반적으로 적용될 수 있는 처짐각법(slope-deflection method)을 소개하였다. 이 처짐각법은 연속보나 부정정 라멘을 해석하는 데 있어서 다른 어떠한 방법보다도 그 적용범위가 넓으며, 또한 1960년대 이후 컴퓨터의 실용화 때문에 고차의 부정적 라멘을 해석하는 데 가장 유용하게 사용되고 있다. 처짐각법은 처짐각 방정식(slope-deflection equation)을 연속보나 라멘과 같은 모멘트 저항부재의 해석에 적용하는 정확한 해법이라고 할 수 있으며 요각법이라고도 불리운다. 이 처짐각 방정식은 모멘트 면적법에 의거해서 유도된 것이며, 휨모멘트에 의해서 일어나는 변형은 고려하고 축응력과 전단변형의 영향은 대단히 작기 때문에 무시하였다.
부정정 구조물을 풀려면 일반적으로 탄성 연립방정식을 풀어야 하는데 고차 부정정의 경우에는 방정식의 수가 많아져서 이것을 풀이하는 데는 상당한 노력이 들게 된다. 처짐각법은 탄성 방정식의 수를 감하고 각 항의 계산을 편리하게 처리할 수 있도록 한 것이다.

(2) 처짐각법에 사용되는 용어 및 부호

1) 재단 모멘트

그림 8.53과 같이 부재의 끝부분에 작용하는 모멘트를 재단 모멘트(end-moment) 혹은 단모멘트라고 하며 그 기호는 다음과 같다.

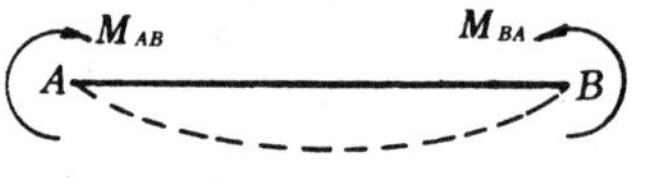

그림 8.53

M_{AB} : 부재 AB의 A단에 작용하는 모멘트

M_{BA} : 부재 AB의 B단에 작용하는 모멘트

즉, 첨자 2개로서 표시하고 처음 첨자가 작용단을 표시한다. 부호는 시계 방향을 (+), 반시계 방향을 (−)로 한다. 따라서 그림 8.53에서 $M_{AB}=(+)$, $M_{BA}=(-)$이다.

2) 접선각

그림 8.54(a)에서와 같이 곧은 부재의 양단에서 변형곡선에 그은 접선이 축과 이루는 각을 접선각(rotation of end-tangent)이라 하며 일반적으로 τ를 사용한다. 부호는 시계 방향일 때 (+), 반시계 방향일 때 (−)이다. 그림 8.54(a)의 τ_A, τ_B는 (+)이다. 그림 8.54(b)와 같이 양단 사이에 상대변위가 있을 때는 변위 후의 양단을 연결하는 선을 기준으로 하여 접선각을 정한다.

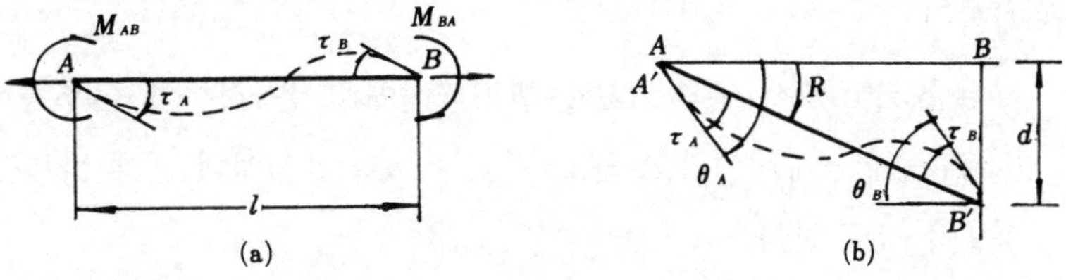

그림 8.54

3) 부재각

그림 8.54(a)에서 부재 AB가 직선 그대로 변위하여 $A'B'$라는 위치에 이동하였다 하면 B단에 상대변위 d가 생기며 부재는 각도 $R=\frac{d}{l}$(radian)만큼 회전하여 $A'B'$가 된다. 이 R을 부재각(deflection angle)이라 하며 시계 방향을 (+), 반시계 방향을 (−)라고 한다. 이 부재각 R이 일어나는 이유는 rahmen에 작용하는 수평력이나 지점의 침하 등의 원인을 들 수 있다.

일반적으로 수평보의 부재각은 0이며 수직기둥은 부재각을 가진다(그림 8.55 참조). 예로서 그림 8.56의 부재 AB의 부재각을 R이라 하고 변위량을 d라고 할 때, $R=\frac{d}{8}$ $\therefore d=8R$이므로

CD, EF의 부재각을 구해보면

CD 부재의 부재각 $=\frac{d}{6}=\frac{8}{6}R$

EF 부재의 부재각 $=\frac{d}{4}=\frac{8}{4}R=2R$

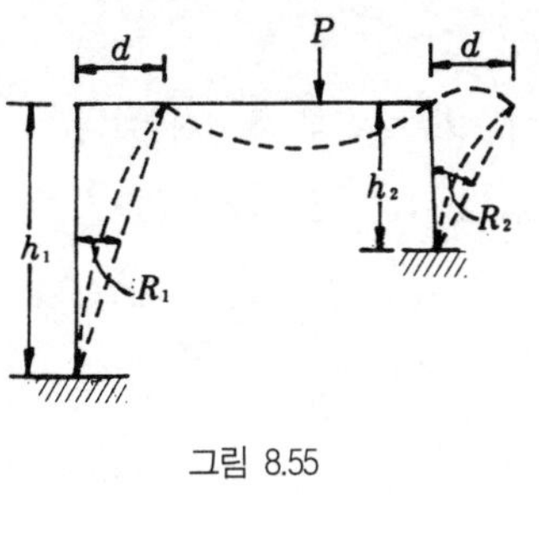

그림 8.55

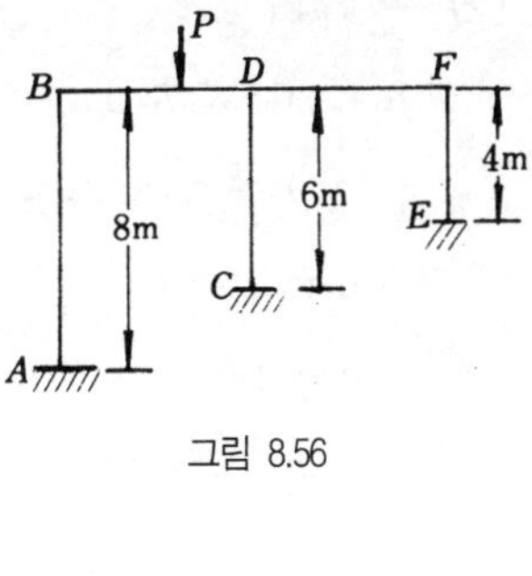

그림 8.56

4) 처짐각

그림 8.54(b)에서 원축 AB와 변형곡선에 그은 접선이 이루는 회전각을 처짐각 (slope, end slope)이라고 하고 기호는 θ로 표시하며 시계 방향을 (+), 반시계 방향을 (−)로 한다.

그림 8.54(b)에서 처짐각 θ_A, θ_B는

$$\left.\begin{aligned}\theta_A &= \tau_A + R \\ \theta_B &= \tau_B + R\end{aligned}\right\} \cdots\cdots (8\text{-}34)$$

상대변위 d가 없을 때는 $\theta = \tau$가 된다.

(3) 미지량인 부재의 절점회전각 θ와 부재각 R의 판정

1) 절점각

$\phi = 2EK_0\theta$이므로 절점각 θ가 생기는 부재에서는 ϕ가 있게 된다.

① 한 절점에 모이는 모든 부재의 그 절점에서 θ는 모두 같다.

② θ는 절점의 수와 같다.

③ 대칭구조로 대칭하중이 작용할 때는 부재의 변형이 좌우대칭이 되기 때문에 대칭위치의 θ는 크기가 서로 같고 부호는 반대이며 미지량 θ는 절점수의 반과 같다.

④ 대칭구조인 라멘의 대칭축상에 수직부재가 일치할 때는 그 절점에서의 θ는 0이다.

⑤ 지점이 고정단이면 θ는 0이다.

⑥ 지점이 hinge인 경우의 θ는 구할 필요가 없다.

2) 부재각

$\mu = -6EK_0R$로 놓으면 부재각 R이 생기는 부재에서는 μ가 있게 된다.

① 일반적으로 수평부재는 부재각이 생기지 않는다.

② 비대칭일지라도 절점의 수평이동이 생기지 않는 라멘 구조에서의 부재각 R은 0이다[그림 8.58(a)].

③ 보통 수평부재의 일단이 고정 또는 hinge이면 수평방향의 이동이 생기지 않으므로 부재각 R은 0이다[그림 8.58(b)].

④ 대칭구조, 대칭하중의 라멘에서는 부재각이 생기지 않는다(그림 8.57).

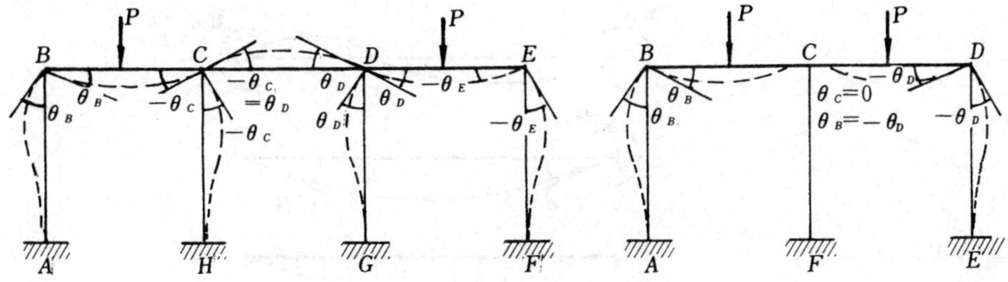

그림 8.57

⑤ 수직부재의 길이가 같은 장방형 문형 라멘에서는 절점의 수평방향으로만 이동하고 그 양은 모두 같으므로 수직부재각은 모두 같고 수평부재각은 모두 0이다 [그림 8.58(c)].

⑥ 대칭구조, 비대칭 하중의 라멘에서는 변형이 비대칭으로 생기며 절점이 이동하여 수직부재는 부재각 R을 만들고, 대칭축에서 한 쪽만 생각해도 된다.

⑦ 대칭구조에 대칭하중이 작용하더라도 단면 2차 모멘트 I값이 다르면 부재각 R을 만든다.

⑧ 수직부재의 길이가 다르면 부재각의 크기도 다르다.

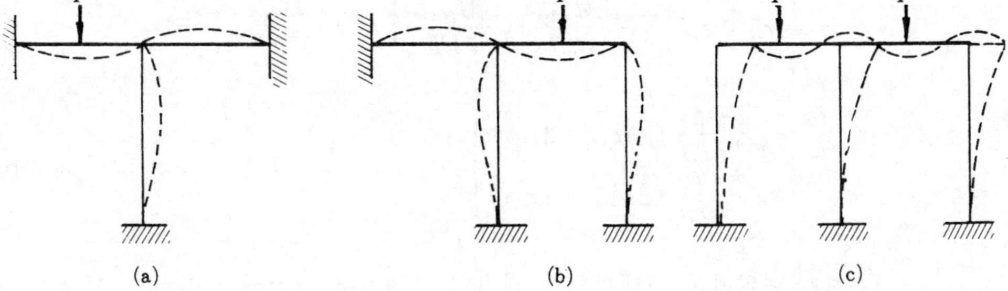

그림 8.58

(4) 기본식

1) 처짐각식

처짐각법에서는 부재는 직선재로 취급하고 절점에 모인 각 부재는 모두 완전한 강결로 취급하며 부재의 휨모멘트에 의한 처짐은 고려하나 처짐에 의한 길이의 변화는 없는 것으로 가정한다. 그림 8.59(a)와 같이 단모멘트 M_{AB}, M_{BA}가 작용할 때

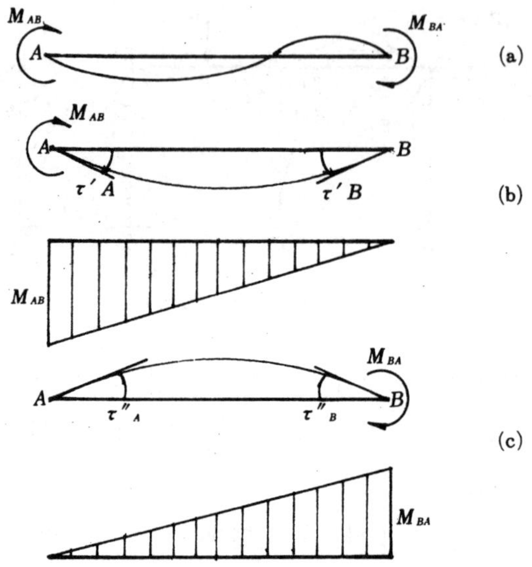

그림 8.59

Mohr의 정리를 사용하여 그 접선각 τ_A, τ_B를 구하면

$$\left.\begin{aligned}\tau_A &= \tau_A{}' + \tau_A{}'' = \frac{M_{AB}l}{3EI} - \frac{M_{BA}l}{6EI} \\ \tau_B &= \tau_B{}' + \tau_B{}'' = -\frac{M_{AB}l}{6EI} + \frac{M_{BA}l}{3EI}\end{aligned}\right\} \cdots\cdots (a)$$

$$즉,\quad \left.\begin{aligned}\tau_A &= \frac{l}{6EI}(2M_{AB} - M_{BA}) \\ \tau_B &= \frac{l}{6EI}(2M_{BA} - M_{AB})\end{aligned}\right\} \cdots\cdots (b)$$

부재가 변위하여 상대변위가 생기면 부재각을 고려해야 하므로 식(8-34)에 식(b)를 대입하면

$$\left.\begin{aligned}\theta_A &= \frac{l}{6EI}(2M_{AB} - M_{BA}) + R \\ \theta_B &= \frac{l}{6EI}(2M_{BA} - M_{AB}) + R\end{aligned}\right\} \cdots\cdots (c)$$

식(c)는 부재 중간에 하중이 작용하지 않을 때이다. 그림 8.60과 같이 부재 중간에 하중이 있을 때에는

$$\left.\begin{array}{l}\theta_A=\dfrac{l}{6EI}(2M_{AB}-M_{BA})+R+\dfrac{Zb_0}{EIl}\\ \theta_B=\dfrac{l}{6EI}(2M_{BA}-M_{AB})+R-\dfrac{Za_0}{EIl}\end{array}\right\}\cdots\cdots\cdots\cdots(d)$$

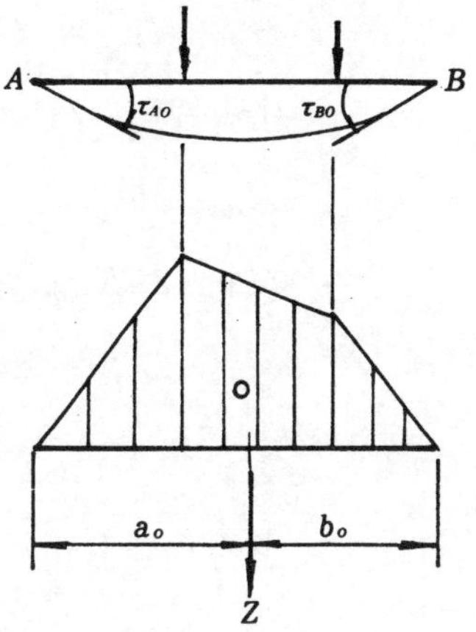

그림 8.60

식(d)를 M_{AB}, M_{BA}에 관하여 풀면

$$\left.\begin{array}{l}M_{AB}=\dfrac{2EI}{l}(2\theta_A+\theta_B-3R)-\dfrac{2Z(3b_0-l)}{l^2}\\ M_{BA}=\dfrac{2EI}{l}(2\theta_B+\theta_A-3R)+\dfrac{2Z(3a_0-l)}{l^2}\end{array}\right\}\cdots(e)$$

식(e)에서

$K_{AB}=\dfrac{I}{l}$: 그 부재의 강도(stiffness)

$C_{AB}=\dfrac{2Z(3b_0-l)}{l^2}$, $C_{BA}=\dfrac{2Z(3a_0-l)}{l^2}$ 을 사용하면

$$\left.\begin{array}{l}M_{AB}=2EK_{AB}(2\theta_A+\theta_B)-6EK_{AB}R-C_{AB}\\ M_{BA}=2EK_{AB}(2\theta_B+\theta_A)-6EK_{AB}R+C_{BA}\end{array}\right\}\cdots\cdots\cdots\cdots(8-35)$$

식(8-35)를 처짐각식(slope-deflection equation) 혹은 요각식이라 한다. 이 식에 대해 좀더 생각해 보면

재단 모멘트=(접선각에 의한 모멘트)+(부재각에 의한 모멘트)+(하중에 의한 모멘트)라고 볼 수가 있다.

2) 하중항

하중에 의한 모멘트 C_{AB}, C_{BA}는 양단 A, B를 고정했을 때 즉, 양단 고정보의 단모멘트 절대치를 표시하는 것으로서 하중항(load term)이라고도 한다.

즉, 그림 8.60과 8.61에서

$$M_A=M_{AB}=-C_{AB}=-\frac{2(3b_0-l)}{l^2}Z \quad -M_B=M_{BA}-C_{BA}=\frac{2(3a_0-l)}{l^2}Z$$

일단이 활절일 경우 즉, 그림 8.62(a)와 같이 A단이 라멘의 한 절점이고 B단이 활절일 때, 혹은 그림 (b)와 같이 B단이 절점이고 A단이 활절일 때의 하중항

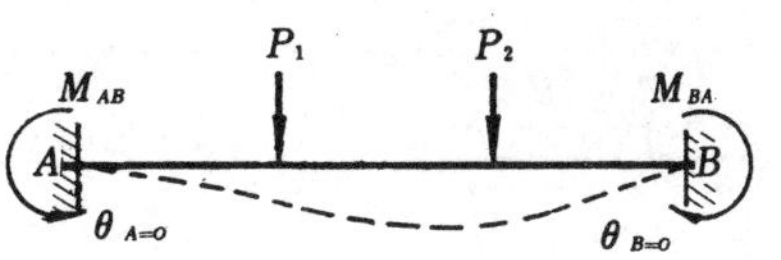

그림 8.61

H_{AB}, H_{BA}와 C_{AB}, C_{BA}와의 관계를 생각해 보면 그림 (a)에서 $\theta_A=0$, $R=0$, $M_{BA}=0$이므로 식(8-35)에 대입하면

$$M_{AB}=2EK_{AB}(\theta_B)-C_{AB}=0$$

$$M_{BA}=2EK_{AB}(2\theta_B)+C_{BA}=0$$

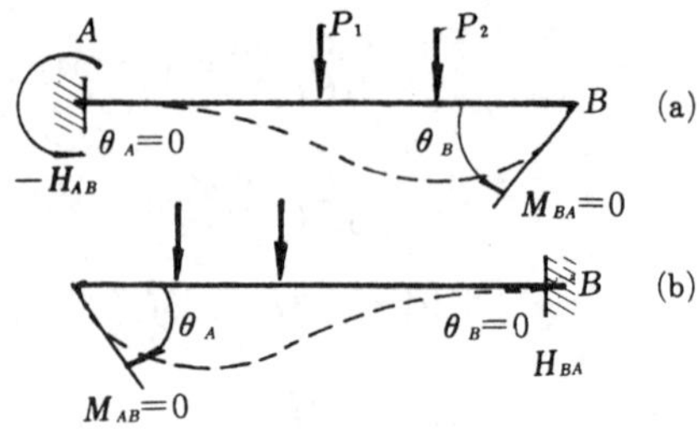

그림 8.62

위 식을 풀면

$$M_{AB}=-\left(C_{AB}+\frac{1}{2}C_{BA}\right)=-H_{AB}$$

같은 방법으로 그림 (b)는 $M_{BA}=\left(C_{BA}+\frac{1}{2}C_{AB}\right)=H_{BA}$가 된다.

즉, 그림 8.62(a), (b)의 경우에 대하여 기본공식은 다음과 같이 된다.

$$\left.\begin{aligned} M_{AB}&=\frac{3EI}{l}(\theta_A-R)-H_{AB} \\ M_{BA}&=\frac{3EI}{l}(\theta_B-R)+H_{BA} \end{aligned}\right\} \quad \cdots\cdots\cdots (8\text{-}36)$$

여기서 하중항 C_{AB}, C_{BA} 및 H_{AB}, H_{BA}는 각종 하중 상태에 대하여 미리 계산해 놓을 수 있는데 표 8.1은 그 값을 나타낸 것이다.

표 8.1 하중항 C, H의 값

하중항 하중상태	C_{AB}	C_{BA}	H_{AB}	H_{BA}
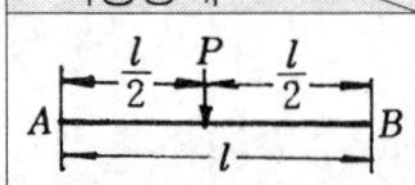	$\frac{Pl}{8}$	$\frac{Pl}{8}$	$\frac{3Pl}{16}$	$\frac{3Pl}{16}$
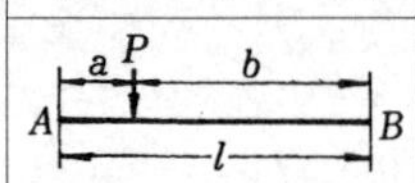	$\frac{Pab^2}{l^2}$	$\frac{Pa^2b}{l^2}$	$\frac{Pab}{2l^2}(l+b)$	$\frac{Pab}{2l^2}(l+a)$
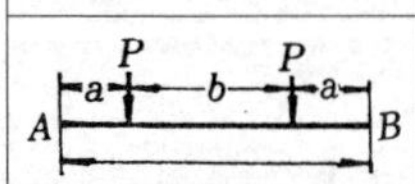	$\frac{Pa}{l}(l-a)$	$\frac{Pa}{l}(l-a)$	$\frac{3Pa}{2l}(l-a)$	$\frac{3Pa}{2l}(l-a)$
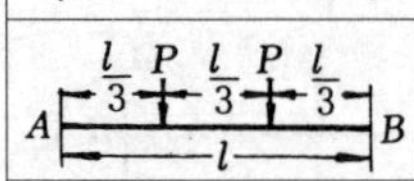	$\frac{2}{9}Pl$	$\frac{2}{9}Pl$	$\frac{Pl}{3}$	$\frac{Pl}{3}$
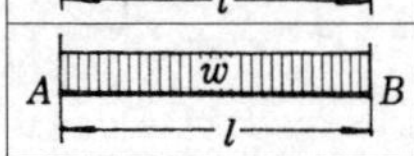	$\frac{wl^2}{12}$	$\frac{wl^2}{12}$	$\frac{wl^2}{8}$	$\frac{wl^2}{8}$

하중항 / 하중상태	C_{AB}	C_{BA}	H_{AB}	H_{BA}
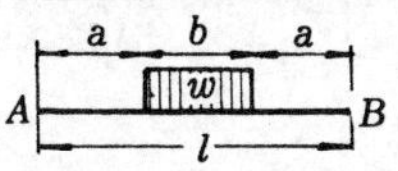	$\frac{wb}{12l}\{6a(a+b)+b^2\}$	$\frac{wb}{12l}\{6a(a+b)+b^2\}$	$\frac{wb}{8l}\{6a(a+b)+b^2\}$	$\frac{wb}{8l}\{6a(a+b)+b^2\}$
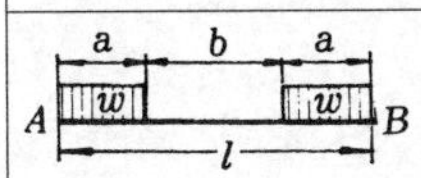	$\frac{wa^2}{6l}(3l-2a)$	$\frac{wa^2}{6l}(3l-2a)$	$\frac{wa^2}{4l}(3l-2a)$	$\frac{wa^2}{4l}(3l-2a)$
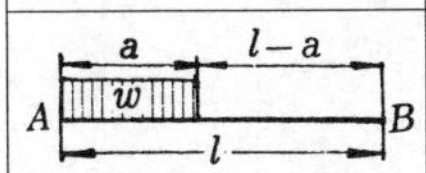	$\frac{wa^2}{12l^2}(3a^2-8al+6l^2)$	$\frac{wa^3}{12l^2}(4l-3a)$	$\frac{wa^2}{8l^2}(2l^2-a^2)$	$\frac{wa^2}{8l^2}(2l^2-a^2)$
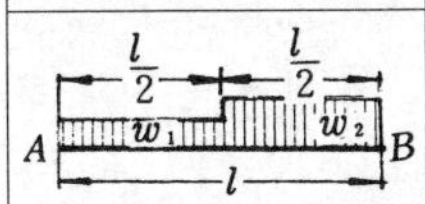	$\frac{(11w_1+5w_2)l^2}{192}$	$\frac{(5w_1+11w_2)l^2}{192}$	$\frac{(9w_1+7w_2)l^2}{128}$	$\frac{(7w_1+9w_2)l^2}{128}$
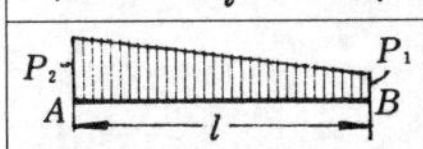	$\frac{l^2}{60}(3P_2+2P_1)$	$\frac{l^2}{60}(2P_2+3P_1)$	$\frac{l^2}{120}(8P_2+7P_1)$	$\frac{l^2}{120}(7P_2+8P_1)$
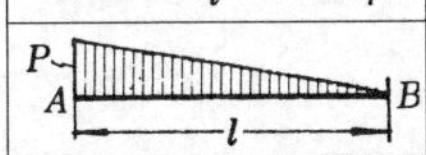	$\frac{Pl^2}{20}$	$\frac{Pl^2}{30}$	$\frac{Pl^2}{15}$	$\frac{7}{120}Pl^2$
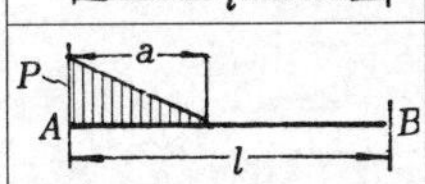	$\frac{Pa^2}{60l^2}(3a^2-10al+10l^2)$	$\frac{Pa^3}{60l^3}(5l-3a)$	$\frac{Pa^2}{120l^2}(3a^2-15al+20l^2)$	$\frac{Pa^2}{120l^2}(10l^2-3a^2)$
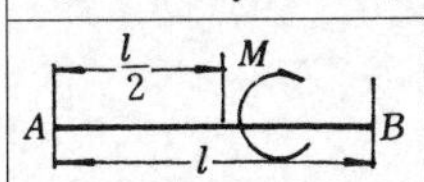	$\frac{M}{4}$	$\frac{M}{4}$	$\frac{3M}{8}$	$\frac{3M}{8}$
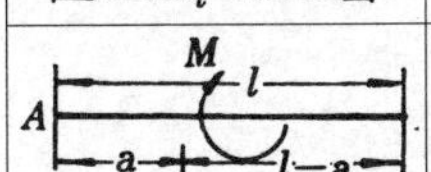	$\frac{M}{l^2}b(2a-b)$	$\frac{M}{l^2}a(2b-a)$	$\frac{M}{2l^2}(l^2-3b^2)$	$\frac{M}{2l^2}(l^2-3a^2)$
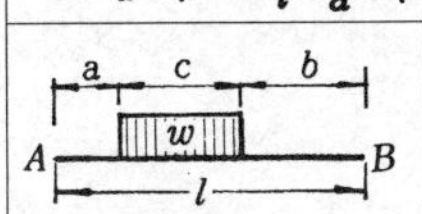	$\frac{wc}{12l^2}[12ab(b+c)+6b^2c+4c^2(a+b)+c^3]$	$\frac{wc}{12l^2}[12ab(a+c)+6a^2c+4c^2(a+b)+c^3]$	$\frac{wc}{8l^2}[4ab(a+2b+3c)+2c(a^2+2b^2)+4c^2(a+b)+c^3]$	$\frac{wc}{8l^2}[4ab(2a+b+3c)+2c(2a^2+b^2)+4c^2(a+b)+c^3]$
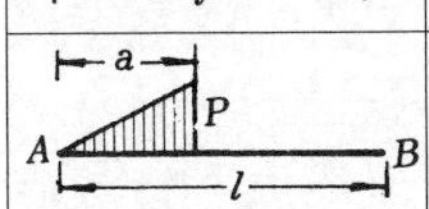	$\frac{Pa^2}{30l^2}(10l^2-15al+6a^2)$	$\frac{Pa^2}{20l^2}(5l-4a)$	$\frac{Pa^2}{120l^2}(40l^2-45al+12a^2)$	$\frac{Pa^2}{30l^2}(5l^2-3a^2)$
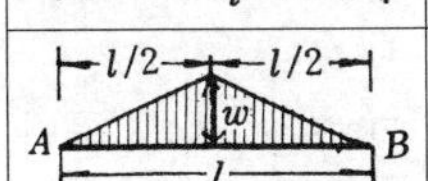	$\frac{5}{96}wl^2$	$\frac{5}{96}wl^2$	$\frac{5}{64}wl^2$	$\frac{5}{64}wl^2$
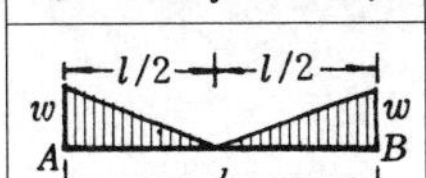	$\frac{1}{32}wl^2$	$\frac{1}{32}wl^2$	$\frac{3}{64}wl^2$	$\frac{3}{64}wl^2$

(5) 기본식의 간이화(실용공식)

식(8-35)의 기본식을 실제 계산에 적합하도록 간이화시켜 보도록 하자. 즉 식(8-35)

$$\left.\begin{aligned} M_{AB}&=2EK_{AB}(2\theta_A+\theta_B)-6EK_{AB}R-C_{AB} \\ M_{BA}&=2EK_{AB}(2\theta_B+\theta_A)-6EK_{AB}R+C_{BA} \end{aligned}\right\}$$

에서 $K=\dfrac{I}{l}$, $\dfrac{K_{AB}}{K_0}=k_{AB}$(K_0 : 기준강도, k_{AB} : 강비),

$$\left.\begin{aligned} 2EK_0\theta_A&=\phi_A \\ 2EK_0\theta_B&=\phi_B \\ -6EK_0R&=\mu \end{aligned}\right\}$$ 라고 하고 식(8-35), (8-36)에 각각 대입하면

1) 부재의 양단이 절점일 때

$$\left.\begin{aligned} M_{AB}&=k_{AB}(2\phi_A+\phi_B+\mu)-C_{AB} \\ M_{BA}&=k_{AB}(2\phi_B+\phi_A+\mu)+C_{BA} \end{aligned}\right\} \cdots\cdots (8\text{-}37)$$

2) 부재의 1단이 절점, 1단이 힌지일 때

$$\left.\begin{aligned} M_{AB}&=k_{AB}(1.5\phi_A+0.5\mu)-H_{AB}(A\text{단 고정절점, } B\text{단 힌지}) \\ M_{BA}&=k_{AB}(1.5\phi_B+0.5\mu)+H_{BA}(B\text{단 고정절점, } A\text{단 힌지}) \end{aligned}\right\} \cdots\cdots (8\text{-}38)$$

여기서 ϕ, μ는 모멘트의 단위이다.

(6) 처짐각법의 계산과정

처짐각법에 의하여 부정정 구조물을 계산할 때에는 다음 순서에 의하는 것이 좋다.

즉, ① 강비 $k\left(K=\dfrac{I}{l}\right)$와 하중항을 계산한다.

② 처짐각 기본식(식 8-37, 8-38)을 만든다.

③ 절점 방정식을 구한다.

④ 필요하면 층방정식(라멘)을 병용한다.

⑤ 방정식을 풀어서 미지수(ϕ, μ 등)를 구한다.

⑥ 이 미지수를 처짐각 기본식에 대입하여 재단 모멘트를 구한다.

⑦ 재단 모멘트를 사용하여 이것을 외력으로 생각하고 지점반력을 구하여 단순보로 보고 해석한다.

(7) 평형 방정식

식(8-37), (8-38)에서의 미지량 ϕ와 μ를 구하기 위해서는 다음과 같은 평형 방정식에 의하여야 하며 여기서 구한 ϕ와 μ로부터 재단 모멘트를 구하고 지점반력 및 단면력을 산출하게 된다.

1) 절점 방정식

절점에서의 모멘트 총합은 0이다. 즉 $\sum M_0=0$으로서

$$M_{01}+M_{02}+M_{03}+M_{04}=0 \quad \cdots\cdots (8\text{-}39)$$

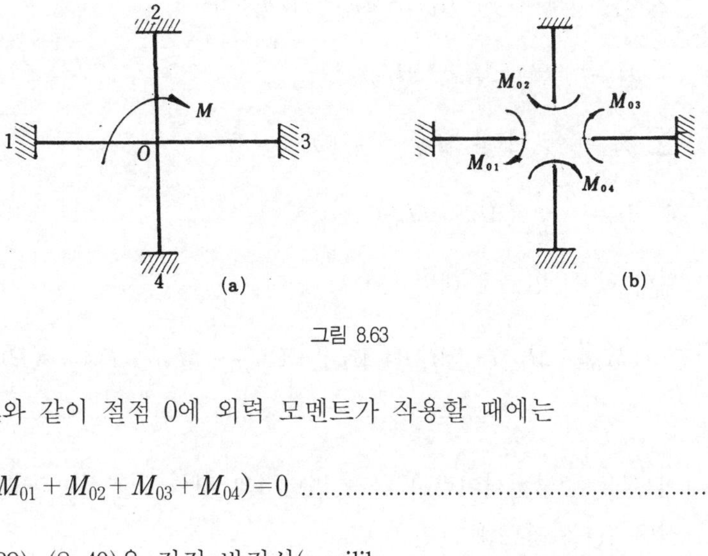

그림 8.63

그림 8.64와 같이 절점 0에 외력 모멘트가 작용할 때에는

$$M-(M_{01}+M_{02}+M_{03}+M_{04})=0 \quad \cdots\cdots (8\text{-}40)$$

즉 식(8-39), (8-40)을 절점 방정식(equilibrium equation of joint)이라고 하며 모멘트의 평형 조건식이라고도 한다.

절점마다 하나씩 만들 수 있으므로 라멘에서는 절점수만큼의 방정식이 생긴다.

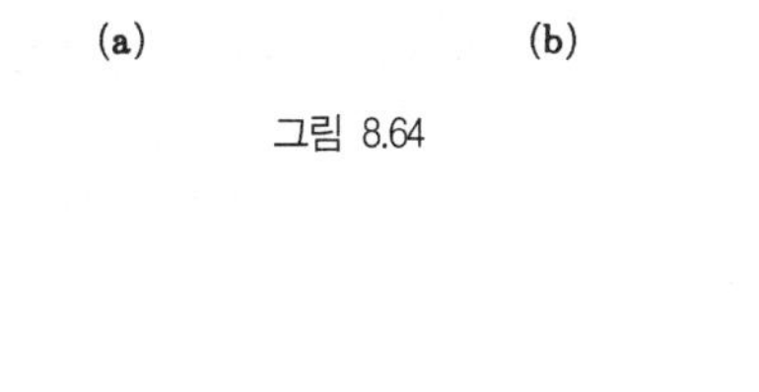

그림 8.64

2) 층방정식

각 층에서의 전단력의 합이 0이 된다는 것에 의하여 층방정식을 만들 수가 있으며 일명 전단력 방정식(equation of shear)이라고도 한다.

그림 8.65(a)에서 보 B, G, J 에서 수평전단력 S_B, S_G, S_J 가 생기며 이로 인한 수평방향의 반력은 그림 8.65(b)와 같이 H_B, H_G, H_J 가 생긴다. 2층이 안전하기 위해서는 외력에 저항하는 힘이 수평반력이므로 $\sum H=0$에 의해

$$P_2+P_3+P_4-H_B-H_G-H_J = 0 \quad \cdots\cdots \text{(a)}$$

그림 8.65(c)에서 $\sum M_C=0$에 의해 $M_{BC}+M_{CB}+H_B \cdot h_2-P_2(h_2-y_2)=0$

$$\therefore \; H_B=-\frac{1}{h_2}(M_{BC}+M_{CB}-P_2h_2+P_2y_2)$$

$\sum M_F=0$에 의해 $M_{GF}+M_{FG}+H_Gh_2=0$

$$\therefore \; H_G=-\frac{1}{h_2}(M_{GF}+M_{FG})$$

$\sum M_K=0$에 의해 $M_{JK}+M_{KJ}+H_Jh_2=0$

$$\therefore \; H_J=-\frac{1}{h_2}(M_{JK}+M_{KJ})$$

위의 값을 식(a)에 대입하면

$$(M_{BC}+M_{CB})+(M_{GF}+M_{FG})+(M_{JK}+M_{KJ})+P_2y_2+(P_3+P_4)h_2=0 \quad \cdots\cdots \text{(8-41)}$$

이 식을 층방정식이라고 하며 전단력의 평형 조건식이라고도 한다.

식(8-41)을 검토해 보면

(그 층기둥의 상단과 하단의 재단 모멘트의 총화)+(그 층에 작용하는 수평외력×하단으로부터의 거리)+(그 층부터 위의 층(혹은 아래층)에 작용하는 수평외력의 총화×그 층기둥의 높이)=0 ……(8-42)

기둥의 길이가 각각 다른 경우 즉, 1층의 경우를 생각해 보도록 하자.

$$P_1+P_2+P_3+P_4-H_A-H_B-H_I=0 \quad \cdots\cdots \text{(b)}$$

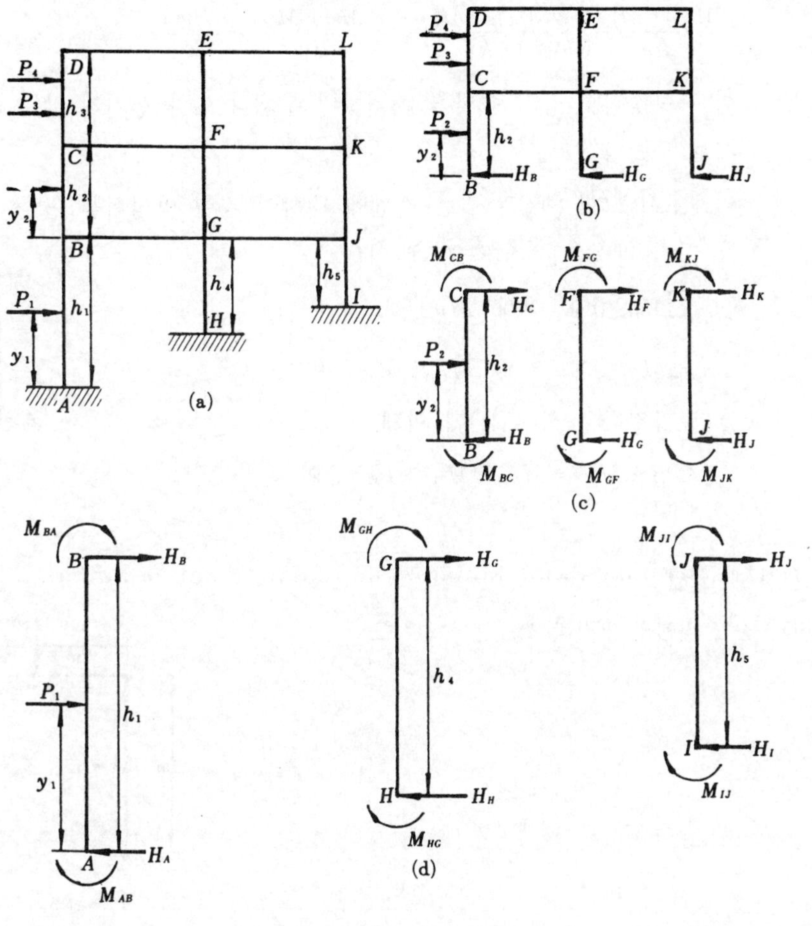

그림 8.65

그림 8.65(d)에서 $\sum M_B=0$이므로 $M_{AB}+M_{BA}+H_Ah_1-P_1(h_1-y_1)=0$

$$\therefore \; H_A=-\frac{1}{h_1}(M_{AB}+M_{BA}-P_1h_1+P_1y_1)$$

$\sum M_G=0$에서 $M_{HG}+M_{GH}+H_Hh_4=0$

$$\therefore \; H_H=-\frac{1}{h_4}(M_{HG}+M_{GH})$$

$\sum M_J=0$에서 $M_{IJ}+M_{JI}+H_Ih_5=0$

$$\therefore \; H_I=-\frac{1}{h_5}(M_{IJ}+M_{JI})$$

위의 값을 식(b)에 대입하면

$$\frac{M_{AB}+M_{BA}}{h_1}+\frac{M_{HG}+M_{GH}}{h_4}+\frac{M_{IJ}+M_{JI}}{h_5}+\frac{P_1y_1}{h_1}+(P_2+P_3+P_4)=0$$

이 층방정식도 층의 수만큼 존재하며 부재각 μ가 생기지 않는 라멘에서는 만들 필요가 없다.

일례로서 그림 8.66과 같은 라멘에 대하여 평형 방정식을 만들어 보면

① 절점 방정식은 식(8-39)에 의해

$$\left.\begin{array}{l}\sum M_B=0\text{에 의해 } M_{BA}+M_{BC}=0 \\ \sum M_C=0\text{에 의해 } M_{CB}+M_{CD}=0\end{array}\right\}$$

② 층방정식은 식(8-41)에 의해

$M_{AB}+M_{BA}+M_{CD}+M_{DC}+Ph=0$ 이 된다.

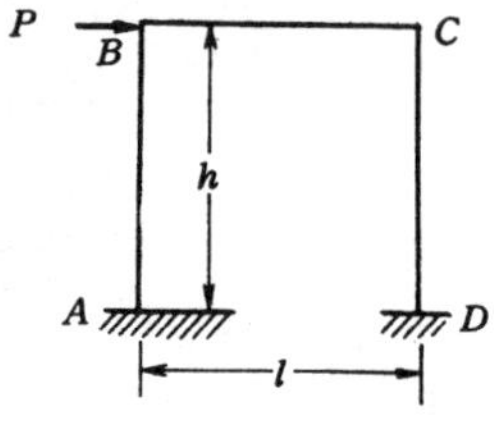

그림 8.66

【예제 39】

그림과 같은 라멘의 요각식 M_{BC}를 구하시오.

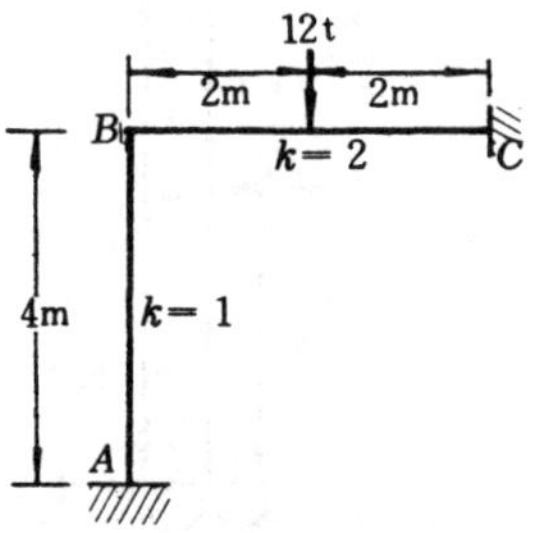

그림 8.67

풀이 식(8-37)에 의해

$M_{BC}=k_{BC}(2\phi_B+\phi_C+\mu)-C_{BC}$

$\phi_C=0$(고정지점이므로), $\mu=0$(부재각이 생기지 않으므로)

하중항 $C_{BC}=\frac{Pl}{8}=\frac{12\times4}{8}=6$(표 8.1) $\quad\therefore\ M_{BC}=2(2\phi_B)-6=4\phi_B-6$

【예제 40】

M_{BC}에 대한 요각 방정식을 ϕ를 포함한 식과 θ를 포함한 식으로 만드시오.

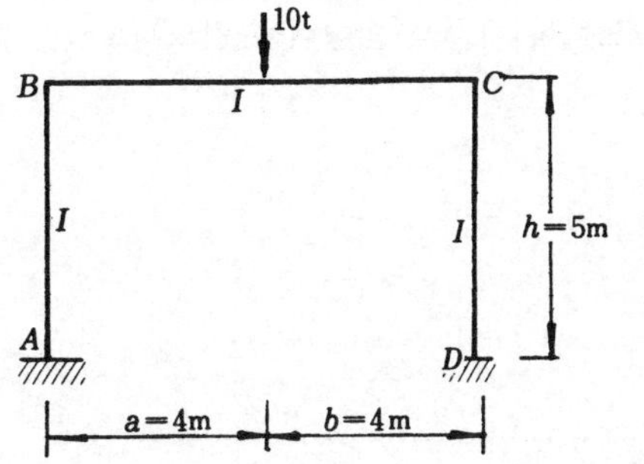

그림 8.68

풀이 $k_{BC}=\frac{I}{l}=\frac{I}{8}$

$$C_{BC}=\frac{Pl}{8}=\frac{10\times 8}{8}=10(\text{t}\cdot\text{m})$$

구조물과 하중이 대칭이므로 부재각 R은 생기지 않으며 실용공식에 의거

$$M_{BC}=\frac{I}{8}(2\phi_B+\phi_C)-10,$$

$\phi=2EK_0\theta$이므로 위 식에 대입하면

$$M_{BC}=\frac{EI}{4}(2\theta_B+\theta_C)-10$$

【예제 41】

그림에서 강비가 서로 같을 경우 요각식을 구하시오.

그림 8.69

풀이 처짐각법의 실용공식에 의거

$M_{AB}=0$, $M_{BA}=1.5\phi_B+H_{BA}$

$M_{BC}=1.5\phi_B$, $M_{CB}=0$

$M_{BD}=1.5\phi_B-H_{BD}$, $M_{DB}=0$

【예제 42】

요각식과 절점 방정식을 만드시오(단, EI는 일정).

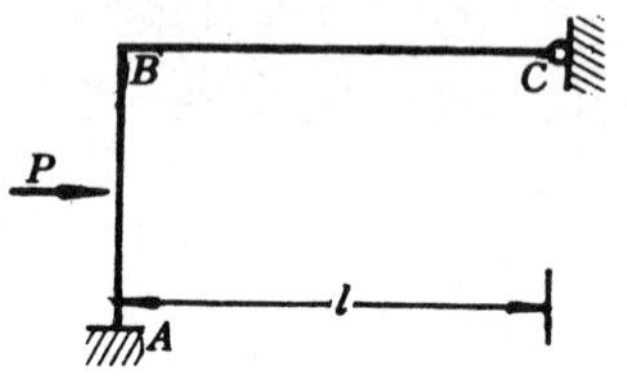

그림 8.70

풀이 (1) 요각식

$M_{AB}=k_{AB}(\phi_B)-C_{AB}$, $M_{BA}=k_{AB}(2\phi_B)+C_{BA}$

$M_{BC}=k_{BC}(1.5\phi_B)$, $M_{CB}=0$

(2) 절점 방정식

$\sum M_B=0$이므로 $M_{BA}+M_{BC}=k_{AB}(2\phi_B)+C_{BA}+k_{BC}(1.5\phi_B)=0$

【예제 43】

처짐각식을 만들고 D점의 절점 방정식을 구하시오.

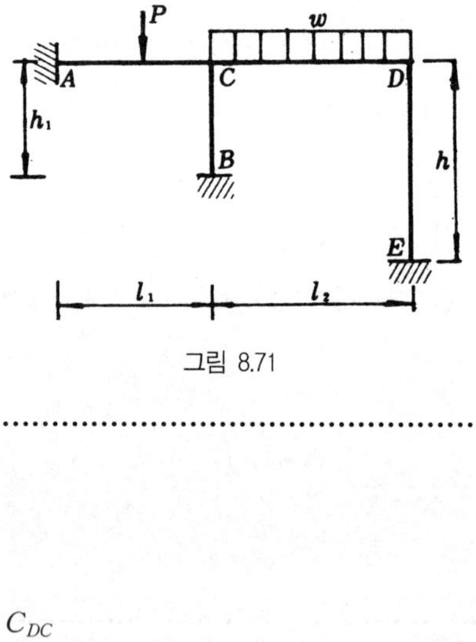

그림 8.71

풀이 (1) 처짐각식

$M_{AC}=k_{AC}(\phi_C)-C_{AC}$, $M_{CA}=k_{AC}(2\phi_C)+C_{CA}$

$M_{CB}=k_{BC}(2\phi_C)$, $M_{BC}=k_{BC}(\phi_C)$

$M_{CD}=k_{CD}(2\phi_C+\phi_D)-C_{CD}$, $M_{DC}=k_{CD}(2\phi_D+\phi_C)+C_{DC}$

$M_{DE}=k_{DE}(2\phi_D)$, $M_{ED}=k_{DE}(\phi_D)$

(2) D점의 절점 방정식

$\sum M_D=0$, $M_{DC}+M_{DE}=0$

$k_{CD}(2\phi_D+\phi_C)+C_{DC}+k_{DE}(2\phi_D)=0$

【예제 44】

예제 33과 같은 조건인 연속보의 재단 모멘트를 처짐각법으로 구하시오.

풀이 강비를 구하면 $I_1 : I_2 = 2 : 3$이므로

$$\frac{I_1}{l} : \frac{I_2}{l} = K_{AB} : K_{BC} = 2 : 3$$

K_{AB}를 기준강도 K_0로 보면 $k_{AB} = \frac{K_{AB}}{K_0} = \frac{2}{2}$, 강비 $k_{AB}=1$, $k_{BC}=1.5$

참고 여기서 K_{BC}를 기준강도로 보아도 결과적으로 구한 재단 모멘트의 값은 변함이 없다. 왜냐하면 K_{BC}를 기준강도로 보면 처짐각식이 달라지고 그에 따른 ϕ_B의 값도 달라지기 때문이다.

(1) 하중항

$$C_{BC} = C_{CB} = \frac{wl^2}{12} = \frac{0.5\times8^2}{12} = 2.667$$

$$H_{BA} = \frac{wl^2}{8} = \frac{0.5\times8^2}{8} = 4$$

(2) 요각식

$$M_{BA} = k_{AB}(1.5\phi_B) + H_{BA} = 1.5\phi_B + 4$$

$$M_{BC} = k_{BC}(2\phi_B) - C_{BC} = 3\phi_B - 2.667$$

$$M_{CB} = k_{BC}\phi_B + C_{CB} = 1.5\phi_B + 2.667$$

(3) 절점 방정식

$M_{BA} + M_{BC} = 0$으로부터

$$M_{BA} + M_{BC} = 1.5\phi_B + 4 + 3\phi_B - 2.667 = 0$$

$$4.5\phi_B + 1.333 = 0 \qquad \therefore\ \phi_B = -0.296$$

따라서

$$M_{BA} = 1.5\times(-0.296) + 4 \fallingdotseq 3.56(\mathrm{t\cdot m})$$

$$M_{BC} = 3\times(-0.296) - 2.667 \fallingdotseq -3.56(\mathrm{t\cdot m})$$

$$M_{CB} = 1.5\times(-0.296) + 2.667 \fallingdotseq 2.22(\mathrm{t\cdot m})$$

$$\therefore \begin{cases} M_B = M_{BC} = -3.56(\mathrm{t\cdot m}) \\ M_C = -2.22(\mathrm{t\cdot m}) \end{cases}$$

(M_{CB}가 역방향이므로 반대의 부호를 취하여야 한다)

【예제 45】

그림과 같은 라멘의 휨모멘트를 구하시오.
(단, $I_{AB}=2.4\times10^4\,\text{cm}^4$, $I_{BC}=2\times10^4\text{cm}^4$)

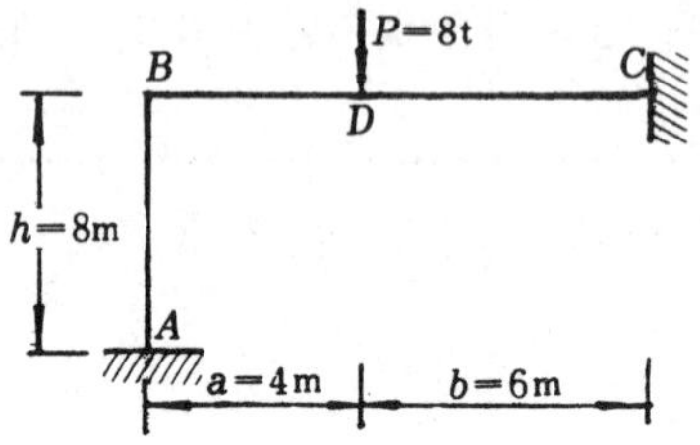

그림 8.72

풀이 $K_{AB}=\dfrac{I_{AB}}{h}=\dfrac{2.4\times10^4}{800}=30$

$K_{BC}=\dfrac{I_{BC}}{l}=\dfrac{2\times10^4}{1,000}=20$

K_{BC}를 기준강도 K_0로 하면 $k_{BC}=\dfrac{20}{20}=1$, $k_{AB}=\dfrac{30}{20}=1.5$

(1) 하중항

$C_{BC}=\dfrac{Pab^2}{l^2}=\dfrac{8\times4\times6^2}{10^2}=11.52(\text{t}\cdot\text{m})$

$C_{CB}=\dfrac{Pa^2b}{l^2}=\dfrac{8\times4^2\times6}{10^2}=7.68(\text{t}\cdot\text{m})$

(2) 처짐각식

$\phi_A=\phi_C=0$이므로

$M_{AB}=k_{AB}\phi_B=1.5\phi_B$, $M_{BA}=k_{AB}(2\phi_B)=3\phi_B$

$M_{BC}=k_{BC}(2\phi_B)-C_{BC}=2\phi_B-11.52$, $M_{CB}=k_{BC}\phi_B+C_{CB}=\phi_B+7.68$

(3) 절점 방정식

$\sum M_B=0$, $M_{BA}+M_{BC}=0$

$3\phi_B+2\phi_B-11.52=0$ $\therefore$ $\phi_B=2.304$

(4) 재단 모멘트 ϕ_B를 처짐각식에 대입한다.

$M_{AB}=1.5\times2.304=3.456(\text{t}\cdot\text{m})$

$M_{BA}=3\times2.304=6.912(\text{t}\cdot\text{m})$

$M_{BC}=2\times2.304-11.52=-6.912(\text{t}\cdot\text{m})$

$M_{CB}=2.304+7.68=9.984(\text{t}\cdot\text{m})$

【예제 46】

다음과 같은 라멘의 재단 모멘트를 구하고 휨모멘트도를 그리시오. 또한 $M_{\oplus max}$은 얼마인가?

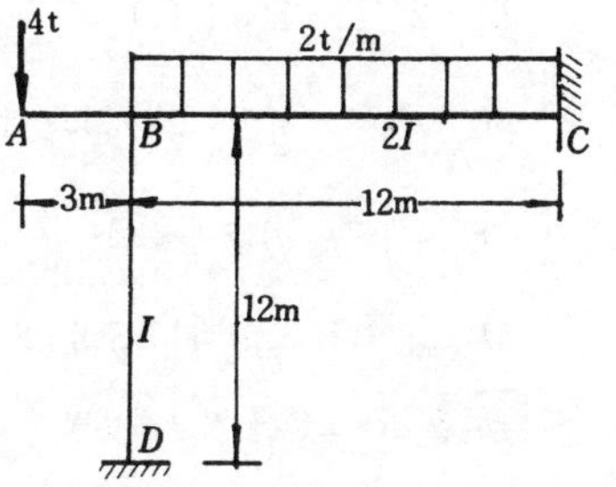

그림 8.73

풀이 (1) 강도

$$K_{BC}=\frac{2I}{12},\ K_{BD}=\frac{I}{12}=K_0$$

(2) 강비

$$k_{BC}=\frac{K_{BC}}{K_0}=\frac{\frac{2I}{12}}{\frac{I}{12}}=2,\ k_{BD}=\frac{\frac{I}{12}}{\frac{I}{12}}=1$$

(3) 하중항

$$C_{BC}=C_{CB}=\frac{wl^2}{12}=\frac{2\times12^2}{12}=24(\text{t}\cdot\text{m})$$

(4) 처짐각식

$M_{BC}=k_{BC}(2\phi_B+\phi_C+\mu)-C_{BC}=k_{BC}(2\phi_B)-C_{BC}=4\phi_B-24$

$M_{BD}=k_{BD}(2\phi_B+\phi_D+\mu)-C_{BD}=2\phi_B$

$M_{CB}=k_{BC}(2\phi_C+\phi_B+\mu)+C_{CB}=2\phi_B+24$

$M_{DB}=k_{BD}(2\phi_D+\phi_B+\mu)+C_{DB}=\phi_B$

$M_{BA}=4\times3=12(\text{t}\cdot\text{m})$

(5) 절점 방정식

$\sum M_B=0$를 적용하여 ϕ_B를 구하면

$M_{BA}+M_{BC}+M_{BD}=12+4\phi_B-24+2\phi_B=0$

$6\phi_B-12=0 \qquad \therefore\ \phi_B=2$

따라서 각 재단 모멘트는

$M_{BC}=4\times2-24=-16(\text{t}\cdot\text{m}),\ M_{BD}=2\times2=4(\text{t}\cdot\text{m})$

$M_{CB}=2\times2+24=28(\text{t}\cdot\text{m}),\ M_{DB}=2(\text{t}\cdot\text{m})$

$M_{\oplus max}$을 구하기 위해 BC 부분을 오른쪽 그림과 같이 떼어서 생각하면

$\sum M_C=0$에 의하여

$12 \times R_B - 16 - 2 \times 12 \times 6 + 28 = 0 \qquad \therefore\ R_B = 11\,(\mathrm{t})$

$R_C = 2 \times 12 - 11 = 13(\mathrm{t})$

$M_x = R_B x - \dfrac{wx^2}{2} - 16 = 11x - x^2 - 16$

BC 사이에서 최대 휨모멘트는 $\dfrac{M_x}{dx} = S_x = 11 - 2x = 0 \qquad \therefore\ x = 5.5(\mathrm{m})$

$M_{\oplus\max} = M_{x=5.5} = 11 \times 5.5 - 5.5^2 - 16 = 14.25\,(\mathrm{t \cdot m})$

참고 R_C로부터 계산해보면

$13 - 2x = 0,\quad x = 6.5\,\mathrm{m}$

$M_{\oplus\max} = 13 \times 6.5 - \dfrac{2 \times 6.5^2}{2} - 28 = 14.25\,(\mathrm{t \cdot m})$

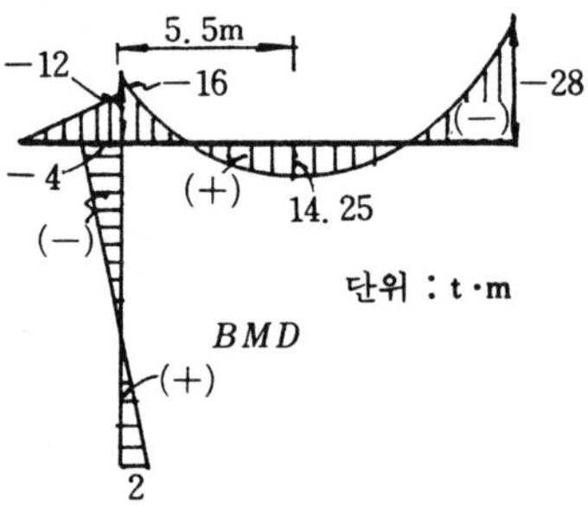

【예제 47】

그림과 같은 양단고정 2경간 연속보의 재단 모멘트를 구하시오(단, EI는 일정).

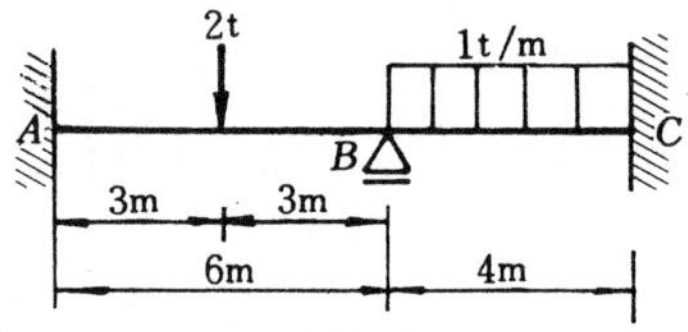

그림 8.74

풀이 (1) 강도

$K_{AB} = \dfrac{I}{l_1} = \dfrac{I}{6} = K_0,\ \ K_{BC} = \dfrac{I}{l_2} = \dfrac{I}{4}$

(2) 강비

$k_{AB} = \dfrac{K_{AB}}{K_0} = 1,\ \ k_{BC} = \dfrac{K_{BC}}{K_0} = 1.5$

(3) 요각식

$M_{AB} = k_{AB}(2\phi_A + \phi_B + \mu) - C_{AB} = k_{AB}(\phi_B) - C_{AB} = \phi_B - 1.5$

$M_{BA} = k_{AB}(2\phi_B + \phi_A + \mu) + C_{BA} = k_{AB}(2\phi_B) + C_{BA} = 2\phi_B + 1.5$

$M_{BC} = k_{BC}(2\phi_B + \phi_C + \mu) - C_{BC} = k_{BC}(2\phi_B) - C_{BC} = 1.5(2\phi_B) - C_{BC} = 3\phi_B - 1.33$

$M_{CB} = k_{BC}(2\phi_C + \phi_B + \mu) + C_{CB} = k_{BC}(\phi_B) + C_{CB} = 1.5\phi_B + 1.33$

(4) 절점 방정식

$\sum M_B = 0$에 의해

$M_{BA}+M_{BC}=2\phi_B+1.5+3\phi_B-1.33=0$

$5\phi_B+0.17=0 \qquad \therefore\ \phi_B=-0.034$

(5) 재단 모멘트

$M_{AB}=-0.034-1.5=-1.534(\mathrm{t\cdot m})$

$M_{BA}=2\times(-0.034)+1.5=1.432(\mathrm{t\cdot m})$

$M_{BC}=3\times(-0.034)-1.33=-1.432(\mathrm{t\cdot m})(=M_B)$

$M_{CB}=1.5\times(-0.034)+1.33=1.279(\mathrm{t\cdot m})$

【예제 48】

그림과 같은 라멘의 재단 모멘트를 구하고 SFD와 BMD를 그리시오(단, EI는 일정).

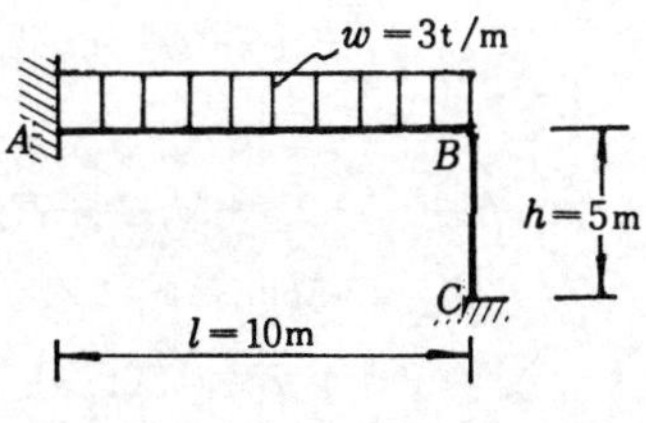

그림 8.75

풀이 (1) 강도

$$K_{AB}=\frac{I}{l}=\frac{I}{10},\quad K_{BC}=\frac{I}{h}=\frac{I}{5}=K_0$$

(2) 강비

$$k_{AB}=\frac{K_{AB}}{K_0}=0.5,\quad k_{BC}=\frac{K_{BC}}{K_0}=1$$

(3) 하중항

$$C_{AB}=C_{BA}=\frac{wl^2}{12}=\frac{3\times10^2}{12}=25(\mathrm{t\cdot m})$$

$C_{BC}=C_{CB}=0$(하중이 없으므로)

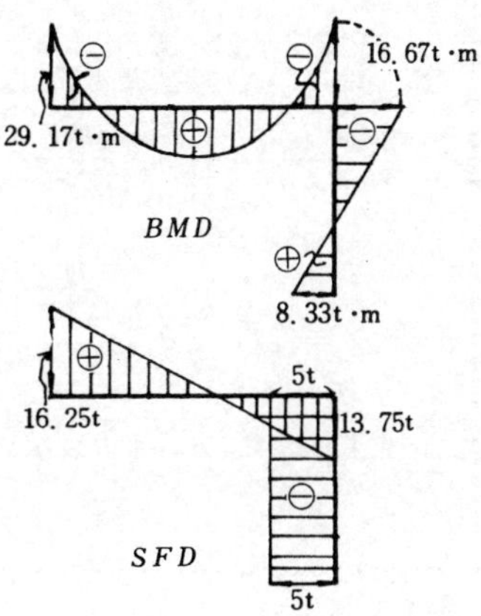

(4) 요각식

$M_{AB}=k_{AB}(\phi_B)-C_{AB}=0.5\phi_B-25$

$M_{BA}=k_{AB}(2\phi_B)+C_{BA}=\phi_B+25$

$M_{BC}=k_{BC}(2\phi_B)=2\phi_B,\ M_{CB}=k_{BC}(\phi_B)=\phi_B$

(5) 절점 방정식

$\sum M_B=0$

$M_{BA}+M_{BC}=\phi_B+25+2\phi_B=0 \qquad \therefore\ \phi_B=-8.33$

(5) 재단 모멘트

$M_{AB}=0.5\times(-8.33)-25=-29.17(\mathrm{t\cdot m})$

$M_{BA}=-8.33+25=16.67(\mathrm{t\cdot m})$

$M_{BC}=2\times(-8.33)=-16.67(\text{t}\cdot\text{m})$

$M_{CB}=-8.33(\text{t}\cdot\text{m})$

(6) 반력

AB 부재 : 오른쪽 그림 (a)에서

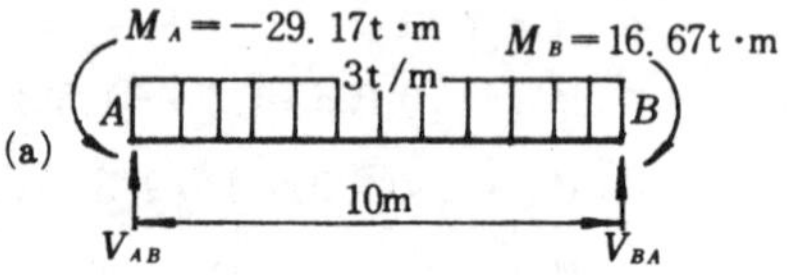

$\sum M_B=0$

$V_{AB}\times l-w\cdot l\times\dfrac{l}{2}+M_A+M_B=$

$V_{AB}\times 10-3\times 10\times 5-29.17+16.67=0$

$\therefore\ V_{AB}=16.25(\text{t})(\uparrow)$

$\sum V=0$에서 $V_{BA}=3\times 10-16.25=13.75(\text{t})(\uparrow)$

BC 부재 : 오른쪽 그림 (b)에서

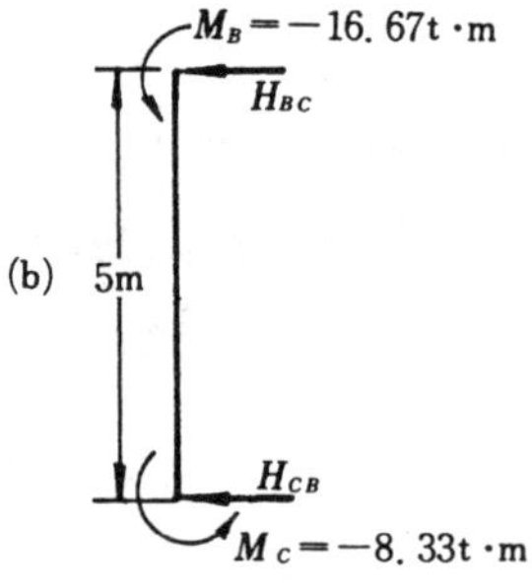

$\sum M_C=0$

$-H_{BC}\cdot h+M_B+M_C=-H_{BC}\times 5-16.67-8.33=0$

$\therefore\ H_{BC}=-5(\text{t})(\rightarrow)$

$\sum V=0$에서 $H_{CB}=5(\text{t})(\leftarrow)$

【예제 49】

그림과 같은 라멘의 휨모멘트도를 그리시오. 또한 $M_{\oplus\max}$은 얼마인가?

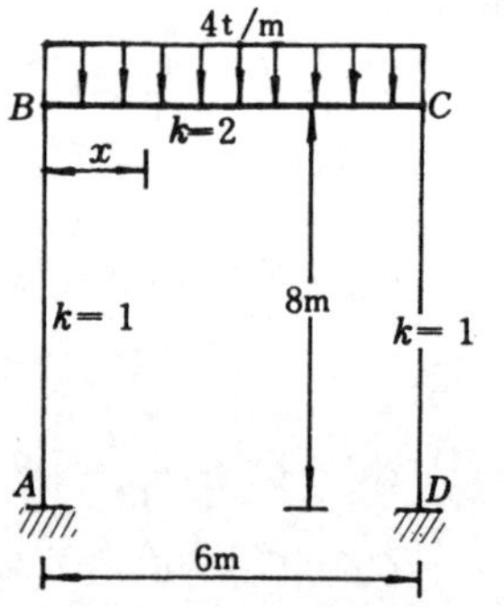

그림 8.76

풀이 (1) 하중항

$$C_{BC}=C_{CB}=\frac{wl^2}{12}=\frac{4\times 6^2}{12}=12(\text{t}\cdot\text{m})$$

(2) 처짐각식

$M_{AB}=k_{AB}(2\phi_A+\phi_B+\mu)-C_{AB}=\phi_B$

$M_{BA}=k_{AB}(2\phi_B+\phi_A+\mu)+C_{BA}=2\phi_B$

$M_{BC}=k_{BC}(2\phi_B+\phi_C+\mu)-C_{BC}$

$\quad=2(2\phi_B-\phi_B)-C_{BC}=2\phi_B-12$(구조와 하중이 대칭이므로 $\phi_B=-\phi_C$이기 때문임)

(3) 절점 방정식

$\sum M_B=0$

$M_{BA}+M_{BC}=2\phi_B+2\phi_B-12=0$

$4\phi_B=12,\ \phi_B=3$

$M_{AB}=3(\text{t}\cdot\text{m}),\ M_{BA}=2\times3=6(\text{t}\cdot\text{m}),\ M_{BC}=2\times3-12=-6(\text{t}\cdot\text{m})$

BC 사이의 임의 점의 모멘트 M_x는

$$M_x=R_B\cdot x-\frac{w}{2}x^2+M_{BC}$$

$$=12x-\frac{4}{2}x^2+(-6)\ \left[R_B=4\times\frac{6}{2}=12\right]$$

$$\frac{dM_x}{dx}=S_x=12-4x=0 \qquad \therefore\ x=3\text{m}$$

즉, 대칭이므로 중앙에서 $M_{\oplus\max}$이 생긴다.

$$M_{\oplus\max}=M_{x=3}=12\times3-2\times3^2-6=12(\text{t}\cdot\text{m})$$

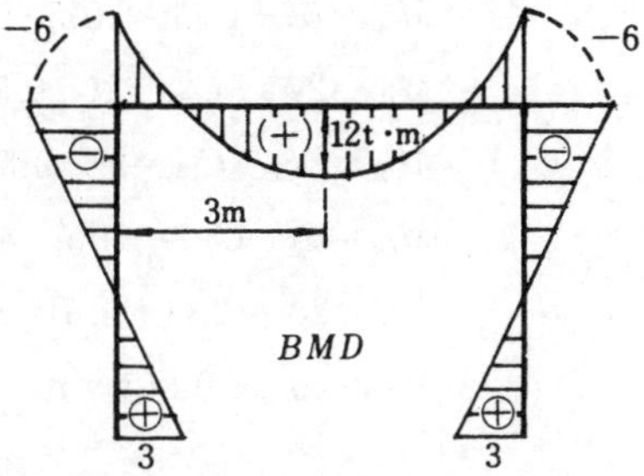

【예제 50】

다음과 같은 라멘의 재단 모멘트를 구하시오.
(단, 각 부재의 강도는 동일하다고 한다)

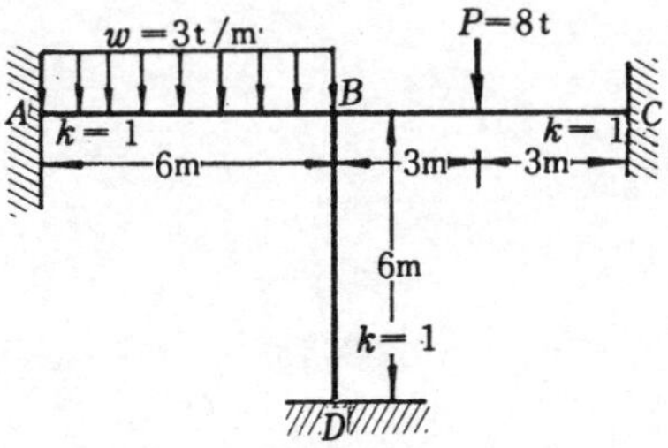

그림 8.77

풀이 (1) 미지량

$\phi_A=\phi_C=\phi_D=0,\ \mu=0$(절점 B는 이동이 없음)

$\therefore\ \phi_B$ 하나가 미지량이다.

(2) 하중항

$$C_{AB}=\frac{wl^2}{12}=\frac{3\times6^2}{12}=9\,(\text{t}\cdot\text{m}),\ C_{BA}=9\,(\text{t}\cdot\text{m})$$

$$C_{BC}=\frac{Pl}{8}=\frac{8\times6}{8}=6\,(\text{t}\cdot\text{m}),\ C_{CB}=6(\text{t}\cdot\text{m})$$

1) 기본식

$M_{AB}=\phi_B-C_{AB},\ \ M_{BA}=2\phi_B+C_{BA}$

$M_{BC}=2\phi_B-C_{BC},\ \ M_{CB}=\phi_B+C_{CB}$

$M_{BD}=2\phi_B,\ \ M_{DB}=\phi_B$

2) $\sum M_B=0$(절점 방정식)

$M_{BA}+M_{BC}+M_{BD}=0$

$2\phi_B+C_{BA}+2\phi_B-C_{BC}+2\phi_B=0$

$\therefore\ \phi_B=-\dfrac{C_{BA}-C_{BC}}{6}=-\dfrac{9-6}{6}=-0.5(\text{t}\cdot\text{m})$

3) 재단 모멘트

$M_{AB}=\phi_B-C_{AB}=-0.5-9.0=-9.5(\text{t}\cdot\text{m})$

$M_{BA}=2\phi_B+C_{BA}=2(-0.5)+9.0=8.0(\text{t}\cdot\text{m})$

$M_{BC}=2\phi_B-C_{BC}=2(-0.5)-6.0=-7.0(\text{t}\cdot\text{m})$

$M_{CB}=\phi_B+C_{CB}=-0.5+6=5.5(\text{t}\cdot\text{m})$

$M_{BD}=2\phi_B=2\times(-0.5)=-1.0(\text{t}\cdot\text{m})$

$M_{DB}=\phi_B=-0.5(\text{t}\cdot\text{m})$

【예제 51】

단면력을 구하고 단면력도를 그리시오.

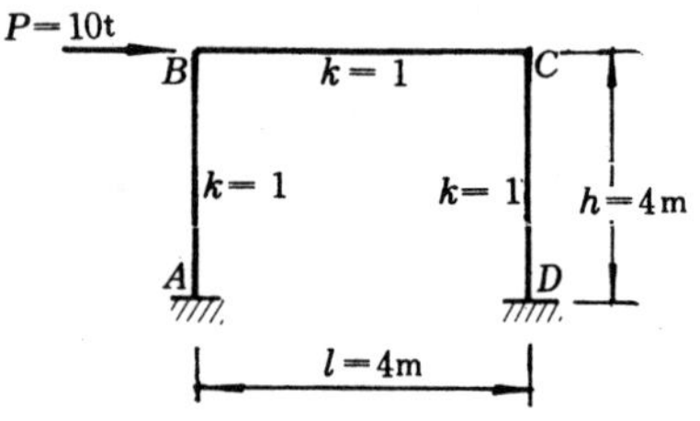

그림 8.78

풀이 절점각 및 부재각의 원래 미지량은 ϕ_B, ϕ_C, μ의 3개이나, 오른쪽 그림과 같은 이유에서 $\phi_B=\phi_C$이므로 미지량은 ϕ_B, μ 2개이다. 하중항도 0이므로

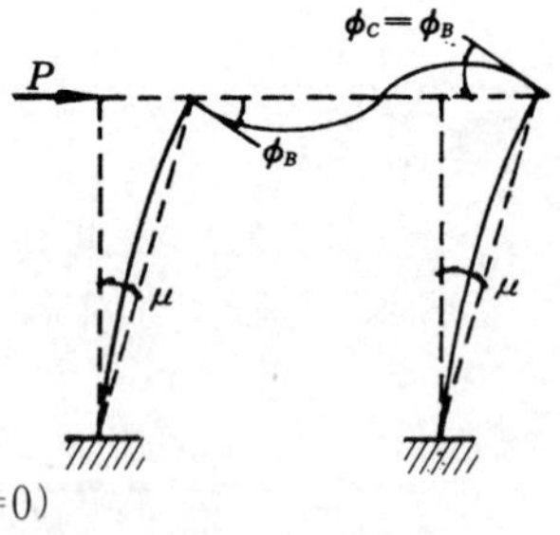

(1) 처짐각식

$M_{AB}=k_{AB}(2\phi_A+\phi_B+\mu)-C_{AB}=\phi_B+\mu$

$M_{BA}=k_{AB}(2\phi_B+\phi_A+\mu)+C_{BA}=2\phi_B+\mu$

$M_{BC}=k_{BC}(2\phi_B+\phi_C+\mu)-C_{BC}=2\phi_B+\phi_B=3\phi_B$(수평부재이므로 $\mu=0$)

$M_{CB}=k_{BC}(2\phi_C+\phi_B+\mu)+C_{CB}=3\phi_B$

$M_{CD}=k_{CD}(2\phi_C+\phi_D+\mu)-C_{CD}=2\phi_B+\mu$

$M_{DC}=k_{CD}(2\phi_D+\phi_C+\mu)+C_{DC}=\phi_B+\mu$

(2) 절점 방정식

$\sum M_B=0$으로부터

$M_{BA}+M_{BC}=5\phi_B+\mu=0$ ………………………………………… ①

(3) 층방정식

식(8-41)로부터

$M_{AB}+M_{BA}+M_{CD}+M_{DC}+hP$

$=\phi_B+\mu+2\phi_B+\mu+2\phi_B+\mu+\phi_B+\mu+4\times10$

$=6\phi_B+4\mu+40=0$ .... ②

식 ①, ②를 연립으로 풀면 $\phi_B=2.857$, $\mu=-14.286$

그러므로 $M_{AB}=2.857-14.286=-11.429(\mathrm{t\cdot m})(=M_{DC})$

$M_{BA}=2\times2.857-14.286=-8.571(\mathrm{t\cdot m})(=M_{DC})$

$M_{BC}=3\times2.857=8.571(\mathrm{t\cdot m})$ $(=M_{CB})$

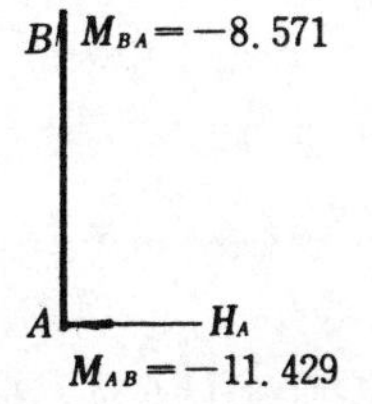

(4) 반력

BA 부재 : $\sum M_B=0$에 의해

$-11.429+H_A\times4-8.571=0$

$H_A=5(=H_D)$

BC 부재 : $\sum M_C=0$에 의해

$8.571+V_B\times4+8.571=0$

$\therefore\ V_B=-4.286(\mathrm{t})$

$V_A=-4.286(\mathrm{t})$, $V_D=4.286(\mathrm{t})$

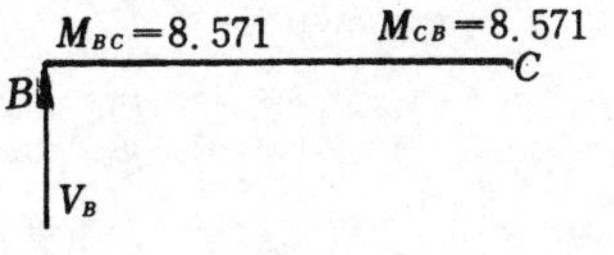

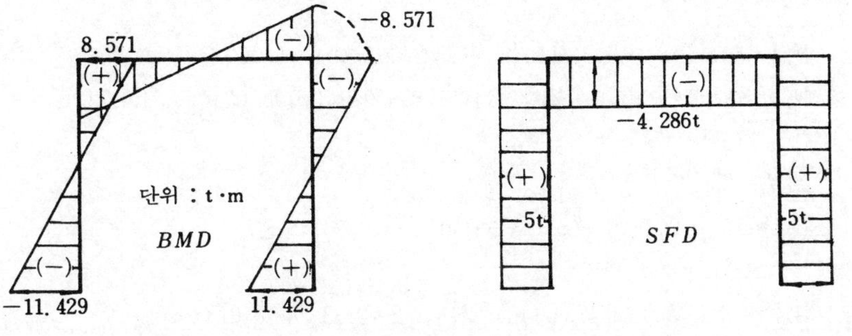

(5) 전단력

$S_{AB}=H_A=5(\mathrm{t})$, $S_{BC}=H_B=-4.286(\mathrm{t})$

(6) 축방향력

$A_{AB}=4.286(\mathrm{t})$(인장), $A_{BC}=10-5=5(\mathrm{t})$(인장), $A_{CD}=-4.286(\mathrm{t})$(압축)

【예제 52】

*SFD*와 *BMD*를 그리시오(단, *EI*는 일정).

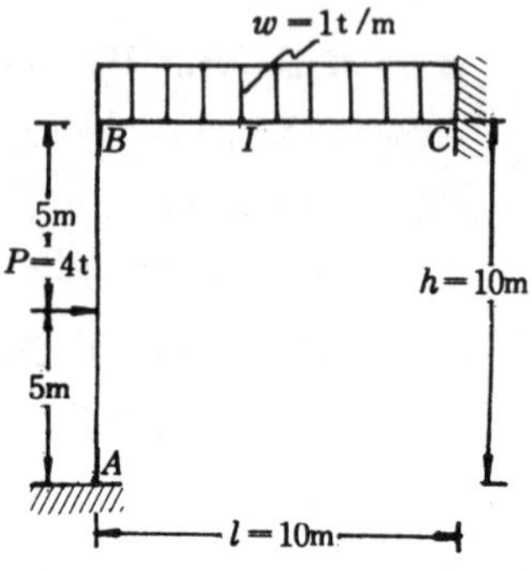

그림 8.79

풀이 (1) 강비

I가 같고 $l=h$, $K_{AB}=K_{BC}=1$이므로 $k_{AB}=k_{BC}=1$(미지수는 ϕ_B 하나임)

(2) 하중항

$$C_{AB}=C_{BA}=\frac{Pl}{8}=\frac{4\times 10}{8}=5\,(\text{t}\cdot\text{m})$$

$$C_{BC}=C_{CB}=\frac{wl^2}{12}=\frac{1\times 10^2}{12}=8.33\,(\text{t}\cdot\text{m})$$

(3) 처짐각식

$M_{AB}=k_{AB}(\phi_B)-C_{AB}=\phi_B-5$, $M_{BA}=k_{AB}(2\phi_B)+C_{BA}=2\phi_B+5$

$M_{BC}=k_{BC}(2\phi_B)-C_{BC}=2\phi_B-8.33$, $M_{CB}=k_{BC}(\phi_B)+C_{CB}=\phi_B+8.33$

(4) 절점 방정식

$\sum M_B=0$

$M_{BA}+M_{BC}=2\phi_B+5+2\phi_B-8.33=0$ $\quad\therefore\ \phi_B=0.83$

(5) 재단 모멘트

$M_{AB}=0.83-5=-4.17\,(\text{t}\cdot\text{m})$, $M_{BA}=2\times 0.83+5=6.67\,(\text{t}\cdot\text{m})$

$M_{BC}=2\times 0.86-8.33=-6.67\,(\text{t}\cdot\text{m})$, $M_{CB}=0.83+8.33=9.16\,(\text{t}\cdot\text{m})$

(6) 반력

AB 부재 : $\sum M_B=0$에서

$H_B\cdot h-5\times 4-4.17+6.67$

$=H_{AB}\times 10-5\times 4-4.17+6.67=0$

$\therefore\ H_{AB}=1.75\,(\text{t})$

$H_{BA}=P-H_{AB}=4-1.75=2.25(\text{t})$

(혹은 $\sum M_A=0=-H_{BA}\times 10+5\times 4-4.17+6.67$)

$\therefore\ H_{BA}=2.25\,(\text{t})$

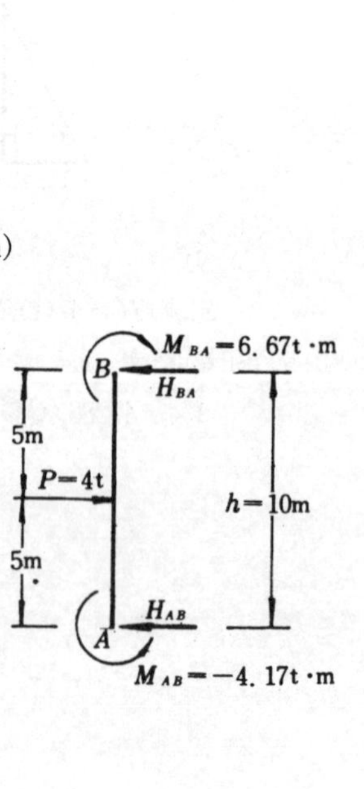

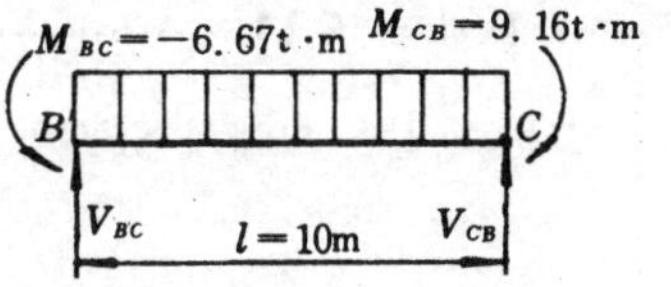

BC부재 : $\sum M_C=0$에서

$$V_{BC}\cdot l-\frac{wl^2}{2}-6.67+9.16$$

$$=V_{BC}\times 10-\frac{1\times 10^2}{2}-6.67+9.16=0$$

$\therefore\ V_{BC}=4.75\,(\mathrm{t})$

$V_{CB}=1\times 10-4.75=5.25(\mathrm{t})$

(혹은 $\sum M_B=0,\ V_{CB}\times l+\frac{wl^2}{2}-6.67+9.16=0$)

$\therefore\ V_{CB}=5.25\,(\mathrm{t})$

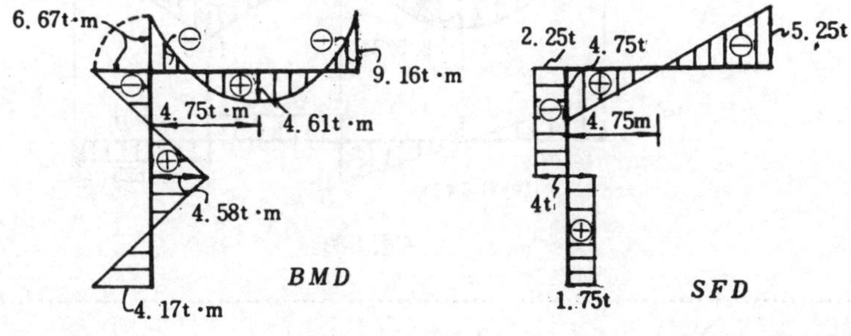

(7) 모멘트

AB 구간에서 $M_D=H_{AB}\times 5-4.17=1.75\times 5-4.17=4.58\,(\mathrm{t\cdot m})$

BC 구간에서 임의 점 $M_x=V_{BC}x-\frac{1\times x^2}{2}-6.67=4.75x-\frac{x^2}{2}-6.67$

$M_{\max}$이 생기는 거리는 $\frac{dM_x}{dx}=S_x=4.75-x=0$

$\therefore\ x=4.75\,\mathrm{m}$

$\therefore\ M_{\max}=M_{x=4.75}=4.75\times 4.75-\frac{1\times 4.75^2}{2}-6.67=4.61(\mathrm{t\cdot m})$

【예제 53】

그림과 같은 보에서 *SFD*와 *BMD*를 그리시오(단, 지점침하는 없는 것으로 한다).

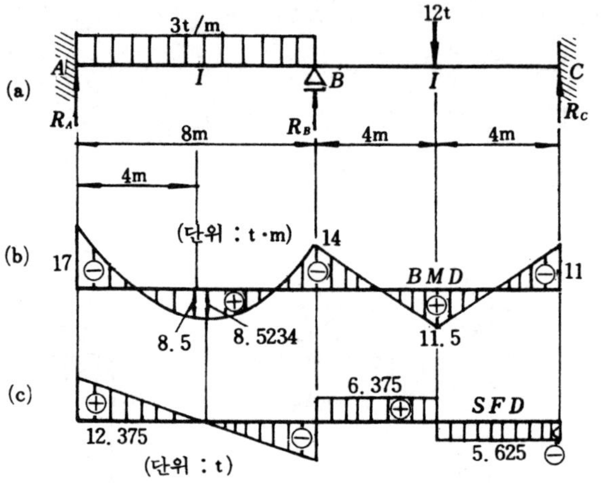

그림 8.80

풀이 $\phi_A=\phi_C=0$, $\phi_B\neq0$, $\mu_{AB}=\mu_{BC}=0$(침하가 없으므로)

따라서 미지량은 ϕ_B의 1개이다.

$$C_{BA}=C_{AB}=\frac{wl^2}{12}=\frac{3\times8^2}{12}=16\,(\mathrm{t\cdot m})$$

$$C_{BC}=C_{CB}=\frac{Pl}{8}=\frac{12\times8}{8}=12\,(\mathrm{t\cdot m})$$

I와 l은 두 지간에서 같으므로 $k_{AB}=k_{BC}=1$

재단 모멘트식은

$$\left.\begin{array}{l} M_{AB}=\phi_B-C_{AB}=\phi_B-16 \\ M_{BA}=2\phi_B+C_{BA}=2\phi_B+16 \\ M_{BC}=2\phi_B-C_{BC}=2\phi_B-12 \\ M_{CB}=\phi_B+C_{CB}=\phi_B+12 \end{array}\right\}\cdots\cdots①$$

절점 방정식은 $M_{BA}+M_{BC}=2\phi_B+16+2\phi_B-12=0$

$$\therefore \phi_B=-1 \cdots\cdots②$$

위의 값을 식 ①에 대입하여 재단 모멘트를 구하면

$$\left.\begin{array}{ll} M_{AB}=-17\,(\mathrm{t\cdot m}), & M_{BA}=14\,(\mathrm{t\cdot m}) \\ M_{BC}=-14\,(\mathrm{t\cdot m}), & M_{CB}=11\,(\mathrm{t\cdot m}) \end{array}\right\}\cdots\cdots③$$

지점반력 R_A, R_B, R_C는

$\sum M_B=0$에서 $R_A\times 8-\dfrac{3\times 8^2}{2}-17+14=0$

$R_A=12.375\,(t)(\uparrow)$

$\sum M_B=0$에서 $-R_C\times 8+12\times 4+11-14=0$

$R_C=5.625\,(t)(\uparrow)$

$\sum V=0$에서 $R_B=3\times 8+12-12.375-5.625=18\,(t)(\uparrow)$

AB간의 $M_{\oplus max}=R_A\times 4.125-\dfrac{3\times 4.125^2}{2}-17=8.523\,(t\cdot m)$

$[R_A-wx=12.375-3x=0$에서 $x=4.125\,m]$

$M_D=R_C\times 4-11=11.5(t\cdot m)$

이로써 BMD, SFD를 그리면 그림 8.80(b), (c)와 같다.

【예제 54】

재단 모멘트를 계산하시오.

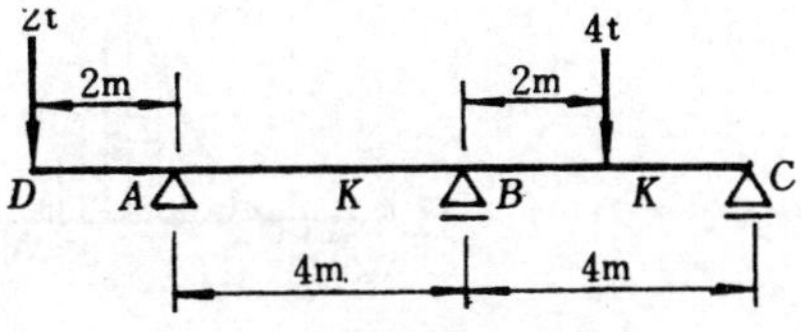

그림 8.81

풀이 AB, BC의 강도 K는 같고 따라서 강비 $k=1$이 된다.

(1) 처짐각식

$M_{AB}=2\phi_A+\phi_B$, $M_{BA}=2\phi_B+\phi_A$

$M_{BC}=1.5\phi_B-H_{BC}$, $H_{BC}=\dfrac{3Pl}{16}=\dfrac{3\times 4\times 4}{16}=3\,(t\cdot m)$ $\therefore\ M_{BC}=1.5\phi_B-3$, $M_{CB}=0$

(2) 절점 방정식

$\sum M_A=0$, $M_{AB}+M_{AD}=0$

$2\phi_A+\phi_B+4=0$ .... ①

$[M_{AD}=4\,(t\cdot m)$(우측부터 생각하므로 시계 반대 방향이 +임)]

$\sum M_B=0$, $M_{BA}+M_{BC}=0$

$2\phi_B+\phi_A+1.5\phi_B-3=0$, $3.5\phi_B+\phi_A-3=0$ .... ②

식 ①, ②에서 $\phi_A\fallingdotseq -2.83\,(t\cdot m)$, $\phi_B\fallingdotseq 1.67\,(t\cdot m)$

(3) 재단 모멘트

$M_{AB}=2\phi_A+\phi_B=2\times(-2.83)+1.67=-3.99\,(t\cdot m)$

$M_{BA}=2\phi_B+\phi_A=2\times 1.67-2.83=0.5\,(t\cdot m)$

$M_{BC}=1.5\phi_B-3=1.5\times 1.67-3=-0.5\,(t\cdot m)$

【예제 55】

다음과 같은 3 span 연속보를 풀고 *SFD* 및 *BMD*를 그리시오.

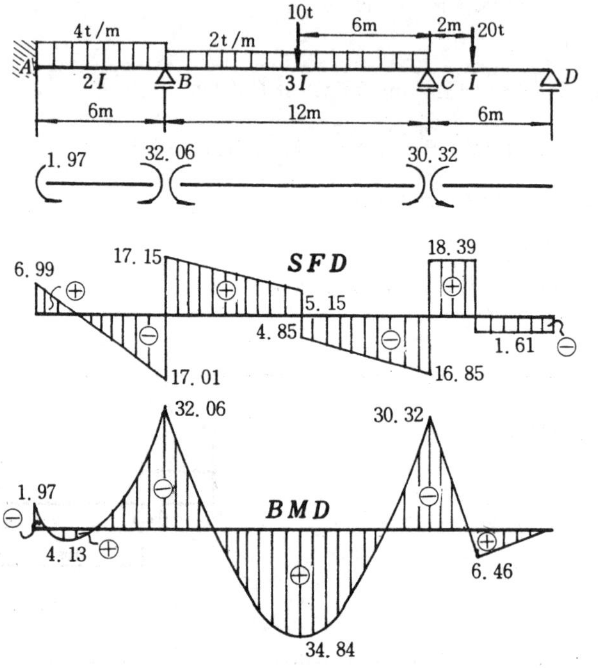

그림 8.82

풀이 (1) 강도

$$K_{AB}=\frac{2I}{6}=\frac{I}{3},\ K_{BC}=\frac{3I}{12}=\frac{I}{4},\ K_{CD}=\frac{I}{6}=K_0$$

(2) 강비

$k_{AB}=2,\ k_{BC}=1.5,\ k_{CD}=1$

(3) 하중항

$$C_{AB}=C_{BA}=\frac{wl^2}{12}=\frac{4\times6^2}{12}=12\,(\text{t}\cdot\text{m})$$

$$C_{BC}=C_{CB}=\frac{wl^2}{12}+\frac{Pl}{8}=\frac{2\times12^2}{12}+\frac{10\times12}{8}=39.0\,(\text{t}\cdot\text{m})$$

$$H_{CD}=\frac{Pab(l+b)}{2l^2}=\frac{20\times2\times4}{2\times6^2}(6+4)=22.22(\text{t}\cdot\text{m})$$

(4) 재단 모멘트

$$M_{AB}=k_{AB}(2\phi_A+\phi_B+\mu)-C_{AB}=2(2\phi_A+\phi_B)-12=2\phi_B-12$$

$$M_{BA}=k_{AB}(2\phi_B+\phi_A+\mu)+C_{BA}=2(2\phi_B+\phi_A)+12=4\phi_B+12$$

$$M_{BC}=k_{BC}(2\phi_B+\phi_C+\mu)-C_{BC}=1.5(2\phi_B+\phi_C)-39$$

$M_{CB}=k_{BC}(2\phi_C+\phi_B+\mu)+C_{CB}=1.5(2\phi_C+\phi_B)+39$

$M_{CD}=k_{CD}(1.5\phi_C+0.5\mu)-H_{CD}=1.5\phi_C-22.22$

(5) 절점 방정식

부재의 연속점은 B, C점이므로 여기에 절점 방정식을 세운다.

$\sum M_B=0,\ M_{BA}+M_{BC}=0$

$4\phi_B+12+3\phi_B+1.5\phi_C-39=7\phi_B+1.5\phi_C-27=0$

$\sum M_C=0,\ M_{CB}+M_{CD}=0$

$3\phi_C+1.5\phi_B+39+1.5\phi_C-22.22=4.5\phi_C+1.5\phi_B+16.78=0$

$\therefore\ \phi_B=5.014,\ \phi_C=-5.40$

(6) 재단 모멘트

ϕ_B, ϕ_C 값을 재단 모멘트식에 대입하면

$M_{BA}=32.06\,(t\cdot m),\ M_{BC}=-32.06\,(t\cdot m)$

$M_{CB}=30.32\,(t\cdot m),\ M_{CD}=-30.32\,(t\cdot m),\ M_{AB}=-1.97\,(t\cdot m)$

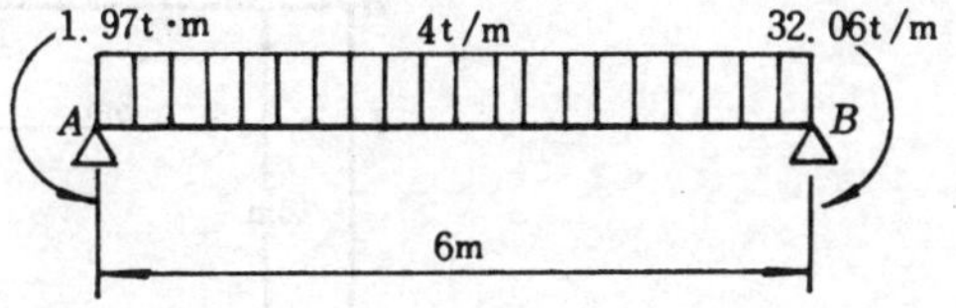

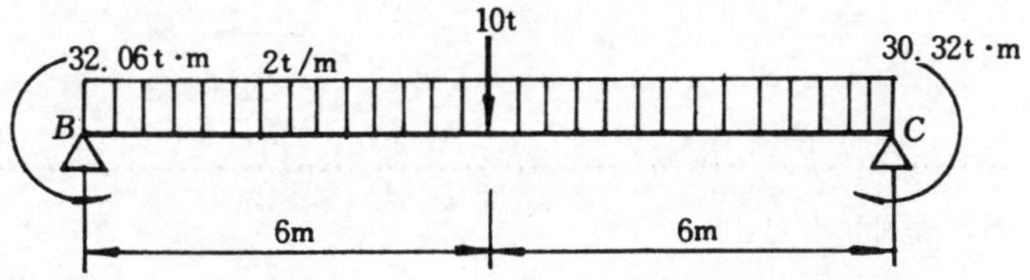

(7) 반력 및 전단력

$\sum M_B=0$

$R_A\times6-\dfrac{4\times6^2}{2}-1.97+32.06=0$

$R_A=6.99\,(t),\ R_B=4\times6-6.99=17.01(t)$

$R_B\times12-\dfrac{2\times12^2}{2}-10\times6-32.06+30.32=0$

$R_B=17.15\,(t)$

$S_{10t}=17.15-2\times6=5.15\,(t),\ 10-5.15=4.85\,(t)$

$R_C=2\times12+10-17.15=16.85$

$\sum M_D=0,\ R_C\times6-20\times4-30.32=0$

$R_C=18.39,\ R_D=20-18.39=1.61$

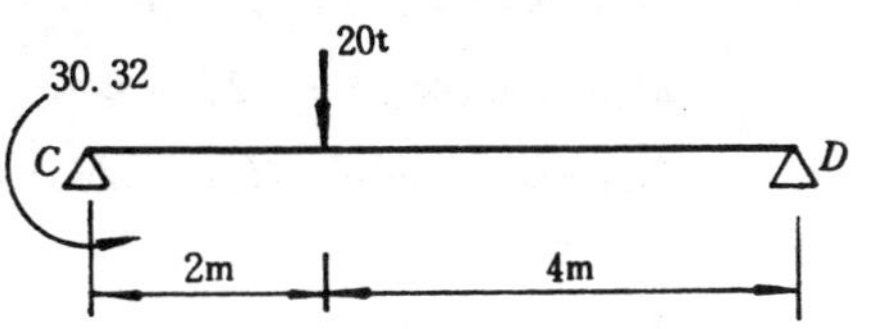

(8) 모멘트

AB 부재의 $M_x = R_A \cdot x - \frac{wx^2}{2} - 1.97 = 6.99x - \frac{4x^2}{2} - 1.97 = 6.99x - 2x^2 - 1.97$

$M_{\max}$이 되는 거리를 구하기 위해 $\frac{dMx}{dx} = -4x + 6.99 = 0$

$x = 1.748\,\text{m}$(혹은 $6.99 - 4x = 0$)

$\therefore M_{\max} = M_{x=1.748} = 6.99 \times 1.748 - 1.97 - \frac{4 \times 1.748^2}{2} = 4.137\,(\text{t} \cdot \text{m})$

BC 부재의 $M_{\max} = M_{10t점} = 17.15 \times 6 - \frac{2 \times 6^2}{2} - 32.06 = 34.84\,(\text{t} \cdot \text{m})$

CD 부재의 $M_{\max} = M_{20t점} = 18.39 \times 2 - 32.32 = 6.46\,(\text{t} \cdot \text{m})$

【예제 56】

다음과 같은 라멘의 BMD를 그리시오.

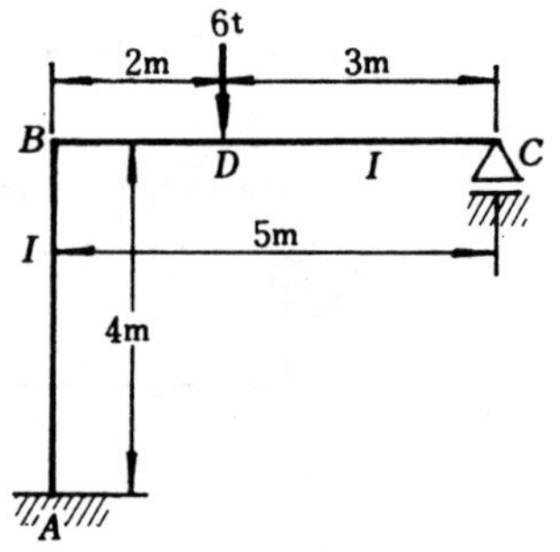

그림 8.83

풀이 C점은 이동단이므로 부재 AB에는 부재각이 생긴다.

(1) 강도

$K_{AB} = \frac{I}{4} = K_0,\ K_{BC} = \frac{I}{5}$

(2) 강비

$k_{AB} = 1,\ k_{BC} = 0.8$

(3) 하중항

$H_{BC} = \frac{Pab(l+b)}{2l^2} = \frac{6 \times 2 \times 3(5+3)}{2 \times 5^2} = 5.76\,(\text{t} \cdot \text{m})$

(4) 처짐각식

$M_{AB} = k_{AB}(\phi_B + \mu) = \phi_B + \mu$

$M_{BA} = k_{AB}(2\phi_B + \mu) = 2\phi_B + \mu$

$M_{BC} = k_{BC}(1.5\phi_B) - H_{BC} = 1.2\phi_B - 5.76$

(5) 절점 방정식

$M_{BA} + M_{BC} = 0$

$2\phi_B+\mu+1.2\phi_B-5.76=0$

$3.2\phi_B+\mu-5.76=0$ .... ①

(6) 층방정식

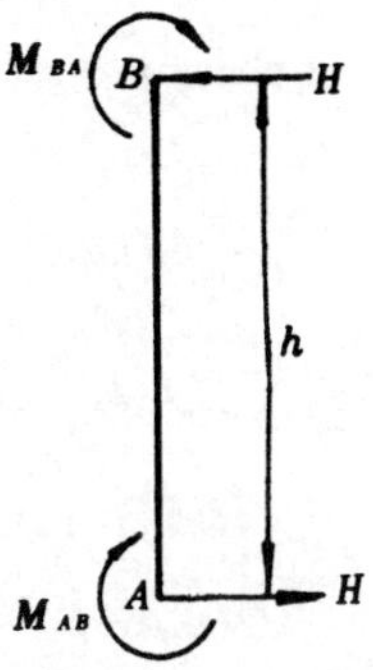

수평력이 없으므로 $\sum H=0$으로부터 A단에는 수평분력이 생기지 않는다.

오른쪽 그림에서 $\sum M_B=0$

$M_{AB}+M_{BA}-H\times h=0$, $H=0$이므로

$M_{AB}+M_{BA}=0$

$2\phi_B+\mu+\phi_B+\mu=0$

$3\phi_B+2\mu=0$ .... ②

식 ①, ②에서 $\phi_B=3.388$, $\mu=-5.082$

(7) 재단 모멘트

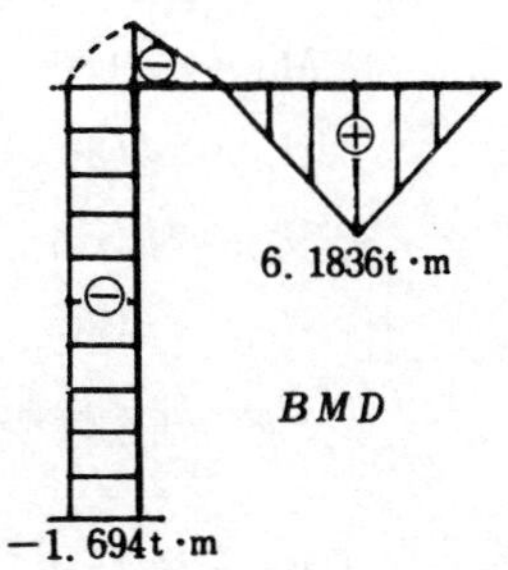

$M_{AB}=3.388-5.082=-1.694\ (\text{t}\cdot\text{m})$

$M_{BA}=2\times3.388-5.082=1.694\ (\text{t}\cdot\text{m})$

$M_{BC}=1.2\times3.388-5.76=-1.694\ (\text{t}\cdot\text{m})$

$M_D=-1.694+3.939\times2=6.1836\ (\text{t}\cdot\text{m})$

$M_C=0$

【예제 57】

다음과 같은 라멘의 재단 모멘트를 계산하시오.

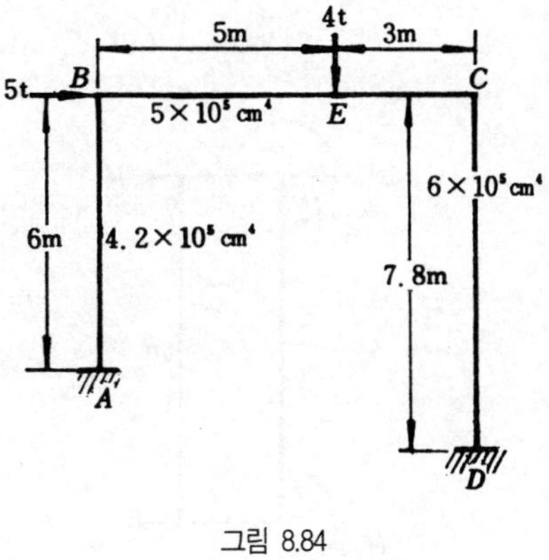

그림 8.84

풀이 (1) 강도

$$K_{AB}=\frac{4.2\times10^5}{6\times10^2}=7\times10^2=K_0$$

$$K_{BC}=\frac{5\times10^5}{8\times10^2}=6.25\times10^2$$

$$K_{CD}=\frac{6\times10^5}{7.8\times10^2}=7.692\times10^2$$

(2) 강비

$k_{AB}=1,\ k_{BC}=\dfrac{6.25}{7}=0.893,\ k_{CD}=\dfrac{7.692}{7}=1.099$

(3) 하중항

$C_{BC}=\dfrac{Pab^2}{l^2}=\dfrac{4\times5\times3^2}{64}=2.81\ (\text{t}\cdot\text{m})$

$C_{CB}=\dfrac{Pa^2b}{l^2}=\dfrac{4\times5^2\times3}{64}=4.69\ (\text{t}\cdot\text{m})$

(4) 부재각

AB 부재의 부재각을 R이라고 하면 CD 부재의 부재각은 $\dfrac{6}{7.8}R$이다.

(5) 처짐각식

$M_{AB}=k_{AB}(\phi_B+\mu)=\phi_B+\mu,\quad M_{BA}=k_{AB}(2\phi_B+\mu)=2\phi_B+\mu$

$M_{BC}=k_{BC}(2\phi_B+\phi_C)-C_{BC}=1.786\phi_B+0.893\phi_C-2.81$

$M_{CB}=k_{BC}(\phi_B+2\phi_C)+C_{CB}=0.893\phi_B+1.786\phi_C+4.69$

$M_{CD}=k_{CD}(2\phi_C+0.769\mu)=2.198\phi_C+0.845\mu$

$M_{DC}=k_{CD}(\phi_C+0.769\mu)=1.099\phi_C+0.845\mu$

(6) 절점 방정식

$M_{BC}+M_{BA}=1.786\phi_B+0.893\phi_C-2.81+2\phi_B+\mu$

$=3.786\phi_B+0.893\phi_C+\mu-2.81=0$ .... ①

$M_{CB}+M_{CD}=0.893\phi_B+1.786\phi_C+4.69+2.198\phi_C+0.845\mu$

$=0.893\phi_B+3.984\phi_C+0.845\mu+4.69$ .... ②

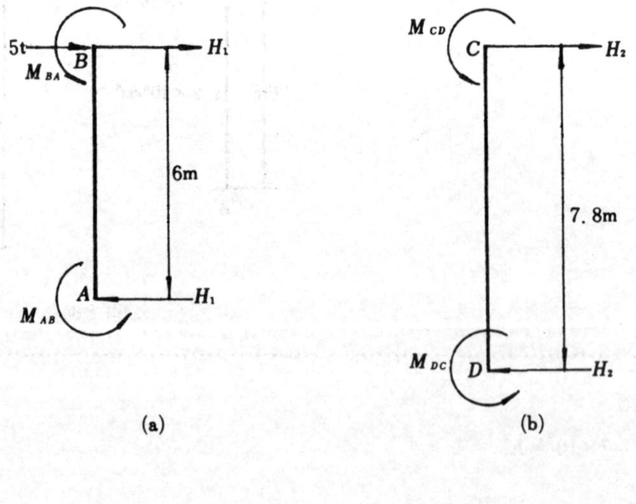

(a) (b)

(7) 층방정식

앞의 그림 (a)에서 $\sum M_B=0$이므로 $H_1\times6-M_{AB}-M_{BA}=0$, $H_1=\frac{1}{6}(M_{AB}+M_{BA})$

앞의 그림 (b)에서 $\sum M_C=0$이므로 $H_2\times7.8-M_{DC}-M_{CD}=0$, $H_2=\frac{1}{7.8}(M_{DC}+M_{CD})$

$\sum H=0$에 의해 $P_1+H_1+H_2=0$

$$5+\frac{1}{6}(M_{AB}+M_{BA})+\frac{1}{7.8}(M_{DC}+M_{CD})=0$$

$$5+\frac{1}{6}(\phi_B+\mu+2\phi_B+\mu)+5+\frac{1}{7.8}(1.099\phi_C+0.845\mu+2.198\phi_C+0.845\mu)=0$$

$5+0.5\phi_B+0.423\phi_C+0.55\mu=0$ .... ③

식 ①, ②, ③을 연립으로 풀면

$\phi_B=4.10$, $\phi_C=0.744$, $\mu=-13.39$

(8) 재단 모멘트

$M_{AB}=4.1-13.39=-9.29$ (t · m)

$M_{BA}=2\times4.1-13.39=-5.19$ (t · m)

$M_{BC}=1.786\times4.1+0.893\times0.744-2.81=5.18$ (t · m)

$M_{CB}=0.893\times4.1+1.786\times0.744+4.69=9.68$ (t · m)

$M_{CD}=2.198\times0.744-0.845\times13.39=-9.68$ (t · m)

$M_{DC}=1.099\times0.744-0.845\times13.39=-10.497$ (t · m)

【예제 58】

그림과 같은 문형 라멘에서 BMD를 그리시오.

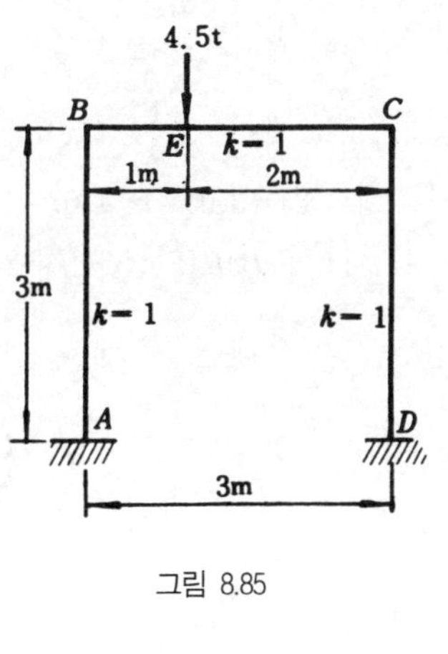

그림 8.85

풀이 $\phi_B\neq0$, $\phi_C\neq0$, $\phi_A=\phi_D=0$

비대칭이므로 $\mu_{AB}=\mu_{DC}\neq0$

따라서 미지량은 ϕ_B, ϕ_C, μ_{AB} 또는 μ_{DC}의 3개이다.

(1) 하중항

$$C_{BC}=-\frac{Pab^2}{l^2}=\frac{4.5\times1\times2^2}{3^2}=2\,(\mathrm{t\cdot m})$$

$$C_{CB}=\frac{Pa^2b}{l^2}=\frac{4.5\times1^2\times2}{3^2}=1\,(\mathrm{t\cdot m})$$

(2) 재단 모멘트

$$\left.\begin{aligned}&M_{AB}=\phi_B+\mu,\ M_{BA}=2\phi_B+\mu\\&M_{BC}=2\phi_B+\phi_C-2,\ M_{CB}=2\phi_C+\phi_B+1\\&M_{CD}=2\phi_C+\mu,\ M_{DC}=\phi_C+\mu\end{aligned}\right\}\cdots\cdots ①$$

(3) 절점 방정식

$$\left.\begin{aligned}&M_{BA}+M_{BC}=2\phi_B+\mu+2\phi_B+\phi_C-2=4\phi_B+\phi_C+\mu-2=0\\&M_{CB}+M_{CD}=2\phi_C+\phi_B+1+2\phi_C+\mu=\phi_B+4\phi_C+\mu+1=0\end{aligned}\right\}\cdots\cdots ②$$

(4) 층방정식

$$M_{AB}+M_{BA}+M_{CD}+M_{DC}=\phi_B+\mu+2\phi_B+\mu+2\phi_C+\mu+\phi_C+\mu$$

$$=3\phi_B+3\phi_C+4\mu=0 \cdots\cdots ③$$

식 ②, ③을 풀어서 ϕ_B, ϕ_C, μ를 구하면

$$\phi_B=0.643,\ \phi_C=-0.357,\ \mu=-0.214 \cdots\cdots ④$$

④의 값을 식 ①에 대입하면

$M_{AB}=0.429\,(\mathrm{t\cdot m})$, $M_{BA}=1.07\,(\mathrm{t\cdot m})$

$M_{BC}=-1.07\,(\mathrm{t\cdot m})$, $M_{CB}=0.929\,(\mathrm{t\cdot m})$

$M_{CD}=-0.929\,(\mathrm{t\cdot m})$, $M_{DC}=-0.57\,(\mathrm{t\cdot m})$

또한 M_E를 구해보면

$V_A=S_{BC}=-\frac{1}{3}(-1.07+0.929-4.5\times2)=3.05\,(\mathrm{t})$(정의 방향↑)이므로

$\therefore\ M_E=3.05\times1-1.07=1.976\,(\mathrm{t\cdot m})$

이로써 BMD를 그리면 다음과 같다.

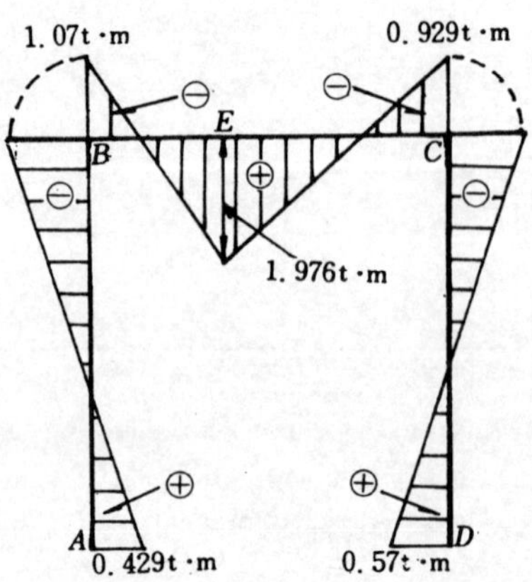

5. 모멘트 분배법

(1) 개요

모멘트 분배법(moment distribution mothod)은 1930년 5월 미국 일리노이 대학교의 Hardy Cross 교수가 '고정단 모멘트의 분배에 의한 연속뼈대의 해석'이라는 미국 토목학회지의 논문에서 발표한 것으로 일명 cross법 혹은 고정 모멘트법(fixing moment method)이라고도 한다. 모멘트 분배법은 연속보나 부정정 라멘을 해석하는 데 사용되며, 변형을 직접 다루는 것이 아니라 재단 모멘트만을 생각하는 것으로, 처짐각법처럼 번잡한 연립방정식을 풀 필요없이 간단한 도상계산을 반복함으로써 재단 모멘트를 구할 수 있는 실용적인 방법이다.

(2) 모멘트 분배법의 해법

연속된 부재의 절점(hinge, 이동)은 고정단으로 가정(그림 8.86에서 B절점)하고 재단이 hinge단 혹은 이동지점(그림 8.86에서 C)으로 보고 고정단 모멘트 즉, C, H의 하중항을 구한다. 각 절점에서는 $\sum M=0$의 평형상태를 유지해야 되는데 위에서 구한 모멘트 값은 불균형 상태이므로 평형상태로 하기 위하여 분재율을 써서 배분한 후, 분배 모멘트에 의한 타단의 전달 모멘트(분배 모멘트 $\times\frac{1}{2}$)을 구한다

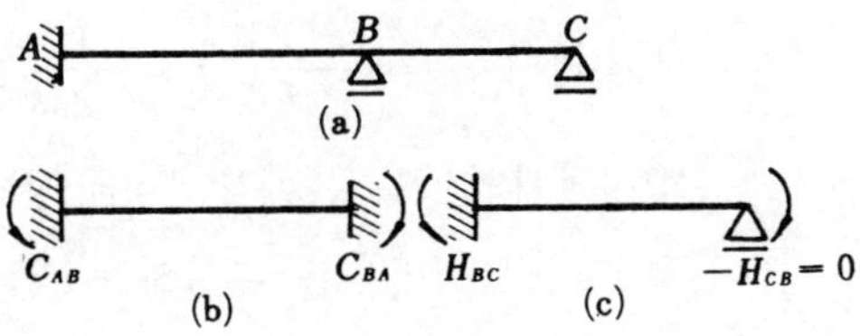

그림 8.86

여기서 고정단 모멘트와 분배 모멘트, 전달 모멘트를 합하면 재단 모멘트가 된다.

(3) 분배율($D \cdot F$)

그림 8.87과 같이 고층다스팬 라멘의 일부에서 OA, OB, OC의 3부재로 성립된 라멘을 떼내어 A, B, C단을 모두 고정으로 가정한다. 지금 O점에 외력으로서의 모멘트 M을 작용시키면 이 모멘트가 OA, OB, OC 3부재에 어떻게 분배되는가를 생각해 보자.

OA, OB, OC 부재의 강비를 각각 k_a, k_b, k_c로 하면 식(8-37)에서

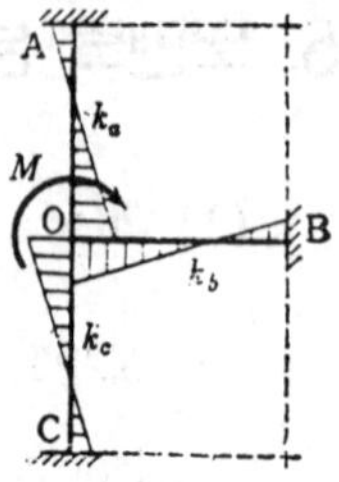

그림 8.87

$$\left.\begin{aligned} M_{OA}&=k_a(2\phi_O) \\ M_{OB}&=k_b(2\phi_O) \\ M_{OC}&=k_c(2\phi_O) \end{aligned}\right\} \cdots\cdots (a)$$

가 된다.

식(a)에서 $\dfrac{M_{OA}}{k_a}=\dfrac{M_{OB}}{k_b}=\dfrac{M_{OC}}{k_c}=\dfrac{M_{OA}+M_{OB}+M_{OC}}{k_a+k_b+k_c}=\dfrac{M}{\sum k}$으로 된다. 따라서

$$\left.\begin{aligned} \frac{M_{OA}}{k_a}&=\frac{M}{\sum k} \qquad \therefore M_{OA}=f_a\cdot M \\ \frac{M_{OB}}{k_b}&=\frac{M}{\sum k} \qquad \therefore M_{OB}=f_b\cdot M \\ \frac{M_{OC}}{k_c}&=\frac{M}{\sum k} \qquad \therefore M_{OC}=f_c\cdot M \end{aligned}\right\} \cdots\cdots (b)$$

식(b)에서 $f_a=\dfrac{k_a}{\sum k}$, $f_b=\dfrac{k_b}{\sum k}$, $f_c=\dfrac{k_c}{\sum k}$ $\cdots\cdots$ (c)

식(c)에서의 f를 분배율(distribution factor)이라 하며, 이것은 모멘트 M이 각 부재에 분배되는 비율을 표시하는 것으로

$$f=\frac{k}{\sum k} \cdots\cdots (8\text{-}43)$$

가 된다.

여기서 $\sum k$: 임의 절점의 모든 부재 강비의 합계

k : 구하려는 축의 부재 강비

또한 어느 절점에 있어서의 분배율의 합을 구하면 $f_a+f_b+f_c=1$과 같이 된다.

(4) 분배 모멘트

분배율에 의하여 분할된 모멘트 M_{OA}, M_{OB}, M_{OC}를 분배 모멘트(distributed moment)라 하고, $D \cdot M$으로 표시한다. 이 값은 O절점에 모인 부재 강비의 비율에 비례해서 분배되는 것이다.

(5) 전달 모멘트

그림 8.88과 같이 부재 OA의 일단 A가 고정단일 때 O단에 가해진 모멘트 M_{OA}와 A단에 생기는 모멘트 M_{AO}와의 관계를 생각해 보면, 처짐각법의 일반식에서

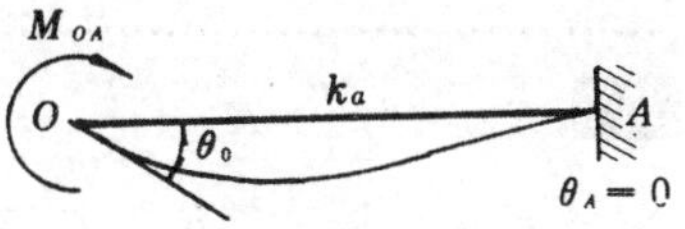

그림 8.88

$M_{OA}=k_a(2\phi_O+\phi_A+\mu)-C_{OA}$

$M_{AO}=k_a(2\phi_A+\phi_O+\mu)+C_{AO}$에서

$\phi_A=0$, $\mu=0$, $C_{OA}=C_{AO}=0$이므로 $M_{OA}=k_a(2\phi_O)$, $M_{AO}=k_a(\phi_O)$

따라서 $M_{AO}=\frac{1}{2}M_{OA}$

같은 방법으로 $M_{BO}=\frac{1}{2}M_{OB}$ .... (8-44)

$M_{CO}=\frac{1}{2}M_{OC}$

즉, O단에 가해진 모멘트는 고정단 A에 그의 $\frac{1}{2}$이 전달된다. 다시 말하면 어느 부재의 재단에 분할된 모멘트는 타단의 고정단에 그 값의 $\frac{1}{2}$이 전하여지게 된다. 식(8-44)에서 M_{AO}, M_{BO}, M_{CO}를 전달 모멘트(Carry-Over Moment)라 하고 COM으로 표시하며, 이 전달되는 비율을 전달률(Carry-Over Factor)이라 하며 COF로 표시한다.

【예제 59】

다음 연속보의 B점의 분배율을 구하시오.

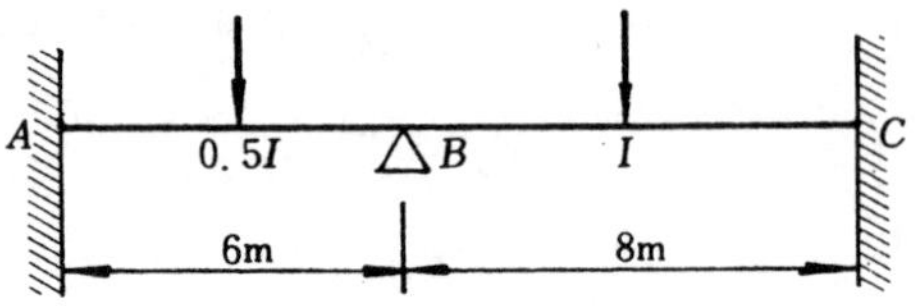

그림 8.89

풀이 $K_{AB}=\frac{0.5I}{6}$, $K_{BC}=\frac{I}{8}$

K_{AB}를 기준강도 K_O로 놓으면

$k_{AB}=\frac{K_{AB}}{K_O}=1$, $k_{BC}=\frac{K_{BC}}{K_O}=1.5$

B점에서의 좌측 배분율 ; $f_{BA}=\frac{k_{AB}}{\sum k}=\frac{1}{2.5}=\frac{2}{5}\left(\text{or } f_{BA}=\frac{K_{AB}}{\sum K}=\frac{2}{5}\right)$

B점에서의 우측 배분율 ; $f_{BC}=\frac{k_{BC}}{\sum k}=\frac{1.5}{2.5}=\frac{3}{5}\left(\text{or } f_{BC}=\frac{K_{BC}}{\sum K}=\frac{3}{5}\right)$

【예제 60】

절점 O가 이동하지 않으며 O점에 22(t·m)가 작용할 때 고정단 A, B, C의 분배 모멘트와 C점의 전단 모멘트를 구하시오.

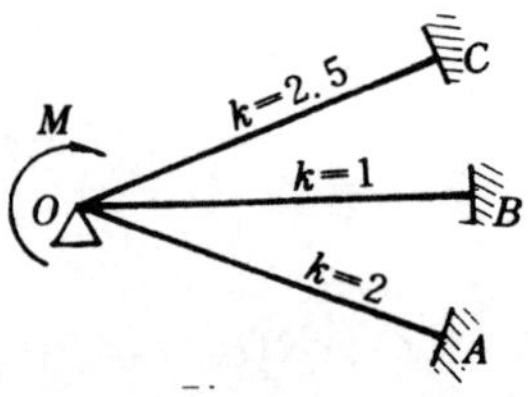

그림 8.90

풀이 $f_{OA}=\frac{k_{OA}}{\sum k}=\frac{2}{2+1+2.5}=\frac{4}{11}$ $\quad\therefore\ M_{OA}=22\times\frac{4}{11}=8\,(\text{t}\cdot\text{m})$

$f_{OB}=\frac{k_{OB}}{\sum k}=\frac{1}{5.5}=\frac{2}{11}$ $\quad\therefore\ M_{OB}=22\times\frac{2}{11}=4\,(\text{t}\cdot\text{m})$

$f_{OC}=\frac{2.5}{5.5}=\frac{5}{11}$ $\quad\therefore\ M_{OC}=22\times\frac{5}{11}=10\,(\text{t}\cdot\text{m})$

전달 모멘트 $M_C=M_{OC}\times\frac{1}{2}=10\times\frac{1}{2}=5\,(\text{t}\cdot\text{m})$

【예제 61】

그림에서 B점의 휨모멘트는 얼마인가?

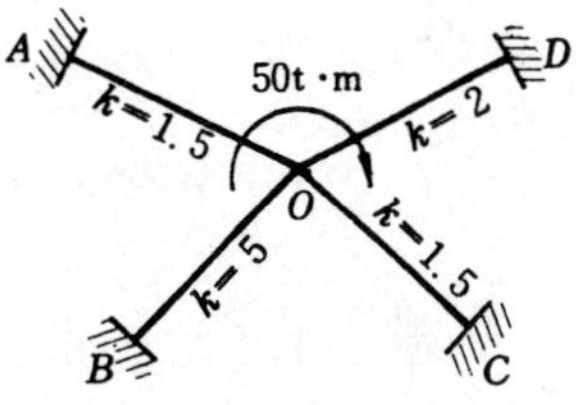

그림 8.91

풀이 $f_{OB}=\dfrac{k_{OB}}{\sum k}=\dfrac{5}{1.5+5+1.5+2}=0.5$, 전달 모멘트 $M_B=M_O\times f_{OB}\times\dfrac{1}{2}=50\times0.5\times\dfrac{1}{2}=12.5(\text{t}\cdot\text{m})$

【예제 62】

M_C 및 M_D를 구하시오(단, $k_{BC}=1$, $k_{BD}=0.75$).

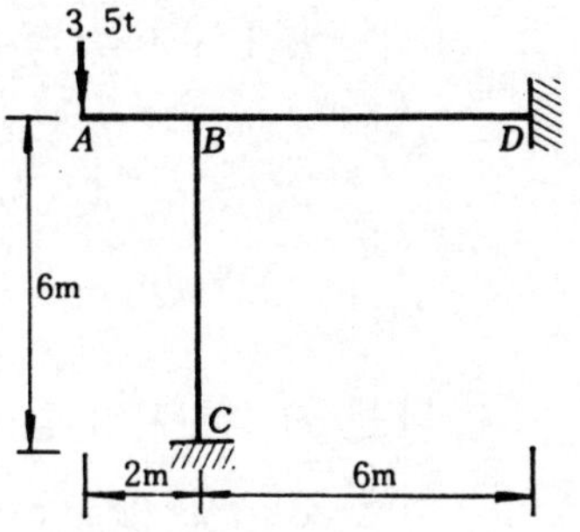

그림 8.92

풀이 $f_{BC}=\dfrac{1}{1+0.75}=\dfrac{1}{1.75}$, $f_{BD}=\dfrac{0.75}{1+0.75}=\dfrac{0.75}{1.75}$

(1) 고정단 모멘트

$M_B=Pl=-3.5\times2=-7\ (\text{t}\cdot\text{m})$

(2) 분배 모멘트

$M_{BC}=-7\times\dfrac{1}{1.75}=-4(\text{t}\cdot\text{m})$, $M_{BD}=-7\times\dfrac{0.75}{1.75}=-3\ (\text{t}\cdot\text{m})$

(3) 전달모멘트

$M_C=-4\times\dfrac{1}{2}=-2(\text{t}\cdot\text{m})$, $M_D=-3\times\dfrac{1}{2}=-1.5\ (\text{t}\cdot\text{m})$

(6) 유효강비(등가강비)

구조 및 변형이 특별한 경우에는 실제의 강비 k 대신에 유효강비(effective stiffness ratio)라는 것을 이용하면 계산과정을 줄일 수 있다. 라멘 중의 일부재 AB에 부재각

이 없고 중간하중이 작용하지 않을 경우($C_{AB}=C_{BA}=0$)의 재단 모멘트는 처짐각식에 의해

$$M_{AB}=k(2\phi_A+\phi_B) \quad \cdots\cdots \text{(a)}$$

가 된다.

어느 절점의 분배 모멘트를 구할 경우에는 통상 일단(A단)은 고정이든가 혹은, 고정이 아니더라도 고정으로 가정하고 있다.

여기서는 타단(B단)이 hinge의 경우든가 아니면 라멘의 $\frac{1}{2}$만 취급해서 계산하는 (대칭 라멘에 대칭하중이나 역대칭 하중을 받을 경우) 경우 등에 대해서 타단(B단) 고정일 경우와의 관계를 생각해 보도록 하자.

즉, 타단 B가 고정일 경우는 식(a)에서 $\phi_B=0$이므로

$$M_{AB}=k\cdot 2\phi_A \quad \cdots\cdots \text{(b)}$$

가 된다.

1) 타단 B가 힌지일 경우

식(8-38)에서 $M_{BA}=0$

$$M_{AB}=k\left(\frac{3}{2}\phi_A\right)=k\left(\frac{3}{4}\right)2\phi_A \quad \cdots\cdots \text{(c)}$$

식(b)와 (c)를 비교해 보면 B단이 hinge단일 때는 강비의 $\frac{3}{4}$을 사용하면 B단 고정으로 취급할 수 있다. 이 때 $\frac{3}{4}k$를 유효강비라고 한다.

2) 대칭 라멘에 대칭하중을 받을 경우

$\phi_A=-\phi_B$이므로

$$M_{AB}=k(2\phi_A+\phi_B)=k\phi_A=k\left(\frac{1}{2}\right)2\phi_A \quad \cdots\cdots \text{(d)}$$

식(b)와 (d)를 비교하면 대칭 라멘이 대칭하중을 받을 경우, 대칭축을 포함하는 수

평부재는 그 강비의 $\frac{1}{2}$ 을 취하면 부재 일단을 고정한 것과 같으며, 유효강비는 $\frac{1}{2}k$가 된다.

3) 대칭 라멘에 역대칭 하중을 받을 경우

$$\phi_A=\phi_B \qquad \therefore\ M_{AB}=k(2\phi_A+\phi_B)=k3\phi_A=k\left(\frac{3}{2}\right)2\phi_A \quad \cdots\cdots\cdots\cdots \text{(e)}$$

식(b)와 (e)를 비교하면 대칭 라멘에 역대칭 하중일 경우, 대칭축을 포함하는 수평부재는 그 강비의 $\frac{3}{2}$ 을 취하면 부재의 일단을 고정한 것과 같다. 여기서 유효강비는 $\frac{3}{2}k$가 된다.

(7) 모멘트 분배법의 계산순서

그림 8.93(a)와 같은 연속보의 경우, 지점 모멘트를 모멘트 분배법으로 구하는 순서를 생각해 보자.

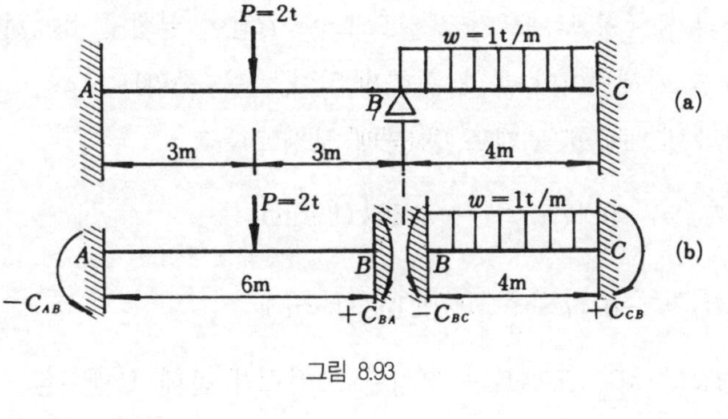

그림 8.93

1) 우선 그림 8.93(a)에서 B절점을 고정단으로 가정하여 그림 (b)와 같이 나눈다(고정단 모멘트의 부호에 주의).

2) 분배율을 구한다.

$$K_{AB}=\frac{I}{6},\ \ K_{BC}=\frac{I}{4},\ \ \sum K=\frac{I}{6}+\frac{I}{4}=\frac{5}{12}I,\ \ f_{BA}=\frac{I/6}{5/12I}=\frac{2}{5},$$

$$f_{BC}=\frac{I/4}{5/12I}=\frac{3}{5}$$

3) 고정단 모멘트 즉, 하중항(C 및 H)을 계산한다.

표 8.1에 의해

$$C_{AB}=-\frac{Pl}{8}=\frac{2\times6}{8}=-1.5(\text{t}\cdot\text{m}),\ \ C_{BA}=\frac{Pl}{8}=1.5\,(\text{t}\cdot\text{m})$$

$$C_{BC}=-\frac{wl^2}{12}=-\frac{1\times4^2}{12}=-1.33\,(\text{t}\cdot\text{m}),\ \ C_{CB}=\frac{wl^2}{12}=1.33\,(\text{t}\cdot\text{m})$$

4) 불균형 모멘트

B점에 대해서 생각해 보면 C_{BA}는 1.5(t · m), C_{BC}는 -1.33(t · m)로 불균형을 이루고 있다(B점을 고정단으로 가정하여 계산했기 때문). 그러나 절점에서는 $\sum M_B=0$가 되어야 하므로 C_{BA}와 C_{BC}의 차 즉, $M=C_{BA}-C_{BC}=1.5-1.33=0.17$(t · m)만큼의 불균형이 생겼다. 이것을 불균형 모멘트(unbalanced moment), 약호로 UBM이라고 한다.

5) 불균형 모멘트의 분배(회전해방)

다시 말해 B점의 모멘트의 총합은 0이 되어야 하지만 0.17(t · m)만큼의 불균형 모멘트가 생긴 것은 B점을 고정단으로 생각했기 때문이다. 따라서 0.17(t · m)만큼의 불균형 모멘트가 생겼으므로, B점이 평형을 유지하기 위해서는 −0.17(t · m)를 가해주어야 한다(부호가 역이 됨을 주의).

따라서 배분할 모멘트 양(분배 모멘트)은

$$M_{BA}'=-0.17\times\frac{2}{5}=-0.068\,(\text{t}\cdot\text{m})$$

$$M_{BC}'=-0.17\times\frac{3}{5}=-0.102\,(\text{t}\cdot\text{m})$$

B점의 재단 모멘트는 고정단 모멘트와 분배 모멘트를 더한 값으로서

$$M_{BA}=C_{BA}+M_{BA}'=1.5-0.068=1.432\,(\text{t}\cdot\text{m})$$

$$M_{BC}=C_{BC}+M_{BC}'=-1.33-0.102=-1.432\,(\text{t}\cdot\text{m})$$

(즉, $M_{BA}+M_{BC}=\sum M_B=0$)

6) 전달 모멘트

5)의 조작에 따라 일단 B점은 가상의 고정단에서 회전단으로 해방된 셈이다. B

점에 배분된 M_{BA}'와 M_{BC}'는 각각 그 $\frac{1}{2}$이 A점, C점의 고정단에 전달된다[제 8장 5. (5)].

A단에 전달된 모멘트는 $M_{BA}' \times \frac{1}{2} = -0.034\,(\mathrm{t \cdot m})$

C단에 전달된 모멘트는 $M_{BC}' \times \frac{1}{2} = 0.051\,(\mathrm{t \cdot m})$

A, C점의 모멘트는 고정단 모멘트와 전달 모멘트의 더한 값으로서

$M_{AB} = C_{AB} - 0.034 = -1.534\,(\mathrm{t \cdot m})$, $M_{CB} = C_{CB} - 0.051 = 1.279\,(\mathrm{t \cdot m})$

위의 1)~6)까지를 표로 요약하면 다음과 같다.

지 점		A	B		C
부 재		AB	BA	BC	CB
강 도 K		$\frac{I}{6}$	$\frac{I}{6}$	$\frac{I}{4}$	$\frac{I}{4}$
cycle	분배율	−	$\frac{2}{5}$	$\frac{3}{5}$	−
	고정단 모멘트 분배 모멘트	−1.5	+1.5 −0.068	−1.33 −0.102	+1.33
	전달 모멘트	−0.034			−0.051
단모멘트		−1.534	+1.432	−1.432	+1.279

【예제 63】

재단 모멘트를 모멘트 분배법으로 구하시오.

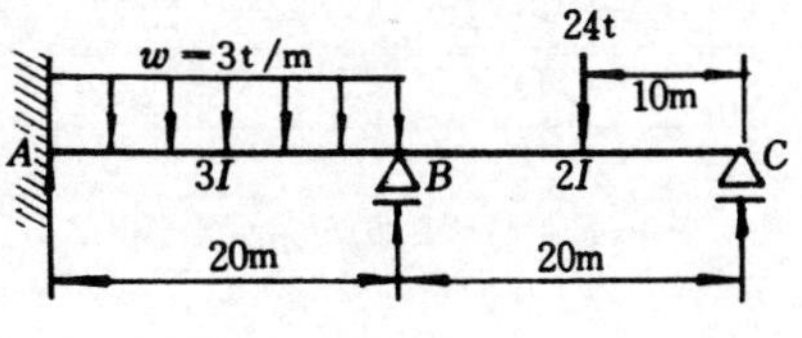

그림 8.94

풀이 (1) 강비

$$K_{BA} = \frac{I}{l} = \frac{3I}{20}$$

$$K_{BC} = \frac{I}{l} \times \frac{3}{4}\,(\text{유효강비}) = \frac{2I}{20} \times \frac{3}{4} = \frac{6I}{80} = K_0$$

$$k_{BA} = \frac{K_{BA}}{K_0} = 2, \quad k_{BC} = 1$$

(2) 분배율

$$f_{BA}=\frac{2}{2+1}=\frac{2}{3},\ f_{BC}=\frac{1}{2+1}=\frac{1}{3}$$

(3) 하중항

$$C_{AB}=-\frac{wl^2}{12}=-\frac{3\times20^2}{12}=-100\ (\mathrm{t\cdot m})$$

$$C_{BA}=\frac{wl^2}{12}=100\ (\mathrm{t\cdot m})$$

$$H_{BC}=-\frac{3}{16}Pl(B\text{단 고정}\ \ C\text{단 hinge})=-\frac{3\times24\times20}{16}=-90\ (\mathrm{t\cdot m})$$

(4) 불균형 모멘트

$$M=C_{BA}-H_{BC}=100-90=10\ (\mathrm{t\cdot m})$$

(5) 불균형 모멘트의 분배

$$M_{BA}'=-10\times\frac{2}{3}=-6.67\ (\mathrm{t\cdot m}),\ M_{BC}'=-10\times\frac{1}{3}=-3.33\ (\mathrm{t\cdot m})$$

(6) 전달 모멘트

A단만 고정이므로 $-6.67\times\frac{1}{2}=-3.335\ (\mathrm{t\cdot m})$가 되고 C단에는 생기지 않는다(고정단이 아니므로).

이상의 결과를 표로 요약해 보면

지 점	A	B		C
부 재	AB	BA	BC	CB
강 비		2	1	
분배율		2/3	1/3	
전달률		←1/2	0	
하중항	−100	+100	−90	0
분배 모멘트		−6.67	−3.33	
전달 모멘트	−3.335			
계	−103.335	+93.33	−93.33	0

따라서 재단 모멘트 $M_{AB}=-103.335\ (\mathrm{t\cdot m})$, $M_{BA}=93.33\ (\mathrm{t\cdot m})$, $M_{BC}=-93.33\ (\mathrm{t\cdot m})$, $M_{CB}=0$

【예제 64】

지점 모멘트를 모멘트 분배법에 의하여 풀고 F점의 휨모멘트를 계산하시오(단, EI는 일정).

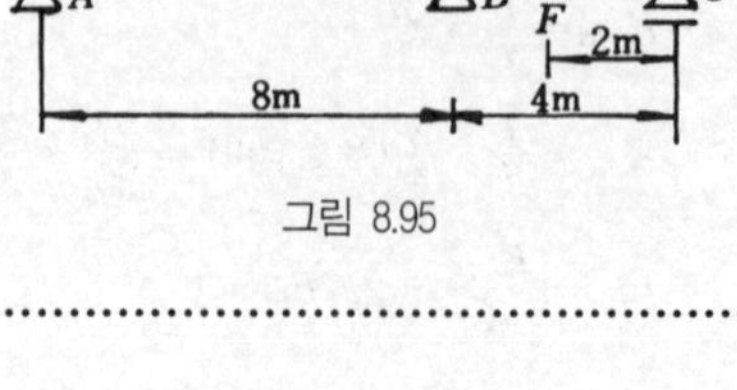

그림 8.95

풀이 (1) 강비

$K_{BA}=\dfrac{I}{8}\times\dfrac{3}{4}$(유효강비)$=0.094I=K_0$

$K_{BC}=\dfrac{I}{4}\times\dfrac{3}{4}=0.187I,\ k_{BA}=1,\ k_{BC}=1.989\fallingdotseq 2$

(2) 분할률

$f_{BA}=\dfrac{k_{BA}}{\sum k}=\dfrac{1}{1+2},\ f_{BC}=\dfrac{2}{1+2}=\dfrac{2}{3}$

(3) 고정단 모멘트

$M_{BA}=H_{BA}=\dfrac{wl^2}{8}=\dfrac{2\times 8^2}{8}=16\,(t\cdot m),\ M_{BC}=H_{BC}=-\dfrac{2\times 4^2}{8}=-4\,(t\cdot m)$

(4) 불균형 모멘트

$M_{BA}-M_{BC}=16-4=12\,(t\cdot m)$(분배할 때에는 역부호로 $-12t\cdot m$임)

(5) 분배 모멘트

BA 부재 $M=-12\times\dfrac{1}{3}=-4\,(t\cdot m)$

BC 부재 $M=-12\times\dfrac{2}{3}=-8\,(t\cdot m)$

전달 모멘트는 없음(고정단이 없기 때문). 따라서 다음과 같이 된다.

부 재	AB	BA	BC	CB
고정단 모멘트	0	16	−4	0
분배 모멘트		−4	−8	
재단 모멘트		12.0	−12.0	

(6) M_F의 계산

$\sum M_B=0,\ -R_C\times 4+2\times 4\times 2-12.0=0$

$\therefore\ R_C=1.00\,(t)$

$\therefore\ M_F=1\times 2-2\times 2\times 1=-2.0\,(t\cdot m)$

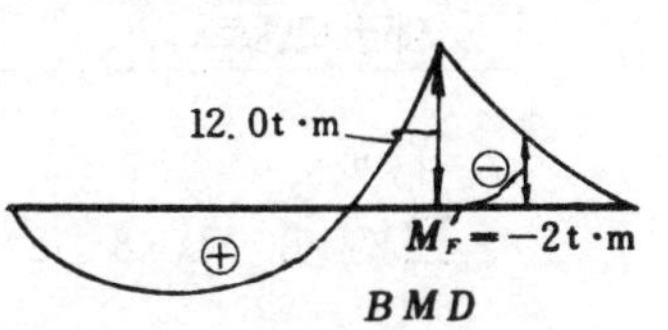

【예제 65】

재단 모멘트를 모멘트 분배법으로 풀고 지점반력을 구하시오.

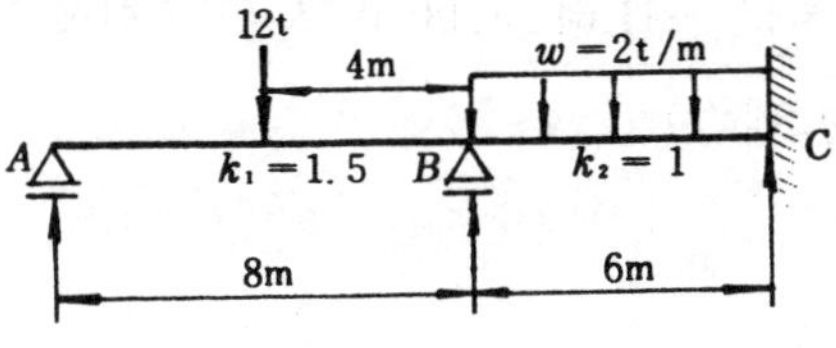

그림 8.96

풀이 (1) 강비

$k_{ba}=k_1=\frac{3}{4}$ (유효강비) $=1.5\times\frac{3}{4}=1.125$

$k_{bc}=1$

(2) 분배율

$f_{BA}=\frac{1.125}{1.125+1}=0.53$, $f_{BC}=\frac{1}{1.125+1}=0.47$

(3) 고정단 모멘트

$H_{BA}=\frac{3Pl}{16}=\frac{3\times12\times8}{16}=18\,(\text{t}\cdot\text{m})$

$C_{BC}=-\frac{wl^2}{12}=-\frac{2\times6\times6}{12}=-6\,(\text{t}\cdot\text{m})$, $C_{CB}=\frac{wl^2}{12}=6\text{t}\cdot\text{m}$

(4) 불균형 모멘트

$H_{BA}-C_{BC}=18-6=12\,(\text{t}\cdot\text{m})$(분배할 모멘트는 역부호이므로 $-12\text{t}\cdot\text{m}$)

(5) 분배 모멘트

$M_{BA}'=-12\times0.53=-6.36\,(\text{t}\cdot\text{m})$, $M_{BC}'=-12\times0.47=-5.64\,(\text{t}\cdot\text{m})$

(6) 전달 모멘트

C점이 고정단이므로 $M_{BC}'\times\frac{1}{2}=-5.64\times\frac{1}{2}=-2.82\,(\text{t}\cdot\text{m})$

따라서

부 재	AB	BA	BC	CB
고정단 모멘트	0	18	−6	+6
분배 모멘트		−6.36	−5.64	
전달 모멘트				−2.82
재단 모멘트	0	11.64	−11.64	3.18

(7) 지점반력

$\sum M_B=0,\ R_A\times8-12\times4+11.64=0 \quad \therefore\ R_A=4.545\,(\text{t})$

$\sum M_B=0,\ -R_C\times6+\frac{2\times6^2}{2}-11.64+3.18=0 \quad \therefore\ R_C=4.59\text{t}$

$\sum V=0,\ R_B=12+2\times6-(4.545+4.59)=14.865\,(\text{t})$

혹은 $\sum M_A=0,\ -R_B'\times8+12\times4+11.64=0,\ R_B'=7.455\,(\text{t})$

$\sum M_C=0,\ R_B''\times6-\frac{2\times6^2}{2}-11.64+3.18=0,\ R_B''=7.41(\text{t})$

$\therefore\ R_B=R_B'+R_B''=14.865\,(\text{t})$

【예제 66】

재단 모멘트를 구하고 BMD를 그리시오.

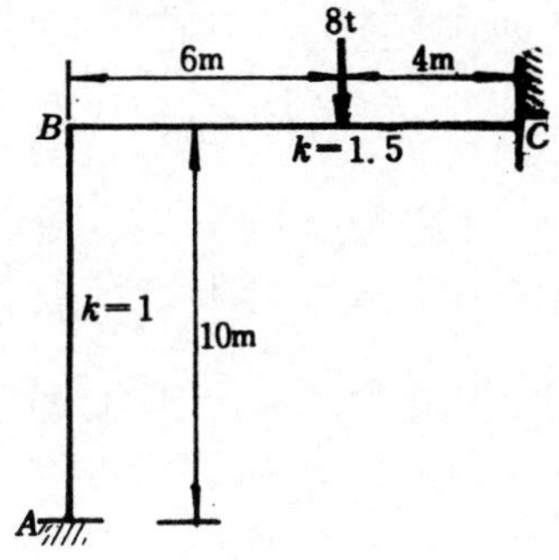

그림 8.97

풀이 (1) 분배율

$$f_{BA}=\frac{1}{1.5+1}=0.4,\quad f_{BC}=\frac{1.5}{1.5+1}=0.6$$

(2) 하중항

$$C_{BC}=-\frac{Pab^2}{l^2}=-\frac{8\times6\times4^2}{10^2}=-7.68\,(\mathrm{t\cdot m})$$

$$C_{CB}=\frac{Pa^2b}{l^2}=\frac{8\times6\times6\times4}{10^2}=11.52\,(\mathrm{t\cdot m})$$

(3) 분배 모멘트

$7.68\times0.4=3.072(M_{BA}{}')$, $7.68\times0.6=4.608(M_{BC}{}')$

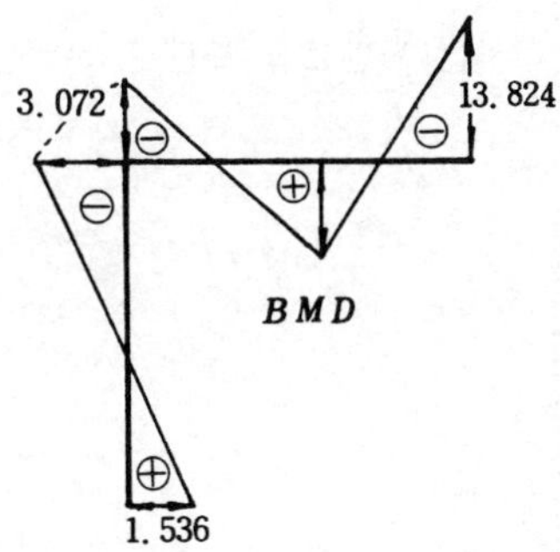

부 재	AB	BA	BC	CB
고정단 모멘트	0	0	−7.68	11.52
분배 모멘트		3.072	4.608	
전달 모멘트	1.536			2.304
재단 모멘트	1.536	3.072	−3.072	13.824

【예제 67】

재단 모멘트를 구하고 BMD를 그리시오(단, EI는 AB, AC에서 동일하다).

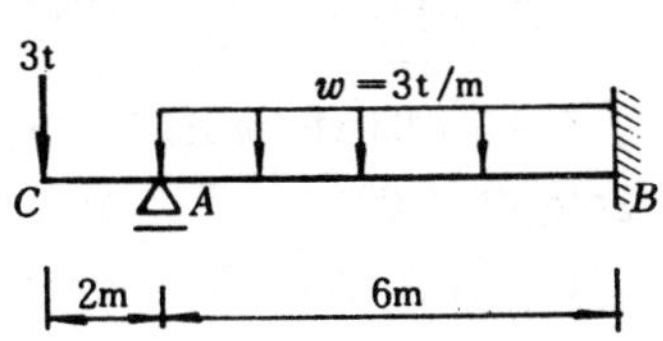

그림 8.98

풀이 $M_{AC}=3\times2=6\,(\mathrm{t\cdot m})$

$C_{AB}=-\dfrac{wl^2}{12}=-\dfrac{3\times6\times6}{12}=-9\,(\mathrm{t\cdot m})$

$C_{BA}=\dfrac{wl^2}{12}=9\,(\mathrm{t\cdot m})$

(1) 불균형 모멘트 : $9-6=3\,(\mathrm{t\cdot m})$

(2) 전달 모멘트 : $3\times\dfrac{1}{2}=1.5\,(\mathrm{t\cdot m})$

(3) 재단 모멘트 : $M_A=-6\,(\mathrm{t\cdot m})$, $M_B=-10.5\,(\mathrm{t\cdot m})$

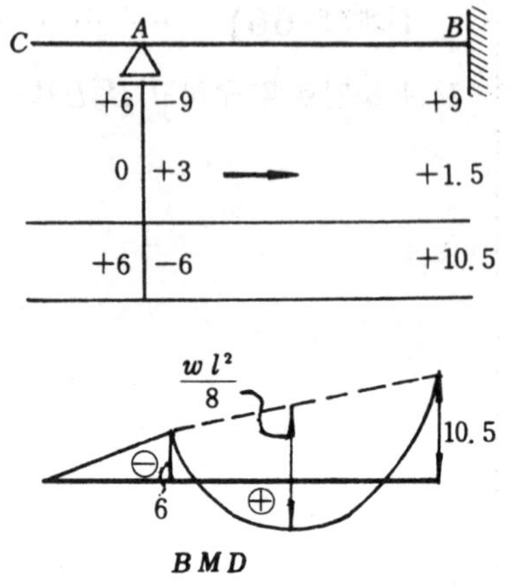

【예제 68】

지점 모멘트를 모멘트 분배법으로 구하시오.

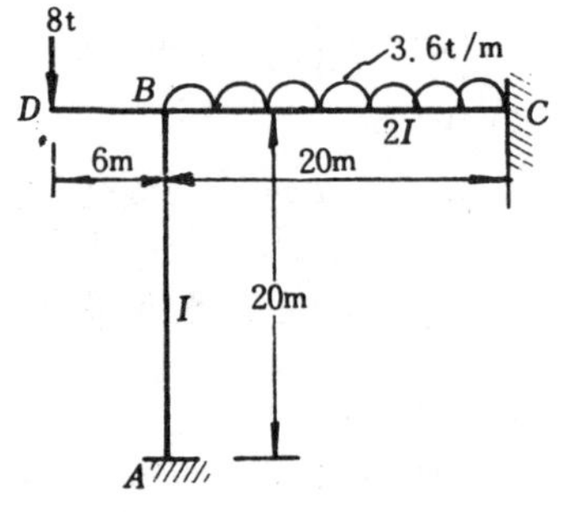

그림 8.99

풀이 $K_{AB}=\dfrac{I}{20}$, $K_{BC}=\dfrac{2I}{20}$, $\sum K=\dfrac{I}{20}+\dfrac{2I}{20}=\dfrac{3I}{20}$

(1) 분배율

$f_{BA}=\dfrac{I}{20}\times\dfrac{20}{3I}=\dfrac{1}{3}$, $f_{BC}=\dfrac{2I}{20}\times\dfrac{20}{3I}=\dfrac{2}{3}$

(2) 하중항(고정단 모멘트)

$C_{BC}=\dfrac{wl^2}{12}=\dfrac{3.6\times20^2}{12}=-120\,(\mathrm{t\cdot m})$

$C_{CB}=+120\,(\mathrm{t\cdot m})$, $C_{BD}=8\times6=48\,(\mathrm{t\cdot m})$

(3) 불균형 모멘트

$C_{BD}-C_{BC}=48-120=-72\,(\mathrm{t\cdot m})$ (분배할 모멘트는 역부호이므로 $+72\,\mathrm{t\cdot m}$가 됨)

(4) 분배 모멘트

$M_{BA}'=72\times\dfrac{1}{3}=24\,(\mathrm{t\cdot m})$, $M_{BC}'=72\times\dfrac{2}{3}=48\,(\mathrm{t\cdot m})$

(5) 전달 모멘트는 A단, C단이 고정지점이므로 분배 모멘트의 $\frac{1}{2}$ 인 12(t · m), 24(t · m)가 된다.

지 점	A	B			C
부 재	AB	BA	BD	BC	CB
고정단 모멘트			+48	−120	120
분배 모멘트		+24		+48	
전달 모멘트	+12				+24
재단 모멘트	+12	+24	+48	−72	+144

【예제 69】

모멘트 분배법으로 풀고 BMD를 그리시오.

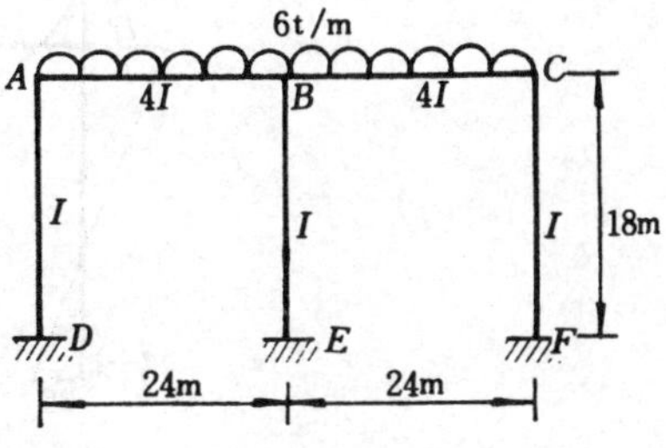

그림 8.100

풀이 (1) 분배율

$$K_{AD}=K_{BE}=K_{CF}=\frac{I}{18},\ \ K_{AB}=K_{BC}=\frac{4I}{24}$$

$$f_{AD}=f_{CF}=\frac{K_{AD}}{K_{AD}+K_{AB}}=\frac{\frac{I}{18}}{\frac{I}{18}+\frac{4I}{24}}=\frac{1}{4}=0.25$$

$$f_{AB}=f_{CB}=\frac{K_{AB}}{K_{AD}+K_{AB}}=\frac{\frac{4I}{24}}{\frac{I}{18}+\frac{4I}{24}}=\frac{3}{4}=0.75$$

$$f_{BE}=\frac{K_{BE}}{K_{BA}+K_{BE}+K_{BC}}=\frac{\frac{I}{18}}{\frac{4I}{24}+\frac{4I}{24}+\frac{I}{18}}=\frac{I}{18}\times\frac{18}{7I}=\frac{1}{7}=0.142$$

$$f_{BA}=f_{BC}=\frac{K_{BA}}{K_{BA}+K_{BE}+K_{BC}}=\frac{\frac{4I}{24}}{\frac{4I}{24}+\frac{4I}{24}+\frac{I}{18}}=\frac{3}{7}=0.429$$

지 점	A		B			C		D	E	F
부 재	AD	AB	BA	BE	BC	CB	CF	DA	EB	FC
f	0.25	0.75	0.429	0.142	0.429	0.75	0.25	–	–	–
고정단 모멘트	–	−288	288	–	−288	288	–	–	–	–
분배 모멘트	72	216				−216	−72			
전달 모멘트	–	–	108	–	−108		–	36	–	−36
재단 모멘트	72	−72	396	–	−396	72	−72	36		−36

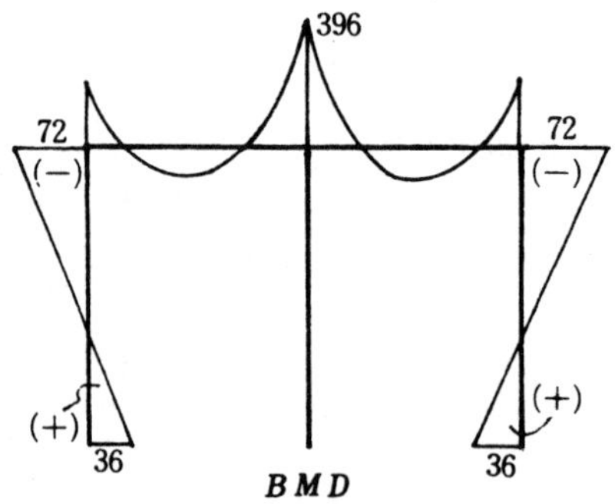

【예제 70】

다음과 같은 연속보를 푸시오.

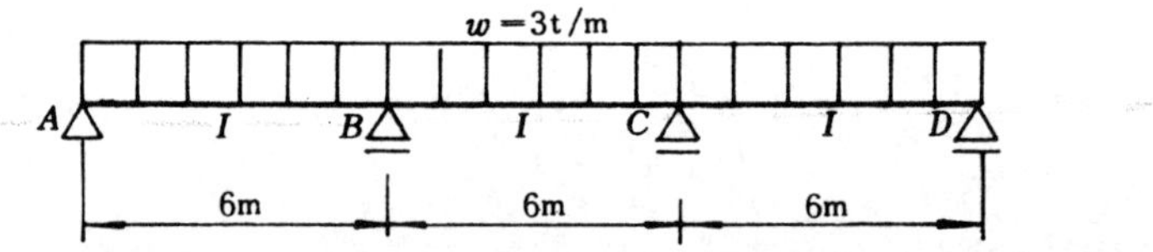

그림 8.101

풀이 B, C의 절점은 고정단으로 A, D는 회전단으로 한다.

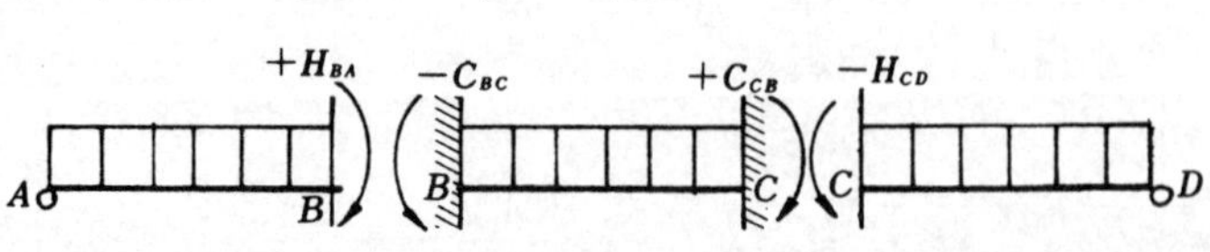

(1) 고정단 모멘트

$$C_{BC} = -\frac{wl^2}{12} = -\frac{3\times6^2}{12} = -9\,(\mathrm{t\cdot m}),\quad C_{CB} = \frac{wl^2}{12} = 9\,(\mathrm{t\cdot m})$$

$$H_{BA} = \frac{wl^2}{8} = \frac{3\times6^2}{8} = 13.5\,(\mathrm{t\cdot m}),\quad H_{CD} = -\frac{wl^2}{8} = -13.5\,(\mathrm{t\cdot m})$$

※ 제1회

(1) B점

1) 배분율

$$K_{BA}=\frac{I}{6}\times\frac{3}{4}=\frac{I}{8}\text{ (유효강비)}$$

$$K_{BC}=\frac{I}{6},\quad \sum K=\frac{I}{8}+\frac{I}{6}=\frac{7I}{24}$$

$$f_{BA}=\frac{I}{8}/\frac{7I}{24}=\frac{3}{7},\quad f_{BC}=\frac{I}{6}/\frac{7I}{24}=\frac{4}{7}$$

2) B점의 불균형 모멘트

$M=H_{BA}-C_{BC}=13.5-9=4.50\ (\mathrm{t\cdot m})$

따라서 분배할 모멘트는 역부호로서 $-4.50\ (\mathrm{t\cdot m})$이다.

3) 분배 모멘트

$$M_{BA}'=-4.50\times\frac{3}{7}=-1.929\ (\mathrm{t\cdot m})$$

$$M_{BC}'=-4.50\times\frac{4}{7}=-2.571\ (\mathrm{t\cdot m})$$

4) 재단 모멘트

$$\left.\begin{aligned}M_{BA}&=13.5-1.929=11.571\ (\mathrm{t\cdot m})\\ M_{BC}&=-9.0-2.571=-11.571\ (\mathrm{t\cdot m})\end{aligned}\right\}\ \sum M_B=0$$

5) 전달 모멘트

C점에는 M_{BC}'의 $\frac{1}{2}$이 전달되므로 $2.571\times\frac{1}{2}=-1.286\ (\mathrm{t\cdot m})$이며, A점은 hinge이므로 전달 모멘트가 없다.

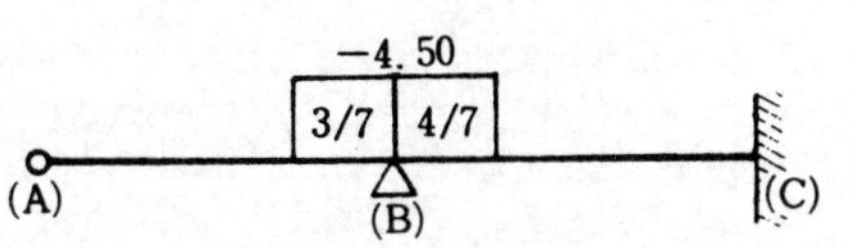

(A)		(B) BA	(B) BC		(C)
0		13.5	-9.0		9.0
0	←	-1.929	-2.571	→	-1.286
		11.571	-11.571		

(2) C점

1) 배분율

$$K_{BC}=\frac{I}{6},\quad K_{CD}=\frac{I}{6}\times\frac{3}{4}=\frac{I}{8}\text{ (유효강비)}$$

$$\sum K=\frac{I}{6}+\frac{I}{8}=\frac{7I}{24}$$

$$f_{CB}=\frac{K_{BC}}{\sum K}=\frac{4}{7},\quad f_{CD}=\frac{K_{CD}}{\sum K}=\frac{3}{7}$$

2) 불균형 모멘트

$M=C_{CB}-H_{CD}=9.0-13.5=-4.50\ (\mathrm{t\cdot m})$(B점에서의 전달 모멘트 $-1.286\ (\mathrm{t\cdot m})$가 있으므로)

불균형 모멘트 $=-4.50+(-1.286)=-5.786\ (t\cdot m)$

3) 분배 모멘트

$M_{CB}'=5.786\times\frac{4}{7}=3.306\ (t\cdot m)$, $M_{CD}'=5.786\times\frac{3}{7}=2.408\ (t\cdot m)$

4) 재단 모멘트

$$\left.\begin{aligned}M_{CB}&=C_{CB}-1.286+M_{CB}'=9.0-1.286+3.306=11.02\ (t\cdot m)\\ M_{CD}&=H_{CD}+M_{CD}'=-13.5+2.408=11.02\ (t\cdot m)\end{aligned}\right\}\ \sum M_C=0$$

5) 전달 모멘트

$3.306\times\frac{1}{2}=1.653\ (t\cdot m)\left(M_{CB}'\times\frac{1}{2}\right)$

D점은 hinge이므로 없다.

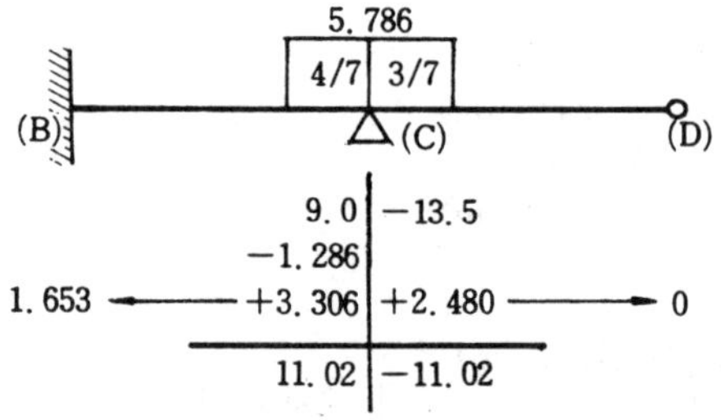

※ 제2회

(1) B점

제1회에서 $\sum M_B=0$으로 B점이 평형상태이나, C점의 전달 모멘트 1.653 (t · m)에 의해 다시 평형상태가 깨졌으므로 다시 계산해야 한다.

1) B점의 불균형 모멘트는 1.653 (t · m)

2) 분배 모멘트

$M_{BA}'=-1.653\times\frac{3}{7}=-0.708\ (t\cdot m)$, $M_{BC}'=-1.653\times\frac{4}{7}=-0.945\ (t\cdot m)$

3) 재단 모멘트

$$\left.\begin{aligned}M_{BA}&=11.571-0.708=10.863\ (t\cdot m)\\ M_{BC}&=(-11.571+1.653)-0.945=-10.863\ (t\cdot m)\end{aligned}\right\}\ \sum M_B=0$$

(2) C점

제1회에서 $\sum M_C=0$이었으나 위의 전달 모멘트 −0.473(t · m)에 의해 다시 불균형 상태이다.

1) C점의 불균형 모멘트 : −0.473(t · m)

2) 분배 모멘트

$M_{CB}'=0.473\times\frac{4}{7}=0.27\ (t\cdot m)$, $M_{CD}'=0.473\times\frac{3}{7}=0.203\ (t\cdot m)$

3) B점의 모멘트

$$\left.\begin{aligned}M_{CB}&=11.02-0.473+0.27=10.817\ (t\cdot m)\\ M_{CD}&=-11.02+0.203=-10.817\ (t\cdot m)\end{aligned}\right\}\ \sum M_C=0$$

4) 전달 모멘트

D점에는 0

B점에는 $M_{CB}' \times \frac{1}{2} = 0.27 \times \frac{1}{2} = 0.135\,(\mathrm{t \cdot m})$

※ 제3회

이하 같은 방법으로 해나간다.

(1) B점

$$M_{BA}' = -0.135 \times \frac{3}{7} = -0.058、M_{BC}' = -0.135 \times \frac{4}{7} = -0.077$$

$$\left.\begin{aligned} M_{BA} &= 10.863 - 0.058 = 10.805\,(\mathrm{t \cdot m}) \\ M_{BC} &= -10.863 + 0.135 - 0.077 = -10.805\,(\mathrm{t \cdot m}) \end{aligned}\right\} \sum M_B = 0$$

1) 전달 모멘트

A점에 전달되는 모멘트는 0, C점에 전달되는 모멘트는

$$M_{BC}' \times \frac{1}{2} = -0.077 \times \frac{1}{2} = -0.039\,(\mathrm{t \cdot m})$$

(2) C점

$$M_{CB}' = 0.039 \times \frac{4}{7} = 0.022、M_{CD}' = 0.039 \times \frac{3}{7} = 0.017$$

$$\left.\begin{aligned} M_{CB} &= (10.817 - 0.039) + 0.022 = 10.8\,(\mathrm{t \cdot m}) \\ M_{CD} &= -10.817 + 0.017 = -10.8\,(\mathrm{t \cdot m}) \end{aligned}\right\} \sum M_C = 0$$

1) 전달 모멘트

D점에 전달되는 모멘트는 0,

B점은 $M_{CB}' \times \frac{1}{2} = 0.022 \times \frac{1}{2} = 0.011\,(\mathrm{t \cdot m})$

소수 2위 이하의 정밀도를 요구하지 않는다면 전달 모멘트 값이 0.01 이하이므로, 모멘트 계산은 끝을 맺는다. 따라서 재단 모멘트는

$M_A = 0$

$M_B = -10.8(\mathrm{t \cdot m})$

$M_C = -10.8(\mathrm{t \cdot m})$

$M_D = 0$

연 습 문 제

문 1. 다음에서 $M_{\oplus max}$을 구하시오.

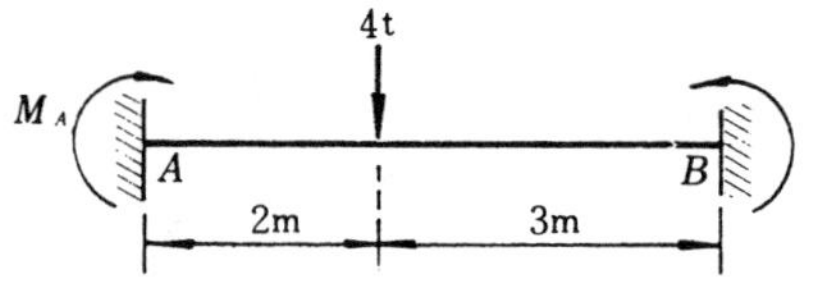

문 2. $M_{\oplus max}$을 구하시오.

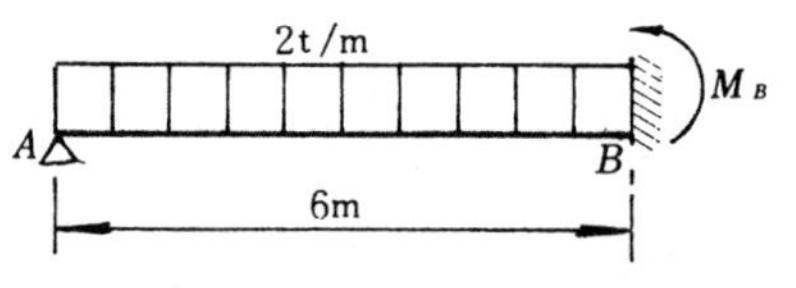

문 3. S_E 및 M_E를 구하시오.

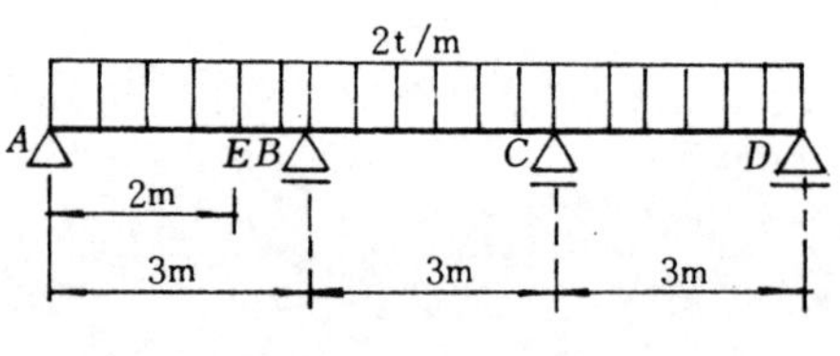

문 4. B지점 및 C지점에 6cm의 침하가 생겼다면 M_B를 구하시오(단, $E=35\times10^4$kg/cm^2, $I=6\times10^6$cm^{4}이다).

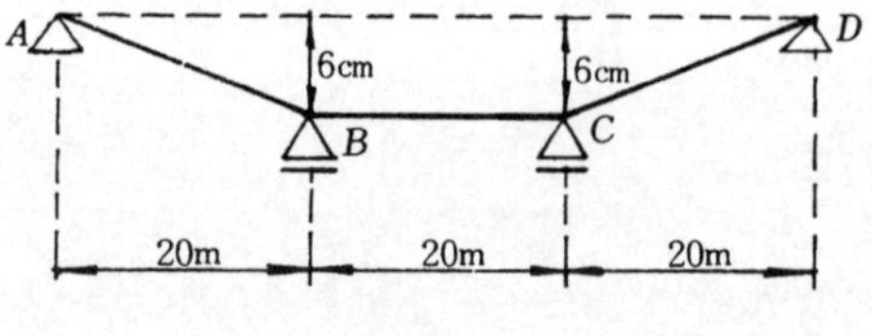

해답 1. 2.304(t · m) 2. 5.06(t · m) 3. $S_E=-1.6$(t), $M_E=0.8$(t · m) 4. $M_B=37.8$(t · m)

문 **5.** M_A는 얼마인가?

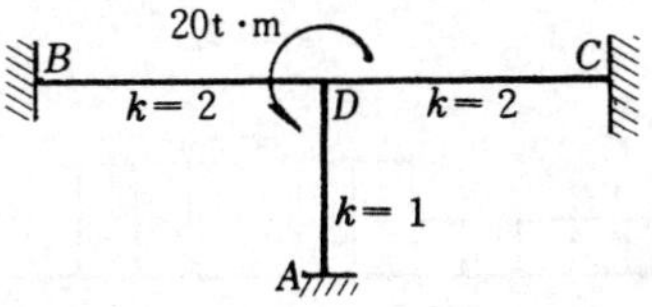

문 **6.** 다음 라멘에서 부재 BA에 굽힘 모멘트가 생기지 않으려면 P의 크기는 얼마로 작용시켜야 되는가?

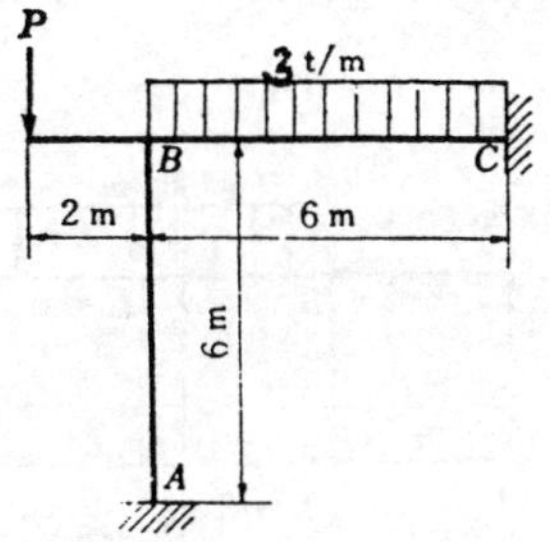

문 **7.** 그림에서 미지(未知)의 절점각과 부재각의 합의 최소 개수는 몇 개인가?

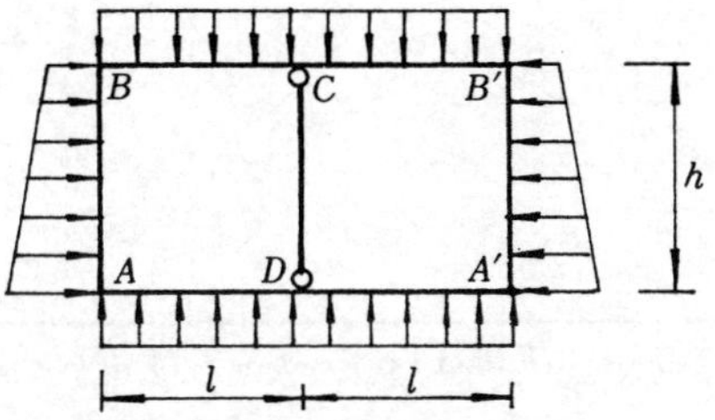

문 **8.** 다음 라멘에서 미지(未知)의 절점각 및 부재각을 합한 최소 개수는 몇 개인가?

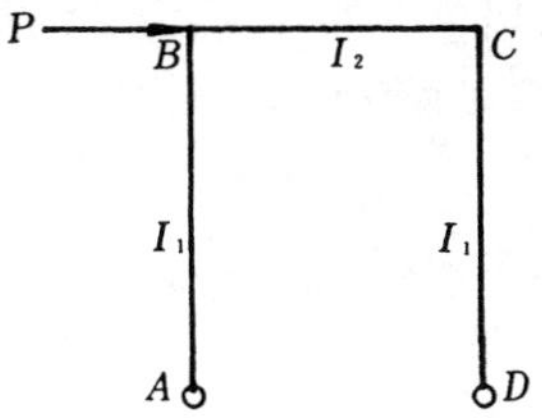

해답 **5.** 2(t · m) **6.** 4.5(t · m) **7.** 3개 **8.** 2개

문 9. 다음 연속보의 재단 모멘트를 구하시오(단, $I_{AB}=5.0\times10^5\text{cm}^4$, $I_{BC}=6.5\times10^5\text{cm}^4$, $I_{CD}=6.0\times10^5\text{cm}^4$)

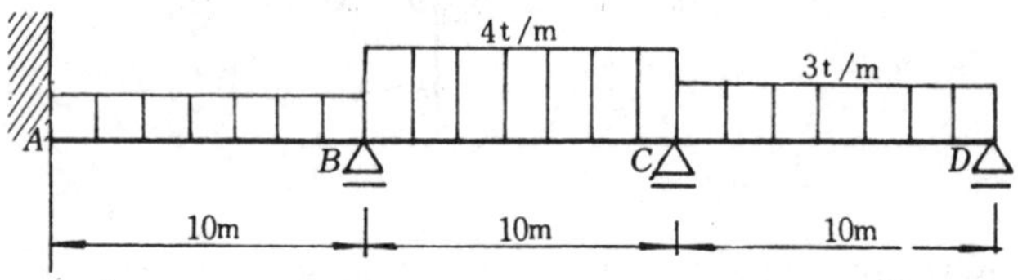

문 10. 그림과 같은 라멘의 *BMD*를 그리시오.

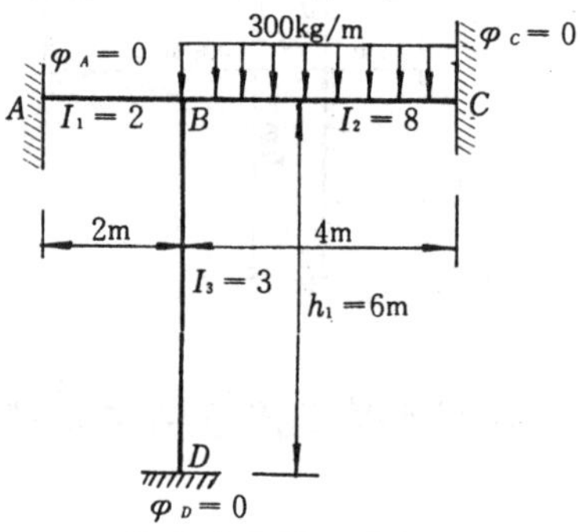

해답 9. $M_B=-23.99\ (\text{t}\cdot\text{m})$, $M_C=-37.74\ (\text{t}\cdot\text{m})$, $M_A=-13.01\ (\text{t}\cdot\text{m})$

10.

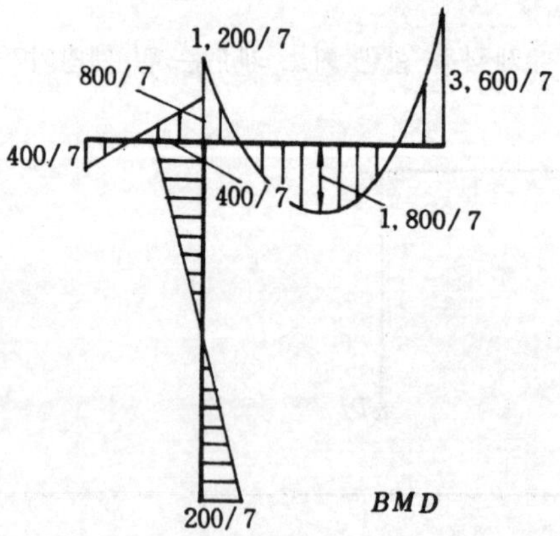

제 9 장

기둥

제9장 기둥

1. 단주와 장주

압축력을 받는 직선부재를 기둥(column)이라고 한다. 그러므로 기둥이라 하면 수직부재를 생각하게 되는데, 트러스(truss)의 압축재와 같이 양단이 hinge로 되어 있고 축방향으로 압축하중을 받는 부재나 또는, 라멘의 기둥과 같이 축방향 압축력과 휨모멘트를 받는 부재도 역시 기둥으로 취급하게 된다. 단면에 비해서 길이가 짧은 경우, 하중을 기둥의 중심축에 따라 작용시킬 때 압축응력은 단면에 일정하게 분포되고, 하중을 점차 증가시키면 압축응력이 극한에 도달하여 압축 파괴할 것으로 생각되는 기둥을 단주(short column)라고 한다. 기둥의 길이가 단면의 최소회전반경에 비하여 대단히 클 때는 횡방향으로 하중이 작용하지 않고 축방향에 단순한 압축력만 작용하여도 그 단면에 압축응력이 고르게 분포하지 않아서 일종의 휨모멘트가 생겨 압축응력이 허용강도에 도달하기 전에 휜다. 이러한 현상을 좌굴(buckling)이라 하며, 이때의 하중을 좌굴하중 또는 위험하중이라고 하고, 좌굴을 일으키기 쉬운 기둥 즉, 단면에 비해서 길이가 긴 기둥을 장주(long column)라고 한다. 기둥의 길고 짧음을 구별하는 데는 $\frac{l}{r}$(l : 기둥길이, r : 최소회전반경)를 사용하고, 이것을 기호 λ로 나타내며 세장비(slunderness ratio)라 한다.

단주와 장주의 한계는 단정할 수 없으나, 일반적으로 목재에서는 $\frac{l}{r} < 10$, 강재에서는 $\frac{l}{r} < 40$일 때를 단주라고 볼 수 있다. 단주와 장주는 역학적 성질이 서로 다르므로 분류하여 생각하기로 한다.

기둥에 작용하는 압축력이 부재축에 일치하게 되는 기둥을 중심축 방향하중을 받는 기둥이라 하는데, 이러한 기둥의 응력은

$$\sigma_c = \frac{P}{A} \qquad \cdots\cdots (9\text{-}1)$$

여기서 σ_{ca}를 허용압축력이라 하면

$$\sigma = \frac{P}{A} \leqq \sigma_{ca} \quad \cdots\cdots (9\text{-}2)$$

위의 식(9-2)가 만족하도록 기둥의 최소단면적 A를 결정하게 된다.

2. 편심하중을 받는 단주

부재가 중심축 외에 압축력 P가 작용하는 기둥을 편심하중을 받는 기둥이라고 한다. 그림 9.1과 같이 중심축 0에서 거리 e만큼 떨어져 작용하는 힘 P를 생각해 보자.

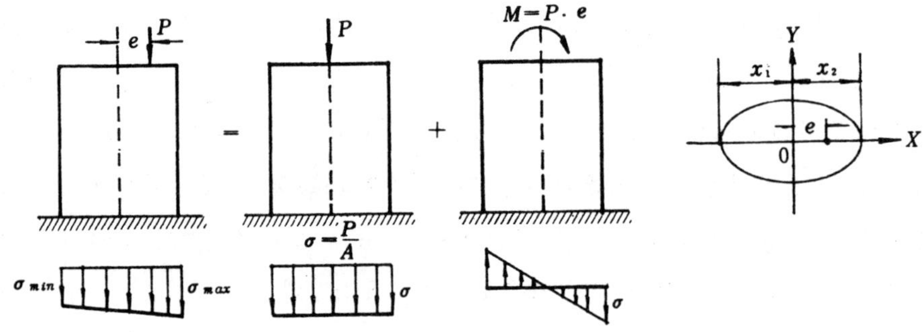

그림 9.1

이러한 상태의 기둥 단면에는 중심축에 작용하는 하중 P에 의하여 균일한 압축응력 $\frac{P}{A}$가 생기고, 편심거리 e에 의한 우력 모멘트 $M=P \cdot e$가 생겨 우력 모멘트로 인한 휨 응력 $\sigma = \frac{M}{I} y$가 부재 단면에 동시에 작용하게 된다. 따라서 편심거리 e에 의하여 부재 단면에는 최대, 최소 압축 및 인장응력을 받게 된다.

부호는 압축응력을 (+), 인장응력을 (−)로 표시하기로 하고(기둥에서는 주로 압축응력을 많이 받으므로), 단면에 생기는 최대 응력을 σ_1, 최소 응력을 σ_2로 나타내면 다음과 같은 식이 성립한다.

편심응력

$$\left.\begin{aligned}\sigma_{\max}=\sigma_1=\frac{P}{A}+\frac{M}{I_y}y=\frac{P}{A}+\frac{P\cdot e}{I_y}y=\frac{P}{A}+\frac{M}{Z}\\ \sigma_{\min}=\sigma_2=\frac{P}{A}-\frac{M}{I_y}y=\frac{P}{A}-\frac{P\cdot e}{I_y}y=\frac{P}{A}-\frac{M}{Z}\end{aligned}\right\} \quad \cdots\cdots (9\text{-}3)$$

직사각형 단면일 경우는 다음과 같다.

$$\sigma=\frac{P}{A}\pm\frac{P\cdot e}{Z}=\frac{P}{bh}\pm\frac{P\cdot e}{bh^2/6}=\frac{P}{bh}\left(1\pm\frac{6e}{h}\right) \quad \cdots\cdots (9\text{-}4)$$

그림 9.2와 같이 압축력 P의 작용선이 양 주축 x, y를 벗어나서 임의의 A점에 작용할 경우, A점의 좌표를 (x, y)라 하면 주축에 작용하는 모멘트는 $P\cdot x$, $P\cdot y$이므로 임의 점의 응력 σ는 다음과 같다.

$$\sigma=\frac{P}{A}+\frac{P\cdot y}{I_x}\cdot y+\frac{P\cdot x}{I_y}\cdot x \quad \cdots\cdots (9\text{-}5)$$

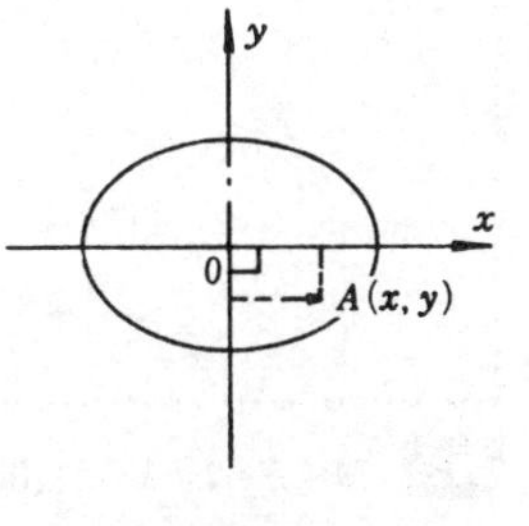

그림 9.2

압축력 P가 임의 점에 작용할 경우의 응력도를 표시해 보면 그림 9.3과 같다.

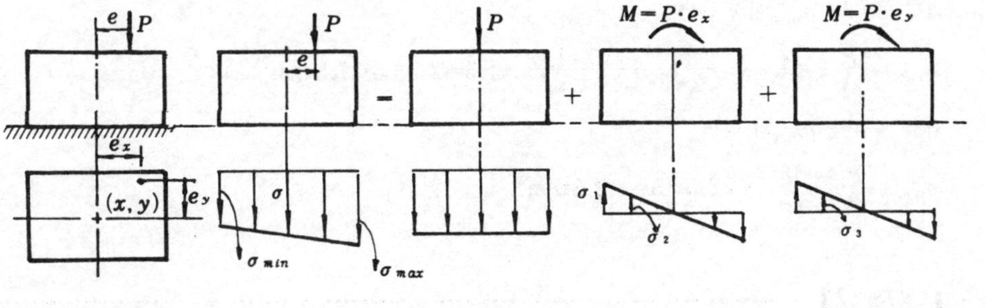

그림 9.3

편심응력 $\sigma=\sigma_1+\sigma_2+\sigma_3$

$$\sigma=\frac{P}{A}+\frac{P\cdot e_y}{I_x}\cdot y+\frac{P\cdot e_x}{I_y}\cdot x$$

여기서 e_x, e_y는 Y축, X축으로부터의 편심거리이고 x, y는 도심거리를 나타낸다.

【예제 1】

그림과 같은 직사각형 단면의 단주에 15ton의 하중이 중심으로부터 100cm만큼 편심되어 있을 경우, 부재에 생기는 최대 응력과 최소 응력을 구하고 응력도를 그리시오.

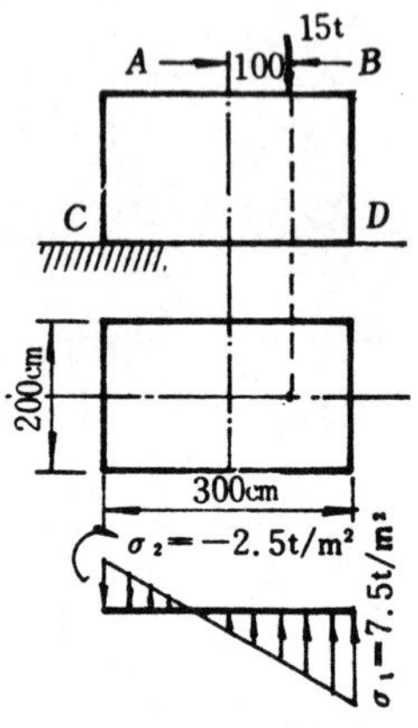

그림 9.4

풀이 $M=P\cdot e=15\times1.0=15(t\cdot m)$

$$I_y=\frac{bh^3}{12}=\frac{2\times3^3}{12}=\frac{54}{12}=4.5m^4$$

(AB의 길이가 높이인 이유는 높이란 보, 기둥 할 것 없이 인장측과 압축측을 연결한 사이인데, 여기서는 편심 모멘트로 인하여 AC측이 인장, BD측이 압축이므로 AB가 높이가 된다)

최대 응력을 σ_{max}이라 하면

$$\sigma_{max}=\frac{P}{A}+\frac{M}{I_y}\cdot y=\frac{15}{2\times3}+\frac{15\times1.0}{4.5}\times1.5=2.5+5=7.5t/m^2$$

최소 응력을 σ_{min}라 하면

$$\sigma_{min}=\frac{P}{A}-\frac{M}{I_y}\cdot y=2.5-5=-2.5t/m^2$$

【예제 2】

편심하중을 받는 단주에서 AB점의 응력과 CD점의 응력을 구하시오.
(단, AB=16cm, BC=14cm, OK=2cm, P=2t으로 한다)

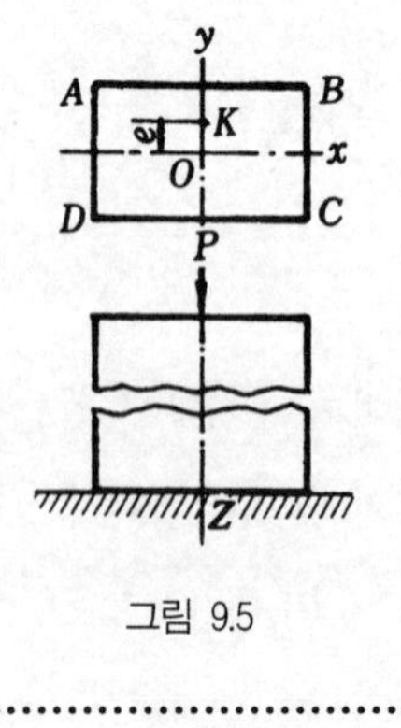

그림 9.5

풀이 y축 방향으로 편심되었으므로 편심 모멘트에 의해 CD측은 인장측, AB측이 압축측이 되고 이 단면의 높이는 $BC=14\,\text{cm}$, 폭은 $AB=16\,\text{cm}$로 되어야 한다.

$$\sigma_{AB}=\frac{2,000}{16\times14}+\frac{2,000\times2}{\frac{16\times14^3}{12}}\times7=8.93+7.65=16.58\,\text{kg/cm}^2(\text{압축})$$

$$\sigma_{CD}=8.93-7.65=1.28\,\text{kg/cm}^2(\text{압축})$$

【예제 3】

그림과 같은 단주에 10t의 하중이 K점에 작용할 경우, 부재 내부에 생기는 최대 응력과 최소 응력을 구하시오.

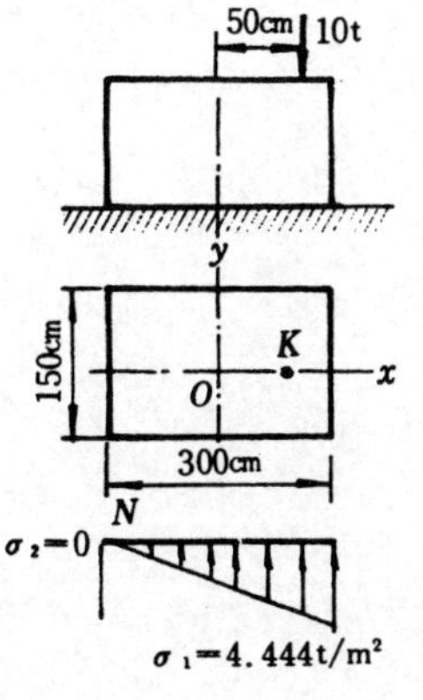

그림 9.6

풀이 $M=P\cdot e=10\times0.5=5(\text{t}\cdot\text{m})$

$A=150\times300=45,000\,\text{cm}^2=4.5\text{m}^2$

$$I_y=\frac{1.5\times3^3}{12}=3.375\,\text{m}^4$$

$$\sigma_1=\frac{P}{A}+\frac{M}{I_y}y=\frac{10}{4.5}+\frac{5}{3.375}\times1.5=4.444\,\text{t/m}^2$$

$$\sigma_2=2.222-2.222=0$$

【예제 4】

다음 직사각형 단면 단주 AD, BC에 생기는 응력을 구하시오.

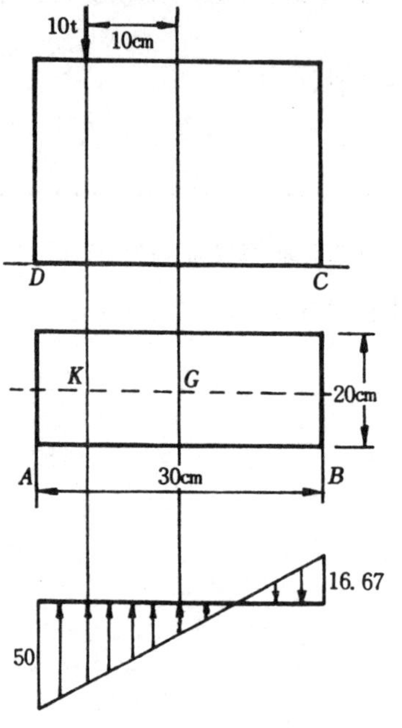

그림 9.7

풀이 $\sigma = \dfrac{P}{A} \pm \dfrac{M}{I} y$

$$\frac{P}{A} = \frac{10,000}{30 \times 20} = 16.67\,\text{kg/cm}^2$$

$$e = -10\,\text{cm}$$

$$M = P \cdot e = -10 \times 10^3 \times 10 = -10^5\,\text{kg} \cdot \text{cm}$$

$$I = \frac{bh^3}{12} = \frac{20 \times 30^3}{12} = 45,000\,\text{cm}^4$$

$$\sigma_2 = \frac{M}{I} y = \frac{10^5}{45,000} \times 15 = 33.33\,\text{kg/cm}^2$$

AD 부분 : $\sigma_{AD} = 16.67 + 33.33 = 50\,\text{kg/cm}^2$

BC 부분 : $\sigma_{BC} = 16.67 - 33.33 = -16.67\,\text{kg/cm}^2$

【예제 5】

편심하중을 받는 단주에서 σ_A, σ_C, σ_O를 구하시오(단, AB=14 cm, BC=10cm, 하중점의 좌표는 (2cm, 2cm), P=3t으로 한다).

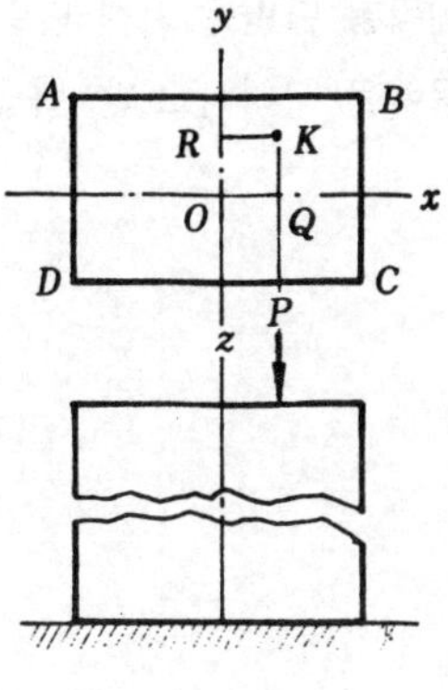

그림 9.8

풀이 하중이 임의 점에 작용하므로 A, B, C, D점의 응력이 모두 다르다. 따라서 하중점 K를 편의상 R과 Q로 나누어 응력을 생각하여 합성하도록 한다.

하중점을 R로 보았을 때의 편심 모멘트에 의한 A점의 응력은 압축응력으로서

$$\frac{3,000\times2}{\frac{14\times10^3}{12}}\times5=25.71\,\text{kg/cm}^2\ (\text{압축})$$

하중점을 Q로 보았을 때의 편심 모멘트에 의한 A점의 응력은 인장응력으로서

$$-\frac{3,000\times2}{\frac{10\times14^3}{12}}\times7=-18.37\,\text{kg/cm}^2\ (\text{인장})$$

그러므로 위의 값들을 중심축 하중을 받을 때의 압축응력과 합성하면

$$\sigma_A=\frac{3,000}{14\times10}+25.71-18.37=28.77\,\text{kg/cm}^2\ (\text{압축})$$

$$\sigma_C=\frac{3,000}{14\times10}-\frac{3,000\times2}{\frac{14\times10^3}{12}}\times5(R\text{로 보았을 때 }C\text{는 인장응력이므로 }-\text{ 임})$$

$$+\frac{3,000\times2}{\frac{10\times14^3}{12}}\times7(Q\text{로 보았을 때 }C\text{는 압축응력이므로 }+\text{ 임})$$

$$=14.1\,\text{kg/cm}^2\ (\text{압축})$$

σ_O는 중심하중에 의한 압축응력뿐이므로

$$\sigma_O=\frac{P}{A}=\frac{3,000}{14\times10}=21.43\,\text{kg/cm}^2\ (\text{압축})$$

【예제 6】

삼각형 단면을 가진 단주에서 C점의 응력과 AB점에 생기는 응력을 구하시오(단, 하중은 도심에서 8cm 떨어져 있다).

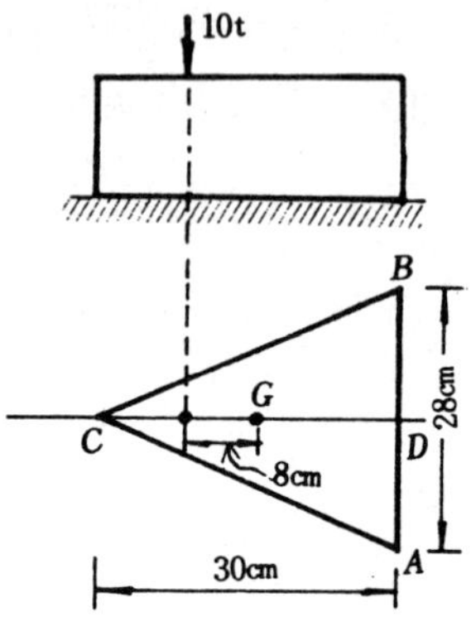

그림 9.9

풀이 편심하중에 의한 인장측은 B, D, A점 쪽이고 압축측은 C점 쪽이다.

따라서 단면 2차 모멘트를 구하는 데 있어서 CD가 높이, BA가 폭이 된다.

$$\sigma_C = \frac{P}{A} + \frac{M}{I}y = \frac{10,000}{\frac{28\times30}{2}} + \frac{10,000\times8}{\frac{28\times30^3}{36}} \times \frac{2\times30}{3} = 23.8 + 76.2 = 100\,\text{kg/cm}^2 \ (\text{압축})$$

$$\sigma_{AB} = \frac{10,000}{\frac{28\times30}{2}} - \frac{10,000\times8}{\frac{28\times30^3}{36}} \times \frac{30}{3} = -14.3\,\text{kg/cm}^2 \ (\text{인장})$$

【예제 7】

그림과 같은 원형 단면의 단주에 $P=2$t의 힘이 작용할 때 기둥에 생기는 응력을 구하시오.

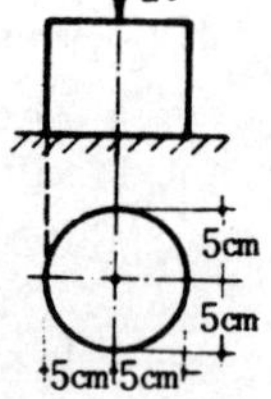

그림 9.10

풀이 $\sigma = \frac{P}{A} = \frac{P}{\pi D^2/4} = \frac{4P}{\pi D^2} = \frac{4\times2,000}{3.14\times10^2} = 25.47\,\text{kg/cm}^2$ (압축)

【예제 8】

그림과 같은 옹벽에서 A, B점에 생기는 응력을 계산하시오.

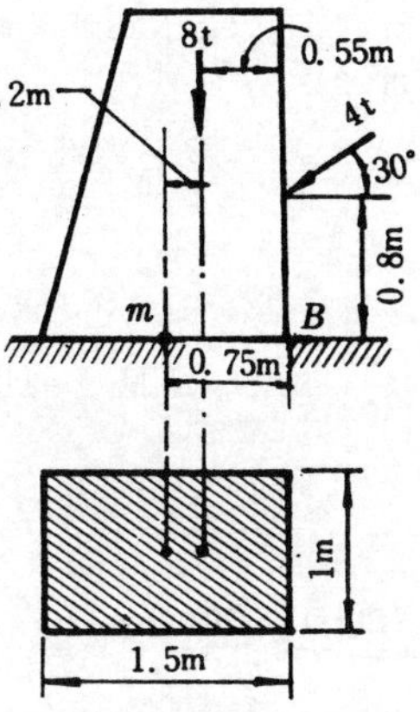

그림 9.11

풀이 토압(土壓) 4(t)의 수평분력 $P_H=4\times\cos 30°=2\sqrt{3}\,(t)$

토압 4(t)의 수직분력 $P_V=4\times\sin 30°=2\,(t)$ ∴ 수직하중의 합력 $=8+2=10\,(t)$

AB면의 중앙점 m에서의 모멘트는

$M_m=8\times0.2+2\times0.75-2\sqrt{3}\times0.8 \fallingdotseq 0.33\,(t\cdot m) \fallingdotseq 33,000\,kg\cdot cm$

단면적 $A=150\times100=15,000\,cm^2$, 단면계수 $Z=\dfrac{bh^2}{6}=\dfrac{100\times150^2}{6}=375,000\,cm^3$

따라서 $\sigma_A=\dfrac{10\times1,000}{15,000}-\dfrac{33,000}{375,000}=0.67-0.09=0.58\,kg/cm^2$(압축)

$\sigma_B=0.67+0.09=0.76\,kg/cm^2$(압축)

【예제 9】

지름 20cm의 단면에 편심하중 P=300t, x, y좌표 2cm, 3cm인 K점에 작용할 때 C점의 응력과 D점의 응력을 구하시오.

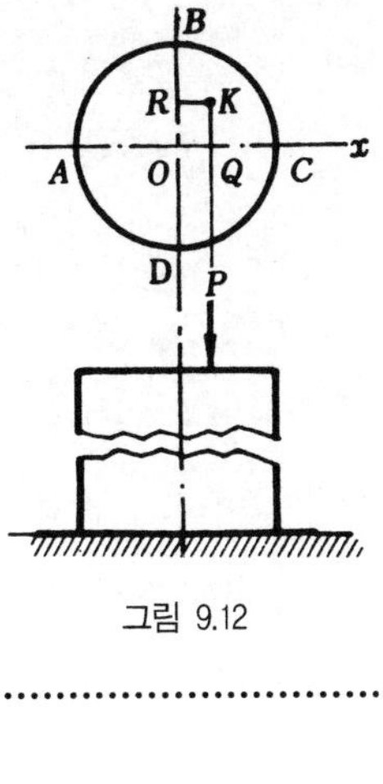

그림 9.12

풀이 P가 R점에 작용할 때의 σ_C와 Q점에 작용할 때의 σ_C를 중심하중에 의한 압축응력과 합성하면 된다. 그런데 P가 R점에 있을 때 편심 모멘트에 의한 응력은 AC가 중립축이 되어 생기지 않고, P가 Q점에 작용할 때는 얼마간의 압축응력이 생긴다.

$$\sigma_C = \frac{P}{A} + \frac{M}{Z} = \frac{300\times1,000}{\frac{\pi\times20^2}{4}} + \frac{300\times1,000\times2}{\frac{\pi\times20^3}{32}} \fallingdotseq 1.719\,\text{kg/cm}^2(\text{압축})$$

D점의 응력은 R점에 작용할 때 편심 모멘트에 의한 인장응력이 생길 것이므로

$$\sigma_D = \frac{300\times1,000}{\frac{\pi\times20^2}{4}} - \frac{300\times1,000\times3}{\frac{\pi\times20^3}{32}} \fallingdotseq -191\,\text{kg/cm}^2(\text{인장})$$

3. 단면의 핵

단면에서 최대 응력을 나타내는 σ_1의 값은 항상 (+)로 되어 압축응력이 되지만, 최소 응력을 나타내는 σ_2는 편심거리 e의 크기에 따라 압축 또는 인장응력을 일으키게 한다. 기둥은 압축응력을 받는 부재이므로, 기둥 단면의 어느 부분에서도 인장응력이 생기는 것을 피하는 것이 좋다.

특히, 석재(石材), 콘크리트와 같이 인장강도가 작은 재료로 만든 단주는 그 단면에 인장응력이 생기면 대단히 위험하므로 인장응력을 생기지 않게 하는 편심거리 e를 구하고, 그 이내에 하중을 작용시키면 인장응력이 생기지 않게 된다.

이것을 구하기 위하여 식(9-3)에서 $\sigma_2=0$으로 놓으면

$$\frac{P}{A} - \frac{M}{I}y = \frac{P}{A} - \frac{P\cdot e}{I}y = 0$$

e에 관하여 풀면 $e=\frac{I}{Ay}$, $e=k_e$라 놓고 $r_y=\sqrt{\frac{I_y}{A}}$ (회전반경)을 대입하면

$$e = K_e = \frac{r^2}{y} \qquad \text{(9-6)}$$

e의 값이 $\frac{r^2}{y}$보다 작은 범위 내에 하중이 작용할 때는 단면에 인장력이 생기지 않는다.

이 e의 값을 단면의 핵거리라고 말한다. 즉, 하중의 작용점이 핵거리 이내에 있으면 인장력이 일어나지 않는다.

그림 9.13과 같은 직사각형 단면의 임의점 $A(x_1,\ y_1)$에 편심하중 P가 작용할 때 단면의 핵을 구하기 위하여 식(9-5)를 이용하면

$$\sigma=\frac{P}{A}-\frac{Py_1}{I_x}y-\frac{Px_1}{I_y}x=\frac{P}{A}-\frac{Py_1}{Z_x}-\frac{Px_1}{Z_y}$$

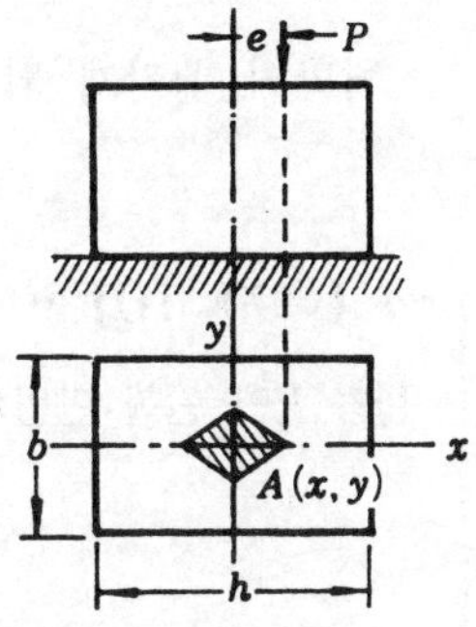

그림 9.13

핵 거리를 구하기 위하여 $\sigma=0$으로 놓으면

$$\frac{P}{A}-\frac{Py_1}{Z_x}-\frac{Px_1}{Z_y}=\frac{Px_1}{bh^2/6}-\frac{Py_1}{b^2h/6}$$

$$=\frac{P}{bh}\left(1-\frac{6x_1}{h}-\frac{6y_1}{b}\right)=0$$

위의 식이 0이 되기 위하여는 괄호 속의 값이 0이어야 하므로

$$1-\frac{6x_1}{h}-\frac{6y_1}{b}=0,\ \frac{6x_1}{h}+\frac{6y_1}{b}=1 \quad \cdots\cdots \text{(a)}$$

식(a)에서

$$\left.\begin{aligned} x_1=0\text{일 때 } y_1=\frac{h}{6} \\ y_1=0\text{일 때 } x_1=\frac{b}{6} \end{aligned}\right\} \quad \cdots\cdots \text{(9-7)}$$

가 된다. 이것은 그림 9.14와 같으며 $\frac{h}{6}$, $\frac{b}{6}$ 되는 점을 핵점이라고 부른다.

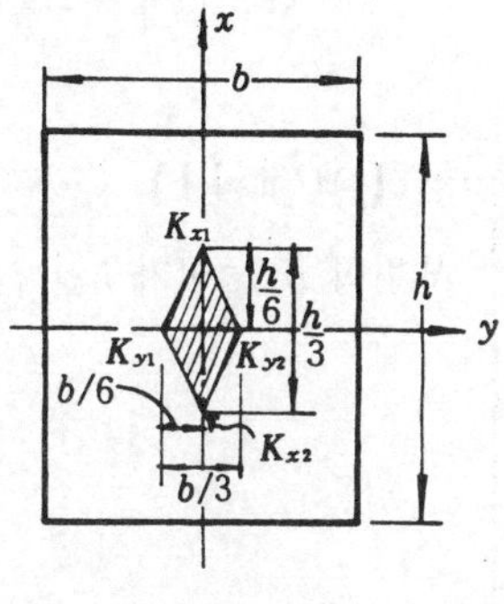

그림 9.14

그림 9.14에서 k_{x1}, k_{x2}를 x축에 대한 핵점(core point), k_{y1}, k_{y2}를 y축에 대한 핵점 또는 심점(心點)이라고 하며, 각 핵점들을 직선으로 연결한 평행사변형 즉, 빗금친 부분을 단면의 핵(core) 또는 단면의 심(心)이라고 한다. 즉, 핵점이란 단면 내에 압축응력만이 일어나는 하중의 편심거리의 한계점을 말하며, 핵점에 의하여 둘러싸인 부분을 핵이라고 한다.

위에서 알 수 있는 바와 같이 직사각형 단면에서는 핵 내에 하중이 작용하게 되면 기둥에서는 인장응력이 생기지 않으며, 대칭축 중에서 $\frac{1}{6}\times 2=\frac{1}{3}$ 되는 부분을 중앙 3분권(middle third)이라고 한다. 즉, 단면에서는 middle third 안에 하중이 작용하면 그 기둥에 인장력이 생기지 않는다.

앞의 식(a)에서 $\frac{6x_1}{h}+\frac{6y_1}{b}\leq 1$이면, 즉 P가 핵 안에 작용할 때($k>e$)면 단면에는 압축응

력만이 생기게 되고, $\frac{6x_1}{h}+\frac{6y_1}{b}>1$이면 인장응력이 생기게 된다.

【예제 10】

반경 R인 원형 단면의 핵을 구하시오.

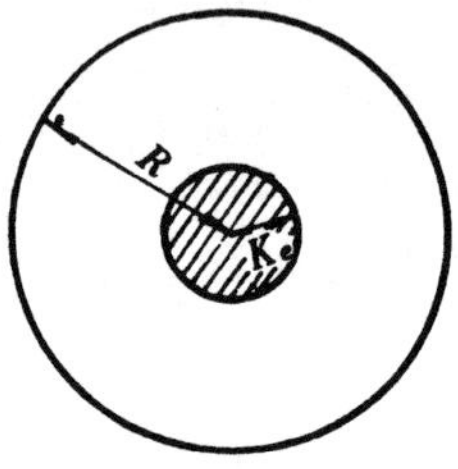

그림 9.15

풀이 식(9-6)으로부터 $r=\sqrt{\frac{I}{A}}=\sqrt{\frac{\pi R^4}{4}\times\frac{1}{\pi R^2}}=\frac{R}{2}$

$y=R$이므로 $k_e=\frac{R^2}{y}=\frac{\left(\frac{R}{2}\right)^2}{R}=\frac{\frac{R^2}{4}}{R}=\frac{R}{4}$

즉, 핵반경이 $\frac{R}{4}$이므로 이것을 반경으로 하는 원을 그리면 된다.

【예제 11】

밑변이 b, 높이가 h인 삼각형의 핵을 구하시오.

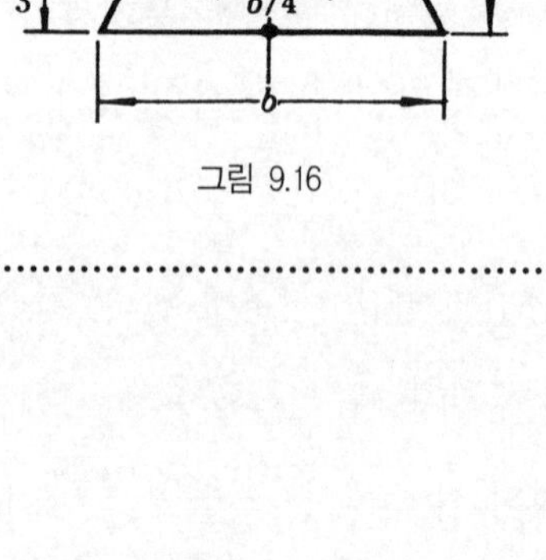

그림 9.16

풀이 $I_x=\frac{bh^3}{36}$, $I_y=\frac{b^3h}{48}$

$A=\frac{1}{2}bh$이므로

$$r_x=\sqrt{I_x/A}=\sqrt{\frac{bh^3/36}{bh/2}}=\frac{h}{3\sqrt{2}},\quad r_y=\sqrt{I_y/A}=\sqrt{\frac{hb^3/48}{bh/2}}=\frac{b}{2\sqrt{6}}$$

식(9-6)으로부터

$$k_{x1}=\frac{(h/3\sqrt{2})^2}{h/3}=\frac{3h^2}{18h}=\frac{h}{6},\quad k_{x2}=\frac{(h/3\sqrt{2})^2}{2h/3}=\frac{3h^2}{36h}=\frac{h}{12}$$

$$k_y=\frac{(b/2\sqrt{6})^2}{b/6}=\frac{6b^2}{24b}=\frac{b}{4}$$

그림 9.16의 빗금친 부분과 같다.

【예제 12】

다음 교각(橋脚)에서 편심거리 e를 구하시오.

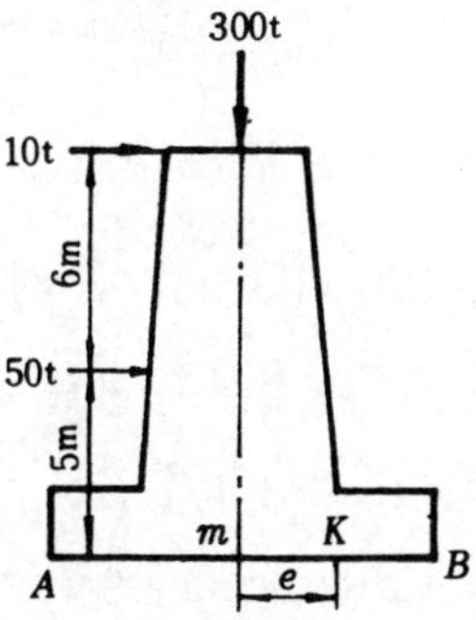

그림 9.17

풀이 수평하중으로 인한 m점에서의 모멘트를 수직하중 300(t)을 편심시켜 같게 놓고 편심거리를 구하면 된다.

$M_m=10\times11+50\times5=360\,(\text{t}\cdot\text{m})$

$300\times e=360 \qquad \therefore\ e=1.2\,\text{m}$

따라서 이들의 합력은 도심에서 1.2m 되는 곳에 작용한다.

【예제 13】

그림과 같은 교태(橋台)에 작용하는 합력이 단면 $a\sim a$에서 핵 안에 있는지 알아보시오.

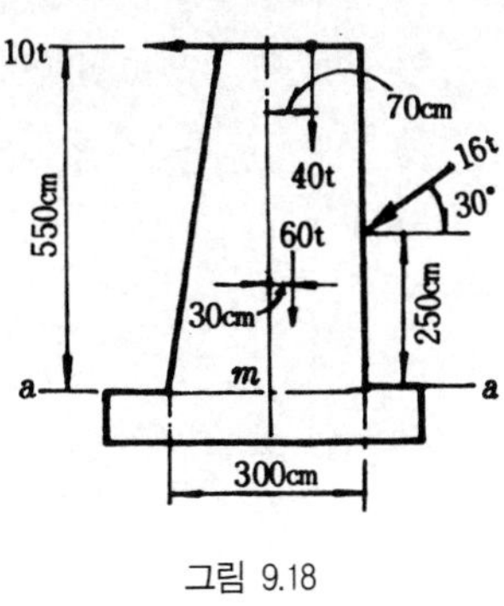

그림 9.18

풀이 a~a 단면의 중점 m에 대한 모멘트의 총합은

$M_m = 60\times0.3+40\times0.7+16\times\sin30°\times1.5-10\times5.5-16\times\cos30°\times2.5=-31.7\,(\text{t}\cdot\text{m})$

수직하중의 합계 $P=40+60+8=108(\text{t})$

∴ 편심거리 $e=\dfrac{M_m}{P}=\dfrac{31.7}{108}=0.293\text{m}$

여기서 핵반지름은 $\dfrac{b}{6}=\dfrac{3}{6}=0.5\text{m}$이므로 $e=0.293\text{m}< k=0.5\text{m}$로서 합력은 핵 안에 있다.

4. 오일러(Euler)의 장주공식

제9장 1.에서 언급한 바와 같이 좌굴현상을 일으키는 기둥을 장주라고 하는데, 축방향 압축력 P를 받는 장주는 P가 좌굴하중 이내에 있을 때는 이 기둥이 받는 응력은 $\sigma=\dfrac{P}{A}$이지만, 좌굴하중 P_B에 이르면 직선을 유지하고 있던 장주는 휘어지기 시작한다. 축이 완전히 직선이고 재료가 균일한 이상적인 장주에 축방향 압축력이 정확하게 작용할 때 장주가 안전하기 위한 좌굴하중에 대하여, 1759년에 Euler에 의해 가장 먼저 연구된 것으로서 Euler의 좌굴이론이라고도 하며, 세장비가 100 이상일 때 많이 사용된다. 일반적으로 장주는 양단의 지지상태에 따라 다음과 같은 4종류로 구별할 수 있으며, 기둥의 세기도 양단의 지지상태에 따라 달라진다.

(1) 양단 활절(회전)의 장주

이 기둥은 양단이 모두 활모양으로 휘어지는데, 지점의 위치를 이동할 수 없으며 일단 고정, 타단 자유의 장주에 비하면 강한 것이다. 그림 9.19와 같이 길이가 l인 장주 AB의 양단이 hinge로 되어 있으며, 그 도심축에 압축하중 P를 받아서 좌굴한다고 생각하자. 이 기둥단에 X, Y축을 취하고 A점으로부터 임의의 거리 x점에서의 처짐을 y라고 하면, 이 y는 극히 미소한 값이므로 다음과 같은 탄성곡선의 미분 방정식이 성립된다.

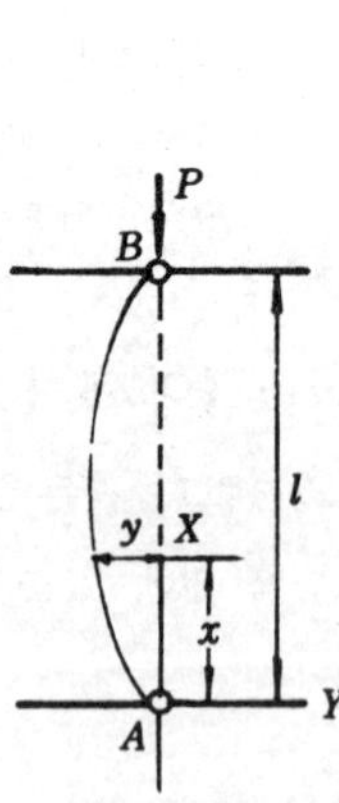

그림 9.19

$$\frac{d^2y}{dx^2}=-\frac{M}{EI} \quad \cdots\cdots (a)$$

x점에서의 휨모멘트 $M=P\cdot y$를 식(a)에 대입하면

$$\frac{d^2y}{dx^2} = -\frac{P}{EI}y \quad \cdots\cdots (b)$$

여기에서 $\frac{P}{EI} = a^2$ 이라고 놓고 식(b)에 대입하면

$$\frac{d^2y}{dx^2} = -a^2y \quad \cdots\cdots (c)$$

로 된다.

이 미분 방정식의 일반적인 답을 구하면

$$y = A\sin ax + B\cos ax \quad \cdots\cdots (d)$$

로 주어진다. 여기에서 A, B는 경계조건에 의하여 결정되는 적분상수로서

$x=0$일 때 $y=0$, $B=0$

$x=l$일 때 $y=0$, $A\sin al=0$

위의 조건이 동시에 성립하기 위하여 $A=0$, $B=0$ 또는 $\sin al=0$, $B=0$, $A=0$, $B=0$이라고 하면 위의 식(d)에서 $y=0$이므로 처짐이 전혀 없음을 의미한다. $\sin al=0$을 만족시키기 위한 조건은 $al=n\pi$. 단, $n=1, 2, 3$…………이 된다.

$al=n\pi$를 $a^2=\frac{P_b}{EI}$에 대입하여 P_b에 관하여 정리하면

$$P_b = \frac{n^2\pi^2EI}{l^2} \quad \cdots\cdots (e)$$

좌굴하중을 P_b라 하고, 무수하게 많은 P_b의 값 중 $n=1$일 때 최소이므로

$$P_b = \frac{\pi^2EI}{l^2} \quad \cdots\cdots (9\text{-}8)$$

식(9-8)을 오일러(Euler)의 장주공식이라고 한다. 이 이상을 초과하게 되면 장주에서는 좌굴현상을 일으키게 되며, 안전하중은 좌굴하중 P_b를 안전율로 나눈 값이 된다. 일반적으로 좌굴현상은 $P<P_b$일 때는 휘지 않고 $P>P_b$이면 휘게 되며, $P=P_b$에서는 경계값을 갖게 된다. 좌굴하중을 응력으로 나타내면

$$\sigma_b = \frac{P_b}{A} = \frac{\pi^2 EI}{Al^2} = \frac{\pi^2 E}{(l/r)^2} = \frac{\pi^2 E}{\lambda^2} \quad \cdots\cdots (9\text{-}9)$$

여기서 σ_b를 좌굴응력이라 한다.

(2) 일단 자유, 타단 고정인 기둥

이것은 전주(電柱)와 같이 B단이 자유로이 휘어지므로 가장 약한 기둥이며, B와 같은 단을 자유단(free end)이라 하고 A점을 고정단(fixed end)이라고 한다. 일단 자유, 타단 고정인 장주는 양단 hinge인 경우의 좌굴형에 있어, 기둥의 $\frac{1}{2}$ 지점에 고정단으로 대치할 경우와 같다고 볼 수 있으므로, 식(9-8)의 l 대신 $2l$를 대입하면 다음과 같다.

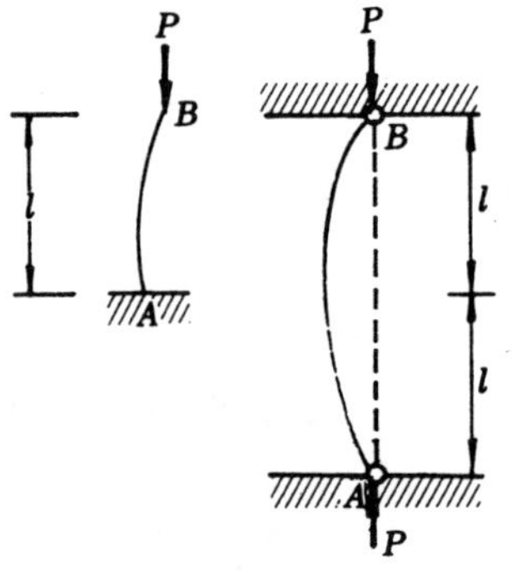
그림 9.20

$$P_b = \frac{\pi^2 EI}{(2l)^2} = \frac{\pi^2 EI}{4l^2} \quad \cdots\cdots (9\text{-}10)$$

이것은 양단 hinge인 기둥세기의 $\frac{1}{4}$ 임을 알 수 있다.

또한 좌굴응력은

$$\sigma_b = \frac{\pi^2 E}{4\lambda^2} \quad \cdots\cdots (9\text{-}11)$$

(3) 양단 고정 기둥

4가지 종류의 기둥 중에서 가장 강한 것으로, 그림 9.21과 같이 양단이 고정되어 있는 기둥으로서 양단에 재단 모멘트 M_A, M_B가 생기고 $M_x = M_A - P_y$이고 탄성곡선의 미분 방정식은 $\frac{d^2y}{dx^2} = -\frac{M_x}{EI}$, $M_x = M_A - P_y$를 대입하여 $\frac{d^2y}{dx^2} = -\frac{M_A - P_y}{EI}$, $a^2 = \frac{P}{EI}$라고 놓으

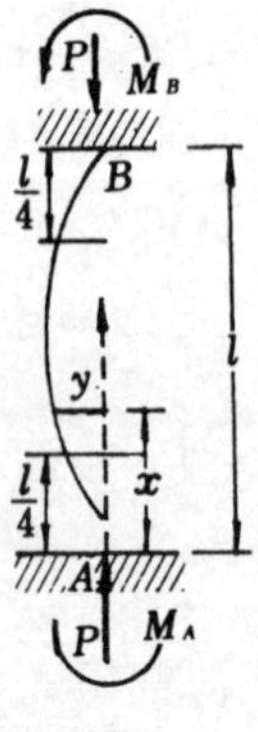
그림 9.21

면 $\frac{d^2y}{dx^2}=a^2\left(y-\frac{M_A}{P}\right)$

이 미분 방정식의 일반 해는

$$y=A\cos ax+B\sin ax+\frac{M_A}{P}$$

적분상수 A, B를 정하기 위하여 경계조건을 생각하면

$x=0$일 때 $y=0$, $\frac{dy}{dx}=0$, $B=0$, $A=-\frac{M_A}{P}$

$x=l$일 때 $y=0$, $\frac{dy}{dx}=0$, $\cos al=1$, $\sin al=0$

으로 된다. 이것을 만족시키는 값은 $al=2n\pi$, $n=1, 2, 3\cdots\cdots$이다. 그러므로 좌굴하중을 P_b라 하고 $al=2n\pi$를 $a^2=\frac{P}{EI}$에 대입하면

$$P_b=\frac{4n^2\pi^2EI}{l^2}$$

이 식을 만족하는 최소값은 $n=1$일 경우이므로

$$P_b=\frac{4\pi^2EI}{l^2} \quad\cdots\cdots (9\text{-}12)$$

좌굴 응력도로 나타내면

$$\sigma_b=\frac{4\pi^2E}{(l/r)^2}=\frac{4\pi^2E}{\lambda^2} \quad\cdots\cdots (9\text{-}13)$$

(4) 일단 회전, 타단 고정 기둥

이것은 양단 회전 기둥에 비하면 더 강한 것으로, 그림 9.22와 같이 A단에만 고정 모멘트 M_A가 작용한다. 그러므로 모멘트의 평형조건($\sum M=0$)을 만족시키기 위하여는 양단 A, B점에 크기가 같고 작용방향이 서로 반대인 수평력 H를 각각 작용시킨다.

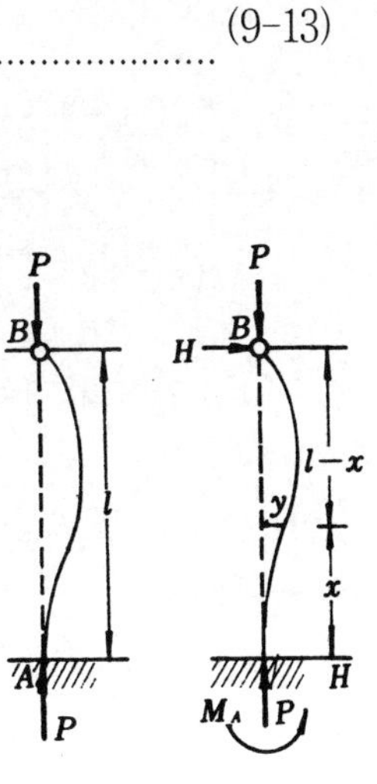

그림 9.22

$$H=\frac{M_A}{l},\quad M_x=P_y-H(l-x)$$

$$\frac{d^2y}{dx^2} = -\frac{M_x}{EI}, \quad \frac{d^2y}{dx^2} = \frac{1}{EI}\{Py - H(l-x)\} \quad \cdots\cdots (a)$$

식(a)에서 일반 해는 $a^2 = \frac{P}{EI}$ 라고 놓으면

$$y = A\cos ax + B\sin ax + \frac{H(l-x)}{P} \quad \cdots\cdots (b)$$

경계조건 $x=0$에서 $y=0$ 및 $dy/dx=0$, $x=l$에서 $y=0$을 대입하여

$$A + Hl/P = 0, \quad aB - H/P = 0 \quad \cdots\cdots (c)$$

$$A\cos al + B\sin al = 0 \quad \cdots\cdots (d)$$

식(c)로부터 A, B를 구하기 위하여 식(d)에 대입하면

$$\tan al \fallingdotseq al \quad \cdots\cdots (e)$$

식(e)가 좌굴조건식이며, 이 식을 만족하는 al의 값은 무수히 많으나 최소값만을 취하면 $al = 4.4934$이다.

따라서, 좌굴하중 P_b는

$$P_b = \frac{20.16EI}{l^2} \fallingdotseq \frac{2\pi^2 EI}{l^2} \fallingdotseq \frac{\pi^2 EI}{(0.7l)^2} \quad \cdots\cdots (9\text{-}14)$$

좌굴 응력도로 나타내면

$$\sigma_b = \frac{2\pi^2 E}{\lambda^2} \quad \cdots\cdots (9\text{-}15)$$

오일러의 장주공식을 종합하여 일반식으로 표시하면 다음과 같다.

$$P_b = N\frac{\pi^2 EI}{l^2}, \quad \sigma_b = N\frac{\pi^2 E}{\lambda^2} \quad \cdots\cdots (9\text{-}16)$$

여기에서 N은 기둥의 양단 지지 상태에 의해서 결정되는 상수이다. 이상의 경우를 표로 나타내면 표 9.1과 같이 된다.

표 9.1

재단조건	일단 고정 타단 자유	양단 회전	일단 고정 타단 회전	양단 회전
좌굴형		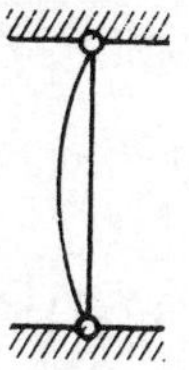	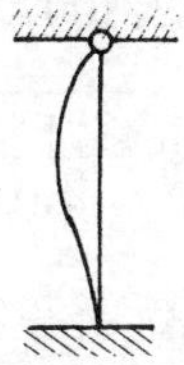	
N	1/4	1	2	4
좌굴장	2ℓ	ℓ	0.7ℓ	0.5ℓ

5. 오일러 공식의 적용범위

오일러 공식에서 P_b는 좌굴하중을 나타내므로 이 하중을 초과하게 되면 좌굴현상을 나타내게 된다. 그러므로 실제 작용시켜도 좋은 안전하중 P_s는 P_b를 안전율 S로 나누어 준 값이라야 한다.

$$P_s = \frac{P_b}{S} \qquad \text{(9-17)}$$

오일러 공식이 적용될 조건은

$$P_b \leqq P_s,\ \ \sigma_b \leqq \sigma_p \qquad \text{(9-18)}$$

여기서 σ_p는 P_s에 의한 응력이다.

$\sigma_b = N\dfrac{\pi^2 E}{\lambda^2}$ 로부터 세장비입(細長比入)을 구하는 식으로 바꾸어 쓰면

$$\lambda = \sqrt{\frac{N \cdot E}{\sigma_b}}\,\pi \qquad \text{(9-19)}$$

오일러 공식이 적용되기 위한 조건은 식(9-18)로부터 $\sigma_b \leqq \sigma_p$이므로

$$\lambda \geqq \sqrt{\frac{N \cdot E}{\sigma_b}}\,\pi \qquad \text{(9-20)}$$

의 관계가 성립된다.

양단이 회전으로 되어 있는 강(剛)기둥에 식(9-20)을 적용하여 보면(단, $N=1$, $E=2.1\times 10^6\,\text{kg/cm}^2$, $\sigma_p=2,100\,\text{kg/cm}^2$)

$$\lambda \geqq 3.1416\sqrt{\frac{2.1\times10^6}{2,100}} \fallingdotseq 100$$

그러므로 식(9-16)을 적용할 수 있는 범위는 $\lambda \geqq 100$. 즉, $\dfrac{l}{r} \geqq 100$인 경우에 한하고 이것을 초과할 때는 σ_b가 좌굴이 생기기 전에 비례한도 P_b에 도달하므로 이용하지 못한다. 즉, 세장비가 100 이상이면 재료는 오일러 공식에 맞는 좌굴을 하게 되고, 100 이하의 비교적 짧은 기둥에서는 오일러 공식대로 되지 않는다. 그러므로 다음 제9장 6.의 각종 실험공식을 사용하면 된다.

만약 장주가 원형 단면이라면

$$\lambda = \frac{l}{r} = \frac{l}{\frac{d}{4}} = \frac{4l}{d} = 100 \qquad \therefore \frac{l}{d} = 25$$

이 경우에 오일러 공식이 적용되는 한계점은 기둥길이가 적어도 직경의 25배가 되어야 한다는 것이다.

【예제 14】

직경 280mm의 원형 단면 기둥의 세장비 $\sigma=50$일 때와 $\sigma=160$일 때 기둥의 길이를 구하시오.

풀이 $\lambda = \dfrac{l}{r}$, $r=\sqrt{I/A}$, $A=\dfrac{\pi d^2}{4}$, $I=\dfrac{\pi d^4}{64}$

$$r=\sqrt{\frac{\pi d^4/64}{\pi d^2/4}} = \frac{d}{4} = \frac{28}{4} = 7\,\text{cm}$$

$$\lambda=50=\frac{l}{7},\ l=350\,\text{cm},\ \lambda=160=\frac{l}{7},\ l=1,120\,\text{cm}$$

【예제 15】

직경 d인 원형 단면 목주(木柱)에서 길이가 4m일 때 세장비가 100이 되도록 하자면 d를 몇 cm로 하면 되겠는가?

풀이 $I=\dfrac{\pi d^4}{64}$, $A=\dfrac{\pi d^2}{4}$

$$r=\sqrt{\frac{I}{A}}=\sqrt{\frac{\pi d^4}{64}\times\frac{4}{\pi d^2}}=\sqrt{\frac{d^2}{16}}=\frac{d}{4}$$

$$\therefore\ \frac{l}{r}=\frac{400}{d/4}=100 \qquad \therefore\ d=16\,\text{cm}$$

【예제 16】

정사각형(변장 20cm)의 양단 hinge인 목재 장주의 좌굴하중을 구하시오(단, 기둥길이 $l=5$m, 탄성계수 $E=100,000\,\text{kg/cm}^2$이다).

풀이 오일러 공식에서 $P_b=n\dfrac{\pi^2 EI}{l^2}$

$$I=\frac{bh^3}{12}=\frac{h^4}{12}\text{(정사각형이므로)}=\frac{20^4}{12}=13,333\,\text{cm}^4$$

$$l=500\,\text{cm},\quad n=1 \qquad \therefore\ P_b=\frac{\pi^2\times 100,000\times 13,333}{500^2}=52,584\,\text{kg}$$

【예제 17】

예제 16에서 기둥이 일단 고정, 일단 자유이면 좌굴하중은?

풀이 $n=\dfrac{1}{4}$ 이므로 $P_b=\dfrac{1}{4}\times 52,584=13,146\,\text{kg}$

【예제 18】

폭 10cm, 높이 15cm의 구형 단면의 길이 3m의 일단 고정, 타단 자유단의 나무 기둥이 있다. 안전율을 $S=10$으로 취하면 자유단에는 몇 kg의 하중을 안전하게 받을 수 있는가?(단, $E=1,000,000\,\text{kg/cm}^2$)

풀이 면적 $A=bh$ 기둥은 단면 2차 반경이 작은 쪽으로 좌굴한다.

$$\therefore\ I_{min}=\frac{b^3h}{12}=\frac{15\times 10^3}{12}=1,250\,\text{cm}^4$$

$r=\sqrt{I/A}=\sqrt{1,250/10\times 15}=2.89\,\text{cm}$, $\lambda=\dfrac{l}{r}=\dfrac{300}{2.89}=103.8$ $\quad\therefore$ 오일러 공식을 사용하면

$$P_b=\frac{\pi^2\times 1,000,000\times 1,250}{4\times 300^2}=34,300\,\text{kg},\quad P_s=\frac{P_b}{S}=\frac{34,300}{10}=3,430\,\text{kg}$$

【예제 19】

길이 5m, 단면 15cm ×20cm의 좌굴하중을 구하시오(단 $E=10^5\text{kg/cm}^2$ 양단 고정으로 한다).

풀이 $r=\sqrt{I/A}=\sqrt{\dfrac{20\times15^3}{12}/15\times20}=4.33$

$$\lambda=\frac{l}{r}=\frac{500}{4.33}\fallingdotseq115>100$$

즉, 오일러 공식을 적용한다. 양단 고정이므로

$$P_b=\frac{4\pi^2EI}{l^2}=\frac{4\times3.14^2\times10^5\times5,625}{500^2}\fallingdotseq88,736.4\text{kg}\fallingdotseq88.74(\text{t})$$

【예제 20】

길이 4.5m의 목재장주(단면 20cm×15cm)의 한계 압축응력을 구하시오(단, $E=100{,}000\text{kg/cm}^2$인 양단 hinge 구조로 한다).

풀이 $I_x=\dfrac{bh^3}{12}=\dfrac{20\times15^3}{12}=5,625\text{cm}^4$, $I_y=\dfrac{hb^3}{12}=\dfrac{15\times20^3}{12}=10,000\text{cm}^4$

$I_x<I_y$이므로 최소 단면 2차 반경은

$r_x=\sqrt{I_x/A}=\sqrt{5,625/20\times15}=4.33\text{cm}$, $\lambda=\dfrac{l}{r}=\dfrac{450}{4.33}=104$

$$\sigma_b=\frac{n\pi^2E}{\lambda^2}=\frac{1\times3.14^2\times100,000}{104^2}=92\text{kg/cm}^2$$

【예제 21】

그림과 같은 강재 단면의 기둥이 있다. 안전하중을 구하시오(단, 안전율=3, 기둥의 길이는 7m, $E=2.1\times10^6\text{kg/cm}^2$, 상·하단은 hinge, 두께는 일정한 것으로 한다).

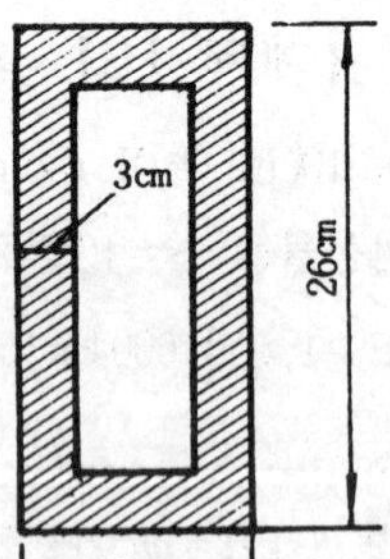

그림 9.23

풀이 $I_{\min}=\dfrac{26\times12^3}{12}-\dfrac{20\times6^3}{12}=3,384\text{cm}^4$

$r=\sqrt{I/A}=\sqrt{\dfrac{3,384}{192}}=4.2\,\text{cm}(A=12\times3\times2+20\times3\times2=192)$

$\lambda=\dfrac{700}{4.2}=166.7>100$

따라서 오일러 공식을 적용하면

$\sigma_b=n\dfrac{\pi^2E}{\lambda^2}=1\times\dfrac{3.14^2\times2.1\times10^6}{166.7^2}=745.84\,\text{kg/cm}^2 \qquad \therefore\ \sigma_{ba}=\dfrac{\sigma_b}{S}=\dfrac{745.84}{3}=248.6$

$P_a=A\times\sigma_{ba}=192\times248.6=47,731.2\,\text{kg}\fallingdotseq47.7\,(\text{t})$($P_a=n\dfrac{\pi^2EI}{l^2}$ 로 구하여도 관계없음)

【예제 22】

양단 힌지의 강재 원형 단면으로 길이 8m, $d=16\text{cm}$, $E=2.1\times10^6\text{kg/cm}^2$로 할 때 허용 압축하중 P_a를 구하여라(단, 안전율은 2로 한다).

풀이 세장비를 구하면 $r=\sqrt{\dfrac{I}{A}}=\dfrac{d}{4}=\dfrac{16}{4}=4\,\text{cm}$

$\therefore\ \dfrac{l}{r}=\dfrac{800}{4}=200>100$이므로 오일러 공식을 이용한다.

$\sigma_b=\dfrac{\pi^2E}{\left(\dfrac{l}{r}\right)^2}=\dfrac{3.14^2\times2.1\times10^6}{40,000}=\dfrac{20.70\times10^6}{4\times10^4}=517.6\,\text{kg/cm}^2$

$\therefore\ P_b=\sigma_b\times A=517.6\times\dfrac{\pi\times16^2}{4}=104,017\,\text{kg}$

안전율을 고려하면 $P_a=\dfrac{P_b}{2}=\dfrac{104,017}{2}=52,008\,\text{kg}=52.01(\text{t})$

【예제 23】

그림과 같은 연강으로 된 양단 회전인 장주의 안전하중 P_s를 구하시오(단, 안전율 $S=5$, $E=2.1\times10^6\,\text{kg/cm}^2$).

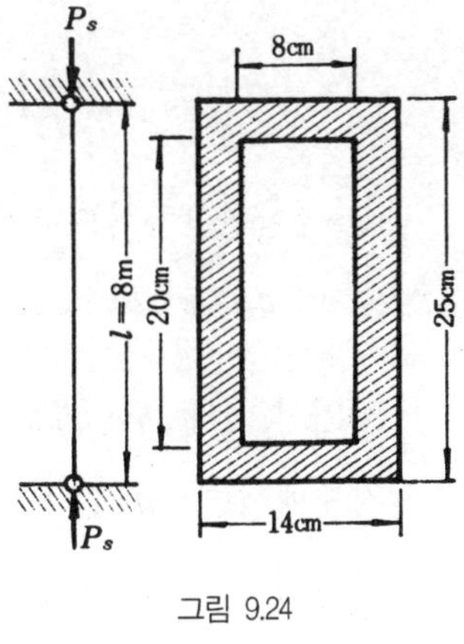

그림 9.24

풀이 $I_{min}=\frac{25\times 14^3}{12}-\frac{20\times 8^3}{12}=5,716.67-853.33=4,863.34\,\text{cm}^4$

$A=25\times 14-20\times 8=190\,\text{cm}^2$

$r_{min}=\sqrt{I/A}=\sqrt{4,863.34/190}=\sqrt{25.597}\fallingdotseq 5.06\,\text{cm}$

$\lambda=\frac{l}{r}=\frac{800}{5.06}=158>100$

$\sigma_b=\frac{\pi^2\cdot E}{\lambda^2}=\frac{3.14^2\times 2.1\times 10^6}{158^2}=829.4\,\text{kg/cm}^2$

안전하중 $P_s=\frac{\sigma_b\cdot A}{S}=\frac{829.4\times 190}{5}=31,517.2\,\text{kg}=31.5172(\text{t})$

6. 장주의 각종 실험공식

앞에서 말한 바와 같이 오일러 공식은 세장비가 큰 경우에는 실험값과 잘 맞고 있으나, 비교적 적을 때는 일치하지 않는다. 세장비가 최소한 100 이상인 경우는 오일러 공식이 적용되며, 그 이하인 경우에는 사용 불가능하다.

그리하여 오일러 공식이 적용되지 않는 영역에 대해서 옛날부터 여러 학자들에 의해 많은 공식이 제안되어 왔다.

(1) 테트마이어(Tetmayer) 공식

세장비가 100 이하가 되어 오일러 공식이 일치되지 않는 경우를 테트마이어(Tetmayer)가 제안한 것으로, 양단 회전의 많은 기둥을 파괴실험한 결과에서 다음과 같은 직선적 실험공식이 소개되었다.

$$\sigma_b=a-\frac{b}{n}\left(\frac{l}{r}\right)$$

$n=1$이면 1차식으로서

$$\sigma_b=a-b\lambda \qquad \text{(9-21)}$$

여기서 a와 b는 재료의 성질 및 지지상태에 따를 실험상수이다(표 9.2). 예를 들면 강주에서는 $\sigma_b=3.1-0.0114\lambda$. 여기서 σ_b의 단위는 t/cm^2로 표시한다.

일반적으로 테트마이어 공식의 적용범위는 $100\geq\frac{l}{r}\geq 10$이며, 우리나라에서도 나무 기둥과 철근콘크리트 기둥의 설계에 적용되고 있다.

표 9.2 테트마이어 공식의 상수

재료 / 정수	목 재	주 철	연철(鍊鐵)	연철(軟鐵)	경철
a	293	7760	3030	3100	3350
b	1.94	120	12.9	11.4	6.2

(2) 골든-랭킨(Gordon-Rankine)의 공식

단순한 압축하중으로 보고 기둥을 해석하기에는 너무나 길고, 오일러 공식을 사용하기에는 너무나 짧은 중간의 기둥들에 대하여 실험 및 이론을 기초로 하여 정한 식이며, 일반적으로 다음과 같이 표시된다.

$$\sigma_b = \frac{\sigma_y}{1 + N \cdot a\left(\frac{l}{r}\right)^2} \qquad \text{(9-22)}$$

여기서 σ_y : 재료의 파괴하중(실험치)

a : 재료의 성질에 의한 상수(표 9.3)

N : 양단의 지지상태에 의한 상수(표 9.4)

표 9.3 재료 성질에 의한 상수

재료	파괴강도	a	실험자
연철	36,000	$\frac{1}{36,000}$	Rankine
주철	80,000	$\frac{1}{64,000}$	〃
목재	7,200	$\frac{1}{3,000}$	〃
연강	42,000	$\frac{1}{36,000}$	Gordon

표 9.4 양단의 지지상태에 의한 상수

상 태	N
양단 고정	1
1단 hinge, 타단 고정	2
양단 hinge	4

(3) 존슨(Johnson)식

존슨(Johnson)에 의하여 만들어진 식으로서, 그림 9.25에서 점 σ_y를 정점으로 하여 재료의 비례한도점 P 부근에서 오일러 곡선에 접하는 포물선을 그리고, 이것에 의하여 좌굴 응력도를 정하였다.

즉, $\sigma_b=\sigma_y-a\lambda^2$ .... (9-23)

여기서 σ_y 는 재료의 강복점 응력이고 α 는 재료의 성질 및 양 끝의 지지상태에 따라 결정되는 상수로서 각각 표로 나타내면 다음과 같다.

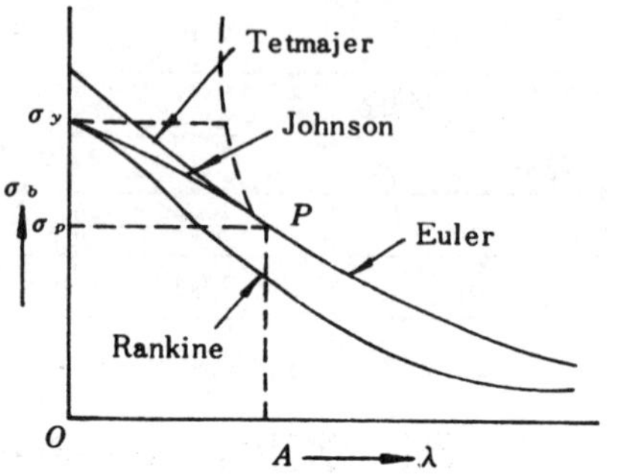

그림 9.25

표 9.5

재 료	σ_y(kg/cm²)	양단 고정		양단 활절	
		α	λ<	α	λ<
연철(鍊鐵)	2390	0.03	210	0.05	170
연철(軟鐵)	2950	0.04	190	0.07	150
주철(鑄鐵)	4220	0.16	120	0.44	70

(4) 한국에서 적용하고 있는 설계공식

1) 목재기둥(Tetmayer 공식 적용)

$0<\lambda<100$일 때

$$\left.\begin{aligned}&\text{침엽수}\quad \sigma_{ba}=70-0.48\lambda\,\text{kg/cm}^2\\&\text{활엽수}\quad \sigma_{ba}=80-0.58\lambda\,\text{kg/cm}^2\end{aligned}\right\} \quad \cdots\cdots (9\text{-}24)$$

$\lambda>100$일 때

$$\left.\begin{aligned}&\text{침엽수}\\&\text{활엽수}\end{aligned}\right\}\ \sigma_{ba}=\frac{220,000}{\lambda^2}\,\text{kg/cm}^2 \quad \cdots\cdots (9\text{-}25)$$

2) 강재의 기둥(1960년 대한토목학회 제정, Euler 및 Johnson 식 병용)

$$\left.\begin{aligned}&\lambda\leq 110\text{일 때}\quad \sigma_{ba}=1,200-0.05\lambda^2\,\text{kg/cm}^2\\&\lambda\geq 110\text{일 때}\quad \sigma_{ba}=\frac{7,2000,000}{\lambda^2}\,\text{kg/cm}^2\end{aligned}\right\}(\text{철교도}) \quad \cdots\cdots (9\text{-}26)$$

$\lambda \leqq 140$일 때 $\sigma_{ba}=1,050-\frac{1}{50}\lambda^2 \text{kg/cm}^2$(도로교)

3) 압축 플랜지

압축 플랜지에서 가로 방향으로 좌굴하는 것에 따르는 허용 좌굴응력은 다음과 같이 정하고 있다.

$$\left.\begin{aligned}\sigma_{ca}&=1200-0.5\left(\frac{l}{b}\right)^2 \text{ 철도교}\\ \sigma_{ca}&=1200-0.4\left(\frac{l}{b}\right)^2 \text{ 도로교}\end{aligned}\right\} \cdots\cdots\cdots (9\text{-}27)$$

여기서 b는 플랜지의 폭이고 l은 고정점간의 길이라고 하며, 그림 9.26과 같이 가로 방향으로 지지된 길이 l_0나 l_1을 말하는 것이다.

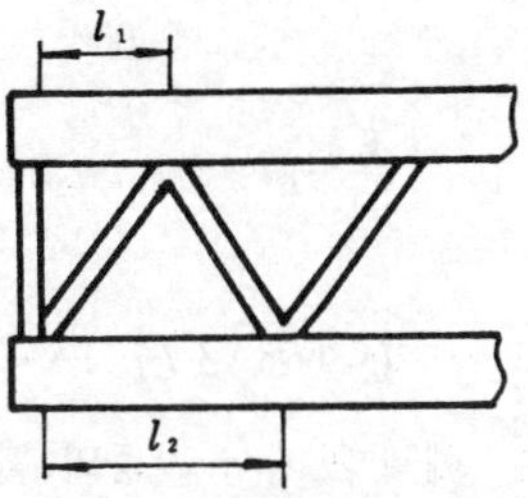

그림 9.26

【예제 24】

단면 15cm×15cm, 길이 2.4m 되는 목재(활엽수)의 허용하중은 얼마인가?(단, 우리나라 목재공식을 사용하시오).

풀이 $r=\sqrt{I/A}=\sqrt{\frac{15^4}{12}/15^2} \fallingdotseq 4.33\text{ cm},\ \lambda=\frac{l}{r}=\frac{240}{4.33}\fallingdotseq 55<100$이므로

$\sigma_{ba}=80-0.58\lambda=80-0.58\times 55-48.1\text{ kg/cm}^2$

따라서 $P_a=48.1\times 15\times 15=10.8\text{ (t)}$

【예제 25】

우리나라에서 사용되는 장주 공식으로 직경 d=24cm, l=4.8m인 침엽수를 사용했다면 허용하중을 구하시오.

풀이 $r=\sqrt{I/A}=\sqrt{\frac{\pi r^4}{4}/\pi r^2}=\sqrt{\frac{r^2}{4}}=\frac{r}{2}=6\text{ cm},\ \lambda=\frac{l}{r}=\frac{480}{6}=80$

$\therefore\ \sigma_{ba}=70-0.48\frac{l}{r}=70-0.48\times 80=31.6\text{ kg/cm}^2$

$A=\frac{\pi d^2}{4}=\frac{3.14\times 24^2}{4}=452\text{ cm}^2$

$P_a=A\cdot\sigma_{ba}=452\times 31.6=14.3\text{(t)}$

【예제 26】

L형 단면의 압축재에서 양단이 리벳으로 연결되었을 때 길이가 2.5m이면 허용하중은 얼마인가?(단, $A=17\,\text{cm}^2$, $r=1.71\,\text{cm}$이고 우리나라 시방서 철도교 공식을 사용하시오)

풀이 $\lambda=\dfrac{l}{r}=\dfrac{250}{1.71}\fallingdotseq 146>110$

$$\sigma_{ca}=\frac{7,200,000}{\lambda^2}=\frac{7,200,000}{146^2}=337.7\,\text{kg/cm}^2$$

$$P_a=17\times 337.7=5,742\,\text{kg}$$

【예제 27】

예제 26에서 기둥의 길이가 1.5m이면 허용하중은 얼마인가?

풀이 $\lambda=\dfrac{l}{r}=\dfrac{150}{1.71}=87.7<110$

$$\therefore\ \sigma_{ca}=1,200-0.05\lambda^2=1,200-0.05\times 87.7^2=815.4\,\text{kg/cm}^2$$

$$\therefore\ P_a=17\times 815.4=13,861\,\text{kg}$$

【예제 28】

일단 고정, 타단 hinge인 길이 $l=$ 2m, 바깥지름 $D=20$cm, 안지름 $d=18$cm의 연강제(軟鋼製) 중공원주(中空圓柱)의 허용 좌굴하중을 철도교 시방서 공식에 의해 산출하시오(단, 안전율 $S=3$이다).

풀이 $I_{\min}=\dfrac{\pi}{64}(D^4-d^4)=\dfrac{3.14}{64}(20^4-18^4)=2,701\,\text{cm}^4$

$$A=\frac{\pi}{4}(D^2-d^2)=\frac{3.14}{4}(20^2-18^2)=59.69\,\text{cm}^2$$

$$\therefore\ r_{\min}=\sqrt{I_{\min}/A}=\sqrt{2,701/59.69}=6.727\,\text{cm}$$

$$l/r=\frac{200}{6.727}=29.73<110$$

철도교 설계공식에서 $\sigma_{ca}=1,200-0.05\left(\dfrac{l}{r}\right)^2=1,200-0.05\times 30^2=1,155\,\text{kg/cm}^2$

$$\therefore\ P_{ca}=\sigma_{ca}\cdot A/S=\frac{1,155\times 59.69}{3}=22.98(\text{t})$$

종 합 문 제

【문제 1】

그림에서 보는 바와 같은 원형 단면의 단주에 10t의 하중이 작용했을 때, A점의 응력 σ_A가 0이 되려면 편심거리 e는 어느 정도가 되어야 하는가? 또, 이때 최대 압축 응력도 σ_B는 얼마인가?

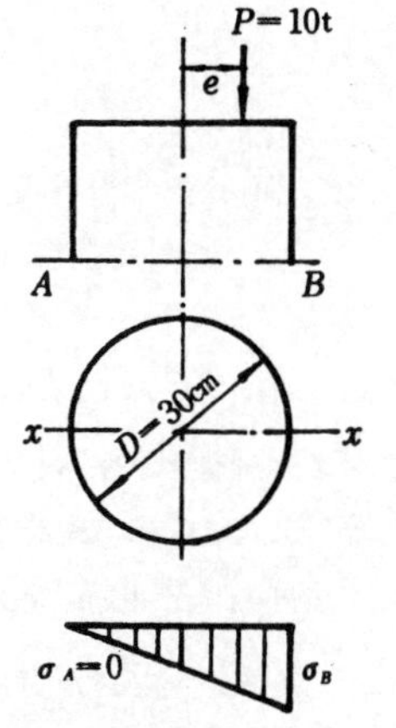

그림 9.27

풀이 $\sigma = \dfrac{P}{A} \pm \dfrac{M}{I} y$에 의해

(1) 구하려는 편심거리 e를 구하면

$$\sigma_A = \frac{P}{A} - \frac{M}{I} \cdot y = \frac{P}{\frac{\pi D^2}{4}} - \frac{P \cdot e}{\frac{\pi D^4}{64}} \cdot \frac{D}{2} = \frac{4P}{\pi D^2} - \frac{32P \cdot e}{\pi D^3}$$

여기서 $\sigma_A = 0$이라 놓으면

$$e = \frac{4P \cdot \pi D^3}{32P \cdot \pi D^2} = \frac{D}{8} = \frac{30}{8} = 3.75\,\text{cm}$$

(2) 최대 압축 응력도

$$\sigma_B = \frac{P}{A} + \frac{M}{I} y = \frac{4}{\pi D^2} + \frac{32P \cdot e}{\pi D^3} = \frac{4P}{\pi D^2}\left(1 + \frac{8e}{D}\right)$$

$$= \frac{4 \times 10000}{3.14 \times 30^2}\left(1 + \frac{8 \times 3.75}{30}\right) = 14.15 \times 2$$

$$= 28.30\,\text{kg/cm}^2$$

【문제 2】

그림과 같은 단주에서 $P=120\text{t}$일 때 A, B, C, D점의 응력을 구하시오.

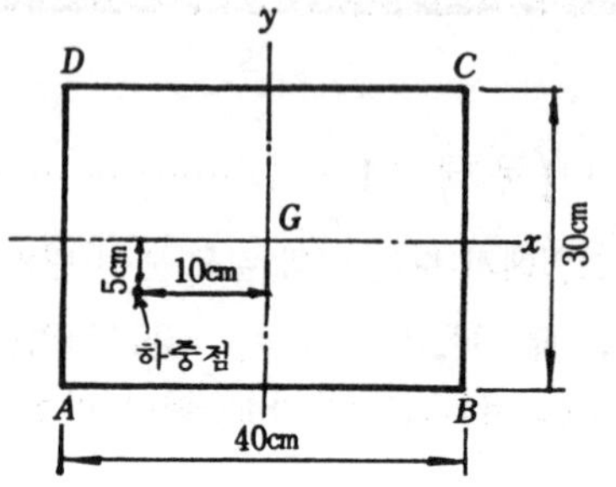

그림 9.28

풀이 하중이 대칭축상에 작용하지 않으므로 그림에서 x축상 도심 G에서 10cm 되는 곳에 하중이 작용할 때의 응력을 구하고, 또 다시 y축상 도심에서 5cm 되는 곳에 하중이 작용할 때의 응력을 구하여 합성하면 된다.

하중이 x축상 10cm 되는 곳에 작용할 때 휨 응력은

$$\sigma_{AD}=\frac{M}{Z}=120\times1,000\times10\times\frac{6}{30\times40^2}=150\,\text{kg/cm}^2$$

$$\sigma_{BC}=-150\,\text{kg/cm}^2$$

또한 하중이 y축상 5cm 되는 곳에 작용할 때 휨 응력은

$$\sigma_{AB}=\frac{M}{Z}=120\times1,000\times5\times\frac{6}{40\times30^2}=100\,\text{kg/cm}^2$$

$$\sigma_{CD}=-100\,\text{kg/cm}^2$$

중심하중에 의한 압축응력은

$\dfrac{P}{A}=\dfrac{120\times1,000}{30\times40}=100\,\text{kg/cm}^2$이므로

$\sigma_A=\dfrac{P}{A}+\sigma_{AD}+\sigma_{AB}=100+150+100=350\,\text{kg/cm}^2$(압축)

$\sigma_B=\dfrac{P}{A}+\sigma_{BC}+\sigma_{AB}=100-150+100=50\,\text{kg/cm}^2$(압축)

$\sigma_C=\dfrac{P}{A}+\sigma_{BC}+\sigma_{CD}=100-150-100=-150\,\text{kg/cm}^2$(인장)

$\sigma_D=\dfrac{P}{A}+\sigma_{AD}+\sigma_{CD}=100+150-100=150\,\text{kg/cm}^2$(압축)

【문제 3】

그림에서와 같은 양단 힌지 상태의 장주에 2.4t의 압축력이 작용할 때 정방형 단면을 구하여라(단, 안전율은 3.5, $E= 10\times10^4$kg/cm²로 한다).

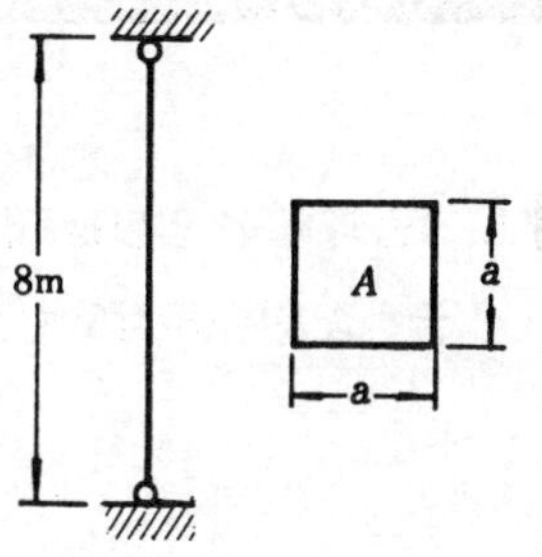

그림 9.29

풀이 오일러 장주공식에 의하여

$$P_B=\frac{\pi^2 EI}{l^2} \quad \text{여기서}, \ \frac{P_B}{3.5}=2.4 \qquad \therefore \ P_B=2.4\times3.5=8.4\,(\text{t})=8,400\,\text{kg}$$

$$l=800\,\text{cm}, \ I=\frac{a^4}{12}$$

$$8,400=\frac{(3.14)^2\times10\times10^4\times\frac{a^4}{12}}{(800)^2} \qquad \therefore \ a^4=\frac{8,400\times12\times(800)^2}{(3.14)^2\times10\times10^4}=65,431$$

$$\therefore \ a=16\,\text{cm}$$

【문제 4】

양단 회전단이고, 길이 2m의 목재 각주로서 안전하중을 1.5ton으로 하려면 각주의 한 변의 길이를 몇 mm로 하면 좋은가?(단, 오일러 공식을 사용하고 안전율 $S=10$, $E=10^5$kg/cm²라고 한다)

풀이 좌굴하중 $P_b=P_s\times10=15$(t)

$$P=\frac{n\pi^2 EI}{l^2} \text{에서} \ I=\frac{Pl^2}{n\pi^2 E} \ (\text{여기서}, \ P_B=15\text{ton}=15,000\,\text{kg}, \ l=200\,\text{cm}, \ n=1)$$

$E=10^5\,(\text{kg/cm}^2)$를 대입하면

$$I=\frac{Pl^2}{n\pi^2 E}=\frac{15,000\times200^2}{\pi^2\times10^5}=608\,\text{cm}^4$$

정사각형의 $I=\frac{h^4}{12}$ 이므로 $\frac{h^4}{12}=608$

$$\therefore \ h=\sqrt[4]{608\times12}=9.25\,\text{cm}$$

연 습 문 제

문 **1.** 그림과 같은 양단핀 지주의 목조주(木造柱)가 있다. 그 단면은 15cm각이다. 이 주의 오일러 좌굴하중을 구하시오(단, $E=8\times10^4\,\text{kg/cm}^2$).

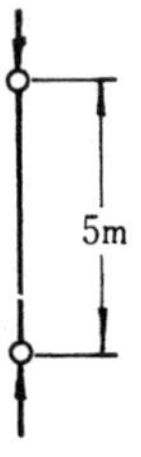

문 **2.** 그림 (b)와 같은 단면을 가진 강이 (a)와 같은 상태로 축방향력 13t을 받을 때, 이 주가 좌굴을 일으키는 최소길이를 구하시오(단, $I_x=75.9\,\text{cm}^4$, $I_y=12.4\,\text{cm}^4$, $A=8.82\,\text{cm}$, $E=2.1\times10^3\,\text{t/cm}^2$).

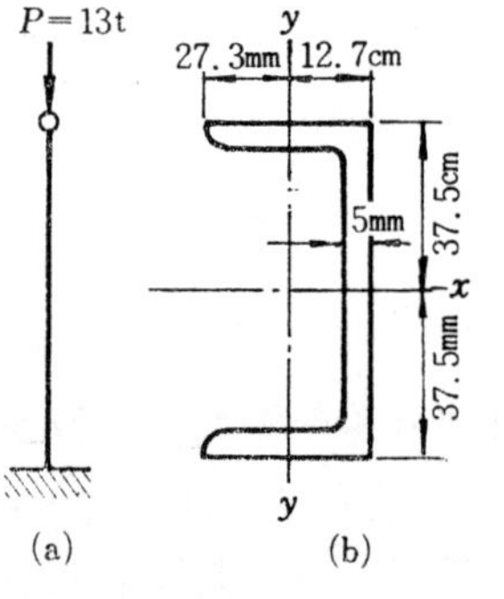

문 **3.** 직사각형 단면을 가진 4m의 침엽수 나무 기둥에 축방향력 6t이 작용할 경우 안전한 기둥을 설계하시오(단, 양단 힌지로 한다).

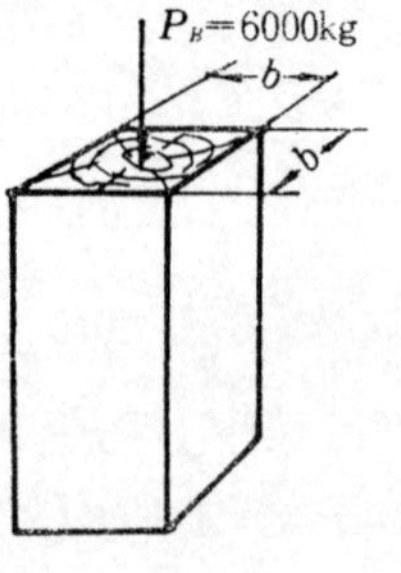

해답 **1.** 13.4(t) **2.** $l=1.99\,\text{m}$ **3.** $b=15.1\,\text{cm}$

문 4. 상부 너비 3m의 수직 방파제가 있다. 최고 수위 6m에서 폭풍 때 파력 1m당 2t이 작용한다. 이 방파제의 단위 체적량이 2.3t/m^3, 해수의 비중이 1.03일 때 방파제의 높이는 몇 m 필요한가?(단, 파력은 수표면에 작용하는 것으로 한다. $w_0=1\text{t/m}^3$)

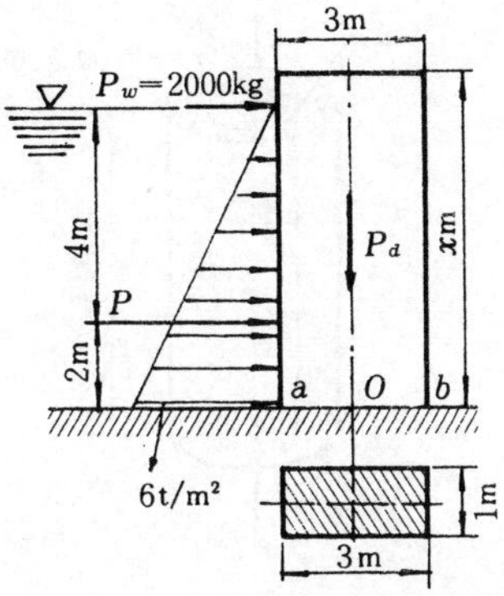

문 5. 그림과 같은 단면의 단주가 $P=72\text{t}$의 편심하중을 받을 때의 응력을 구하시오.

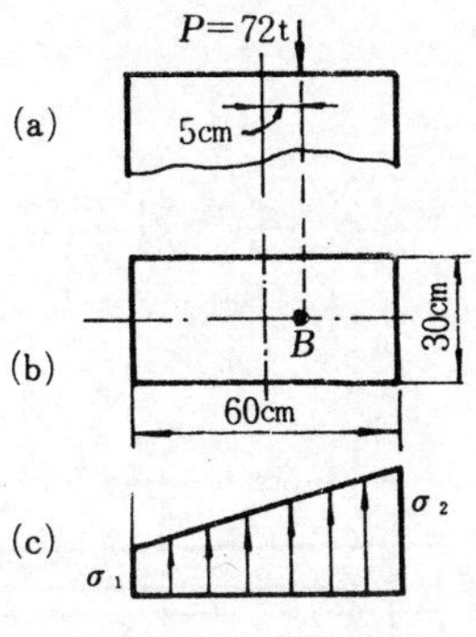

해답 4. 14.23m 이상　　5. $\sigma_1=20\text{kg/cm}^2$, $\sigma_2=60\text{kg/cm}^2$

문 6. 하중 $P_b=100,000\,\text{kg}$의 힘을 받는 원통 강주(연철), 양단 힌지의 $E=2,100,000\,\text{kg/cm}^2$로 응력 $\sigma_b=2,800\,\text{kg/cm}^2$를 받아 좌굴하였다. 이 단면의 지름 d_1, d_2를 구하여라.

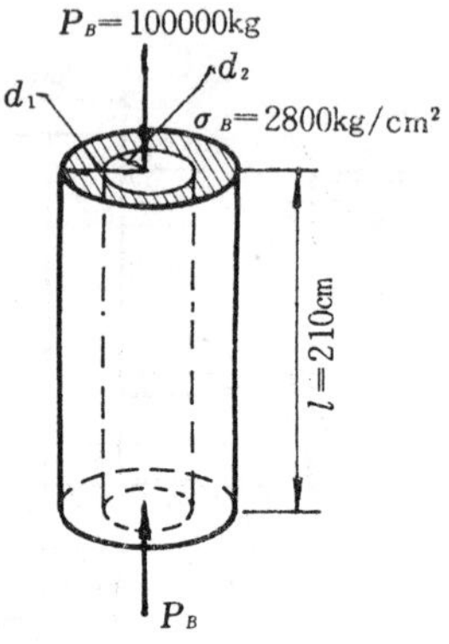

문 7. 바깥지름 20cm, 안지름 15cm, 길이 8m의 속이 빈 주철관의 장주가 있다. 이 장주의 허용하중을 구하시오(기둥의 양 끝은 힌지이고, 안전율은 8, $E=1,000,000\,\text{kg/cm}^2$이다).

문 8. 그림과 같이 I형강이 양단 회전상태로 되어 있을 때 이 기둥의 좌굴하중을 구하시오(단, $E=2.1\times10^3\,\text{t/cm}^2$, $A=12\,\text{cm}^2$, $I_x=190\,\text{cm}^4$, $I_y=27\,\text{cm}^4$).

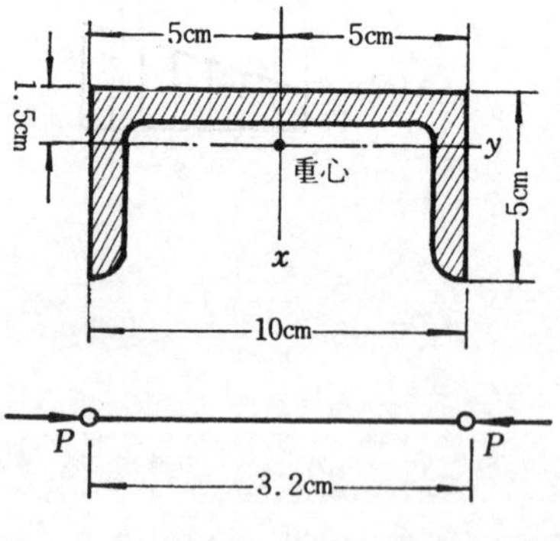

문 9. $L-90\times90\times10$의 강재가 리벳으로 연결되었을 때 길이가 1.5m 및 2.5m이면 각각 몇 ton의 안전하중을 받을 수 있는가?(단, 단면 2차 반지름 $r=1.71\,\text{cm}$로 한다)

해답 6. $\begin{cases} d_1=23.2\,\text{cm} \\ d_2=22.2\,\text{cm} \end{cases}$ 7. $P=10,338\,\text{kg}$ 8. $P=5.4\,(\text{t})$ 9. $\begin{cases} P_a=13,859\,\text{kg}(\text{길이 } 1.5\text{m}) \\ P_a=5,726\,\text{kg}(\text{길이 } 2.5\text{m}) \end{cases}$

제 10 장

트러스

- 1. 개요
- 2. 트러스의 명칭
- 3. 트러스의 종류
- 4. 트러스 해법상의 가정
- 5. 트러스의 안정과 불안정, 정정 및 부정정
- 6. 트러스의 해법
- 7. 크레모나의 도해법
- 8. 트러스의 영향선

제10장 트러스

1. 개요

트러스(truss)란 두 개 이상의 직선 부재 양단을 전혀 마찰이 없는 활절로 이어, 이것을 지반 또는 따른 구조물과 적당히 조합하여 외력에 저항할 수 있게 조립한 구조물이다. 즉, 트러스란 2개 이상의 직선 부재 양 끝을 마찰이 없는 활절로 결합시킨 복합 구조를 말한다.

트러스는 그것을 구성하는 각 부재가 축방향력(인장력이나 압축력)에 의하여 외력에 저항하는 것으로, 보처럼 휨 응력이나 전단응력 등에 의하여 외력에 저항하는 것과는 근본적으로 다르다. 실제 트러스는 입체적으로 구성되어 있으나, 설계계산에서는 이것을 평면 트러스(plane truss)로 나누어 생각할 수 있으므로, 여기서는 평면 트러스에 대해서 설명하기로 한다.

보에서는 간이 커지면 그 위에 작용하는 하중을 안전하게 지지하기 위해서 부재 단면이 커져 비경제적이므로, 보다 경제적으로 하중을 지지하기 위해서 트러스 구조가 사용된다. 실제 트러스는 힌지의 핀 접촉면에는 어느 정도 마찰을 일으킨다. 또, 힌지 구조로 하는 대신 리벳 결합, 또는 용접 결합을 하는 경우가 많으므로 모두가 트러스의 정의에서 말한 조건과는 다른 구조가 된다.

그러나 보통 트러스 각 부재에서 일어나는 축방향력인 1차 응력을 계산하고, 특별한 경우에만 힌지 마찰 또는 결합점의 강성의 영향을 2차 응력(secondary stress)의 문제로서 따로 생각한다. 2차 응력이란 격점이 완전한 hinge가 아니어서 생기는 응력을 말하나, 리벳 연결된 트러스라도 2차 응력은 적어서 실용상 무시해도 좋다. 또 실제로 보의 높이가 커졌을 때에 보의 내부응력을 조사해 보면, 보가 휨모멘트를 받을 때 생기는 응력은 보의 상하연부에서 최대이고 중립축 부근에서 극히 작다. 따라서 높이가 큰 보에서 과잉 재료를 절약하고, 중량을 줄이기 위해서는 휨모멘트에 의하여 생기는 응력이 작은 부분 즉, 보의 복부에서 불필요한 살(부분)을 떼어낸다. 그리고 복부는 전단력을 부담할 만큼의 강도로 만들고, 휨모멘트는 상하연부에 의하여 부담시킨다. 또, 복부의 살을 떼어내는 대신에 처음부터 상연과 하연의 부재는 단순히 잇는 정도로 만들어 상하연부가 휨모멘트를 받고, 이들을 잇는 복부의 부재가 전단력을 받아 지지하게 한다.

이와 같이 하여 만든 것이 트러스이다. 앞에서도 말한 것과 같이 트러스는 보의 지간이 커졌을 때 보 대신으로 사용되는 경제적인 구조물이다. 이 트러스는 교량, 건물의 지붕, 기중기 등에 널리 사용되고 있다.

2. 트러스의 명칭

트러스의 부재는 크게 나누어 현재(chord member)와 복재(web member)로 이루어져 있다. 현재란 트러스의 외부를 형성하고 있는 부재이며 그 중 트러스 상부에 있는 현재를 상현재(upper chord), 하부에 있는 것을 하현재(lower chord)라고 한다.

또한 복재는 현재 상호간을 잇는 부재이며, 그 중 연직 방향의 복재를 수직재(vertical member), 경사진 복재를 사재(diagonal member)라고 한다.

각 부재 중에서 인장력을 받는 부재를 인장재(tension member), 압축력을 받는 부재를 압축재(compression member)라고 하며, 일반적으로 상현재는 압축응력이 일어나므로 압축재, 하현재는 인장응력이 일어나므로 인장재라고도 한다. 각 부재의 두 끝의 결합점을 절점(joint) 또는 격점(panel joint)이라 한다.

현재(chord member) 두 끝에 있는 절점사이의 거리 λ를 격간장(panel length)이라 한다. 또 절점 중 부재 끝이 자유롭게 회전되는 것을 활절(pin joint, hinged joint), 부재 끝이 강결된 것을 강절이라 한다. 트러스의 명칭을 요약하면 다음과 같다.

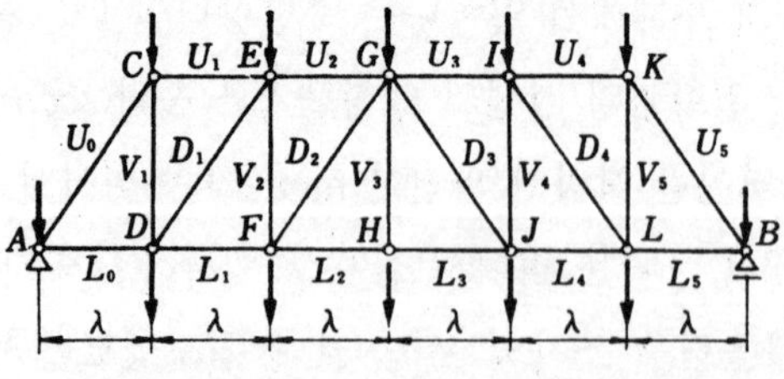

- 상부(member)
  - 현재(chord member)
    - 상현재(upper chord) : U
    - 하현재(lower chord) : L
  - 복재(web member)
    - 수직재(vertical member) : V
    - 사재(diagonal member) : D

절점 또는 격점(panel point) : $A, B, C, D, \cdots$

격간길이(panel length) : λ

그림 10.1

3. 트러스의 종류

(1) 외력인 하중의 작용위치에 따라서 나누면 다음과 같다.

① 하로(河路) 트러스 : 하중이 하현재에 작용하는 것[그림 10.2(a), (c), (d), (e), (g), (h), (i), (j), (k), (l)]

② 상로(上路) 트러스 : 하중이 상현재에 작용하는 것[그림 10.2(b), (f)]

(2) 상로, 하로 트러스를 막론하고 사재(diagonal member)의 방향에 따라 나누면 다음과 같다.

① 프랫트 트러스(pratt truss) : 상현재는 압축력, 하현재는 인장력, 사재는 주로 인장력, 수직재는 주로 압축력이 작용하고, 강교에 널리 사용된다[그림 10.2(a), (b), (c)]

② 하우 트러스(howe truss) : 상현재는 압축력, 하현재는 인장력, 사재는 주로 압축력, 수직재는 주로 인장력이 작용하고, 목조 트러스에 많이 사용된다[그림 10.2(d), (e), (f)].

③ 와렌 트러스(warren truss) : 수직재가 없고 다른 트러스에 비해 부재 수가 적고 구조가 간단하며, 연속교에 많이 사용된다. 이 트러스의 결점으로는 현재(chord member)의 길이가 과대하여 강성을 감소시킨다는 것이다. 이러한 단점을 보완하기 위해서 수직재를 사용하기도 한다[그림 10.2(g), (h), (i)].

④ K-truss : 복부재의 길이를 비교적 짧게 할 수 있고 사재의 경사를 적당히 할 수 있는 장점이 있으나, 외관이 좋지 않으므로 별로 사용하지 않는다[그림 10.2(j), (k)].

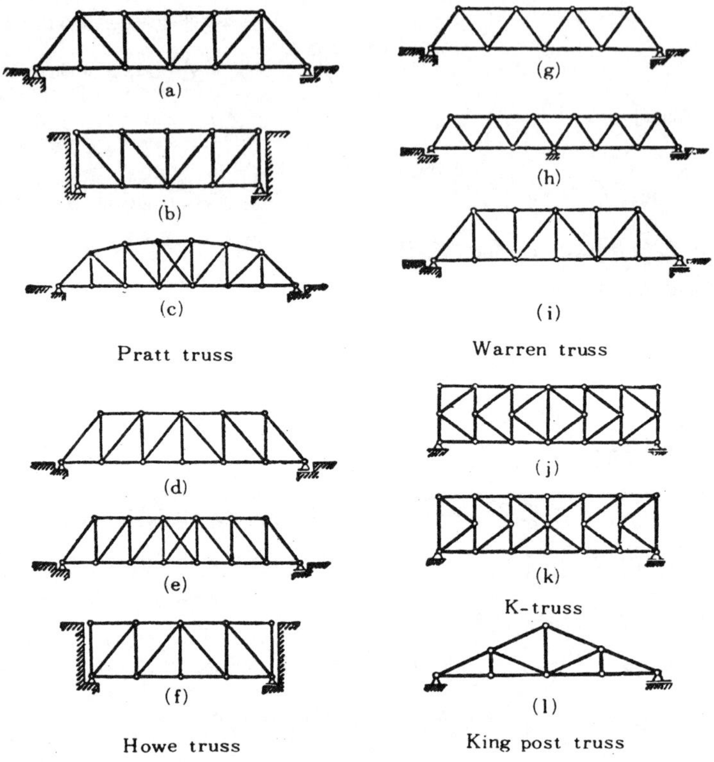

그림 10.2

4. 트러스 해법상의 가정

정역학적(靜力學的) 계산으로 트러스 각 부재의 부재력을 구하는 것을 트러스를 푼다고 하고, 다음과 같은 가정하에 트러스의 부재력을 구한다.

(1) 각 부재는 전혀 마찰이 없는 핀(pin) 또는 힌지(hinge)로 결합되어 자유로이 회전할 수 있다. 그러나 실제로는 절점이 리벳으로 접합되어 있거나 때로는 용접되어 있다.

(2) 하중은 모두 절점에 집중하여 작용하는 것으로 한다.
대체로 이 가정이 만족되도록 구조를 이루고 있으나, 자중 또는 풍압력 등을 무시하거나 절점에 작용하는 하중으로 분해하여 작용시킨다.

(3) 절점을 잇는 직선은 부재축과 일치한다.

(4) 부재응력은 언제나 그 부재의 탄성응력 이내에 있다.

(5) 트러스 각 부재의 변형은 미소하여 이것을 무시하고, 하중이 작용한 후에도 격점의

위치에는 변화가 생기지 않는다.

위의 가정 아래 트러스에는 전단력이나 휨모멘트는 일어나지 않고 다만 축방향력으로써 인장력과 압축력만을 구하며, 이러한 축방향력을 앞서 말한 바와 같이 1차 응력이라 하고, 절점의 강결(剛結), 자중 등에 의해서 전단력이나 굽힘 모멘트가 생기는 응력을 2차 응력이라고 하는데, 2차 응력은 1차 응력의 20~30%이고 계산하지 않는 것이 보통이다.

5. 트러스의 안정과 불안정, 정정 및 부정정

트러스에 어떠한 하중이 작용하여도 항상 힘의 균형을 이룰 때 이 트러스는 안정(stable)하다고 하며, 그렇지 않은 경우를 불안정(unstable)하다고 한다. 하나의 트러스가 안정하기 위한 가장 간단한 구조는 그림 10.3(a)에 보인 활절 삼각형 트러스이다. 이 기본적인 트러스는 어떠한 외력에 대해서도 그 형상을 무너뜨리지 않는다.

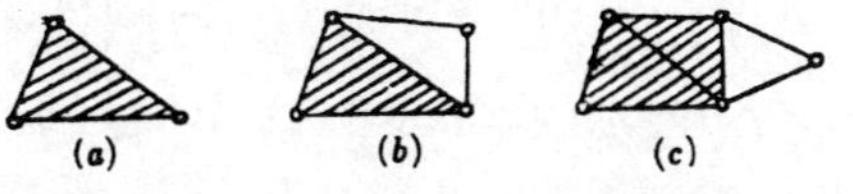

그림 10.3

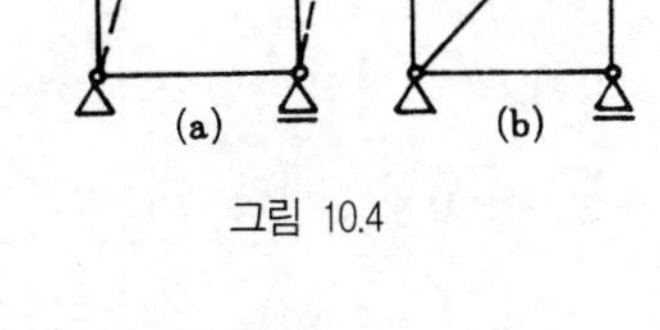

그림 10.4

이와 같은 형상의 안정을 내적 안정(internally stable)이라 한다. 즉, 트러스에 어떠한 하중이 작용하여도 그 형상이 변화하지 않을 때를 말한다. 또한 구조물이 외력에 의하여 그 위치를 바꾸지 않을 때 이것을 외적 안정(externally stable)이라 한다.

그림 10.4(a)에 나타낸 구조는 외적 안정이지만, 내적으로는 불안정하다. 그러나 그림 10.4(b)와 같이 사재를 넣으면 안정된 구조로 된다. 또 그림 10.3(a)의 기본 삼각형을 근본으로 하여 순차적으로 내적 안정한 트러스를 그림 10.3(b), (c)와 같이 만들어 갈 수 있다.

그림 10.5(a)는 외적 불안정이고 내적 안정이며, 그림 10.5(b)는 내적 불안정, 외적 안정이고, 그림 (c), (d)는 외적, 내적 모두 안정한 트러스이다.

다음에 정정과 부정정에 대해서 설명하면, 먼저 외적으로 안정한 트러스에서 지점반력을 3개의 균형조건식만으로 구할 수 있을 때 그 트러스는 외적 정정((externally statically determinate)이라 하고, 그렇지 않을 때를 외적 부정정(externally statically indeterminate)이라고 한다.

또한 내적으로 안정한 트러스가 외적으로 정정인 경우, 부재응력을 모두 균형조건식만으로 구할 수 있을 때에는 내적 정정(internally statically determinate), 그렇지 않은 경우를 내적 부정정(internally statically indeterminate)이라고 한다.

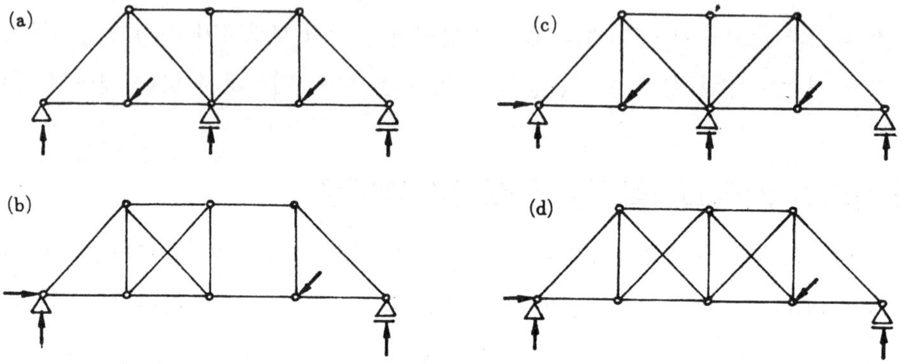

그림 10.5

예를 들면 그림 10.5(c)는 외적 부정정, 그림 10.5(d)는 내적 부정정의 트러스이다. 안정, 불안정 또는 정정, 부정정을 판단하는 조건식은 다음과 같이 생각해 볼 수 있다.

먼저 외적 안정과 정정의 조건에 대하여 설명해 본다. 트러스가 외적으로 안정하기 위하여는 어떠한 경우에도 하중과 지점반력이 균형을 유지하여야 한다. 또 외적으로 정정하기 위하여는 모든 지점반력이 균형의 3조건만으로 결정되어야 한다. 따라서 이 두 가지 조건으로 외적 안정과 정정이 정하여진다.

따라서 지점반력의 총수를 r이라 하면 이것을 구하는 데 조건식은 $\sum H=0$, $\sum V=0$, $\sum M=0$의 3개이므로

$$\left.\begin{array}{l} r<3\text{일 때 : 외적 불안정} \\ r=3\text{일 때 : 외적 안정이고 정정} \\ r>3\text{일 때 : 외적 안정이고 부정정} \end{array}\right\} \cdots\cdots (10\text{-}1)$$

단, 둘째와 셋째의 조건은 외적 안정에 대하여 필요한 조건이나 충분한 조건은 아니다. 왜냐하면 $r=3$이라고 하는 것은 외적 안정에 필요한 것이기는 하지만 $r=3$이면 반드시 외적 안정이라고 말할 수 없기 때문이다. 예를 들면 그림 10.5(a)에서 $r=3$이지만 이것은 외적으로 불안정하다. 그리고 일반적으로 널리 사용되는 트러스는 지점의 수가 2개로, 그 한 지점이 회전지점, 다른 한 지점이 이동지점인 것과 같이 만들어져 있는데, 이 경우 지

점반력의 수는 회전지점에 2개, 이동지점에 1개, 모두 3개로 $r=3$이므로, 이 경우는 외적으로 안정하고 정정인 것이다.

이번에는 내적 안정과 정정의 조건을 생각해 본다.

그림 10.3에서 부재수를 m, 절점수를 P라 하면, m과 P와의 관계는

$$m=2P-3 \qquad \cdots\cdots (10\text{-}2)$$

이다. 그러나 이것은 내적으로 안정하기 위한 필요조건이나 충분한 조건은 아니다.

예컨대, 그림 10.6에 나타난 것과 같은 경우의 트러스는 식(10-2)를 만족하지만, 활절 4변형은 불안정하므로 트러스로서는 내적으로 불안정이다. 즉, 트러스가 내적으로 안정하기 위해서는 식(10-2)를 만족하는 동시에, 그림 10.6과 같은 활절 4변형을 포함하지 않아야 할 필요가 있다.

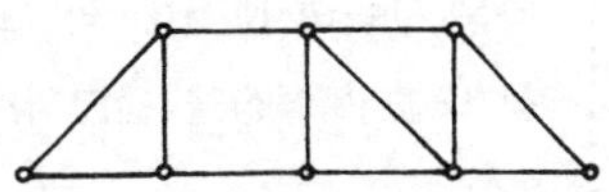

그림 10.6

다음에 $m>2P-3$이고, 또 트러스의 어느 부분에도 활절 4변형을 포함하지 않는 것은 물론 내적 안정 트러스이다. 지금 하나의 트러스를 생각하고 이것에 하중이 작용한다고 하자. 이 트러스의 부재수를 m이라 하면, 부재는 모두 축방향력만을 받으므로 미지의 부재력 수는 m개가 되며, 외적 안정이고, 정정 트러스의 지점반력 총수는 3이 된다.

따라서 이러한 경우에는 미지력으로서의 지점반력과 부재응력의 총수는 $(m+3)$이다. 한편, 이들의 미지력을 구하기 위한 조건식의 수를 생각해 보면, 절점의 총수를 P라고 할 때 $2P$개의 균형조건식이 독립적으로 성립한다.

왜냐하면 절점에 모인 부재응력, 하중 및 지점반력은 1점에 작용하는 여러 개의 평면력에 해당하고, 균형조건은 $\sum H=0$, $\sum V=0$ 2개의 식이 성립되기 때문이다. 따라서

$$\left.\begin{array}{l} m<2P-3\text{일 때 : 내적 불안정} \\ m=2P-3\text{일 때 : 내적 안정이고 정정} \\ m>2P-3\text{일 때 : 내적 안정이고 부정정} \end{array}\right\} \cdots\cdots (10\text{-}3)$$

단, 둘째와 셋째의 조건은 충분조건은 아니다. 예를 들면 그림 10.5(b)에서 $m=13$, $P=8$이므로 $13=2\times8-3$으로 되지만, 이것은 사각형을 이루고 있는 부분이 있으므로 내적 불안정이다.

따라서 내적 안정이 되려면 식(10-3)의 둘째 또는 셋째 식을 만족시키고, 사변형을 포함

하지 않아야 된다. 또, 내적 부정정인 트러스에서

$$n=m+3-2P \quad \cdots\cdots (10\text{-}4)$$

로 놓았을 때 n을 부정정 차수라 하며, 균형조건식의 총수보다 미지력이 n개만큼 많다는 뜻이다. 바꾸어 말하면, 내적으로 안정하고도 정정이 되는데 필요이상의 부재를 n개만큼 가지고 있다는 것이 된다.

【예제 1】

다음 그림의 K-truss와 그림 10.5(d)의 트러스에서 정정 또는 부정정을 판별하시오.

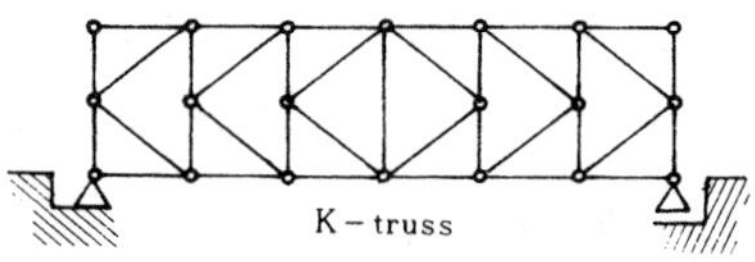

그림 10.7

풀이 K－truss : $m=37$, $P=20$이므로 $n=37+3-2\times20=0$ 즉, 정정이다.
그림 10.5(d) 경우 : $m=15$ $P=8$이므로 $n=15+3-2\times8=2$
즉, 내적 2차 부정정이다.

6. 트러스의 해법

트러스 부재력의 해법은 가정에 의하여 푸는 경우, 반력을 구하여 각 부재의 축방향력(압축력, 인장력)만 구하면 된다. 이것을 부재력이라 하고, 부재력을 구하는 데는 다음과 같은 여러 가지 방법이 있으므로 구조 상태나 목적에 따라 편리한 방법을 이용해야 하며, 정정 트러스에서 지점반력은 단순보의 경우와 동일한 방법으로 구한다.

(1) 절점법

트러스의 한 절점에 작용하는 힘은 이 절점에 연결되어 있는 각 부재의 응력과 이 절점에 직접 작용하는 하중이기 때문에, 한 점에 작용하는 여러 개의 힘의 균형조건 $\sum H=0$, $\sum V=0$을 적용하여 미지 부재력을 구하는 방법을 절점법(method of joint) 혹은 격점법이라 하고, 부재응력이 미지일 때에는 인장력으로 가정하여 풀고, 만일 계산 결과가 부의 값이 되면 이것은 압축력이 된다.

위의 균형조건 $\sum H=0$, $\sum V=0$에서 알 수 있는 바와 같이 미지의 부재응력이 2개인 때에만 한정되고 계산의 오차가 다른 부재에 영향을 주는 단점이 있다. 부재응력의 부호는 절점의 주위에 절단면을 가상하여 부재응력이 절단면에 향하면 인장응력(+)이고, 절점에 향하면 압축응력(−)이다.

그림 10.8(a)에서 $t-t$에 의하여 절단된 절점 2를 떼내면 그림 (b)와 같이 된다. 따라서 절점 2에 대하여 부재력 L_1, L_3, D_2, D_3 및 하중 P의 균형을 생각하면, $\sum H=0$ 및 $\sum V=0$의 두 조건식이 성립되어야 한다. 여기에 L_1, L_3, D_2 및 D_3는 각각 부재 02, 24, 12 및 23에 작용하는 부재력이다. 계산순서로는 먼저 정정보와 같은 방법으로 지점반력 R_0, R_4를 구한 다음 두 부재만으로 형성된 절점[그림 10.8(a)의 지점 0 또는 4]을 생각하여 처음에 구한 반력 R_0, 또는 R_4와 두 부재에 평형조건식을 적용하여 미지의 두 부재력을 구하고, 순차로 다른 절점에 계산을 옮겨가면 된다. 이들을 예제를 통해 설명해 보기로 한다.

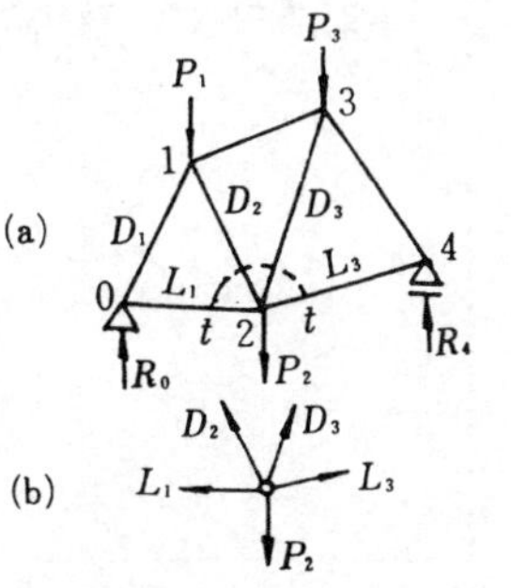

그림 10.8

【예제 2】

그림과 같은 트러스에서 D, L의 부재력을 구하시오.

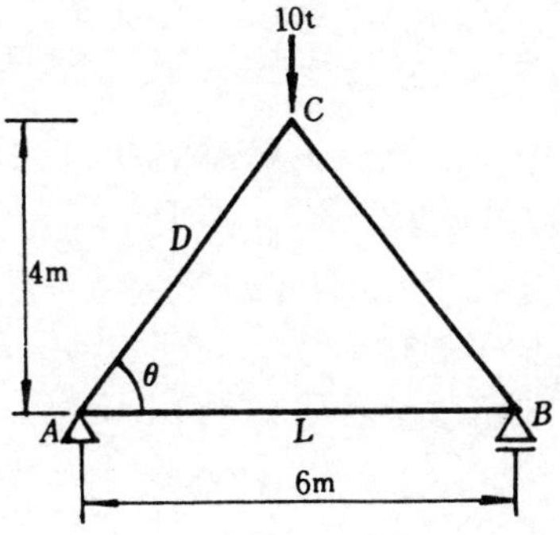

그림 10.9

풀이 $R_A=R_B=\dfrac{10}{2}=5\,(\mathrm{t})$

부재응력은 절점에 대해서 떨어지려는 방향의 힘, 즉, 인장력으로 가정하고 푼다.

만약 계산 결과가 (−)이면 압축력이다.

격점 A에서 평형조건식을 세우면

$\sum V=0$에서

$D\sin\theta+5=0$

$\therefore\ D=\dfrac{-5}{\sin\theta}=\dfrac{-5}{\frac{4}{5}}=-6.25\,(t)$(압축)(↙)

$\sum H=0$에서 $L+D\cos\theta=0$

$L=-D\cos\theta=-(-6.25)\times\dfrac{3}{5}=3.75t$(인장)(→)

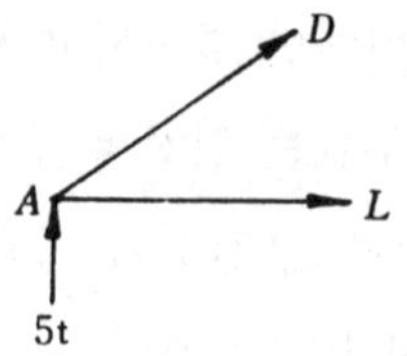

【예제 3】

다음 트러스의 각 부재력을 구하시오.

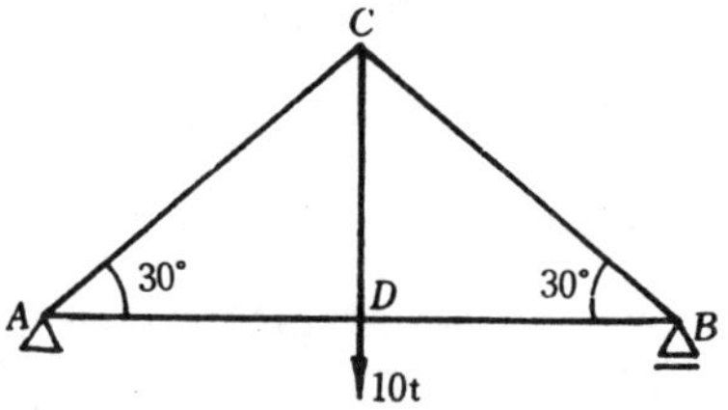

그림 10.10

풀이 $R_A=R_B=\dfrac{10}{2}=5(t)$

A점의 평형방정식으로부터

$\sum V=5+S_{AC}\sin30°=0$

$\therefore\ S_{AC}=-10\,(t)$(압축)(↙)

$\sum H=\cos30°\times(-10)+S_{AD}=0$

$\therefore\ S_{AD}=5\sqrt{3}\,(t)$(인장)(→)

D점의 평형 방정식으로부터

$S_{DC}=10(t)$(인장)(↑)

좌우대칭이므로

$S_{DB}=S_{AD}=5\sqrt{3}(t)$(인장) (←)

$S_{BC}=S_{AC}=-10\,(t)$(압축)(↘)

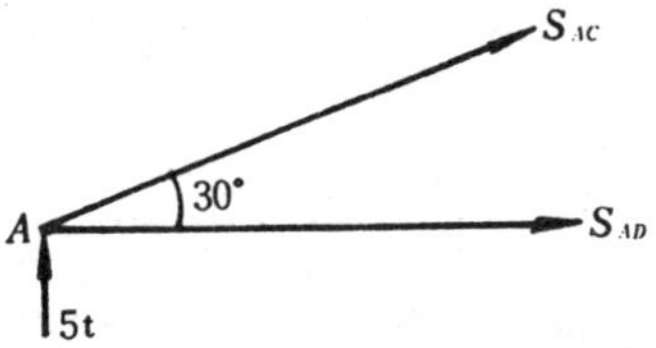

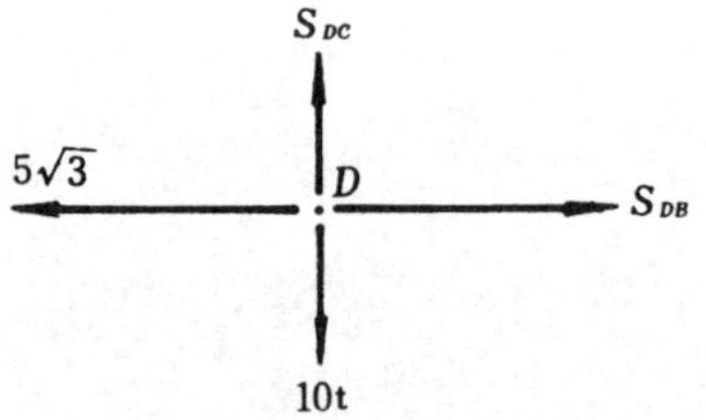

【예제 4】

그림과 같은 트러스의 각 부재응력을 구하시오.

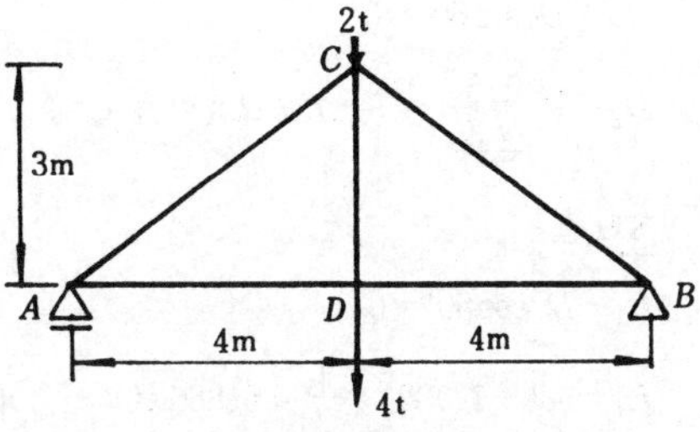

그림 10.11

풀이 $R_A = R_B = \dfrac{2+4}{2} = 3\,(\mathrm{t})$

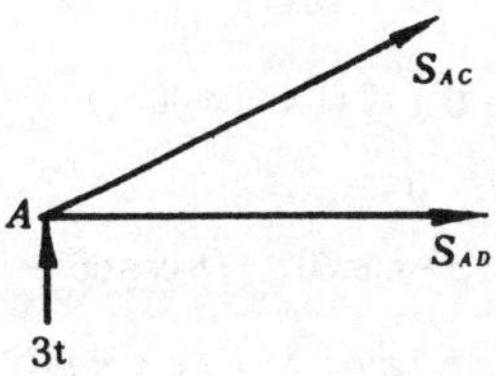

절점 A에서 $\sum V = \dfrac{3}{5} \times S_{AC} + 3 = 0$

$\therefore\ S_{AC} = -5\,(\mathrm{t})$(압축)(↙)

$\sum H = \dfrac{4}{5} \times S_{AC} + S_{AD} = 0$

$\dfrac{4}{5}(-5) + S_{AD} = 0 \qquad \therefore\ S_{AD} = 4\,(\mathrm{t})$(인장)(→)

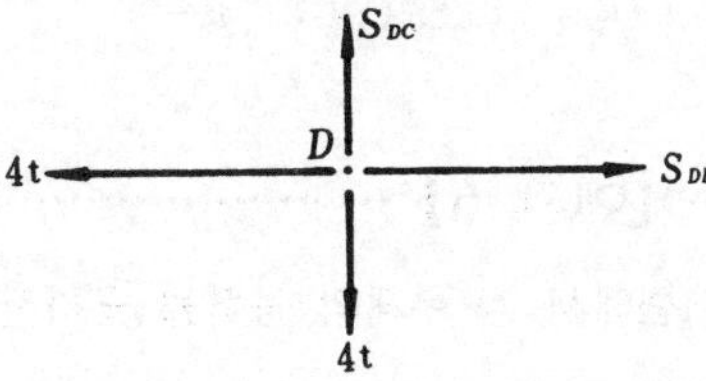

절점 D에서 $\sum V = S_{DC} - 4 = 0$

$\therefore\ S_{DC} = 4\,(\mathrm{t})$(인장)(↑)

$S_{AC} = S_{CB} = -5\,(\mathrm{t})$(압축)

$S_{AD} = S_{DB} = 4\,(\mathrm{t})$(인장)

【예제 5】

트러스의 각 부재응력을 절점법으로 푸시오.

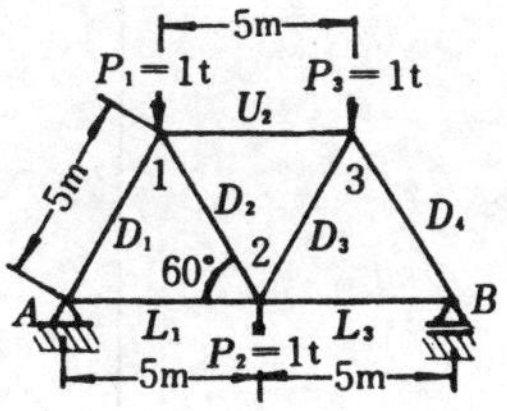

그림 10.12

풀이 좌우대칭이므로

$R_A = R_B,\ D_1 = D_4,\ D_2 = D_3,\ L_1 = L_3$이다.

$R_A = \dfrac{1+1+1}{2} = 1.5(\mathrm{t})$

절점 A에서

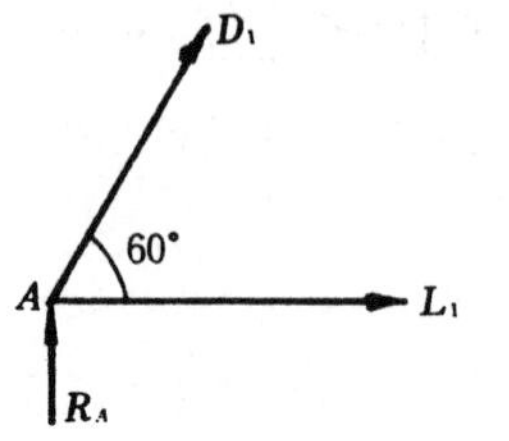

$\sum V=0$

$R_A+D_1\sin 60°=0$

$D_1=-\dfrac{1.5}{\dfrac{\sqrt{3}}{2}}=-1.732\,(t)$(압축)(↙)

$\sum H=0$

$L_1+D_1\cos 60°=0$

$L_1=-(-1.732)\times\dfrac{1}{2}=0.866\,(t)$(인장)(→)

절점 1에서

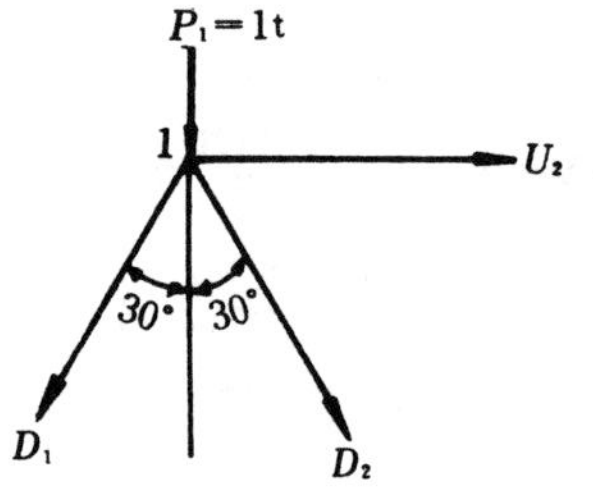

$\sum V=0$

$-1-D_1\cos 30°-D_2\cos 30°=0$

$-1-(-1.732)\times\dfrac{\sqrt{3}}{2}-D_2\cdot\dfrac{\sqrt{3}}{2}=0$

$D_2=0.577\,(t)$(인장)(↘)

$\sum H=0$

$U_2+D_2\cos 60°-D_1\cos 60°=0$

$U_2+0.577\times\dfrac{1}{2}-(-1.732)\times\dfrac{1}{2}=0$

$U_2=-1.155\,(t)$(압축)(←)

【예제 6】

그림에서 각 부재의 응력을 구하시오.

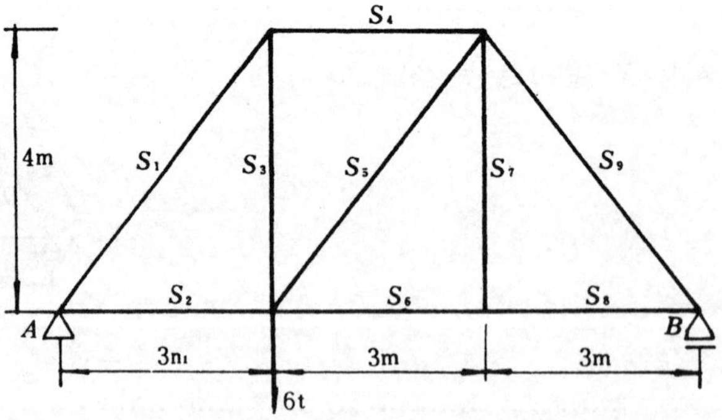

그림 10.13

풀이 $R_A\times 9-6\times 6=0$

$R_A=\dfrac{36}{9}=4\,(t),\quad R_B=6-4=2\,(t)$

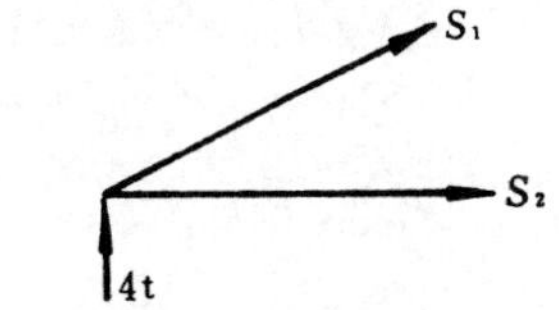

$\sin\theta = \frac{4}{5}$, $\cos\theta = \frac{3}{5}$

$\sum V = 0$에서

$S_1 \times \frac{4}{5} + 4 = 0$

$S_1 = -4 \times \frac{5}{4} = -5$ (t)(↙)

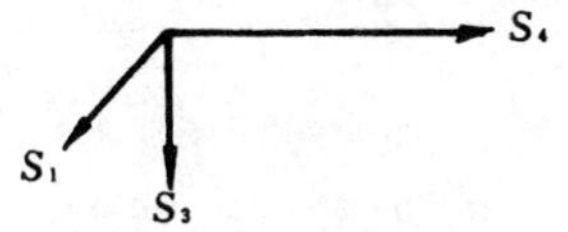

$\sum H = 0$에서

$S_1 \times \frac{3}{5} + S_2 = 0$, $S_2 = -(-5) \times \frac{3}{5} = 3$ (t)(→)

$\sum V = 0$에서

$-S_1 \times \frac{4}{5} - S_3 = 0$, $S_3 = -(-5) \times \frac{4}{5} = 4$ (t)(↓)

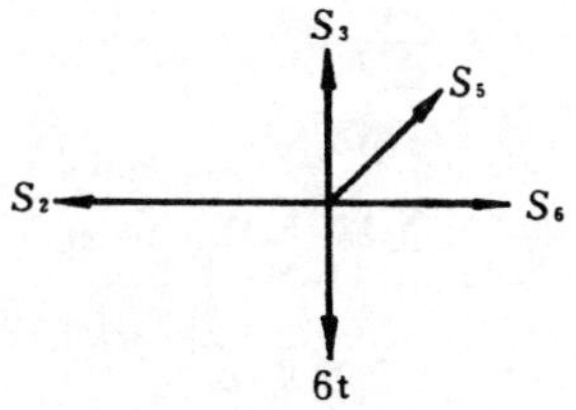

$\sum H = 0$에서

$-S_1 \times \frac{3}{5} + S_4 = 0$, $S_4 = -5 \times \frac{3}{5} = -3$ (t)(←)

$\sum V = 0$에서

$S_3 + S_5 \times \frac{4}{5} - 6 = 0$, $S_5 = (6-4) \times \frac{5}{4} = 2.5$ (t)(↗)

$\sum H = 0$에서

$-S_2 + S_5 \times \frac{3}{5} + S_6 = 0$, $S_6 = 3 - 2.5 \times \frac{3}{5} = 1.5$ (t)(→)

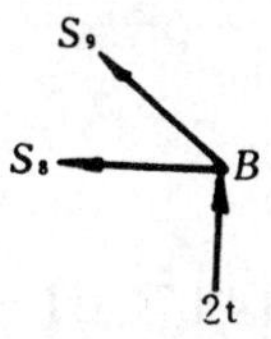

$S_7 = 0$, $S_8 = S_6 = 1.5$ (t)(대칭이므로)(←)

$\sum V = 0$에서 $S_9 \times \frac{4}{5} + 2 = 0$, $S_9 = -2 \times \frac{5}{4} = -2.5$ (t)(↘)

【예제 7】

그림과 같은 트러스의 각 부재응력을 구하시오.

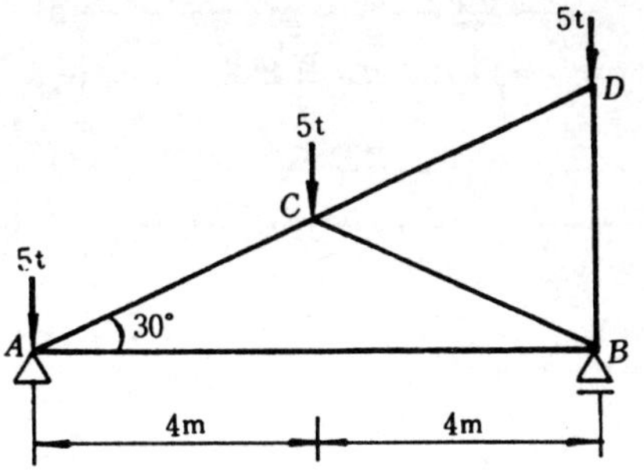

그림 10.14

풀이 $R_A = R_B = \frac{5 \times 3}{2} = 7.5$ (t)

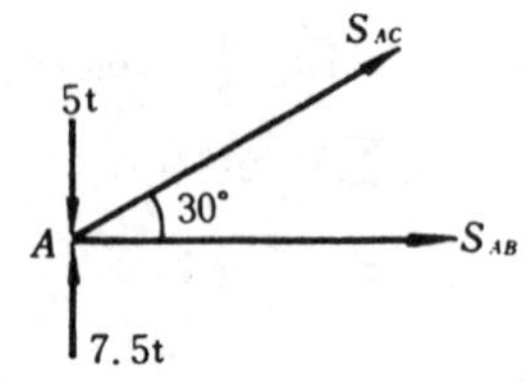

A점의 평형 방정식으로부터

$\sum V = 7.5 + S_{AC}\sin 30° - 5 = 0$

$7.5 + \frac{1}{2} S_{AC} - 5 = 0$

$\therefore \; S_{AC} = 2\times(5-7.5) = -(2\times 2.5) = -5\,(t)$ (압축)(↙)

$\sum H = S_{AB} + \frac{\sqrt{3}}{2} S_{AC} = 0$

$\therefore \; S_{AB} = -\frac{\sqrt{3}}{2} S_{AC} = -\frac{\sqrt{3}}{2} \times (-5) = 4.33\,(t)$ (인장)(→)

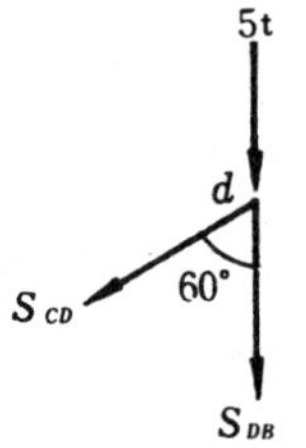

d점의 평형 방정식으로부터

$\sum H = S_{CD} \cdot \cos 30° = S_{CD} \frac{\sqrt{3}}{2} = 0 \qquad \therefore \; S_{CD} = 0$

$\sum V = -S_{DB} - 5 = 0 \qquad \therefore \; S_{DB} = -5\,(t)$(↑)

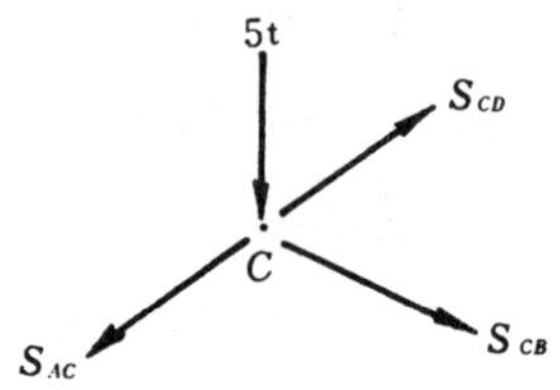

C점의 평형 방정식으로부터

$\sum H = -S_{AC}\cos 30° + S_{CB}\cos 30° = 0$

$-S_{AC} \cdot \frac{\sqrt{3}}{2} + S_{CB} \cdot \frac{\sqrt{3}}{2} = 0$

$\therefore \; S_{CB} = S_{AC} = -5\,(t)$(↖)

【예제 8】

다음과 같은 트러스의 부재응력을 구하시오.

그림 10.15

풀이 $\sum M_B = 12V_A + 4P_1 - 6P_2 - 3P_3 = 0$

$\therefore \; V_A = 4.5(t)$

$\sum H = H_A - P_1 = 0$

$\therefore \; H_A = P_1 = 6(t)$

$\therefore \; V_B = P_2 + P_3 - V_A = 8 + 10 - 4.5 = 13.5(t)$

점 A에서

$\sum V = V_A + D_1 \sin\alpha = 0$

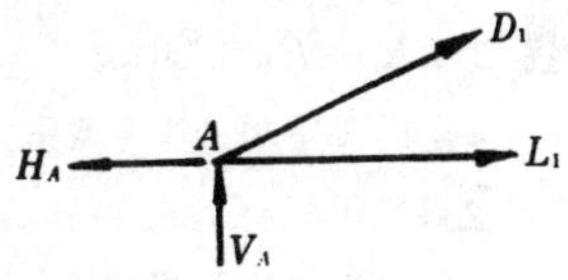

$\therefore\ D_1 = -\dfrac{V_A}{\sin\alpha} = -4.5\times\dfrac{5}{4} = -5.625(\mathrm{t})$

$\sum H = -H_A + L_1 + D_A\cos\alpha = 0$

$\therefore\ L_1 = H_A - D_1\cos\alpha = 6 + 5.625\times\dfrac{3}{5} = 9.375(\mathrm{t})$

점 D에서

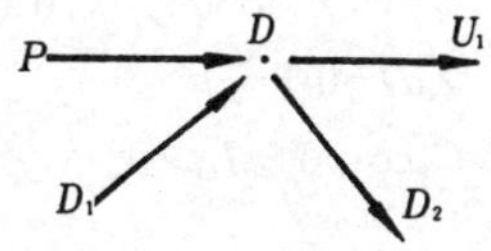

$\sum V = D_1\sin\alpha - D_2\sin\alpha = 0$

$\therefore\ D_2 = D_1 = 5.625(\mathrm{t})$

$\sum H = P_1 + U_1 + D_1\cos\alpha + D_2\cos\alpha = 0$

$\therefore\ U_1 = -P_1 - D_1\cos\alpha - D_2\cos\alpha$

$= -6 - 5.625\times\dfrac{3}{5} - 5.625\times\dfrac{3}{5} = -12.75(\mathrm{t})$

점 B에서

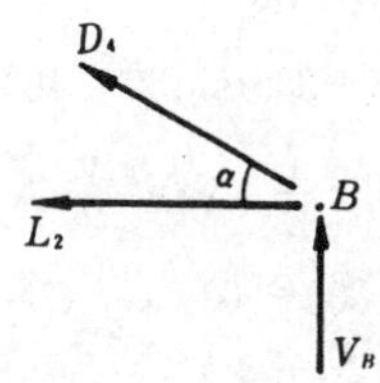

$\sum V = V_B + D_4\sin\alpha = 0$

$\therefore\ D_4 = -\dfrac{V_B}{\sin\alpha} = -13.5\times\dfrac{5}{4} = -16.875(\mathrm{t})$

$\sum H = -L_2 - D_4\cos\alpha = 0$

$\therefore\ L_2 = -D_4\cos\alpha = 16.875\times\dfrac{3}{5} = 10.125(\mathrm{t})$

점 E에서

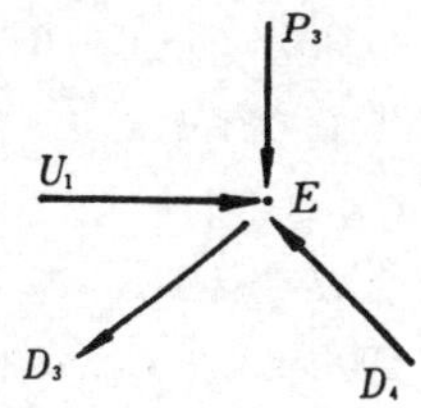

$\sum V = -P_3 - D_3\sin\alpha + D_4\sin\alpha = 0$

$\therefore\ D_3 = -\dfrac{P_3}{\sin\alpha} + D_4 = 4.375(\mathrm{t})$

【예제 9】

다음과 같은 지붕 트러스의 부재력을 구하시오.

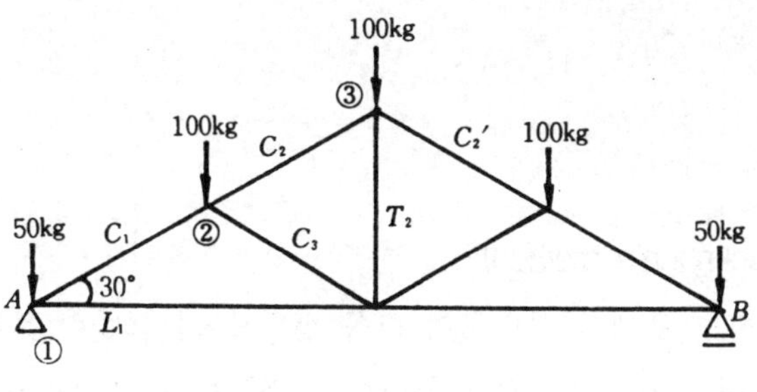

그림 10.16

풀이 반력 $R_A=R_B=200\,\text{kg}$

격점 ①에서 미지의 부재를 모두 인장재로 가정하면

$\sum V=0$에서

$200-50+C_1\sin30°=0$

$\therefore\ C_1=\dfrac{-150}{\sin30°}=\dfrac{-150}{0.5}=-300\,\text{kg}$(압축)(↙)

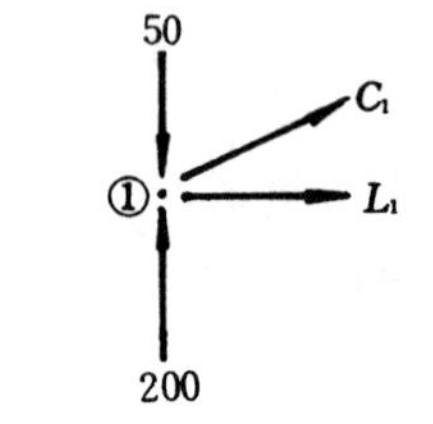

$\sum H=0$에서

$C_1\cos30°+L_1=0$

$\therefore\ L_1=-C_1\cos30°=-(-300)\dfrac{\sqrt{3}}{2}\fallingdotseq260\,\text{kg}$(인장)

격점 ②에서

$\sum V=0$에서

$-(-300)\sin30°-100+C_2\sin30°-C_3\sin30°=0$

$300\times\dfrac{1}{2}-100+\dfrac{1}{2}C_2-\dfrac{1}{2}C_3=0$

$\therefore\ 300-200+C_2-C_3=0$ .... ①

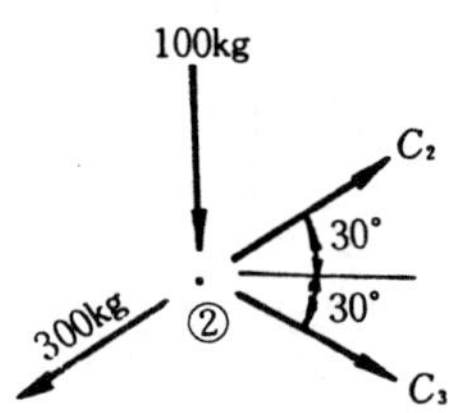

$\sum H=0$에서

$-(-300)\cos30°+C_2\cos30°+C_3\cos30°=0$

$\therefore\ 300+C_2+C_3=0$ .... ②

식 ①, ②에서 $C_2=-200\,\text{kg}$(압축), $C_3=-100\,\text{kg}$(압축)

격점 ③에서

$\sum H=0$에서

$200\cos30°+C_2'\cos30°=0$

$\therefore\ C_2'=-200\,\text{kg}$(압축)

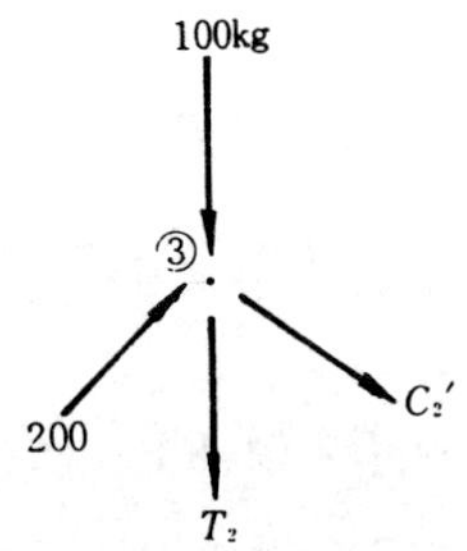

$\sum V=0$에서

$200\sin30°-100-C_2'\sin30°-T_2=0$

$\therefore\ 200\times\dfrac{1}{2}-100-(-200)\times\dfrac{1}{2}-T_2=0$

$\therefore\ T_2=100\,\text{kg}$(인장)

(2) 단면법

1) 전단력법(culmann's method)

구하려고 하는 부재를 절단하여 한쪽 방향의 외력(반력 포함)과 절단면의 부재력이 평형을 이룬다는 조건에서 $\sum V=0$, $\sum H=0$, $\sum M=0$의 평형 방정식을 사용하여 미지 부재력을 구하는 방법으로, 복재인 사재와 수직재의 응력을 구하는 데 편리하다.

그림 10.17과 같은 트러스에서 ⓣ-ⓣ 단면으로 절단했을 경우

$\sum H=0$에 의하여

$$S_1\cos\theta_1+S_2\cos\theta_2+S_3=0 \quad \cdots\cdots (10\text{-}5)$$

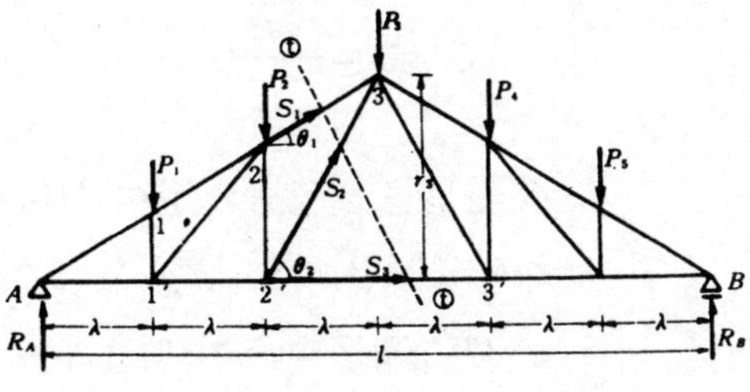

그림 10.17

$\sum V=0$에 의하여

$$R_A-P_1-P_2+S_1\sin\theta_1+S_2\sin\theta_2=0 \quad \cdots\cdots (10\text{-}6)$$

$\sum M_3=0$에 의하여

$$R_A\times 3\lambda-P_1\times 2\lambda-P_2\times\lambda-S_3\times r_3=0 \quad \cdots\cdots (10\text{-}7)$$

식(10-5), (10-6), (10-7)에 의해서 부재력 S_1, S_2, S_3을 구할 수 있다.

2) 모멘트법(ritter의 방법)

트러스를 임의의 단면에서 절단하면 그 어느 한쪽에 작용하는 외력과 절단된 부재력이 평형을 이룬다는 조건으로, $\sum M=0$에 의해서 미지의 부재력을 구하는 방법인데 상현재와 하현재를 구하는 데 편리하다.

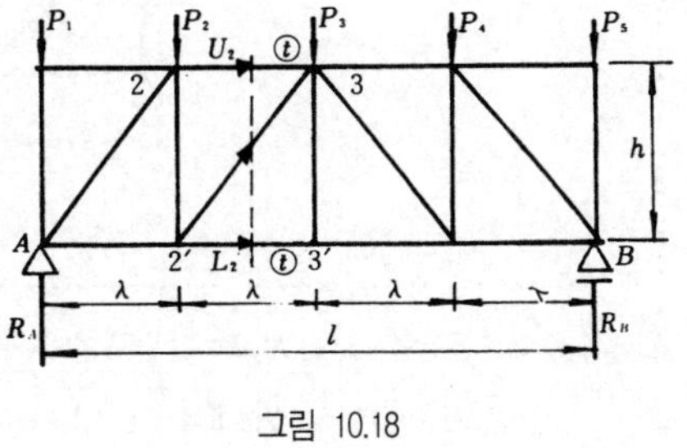

그림 10.18

그림 10.18과 같은 트러스에서 ⓣ-ⓣ 단면으로 절단했을 경우

$\sum M_2{}'=0$에 의해서

$$(R_A-P_1)\lambda+U_2\times h=0$$

$$\therefore\ U_2=-\frac{(R_A-P_1)\lambda}{h} \quad \cdots\cdots (10\text{-}8)$$

$\sum M_3=0$에 의해서

$$(R_A-P_1)\times 2\lambda-P_2\times\lambda-L_2\times h=0$$

$$\therefore \ L_2 = \frac{(R_A - P_1) \times 2\lambda - P_2 \times \lambda}{h} \quad \cdots\cdots (10\text{-}9)$$

이 방법은 절점법과 같이 어떠한 계산 순서를 고려하지 않고 임의의 중간 부재에 대한 응력을 바로 구할 수 있으며, 계산 과정에서의 잘못이 다른 부재응력을 구하는 데 영향을 미치지 않는다는 특징이 있으나, 모멘트의 중심 또는 모멘트를 구하기 위한 거리를 알기가 곤란하거나 알 수 없을 때에는 이 방법은 쓸 수 없다. 따라서 어떠한 트러스의 부재응력을 구하는 데 있어 한 가지 방법으로만 풀기보다는 방법의 특징을 감안하여 혼용하는 것이 보통이다.

【예제 10】

그림과 같은 트러스의 U, D, L 부재의 부재력을 구하시오.

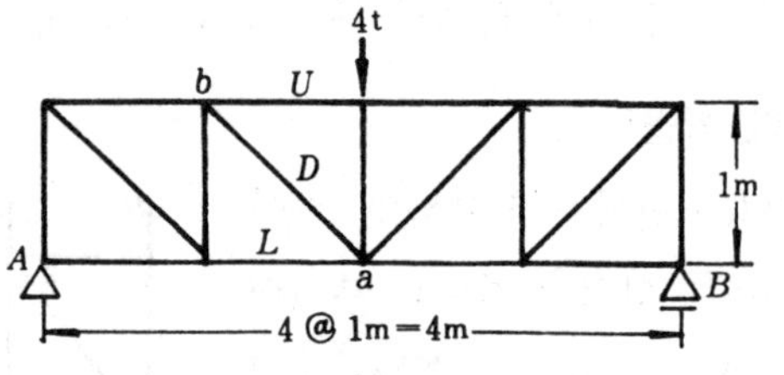

그림 10.19

풀이 (1) 지점반력 R_A, R_B는 단순보의 경우와 동일하다.

$\sum M_B=0$에서 $R_A \times 4 - 4 \times 2 = 0$ $\quad \therefore \ R_A = R_B = 2\,(\text{t})$

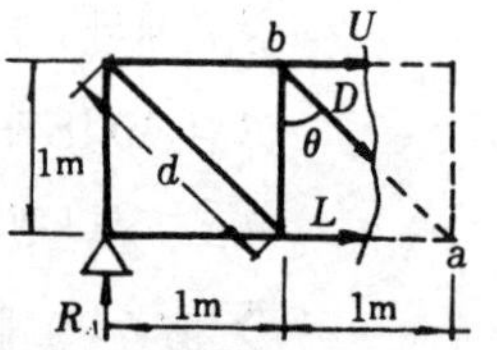

(2) 빗변의 길이 d

$d^2 = 1^2 + 1^2 = 2$(피타고라스 정리) $\quad \therefore \ d = \sqrt{2}\text{m}$

(3) U 부재력을 계산하기 위하여 미지 부재력 D와 L이 만나는 점 a에 휨모멘트의 합이 0

즉, $\sum M_a = 0$에 의해 U부재력을 구한다.

$U \times 1 + R_A \times 2 = 0 \quad \therefore \ U = -R_A \times 2 = -2 \times 2 = -4\,(\text{t})$

(4) L 부재력을 구하기 위해 U, D부재가 만나는 점 b에 좌측의 힘의 모멘트 총합이 0

즉, $\sum M_b = 0$에 의해

$-L \times 1 + R_A \times 1 = 0 \quad \therefore \ L = R_A = 2\,(\text{t})$

(5) D 부재력은 좌측에 작용하는 외력의 총합이 0

즉, $\sum V = 0$에 의해

$$-D\cos\theta + R_A = 0,\quad -D\times\frac{h}{d} + R_A = 0$$

$$-D\times\frac{1}{\sqrt{2}} + 2 = 0 \qquad \therefore\ D = 2\sqrt{2}\,(\mathrm{t})$$

【예제 11】

그림과 같은 트러스에서 a, b 부재에 일어나는 부재 내력을 구하시오.

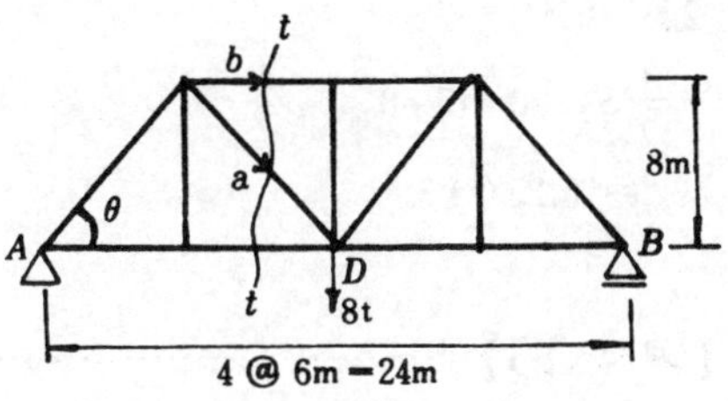

그림 10.20

풀이 $R_A = R_B = 4\,(\mathrm{t})$

$t-t$ 단면으로 잘라서 단면법을 적용시키면 $\sum V = 0$에서

$$R_A - a\sin\theta = 0 \qquad \therefore\ a = \frac{R_A}{\sin\theta}$$

$$\sin\theta = \frac{8}{\sqrt{8^2+6^2}} = \frac{8}{10} \qquad \therefore\ a = \frac{4}{\frac{8}{10}} = 5\,(\mathrm{t})$$

$\sum M_D = 0$에서

$$R_A\times 12 + b\times 8 = 0 \qquad \therefore\ b = \frac{-4\times 12}{8} = -6\,(\mathrm{t})$$

【예제 12】

S_1, S_2, S_3를 구하시오.

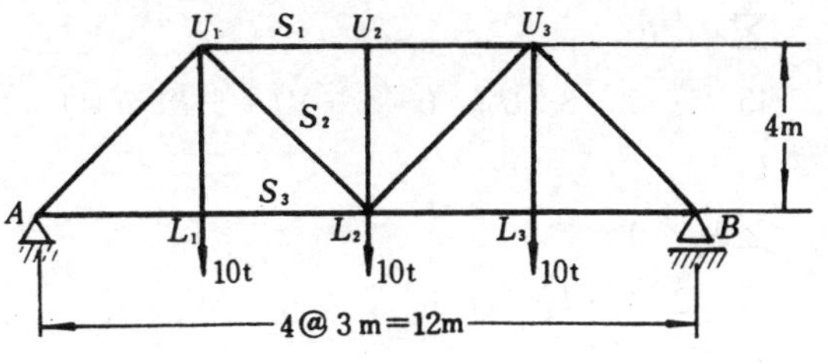

그림 10.21

풀이 $R_A = R_B = \frac{30}{2} = 15\,(\mathrm{t})$

점 L_2에 대하여 모멘트를 취하면 $\sum M_{L2} = 0$

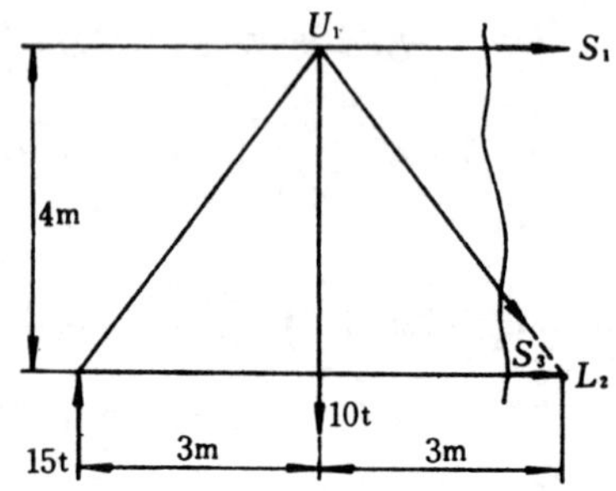

$\therefore\ 4S_1-10\times3+15\times6=0$

$\therefore\ S_1=-15\,(t)$

점 U_1에 대하여 모멘트를 취하면 $\sum M_{U1}=0$,

$-4\times S_3+15\times3=0$

$\therefore\ S_3=11.25\,(t)$

$\sum V=0$에서

$-\dfrac{4}{5}S_2-10+15=0$

$\therefore\ S_2=6.25\,(t)$

【예제 13】

다음 와렌 트러스의 부재응력 U_2, L_2 및 D_2를 계산하시오.

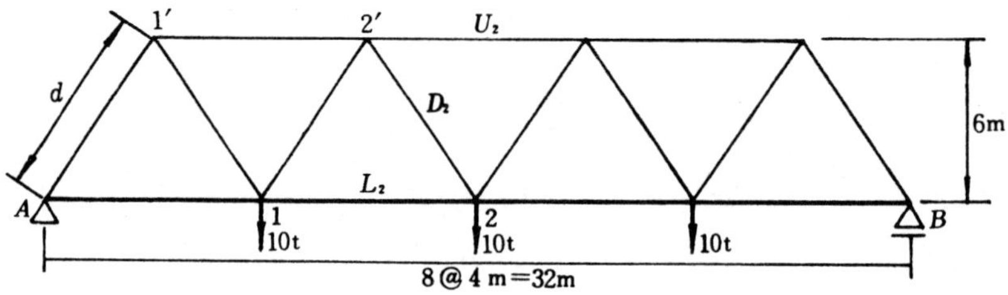

그림 10.22

풀이 $R_A=R_B=\dfrac{1}{2}\times10\times3=15\,(t)$

$d=\sqrt{4^2+6^2}=\sqrt{52}=7.211\,m$

(1) U_2

$\sum M_2=0$

$15\times16-10\times8+U_2h=0 \qquad \therefore U_2=-26.67\,(t)$

(2) L_2

$\sum M_2'=0$

$15\times12-10\times4-L_2h=0 \qquad \therefore L_2=23.33\,(t)$

(3) D_2

①~① 단면의 $\sum V=0$

$6:7.211=x:D_2$

$x=\dfrac{6}{7.211}D_2$

$15-10-\dfrac{6}{7.211}D_2=0 \qquad \therefore D_2=6.01\,(t)$

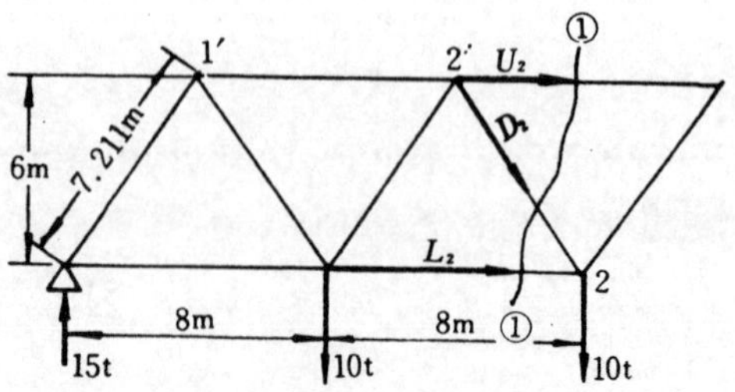

【예제 14】

다음 대칭 트러스에서 부재 U의 응력을 구하시오.

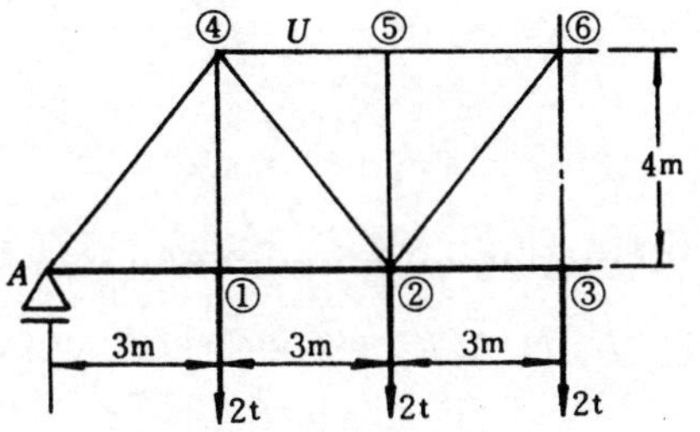

그림 10.23

풀이 부재 ④−⑤, ④−②, ①−②를 절단하여 격점 ②에 $\sum M_{②}=0$을 적용하면

$R_A=\frac{10}{2}=5$(t)이므로

$R_A\times6-2\times3+4U=0 \qquad \therefore\ U=-6$(t)

【예제 15】

부재 U 및 D의 응력을 구하시오.

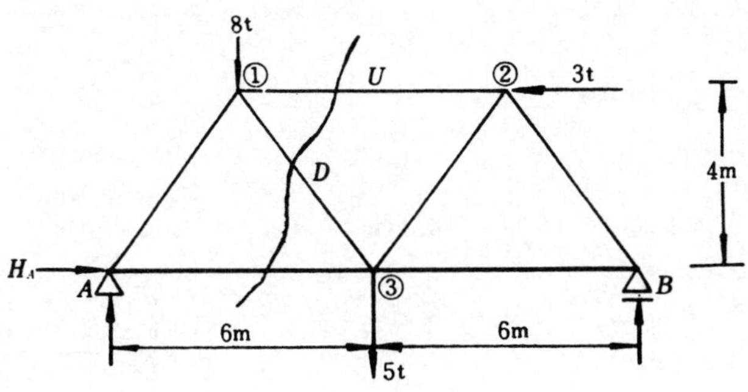

그림 10.24

풀이 먼저 반력을 구하면 $H_A=3$(t)

$\sum M_B=0$에서

$12\times V_A-8\times9-5\times6-3\times4=0$

$\therefore\ V_A=9.5$(t)

부재 ①−②, ①−③, A−③을 절단하여 격점 ③에 대한 모멘트를 생각하면

$\sum M_{③}=9.5\times6-8\times3+U\times4=0$

$\therefore\ U=-8.25\,(t)$

또, 같은 절단면의 좌측에서 $\sum V=0$를 적용하면

$\sum V=9.5-8-\frac{4}{5}D=0$

$\therefore\ D=1.88\,(t)$

【예제 16】

다음 트러스의 부재력(U_1, U_2, L_2, D_2, V_2)을 단면법에 의해 구하시오.

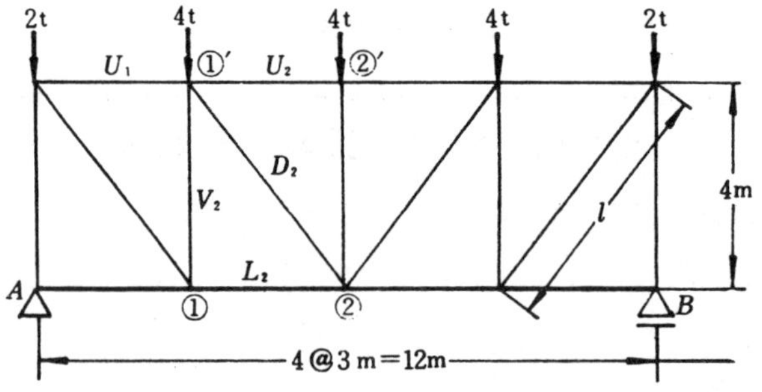

그림 10.25

풀이 $R_A=R_B=\frac{1}{2}(2\times2+4\times3)=8\,(t)$

$l=\sqrt{3^2+4^2}=5$

(1) U_1의 부재력

$\sum M_{①}=0$

$8\times3-2\times3+U_1\times4=0 \qquad \therefore\ U_1=-4.5\,(t)$

(2) U_2의 부재력

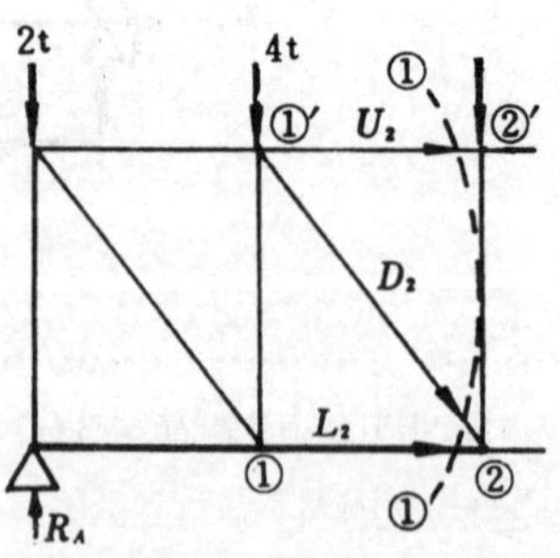

$\sum M_{②}=0$

$M_2+U_2h=0$

$\therefore\ U_2=-\frac{M_2}{h}$

$M_2=(8-2)\times6-4\times3=24\,(t\cdot m)$

$\therefore\ U_2=-\frac{24}{4}=-6\,(t)$

(3) L_2의 부재력

$\sum M_{①}'=0$

$8\times3-2\times3-L_2\times4=0 \qquad \therefore\ L_2=4.5\,(t)$

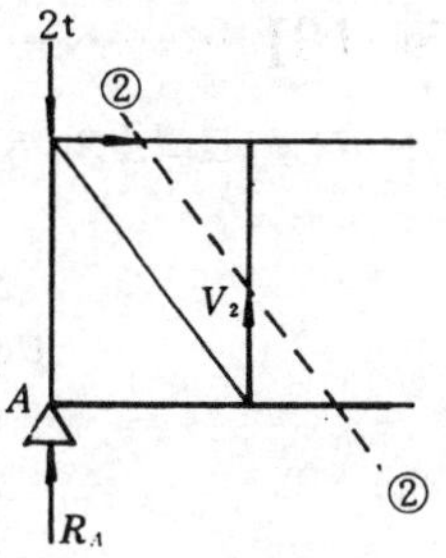

(4) D_2의 부재력

$\sum V=0$

$8-2-4-D_2\times\frac{4}{5}=0 \qquad \therefore\ D_2=2.5\,(\text{t})$

(5) V_2의 부재력

$\sum V=0$

$8-2+V_2=0 \qquad \therefore\ V_2=-6\,(\text{t})$

【예제 17】

다음 그림과 같은 트러스에서 D, U, L의 부재력을 구하시오.

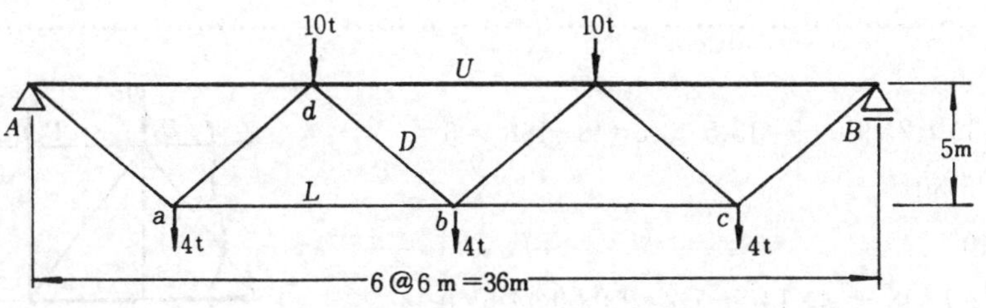

그림 10.26

풀이 $R_A=R_B=16\,(\text{t})$

$d=\sqrt{5^2+6^2}=\sqrt{61}\,\text{m}$

(1) D의 부재력

$\sum V_b=0,\quad -D\cdot\frac{h}{d}-10+R_A-4=0$

$D\times\frac{5}{\sqrt{61}}+10-16+4=0$

$\therefore\ D=2\times\frac{\sqrt{61}}{5}=3.124\,(\text{t})$

(2) U의 부재력

$\sum M_b=0,\quad U\times h+R_A\times 18-4\times 12-10\times 6=0$

$U\times 5+16\times 18-48-60=0$

$\therefore\ U=-36\,(\text{t})$

(3) L의 부재력

$\sum M_d=0,\quad -L\cdot h+R_A\times 12-4\times 6=0$

$L\times 5-16\times 12+24=0$

$\therefore\ L=33.6\,(\text{t})$

【예제 18】

단면법으로 다음 트러스의 부재응력 S_1, S_2, S_3를 구하시오.

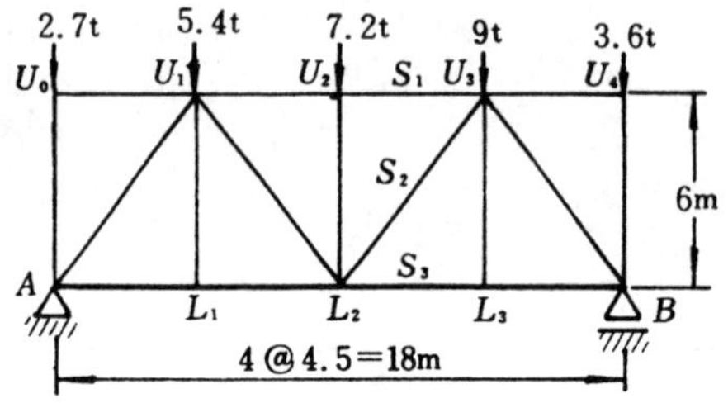

그림 10.27

풀이 $\sum M_A=0$

$5.4\times4.5+7.2\times9.0+9\times13.5+3.6\times18-18R_B=0$

$\therefore R_B=15.3(\text{t})$

$\sum M_B=0$

$18R_A-2.7\times18-5.4\times13.5-7.2\times9.0-9\times4.5=0$

$\therefore R_A=12.6(\text{t})$

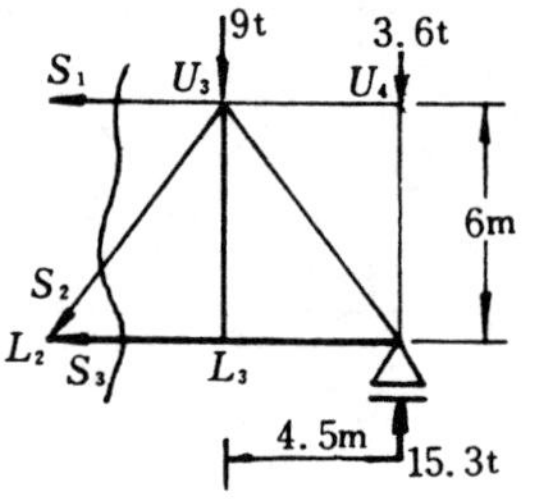

$\sum M_{U3}=0$

$6\times S_3+3.6\times4.5-15.3\times4.5=0$

$\therefore S_3=8.775(\text{t})$

$\sum M_{L2}=0$

$(-6)\times S_1+9\times4.5+3.6\times9-15.3\times9=0$

$\therefore S_1=-10.8(\text{t})$

$\sum V=0,\ -\dfrac{6}{7.5}S_2-9-3.6+15.3=0$

$\therefore S_2=3.375(\text{t})$

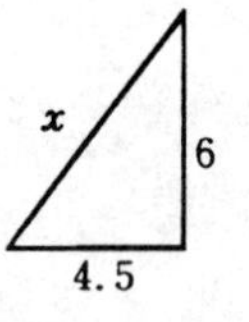

$x^2=6^2+4.5^2$

$x=7.5$

【예제 19】

그림과 같은 트러스의 부재응력 S_1, S_2, S_3를 단면법에 의해 계산하시오.

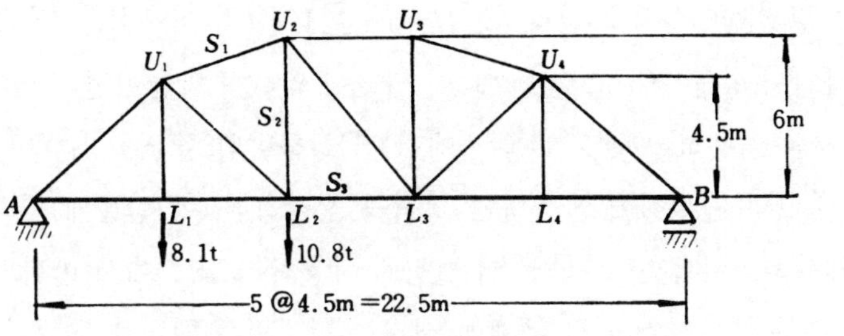

그림 10.28

풀이 $\sum M_A=0$에서

$8.1\times4.5+10.8\times9.0-22.5\times R_B=0$

$\therefore R_B=5.94(\text{t})$

$\sum V=0$에서

$R_A=(8.1+10.8)-5.94=12.96(\text{t})$

U_1, U_2의 기울기가 3 : 1이므로

qA의 길이는 9m이다.

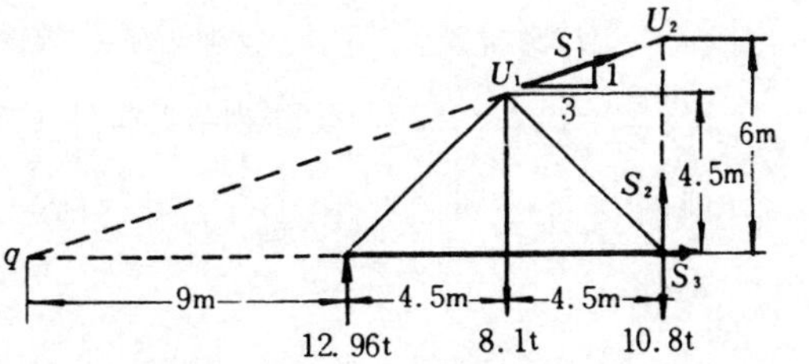

(1) $\sum M_{U2}=0$

$12.96\times9.0-8.1\times4.5-6\times S_3=0$

$$\therefore S_3=\frac{12.96\times9.0-8.1\times4.5}{6}=13.3(\text{t})$$

(2) S_2는 다음과 같은 2가지 방법이 있다.

1) $12.96-8.1-10.8-\underbrace{14.09\times\frac{1.5}{4.74}}_{S_1\text{의 수직분력}}+S_2=0$

$\therefore\ S_2=10.4(\text{t})$

2) $\sum M_q=0$

$-12.96\times9.0+8.1\times13.5+10.8\times18.0-18.0\times S_2=0$

$\therefore S_2=10.4(\text{t})$

3) $\sum M_{L2}=0$

$$\underbrace{S_1\times\frac{4.5}{4.74}\times4.5}_{\text{수평분력의 모멘트}}+\underbrace{\frac{1.5}{4.74}\times4.5\times S_1}_{\text{수직분력의 모멘트}}+12.96\times9-8.1\times4.5=0$$

$\therefore\ S_1=-14.09(\text{t})$

7. 크레모나의 도해법

크레모나(Cremona, 1830~1903)의 도해법은 절점법의 이론을 응용하여 도해법으로 풀은 것이다. 즉, 한 개의 절점을 잘라 $\sum H=0$, $\sum V=0$을 이용한 것으로, 한 점에 몇 개의 힘이 작용하여 평형을 이루고 있을 때, 이 힘들에 의하여 만들어진 힘의 다각형은 폐합되어야 한다는 것을 이용하고 있다. 트러스에서 어느 하나의 절점을 떼내어 그 각 부재에 작용하고 있는 부재력과 절점에 작용하는 외력을 생각하면, 이 힘들에 의하여 그려지는 힘의 다각형은 폐합되어야 한다. 따라서 이 절점에 작용하는 힘 중에서 미지력이 둘을 넘지 않으면, 이를 응용하여 트러스의 각 부재에 생기는 미지의 부재력을 도해법으로 구할 수 있다. 일반적인 트러스에서는 좌우 어느 한 지점에서 출발하여 순차적으로 도해법을 이용하여 그려 나가면 전 부재의 부재력이 구해질 때가 많다.

그림 10.29(a)처럼 격점 O에 5개의 힘이 작용할 때를 생각하고, 그 중 S_1, S_2가 기지(旣知) 부재응력이고 P는 이 격점 O에 작용하는 하중의 합력이라 하며, S_3, S_4를 미지응력이라고 한다.

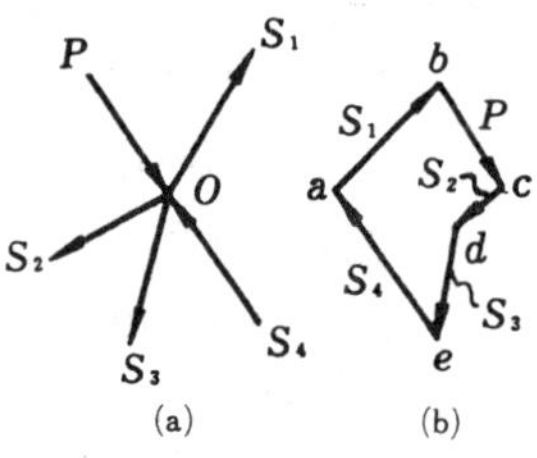

그림 10.29

이 기지력을 합성하면 그림 (b)와 같이 힘의 다각형 *abcd*를 얻는다. 다음에 그 다각형의 종점 및 시작점을 통하여 미지응력 S_3, S_4에 평행한 *de* 및 *ae*를 그으면 폐다각형 *abcdea*가 얻어진다.

따라서 미지응력 S_3, S_4의 크기가 *de*, *ea*로써 구해지고, 또 힘의 다각형이 폐하게 화살표를 붙임으로써 각 미지응력의 방향을 알 수 있으며, 이에 따라서 부재력의 정・부(正・負)를 알 수 있다. 이 때에 S_3는 인장력, S_4는 압축력이 된다.

이 도해법을 응용하는 데 가장 편리한 경우는 2 부재만의 격점이 적어도 한 개 존재하고, 이 격점에서 적당한 순서에 의하여 다른 격점으로 옮길 때마다 새로운 2 부재만 출현하게 하는 트러스이다. 이 도해법을 만든 것이 크레모나의 응력도(Cremona's stress diagram)이다. 본 법에 있어서는 부재 또는 외력을 표시하는 데 보우 기호법(Bow's notation)을 쓰는 것이 편리하다.

즉, 부재 및 외력에 의하여 한계가 되는 각 부분에 그림 10.30(a)와 같이 A, B, C… 등의 문자를 기입하고 부재 및 외력은 그 양단에 있는 문자를 연속적으로 기입하여 표시한다. 예를 들면, 부재 1, 2를 BC 혹은 CB, 외력 P를 AB 또는 BA와 같이 표시한다.

그림 10.30(a)의 트러스가 하중 P_1, P_2 ········ P_5를 받아서 비김상태에 있을 때 각 부재응력을 구해 보자. 격점 1에서 BC 및 CA의 2 부재응력은 알지 못하고 외력 $P_1=AB$라는 것은 알고 있으므로, 그림 10.30(b)에서 $ab=P_1=AB$로 놓고, 이 b와 a에서 2개의 부재 BC, CA에 평행선을 그어, 그 교점을 C라고 하면

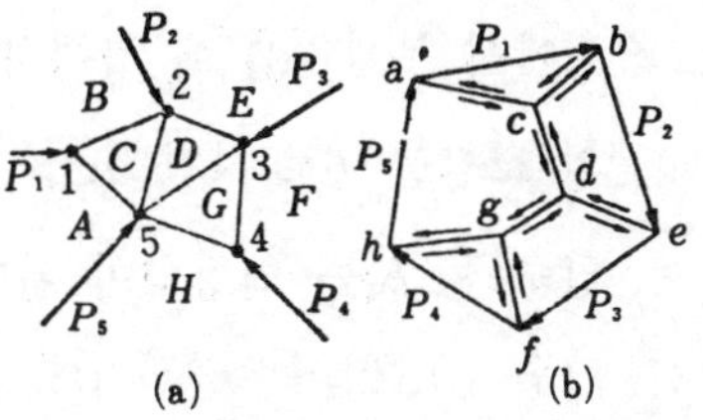

그림 10.30

$\triangle abc$는 격점 1에서 힘의 삼각형이 된다. 따라서 bc 및 ca는 각각 부재 BC 및 CA의 부재력을 표시한다.

부재력의 방향은 3변에 기입된 화살표에 의하여 구해지며, 이에 따라서 부재력의 정·부(正·負)를 결정할 수 있다. 이때에는 모두 격점 1에 향하여 작용하니까 압축력이다.

격점 2에서는 $P_2=BE$와 3부재 ED, DC, CB의 부재력들이 비김을 이루어야 한다. 그런데 $P_2=BE$와 CB의 부재력 cb는 이미 알고 있고, 미지력은 ED, DC뿐이다.

그러므로 $be=P_2$로 놓고 시작점 C와 종점 e로부터 CD 및 ED에 나란하게 cd 및 ed를 그으면, 폐다각형 $cbed$는 격점 2에 대한 비김을 표시한다. ed 및 dc는 ED 및 DC의 부재력의 크기와 방향을 표시한다. 이때에는 모두 압축력임을 알 수 있다.

같은 조작으로 최후의 격점 5에 이르고 그 5개의 외력은 모두 기지이므로 $AC=ac$, $CD=$ $=cd$, $DG=dg$, $GH=gh$의 종점 h와 시작점 a를 맺는 직선 ha는 외력 $HA=P_5$와 일치하여야 한다.

그림 10.30(b)는 각 격점의 힘의 다각형을 접속시킨 것이고, 이것을 크레모나의 응력도(Cremona's stress diagram) 또는 맥스웰도(Maxwell's stress diagram)라고 한다. 응력도를 작성할 때는 트러스에 작용하는 모든 외력을 트러스의 외주에 연하여 시계방향으로 잡고, 이들 외력의 폐다각형을 작도한 다음에 각 격점의 비김 다각형을 이에 작용하는 힘의 시계방향으로 잡고 작도하면 편리하다.

그림 10.31과 같은 프랫트 트러스를 도해법으로 구해보자.

주어진 하중에서 반력을 구하면 $R_0=R_5=2.5P$이다.

그림 10.32(a)는 절점 O을 절단하여 $\overrightarrow{qa}=R_A=$ $=2.5P$로 잡았다.

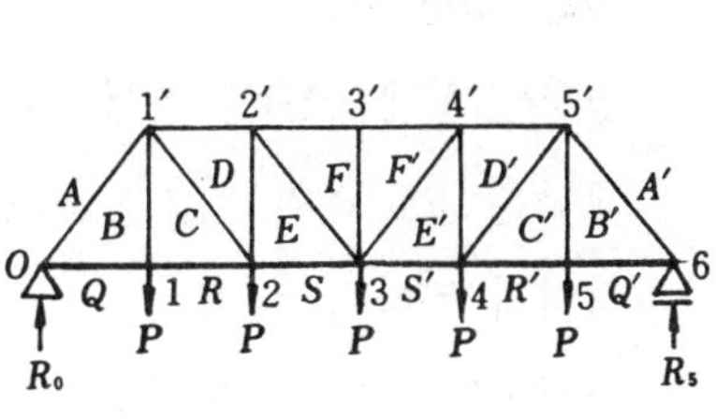
그림 10.31

a에서 부재 $\overline{01'}$에 평행하게 $\overrightarrow{ab}$를 긋고, q에서 부재 $\overline{01}$에 평행하게 $\overrightarrow{qb}$를 긋고 이들의 교점을 b로 하면 $\overrightarrow{ab}$, $\overrightarrow{bq}$가 각각 구하는 부재력이 되고, 앞에 말한 것과 같이 $\overrightarrow{ab}$는 압축력 $\overrightarrow{bq}$는 인장력이 된다.

그림 10.32(b)는 절점 1에 대한 것이다.

이때 $\overrightarrow{qb}$는 기지력이 되고, 절점 1에서 생각하면(인장력이므로 단면에서 멀어지고) 지점 O에서의 경우의 →표 방향과는 반대가 된다.

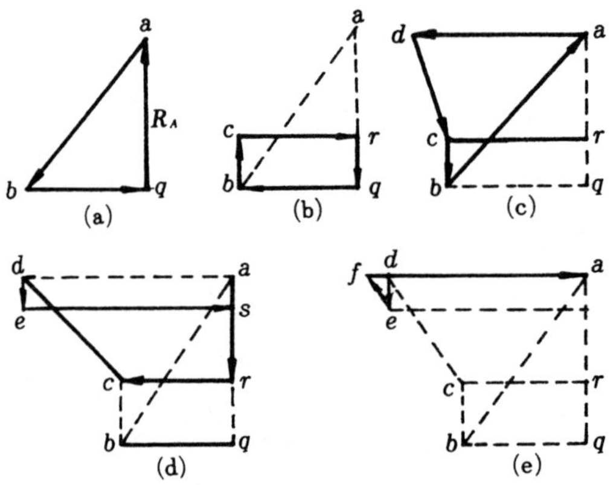

그림 10.32

즉, 이때는 절점 1을 떼내어 생각하고 있으므로 부재 01은 QB로 나타내고, 그림 (b)에서는 $\overrightarrow{qb}$의 방향을 나타내게 된다. 그리하여 먼저 $\overrightarrow{rq}=P$를 잡고 q에서 $\overrightarrow{qb}$를 잡는다. b에서 부재 BC에 평행으로 $\overrightarrow{bc}$를 잡고 r에서 부재 CR에 에 평행으로 $\overrightarrow{cr}$를 취하여 이 교점을 c라고 하면, $\overrightarrow{bc}$, $\overrightarrow{cr}$이 각각 구하고자 하는 부재력이 된다. 이때 $\overrightarrow{bc}$, $\overrightarrow{cr}$은 모두 인장력을 나타낸다.

그림 (c)는 절점 1에 대한 것이다. 이 때 $\overrightarrow{ba}$, $\overrightarrow{cb}$는 모두 기지력으로, 구하는 부재력은 $\overrightarrow{ad}$, $\overrightarrow{dc}$이다.

a에서 부재 AB에 평행으로 $\overrightarrow{ad}$를 긋고, C에서 부재 DC에 평행으로 $\overrightarrow{cd}$를 그어 그 교점을 d로 하면, $\overrightarrow{ad}$, $\overrightarrow{dc}$가 각각 구하는 부재력이 된다. 이 때 $\overrightarrow{ad}$는 압축력, $\overrightarrow{dc}$는 인장력이 된다.

그림 (d)는 절점 2에 대한 것으로, 이 때 $\overrightarrow{sr}$은 절점 2에 작용하는 하중 P이고, $\overrightarrow{rc}$, $\overrightarrow{cd}$는 기지력이므로 구하는 부재력은 $\overrightarrow{de}$, $\overrightarrow{es}$이다. 그러므로 부재 DE, ES의 응력은 앞과

같은 작도법에 따라 $\overrightarrow{de}$, $\overrightarrow{es}$로 주어진다.

그림 (e)는 절점 2′에 대한 것으로, 부재 AF, FE의 부재력은 $\overrightarrow{af}$, $\overrightarrow{fe}$로 주어진다.

이와 같이 각 절점에 대한 힘의 다각형은 모두 폐합되어 있고, 공통의 부재력을 몇 개 가지고 있다. 따라서 일반적으로는 하나 하나를 나누어 그리지 않고, 전부를 모아 그림 (e)에 나타낸 점선을 합한 것으로 그리면 된다.

더욱이 이 트러스는 좌우 대칭이며, 하중도 대칭이므로 각 부재 33′의 응력도 모두 대칭이다. 또 부재의 응력은 절점 3′을 떼내어 생각하면 0이 됨을 쉽게 알게 된다. 하우 트러스, 와렌 트러스, 곡현 트러스의 도해법도 같게 생각하면 된다.

8. 트러스의 영향선

트러스에 고정하중이 작용할 때 그 부재력을 쉽게 계산할 수 있는데, 교량 트러스의 경우와 같이 이동하중이 작용할 때에는 영향선을 사용하여 트러스의 반력 및 부재응력을 구하는 것이 편리하다.

특히 복재에 있어서는 하중의 위치에 따라 인장 또는 압축력을 받으므로, 부재의 최대 응력을 구하는 데 영향선은 유효하게 쓰이고 있다.

트러스의 지점반력에 대한 영향선은 트러스와 지간이 같은 단순보의 지점반력의 영향선과 동일하다.

또한 트러스의 영향선도 단순보에서와 같이 단위하중이 임의의 점에 있을 때의 부재력을 절점법 및 단면법 등으로 계산하여, 이들 하중이 작용하는 점의 밑에 세로 거리로서 나타낸 것이다.

트러스의 하중은 거의가 간접하중으로서 절점에 재하되므로 같은 형의 트러스라도 상현재하 또는 하현재하에 따라 영향선이 달라지는 것에 주의하여야 한다.

(1) 프랫트 트러스(pratt truss)의 영향선

1) 지점반력의 영향선

두 지점의 반력 R_A, R_B의 영향선은 트러스 AB를 단순보로 생각한 때의 반력의 영향선과 꼭 같고 R_A-선은 그림 10.33(b)와 같다.

2) 현재의 영향선

현재 U_m, L_m은 리터법에 의해서 트러스를 $t-t$로 절단하여 절점 m, $m-1$에서 좌측 외력에 대한 모멘트의 총합을 M_m, M_{m-1}이라고 하면 부재응력은

$U_m=-\dfrac{M_m}{h}$, $L_m=\dfrac{M_{m-1}}{h}$ 이다.

그런데 M_m, M_{m-1}은 단순보 AB에서 단면 m, $m-1$의 굽힘 모멘트와 같다.

따라서 U_m, L_m−선은 M_m, M_{m-1} 선의 종거(縱距)를 각각 $-\dfrac{1}{h}$배, $\dfrac{1}{h}$배 한 것이 된다. 그러므로 지점 A에서 종거는 $-\dfrac{x_m}{h}$, $\dfrac{x_{m-1}}{h}$로 하면 되고 그림 (c), (d)와 같다.

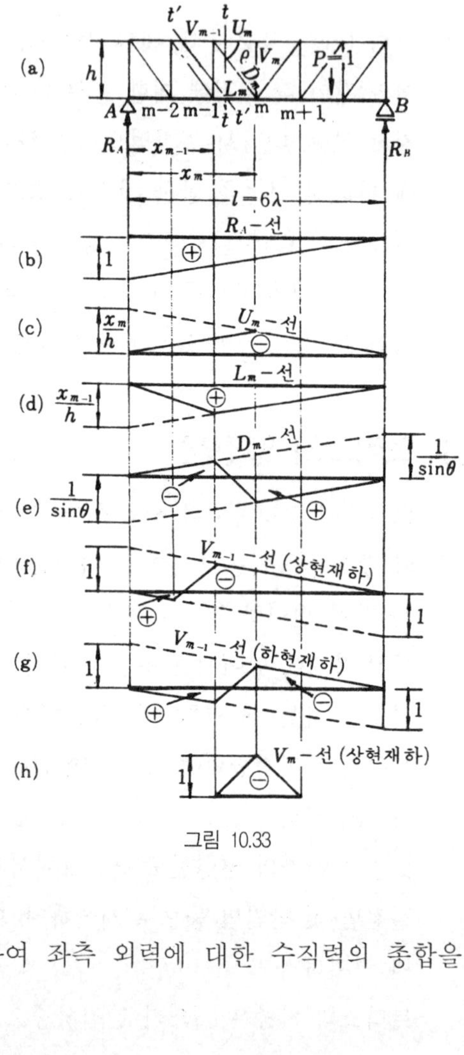

그림 10.33

3) 사재의 영향선

사재의 부재응력 D_m은 $t-t$로 절단하여 좌측 외력에 대한 수직력의 총합을 $S_{m-1,m}$이라 하면 $\sum V=0$에서

$$D_m=\frac{S_{m-1,m}}{\sin\theta}$$

여기서 $S_{m-1,m}$ 은 간접하중을 받는 단순보 AB의 격간 $m-1$, m에서의 전단력에 해당하므로, D_m−선은 $S_{m-1,m}$−선의 종거를 $\dfrac{1}{\sin\theta}$ 배한 것이며 그림 (e)와 같다.

4) 수직재의 영향선

수직재의 부재응력 V_{m-1}은 $t'-t'$로 절단하여 좌측 외력에 대한 수직력의 총합을

상현재하일 때를 $S_{m-2,m-1}$, 하현재하일 때를 $S_{m-1,m}$이라 하면 $\sum V=0$에서

$V_{m-1}=-S_{m-2,m-1}$, $V_{m-1}=-S_{m-1,m}$

여기서 $S_{m-2,m-1}$, $S_{m-1,m}$은 간접하중을 받는 단순보 AB의 격간 $m-2$, $m-1$ 및 $m-1$, m에서의 전단력에 해당하므로 V_{m-1} −선은 그림 (f), (g)와 같다.

다음에 중앙의 수직재 V_m은 하중이 격점 $m-1$, $m+1$ 사이에 상현재하일 때에 한해서 격점반력의 크기가 V_m이 되므로 V_m−선은 그림 (h)와 같다.

【예제 20】

그림과 같은 프랫트 트러스의 U, D, L의 최대 부재력을 영향선을 이용하여 계산하시오. 하중조건은 10t 및 5t의 연행하중이 3m의 간격을 갖고 B받침에서 A받침으로 향하여 이동한다.

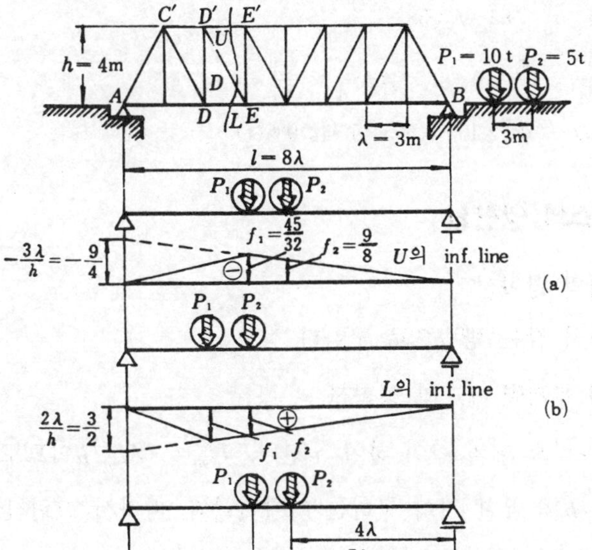

그림 10.34

풀이 U의 영향선은 그림 10.34(a)와 같고, $\dfrac{3\lambda}{h}=\dfrac{3\times3}{4}=\dfrac{9}{4}$ 이다.

이 영향선은 연행하중이 이동할 경우, P_1이 E점 위에 왔을 때 부재력 U는 최대가 된다.

여기서 P_1 및 P_2의 종거 f_1 및 f_2를 계산하면

$$-\frac{9}{4} : 8\lambda = f_1 : 5\lambda$$

$$f_1 = 5\lambda \times \frac{9}{4} \times \frac{1}{8\lambda} = -\frac{45}{32},\ f_2 = -\frac{9}{4} \times \frac{4\lambda}{8\lambda} = -\frac{9}{8}$$

그러므로 부재력은

$$U = P_1 f_1 + P_2 f_2 = -\frac{45}{32} \times 10 - \frac{9}{8} \times 5 = -19.68(\text{t})$$

L의 영향선은 그림 (b)와 같고, $\frac{2\lambda}{h} = \frac{2 \times 3}{4} = \frac{3}{2}$

P_1의 종거 f_1과 P_2의 종거 f_2를 계산하면,

$$f_1 = \frac{3}{2} \times \frac{6\lambda}{8\lambda} = 1.125,\quad f_2 = \frac{3}{2} \times \frac{5\lambda}{8\lambda} = 0.937$$

부재력 $L = P_1 f_1 + P_2 f_2 = 10 \times 1.125 + 0.937 \times 5 = 15.935(\text{t})$

D의 영향선은 그림 (c)와 같고 $\sin\theta = \frac{4}{5}$ 이므로 $\frac{1}{\sin\theta} = \frac{5}{4}$ 이다.

f_1과 f_2를 구하면 $\frac{5}{4} : 8\lambda = f_1 : 5\lambda$

$$f_1 = 5\lambda \times \frac{5}{4} \times \frac{1}{8\lambda} = \frac{25}{32} = 0.781,\quad f_2 = \frac{5}{4} \times \frac{4\lambda}{8\lambda} = 0.625$$

따라서 부재력은 $D = 0.781 \times 10 + 0.625 \times 5 = 10.935(\text{t})$

(2) 와렌 트러스의 영향선

1) 지점반력의 영향선

단순보에서 같은 방법으로 구한다.

2) 상현재의 부재력 U_m의 영향선

프랫트 트러스 때와 같이 하여 구한다. $U_m = -M_m/h$이므로 M_m의 영향선 값에 계수 $-1/h$를 곱한 것이 구하는 영향선이다. 따라서 그림 10.35(a)와 같이 된다.

3) 하현재의 부재력 L_{m+1}의 영향선

$$L_{m+1} = \frac{M_{m+1}}{h} \text{ 이다.}$$

단위하중 $P=1$이 절점 m의 왼쪽에 있을 때를 생각해 보면

$$M_{m+1} = R_A a_{m+1} - P(a_{m+1} - x) = \frac{l-x}{l} \cdot a_{m+1} - 1 \times (a_{m+1} - x) = \frac{x \cdot b_{m+1}}{l}$$

$$\therefore\ L_{m+1} = \frac{x \cdot b_{m+1}}{hl} \text{ 이 얻어진다.}$$

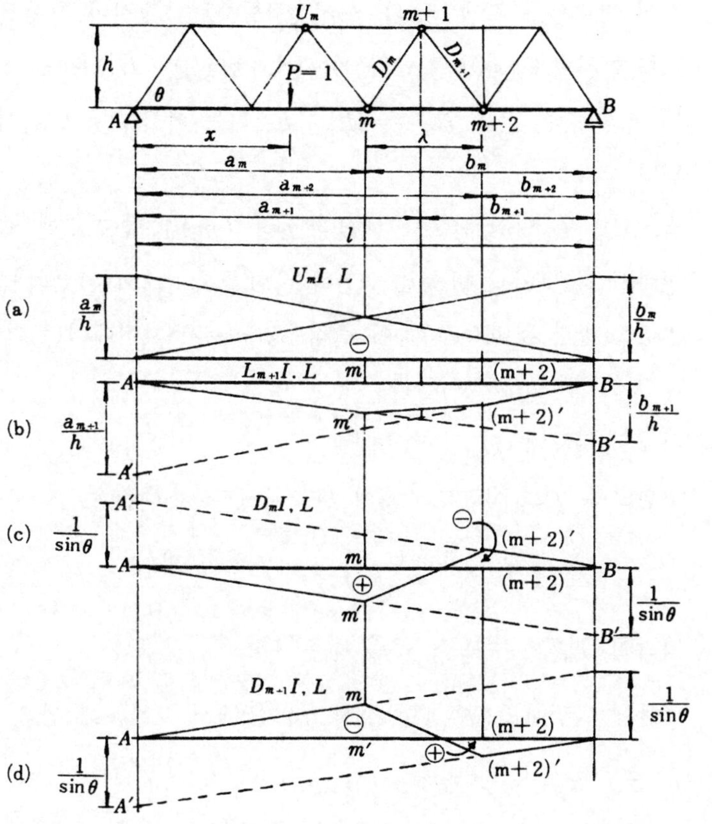

그림 10.35

따라서 절점 m의 왼쪽 부분에 대한 영향선은 그림 10.35(b)와 같이 $\overline{mm'}=a_m b_{m+1}/(hl)$이 되게 m'를 잡고, A와 m'를 맺으면 된다.

다음에 단위하중 $P=1$이 절점 $(m+2)$의 오른쪽에 왔을 때를 생각하면

$$L_{m+1}=\frac{(l-x)\,a_{m+1}}{hl}\text{ 이 된다.}$$

이 식에서 $x=a_{m+2}$로 하면

$$L_{m+1}=\frac{(l-a_{m+2})\,a_{m+1}}{hl}=\frac{b_{m+2}\cdot a_{m+1}}{hl}\text{ 이다.}$$

따라서 그림 (b)와 같이 $\overline{(m+2)(m+2)'}=b_{m+2}\cdot a_{m+1}/(hl)$이 되게 $(m+2)'$를 잡고, B와 $(m+2)'$를 이은 것이 이 구간의 영향선이 된다.

또 단위하중 $P=1$이 절점 m과 $(m+2)$ 사이에 있을 때는 간접하중을 받는 단순

보의 영향선과 같게 m'와 $(m+2)'$를 맺는 직선이 영향선이 된다.

따라서 그림 10.35(b)와 같이 A, m', $(m+2)'$, B를 이은 것이 L_{m+1}의 영향선이다. 이와 같은 것은 $L_{m+1}=M_{m+1}/h$이라는 데서 다음과 같이 하여도 간단히 나타난다.

즉, M_{m+1}은 가상 단순보 AB의 절점 $(m+1)$의 휨모멘트와 같으므로, L_{m+1}의 영향선 값은 가상 단순보 AB의 단면 $(m+1)$의 휨모멘트의 영향선 값에 계수 $1/h$을 곱한 것이다. 더욱이 절점 $m(m+2)$ 사이에서는 간접하중임을 고려하면 그림 (b)가 쉽게 얻어진다.

4) 사재의 부재력 D_m의 영향선

단위하중 $P=1$이 절점 m의 왼쪽에 있을 때에는

$$S_m=R_A-P=\frac{l-x}{l}-1=-\frac{x}{l}$$ 가 된다.

따라서 $D_m=-\dfrac{S_m}{\sin\theta}=\dfrac{x}{l}\cdot\dfrac{1}{\sin\theta}$

다음에 단위하중 $P=1$이 절점 $(m+2)$에서 오른쪽에 있을 때는

$$S_m=R_A=\frac{l-x}{l}=1-\frac{x}{l}$$

$$\therefore\ D_m=-\left(1-\frac{x}{l}\right)\cdot\frac{1}{\sin\theta} \qquad (10\text{-}10)$$

따라서 그림 10.35(c)와 같이 $\overline{mm'}=a_m/(l\sin\theta)$, $\overline{m+2}\cdot b_{m+2}/(l\sin\theta)$가 되게 m' 및 $(m+2)'$를 잡고 A와 m', B와 $(m+2)'$를 직선으로 맺는다.

또한, 절점 m과 $(m+2)$ 사이에 단위하중이 있을 때는 L_{m+1}일 때와 같이 m'와 $(m+2)'$를 직선으로 맺으면 된다. 이와 같이 A, m', $(m+2)'$, B를 맺는 것이 D_m의 영향선이다.

이때에도 S_m과 D_m과의 관계에서 간단히 영향선을 그리려면, $\overline{AA'}=\overline{BB'}=1/\sin\theta$이 되도록 A', B'를 그림 (c)와 같이 구하고 앞에서와 같은 방법으로 m'와 $(m+2)'$를 구하면 된다는 것을 알 수 있다.

5) 사재의 부재력 D_{m+1}의 영향선

단위하중 $P=1$이 절점 m의 왼쪽에 있을 때는

$$S_{m+1}=R_A-P=\frac{l-x}{l}-1=-\frac{x}{l}$$ 가 되고

$$D_{m+1}=\frac{S_{m+1}}{\sin\theta}=-\frac{x}{l}\cdot\frac{1}{\sin\theta} \qquad (10\text{-}11)$$

된다. 또한 단위하중 $P=1$이 절점 $(m+2)$의 오른쪽에 있을 때는

$$S_{m+1}=R_A=1-\frac{x}{l}$$ 가 되므로

$$D_{m+1}=\left(1-\frac{x}{l}\right)\cdot\frac{1}{\sin\theta} \qquad (10\text{-}12)$$

이 식(10-12)는 식(10-10)의 D_m와 크기가 같고 부호가 반대이므로

$$mm'=\frac{a_m}{l\sin\theta}\ ;\quad \overline{(m+2)(m+2)'}=\frac{b_{m+2}}{l\sin\theta} \qquad (10\text{-}13)$$

가 되게 그림 (d)와 같이 m', $(m+2)'$를 잡고 A, m', $(m+2)'$, B를 맺으면 이것이 D_{m+1}의 영향선이 된다.

이때에도 식(10-11)에 나타나 있는 S_{m+1}과 D_{m+1}과의 관계로서, $\overline{AA'}=\overline{BB'}=1/\sin\theta$이 되게 A', B'를 그림 (d)와 같이 구하고, 앞에서와 같은 방법으로 m'와 $(m+2)'$를 구하면 D_{m+1} 부재의 영향선을 쉽게 구할 수 있다.

【예제 21】

다음과 같은 와렌 트러스에서 U_2, L_2, D_2, 및 D_3 부재의 최대 부재력을 구하시오.

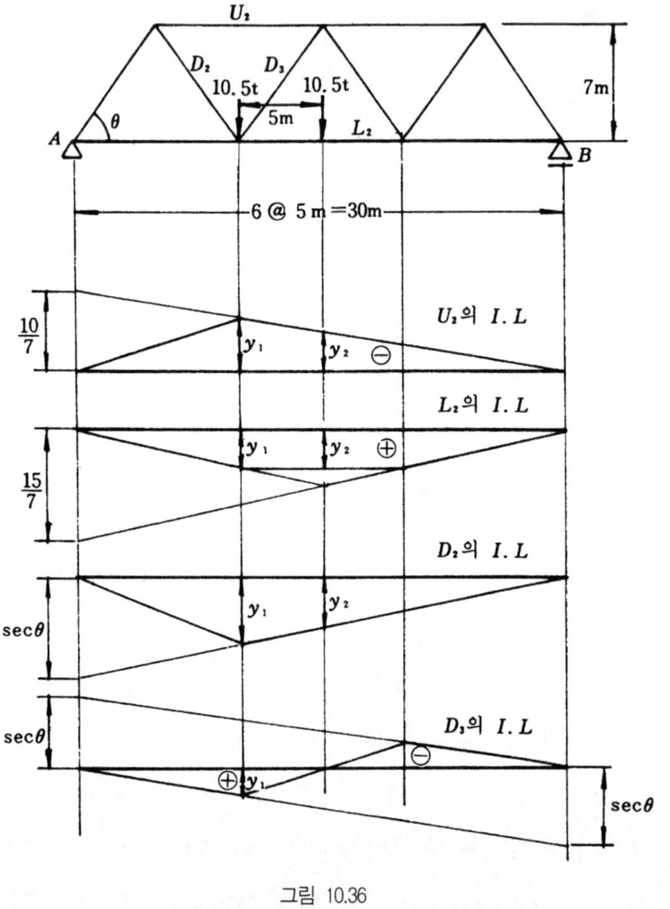

그림 10.36

풀이 U_2에 대하여

$$30 : \frac{10}{7} = 20 : y_1, \quad y_1 = \frac{10}{7} \times 20 \times \frac{1}{30} = \frac{20}{21}$$

$$30 : \frac{10}{7} = 15 : y_2, \quad y_2 = \frac{10}{7} \times 15 \times \frac{1}{30} = \frac{10}{14}$$

$$\therefore U_2 = -10.5 \times \frac{20}{21} + (-10.5) \times \frac{10}{14} = -17.5(\text{t})$$

L_2에 대하여

$$30 : \frac{15}{7} = 10 : y_1(\text{or} \quad y_2)$$

$$y_1 = \frac{15}{7} \times 10 \times \frac{1}{30} = \frac{5}{7}$$

$$\therefore L_2 = 10.5 \times \frac{5}{7} + 10.5 \times \frac{5}{7} = 15(\text{t})$$

D_2에 대하여

$$x^2 = 5^2 + 7^2, \quad x = \sqrt{5^2 + 7^2}$$

$$\sin\theta = \frac{7}{\sqrt{5^2+7^2}}, \quad \frac{1}{\sin\theta} = \frac{\sqrt{5^2+7^2}}{7} = \frac{\sqrt{74}}{7}$$

$$30 : \frac{1}{\sin\theta} = 20 : y_1, \quad y_1 = \frac{1}{\sin\theta} \times 20 \times \frac{1}{30} = \frac{2}{3} \cdot \frac{1}{\sin\theta}$$

$$30 : \frac{1}{\sin\theta} = 15 : y_2, \quad y_2 = \frac{1}{\sin\theta} \times 15 \times \frac{1}{30} = \frac{1}{2} \cdot \frac{1}{\sin\theta}$$

$$\therefore D_2 = 10.5 \times \frac{2}{3} \cdot \frac{1}{\sin\theta} + 10.5 \times \frac{1}{2} \cdot \frac{1}{\sin\theta} = 10.5 \times \frac{2}{3} \times \frac{\sqrt{74}}{7} + 10.5 \times \frac{1}{2} \times \frac{\sqrt{74}}{7} = 15.05(\text{t})$$

D_3에 대하여

$$30 : \frac{1}{\sin\theta} = 10 : y_1, \quad y_1 = \frac{1}{\sin\theta} \times 10 \times \frac{1}{30} = \frac{1}{3} \cdot \frac{1}{\sin\theta}$$

$$\therefore D_3 = 10.5 \times \frac{1}{3} \times \frac{1}{\sin\theta} = 10.5 \times \frac{1}{3} \times \frac{\sqrt{74}}{7} = 4.3(\text{t})$$

(3) 곡현 트러스의 영향선

그림 10.37과 같은 곡현 와렌 트러스 하현재하의 영향선을 구해보자.

1) 지점반력

단순보에서와 같은 방법으로 구한다.

2) 상현재의 부재력 U_m의 영향선

상현재 U_m의 영향선은 $U_m = -\dfrac{M_m}{r_1}$로 된다. 여기서 M_m는 가상 단순보로 보았을 때 m점에서의 휨모멘트이다. 따라서 영향선은 그림 10.37(b)와 같다.

3) 하현재 L_{m+1}의 영향선

$$L_{m+1} = \frac{M_{m+1}}{h_2} \text{ 로 된다.}$$

여기서 M_{m+1}은 가상 단순보로 보았을 때 $(m+1)$점에서의 휨모멘트이다. 따라서 L_{m+1}의 영향선은 그림 (c)와 같다.

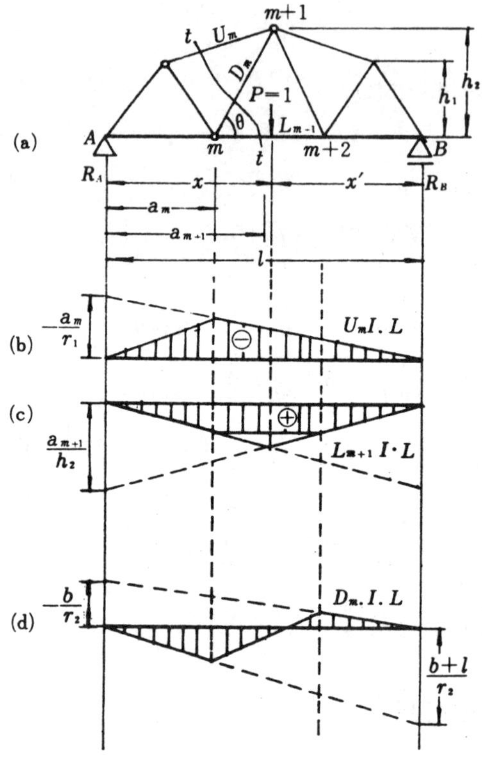

그림 10.37

4) 사재 D_m의 영향선

단위하중 $P=1$이 절점 m의 좌측에 작용할 때는 $t-t$ 단면의 우측을 생각하여 $\sum M_o=0$으로부터 $D_m r_2 - R_B(b+l)=0$

$$\therefore D_m = R_B \cdot \frac{b+l}{r_2} = \frac{x}{l} \cdot \frac{b+l}{r_2}$$

로 되고, 단위하중 $P=1$이 절점 $m+1$의 우측에 작용할 때는 $t-t$ 단면의 좌측을 생각하여 $\sum M_o=0$으로부터 $-D_m r_2 - R_A \cdot b=0$

$$\therefore \ D_m = -R_A \cdot \frac{b}{r_2} = -\frac{x'}{l} \cdot \frac{b}{r_2} \text{ 로 된다.}$$

단위하중 $P=1$이 m, $m+1$ 사이에 있을 때는 간접하중을 받는 단순보와 같이 된다. 이들로서 사재 D_m의 영향선을 그리면 그림 10.37(d)와 같이 된다.

몇 가지 기본 트러스의 영향선을 그려보면 다음과 같다.

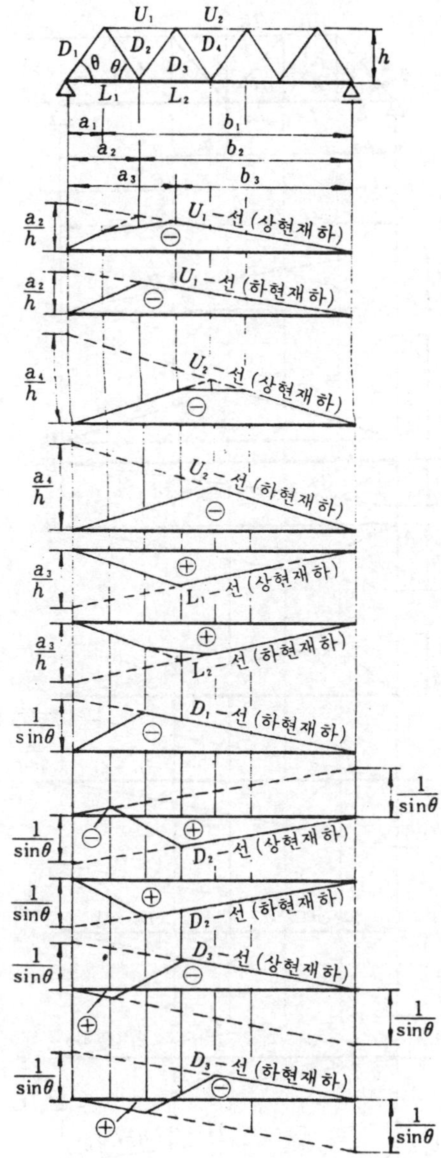

그림 10.38

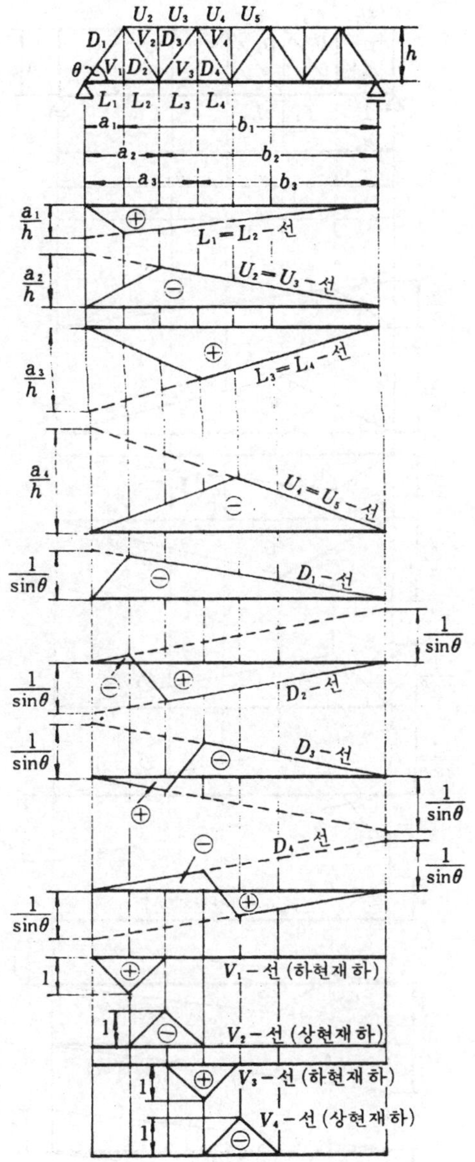

그림 10.39

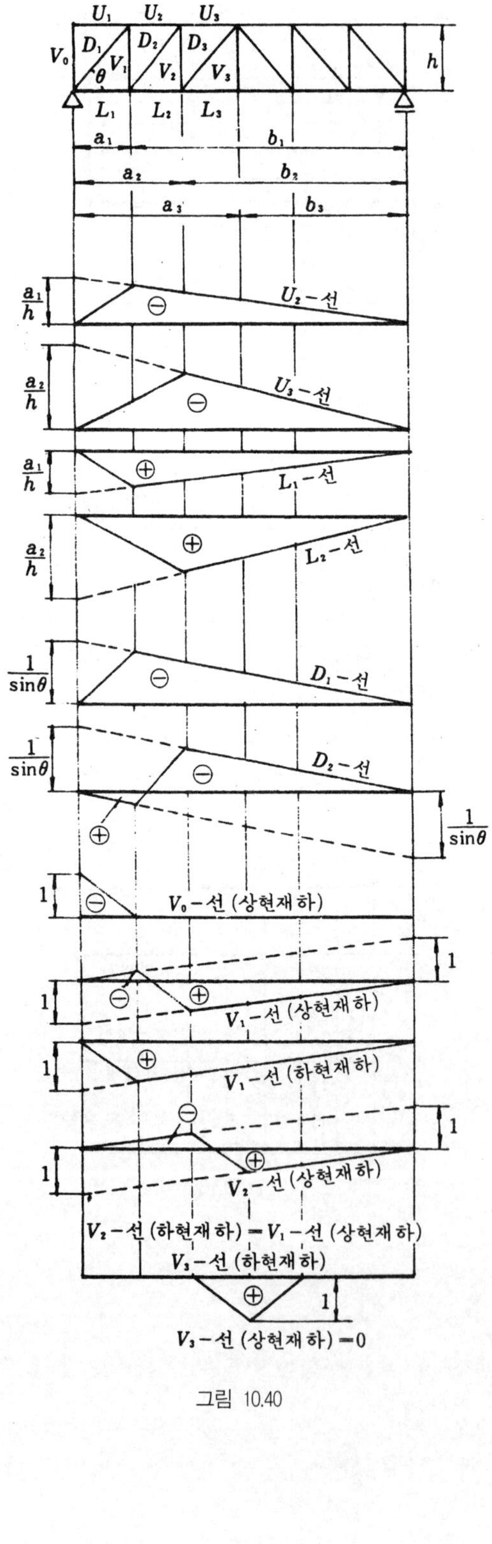

그림 10.40

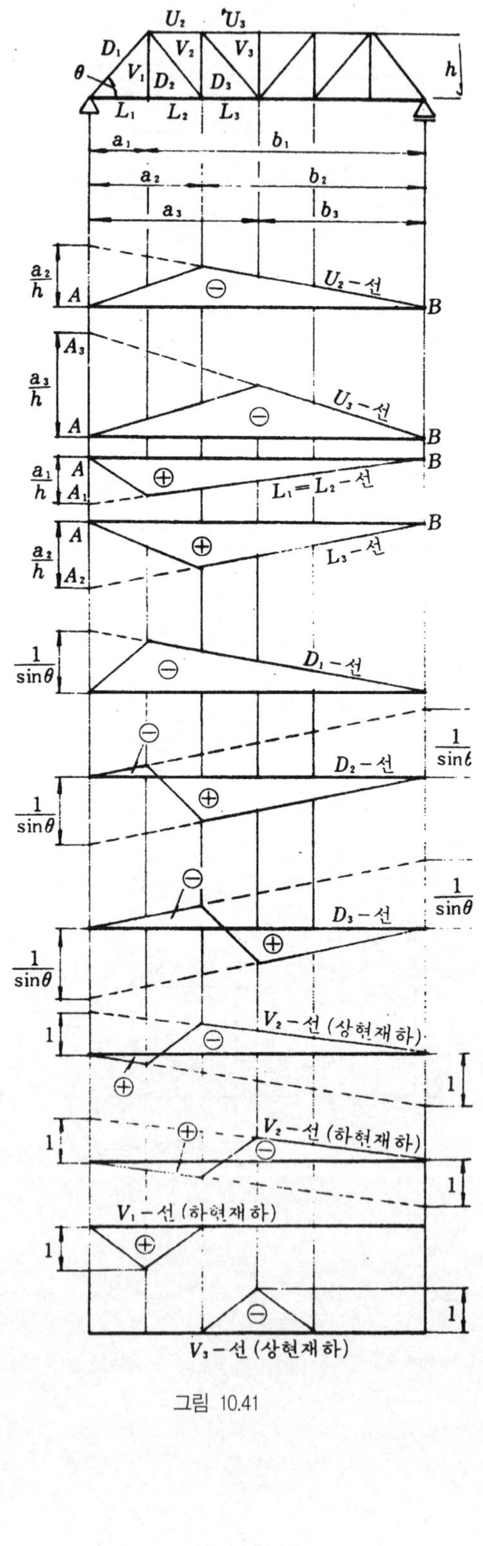

그림 10.41

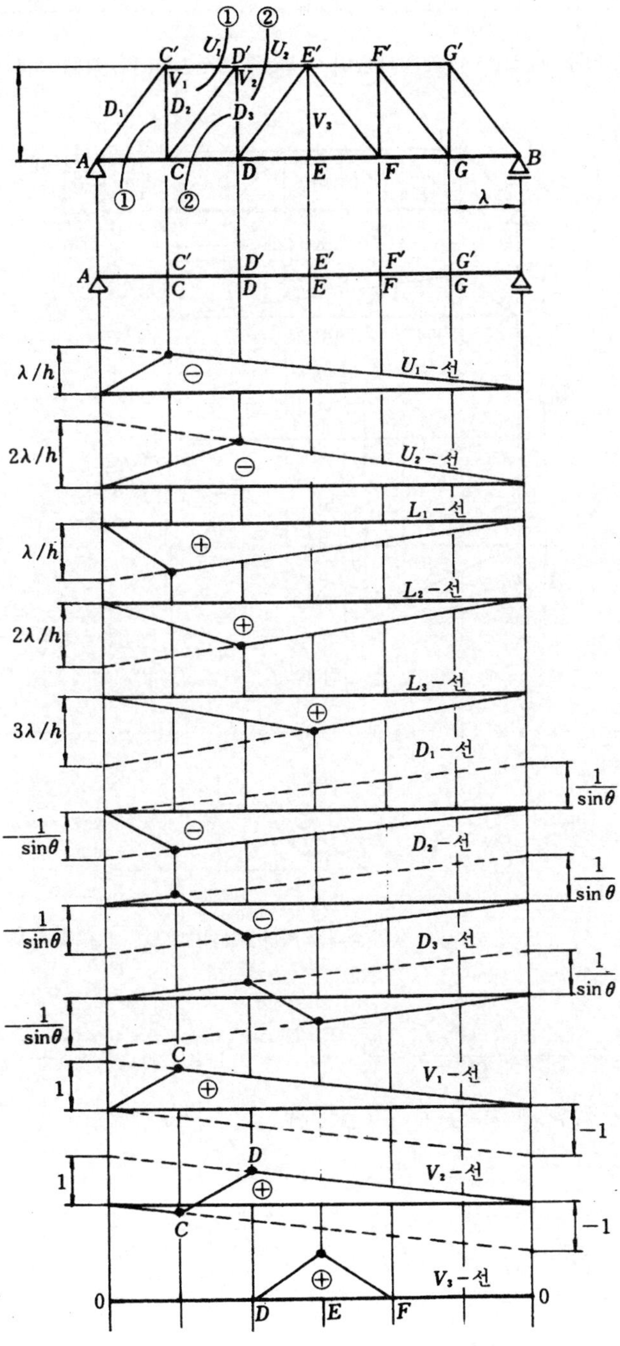
① ②
C′ U₁ D′ U₂ E′ F′ G′
V₁ V₂
D₁ D₂ D₃ V₃
A C D E F G B
① ②
λ
A C′ D′ E′ F′ G′
C D E F G
λ/h
U₁-선
2λ/h
U₂-선
L₁-선
λ/h
L₂-선
2λ/h
L₃-선
3λ/h
D₁-선
1/sinθ
1/sinθ
D₂-선
1/sinθ
1/sinθ
D₃-선
1/sinθ
1/sinθ
C
1
V₁-선
-1
D
1
V₂-선
C
-1
V₃-선
0 D E F 0

그림 10.42

【예제 22】

다음 그림과 같은 하우 트러스에 이동하중이 지날 때 U, D, L의 최대 부재력을 구하시오.

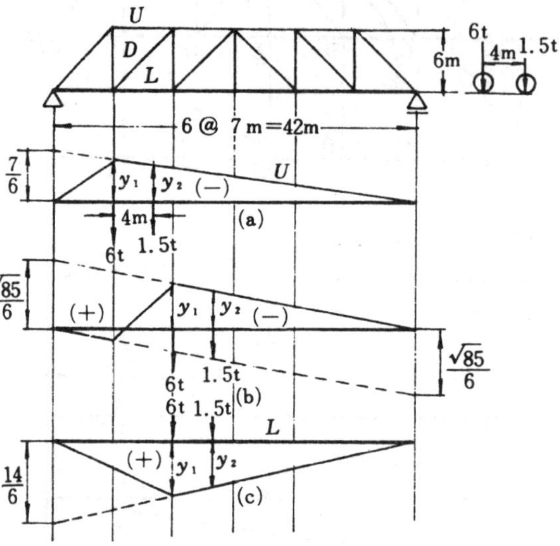

그림 10.43

풀이 $\sin\theta = \dfrac{6}{x} = \dfrac{6}{\sqrt{7^2+6^2}}$

$\therefore \dfrac{1}{\sin\theta} = \dfrac{\sqrt{7^2+6^2}}{6} = \dfrac{\sqrt{85}}{6}$

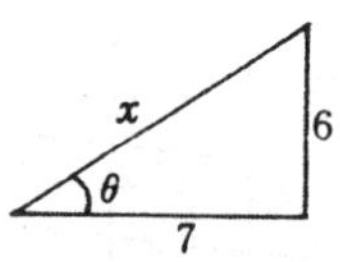

(1) U의 최대 부재력

U의 영향선은 그림 10.43(a)와 같고, 하중상태는 영향선상의 그림과 같을 때 U의 부재력이 최대가 된다. 우선 y_1을 구하기 위해

$$\frac{7}{6} : y_1 = 42 : 35,\quad y_1 = \frac{\frac{7}{6}\times 35}{42} = -\frac{35}{36},\quad \frac{7}{6} : y_2 = 42 : 31,\quad y_2 = \frac{\frac{7}{6}\times 31}{42} = -\frac{31}{36}$$

$\therefore$ 부재력$= P_1y_1 + P_2y_2$에서 $U = 6\times\left(-\dfrac{35}{36}\right) + 1.5\times\left(-\dfrac{31}{36}\right) = -7.12\,(\mathrm{t})$

(2) D의 최대 부재력

D의 영향선은 그림 (b)와 같다.

y_1을 구하려면 $\dfrac{\sqrt{85}}{6} : y_1 = 42 : 28$

$$y_1 = \frac{\frac{\sqrt{85}}{6}\times 28}{42} = \frac{2}{3}\cdot\frac{\sqrt{85}}{6}$$

y_2를 구하려면 $\dfrac{\sqrt{85}}{6} : y_2 = 42 : 24$

$$y_2=\frac{\frac{\sqrt{85}}{6}\times24}{42}=\frac{4}{7}\cdot\frac{\sqrt{85}}{6} \qquad \therefore D=-(\frac{2}{3}\times6+\frac{4}{7}\times1.5)\times\frac{\sqrt{85}}{6}=-7.46(\mathrm{t})$$

(3) L의 최대 부재력

L의 영향선은 그림 (c)와 같다.

$$\frac{14}{6}:y_1=42:28,\quad y_1=\frac{\frac{14}{6}\times28}{42}=\frac{2}{3}\cdot\frac{14}{6}=\frac{14}{9},\quad \frac{14}{6}:y_2=42:24$$

$$y_2=\frac{\frac{14}{6}\times24}{42}=\frac{4}{7}\cdot\frac{14}{6}=\frac{4}{3} \qquad \therefore\ L=\frac{14}{9}\times6+\frac{4}{3}\times1.5=11.33(\mathrm{t})$$

【예제 23】

그림과 같은 프랫트 트러스에 자중 W_d=1.5 t/m, 활하중 P=15t, W_e=1t/m의 연행하중이 작용할 때 부재력을 영향선에 의해서 계산하시오.

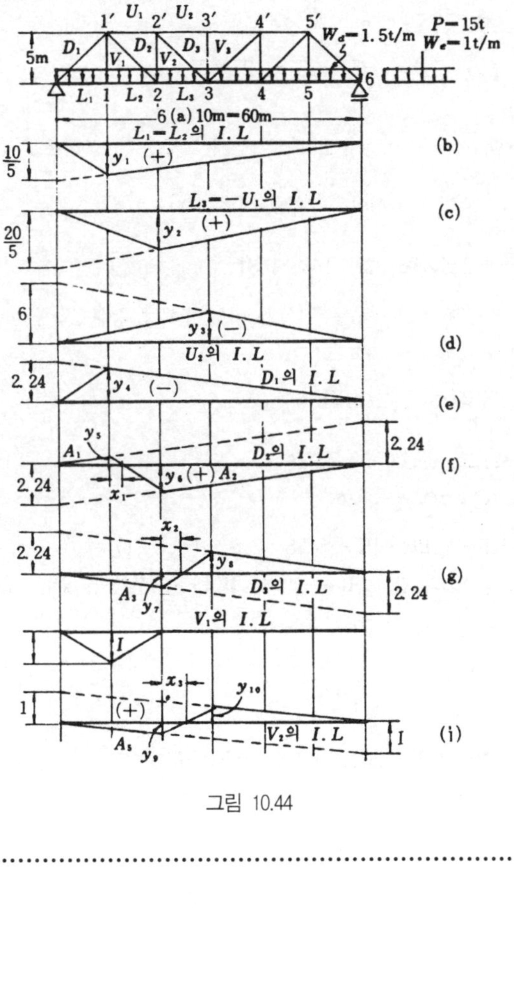

그림 10.44

풀이 $\sin\theta = \frac{5}{\sqrt{5^2+10^2}} = 0.446$, $\frac{1}{\sin\theta} = \frac{1}{0.446} = 2.24$

(1) 현재(chord member)

1) $L_1 = L_2$의 $I \cdot L$ 그림 10.44(b)에 등분포하중은 만재시키고 집중하중은 격점 1에 둔다.

$y_1 = 2 \times \frac{5}{6} = \frac{10}{6}$

$A = 60 \times \frac{10}{6} \times \frac{1}{2} = 50$

$L_1 = L_2 = 15 \times \frac{10}{6} + (1.5+1) \times 50 = 25 + 125 = 150\text{(t)}$(인장)

2) $L_3 = -U_1$의 $I \cdot L$은 그림 (c)와 같이 등분포하중은 만재시키고, 집중하중은 격점 2에 둔다.

$y_2 = 4 \times \frac{4}{6} = \frac{8}{3}$, $A = 60 \times \frac{8}{3} \times \frac{1}{2} = 80$

$L_3 = -U_1 = 15 \times \frac{8}{3} + (1.5+1)80 = 40 + 200 = 240\text{(t)}$

3) U_2의 $I \cdot L$은 그림 (d)와 같고 등분포하중은 만재시키고, 집중하중은 격점 3에 둔다.

$y_3 = 6 \times \frac{3}{6} = 3$, $A = 60 \times 3 \times \frac{1}{2} = 90$

$U_2 = -(15 \times 3 + 2.5 \times 90) = -45 - 225 = -270\text{(t)}$

(2) 복재(web member)

1) D_1의 $I \cdot L$은 그림 (e)와 같고 등분포하중은 만재시키고, 집중하중은 격점 1에 둔다.

$y_4 = 2.24 \times \frac{5}{6} = \frac{11.20}{6}$, $A = 60 \times \frac{11.20}{6} \times \frac{1}{2} = 56$

$D_1 = 15 \times \frac{11.20}{6} + 2.5 \times 56 = 28 + 140 = 168\text{t}$

2) D_2의 $I \cdot L$은 그림 (f)와 같고 사하중은 만재시키고, 활하중, 등분포하중은 (+)부분만 재하시키고 집중하중은 격점 2에 둔다.

$y_5 = 2.24 \times \frac{1}{6} = \frac{2.24}{6}$, $y_6 = \frac{2.24}{6} \times 4 = 1.493$

$x = 1.98$, $A_1 = 2.236$, $A_2 = 35.78$

$D_2 = -A_1 W_d + y_6 \cdot P + A_2 \cdot W_e$

$= -2.236 \times 1.5 + 1.493 \times 15 + 35.78 \times 2.5 = 108.49\text{(t)}$

3) D_3의 $I \cdot L$은 그림 (g)와 같고 W_d는 만재, W_e는 (−)부분만, P는 격점 3에 둔다.

$y_7 = 0.747$, $y_8 = 1.12$, $x_2 = 3.99$

$A_3 = 8.96$, $A_4 = 20.16$

$D_3 = A_3 W_d - P y_8 - A_4 W$

$= 8.96 \times 1.5 - 15 \times 1.12 - 20.16 \times 2.5 = -53.76\text{(t)}$

4) V_1의 $I \cdot L$은 그림 (h)와 같다.

$V_1 = 15 \times 1 + 2.5 \times 1 \times 20 \times \frac{1}{2} = 40(t)$

5) V_2의 $I \cdot L$은 그림 (i)와 같다. W_d는 만재, W_e는 (−)부분만, P는 격점 3에 둔다.

$y_9=0.323$, $y_{10}=0.5$, $x_3=4$

$A_5=4$, $A_6=9$

$V_2=A_5\times W_d-P\cdot y_{10}-A_6\cdot W=4\times1.5-15\times0.5-15\times0.5-9\times2.5=-31.5(\text{t})$

【예제 24】

그림과 같은 곡현 프랫트 트러스의 부재력 U, D를 영향선을 이용하여 구하시오.

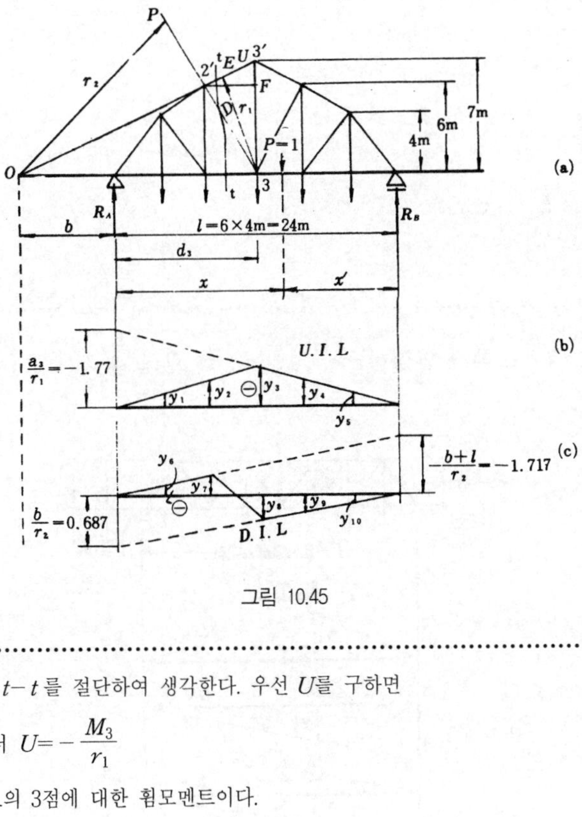

그림 10.45

풀이 그림과 같이 단면 $t-t$를 절단하여 생각한다. 우선 U를 구하면

$\sum M_3=0$으로부터 $U=-\dfrac{M_3}{r_1}$

M_3는 가상 단순보의 3점에 대한 휨모멘트이다.

r_1은 $\triangle 3F3' \backsim \triangle 2'F3'$로부터

$$r_1=\frac{4\times7}{\sqrt{1^2+4^2}}=\frac{4\times7}{\sqrt{17}}=6.79(\text{m}) \qquad \therefore\ \frac{a_3}{r_1}=\frac{12}{6.79}=1.77$$

U의 영향선은 그림 10.45(b)와 같이 되고 각 세로 거리는

$$y_1=y_5=-\frac{a_3}{r_1}\times\frac{1}{6}$$

$y_2=y_4=-\dfrac{a_3}{r_1}\times\dfrac{1}{2}$, $y_3=-\dfrac{a_3}{r_1}\times\dfrac{1}{2}$ 이 되므로

$$U=\sum Py_i=-P\cdot\frac{a_3}{r_1}\left(\frac{1}{6}\times2+\frac{2}{6}\times2+\frac{3}{6}\right)=-6\times\frac{12}{6.79}\times\frac{9}{6}=-15.93(\mathrm{t})\ (\text{압축})$$

다음에 D를 구해보자.

$\triangle 3'2'F \backsim \triangle 3'03$ 및 $\triangle 0D3 \backsim \triangle 3F2'$로부터 $b=16\,\mathrm{m}$

$$r_2=\frac{28\times6}{\sqrt{6^2+4^2}}=23.29\,\mathrm{m},\quad \frac{b}{r_2}=\frac{16}{23.29}=0.687$$

$\dfrac{b+l}{r_2}=\dfrac{40}{23.29}=1.717$로 되어 부재 D의 영향선은 그림 (c)와 같이 된다.

따라서

$$y_6=-\frac{b+l}{r_2}\times\frac{1}{6},\quad y_7=-\frac{b+l}{r_2}\times\frac{2}{6}$$

$$y_8=\frac{b}{r_2}\times\frac{3}{6},\quad y_9=\frac{b}{r_2}\times\frac{2}{6},\quad y_{10}=\frac{b}{r_2}\times\frac{1}{6}$$ 로 되고

$$D=\sum P\cdot y_i=P\left[-\frac{b+l}{r_2}\left(\frac{1}{6}+\frac{2}{6}\right)+\frac{b}{r_2}\left(\frac{3}{6}+\frac{2}{6}+\frac{1}{6}\right)\right]$$

$$=6\times\left(-1.717\times\frac{1}{2}+0.687\right)=-1.03(\mathrm{t})(\text{압축})$$

【예제 25】

그림과 같은 프랫트 트러스에서 연행하중에 의한 U, L, D, V의 최대 부재응력을 구하시오.

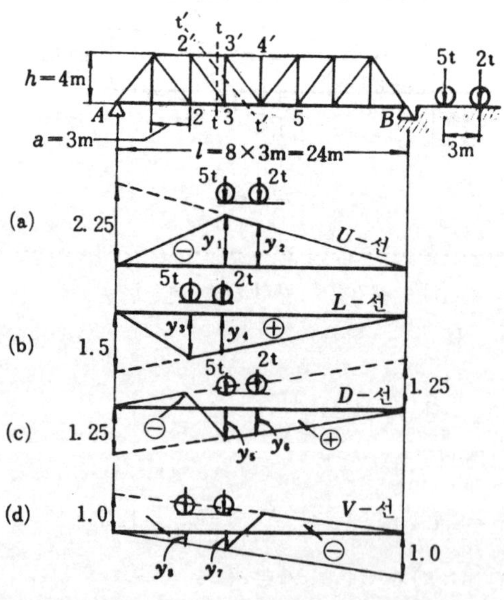

그림 10.46

풀이 먼저 영향선을 그린다. 각 부재에서 최대 응력이 생기는 하중의 위치를 생각하면, 일반적으로 연행하중 중 큰 하중

이 영향선의 최대 종거 위치에 왔을 때이므로, 그림에 표시한 위치가 된다는 것은 영향선을 관찰하면 쉽게 알 수 있을 것이다. 또 하중은 왕복한다고 생각되므로 진행방향을 반대로 하여 종합해서 생각한다.

$$U=-(5y_1+2y_2)=-(5\times2.25\times\frac{5}{8}+2\times2.25\times\frac{4}{8})=-9.28\text{(t)(압축)}$$

$$L=5y_3+2y_4=5\times1.5\times\frac{6}{8}+2\times1.5\times\frac{5}{8}=7.5\text{(t)(인장)}$$

$$D=5y_5+2y_6=5\times1.25\times\frac{5}{8}+2\times1.25\times\frac{4}{8}=5.156\text{(t)(인장)}$$

$$V=5y_7+2y_8=5\times1\times\frac{3}{8}+2\times1\times\frac{2}{8}=2.375\text{(t)(인장)}$$

【예제 26】

그림과 같은 와렌 트러스에 이동하중을 작용시킬 때 U, D, L에 생기는 최대 응력(절대값)을 구하시오.

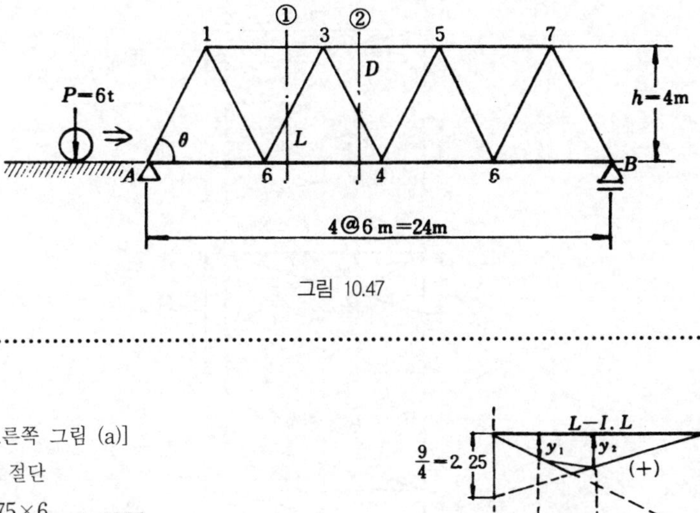

그림 10.47

풀이 $\sin\theta=\frac{4}{5}$

(1) L부재[오른쪽 그림 (a)]

①-①로 절단

$$y_1=\frac{3.75\times6}{24}=0.9375$$

$$y_2=\frac{2.25\times12}{24}=1.125$$

$$L=P\cdot y_2=6\times1.125=6.75\text{(t)(인장)}$$

(2) U부재[오른쪽 그림 (b)]

②-②로 절단

$$y=\frac{3}{2}=1.5$$

$$U=P\cdot y=-6\times1.5=-9\text{(t)(압축)}$$

(3) D부재[오른쪽 그림 (c)]

②-②로 절단

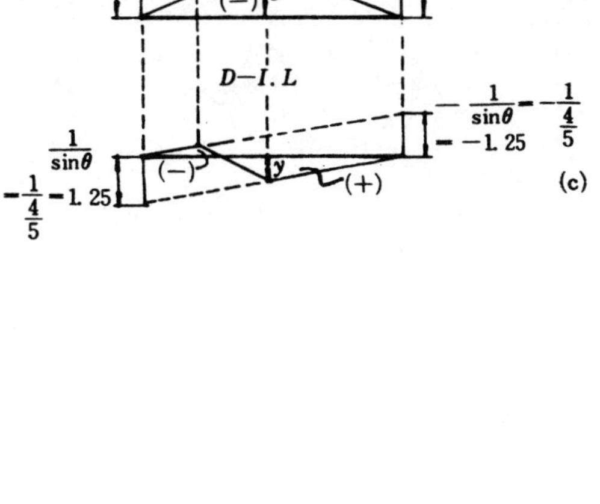

$$y=\frac{1.25\times12}{24}=0.625$$

$$D=P\cdot y=6\times0.625=3.75\,(t)\,(인장)$$

【예제 27】

그림에서와 같은 프랫트 트러스에 하현재하, 상현재하의 이동하중이 작용할 때, 부재 V, L, D에 생기는 최대 응력(절대값)을 구하시오.

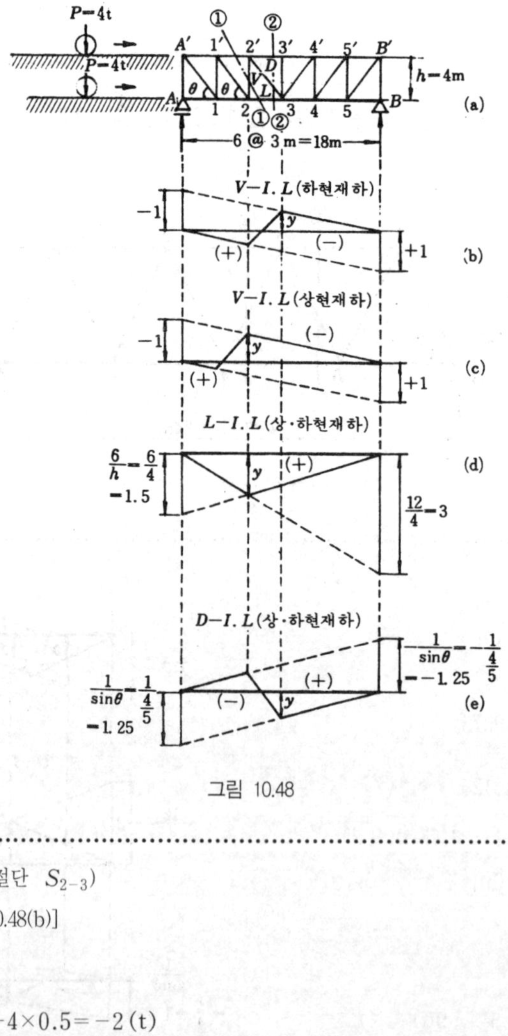

그림 10.48

풀이 (1) V 부재(①−①로 절단 S_{2-3})

1) 하현재하[그림 10.48(b)]

$$y=\frac{9}{18}=0.5$$

$$V=-P\cdot y=-4\times0.5=-2\,(t)$$

2) 상현재하[그림 10.48(c)]

$$y=\frac{12}{18}=\frac{2}{3}$$

$$V=-P\cdot y=-4\times\frac{2}{3}=-2\frac{2}{3}\text{ (t)(압축)}$$

(2) L 부재(②-②로 절단, M_2')[그림 10.48(d)]

$$y=\frac{3\times 6}{18}=1$$

$$L=P\cdot y=4\times 1=4\text{(t)(인장)}$$

(3) D 부재(②-②로 절단, $S_{2\sim3}$)[그림 10.48(e)]

$$y=\frac{1.25\times 9}{18}=0.625$$

$$D=P\cdot y=4\times 0.625=2.5\text{(t)(인장)}$$

연습문제

문 1. 다음 그림과 같은 트러스의 부재 응력을 구하시오(단 $\theta=30°$임).

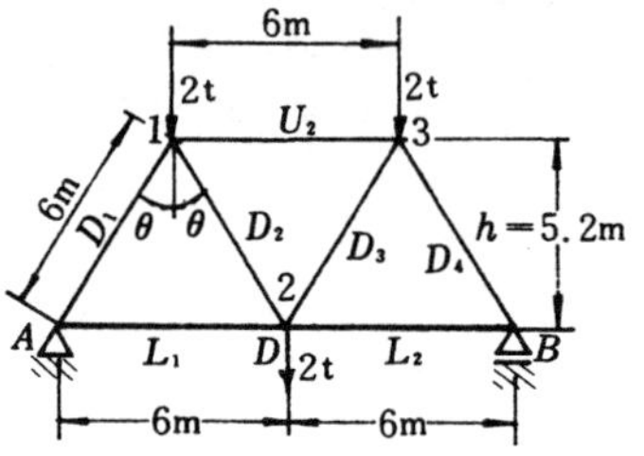

(a)

문 2. 그림과 같은 하우 트러스의 부재력을 구하시오.

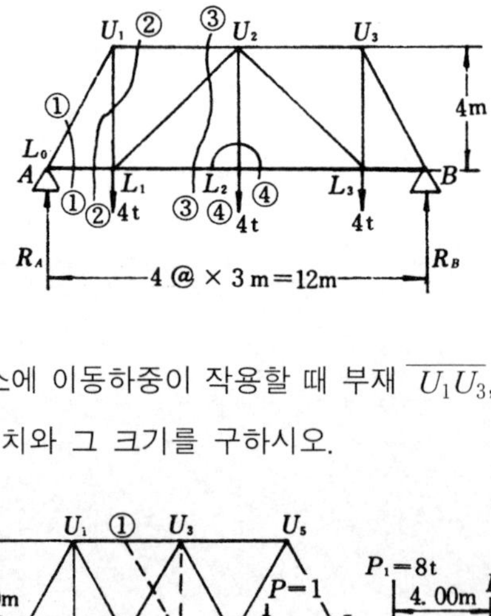

문 3. 그림과 같은 와렌 트러스에 이동하중이 작용할 때 부재 $\overline{U_1U_3}$, $\overline{L_2L_4}$ 및 $\overline{L_2U_3}$에 최대 응력이 발생하는 하중의 위치와 그 크기를 구하시오.

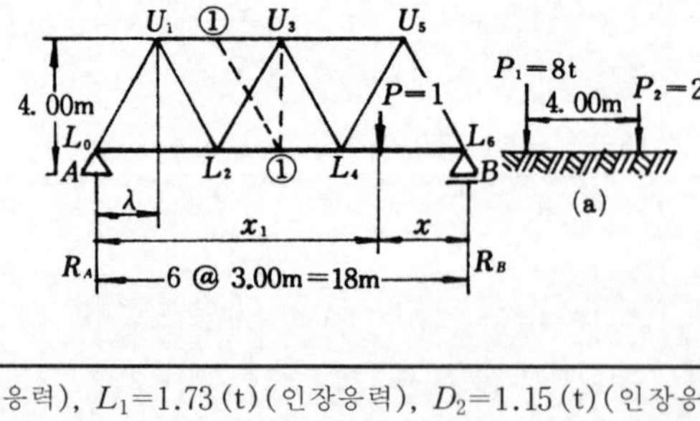

해답 1. $D_1=-3.46$ (t)(압축응력), $L_1=1.73$ (t)(인장응력), $D_2=1.15$ (t)(인장응력), $U_2=-2.31$ (t)(압축응력)

2. $\overline{L_0U_1}=-7.5$t, $\overline{L_0L_1}=4.5$ (t), $\overline{U_1L_1}=6$ (t), $\overline{U_1U_2}=-4.5$ (t), $\overline{L_1U_2}=-2.5$ (t), $\overline{L_1L_2}=6$ (t), $\overline{U_2L_2}=4$ (t)

3. $\overline{U_1U_3}\fallingdotseq-9.333$ (t), $\overline{L_2L_4}=7.5$ (t), $\overline{L_2U_3}=\pm3.611$ (t)

문 **4.** 그림과 같은 트러스의 AC, AB, BC 부재의 부재응력을 구하시오.

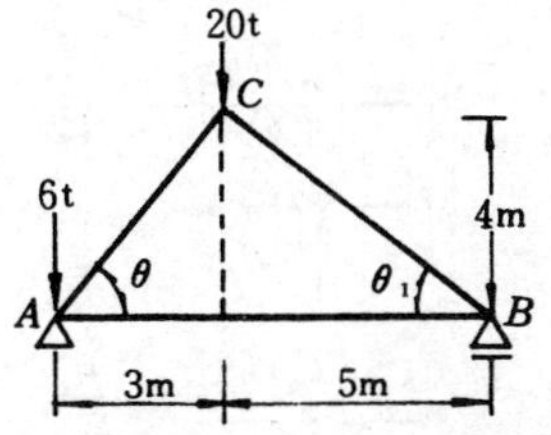

문 **5.** 그림과 같은 트러스의 부재 D_1의 부재응력은 얼마인가?

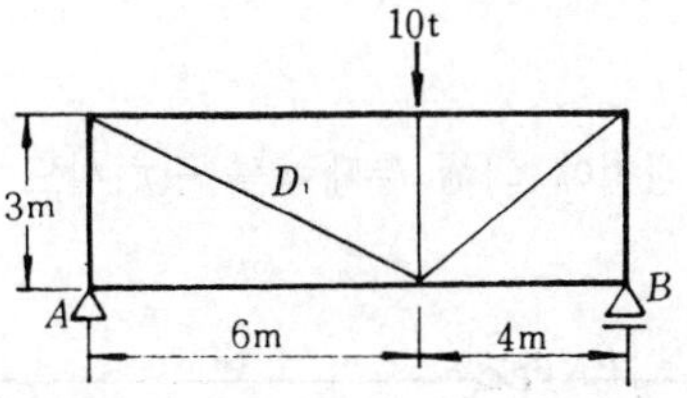

문 **6.** 그림과 같은 한변의 길이가 4m인 정삼각형 트러스에 수평하중 $P=10$t이 작용할 때 각 부재응력을 구하시오.

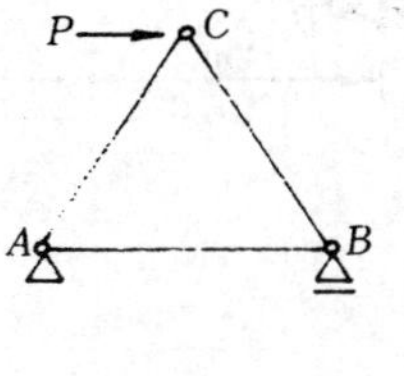

해답 4. $\overline{AC}=-15.625$ (t), $\overline{AB}=9.375$ (t), $\overline{BC}=-12$ (t)

5. $D_1=-4\sqrt{5}$ (t)(압축)

6. $AC=10$ (t)(인장), $AB=5$ (t)(인장), $BC=-10$ (t)(압축)

문 **7.** 그림과 같은 탑 트러스에서 표시한 D_1의 부재응력을 구하시오.

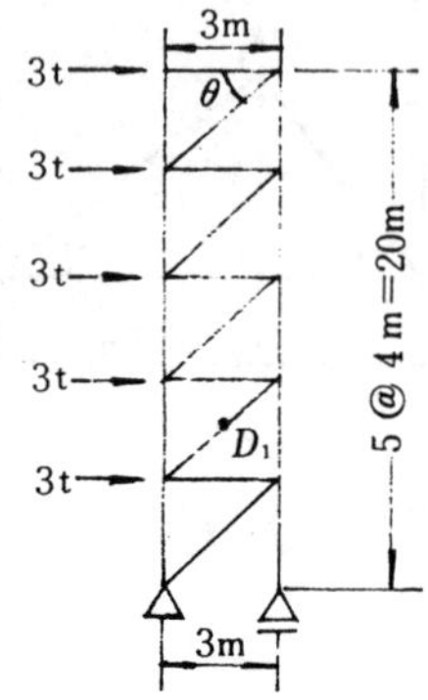

문 **8.** 그림과 같은 트러스를 격점법에 의해 부재력을 구하시오.

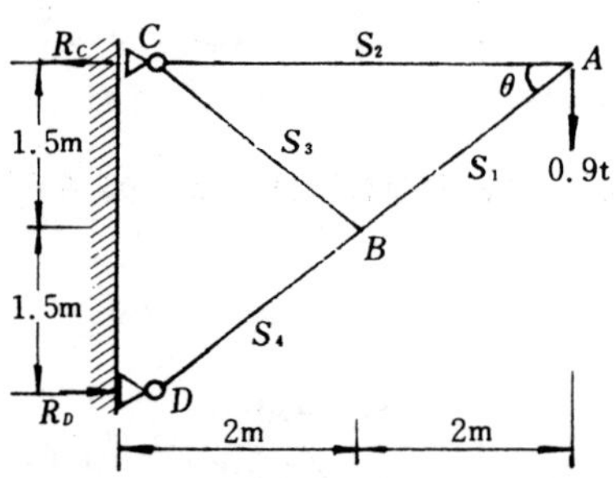

해답 7. $D_1=20$ (t)(인장) 8. $S_1=-1.5$ (t), $S_2=1.2$ (t), $S_3=0$, $S_4=-1.5$ (t)

제 11 장

정정 라멘 및 아치

- 1. 개요
- 2. 정정 라멘의 해법
- 3. 일단 고정지점 라멘
- 4. 일단 회전, 타단 이동단 라멘
- 5. 3단 이동지점 라멘
- 6. 3힌지 라멘
- 7. 정정 아치

제11장 정정 라멘 및 아치

1. 개요

라멘(Rahmen)이란 독일말로서 '틀'이란 뜻이며, 영어로는 rigid flame이라고 하는데, 이것은 강결 구조라는 뜻으로 해석된다. Rahmen은 각 직선부재의 연결이 고정절점으로 되어 있어서, 구조물이 외력을 받아 변형하더라도 각 절점에서 이루고 있는 부재의 각은 변하지 않는다고 보는 것이다. 따라서 각 부재는 하중에 의하여 이동변형을 하여도 부재와 부재의 접합교각은 변할 수 없도록 되어 있는 것이다.

그리고 라멘에는 전단력, 휨모멘트 및 축방향력 등의 단면력이 일어나며, 주로 휨모멘트에 저항하는 구조이다.

정정 라멘은 그림 11.1(a), (b), (c)에 도시한 바와 같이 그의 지점 상태에 따라 다음과 같이 구별한다.

(a) 일단 고정지점 라멘(캔틸레버식 라멘)

(b) 3단 이동지점 라멘(3지점 roller)

(c) 일단 회전 타단 이동단 라멘(단순보식 라멘)

또 그림 (d)와 같이 양 지점이 힌지이고 좌우측 구면이 또한 힌지로 결합되어 구조물 전체가 3개의 힌지로 되었다고 볼 때, 이를 3힌지 라멘이라고 한다.

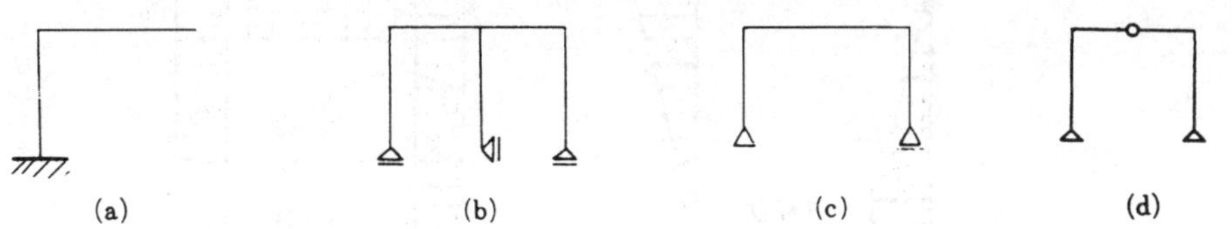

그림 11.1

2. 정정 라멘의 해법

해법은 정정보와 거의 같다. 먼저 지점의 반력을 구하고, 다음에 반력과 하중을 라멘에 작용하는 외력으로 생각하고 각 점의 응력을 구한다.

반력을 결정하는 데는 정역학적 평형조건 즉, $\sum H=0$, $\sum V=0$, $\sum M=0$에 의해서 구한다. 또한 단면력은 단순보 해법과 같은 방법으로 전단력, 휨모멘트, 축방향력을 구하며, 단면력도의 부호는 단순보와 같이 하면 된다. 즉, 전단력은 지점의 반력과 하중의 방향을 고려하여 임의점에서 시계 방향(↑↓) 작용일 때 정(+), 시계 반대 방향(↓↑) 작용일 때 부(−)로 하고, 축방향력은 ←−−→와 같은 인장력에 대해서는 정(+), →−←와 같은 압축력에 대해서는 부(−)로서 취급한다.

3. 일단 고정지점 라멘

(1) 집중하중을 받을 경우

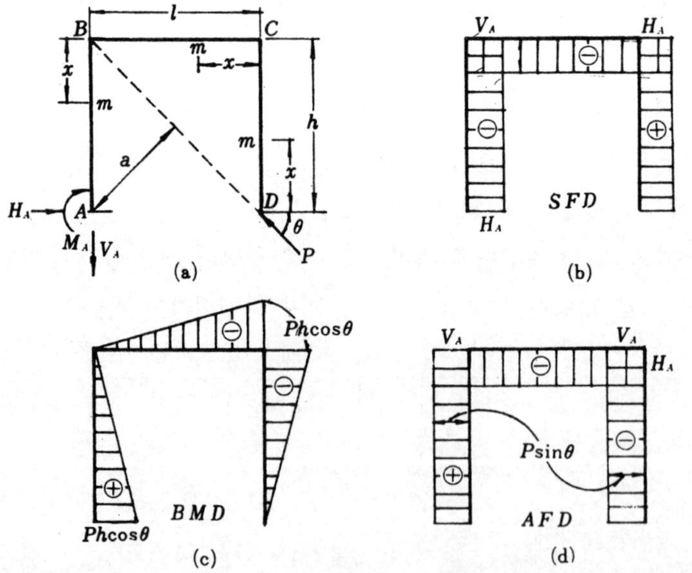

그림 11.2

1) 지점반력

그림 11.2(a)와 같이 지점반력의 작용방향을 가정하여 풀은 결과가 (+)이면 가정한 방향과 같고, (−)이면 가정과 반대방향으로 작용한다.

$\sum H=0$에 의하여 $H_A=P\cos\theta$

$\sum V=0$으로부터 $V_A=P\sin\theta$

$\sum M=0$에서 $M_A=Pa$

2) 전단력

$C\sim D$ 부재 : 임의 단면 m점의 전단력을 S_x라 하고, 그 오른쪽(구조물의 아래쪽)을 생각하면 $S_x=P\cos\theta$로서 $S_{C\sim D}=H_A=P\cos\theta$

$B\sim C$ 부재 : 임의 단면 m점의 전단력을 S_x라 하고, 그 오른쪽을 생각하면 $S_x=-P\sin\theta$로서 $S_{B\sim C}=-V_A=-P\sin\theta$

$A\sim B$ 부재 : 임의 단면 m점의 전단력을 S_x라 하고, 그 오른쪽(구조물의 위쪽)을 생각하면 $S_x=-P\cos\theta$로서 $S_{A\sim B}=-H_A=-P\cos\theta$이며

전단력도는 그림 11.2(b)와 같다.

3) 휨모멘트

$C\sim D$ 부재 : 임의 단면 m점의 휨모멘트를 M_x라 하고, 그 오른쪽을 생각하면 x에 관한 1차식이 되며 D점을 기준으로 하면

$M_x=-Px\cos\theta,\ M_C=M_{x=h}=-Ph\cos\theta$

$B\sim C$ 부재 : 임의 단면 m점의 휨모멘트를 M_x라 하고, 그 오른쪽을 생각하고 C점을 기준으로 하면

$M_x=M_C+Px\sin\theta=-Ph\cos\theta+Px\sin\theta$

그림 11.2(c)의 경우에는 P가 절점 B를 통하므로 $M_B=0$이 된다.

$A\sim B$ 부재 : 임의 단면 m점의 휨모멘트를 M_x라 하고, 그 오른쪽을 생각하고 B점을 기준으로 하면

$M_x=Px\cos\theta,\ M_A=M_{x=h}=Ph\cos\theta=Pa$

휨모멘트도는 그림 11.22(c)와 같다.

4) 축방향력

$C\sim D$ 부재 : $A_x = -P\sin\theta$(압축)

$A_{C\sim D} = -P\sin\theta = -V_A$

$B\sim C$ 부재 : $A_x = -P\cos\theta$(압축)

$A_{B\sim C} = -P\cos\theta = -H_A$

$A\sim B$ 부재 : $A_x = P\sin\theta$(인장)

$A_{A\sim B} = P\sin\theta = V_A$

축방향력도는 그림 (d)와 같다.

그림 (b)와 그림 (d)에서 보면 전단력을 받는 부재와 직각으로 이어진 부재는 그 연결된 곳에서의 전단력과 같은 크기의 축방향력을 받게 되고, 또 반대로 축방향력을 받는 부재와 수직인 부재는 그 연결된 곳에서의 축방향력과 같은 크기의 전단력을 받게 된다는 것을 알 수 있다.

【예제 1】

단면력을 구하고 단면력도를 그리시오.

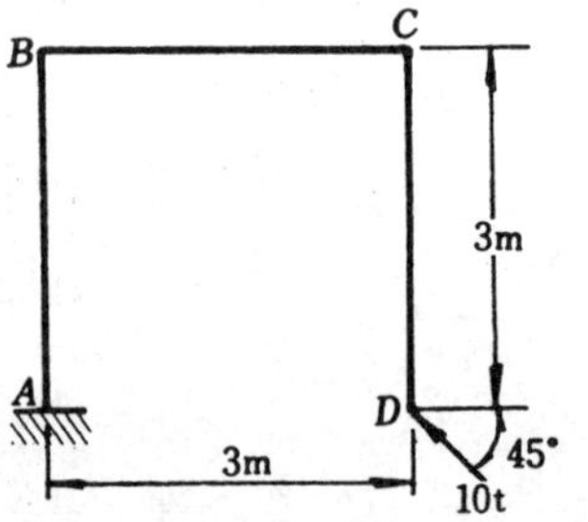

그림 11.3

풀이 (1) 하중의 분해

$H = P\cos\theta = 10\times\cos 45° = 5\sqrt{2}$ (t)

$V = P\sin\theta = 10\times\sin 45° = 5\sqrt{2}$ (t)

$M_A - P\sin 45°\times 3 = 0,\quad M_A = 10\times\sin 45°\times 3 = 15\sqrt{2}$ (t · m)

(2) 전단력

$S_{DC} = H = 5\sqrt{2}$ (t), $S_{CB} = -V = -5\sqrt{2}$ (t), $S_{BA} = -5\sqrt{2}$ (t)

(3) 휨모멘트

$M_D = 0,\quad M_C = -H\times 3 = -15\sqrt{2}$ (t · m)

$M_B = M_C + V \times 3$(+인 이유는 우측에서부터 생각하므로 반시계 방향인 관계임)

$= -15\sqrt{2} + 15\sqrt{2} = 0$

$M_A = M_B + H \times 3$(H가 B점에 작용한다고 본 것임)

$= 5\sqrt{2} \times 3 = 15\sqrt{2}\,(\text{t} \cdot \text{m})$

(4) 축방향력

$N_{CD} = -5\sqrt{2}\,(\text{t}),\ N_{BC} = -5\sqrt{2}\,(\text{t}),\ N_{BA} = V = 5\sqrt{2}\,(\text{t})$(인장)

이로써 단면력도를 그리면

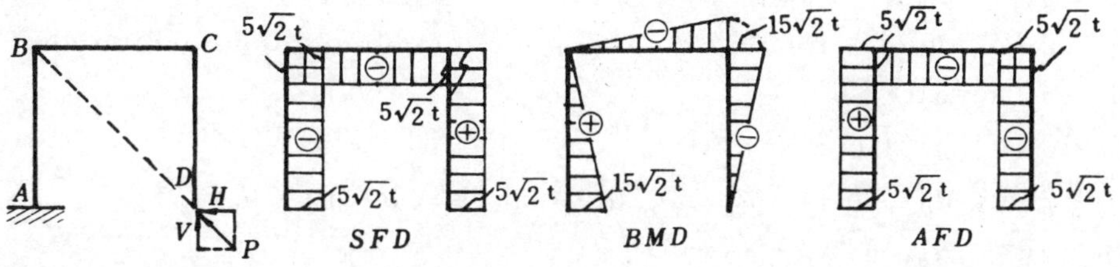

【예제 2】

단면력을 구하고 단면력도를 그리시오.

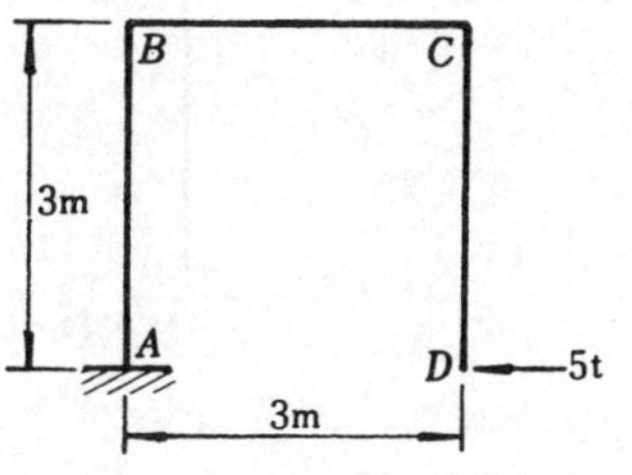

그림 11.4

풀이 (1) 전단력

$S_{DC} = 5\,(\text{t}),\ S_{CB} = 0,\ S_{BA} = -5\,(\text{t})$(H_A가 5t이므로)

(2) 휨모멘트

$M_D = 0,\ M_C = -5 \times 3 = -15\,(\text{t} \cdot \text{m})$(우측부터 생각하므로 시계 방향이 −임)

$M_{BC} = M_C = -15\,(\text{t} \cdot \text{m})$

$M_A = M_B + P \times 3$(하중 5t이 B점에 작용한다고 생각)

$= -15 + 5 \times 3 = 0$

(3) 축방향력 : $N_{BC} = -5\,(\text{t})$

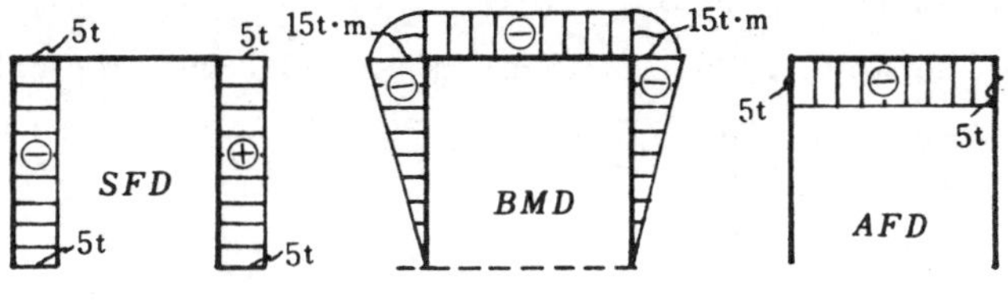

【예제 3】

M_C를 구하고 단면력도를 그리시오.

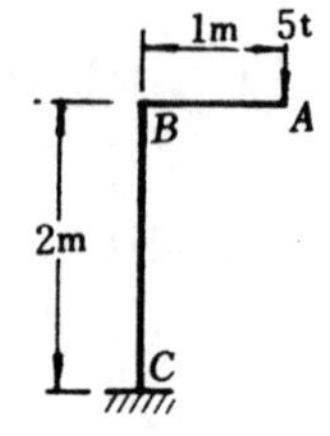

그림 11.5

풀이 (1) 반력 : $R_C=5\,(t)(\uparrow)$

(2) 전단력 : $S_{AB}=5\,(t)$, $S_{BC}=0$

(3) 휨모멘트 : $M_B=-5\times1=-5\,(t\cdot m)$, $M_{BC}=-5\times1=-5\,(t\cdot m)\,(=M_C)$

(4) 축방향력 : $N_{BA}=0$, $N_{BC}=-5\,(t)$(압축)

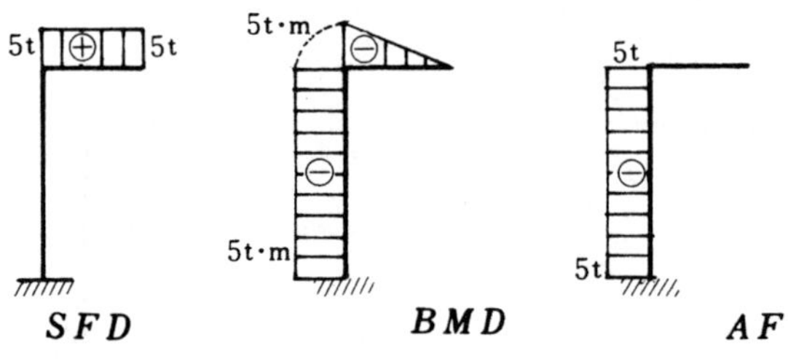

【예제 4】

M_A를 구하고 단면력을 구하시오.

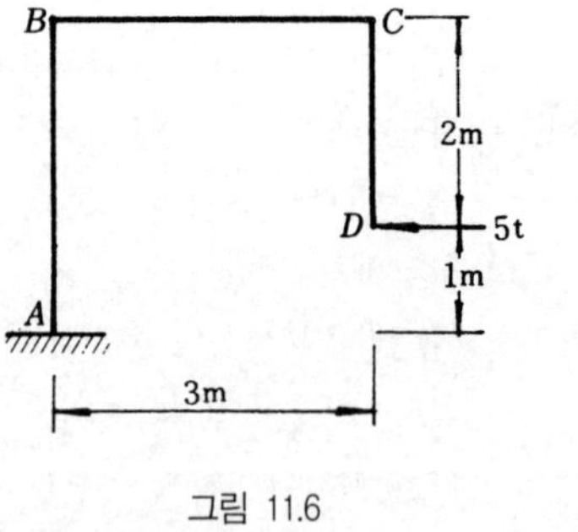

그림 11.6

풀이 (1) 전단력 : $S_{D\sim C}=5\,(t)$, $S_{CB}=0$, $S_{BA}=-5\,(t)$

(2) 휨모멘트 : $M_D=0$, $M_C=-5\times2=-10\,(t\cdot m)$, $M_{BC}=-10\,(t\cdot m)$, $M_A=-10+5\times3=5\,(t\cdot m)$

(3) 축방향력 : $N_{DC}=0$, $N_{CB}=-5t$, $N_{BA}=0$

(2) 등분포하중을 받을 경우

1) 지점반력

지점반력의 작용방향을 그림 11.7(a)와 같이 가정한다.

$\sum V=0$에 의하여 $V_A=0$

$\sum H=0$에 의하여 $H_A=wh$

$\sum M=0$에 의하여 $M_A=\dfrac{wh^2}{2}$

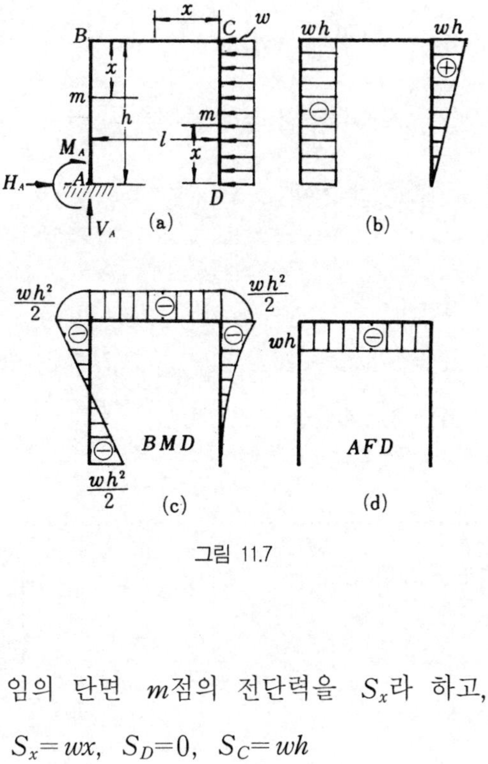

그림 11.7

2) 전단력

$C\sim D$ 부재 : 임의 단면 m점의 전단력을 S_x라 하고, 그 오른쪽을 생각하면

$S_x=wx,\ \ S_D=0,\ \ S_C=wh$

$B\sim C$ 부재 : 부재축과 수직한 방향의 하중이 없으므로

$S_x=V_A=0,\ \ S_{B\sim C}=0$

$A\sim B$ 부재 : 하중 wh가 절점 B에 작용한다고 생각하면

$S_x=-wh,\ S_{A\sim B}=-wh$

전단력도는 그림 11.7(b)와 같다.

3) 휨모멘트

$C \sim D$ 부재 : 임의 단면 m점의 휨모멘트를 M_x라 하고, 그 오른쪽을 생각하면

$$M_x = -\frac{wx^2}{2} \qquad \therefore M_C = M_{x=h} = -\frac{wh^2}{2}$$

$B \sim C$ 부재 : $M_x = -\frac{wh^2}{2}$ (일정), $M_B = -\frac{wh^2}{2}$

$A \sim B$ 부재 : 임의 단면 m의 휨모멘트를 M_x라 하고, 그 우측 즉, 위쪽을 생각하면 합력 wh가 절점 B에 그대로 작용한다고 보고

$$M_x = -\frac{wh^2}{2} + wh \cdot x$$

$$\therefore M_A = -\frac{wh^2}{2} + wh^2 = \frac{wh^2}{2}, \quad M_{x=\frac{h}{2}} = 0$$

휨모멘트도는 그림 (c)와 같다.

4) 축방향력

$C \sim D$ 부재 : $A_x = 0$

$B \sim C$ 부재 : $A_x = -wh = -H_A$, $A_{B\sim C} = -H_A = -wh$

$A \sim B$ 부재 : $A_x = 0$, $A_{A\sim B} = 0$

【예제 5】

단면력을 구하고 단면력도를 그리시오.

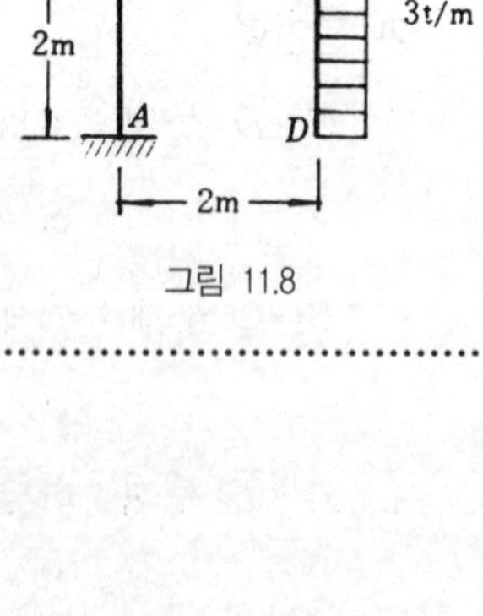

그림 11.8

풀이 (1) 전단력

DC 부재의 D점에서 상향으로 x만큼 떨어진 점의 전단력 S_x는

$S_x = w \cdot x$, $S_C = S_{x=2} = 3 \times 2 = 6$ (t)

$B \sim C$ 부재 : 부재축과 수직한 방향의 하중이 없으므로 $S_x = 0$

$A \sim B$ 부재 : 하중 wh 즉, $3 \times 2 = 6$ (t)이 B점에 작용한다고 생각하면

$S_x = -wh = -3 \times 2 = -6$ (t)

(2) 휨모멘트

D점에서 상향으로 x만큼 떨어진 위치의 휨모멘트 M_x는

$M_x = -\dfrac{wx^2}{2}$, $M_D = M_{x=0} = 0$

$M_C = M_{x=2} = -3\times 2^2/2 = -6\,(\text{t}\cdot\text{m})$

$B\sim C$ 부재 : $M_B = M_C + 0 = -6\,(\text{t}\cdot\text{m})$

$B\sim A$ 부재 : $M_{CB} = -6\,(\text{t}\cdot\text{m})$, B점에 하향으로 x만큼 내려간 위치의 휨모멘트 M_x는

$M_x = M_B + w\cdot h\cdot x$, $M_A = M_{x=2} = -6+3\times 2\times 2 = 6\,(\text{t}\cdot\text{m})$(or $M_A - 3\times 2\times 1 = 0$에서 $M_A = 6\text{t}\cdot\text{m}$)

$M_A - 3\times 2\times 1 = 0$에서 $M_A = 6\,(\text{t}\cdot\text{m})$

(3) 축방향력

$N_{DC} = 0$, $N_{BC} = -w\cdot h = -3\times 2 = -6\,(\text{t})$, $N_{BA} = 0$

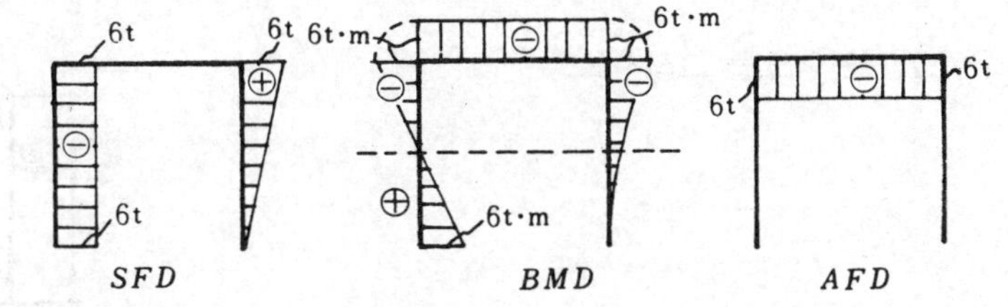

【예제 6】

M_A를 구하고 단면력도를 그리시오.

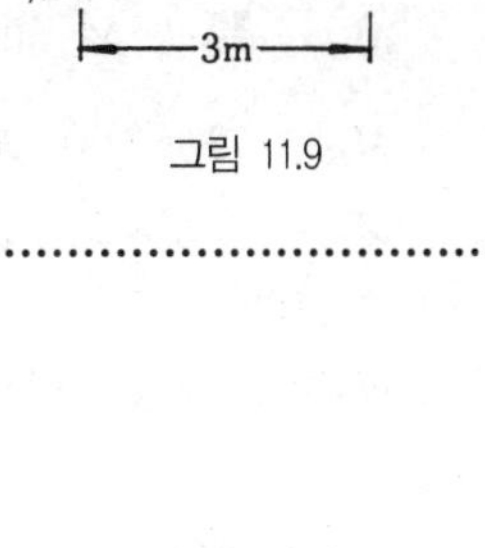

그림 11.9

풀이 (1) 전단력

$S_{CD} = 0$(하중이 없기 때문)

C점에서 좌측으로 x인 위치의 전단력 $S_x = wx$

$S_C = 0$, $S_B = 2\times 3 = 6\,(\text{t})$(↑↓이므로 부호가 +임), $S_{BA} = 0$

(2) 휨모멘트

$M_{CD} = 0$, $M_{CB} = -\dfrac{w\cdot x^2}{2}$ 이므로

$M_B = -2\times\frac{3^2}{2} = -9\,(\mathrm{t\cdot m})$ (B↓C로서 B에서 볼 때 시계방향이므로 −부호임)

$M_{BA} = M_B = -9\,(\mathrm{t\cdot m})$

(3) 축방향력

$N_{DC}=0,\ N_{BA}=-2\times3=-6\,(\mathrm{t}),\ N_{CB}=0$

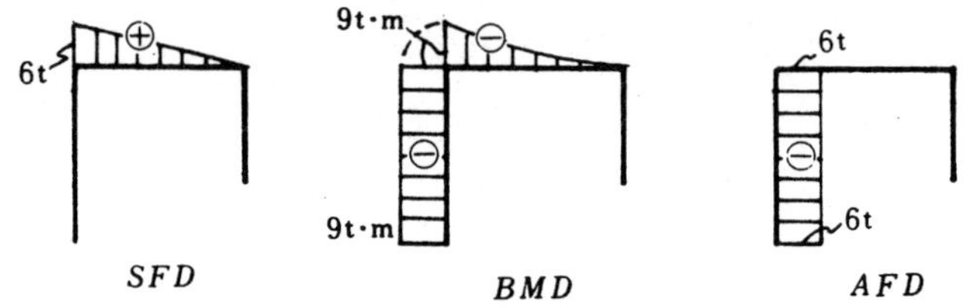

【예제 7】

M_D 및 M_A를 구하고 단면력도를 그리시오.

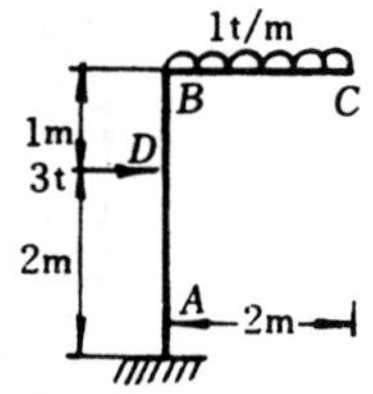

그림 11.10

풀이 (1) 반력

$H_A=3\,(\mathrm{t})(\leftarrow)\ V_A=1\times2=2\,(\mathrm{t})(\uparrow)$

(2) 전단력

$S_{BC}=wx,\ S_B=1\times2=2\,(\mathrm{t}),\ S_{BD}=0,\ S_{DA}=3\,(\mathrm{t})$

(3) 휨모멘트

$M_{BC}=\frac{wx^2}{2},\ M_C=0,\ M_B=-1\times\frac{2^2}{2}=-2\,(\mathrm{t\cdot m})$(혹은 $M_B+2\times1\times1=0$에서 $M_B=-2\,(\mathrm{t\cdot m})$

$M_{BD}=-2\,(\mathrm{t\cdot m}),\ M_A+2\times1\times1+3\times2=0$에서

$M_A=-2-3\times2=-8\,(\mathrm{t\cdot m})$

(4) 축방향력

$N_{BC}=0,\ N_{BA}=-2\,(\mathrm{t})$

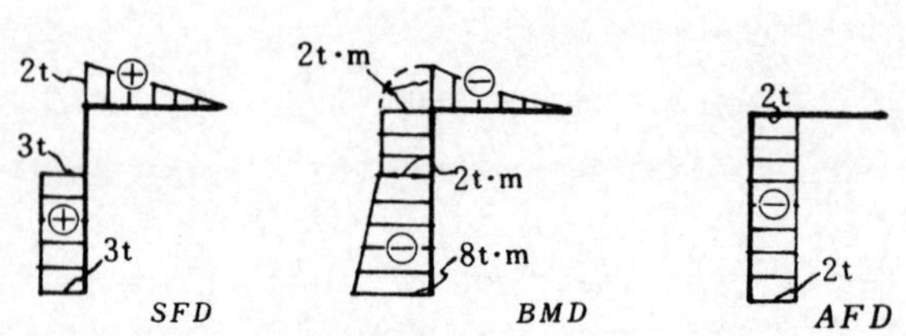

【예제 8】

그림과 같은 라멘의 단면력을 구하고 단면력도를 그리시오.

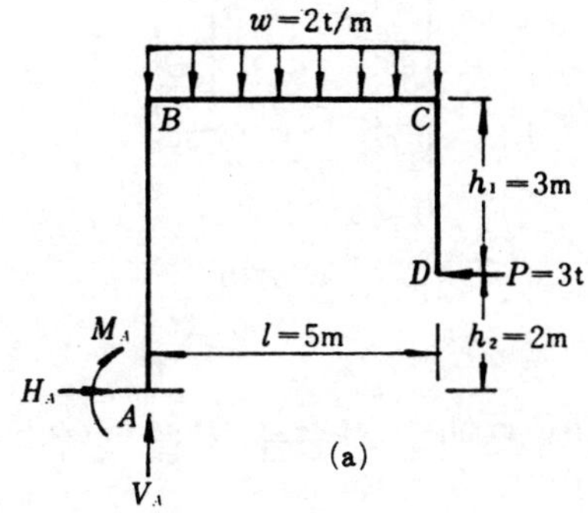

그림 11.11

풀이 (1) 지점반력

$\sum V=0$에 의하여 $V_A-2\times5=0$ $\therefore V_A=10(\text{t})$

$\sum H=0$에 의하여 $H_A-3=0$ $\therefore H_A=3(\text{t})$

$\sum M=0$에 의하여 $M_A+2\times5\times\dfrac{5}{2}-3\times2=0$

$\therefore M_A=-19(\text{t}\cdot\text{m})$(혹은 $M_A=-2\times5\times2.5+3\times2=-19\text{t}\cdot\text{m}$)

(2) 전단력

CD 부재 : $S_x=3\text{t}$, $S_{C\sim D}=3\,(\text{t})$

BC 부재 : $S_x=2x(S_x=V_A-wx=10-2x)$, $S_C=0$, $S_B=10\,(\text{t})$

AB 부재 : $S_x=-3\text{t}$, $S_{A\sim B}=-3\,(\text{t})$

(3) 휨모멘트

CD 부재 : $M_x=-3x$, $M_D=0$, $M_C=-3\times3=-9\,(\text{t}\cdot\text{m})$

BC 부재 : $M_x=-Ph_1-\dfrac{wx^2}{2}=9-x^2$, $M_B=9-5\times5=-34\,(\text{t}\cdot\text{m})$

AB 부재 : $M_x=-\dfrac{wl^2}{2}-Ph_1+P(h_1+h_2)$

$$M_A=-\frac{2\times5^2}{2}-3\times3+3(3+2)=-19\,(\text{t}\cdot\text{m})$$

(4) 축방향력

CD 부재 : $A_x=0$, $A_{C\sim D}=0$

BC 부재 : $A_x=-H_A$, $A_{B\sim C}=-H_A=-3\,(\text{t})$

AB 부재 : $A_x=-V_A$, $A_{A\sim B}=-V_A=-10\,(\text{t})$

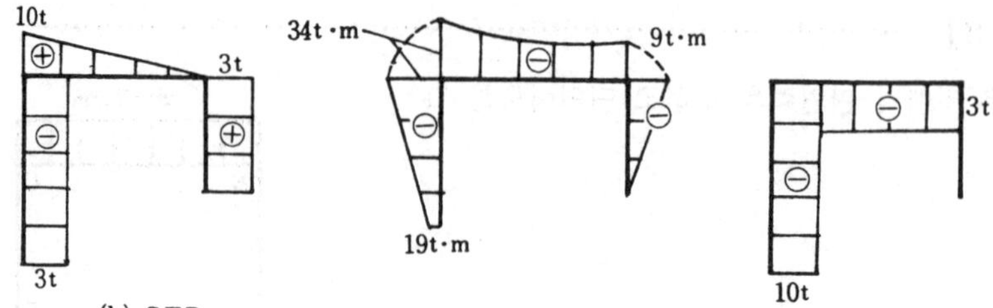

(b) SFD　　(c) BMD　　(d) AFD

(3) 모멘트 하중을 받을 경우

1) 지점반력

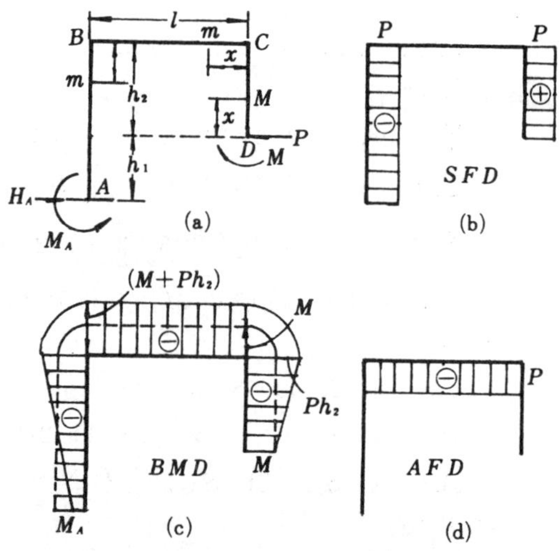

그림 11.12

지점반력의 작용방향을 그림 11.12(a)와 같이 가정하여

$\sum H=0$에 의해 $H_A=P$

$\sum M=0$에 의해

$M_A=M-P\times h_1$

2) 전단력

$C\sim D$ 부재 : $S_x=P$

$B\sim C$ 부재 : $S_x=0$,

$A\sim B$ 부재 : $S_x=-P$

전단력도는 그림 (b)와 같다.

3) 휨모멘트

$C\sim D$ 부재 : $M_x=-M-Px$

$\therefore\ M_C=M_{x=h2}=-M-Ph_2$

$B\sim C$ 부재 : $M_x=-M-Ph_2$

$A\sim B$ 부재 : $M_x=-M-Ph_2+Px$

$\therefore\ M_A=-M-Ph_2+P(h_2+h_1)=-M+Ph_1$

휨모멘트도는 그림 (c)와 같다.

4) 축방향력

$C\sim D$ 부재 : $A_x=0$

$B \sim C$ 부재 : $A_x = -P$

$A \sim B$ 부재 : $A_x = 0$

【예제 9】

M_A를 구하고 단면력도를 그리시오.

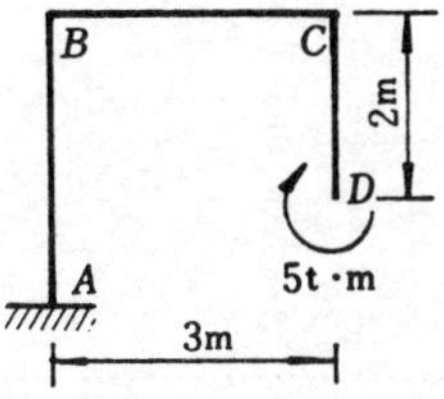

그림 11.13

풀이 $M_A + 5 = 0$

$\therefore M_A = -5\,(\text{t}\cdot\text{m})$

전단력과 축방향력은 모든 부재가 0이다.

$M_{DC} = M_{CB} = M_{AB} = -5\,(\text{t}\cdot\text{m})$

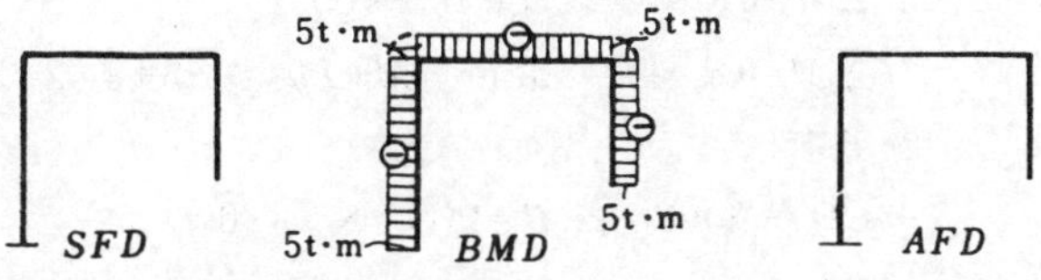

【예제 10】

그림과 같은 라멘의 응력을 구하고 단면력도를 그리시오.

그림 11.14

풀이 (1) 전단력

$S_{AD} = 0$, $S_{DB} = -10\,(\text{t})$(↓ ↑ 방향이므로), $S_{BC} = 0$

(2) 휨모멘트

$M_{AD} = 5\,(\text{t}\cdot\text{m})$, $M_B = 5 - 10 \times 1 = -5\,(\text{t}\cdot\text{m})$, $M_{BC} = -5\,(\text{t}\cdot\text{m})$

(3) 축방향력

$N_{AD} = N_{DB} = 0$, $N_{BC} = -10\,(\text{t})$(압축)

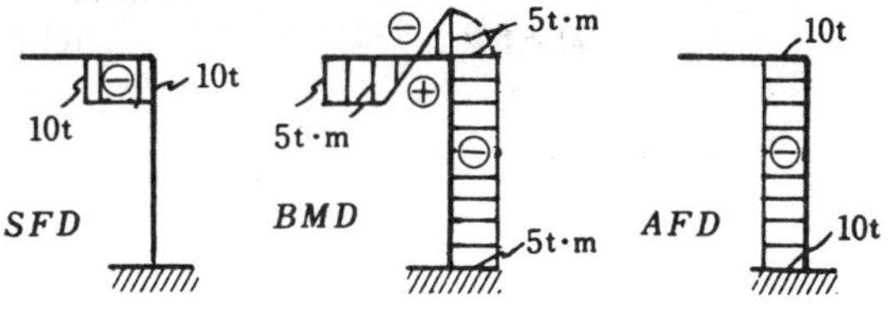

【예제 11】

그림과 같은 라멘의 단면력을 구하고 단면력도를 그리시오.

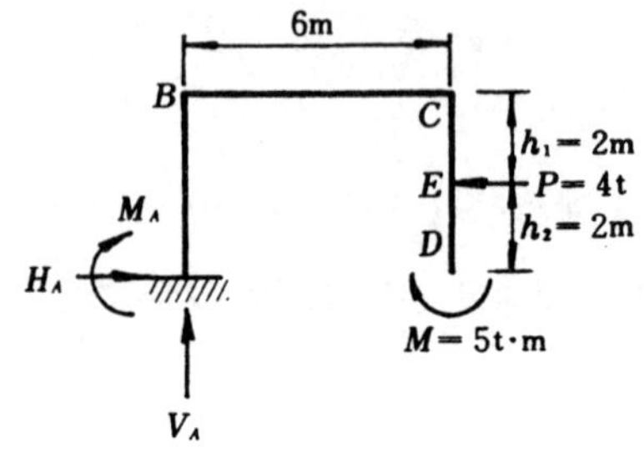

그림 11.15

풀이 (1) 지점반력

$\sum V=0$에 의하여 $V_A=0$

$\sum H=0$에 의하여 $H_A=P=4\,(\text{t})$

$\sum M=0$에 의하여 $M_A=-M+Ph_2=-5+4\times2=3\,(\text{t}\cdot\text{m})$

(2) 전단력

CD 부재 : $S_{C\sim E}=P=4\,(\text{t})$, $S_{E\sim D}=0$

BC 부재 : $S_{B\sim C}=V_A=0$

AB 부재 : $S_{A\sim B}=-H_A=-4\,(\text{t})$

(3) 휨모멘트

CD 부재 : $M_D=-5\,(\text{t}\cdot\text{m})$, $M_E=-5\,(\text{t}\cdot\text{m})$, $M_C=-M-Ph_1=-5-4\times2=-13\,(\text{t}\cdot\text{m})$

BC 부재 : $M_B=-M-Ph_1=-13\,(\text{t}\cdot\text{m})$

(4) 축방향력

CD 부재 : $A_{C\sim D}=0$

BC 부재 : $A_{B\sim C}=-H_A=-4(\text{t})$

AB 부재 : $A_{A\sim B}=0$

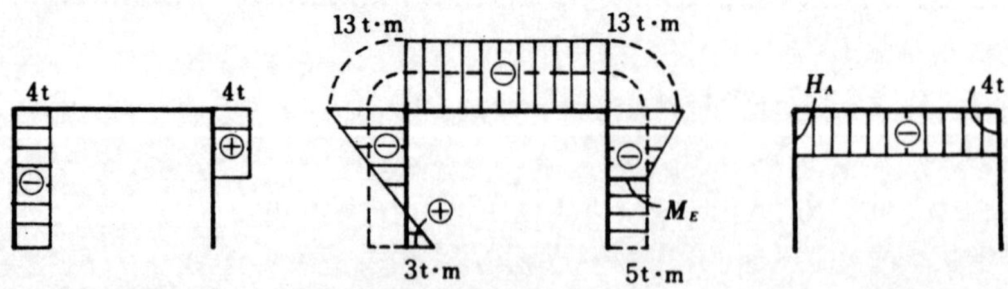

(a) *SFD* (b) *BMD* (c) *AFD*

4. 일단 회전, 타단 이동단 라멘

(1) 집중하중을 받을 경우

1) 지점반력

지점반력의 방향을 그림 11.16(a)와 같이 가정하고

$\sum M_B=0$에서 $-V_A l+Ph_1=0$

$\therefore V_A=\dfrac{Ph_1}{l}$

$\sum H+0$에서 $P-H_A=0$

$\therefore H_A=P$

$\sum V=0$에서 $R_B-V_A=0$

$\therefore R_B=V_A=\dfrac{Ph_1}{l}$

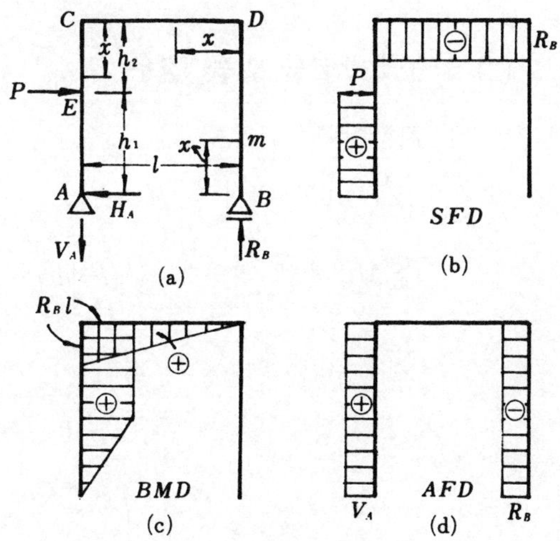

그림 11.16

2) 전단력

$B\sim D$ 부재 : $S_x=0$

$C\sim D$ 부재 : $S_x=-V_A=-\dfrac{Ph_1}{l}$

$A\sim C$ 부재 : $\begin{cases} AE \text{ 사이 } S_x=H_A=P \\ CE \text{ 사이 } S_x=0 \end{cases}$

3) 휨모멘트

$B\sim D$ 부재 : $M_x=0$

$C\sim D$ 부재 : $M_x=R_B\cdot x=\dfrac{Ph_1}{l}\cdot x$

$x=0$인 경우 $M_D=0$, $x=l$인 경우 $M_C=\dfrac{Ph_1}{l}l=Ph_1$

$A\sim C$ 부재 : $\begin{cases} AE \text{ 사이 } M_x=Ph_1-P(x-h_2),\ M_A=Ph_1-Ph_1=0 \\ CE \text{ 사이 } M_x=M_C=Ph_1 \end{cases}$

4) 축방향력

$B \sim D$ 부재 : $A_x = -R_B = -\dfrac{Ph_1}{l}$

$C \sim D$ 부재 : $A_x = 0$

$A \sim C$ 부재 : $A_x = V_A = \dfrac{Ph_1}{l}$

(2) 등분포하중을 받을 경우

1) 지점반력

$\sum H = 0$에 의하여 $H_A = wh$

$\sum M_B = 0$에 의하여 $V_A l - wh \times \dfrac{h}{2} = 0$ $\therefore V_A = \dfrac{wh^2}{2l}$

$\sum V = 0$에서 $R_B = \dfrac{wh^2}{2l}$

2) 전단력

$B \sim D$ 부재 : $S_x = wx \begin{cases} S_B = S_{x=0} = 0 \\ S_D = S_{x=h} = wh \end{cases}$

$C \sim D$ 부재 : $S_x = R_B = \dfrac{wh^2}{2l}$

$A \sim C$ 부재 : $S_x = -H_A$

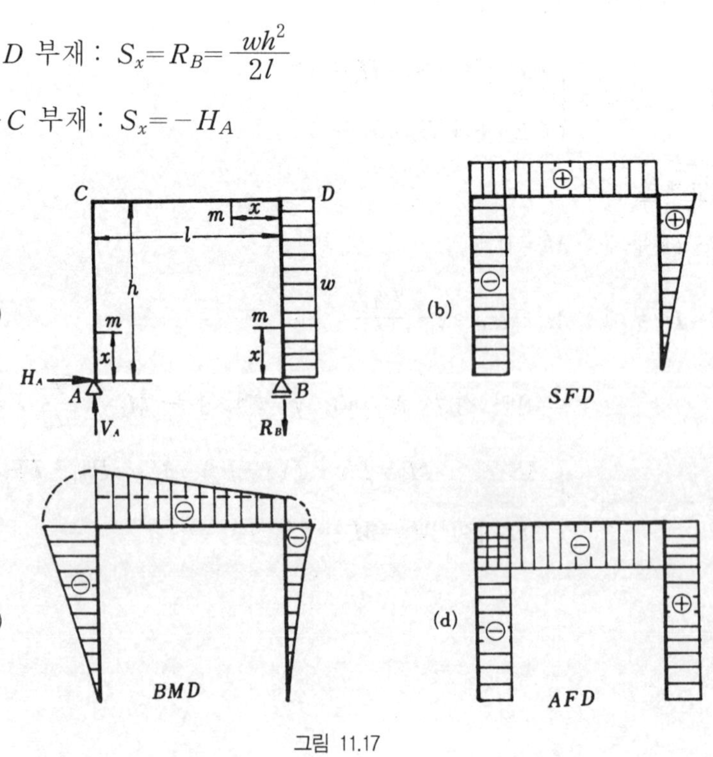

그림 11.17

3) 휨모멘트

$$B\sim D \text{ 부재}: M_x = -\frac{wx^2}{2} \quad \begin{cases} M_B = M_{x=0} = 0 \\ M_D = M_{x=h} = -\dfrac{wh^2}{2} \end{cases}$$

$$C\sim D \text{ 부재}: M_x = -\frac{wh^2}{2} - R_B \cdot x = -\frac{wh^2}{2}\left(1+\frac{x}{l}\right)$$

$$M_D = M_{x=0} = -\frac{wh^2}{2}$$

$$M_C = M_{x=l} = -\frac{wh^2}{2}\left(1+\frac{l}{l}\right) = -wh^2$$

$$A\sim C \text{ 부재}: M_x = -H_A \cdot x = -wh \cdot x$$

$$\begin{cases} M_A = M_{x=0} = 0 \\ M_C = M_{x=h} = -wh^2 \end{cases}$$

4) 축방향력

$$B\sim D \text{ 부재}: A_x = R_B = \frac{wh^2}{2l}$$

$$C\sim D \text{ 부재}: A_x = -wh$$

$$A\sim C \text{ 부재}: A_x = -V_A = -\frac{wh^2}{2l}$$

(3) 모멘트 하중을 받을 경우

1) 지점반력

$M_B=0$에 의하여

$$-R_A(l_1+l_2)+M=0$$

$$\therefore R_A = \frac{M}{l_1+l_2}$$

$\sum M_A=0$에 의하여

$$R_B = \frac{M}{l_1+l_2}$$

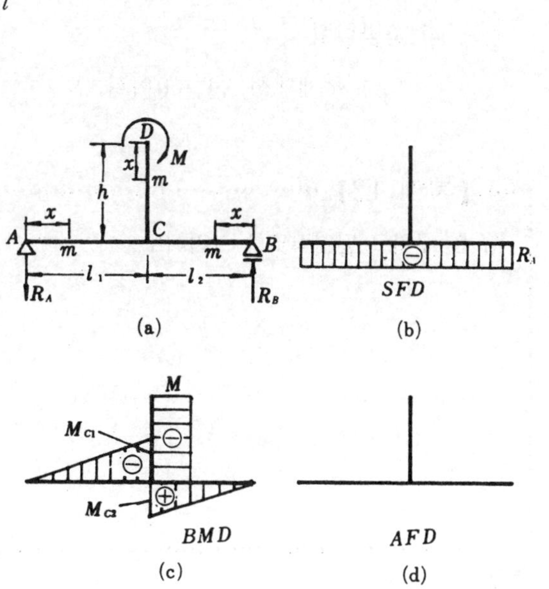

그림 11.18

2) 전단력

$A\sim C$ 부재 : $S_x=-R_A=-\dfrac{M}{l_1+l_2}$

$B\sim C$ 부재 : $S_x=-R_B=-\dfrac{M}{l_1+l_2}$

$C\sim D$ 부재 : $S_x=0$

3) 휨모멘트

$A\sim C$ 부재 : $M_x=-R_A\cdot x=-\dfrac{M}{l_1+l_2}x$

$$\begin{cases} M_A=M_{x=0}=0 \\ M_{C1}=M_{x=l_1}=-\dfrac{M}{l_1+l_2}l_1 \end{cases}$$

$B\sim C$ 부재 : $M_x=R_B\cdot x=\dfrac{M}{l_1+l_2}x$

$$\begin{cases} M_B=M_{x=0}=0 \\ M_{C2}=M_{x=l_2}=\dfrac{M}{l_1+l_2}l_2 \end{cases}$$

$C\sim D$ 부재 : $M_x=-M$($C\sim D$ 부재의 휨모멘트 부호는 부재가 오른쪽으로 구부러질 경우를 (+), 그 반대인 왼쪽으로 구부러질 경우를 (−)로 한다)

4) 축방향력

모든 부재에서 $A_x=0$이다.

【예제 12】

M_C를 구하고 단면력도를 그리시오.

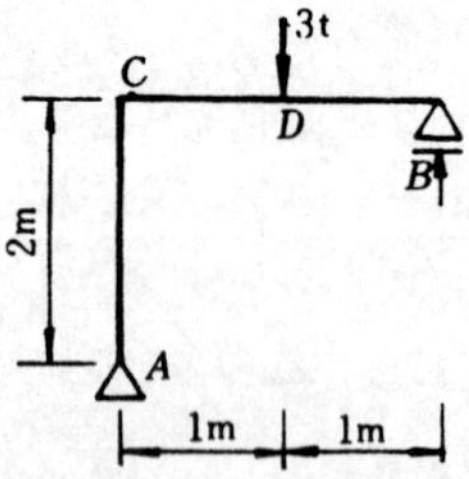

그림 11.19

풀이 (1) 지점반력

$-R_B \times 2 + 3 \times 1 = 0$ $\therefore R_B = 1.5\,(t)(\uparrow)$

$R_A = 3 - 1.5 = 1.5\,(t)(\uparrow)$

(2) 전단력

$S_{AC}=0$, $S_{CD}=1.5\,(t)$[R_A 가 1.5(t)이므로], $S_{DB}=-1.5\,(t)$

(3) 휨모멘트

$M_{AC}=0$($M_C=1.5\times2-3\times1=0$), $M_D=1.5\times1=1.5\,(t\cdot m)$

(4) 축방향력

$N_{AC}=-1.5\,(t)$, $N_{CB}=0$

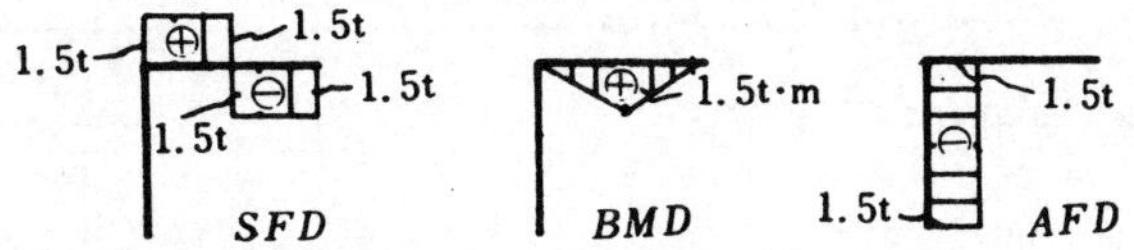

【예제 13】

단면력을 구하고 단면력도를 그리시오.

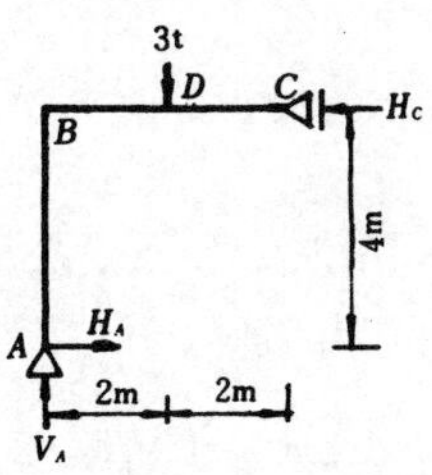

그림 11.20

풀이 (1) 지점반력

$\sum V=0$에서 $V_A=P=3\,(t)(\uparrow)$

H_C는 $\sum M_A=0$에 의해서 구한다.

즉, H_C를 ←로 가정하고 풀면 $-H_C\times4+3\times2=0$

$H_C=1.5\,(t)(\leftarrow)$

$\sum H=0$에 의하여 $H_A=H_C=1.5\,(t)(\rightarrow)$

(2) 전단력

$S_{AB}=-H_A=-1.5\,(t)$(정상적인 방향이므로 →가 ⊖임)

$S_{BD}=V_A=3\,(t)$, $S_{DC}=3-3=0$

(3) 휨모멘트

$M_A=-1.5\times4+3\times2=0$

$M_B=-H_A\times4=-1.5\times4=-6\,(t\cdot m)$(혹은 $M_B=-3\times2=-6t\cdot m$)

$M_D=V_A\times2-H_A\times4=3\times2-1.5\times4=0$(혹은 $M_D=M_B+V_A\times2=-6+3\times2=0$)

(4) 축방향력

$N_{AB}=-V_A=-3\,(t),\ N_{BD}=N_{DC}=-H_A=-1.5\,(t)$

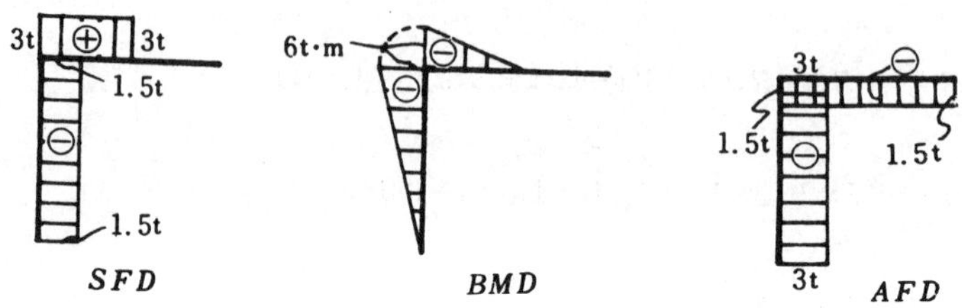

【예제 14】

단면력을 구하고 M_D를 구하시오.

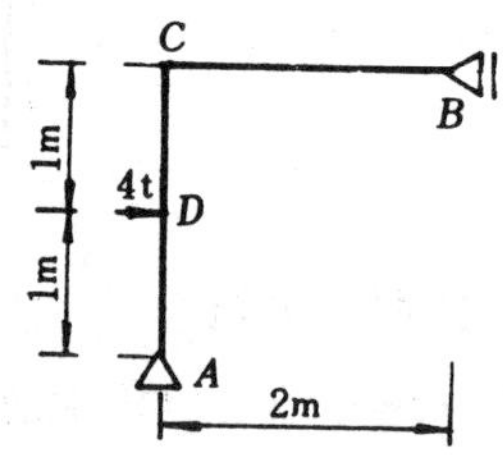

그림 11.21

풀이 (1) 지점반력

$\sum M_A=0,\ R_B\times2-4\times1=0,\ R_B=2\,(t)(\leftarrow),\ H_A=\frac{4}{2}=2\,(t)(\leftarrow)$

$M_D=H_A\times1=2\times1=2\,(t\cdot m)$(정상적인 방향이므로 시계방향이 ⊕임)

(2) 전단력 : $S_{AD}=H_A=2\,(t),\ S_{DC}=2-4=-2\,(t),\ S_{CB}=0$

(3) 휨모멘트 : $M_A=0,\ M_C=H_A\times2-4\times1=0$

(4) 축방향력 : $N_{AC}=0,\ N_{CB}=-2\,(t)$

【예제 15】

단면력을 구하고 단면력도를 그리시오.

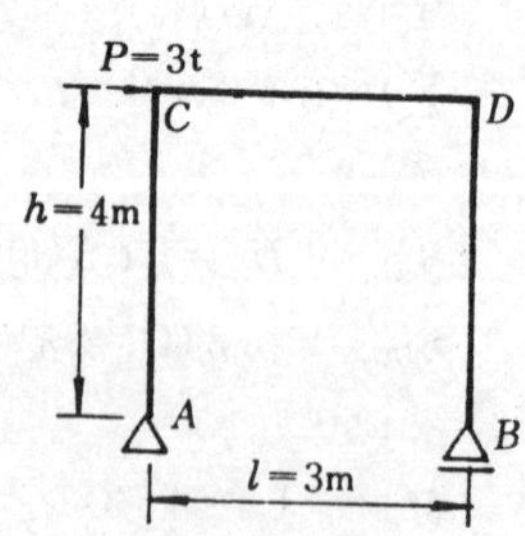

그림 11.22

풀이 (1) 지점반력

$\sum H=0,\ H_A=P=3\,(t)(\leftarrow)$

$\sum M_B=0,\ V_A l+P\cdot h=0,\ V_A=-\dfrac{Ph}{l}=-\dfrac{3\times4}{3}=-4\,(t)(\downarrow)$

$\sum V=0,\ V_B=4\,(t)(\uparrow)$

(2) 전단력

$S_{AC}=P=3\,(t),\ S_{CD}=V_A=-4\,(t)(\downarrow$ 이므로$),\ S_{BD}=0$

(3) 휨모멘트

$M_A=0,\ M_C=H_A\cdot h=3\times4=12\,(t\cdot m)$

$M_D=-V_A l+H_A\cdot h=-4\times3+3\times4=0$

(4) 축방향력

$N_{AC}=V_A=4\,(t)$(인장), $N_{CD}=0,\ N_{DB}=-4\,(t)$(압축)

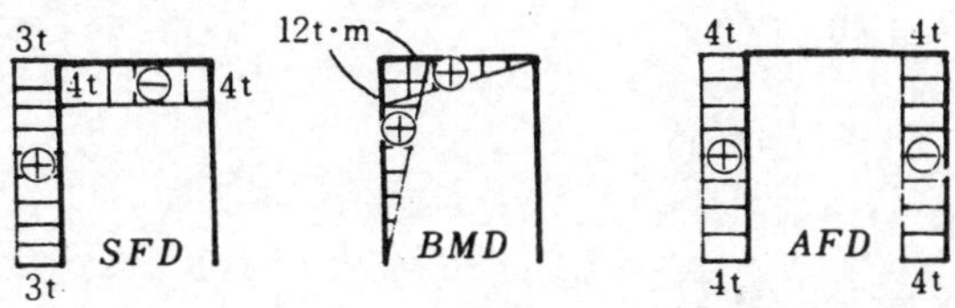

【예제 16】

다음과 같은 라멘을 푸시오.

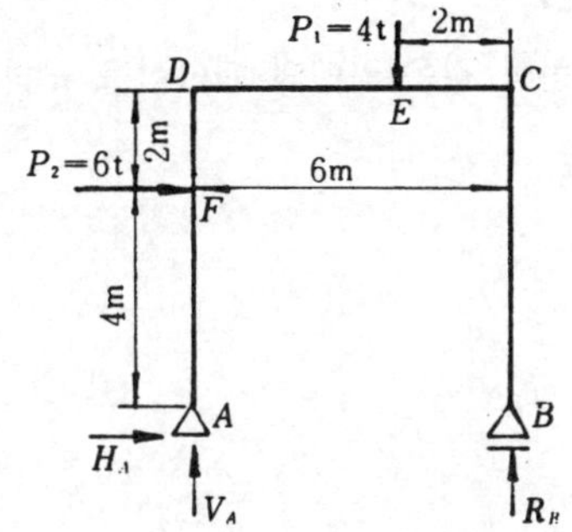

그림 11.23

풀이 (1) 지점반력

$\sum H=0$에서 $H_A+P_2=0$ $\quad\therefore H_A=-6\,(t)$(가정과 반대 방향임)

$\sum M_A=0$에서 $-R_B\times6+P_1\times4+P_2\times4=0$ $\quad\therefore R_B=6.67\,(t)$

$\sum V=0$에서 $V_A+R_B-P_1=0$ $\quad\therefore V_A=-2.67\,(t)$(가정과 반대방향임)

(2) 전단력

CB 부재 : $S_x=0$

$$CD \text{ 부재}\begin{cases} CE \text{ 사이} : S_x = -R_B = -6.67\,(\text{t}) \\ DE \text{ 사이} : S_x = -R_B + 4 = -2.67\,(\text{t}) \end{cases}$$

$$AC \text{ 부재}\begin{cases} DF \text{ 사이} : S_x = 0 \\ FA \text{ 사이} : S_x = 6\,(\text{t}) \end{cases}$$

(3) 휨모멘트

BC 부재 : $M_x = 0$

$$CD \text{ 부재}\begin{cases} CE \text{ 사이} : M_x = R_B x = 6.67x,\ M_E = 6.67\times 2 = 13.34\,(\text{t}\cdot\text{m}) \\ ED \text{ 사이} : M_x = R_B x - 4(x-2) \end{cases}$$

$M_D = 6.67\times 6 - 4\times(6-2) = 24\,(\text{t}\cdot\text{m})$(혹은 $M_D = -6\times 6 + 6\times 2 = 24(\text{t}\cdot\text{m})$)

$$AD \text{ 부재}\begin{cases} DF \text{ 사이} : M_x = M_D = M_F = 24\,(\text{t}\cdot\text{m}) \\ FA \text{ 사이} : M_x = M_F - P_2 x = 24 - 6x \end{cases}$$

$\therefore M_A = 24 - 6\times 4 = 0$

(4) 축방향력

BC 부재 : $A_x = -R_B = -6.67\,(\text{t})$

CD 부재 : $A_x = 0$

AD 부재 : $A_x = V_A = 2.67\,(\text{t})$

【예제 17】

그림과 같은 라멘의 단면력을 구하고 단면력도를 그리시오.

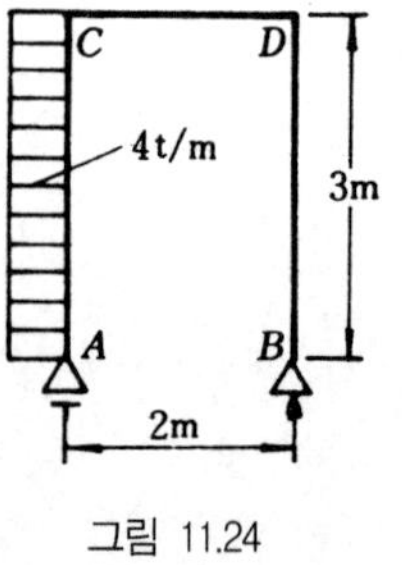

그림 11.24

풀이 (1) 지점반력

$\sum M_B = 0,\ R_A\times 2 + 4\times 3\times 1.5 = 0 \qquad \therefore R_A = -9\,(\text{t})(\downarrow)$

$V_B = 9\,(\text{t})(\uparrow),\ H_B = 4\times 3 = 12\,(\text{t})(\leftarrow)$

(2) 전단력

$S_A = 0,\ S_C = 4\times 3 = -12\,(\text{t}),\ S_{CD} = -9\,(\text{t}),\ S_{DB} = 12\,(\text{t})$

(3) 휨모멘트

$M_A = 0,\ M_C = -4\times 3\times 1.5 = -18\,(\text{t}\cdot\text{m})$

$M_D = -18 - 9\times 2 = -36\,(\text{t}\cdot\text{m})$

$M_B=0$ 혹은 $(H_B \times 3)=-36$ (t · m)

(4) 축방향력

$N_{AC}=9$ (t), $N_{CD}=-12$ (t), $N_{DB}=-9$ (t)

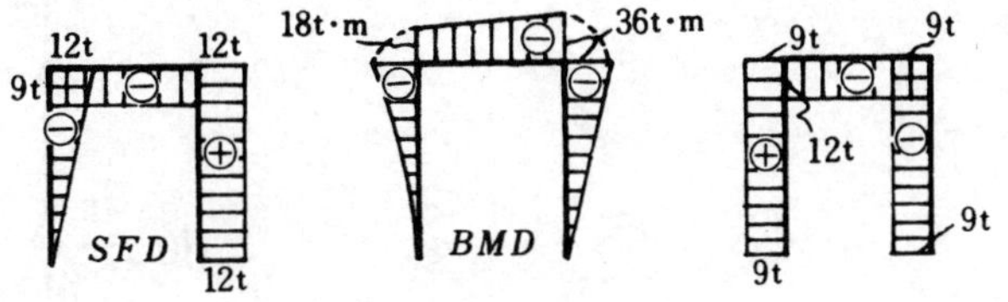

【예제 18】

그림과 같은 라멘의 단면력을 구하고 단면력도를 그리시오.

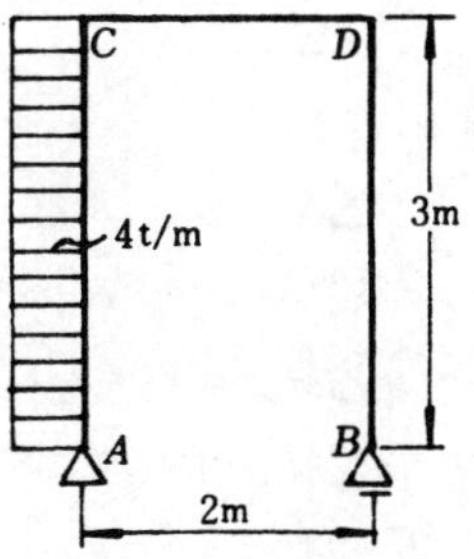

그림 11.25

풀이 (1) 지점반력

$V_A=9$ (t)(↓), $V_B=9$ (t)(↑), $H_A=12$ (t)(←)

(2) 전단력

$S_A=12$ (t), $S_C=12-4\times3=0$, $S_{CD}=V_A=-9$ (t)(↓이므로), $S_{DB}=0$

(3) 휨모멘트

$M_B=0$, $M_D=0$, $M_C=9\times2=18$ (t · m)

(4) 축방향력

$N_{BD}=-9$ (t), $N_{DC}=0$, $N_{AC}=9$ (t)(인장)

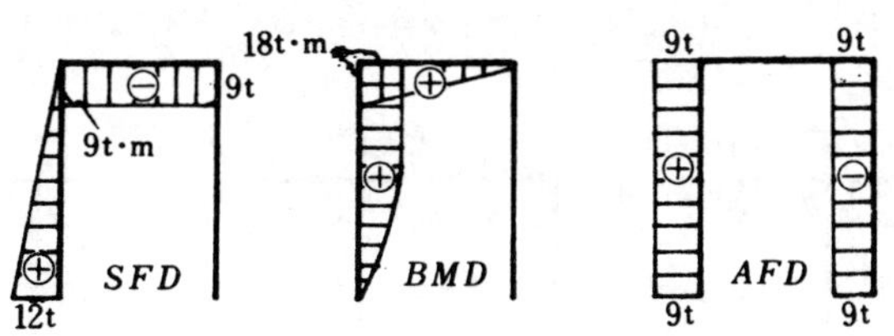

【예제 19】

그림과 같은 라멘의 단면력을 구하고 단면력도를 그리시오.

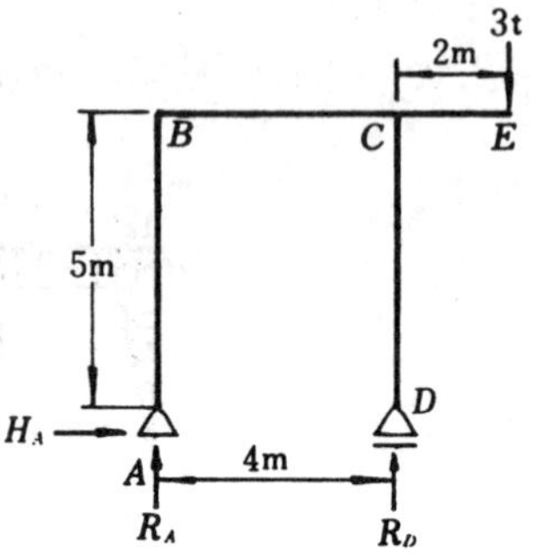

그림 11.26

풀이 (1) 지점반력

$\sum V=0$에서 $R_A+R_D=3\,(t)$

$\sum H=0$에서 $H_A=0$

$\sum M_D=0$에 의하여 $R_A\times4+3\times2=0$ $\therefore R_A=-1.5\,(t)(\downarrow)$

$\sum M_A=0$에 의하여 $-R_D\times4+3\times6=0$ $\therefore R_D=4.5\,(t)(\uparrow)$

(2) 전단력

AB 부재 : $S_x=0$

CD 부재 : $S_x=0$

BC 부재 : $S_x=R_A=-1.5\,(t)$ $\therefore S_B=R_A=-1.5\,(t)$

CE 부재 : $S_x=R_A+R_D=-1.5+4.5=3\,(t)$

(3) 휨모멘트

AB 부재 : $M_x=0$

CD 부재 : $M_x=0$

CE 부재 : $M_x=-3x$ $\therefore M_C=-3\times2=-6\,(t\cdot m)$

BC 부재 : $M_x=R_Dx-3(x-2)=4.5x-3(x-2)=1.5x-6$ $\therefore M_B=0$

(4) 축방향력

AB 부재 : $A_x=1.5\,(t)$, CD 부재 : $A_x=-4.5\,(t)$, BE 부재 : $A_x=0$

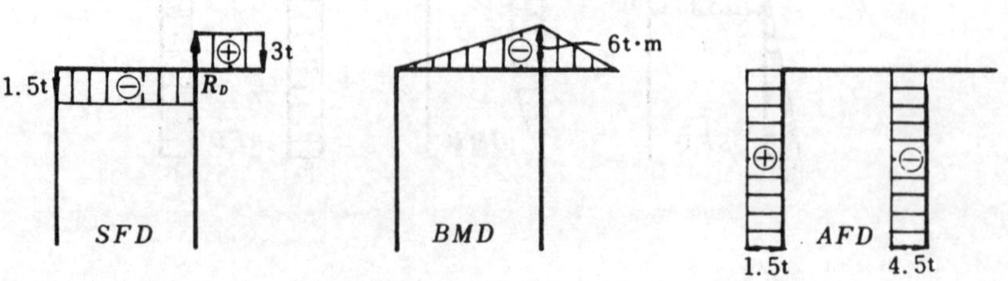

【예제 20】

다음과 같은 구조물의 단면력도를 그리시오.

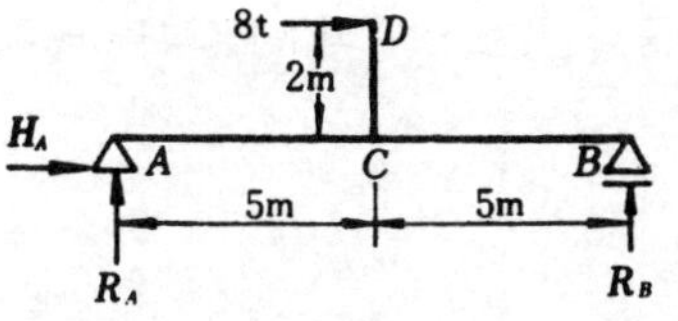

그림 11.27

풀이 (1) 지점반력

$\sum V=0$에서 $R_A+R_B=0$

$\sum H=0$에서 $H_A+8=0$ $\quad\therefore H_A=-8\,(t)(\leftarrow)$

$\sum M_B=0$에서

$R_A\times10+8\times2=0$ $\quad\therefore R_A=-1.6\,(t)(\downarrow)$

$M_A=0$에 의하여 $-R_B\times10+8\times2=0$ $\quad\therefore R_B=1.6\,(t)(\uparrow)$

(2) 전단력

AB 부재 : $S_x=R_A=-1.6\,(t)$, CD 부재 : $S_x=8\,(t)$

(3) 휨모멘트

AC 부재 : $M_x=R_Ax=-1.6x$ $\quad\therefore M_C=-1.6\times5=-8\,(t\cdot m)$

BC 부재 : $M_x=R_Bx=1.6x$ $\quad\therefore M_C=1.6\times5=8\,(t\cdot m)$

CD 부재 : $M_x=-8x$ $\quad\therefore M_C=-8\times2=-16\,(t\cdot m)$

(4) 축방향력

AC 부재 : $A_x=-H_A=8\,(t)$

BC 부재 : $A_x=0$, CD 부재 : $A_x=0$

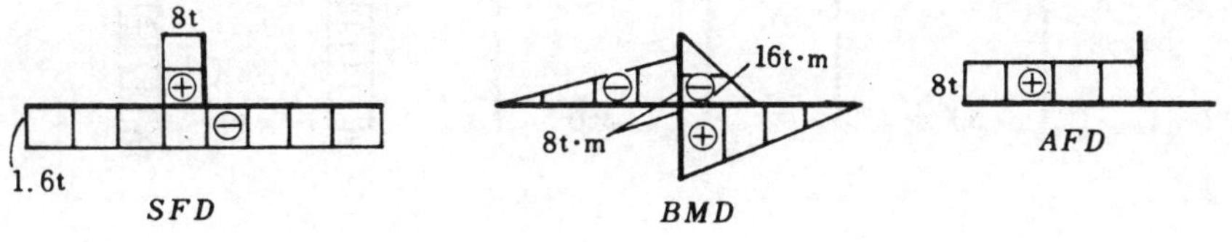

【예제 21】

다음과 같은 라멘의 단면력을 구하고 단면력도를 그리시오.

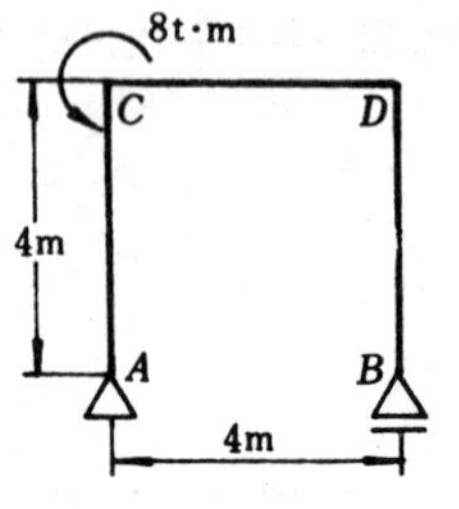

그림 11.28

풀이 (1) 지점반력

R_B를 ↑로 가정하면

$\sum M_A=0$에서 $R_B\times4+8=0$(혹은 $-R_B\times4-8=0$) $\therefore R_B=-2$(t)(↓)

$\sum M=0$, $H_A=0$, $V_A=R_B=2$(t)(↑)

(2) 전단력

$S_{AC}=0$, $S_{CD}=2$(t), $S_{DB}=0$

(3) 휨모멘트

$M_{AC}=0$, $M_{CD}=-8+V_Ax$

$\therefore M_C(우)=-8$(t·m), $M_D=-8+2\times4=0$

(4) 축방향력

$N_{AC}=-2$(t), $N_{CD}=0$, $N_{DB}=2$(t)

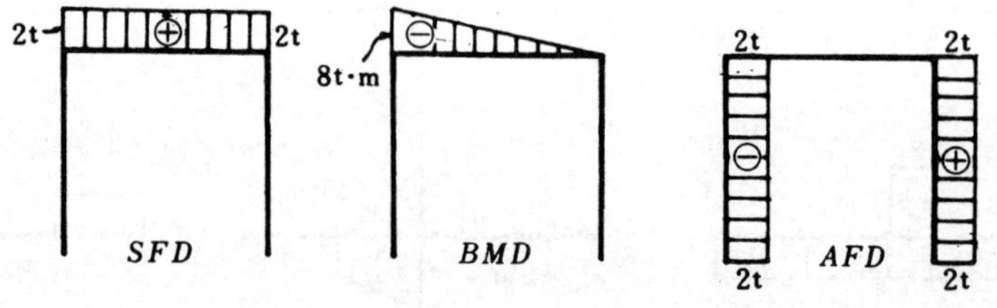

【예제 22】

그림과 같은 라멘의 단면력도를 그리시오.

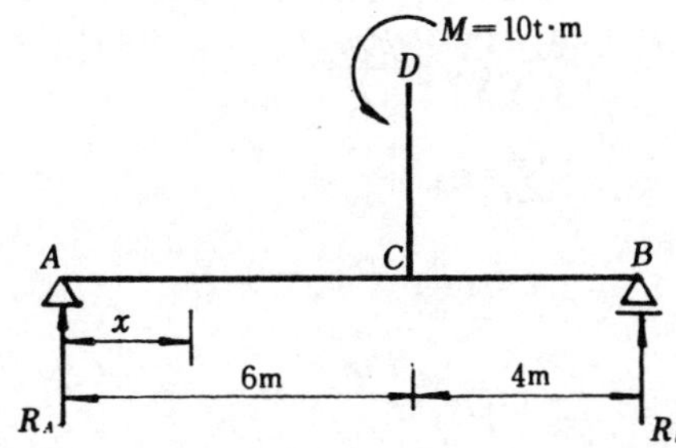

그림 11.29

풀이 (1) 지점반력

$\sum M_B=0$에서 $R_A \times 10-10=0$ $\quad \therefore R_A=1\,(\mathrm{t})$

$R_B=\dfrac{-10}{10}=-1\,(\mathrm{t})$

(2) 전단력

$S_{AB}=R_A=1\,(\mathrm{t})$(일정함), $S_{CD}=0$

(3) 휨모멘트

AB 부재 : AC 사이 $M_x=R_A \cdot x$

$x=0$일 때 $M_A=0$

$x=6\mathrm{m}$일 때 $M_C=6\,(\mathrm{t \cdot m})$

BC 사이 $M_x=-R_B x=-x$

$x=0$일 때 $M_B=0$

$x=4\mathrm{m}$일 때 $M_C=-4\,(\mathrm{t \cdot m})$

CD 부재 : $M_x=10\,(\mathrm{t \cdot m})$

(4) 축방향력은 모두 0이다.

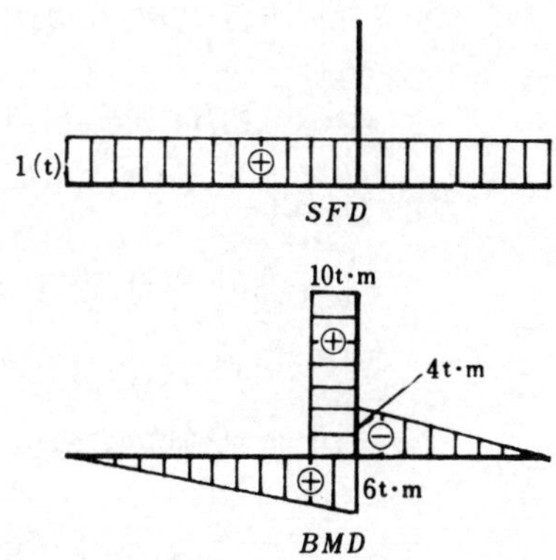

5. 3단 이동지점 라멘

(1) 집중하중을 받을 경우

1) 지점반력

각 지점반력의 작용선은 그 지대에 수직인 선과 일치할 것이다. 이들 작용선의 교점을 a, b라 하고, 반력의 방향을 그림 11.30과 같이 가정하면

$\sum M_a=0$에 의하여

$$-R_A l_1 + Pm_1 = 0$$

$$\therefore R_A = \frac{Pm_1}{l_1}$$

$\sum M_b = 0$에서

$$-R_B l_1 + Pm_2 = 0$$

$$\therefore R_B = \frac{Pm_2}{l_1}$$

$\sum M_A = 0$에 의해

$$R_C h_1 - R_B l_1 + Pm_3 = 0$$

$$\therefore R_C = \frac{1}{h_1}(R_B l_1 - Pm_3)$$

$$= \frac{P}{h_1}(m_2 - m_3)$$

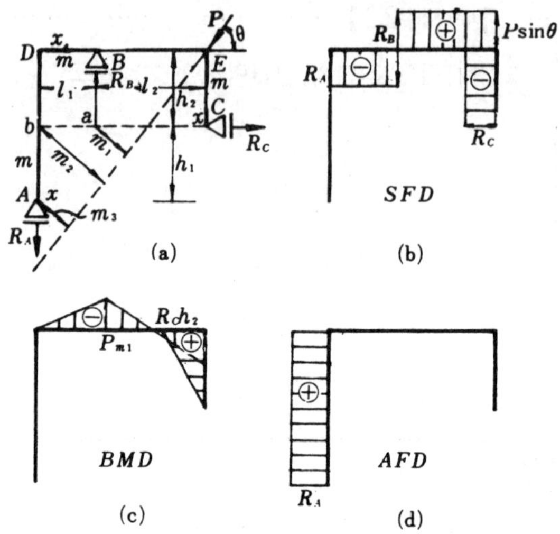

그림 11.30

또는, $\sum H = 0$에 의해 $R_C = P\cos\theta$

2) 전단력

각 부재의 임의 단면 m의 전단력을 S_x라고 하면 $E \sim C$ 부재의 오른쪽(이 경우에는 아래쪽)을 생각하면 $S_x = -R_c = -P \cdot \cos\theta$

$D \sim E$ 부재의 왼쪽을 생각하면

DB 사이 : $S_x = -R_A = -\dfrac{Pm_1}{l_1}$

BE 사이 : $S_x = -R_A + R_B = \dfrac{P(m_2 - m_1)}{l_1} = P \cdot \sin\theta$

$A \sim D$ 부재는 그 왼쪽(이 경우에는 아래쪽)을 생각하면 $S_x = 0$

3) 휨모멘트

각 부재의 임의 단면 m의 휨모멘트를 M_x라 하면

$E \sim C$ 부재는 그 오른쪽(이 경우에는 아래쪽)을 생각하면

$$M_x = R_C \cdot x$$

$$M_C = M_{x=0} = 0$$

$$M_E = M_{x=h_2} = R_C \cdot h_2 = Ph_2 \cdot \cos\theta$$

$D \sim E$ 부재는 그 왼쪽을 생각하면

$$DB \text{ 사이 : } M_x = -R_A \cdot x = -\frac{Pm_1}{l_1} \cdot x$$

$$M_D = M_{x=0} = 0$$

$$M_B = M_{x=l_1} = -\frac{Pm_1}{l_1} \times l_1 = -Pm_1$$

$$BE \text{ 사이 : } M_x = -R_A \cdot x + R_B(x - l_1) = \frac{P}{l_1}(m_2 - m_1)x - Pm_2$$

$A \sim D$부재는 그 왼쪽(이 경우에는 아래쪽)을 생각하면 $M_x = 0$

4) 축방향력

지점의 구조 및 반력과 하중 P의 방향으로 보아 부재 EC, DE에서는 축방향력이 0이다. $A \sim D$ 부재의 임의 단면 m점의 축방향력을 A_x라 하고, 그 왼쪽(이 경우에는 아래쪽)을 생각하면

$$A_x = R_A = \frac{Pm_1}{l_1}$$

(2) 등분포하중을 받을 경우

1) 지점반력

지점반력의 방향을 그림 11.31과 같이 가정하고

$\sum H = 0$에 의하여 $R_B = wh$

$\sum M_C = 0$으로부터

$$R_A(l_1 + l_2) - wh \times \frac{h}{2} = 0$$

$$\therefore \ R_A = \frac{wh^2}{2(l_1 + l_2)}$$

$\sum V = 0$에 의하여

$$R_C = R_A = \frac{wh^2}{2(l_1 + l_2)}$$

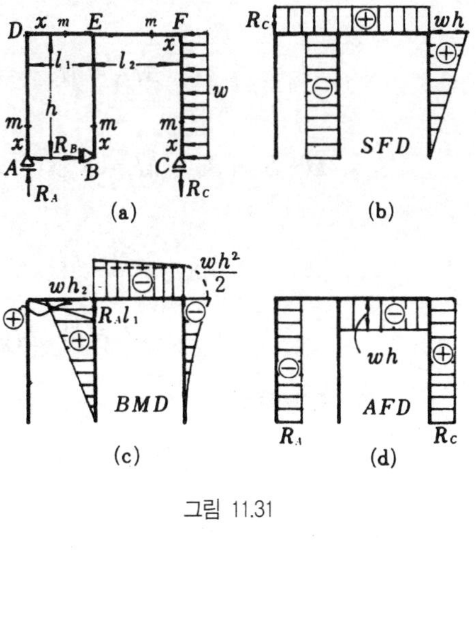

그림 11.31

2) 전단력

각 부재의 임의 단면 m의 전단력을 S_x라 하면

$F\sim C$ 부재 : $S_x = wx,\quad S_C = S_{x=0} = 0,\quad S_F = S_{x=h} = wh$

$E\sim B$ 부재 : $S_x = -R_B = -wh$

$D\sim E,\ E\sim F$ 부재 : $S_x = R_A = R_C = \dfrac{wh^2}{2(l_1 + l_2)}$

$A\sim D$ 부재 : $S_x = 0$

3) 휨모멘트

각 부재의 임의 단면 m의 휨모멘트를 M_x라 하면

$F\sim C$ 부재 : $M_x = -\dfrac{w}{2}x^2,\quad M_C = M_{x=0} = 0$

$$M_F = M_{x=h} = -\frac{wh^2}{2}$$

$E\sim B$ 부재 : $M_x = R_B x = whx,\quad M_B = M_{x=0} = 0$

$$M_{E1} = M_{x=h} = wh^2$$

$E\sim F$ 부재 : $M_x = -\dfrac{wh^2}{2} - R_C \cdot x = -\dfrac{wh^2}{2}\left(1 + \dfrac{x}{l_1 + l_2}\right)$

$$M_F = M_{x=0} = -\frac{wh^2}{2}$$

$$M_{E2} = M_{x=l2} = -\frac{wh^2}{2}\left(1 + \frac{l_2}{l_1 + l_2}\right)$$

$D\sim E$ 부재 : $M_x = R_A x = \dfrac{wh^2}{2(l_1 + l_2)} \cdot x,\quad M_D = M_{x=0} = 0$

$$M_{E3} = M_{x=l1} = \frac{wh^2}{2(l_1 + l_2)} l_1$$

여기에서 $M_{E3} = M_{E1} + M_{E2}$가 된다.

4) 축방향력

각 부재의 임의 단면의 축방향력을 A_x라고 하면

$F\sim C$ 부재 : $A_x = R_C = \dfrac{wh^2}{2(l_1 + l_2)}$

$E \sim F$ 부재 : $A_x = -R_B = -wh$

$A \sim D$ 부재 : $A_x = -R_A = -\dfrac{wh^2}{2(l_1 + l_2)}$

$E \sim B$ 부재 : $A = 0$

$D \sim E$ 부재 : $A = 0$

(3) 모멘트 하중을 받을 경우

1) 지점반력

방향을 그림 11.32와 같이 가정하면

$\sum M_A = 0$에 의하여 $R_B = \dfrac{M}{l_1}$

$\sum V = 0$에 의하여 $R_A = \dfrac{M}{l_1}$

$\sum M_B = 0$ 혹은 $\sum H = 0$에 의하여

$R_C = 0$

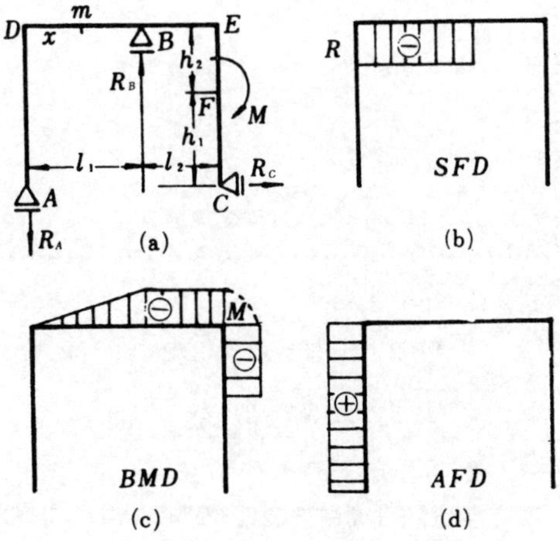

그림 11.32

2) 전단력

$D \sim B$ 부재 : $S_x = -R_A = -\dfrac{M}{l_1}$

다른 부재들의 전단력은 모두 0이다.

3) 휨모멘트

$A \sim D$ 부재 : $M_x = 0$

$D \sim B$ 부재 : $M_x = -R_A x = -\dfrac{M}{l_1} \cdot x$

$M_D = M_{x=0} = 0$

$M_B = M_{x=l_1} = -\dfrac{M}{l_1} \cdot l_1 = -M$

$B \sim E$ 부재 : $M_x = -M$

$E \sim C$ 부재 : $E \sim F$ 사이에서 $M_x = -M$

$F \sim C$ 사이에서 $M_x = 0$

4) 축방향력

$$A \sim D \text{ 부재 : } A_x = R_A = \frac{M}{l_1}$$

다른 부재들의 축방향력은 모두 0이다.

【예제 23】

그림과 같은 라멘을 풀고 단면력도를 그리시오.

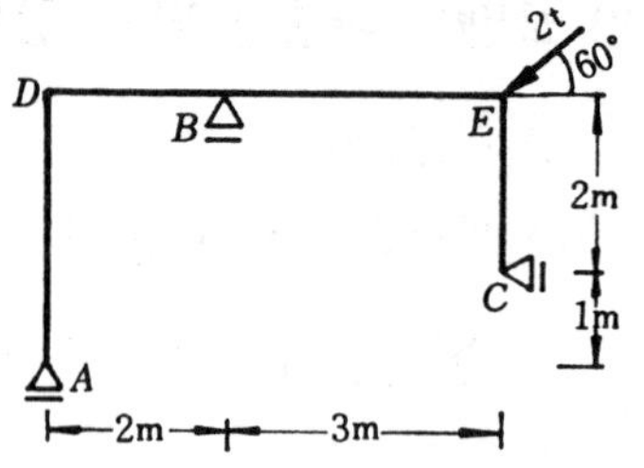

그림 11.33

풀이 (1) 힘의 분해

$V = 2 \times \sin 60° = 2 \times \sqrt{3}/2 = \sqrt{3}\,(t)$

$H = 2 \times \cos 60° = 2 \times \frac{1}{2} = 1\,(t)$

(2) 지점반력

반력의 방향을 옆의 그림과 같이 가정하면

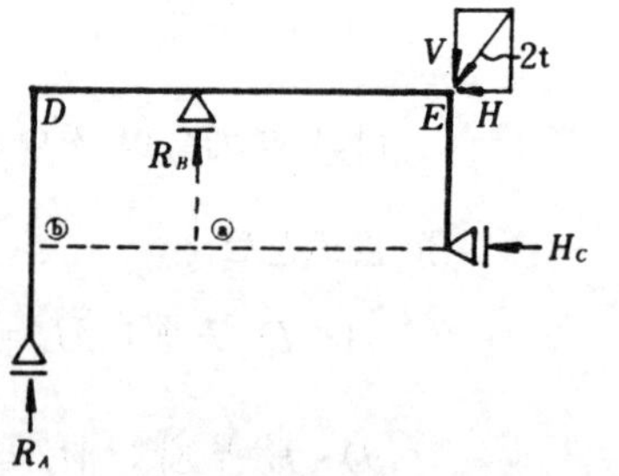

$\sum M_{ⓐ} = 0$에서

$R_A \times 2 + \sqrt{3} \times 3 - 1 \times 2 = 0$

$R_A = -1.598 \qquad \therefore R_A = 1.598\,(t)\,(\downarrow)$

$\sum M_{ⓑ} = 0$에서

$-R_B \times 2 + V \times 5 - H \times 2 = 0$

$-R_B \times 2 + \sqrt{3} \times 5 - 1 \times 2 = 0$

$R_B = 3.33\,(t)(\uparrow)$

혹은 $\sum V = 0$에 의해 $R_B = 3.33\,(t)(\uparrow)$

$H_C = 1\,(t)(\rightarrow)\,[\sum H = 0$에서$]$

(3) 전단력

$S_{AD} = 0,\ S_{DB} = -1.598\,(t)$

$S_{BE} = -1.598 + R_B = -1.598 + 3.33 = 1.732\,(t)$

$S_{CE} = -1(t)$

(4) 휨모멘트

$M_{AD}=0$

EC 부재 : $M_x=H_C x$

$M_E=M_{x=2}=2\,(\mathrm{t}\cdot\mathrm{m})$(역방향이므로 시계 반대방향이 ⊕임)

DE 부재
- DB 사이 : $M_x=-R_A x$
  $M_B=M_{x=2}=-1.598\times 2=-3.196\,(\mathrm{t}\cdot\mathrm{m})$
- BE 사이 : $M_x=-R_A x+R_B(x-l_1)$
  $M_E=M_{x=5}=-1.598\times 5+3.33\times 3=2\,(\mathrm{t}\cdot\mathrm{m})$

(5) 축방향력

$N_{AD}=R_A=1.598\,(\mathrm{t})$(인장)

$N_{DB}=0,\ N_{BE}=0,\ N_{CE}=0$

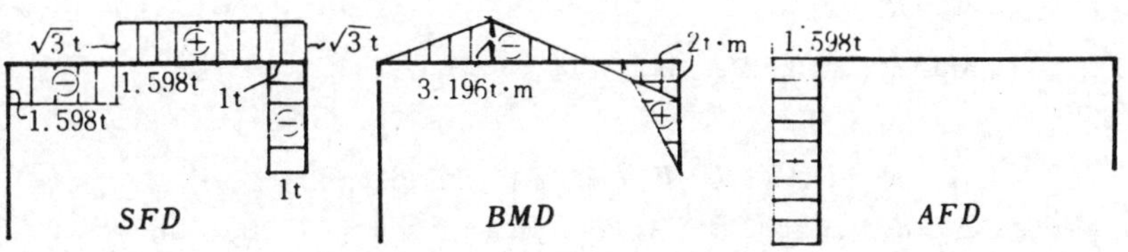

【예제 24】

다음과 같은 라멘을 푸시오.

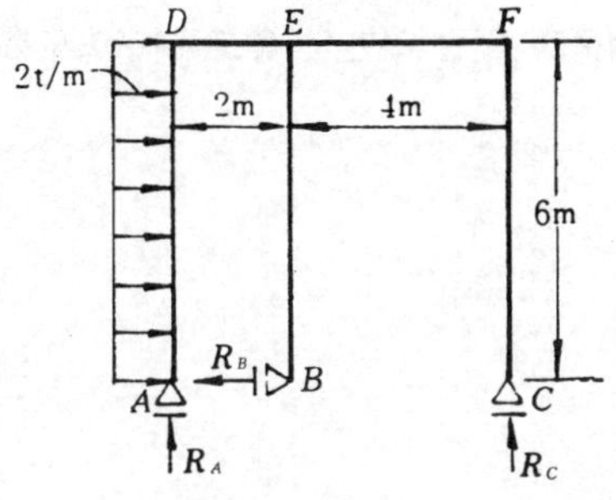

그림 11.34

풀이 그림과 같이 반력의 부호를 가정하면

(1) 지점반력

$\sum H=0$에서 $-R_B+2\times 6=0$ $\therefore R_B=12\,(\mathrm{t})$

$\sum M_C=0$에서 $R_A\times 6+\dfrac{2\times 6^2}{2}=0$ $\therefore R_A=-6\,(\mathrm{t})$

$\sum V=0$에서 $R_A+R_C=0$ $\therefore R_C=6\,(\mathrm{t})$

(2) 전단력

$A\sim D$ 부재 : $S_x=-wx=-2x$

$S_A = S_{x=0} = 0$

$S_D = S_{x=6} = -2\times6 = -12\,(t)$

$D\sim F$ 부재 : $S_x = -6\,(t)$, $B\sim E$ 부재 : $S_x = 12\,(t)$, $F\sim C$ 부재 : $S_x = 0$

(3) 휨모멘트

$A\sim D$ 부재 : $M_x = -w\cdot x\cdot \dfrac{x}{2} = -\dfrac{wx^2}{2} = -x^2$

$M_A = M_{x=0} = 0$, $M_D = M_{x=6} = -36\,(t\cdot m)$

$E\sim B$ 부재 : $M_x = -R_B\cdot x = -12x$

$M_B = M_{x=0} = 0$, $M_E = M_{x=6} = -72\,(t\cdot m)$

$D\sim E$ 부재 : $M_x = -36 - R_A\cdot x = -36 - 6x$

$M_D = M_{x=0} = -36\,(t\cdot m)$, $M_E = M_{x=2} = -48\,(t\cdot m)$

$E\sim F$ 부재 : $M_x = R_C\cdot x = 6x$

$M_F = M_{x=0} = 0$, $M_E = M_{x=4} = 24\,(t\cdot m)$

(4) 축방향력

$A\sim D$ 부재 : $A_x = R_A = 6\,(t)$, $D\sim E$ 부재 : $A_x = -2\times6 = -12\,(t)$

$E\sim F$ 부재 : $A_x = 0$, $E\sim B$ 부재 : $A_x = 0$, $F\sim C$ 부재 : $A_x = -R_C = -6\,(t)$

【예제 25】

다음과 같은 라멘을 풀고 단면력도를 그리시오.

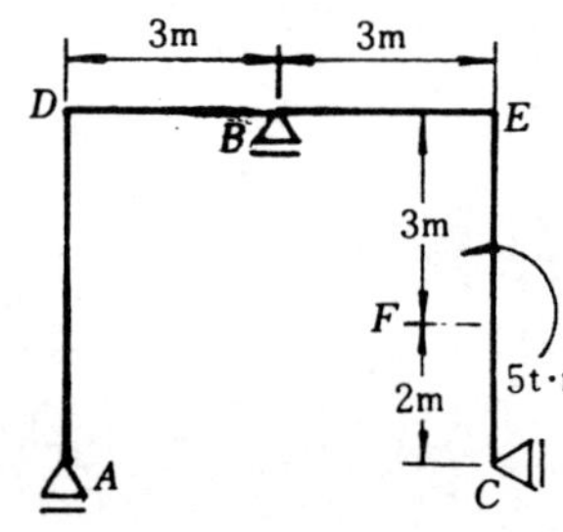

그림 11.35

풀이 (1) 지점반력

$\sum M_A = 0$에서 $-R_B\times3 - 5 = 0$ $\therefore R_B = -1.67\,(t)$

$\sum V = 0$에서 $R_A = -R_B = 1.67\,(t)$

$\sum H = 0$에서 $R_C = 0$

(2) 전단력

AD 부재 : $S_x = 0$, DB 부재 : $S_x = 1.67$, BE 부재 : $S_x = 0$, EC 부재 : $S_x = 0$

(3) 휨모멘트

AD 부재 : $M_x = 0$

DB 부재 : $M_x=1.67x$, $M_D=0$, $M_B=1.67\times3=5\,(\mathrm{t\cdot m})$

CF 부재 : $M_x=0$, FE 부재 : $M_x=5\,(\mathrm{t\cdot m})$, EB 부재 : $M_x=5\,(\mathrm{t\cdot m})$

(4) 축방향력

AD 부재 : $A_x=-1.67\,(\mathrm{t})$, DE 부재 : $A_x=0$, EC 부재 : $A_x=0$

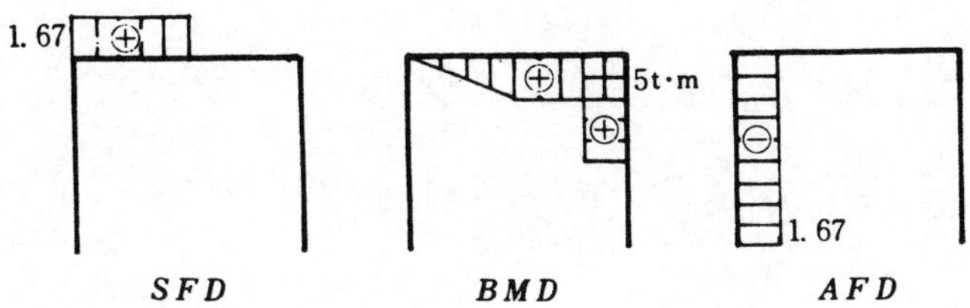

6. 3힌지 라멘

(1) 집중하중을 받을 경우

1) 지점반력

$\sum V=0$에 의하여 $R_A+R_D=P$

$\sum M_D=0$에 의하여

$$R_A\times l-P\times\frac{3}{4}l=0$$

$$\therefore\ R_A=\frac{3}{4}P$$

$\sum M_A=0$으로부터

$$-R_D\times l+P\times\frac{1}{4}l=0$$

$$\therefore\ R_D=\frac{P}{4}$$

$\sum H=0$으로부터 $H_A-H_D=0$

$$\therefore\ H_A=H_D$$

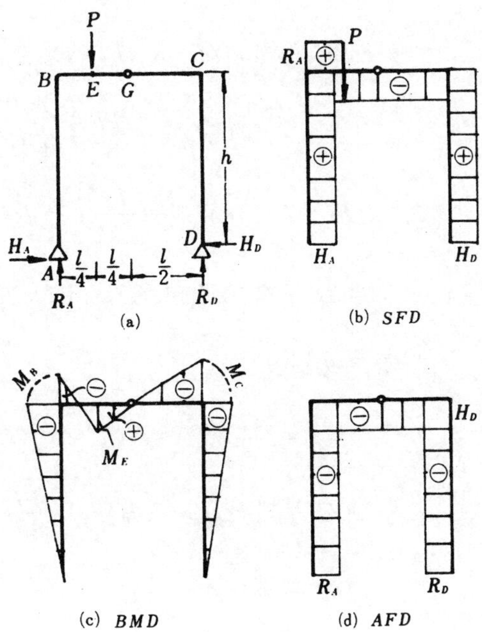

그림 11.36

$\sum M_G=0$에 의하여 $R_A\times\frac{l}{2}-H_A\times h-P\times\frac{l}{4}=0$

$$\therefore\ H_A=\frac{Pl}{8h}$$

2) 전단력

AB 부재 : $S_x = -H_A = -\dfrac{Pl}{8h}$

BE 부재 : $S_x = R_A = \dfrac{3}{4}P$

EC 부재 : $S_x = R_A - P = -R_D = -\dfrac{P}{4}$

CD 부재 : $S_x = H_D = \dfrac{Pl}{8h}$

3) 휨모멘트

AB 부재 : $M_x = -H_A \cdot x,\ \ M_A = 0$

$$M_B = -\frac{Pl}{8h} \times h = -\frac{Pl}{8}$$

BE 부재 : $M_x = -H_A \times h + R_A \cdot x = -\dfrac{Pl}{8} + \dfrac{3P}{4} \cdot x$

$$M_E = -\frac{Pl}{8} + \frac{3}{4}P \times \frac{P}{4} = \frac{Pl}{16}$$

EC 부재 : $M_x = -\dfrac{Pl}{8} + \dfrac{3}{4}P \cdot x - P\left(x - \dfrac{l}{4}\right),\ \ M_G = 0,\ \ M_C = -\dfrac{Pl}{8}$

CD 부재 : $M_x = -H_D \cdot x = -\dfrac{Pl}{8h} \cdot x,\ \ M_C = -\dfrac{Pl}{8}$

4) 축방향력

AB 부재 : $A_x = -R_A = -\dfrac{3}{4}P$

BC 부재 : $A_x = -H_A = -\dfrac{Pl}{8h}$

DC 부재 : $A_x = -R_D = -\dfrac{P}{4}$

(2) 등분포하중을 받을 경우

1) 지점반력

지점반력의 방향을 그림 11.37(a)와 같이 생각하여

$\sum V = 0$에 의하여 $R_A + R_B = wl$

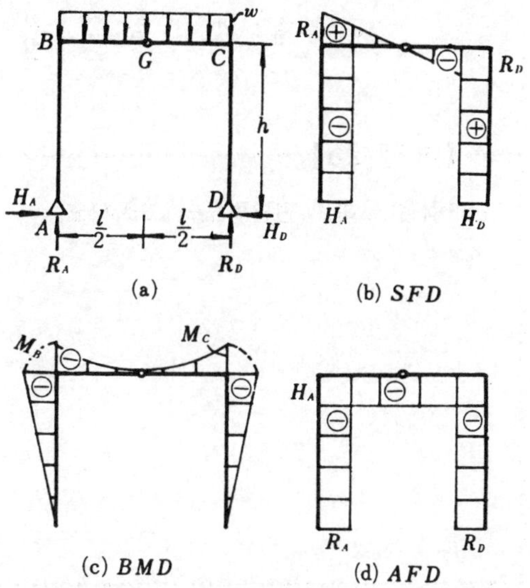

그림 11.37

$$R_A=\frac{wl}{2}=R_B$$

$\sum H=0$에 의하여 $H_A-H_D=0$

$\therefore H_A=H_D$

$\sum M_G=0$에 의하여

$$R_A\times\frac{l}{2}-\frac{wl}{2}\times\frac{l}{4}-H_A\times h=0$$

$$\therefore\ H_A=H_D=\frac{wl^2}{8h}$$

2) 전단력

AB 부재 : $S_x=-H_A=-\frac{wl^2}{8h}$

BC 부재 : $S_x=R_A-wx=\frac{wl}{2}-wx$

$$S_B=S_{x=0}=\frac{wl}{2},\ \ S_G=R_A-\frac{wl}{2}=0$$

$$S_C=S_{x=l}=\frac{wl}{2}-wl=-\frac{wl}{2}$$

DC 부재 : $S_x=H_D=\frac{wl^2}{8h}$

3) 휨모멘트

AB 부재 : $M_x=-H_A\cdot x=-\frac{wl^2}{8h}\cdot x,\ \ M_B=M_{x=h}=-\frac{wl^2}{8}$

BC 부재 : $M_x=-H_A\cdot h+R_A\cdot x-\frac{wx^2}{2}=-\frac{wl^2}{8}+\frac{wl}{2}x-\frac{wx^2}{2}$

$$M_G=M_{x=\frac{l}{2}}=0$$

DC 부재 : $M_x=-H_D\cdot x=-\frac{wl^2}{8h}\cdot x,\ \ M_C=M_{x=h}=-\frac{wl^2}{8}$

4) 축방향력

AB 부재 : $A_x=-R_A=-\frac{wl}{2}$

BC 부재 : $A_x=-H_A=-H_D=-\frac{wl^2}{8h}$

$$DC \text{ 부재 : } A_x = -R_D = -\frac{wl}{2}$$

【예제 26】

단면력을 구하고 단면력도를 그리시오.

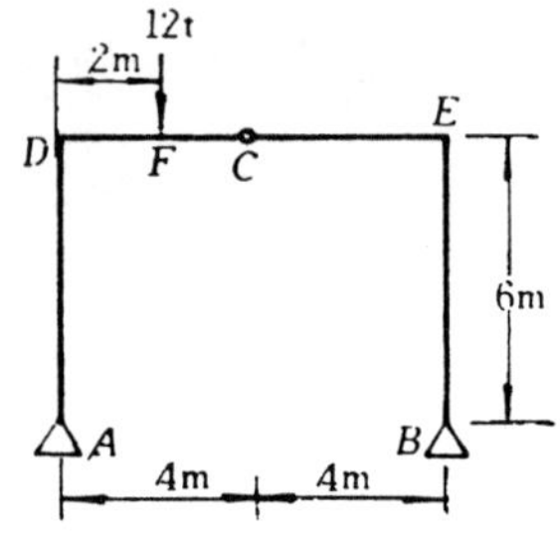

그림 11.38

풀이 (1) 지점반력

$\sum M_B=0$에서 $V_A \times 8 - 12 \times 6 = 0$ $\quad \therefore V_A = 9\,(t)(\uparrow)$

$\sum V=0$에서 $V_B = 12 - 9 = 3\,(t)(\uparrow)$

H_A를 →로 가정하면

$\sum M_C=0$에서 $-H_A \times 6 + 9 \times 4 - 12 \times 2 = 0$ $\quad \therefore H_A = 2\,(t)(\rightarrow)$

$\sum H=0$에서 $H_B = H_A = 2\,(t)(\leftarrow)$

(2) 전단력

$S_{AD} = -2\,(t)$, $S_{DF} = V_A = 9\,(t)$

$S_{FC} = S_{CE} = 9 - 12 = -3\,(t)$, $S_{EB} = H_B = 2\,(t)$

(3) 휨모멘트

$M_D = -H_A \cdot x = -2 \times 6 = -12(t \cdot m)$

$M_F = -H_A \times 6 + 9 \times 2 = 6\,(t \cdot m)$

$M_C = 0$, $M_E = -2 \times 6 = -12(t \cdot m)$

(4) 축방향력

$N_{AD} = -9\,(t)$, $N_{DE} = -2\,(t)$, $N_{BE} = -3\,(t)$

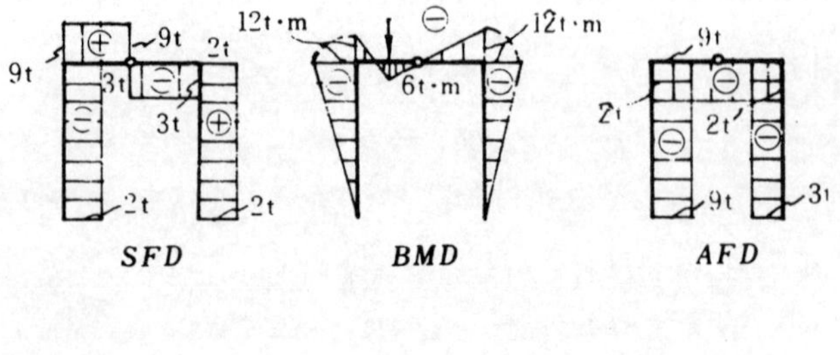

【예제 27】

단면력을 구하고 단면력도를 그리시오.

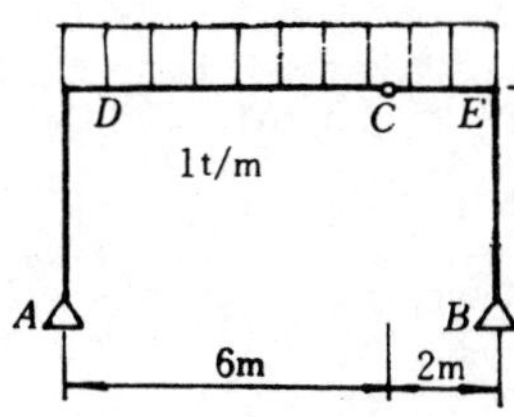

그림 11.39

풀이 (1) 지점반력

$\sum M_B=0$에서 $R_A\times8-1\times8\times4=0$ $\therefore R_A=4\,(t)$

$R_B=1\times8-4=4\,(t)$

$\sum M_C=0$에서 $-H_A\times4+4\times6-1\times6\times3=0$ $\therefore H_A=1.5\,(t)(\rightarrow)$

$\sum H=0$에서 $H_B=1.5\,(t)(\leftarrow)$

(2) 전단력

$S_{AD}=H_A=-1.5\,(t)$

DE 부재 : $S_D=R_A=4\,(t)$

$S_C=4-1\times6=12\,(t)$, $S_E=-R_B=-4\,(t)$

(3) 휨모멘트

$M_D=-1.5\times4=-6\,(t\cdot m)$

$M_C=4\times6-1\times6\times3-1.5\times4=0$

$M_E=-1.5\times4=-6\,(t\cdot m)$

(4) 축방향력

$N_{AD}=-4\,(t)$, $N_{DC}=N_{CE}=-1.5\,(t)$, $N_{BE}=-4\,(t)$

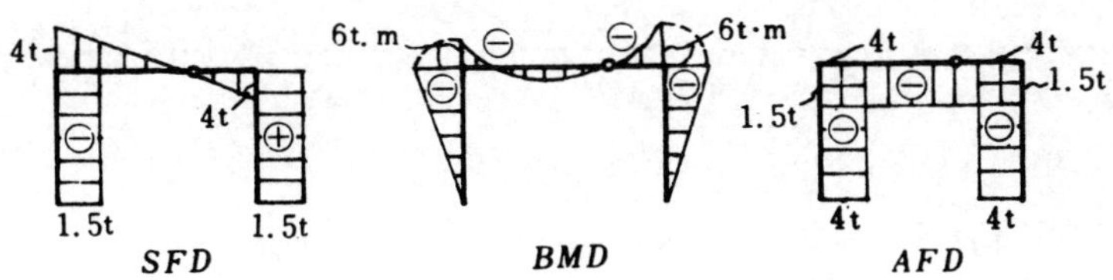

【예제 28】

M_{max}을 구하시오.

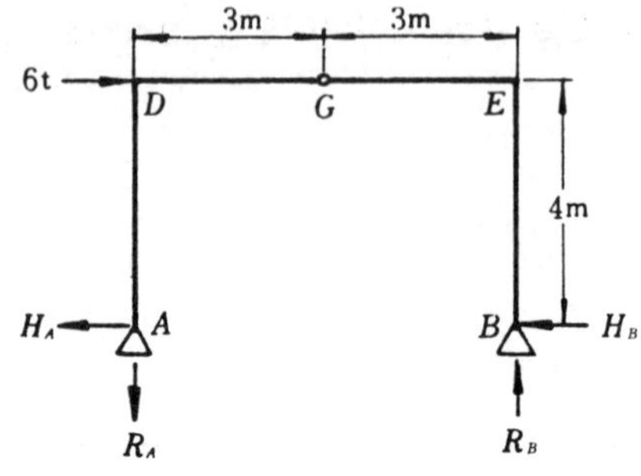

그림 11.40

풀이 $\sum M_B=0$에서 $-R_A\times6+6\times4=0$ $\therefore R_A=4\,(t)$

$R_B=4\,(t)$

$\sum M_G(좌)=0$, $-4\times3+H_A\times4=0$ $\therefore H_A=3\,(t)$

$M_{max}=M_D=3\times4=12\,(t\cdot m)$

【예제 29】

단면력을 구하고 단면력도를 그리시오.

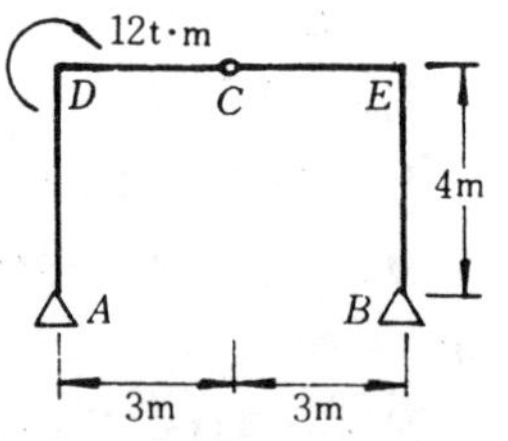

그림 11.41

풀이 (1) 지점반력

$\sum M_B=0$에서 $-V_A\times6+12=0$ $\therefore V_A=2\,(t)(\downarrow)$

$\sum V=0$에서 $V_B=V_A=2\,(t)(\uparrow)$

$\sum M_C=0$에서 $-H_A\times4-2\times3+12=0$ $\therefore H_A=1.5\,(t)(\rightarrow)$

$\sum H=0$에서 $H_B=H_A=1.5\,(t)(\leftarrow)$

(2) 전단력

$S_{AD}=H_A=-1.5\,(t)$, $S_{DE}=V_A=-2\,(t)$, $S_{BE}=H_B=1.5\,(t)$

(3) 휨모멘트

$M_D=-1.5\times4=-6\,(t\cdot m)$

$M_D(우)=-1.5\times4+12=6\,(t\cdot m)$

$M_E=-1.5\times4=-6\,(\text{t}\cdot\text{m}),\ M_C=0$

(4) 축방향력

$N_{AD}=2\,(\text{t}),\ N_{DE}=-1.5\,(\text{t}),\ N_{EB}=-2\,(\text{t})$

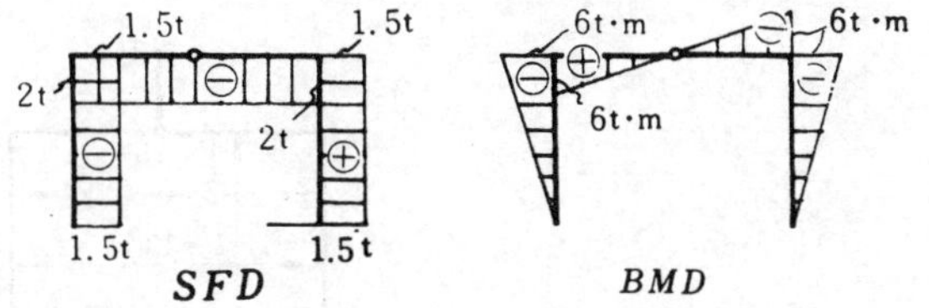

【예제 30】

단면력을 구하시오.

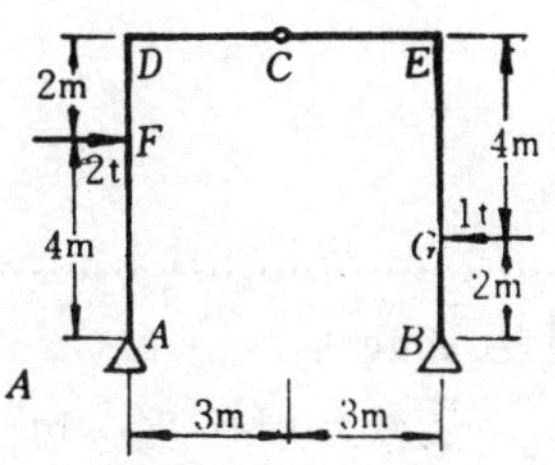

그림 11.42

풀이 (1) 지점반력

$\sum M_B=0$에서 $V_A\times6-2\times4+1\times2=0$ $\quad\therefore V_A=1\,(\text{t})(\downarrow)$

$\sum V=0$에서 $V_B=V_A=1\,(\text{t})(\uparrow)$

$\sum M_C(\text{좌})=0$에서 $H_A\times6-V_A\times3-2\times2=0$ $\quad\therefore H_A=7/6\,(\text{t})(\leftarrow)$

$\sum H=0$에서 $H_B=\frac{7}{6}-2+1=\frac{1}{6}\,(\text{t})(\rightarrow)$

(2) 전단력

$S_{AF}=\frac{7}{6}\,(\text{t}),\ S_{FD}=\frac{7}{6}-2=\frac{-5}{6}\,(\text{t})$

$S_{DC}=-1\,(\text{t}),\ S_{CE}=-1\,(\text{t}), S_{EG}=5/6\,(\text{t})$

$S_{GB}=\frac{5}{6}-1=-\frac{1}{6}\,(\text{t})$

(3) 휨모멘트

$M_F=\frac{7}{6}\times4=\frac{14}{3}\,(\text{t}\cdot\text{m}),\ M_D=\frac{7}{6}\times6-2\times2=3\,(\text{t}\cdot\text{m}),\ M_C=0,\ M_G=\frac{1}{6}\times2=\frac{1}{3}\,(\text{t}\cdot\text{m})$

$M_E=\frac{1}{6}\times6-1\times4=-3\,(\text{t}\cdot\text{m})$

(4) 축방향력

$N_{AD}=1\,(\mathrm{t})$, $N_{DE}=\frac{1}{6}\,(\mathrm{t})$, $N_{BE}=-1\,(\mathrm{t})$

【예제 31】

단면력을 구하시오.

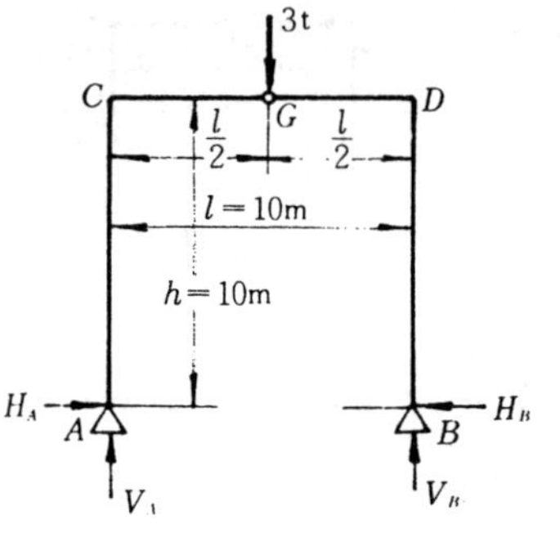

그림 11.43

풀이 (1) 지점반력

$\sum M_B=0$에서 $V_A\times 10-3\times 5=0$ $\therefore V_A=1.5\,(\mathrm{t})$

$\sum M_A=0$에서 $-V_B\times 10+3\times 5=0$ $\therefore V_B=1.5\,(\mathrm{t})$

$\sum M_G=0$에서 $V_A\times 5-H_A\times 10=0$ $\therefore H_A=0.75\,(\mathrm{t})$

(2) 전단력

$S_{A\sim C}=-H_A=-0.75\,(\mathrm{t})$, $S_{C\sim G}=V_A=1.5\,(\mathrm{t})$

$S_{G\sim D}=V_A-P=1.5-3=-1.5\,(\mathrm{t})$, $S_{D\sim B}=H_B=0.75\,(\mathrm{t})$

(3) 굽힘 모멘트

$M_A=0$

$M_C=-H_A\times h=-0.75\times 10=-7.5\,(\mathrm{t\cdot m})$

$M_G=V_A\times 5-H_A\times 10=1.5\times 5-0.75\times 10=0$

$M_D=V_A\times 10-H_A\times 10-3\times 5=1.5\times 10-0.75\times 10-15=-7.5\,(\mathrm{t\cdot m})$, $M_B=0$

(4) 축방향력

$A_{A\sim C}=-V_A=-1.5\,(\mathrm{t})$, $A_{C\sim D}=-H_A=-0.75\,(\mathrm{t})$, $A_{D\sim B}=-V_B=-1.5\,(\mathrm{t})$

【예제 32】

지점반력을 구하시오.

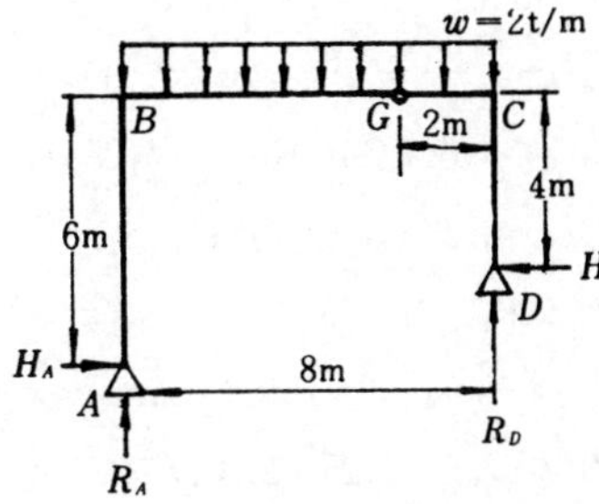

그림 11.44

풀이 $\sum V=0$에 의하여 $R_A+R_D=16\,(\mathrm{t})$

$\sum H=0$에 의하여 $H_A-H_D=0$

$\sum M_G$(좌)$=0$에 의하여 $R_A\times6-H_A\times6-2\times6\times3=0$

$R_A-H_A=6$ ······························ ①

$\sum M_D=0$에 의하여 $R_A\times8-H_A\times2-2\times8\times4=0$

$4R_A-H_A=32$ ······························ ②

식 ①과 ②를 연립시켜서 풀면

$R_A=8.67\,(\mathrm{t})$ $\quad\therefore R_D=16-R_A=7.33\,(\mathrm{t})$

$H_A=R_A-6=2.67\,(\mathrm{t}),\ H_D=H_A=2.67\,(\mathrm{t})$

【예제 33】

다음과 같은 라멘의 전단력과 휨모멘트를 구하시오.

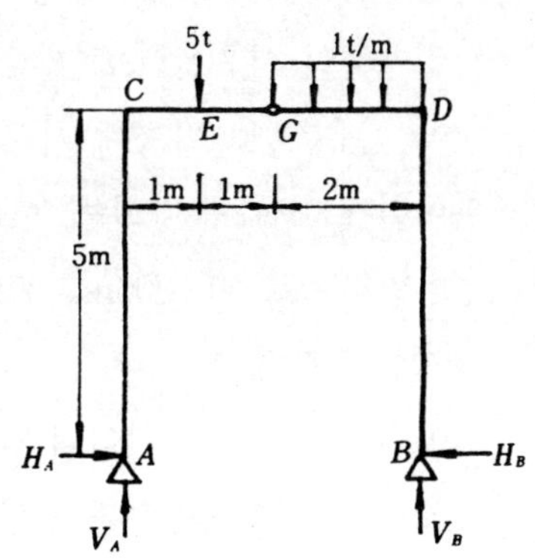

그림 11.45

풀이 $\sum M_B=0$에서 $V_A=\dfrac{5\times3+1\times2\times1}{4}=4.25\,(\mathrm{t})$

$\sum V=0$에서 $V_B=5+1\times 2-4.25=2.75\,(t)$

$M_G=0$에서 $4.25\times 2-5\times 1-H_A\times 5=0$ $\quad\therefore H_A=0.7\,(t)$

$\sum H=0$에서 $H_B=H_A=0.7\,(t)$

$S_{A\sim C}=-0.7\,(t)$, $S_{C\sim E}=4.25\,(t)$

$S_{E\sim G}=4.25-5-0.75\,(t)$, $S_D=-2.75\,(t)$, $S_{B\sim D}=0.7\,(t)$

$M_A=M_B=M_G=0$

$M_C=-0.7\times 5=-3.5\,(t\cdot m)$

$M_E=-3.5+4.25\times 1=0.75\,(t\cdot m)$

$M_D=-0.7\times 5=-3.5\,(t\cdot m)$

7. 정정 아치

(1) 개요

아치(arch)라 함은 부재의 축이 곡선(원형, 포물선형)으로 된 보를 말하며, 아치에 작용하는 단면력은 전단력, 휨모멘트, 축방향력들로써 주로 축방향력에 저항하는 구조이다.

아치 구조는 강재가 보급되기까지 많이 사용되었던 구조형식이다. 특히 아치 다리는 석재 또는 벽돌을 이용하여 어느 정도의 장지간(長支間)을 지지할 수 있는 유일한 형식으로 , 최근에는 강재를 사용한 아치 다리와 큰 건축물에 사용된 아치는 구조물의 미관을 아름답게 하여 좋은 구조적인 안전성을 주고 있다. 비단 미관상뿐만 아니라 경제적인 이유에서도 기초지반이 암석같은 곳이나 깊은 계곡같이 교량의 하부 공간에 여유가 많은 곳에 아치 다리를 가설하고 있다.

이와 같이 아치 다리는 기초지반이 좋고 특히, 미관이 필요한 데 놓이게 되고, 지간이 일반적으로 60~200m의 장대한 교량에 사용되므로 경제적인 면에서 우수하여 많이 건설되고 있다.

아치는 중립축이 휘어져 있으므로 임의점의 전단력, 축방향력은 그 점의 접선각을 구해서 축에 수직방향과 수평방향으로 나누어 구하여야 한다. 또한 반력의 계산에서 수직반력은 단순보와 같이 구할 수 있고, 수평반력은 아치의 종류에 따라 다르나, 활절에서 휨모멘트가 0이라는 것을 이용하여 구할 수 있다.

(2) 3활절 아치

그림 11.46과 같이 양 지점 및 중간에 힌지로 되어 있는 아치를 말한다.

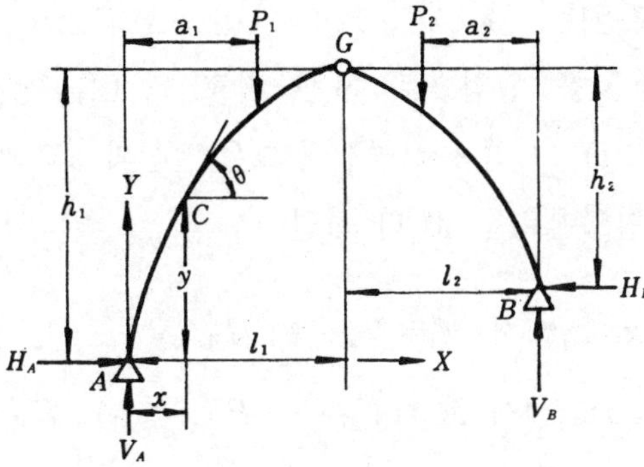

그림 11.46

1) 집중하중을 받을 경우

① 지점반력

그림 11.46과 같이 반력의 방향을 가정하면

$\sum V=0$에서 $V_A+V_B-P_1-P_2=0$ .... (a)

$\sum H=0$에서 $H_A-H_B=0$ .... (b)

$\sum M_G=0$에서

$V_A l_1-H_A h_1-P_1(l_1-a_1)=0$(좌측에서) .... (c)

$H_B h_2-V_B l_2+P_2(l_2-a_2)=0$(우측에서) .... (d)

이상 4개의 식(a), (b), (c), (d)를 연립으로 풀면 H_A, V_A, H_B, V_B를 구할 수 가 있다.

② 전단력

지점 A를 원점으로 하는 직교 좌표를 생각하여 임의 단면 C의 좌표를 $(x,\ y)$, 그 점에서 곡선에 그은 접선이 x축과 이루는 값을 θ라 하고, 단면 C의 전단력을 S_x라 하면

$$\left.\begin{array}{l} 0 \leqq x \leqq a_1 \text{에서} \ \ S_x = V_A \cdot \cos\theta - H_A \cdot \sin\theta \\ a_1 \leqq x \leqq l \text{에서} \ \ S_x = (V_A - P_1)\cos\theta - H_A \cdot \sin\theta \end{array}\right\} \cdots\cdots (11\text{-}1)$$

③ 휨모멘트

지점 A를 원점으로 하는 직교 좌표를 생각하여 임의 단면 C의 좌표를 $(x,\ y)$, 그 점에서 곡선에 그은 접선과 x축과 이루는 각을 θ라 하고, 단면 C의 휨모멘트를 M_x라 하면

$$\left.\begin{array}{l} 0 \leqq x \leqq a_1 \text{에서} \ \ M_x = V_A \cdot x - H_A \cdot y \\ a_1 \leqq x \leqq l \text{에서} \ \ M_x = V_A \cdot x - P_1(x - a_1) - H_A \cdot y \end{array}\right\} \cdots\cdots (11\text{-}2)$$

④ 축방향력

지점 A를 원점으로 하는 직교 좌표를 생각하여 임의 단면 C의 좌표를 $(x,\ y)$, 그 점에서 곡선에 그은 접선과 x축과 이루는 각을 θ라 하고, 단면 C의 축방향력을 A_x라 하면

$$\left.\begin{array}{l} 0 \leqq x \leqq a_1 \text{에서} \ \ A_x = -V_A \cdot \sin\theta - H_A \cdot \cos\theta \\ a_1 \leqq x \leqq l \text{에서} \ \ A_x = -(V_A - P_1)\sin\theta - H_A \cdot \cos\theta \end{array}\right\} \cdots\cdots (11\text{-}3)$$

좌측도 마찬가지 방법으로 구할 수 있다.

2) 등분포하중을 받을 경우

① 지점반력

그림 11.47에서와 같이 반력의 방향을 가정하면

$\sum V = 0$에서

$$V_A = V_B = \frac{wl}{8} \ \cdots\cdots \text{(a)}$$

$\sum M_G = 0$에서

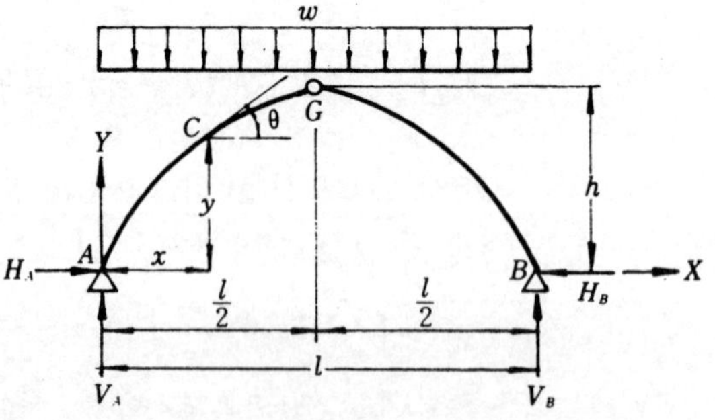

그림 11.47

$$V_A \cdot \frac{l}{2} - H_A \cdot h - \frac{wl^2}{8} = 0(\text{좌측에서}) \ \cdots\cdots \text{(b)}$$

$\sum H=0$에서 $H_A-H_B=0$ .... (c)

따라서 위의 식(a), (b), (c)에 의해서

$$H_A=H_B=\frac{wl^2}{8h} \quad \text{(d)}$$

② 전단력

지점 A를 원점으로 하는 직교 좌표를 생각하여 임의 단면 C의 좌표를 (x, y), 그 단면의 접선각을 θ라 할 때 단면 C의 전단력을 S_x라 하면

$$S_x=(V_A-wx)\cos\theta-H_A\cdot\sin\theta=w\left\{\left(\frac{l}{2}-x\right)-\frac{l^2}{8h}\tan\theta\right\}\cos\theta \quad (11-4)$$

③ 휨모멘트

단면 C의 휨모멘트를 M_x라 하면

$$M_x=V_A\cdot x-H_A\cdot y-\frac{wx^2}{2}=w\left\{\frac{(l-x)}{2}\cdot x-\frac{l^2}{8h}y\right\} \quad (11-5)$$

④ 축방향력

단면 C의 축방향력을 A_x라 하면

$$A_x=-(V_A-wx)\sin\theta-H_A\cdot\cos\theta=-w\left\{\left(\frac{l}{2}-x\right)\sin\theta+\frac{l^2}{8h}\cos\theta\right\} \quad (11-6)$$

그런데 이 부재가 포물선형이라면 그림으로부터

$$y=\frac{4h}{l^2}(l-x)\cdot x \quad (11-7)$$

따라서 $\tan\theta=\frac{dy}{dx}=\frac{8h}{l^2}\left(\frac{l}{2}-x\right)$ .... (11-8)

그러므로 임의 단면 C에서 단면력은 식(11-7), (11-8)을 식(11-4), (11-5), (11-6)의 S_x, M_x, A_x에 대입하면

전단력 $S_x=0$

휨모멘트 $M_x=0$

축방향력 $A_x=-\dfrac{wl^2}{8h}\left\{\dfrac{8h}{l^2}\left(\dfrac{l}{2}-x\right)\sin\theta+\cos\theta\right\},\quad A_x=-H_A\sec\theta$

위의 결과에 의하면 포물선 아치가 등분포하중을 받을 때는 축방향력으로서 압축력만을 받게 된다. 따라서 인장력에 약한 돌이나 벽돌로 등분포하중을 받는 아치를 만들려면 포물선형으로 하여야 된다는 것을 알 수 있다.

【예제 34】

A점의 반력을 구하시오.

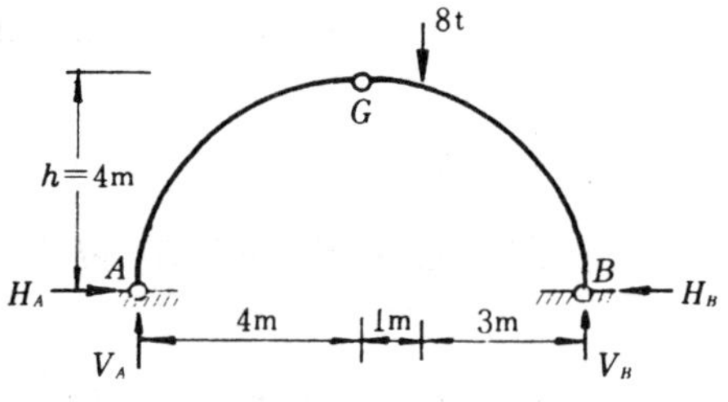

그림 11.48

풀이 $\sum M_B=0$에서 $V_A\times8-8\times3=0$ $\therefore V_A=3\,(\mathrm{t})$

$M_G(좌)=0$에서 $-H_A\times4+V_A\times4=0$ $\therefore H_A=3\,(\mathrm{t})$

【예제 35】

반력을 구하시오.

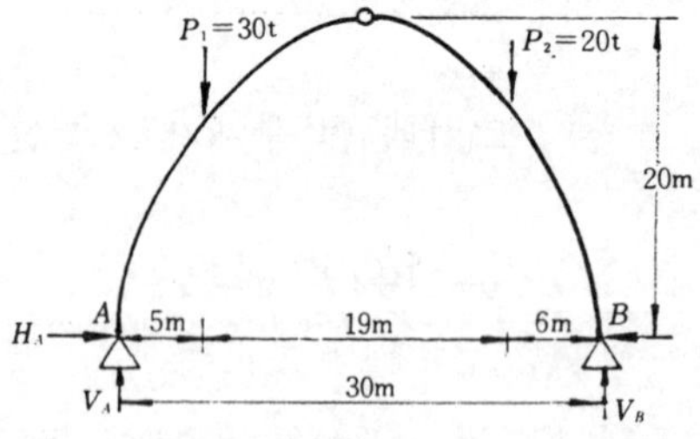

그림 11.49

풀이 $\sum M_B=0$에서 $V_A\times30-30\times25-20\times6=0$에서 $V_A=29\,(\mathrm{t})$

$\sum M_A=0$에서 $-V_B\times30+30\times5+20\times24=0$ $\therefore V_B=21\,(\mathrm{t})$

$\sum M_G(좌)=0$에서 $V_A\times 15-H_A\times 20-30\times 10=0$

$\therefore H_A=\frac{1}{20}(29\times 15-30\times 10)=6.75\,(t)$

$\sum H=0$에서 $H_B=6.75\,(t)$

【예제 36】

다음과 같은 포물선 아치의 x=10m 지점에서의 단면 C의 단면력을 구하시오.

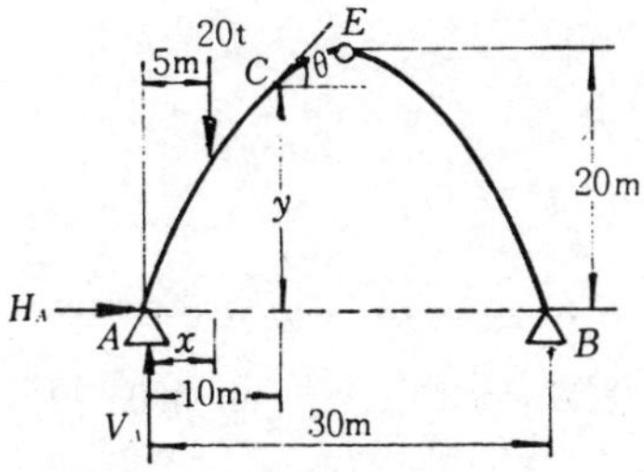

그림 11.50

풀이 $\sum M_B=0$에서 $V_A\times 30-20\times 25=0$ $\therefore V_A=16.67\,(t)$

$\sum M_E=0$에서 $-H_A\times 20+V_A\times 15-20\times 10=0$ $\therefore H_A=2.5\,(t)$

$$y=\frac{4h}{l^2}(l-x)x=\frac{4\times 20}{30^2}(30-10)\times 10=17.78\,\text{m}$$

$$\tan\theta=\frac{8h}{l^2}\left(\frac{l}{2}-x\right)=\frac{8\times 20}{30^2}\left(\frac{30}{2}-10\right)=0.8889 \qquad \therefore \theta=41°38'00''$$

$S_C=(V_A-P)\cos\theta-H\sin\theta=(16.67-20)\cos\theta-2.5\sin\theta$

$=-3.33\times 0.74741-2.5\times 0.66436$

$=-4.149\,(t)(\cos\theta=0.74741,\ \sin\theta=0.66436)$

$A_C=-(V_A-P)\sin\theta-H\cos\theta=-(16.67-20)\sin\theta-2.5\cos\theta$

$=-(-3.33)\times 0.66436-2.5\times 0.74741=0.3438(t)$

$M_A=V_A\cdot x-H_A\cdot y-P\times 5=16.67\times 10-2.5\times 17.78-20\times 5=22.25\,(t\cdot m)$

【예제 37】

다음과 같은 3활절 아치의 반력과 C점의 전단력 및 축력을 구하시오.

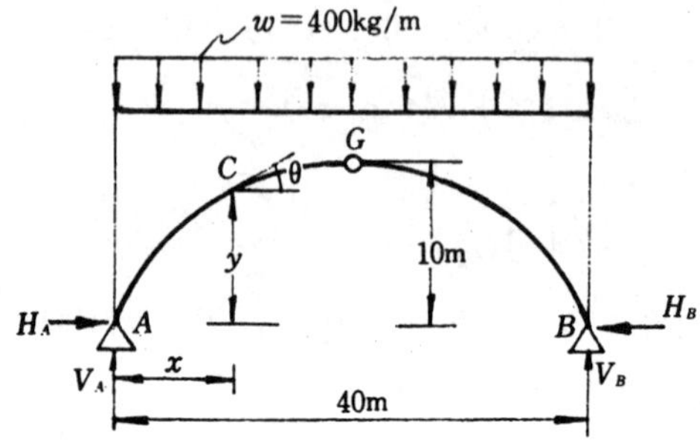

그림 11.51

풀이 $\sum M_B=0$에서 $V_A\times40-400\times40\times\frac{40}{2}=0$ $\quad\therefore V_A=8,000\text{kg}=8(\text{t})$

혹은 $V_A=\frac{wl}{2}=\frac{400\times40}{2}=8,000\text{kg}=8(\text{t})$

$\sum M_G(좌)=0$에서

$8\times20-H_A\times10-0.4\times20\times10=0$ $\quad\therefore H_A=\frac{1}{10}(160-80)=8(\text{t})$

$\sum H=0$에서 $H_B=8(\text{t})$

C점의 전단력 $S_x=(8-0.4x)\cos\theta-8\sin\theta$

C점의 축력 $A_x=-(8-0.4x)\sin\theta-8\cos\theta$

【예제 38】

수평반력 H_A값을 구하시오.

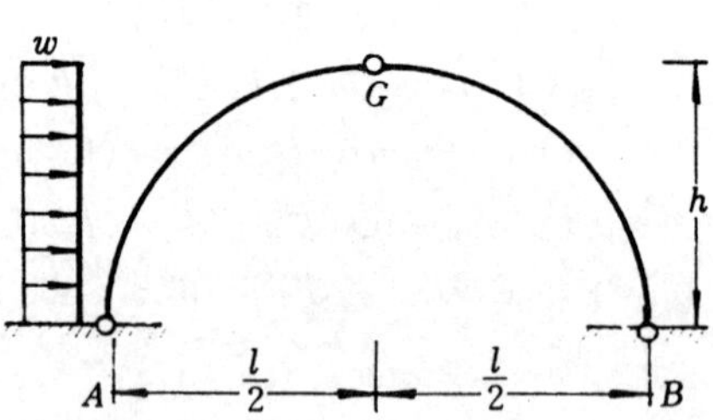

그림 11.52

풀이 $\sum V=0$에서 $R_A+R_B=0$

$\sum M_B=0$에서 $R_A\times l+wh\times\frac{h}{2}=0$ $\quad\therefore R_A=-\frac{wh^2}{2l}(\downarrow)$

$\sum H=0$에서 $H_A+H_B=wh$

$\sum M_G=0$에서 $-R_A\times\frac{l}{2}-wh\times\frac{h}{2}+H_A\times h=0$ $\quad\therefore H_A=\frac{3wh}{4}$

연 습 문 제

문 **1.** 그림과 같은 3활절 라멘의 *SFD* 및 *BMD*를 그리시오.

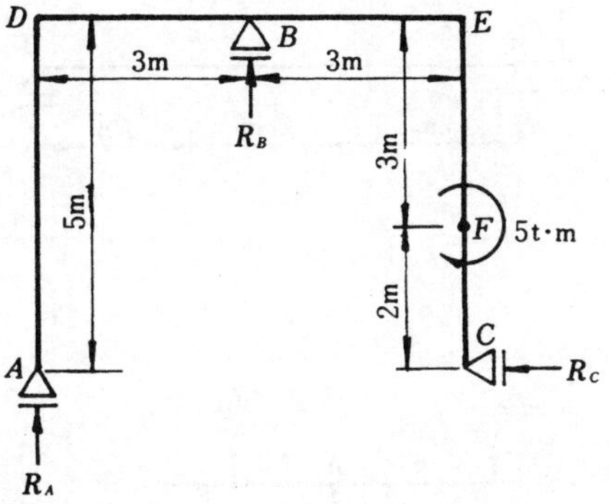

문 **2.** 다음 라멘의 반력을 구하시오.

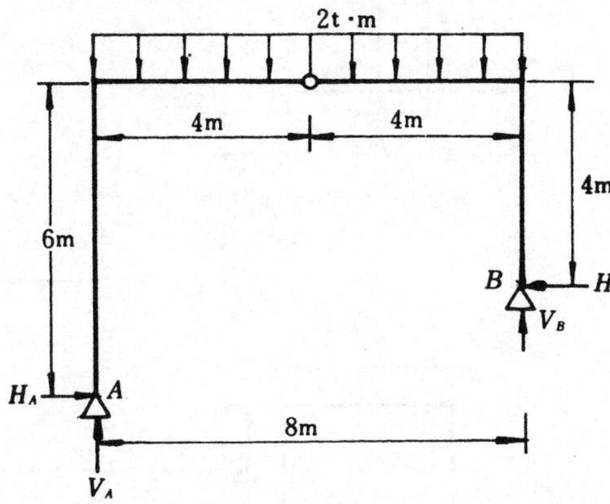

해답 1.

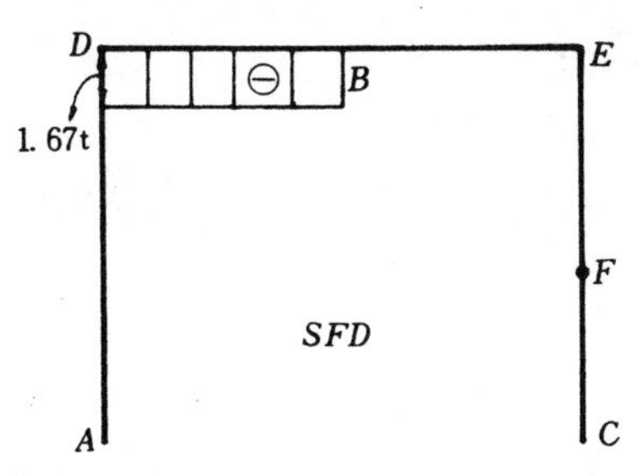

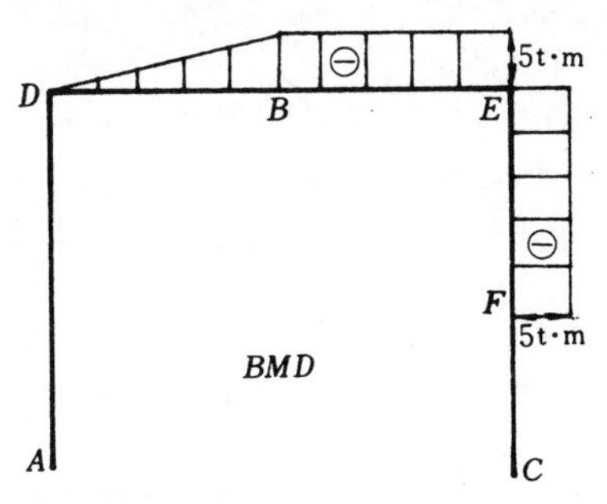

2. $H_A=3.2\,(t)$, $H_B=3.2\,(t)$, $V_A=8.8\,(t)$, $V_B=7.2(t)$

3. 그림과 같은 라멘의 R_A와 M_{DC}를 구하시오.

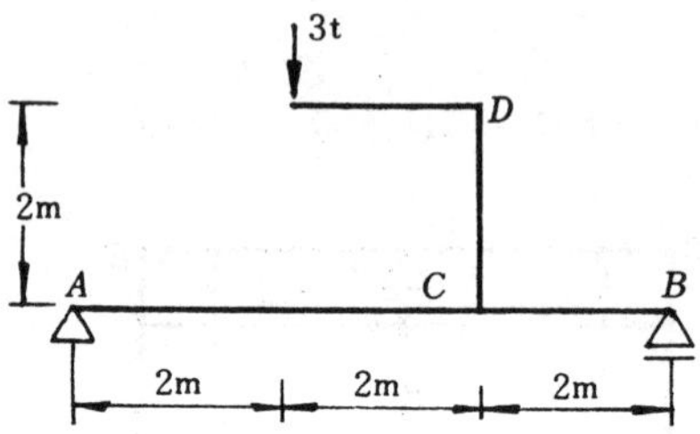

4. M_A, M_B를 구하시오.

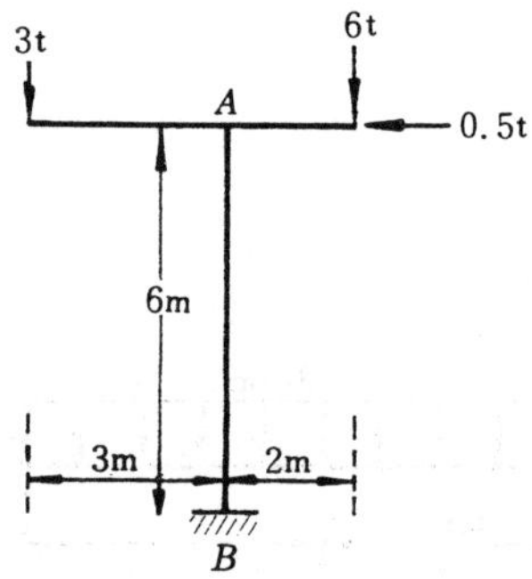

5. M_A를 구하시오.

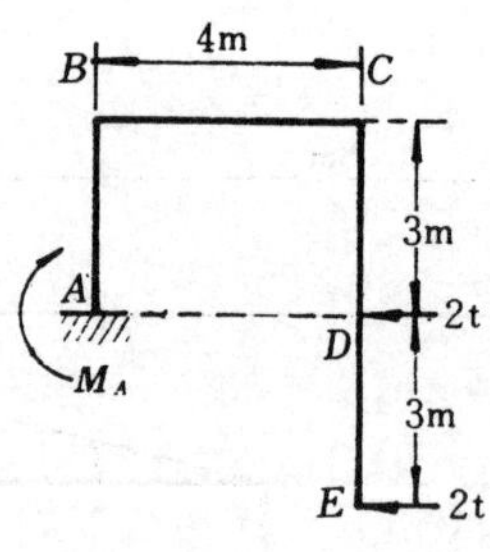

해답 3. R_A=2 (t), M_{DC}=−6 (t · m)　4. M_A=3 (t · m), M_B=0　5. M_A=−6 (t · m)

제12장

구조물의 탄성변형에 관한 해법

1. 개요
2. 중합의 원리
3. 외력의 일
4. 변형 에너지
5. 에너지 불변의 법칙
6. 가상일의 원리
7. 카스틸리아노(Castigliano)의 정리

제12장 구조물의 탄성변형에 관한 해법

1. 개요

구조물이 변형하는 것은 외력에 의해 일을 하게 된 것이고, 외력을 제거하면 변형이 되돌아 가는 것은 저장되어 있던 변형 에너지(strain energy)를 외부에 작용시키는 것이다. 이러한 외력 일과 변형 에너지를 기본으로 하여 구조물의 변형이나 부정정 구조물의 해법으로 응용할 수 있다.

이때의 변형은 휨모멘트에 의한 변형뿐만 아니라 전단력 및 축방향력을 모두 고려하는 것으로서 훅크의 법칙이 성립하는 범위 내의 저응력에 의한 것이다. 따라서 그 크기는 극히 작고 변형은 하중이 제거되면 완전히 소멸하여 구조물은 최초의 상태로 회복한다.

변형은 온도의 변화로서도 일어나지만 설계에서 고려하는 온도의 승강(昇降)범위 내에서는 탄성을 없앨 정도는 아니다.

변형의 원인으로는 지점의 침하가 있으나 이것은 원인을 없애더라도 원상으로 복귀되는 성질이 아니므로 상기의 탄성변형에서 분리하여 생각하는 것이 좋다.

또한 하중은 구조물에 정적으로 작용함으로써 하중과 이로 인한 내부응력이 항상 균형을 이루면서 변형한다는 가정하에 이론을 전개해 보도록 한다.

2. 중합의 원리

단순보가 중앙집중하중 P만을 받았을 때 하중점의 처짐 δ_1과 같은 보가 전 장(長)에 있어서 등분포하중 w만을 받았을 때 중앙점의 처짐 δ_2는 전단력에 의한 처짐을 무시하면 다음과 같이 표시된다.

$$\delta_1 = \frac{Pl^3}{48EI}, \quad \delta_2 = \frac{5wl^4}{384EI}$$

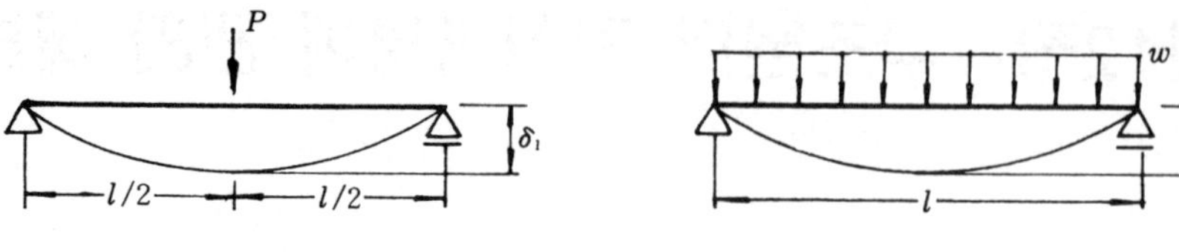

그림 12.1

이와 같은 하중이 동시에 작용하는 경우 동일 점의 처짐 δ는

$$\delta=\frac{Pl^3}{48EI}+\frac{5wl^4}{384EI}=\delta_1+\delta_2$$로 된다.

일반적으로 구조물에 작용하는 힘을 P_1, P_2, …………, P_i …………, P_n이라 하면 그 구조물에 생기는 반력, 전면력 및 탄성변형량(이것들을 R로 표시하면) 등은 $R=\sum_{i=1}^{n} R_i P_i$로 표시된다. 여기에서 R_i는 $P_i=1$에 의한 R를 나타낸다.

즉, "구조물의 최종적인 반력, 단면력 및 탄성변형량은 그 하중의 순서에는 관계없으며, 각각 단독으로 작용한 상태의 화(和)로서 주어진다"

이것을 중합의 원리라고 한다.

그러나, 그림 12.2(b)에 표시된 바와 같이 훅크의 법칙에 따르지 않는 재료의 부재를 포함한 구조물과 재료는 훅크의 법칙에 따르나 변형이 하중에 비례하지 않는 구조물에서는 중합의 원리가 성립되지 않으므로 주의를 요한다.

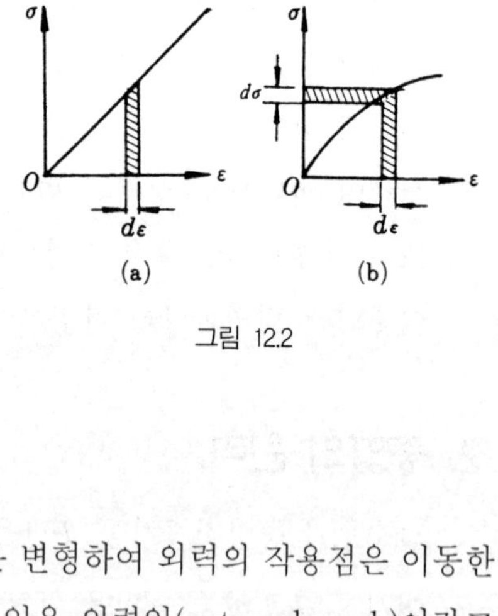

그림 12.2

3. 외력의 일

구조물에 외력이 작용하여 균형을 이룰 때 그 구조물은 변형하여 외력의 작용점은 이동한다. 따라서 외력은 어떤 크기의 일을 한다. 이와 같은 일을 외력일(external work)이라고 한다.

어느 질점(質點)에 일정한 외력 P가 작용해서 그 물체가 힘의 방향으로 S만큼 변형했을 때 외력은 어느 일을 했다고 하며

$$w_e=P\cdot S \quad \cdots\cdots (12\text{-}1)$$

로 나타낸다. 일의 정·부의 구별은 힘의 방향과 이동방향이 같을 때를 정(+)으로 하고, 반대일 때를 부(−)로 한다.

이상은 질점의 경우인데, 탄성체에 외력이 작용할 때의 일을 구해보면, 일반적으로 구조물을 탄성체로 생각하고 작용하는 외력은 구조물에 서서히 가해지고 충격, 진동을 주지 않고 외력과 응력은 늘 균형을 보전하면서 변형하는 것으로 한다.

즉, 외력은 0부터 시작해서 점차 증대하여 최종값 P에 달하는 것으로 가정하고 있다. 이것에 대하여 외력이 최초부터 P의 값을 갖고 있다고 하면, 외력은 구조에 충격력으로서 급속히 작용하므로 진동이 생기고 힘의 평형이라는 정역학적 생각과는 전혀 다른 것으로 된다. 따라서 그림 12.3(b)에서 외력 P가 처음부터 P의 크기가 아니라, 0에서 시작하여 이동이 δ로 되었을 때 비로소 P의 값에 이르는 것으로 생각한다.

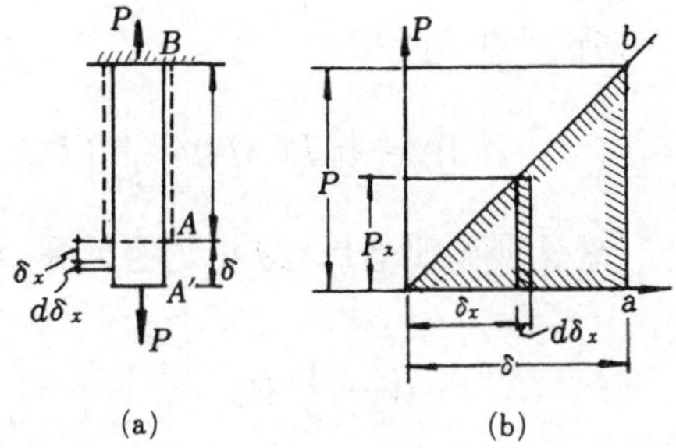

그림 12.3

그림 12.3(a)와 같이 일정한 단면을 가진 인장부재 AB에 인장력 P가 작용해서 A점이 A'점으로 변위했다 하고, 그림 (b)와 같이 최초 0이었던 인장력이 증가해서 최종값 P의 값에 이르는 것으로 생각한다.

따라서 이동이 δ_x일 때의 외력을 P_x라 하고, 외력 P_x에 의해서 $d\delta_x$의 이동이 있었다고 하면 이 순간의 일은 $P_x \cdot d\delta_x$이다.

따라서 힘이 0에서 P로 되기까지 한 외력의 일은

$$w_e = \int_0^{\delta} P_x \cdot d\delta_x \text{ 이다.}$$

훅크의 법칙에 의해

$$P_x = P\frac{\delta_x}{\delta}$$

따라서 $$W_e = \int_0^{\delta} \frac{P \cdot \delta_x}{\delta} \cdot d\delta_x = \frac{P}{\delta}\int_0^{\delta} \delta_x \cdot d\delta_x = \frac{1}{2} P \cdot \delta \quad \text{(12-2)}$$

로 되고 그림 12.3(b)의 삼각형 Oab의 면적으로 표시된다.

따라서 탄성체에 외력 P가 작용하여 힘의 방향에 δ의 이동이 있을 때, 외력 P가 탄성체에 행한 일은 $P\delta/2$, 즉, 외력과 힘의 방향의 이동량을 곱한 것의 1/2이라고 할 수 있다.

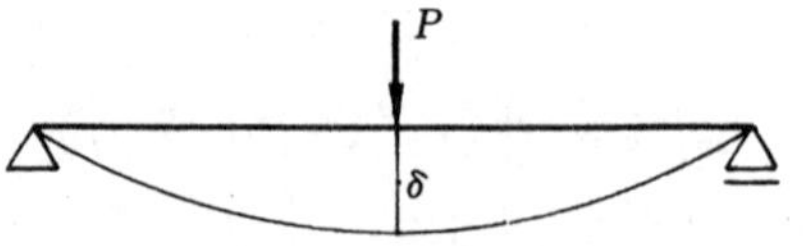

그림 12.4

이것은 그림 12.4와 같이 외력이 보에 작용할 경우의 보의 변형(처짐)에 관해서도 같다.

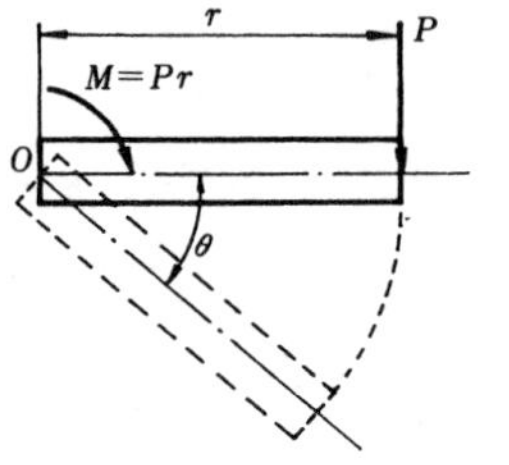

그림 12.5

그림 12.5와 같이 외력으로서 일정한 크기의 모멘트 M이 물체에 작용해서 작용점이 모멘트의 방향으로 θ만큼 회전할 경우에는, 모멘트 M을 Pr 이라 할 때 일정한 외력 P가 고정점 O의 주위를 r의 반지름으로 θ만큼 회전한 것과 같으므로, 이동에 의한 일은

$$W_e = \int_O^\theta P(rd\theta) = \int_O^\theta (Pr)d\theta = \int_O^\theta Md\theta = M\theta$$

탄성체에 모멘트 M이 작용했을 때에는 식(12-2)와 같이

$$W_e = \frac{1}{2}M\theta \quad \cdots\cdots (12\text{-}3)$$

가 된다.

모멘트가 행한 일의 정·부는 모멘트와 같은 방향으로 회전각이 생길 때를 정(+), 반대로 될 때를 부(−)로 한다. 많은 외력이 작용할 경우에 행한 외력의 일은

$$W_e = \frac{1}{2}\sum P_n\delta_n + \frac{1}{2}\sum M_n\theta_n \quad \cdots\cdots (12\text{-}4)$$

으로 표시된다.

4. 변형 에너지

탄성체에 외력이 일을 했을 경우, 그 내부에 관해서 생각하면 그 조직을 형성하는 분자간에 응력이 생기고, 분자는 응력방향으로 변위하며 탄성체는 전체적으로 변형한다.

즉, 외력이 행한 일은 탄성체의 내부에 축척되며, 이 때 탄성체의 내부에는 외력에 저항하여 여러 가지 응력이 생기고, 이 응력도 변형하는 사이에 외력이 행한 일과 같은 일을 하게 된다. 이러한 일을 변형 에너지 또는 내력일(internal work)이라 한다.

하중이 제거되면 변형이 원상태로 되돌아오려는 것은 이 에너지 때문이다. 물체가 불완전 탄성체일 경우 또는 탄성범위 외까지 외력을 가하여 외력을 제거한 후에도 변형의 일부가 되돌아가지 않고 영구변형이 생길 경우에는 변형 에너지의 일부가 분자간의 마찰 또는 충돌로 인하여 열로 발산한다.

따라서 물체가 탄성체이면 외력의 일은 항상 내력의 일과 같고 에너지 보존의 법칙이 성립되고 있다.

내력의 일에는 휨모멘트에 의한 것, 축방향력에 의한 것, 전단력에 의한 것 3종류가 있다.

(1) 휨모멘트에 의한 변형 에너지

재장(材長) l, 단면적 A, 단면 2차 모멘트 I, 영 계수 E인 보에 휨모멘트 M이 작용할 경우, 그림 12.6과 같은 보의 미소구간 dx를 생각해 보면 중립축에서 y인 위치의 미소체적 dA, dx가 휨에 의한 수직 응력도 σ에 의해 한 일 dW_0는 dx인 길이의 변형

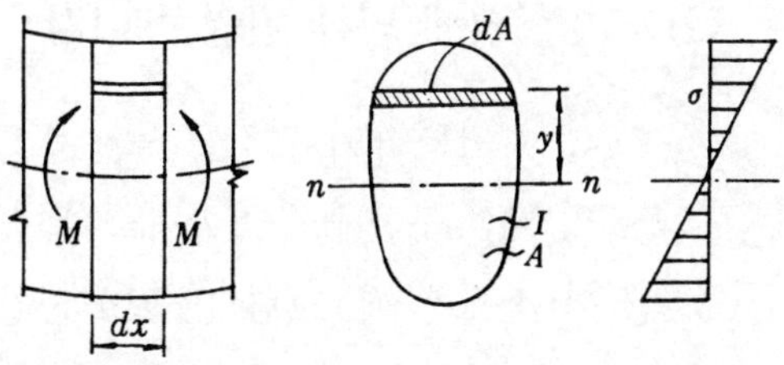

그림 12.6

$$d\varepsilon = \frac{\sigma}{E}\,dx \quad \cdots\cdots \text{(a)}$$

에서 $dW_0 = \dfrac{1}{2}\,\sigma dA \cdot \dfrac{\sigma}{E}\,dx = \dfrac{\sigma^2}{2E}\,dAdx$ ⋯⋯ (b)

그런데 $\sigma = \dfrac{M}{I}\,y$이므로 $dW_0 = \dfrac{M^2y^2}{2EI^2}\,dAdx$ ⋯⋯ (c)

따라서 보의 dx구간의 전단면에 대한 내력의 일 W_0는

$$W_0 = \frac{M^2dx}{2EI^2}\int_A y^2 dA \quad \cdots\cdots \text{(d)}$$

여기서 $\int_A y^2 dA = I$이므로 $W_0 = \dfrac{M^2 dx}{2EI}$

따라서 전길이 l에 대한 변형 에너지 W_m은

$$W_m = \int_0^l \frac{M^2}{2EI}\, dx \quad \text{(12-5)}$$

휨모멘트가 일정하다면

$$W_m = \frac{M^2 l}{2EI} \quad \text{(12-6)}$$

(2) 축방향력에 의한 변형 에너지

재장 l, 단면적 A(전장을 통해서 일정), 영 계수 E인 직선 부재에 축방향력 N이 그림 12.7(a)와 같이 작용할 때, 그림 12.7(b)와 같이 최초 0인 응력도가 최종값 σ에 달했다면, 그 도중의 값으로서 σ_x인 응력도 $d\varepsilon_x$의 변형도가 생겼다고 하면 이 부재 중의 단위체적 dV에 한 일 W_0는

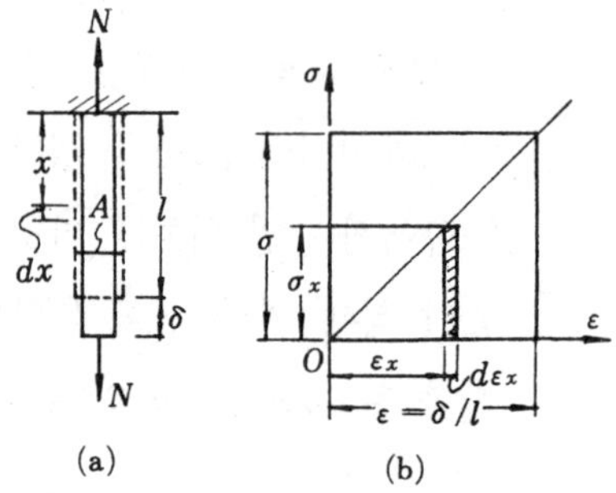

그림 12.7

$$W_0 = \int_0^\varepsilon \sigma_x d\varepsilon_x$$

여기서 $\sigma_x = \varepsilon_x E$이므로 $W_0 = E\int_0^\varepsilon \varepsilon_x d\varepsilon_x = \dfrac{E\varepsilon^2}{2} = \dfrac{1}{2}\sigma\cdot\varepsilon = \dfrac{N^2}{2EA^2}$

따라서 이 부재의 전체길이에 대해서 한 일 W_n은

$$W_n = \int_V W_0 dV = \int_V \frac{1}{2}\sigma\varepsilon dV = \int_o^l \int_A \frac{N^2}{2EA^2}\, dA\cdot dx$$

$$= \frac{N^2}{2EA^2} Al = \frac{N^2 l}{2EA} \quad \text{(12-7)}$$

(3) 전단력에 의한 변형 에너지

그림 12.8과 같이 미소구간 dx에서 양 측면의 전단력을 S라 하고, 보의 단면적을

A, 전단 탄성계수를 G라고 할 때, S가 단면상에 고르게 분포되어 있을 때는 그 단위응력은 S/A이다. 그리고 미소거리 dx에 대하여 S가 일으키는 각 변화 즉, 전단 변형도 γ는 식(5-13)에서

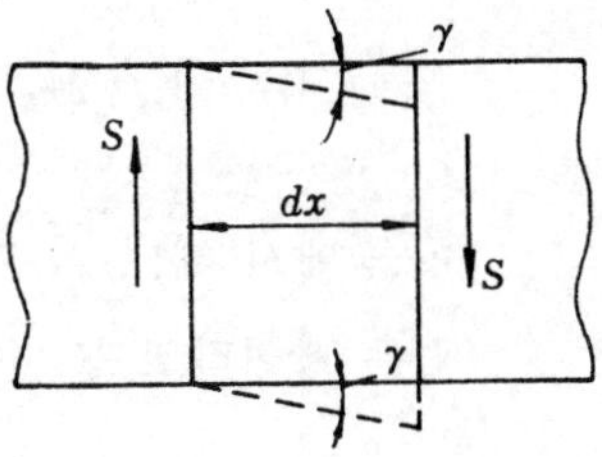

그림 12.8

$$\gamma = k\frac{S}{GA}$$

로 되어, 미소구간의 변형 에너지 dW_s는 식(12-2)에서

$$dW_s = \frac{1}{2}S \cdot \gamma dx = \frac{1}{2}S \cdot dx\frac{kS}{GA} = \frac{kS^2}{2GA}dx$$

따라서 전체길이에 대한 변형 에너지 W_S는

$$W_S = k\int_0^l \frac{S^2}{2GA}dx \qquad (12\text{-}8)$$

전단력이 일정하다면

$$W_S = k\frac{S^2 l}{2GA} \qquad (12\text{-}9)$$

여기서 k는 단면의 형상에 따라 정해지는 상수로서(전단력의 단위응력은 보의 단면형에 따라 단면상 각 점에서 틀린 값을 가지므로) 전단응력 분포계수이며, $\frac{A}{S^2}\int_A \tau^2 dA$로 나타내지는 값이다.

참고로 구형 단면에 대한 k값을 구해보면

$\tau = 3S(h^2-4y^2)/2bh^3$, $A=bh$, $dA=bdy$이므로

$$k = \frac{A}{S^2}\int_A \tau^2 dA = \frac{2bh}{S^2}\int_0^{\frac{h}{2}}\left\{\frac{3S(h^2-4y^2)}{2bh^3}\right\}bdy = \frac{6}{5}$$

이 k값은 항상 1보다 큰 값을 가지며, 원형 단면에 대하여는 10/9이다.

일반적으로 부재가 휨모멘트, 축방향력 및 전단력을 동시에 받을 경우의 내력의 일 즉, 부재 내에 저장된 변형 에너지 W_i는 위의 결과를 합산하면 되므로 다음 식으로 표시된다.

$$W_i = W_m + W_n + W_S = \int_0^i \frac{M^2}{2EI}\,dx + \int_0^i \frac{N^2}{2EA}\,dx + k\int_O^i \frac{S^2}{2GA}\,dx \quad \cdots\cdots\cdots (12\text{-}10)$$

이 중에서 제1항이 가장 큰 영향을 끼치는 항이며 제2항, 제3항은 그 영향이 비교적 적은 항이라고 볼 수 있다.

5. 에너지 불변의 법칙

탄성체에 외력이 작용하여 변형이 생겼을 때의 열손실은 일반적으로 무시할 수 있으므로 에너지 불변의 법칙에 의하면 탄성체에 생기는 외력일과 내력일은 그 크기가 같다.

즉, $W_e = W_i$ .... (12-11)

식(12-4)와 (12-10)은 같다는 것을 의미한다.

【예제 1】

다음 그림과 같이 일정 단면의 단순보 중앙에 집중하중 P가 작용할 경우 중앙의 처짐을 구하시오.

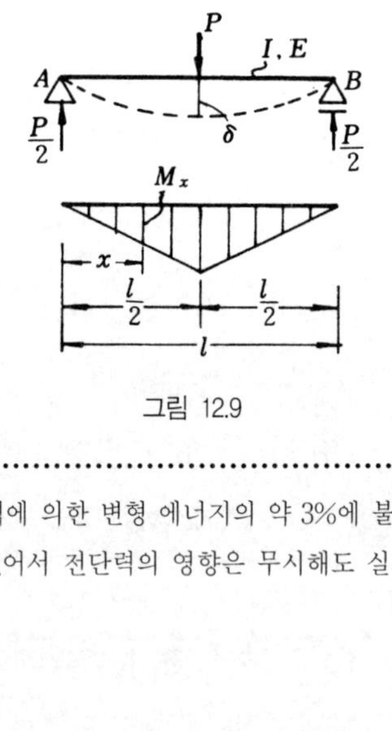

그림 12.9

풀이 일반적으로 보의 높이 h와 지간 l의 비를 $h/l = 1/10$로 하면, 전단력에 의한 변형 에너지의 약 3%에 불과하다. 보통의 경우는 $h/l < 1/10$이므로 보의 변형 에너지를 구하는 데 있어서 전단력의 영향은 무시해도 실제 사용 때 지장이 없으므로, 휨모멘트에 의한 처짐만 구해보도록 한다.

이 때 외력일 w_e는 식(12-2)로부터 $w_e = \frac{1}{2}P \cdot \delta$

내력일은 식(12-5)로부터 $W_i = \int_0^l \frac{M^2}{2EI}\,dx$

A에서 x인 점의 휨모멘트 $M = \frac{1}{2}Px$

그러므로 $W_i = 2\int_0^{\frac{l}{2}} \frac{\left(\frac{1}{2}Px\right)^2}{2EI}\,dx = 2\int_0^{\frac{l}{2}} \frac{P^2}{8EI}x^2dx = \frac{P^2}{4EI}\int_0^{\frac{l}{2}} x^2dx = \frac{P^2l^3}{96EI}$

그런데 $W_e = W_i$ 이므로

$$\frac{1}{2}P\delta = \frac{P^2 l^3}{96EI} \qquad \therefore \delta = \frac{Pl^3}{48EI}$$

6. 가상일의 원리

구조물에 작용한 하중에 의해 이루어진 외적인 일은 그 구조물에 저장된 내적인 탄성 에너지와 같다는 에너지 보존의 법칙에 근거를 둔 방법으로서, 모든 구조물의 처짐과 처짐각을 계산할 수 있는 에너지 방법이며, 단위하중법(unit load method)이라고도 한다.

(1) 질점에 관한 가상일의 원리

어떤 강체가 비김상태에 있는 1조의 힘을 받아 정지되어 있다고 할 때, 힘의 만족해야 할 조건을 알기 위하여 어떠한 요인으로 이 강체를 약간 변위시켰다고 생각해 보자. 이때 강체는 비김상태의 힘을 실은 채 변위하는 것이므로, 변위의 원인은 힘 P와 관계가 없다고 생각해야 한다. 또 이 변위는 개요에서 말한 바와 같이 극히 작은 것이므로 힘 P의 작용효과에 변화를 일으키는 일도 없다고 생각한다.

그러나 변위의 양이 커질 경우에는 P의 효과에 변화를 가져오게 되는데, 이와 같은 큰 변위는 문제삼지 않기로 한다. 다시 말하면 무한히 작은 미소변위를 말하는 것이며, 이러한 변위를 가상변위(virtual displacement)라 하고, 이 가상변위가 있을 때 그 구조물의 내외력이 행하는 일을 가상일(vertual work)이라고 한다.

만약 "구조물에 작용하는 힘이 평형하면, 가상변위를 줄 때 생기는 가상일의 합은 0이다." 이것을 가상변위의 원리(principle of virtual displacement) 또는 가상일의 원리(principle of virtual work)라고 말한다.

힘 P의 작용점의 가상변위 P방향의 분변위를 $\bar{\delta}$라고 하면, 앞의 원리는 다음 식으로 표시된다.

$$\sum P\bar{\delta} = 0 \qquad \cdots\cdots (12\text{-}12)$$

(2) 탄성체에 관한 가상일의 원리

탄성체에 외력이 작용하여 균형상태에 있을 때를 생각해 보면 이때 탄성체 내부에는 외력에 의한 응력이 생길 것이다. 그런데 물체는 무수한 질점의 집합이라고 생각할 수 있으므로, 각 질점에 대해서 가상일의 원리가 성립되고 물체 전체에 대해서도 가상일의 원리가 성립한다.

지금 외력 P의 작용점에 가상변위 $\bar{\delta}$를 주었을 때 탄성체 내부의 각 질점에도 이에 따라 변위가 생기게 되며, 이때 가상외력일 $w_e = \sum P\bar{\delta}$와 응력의 가상일 w_i로 나누어 보면, 외력의 가상일을 정(+)으로 할 때 응력의 가상일은 응력과 변위의 방향이 반대이므로 부(−)로 되어 다음 식이 성립된다.

$$w_e - w_i = 0 \text{ 또는 } w_e = w_i$$

즉, 균형상태에 있는 탄성체에 임의의 가상변위를 주면 외력 전체가 행한 가상일은 응력이 행한 가상일과 같다. 또한 많은 힘이 작용해서 평형상태에 있는 탄성구조물에 외력에 의해 또는 기타 어떤 원인에 의해서 그 평형의 위치에서 미소한 변위를 시켜 일을 일으킬 때, 기존의 외력 및 구조물이 얻은 가상일의 총합은 0으로 된다. 탄성체는 무수한 질점이 서로 인접한 질점과 스프링으로 연결되어 있는 것으로 생각할 수 있다.

하나의 질점 i에 가상일의 원리를 적용하면 $P_i\delta_i + \sum S_{ij}\delta_{ij} = 0$

단, P_i는 i점에 작용하는 외력, S_{ij}는 내력, δ_i 및 δ_{ij}는 가상변위의 각각 방향의 성분이다. 이와 같은 각 절점으로 된 가상일의 원리 식을 전부 가하면

$$\sum P_i\delta_i + \sum\sum S_{ij}\delta_{ij} = 0 \quad \text{(a)}$$

이 식의 제1항은 외력이 한 가상일(δw_e)을, 제2항은 내력이 한 일(δw_i)을 표시하고 있다. 따라서 식(a)는 다음과 같이 표시할 수도 있다.

$$\delta w_e + \delta w_i = 0 \quad \text{(b)}$$

강체는 이와 같이 생각한 질점 상호간의 거리가 불변이라는 물체로 생각하기 때문에 식(b)의 제2항은 0이 된다.

외력의 가상일은 그대로 변형률 에너지로 하고 구조물에 저축되기 때문에 $\delta w_e = \delta U = -\delta w_i$라고 쓸 수 있다. 여기서 δU는 가상변위에 의한 변형률 에너지이다. 또한 구조물에 대한 가상일의 원리는 다음과 같이 쓸 수 있다.

$$\sum P_i\delta_i=\int_V(\sigma\delta_\varepsilon+\tau\delta_\gamma)dV \quad \cdots\cdots (12\text{-}13)$$

여기서 δ_ε, δ_γ은 가상변위에 의해서 생기는 변형률을 표시한다.

또한 좌변의 외력일에는 물론 휨모멘트 M_i와 처짐각 θ_i에 의한 일도 포함된다. 구조물의 탄성변형을 계산함에 있어서는 구조물에 대한 이 가상일의 원리를 이용하는 것이 편리하다. 가상변위는 구속조건을 깨지 않은 범위이며 임의이기 때문에 어떠한 하중상태에 대한 실변위를 취할 수도 있다.

그림 12.10(a)와 같이 어떠한 하중상태에 있어서 i점이 있는 방향의 변위 δ_i를 구하는 데 있어서는 그 단면력을 M, N 및 S라 한다면, 이 하중상태에 있어서 δ_ε 및 δ_γ는 각각 다음과 같은 식으로 나타낸다.

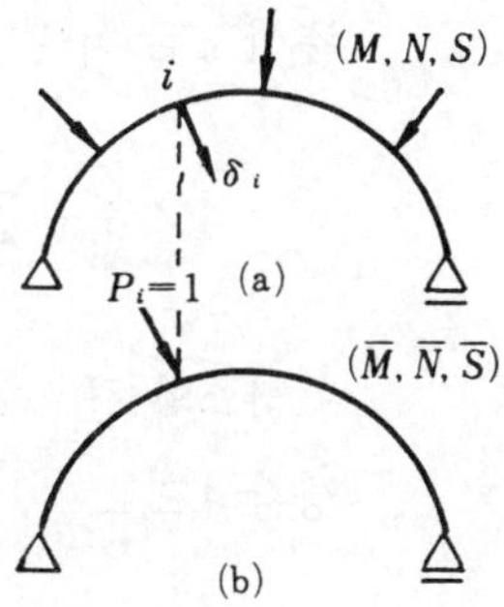

그림 12.10

$$\delta_\varepsilon=\frac{M}{EI}y+\frac{N}{EA},\quad \delta_\gamma=k\frac{S}{GA} \quad \cdots\cdots (c)$$

다음에 그림 12.10(b)와 같이 같은 구조물의 변위를 구하려 하는 i점에 δ_i방향으로 $P_i=1$을 작용했을 때를 $\overline{M}$, $\overline{N}$ 및 $\overline{S}$라 한다면 식(12-13)의 σ 및 τ는 다음과 같이 된다.

$$\sigma=\frac{\overline{M}}{I}y+\frac{\overline{N}}{A},\quad \tau=k\frac{\overline{S}}{A} \quad \cdots\cdots (d)$$

식(c)와 (d)를 식(12-13)에 대입하면 δ_i는 다음에서 구해진다.

$$1\times\delta_i=\int_x\int_A\left(\frac{\overline{M}}{I}y+\frac{\overline{N}}{A}\right)\left(\frac{M}{EI}y+\frac{N}{EA}\right)dAdx+\int_S\int_A k\frac{\overline{S}}{A}\cdot k\frac{S}{GA}\,dAdx$$

$$=\int\frac{M\overline{M}}{EI}dx+\int\frac{N\overline{N}}{EA}dx+\int k\frac{S\overline{S}}{GA}dx \quad \cdots\cdots (12\text{-}14)$$

구조물이 휨재만으로 구성되어 있는 라멘에서는 축방향력, 전단력이 하는 일이 휨모멘트가 하는 일에 비해 작으므로 이것을 무시하고 식(12-14)에서 그 변형을 구해보면

$$1\times\delta_i=\sum\int\frac{\overline{M}M}{EI}dS \quad \cdots\cdots (12\text{-}15)$$

로 된다. 식(12-15)의 $\sum$는 라멘의 전 부재의 총합을 뜻한다.

어느 점의 회전각을 구하려면 그 점에 모멘트 $M_i=1$을 작용시켰을 때 각 부재의 휨 모멘트를 $\overline{M}$로 해서 다음 식을 사용할 수가 있다.

$$1\times\theta_{ik}=\sum\int\frac{\overline{M}M}{EI}dS \qquad (12\text{-}16)$$

또 구조물의 절점이 핀인 경우 즉, 트러스에 대해서 부재에 생기는 응력은 축방향력 뿐이므로 식(12-14)에서

$1\times\delta_{ik}=\sum\int\frac{\overline{N}N}{EA}dS$로 된다.

트러스의 경우에는 각 부재 길이를 l로 하고 $\overline{N}$, N은 부재 전 장에 걸쳐 일정하다고 생각되므로

$$1\times\delta_{ik}=\sum\int_0^l\frac{\overline{N}N}{EA}dS=\sum\frac{\overline{N}N}{EA}l \qquad (12\text{-}17)$$

로 된다. 위 식에서 $\sum$는 트러스의 전 부재의 총합을 의미한다.

【예제 2】

그림에서 자유단 A의 처짐 및 처짐각을 구하여라(단, EI는 일정하다).

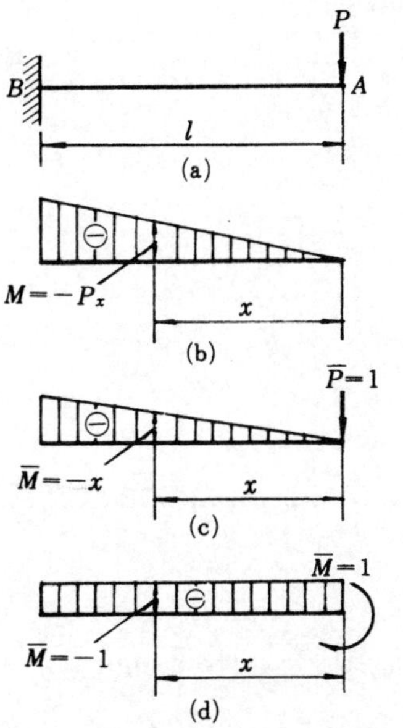

그림 12.11

풀이 보에서는 축방향력에 의한 수직응력은 생기지 않고 또, 전단력에 의한 영향은 작으므로 휨 응력에 대해서만 생각하면 처짐 δ_n은

$$\delta_n = \int \frac{\overline{M}M}{EI}\,dx$$

여기서 $\overline{M}$는 가상적인 단위 집중하중($\overline{P}=1$)에 의한 임의 점의 휨모멘트이고, M은 실제 하중에 의한 임의 점의 휨모멘트이다.

또한, 처짐각 $\theta_n = \int \frac{\overline{M}M}{EI}\,dx$이며, 여기서 $\overline{M}$는 가상적인 단위 모멘트 하중($\overline{M}=1$)에 의한 임의 점의 휨모멘트이다.

그림 12.11(b)와 같이 하중 P에 의한 자유단에서 x단면에 대한 휨모멘트 M과 그림 (c)와 같은 가상하중 $\overline{P}=1$에 의한 x단면의 휨모멘트 $\overline{M}$은

$$M = -Px,\quad \overline{M} = -x$$

따라서 $\delta_A = \int_0^l \frac{1}{EI}(-Px)(-1)\,dx = \frac{P}{EI}\int_0^l x^2 dx = \frac{Pl^3}{3EI}$

또한 처짐각은 그림 (d)와 같이 가상 모멘트 $\overline{M}=1$을 작용시키면 x단면의 휨모멘트 $\overline{M}=-1$

따라서 $\theta_A = \int_0^l \frac{1}{EI}(-Px)(-1)\,dx = \frac{P}{EI}\int_0^l x\,dx = \frac{Pl^2}{2EI}$

【예제 3】

그림과 같은 일정 단면의 단순보 중앙에 집중하중이 작용할 경우 중앙의 처짐을 구하여라.

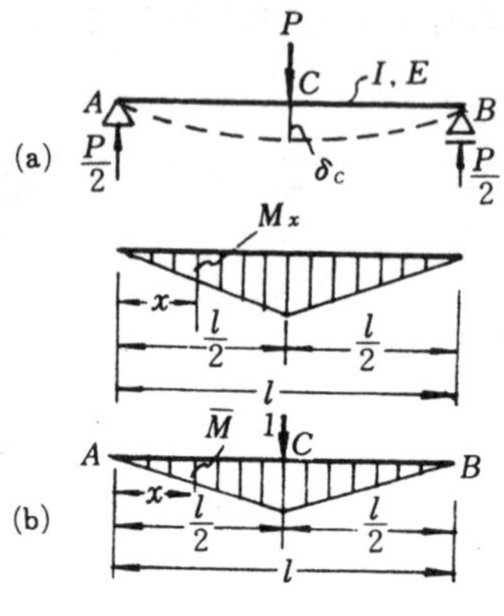

그림 12.12

풀이 $1\times\delta_c=\int\frac{\overline{M}M}{EI}dx$

그림 12.12(a), (b)에서 $M=\frac{P}{2}x$, $\overline{M}=\frac{x}{2}$, 따라서 $\delta_C=\int_0^l\frac{x}{2}\cdot\frac{P}{2}x\frac{1}{EI}dx=\frac{2P}{EI}\int_0^{\frac{l}{2}}\frac{x^2}{4}dx=\frac{Pl^3}{48EI}$

【예제 4】

다음과 같은 단순보에 등분포하중이 작용할 때, A점의 처짐각과 중앙 지점의 최대 처짐을 가상일의 방법으로 구하시오.

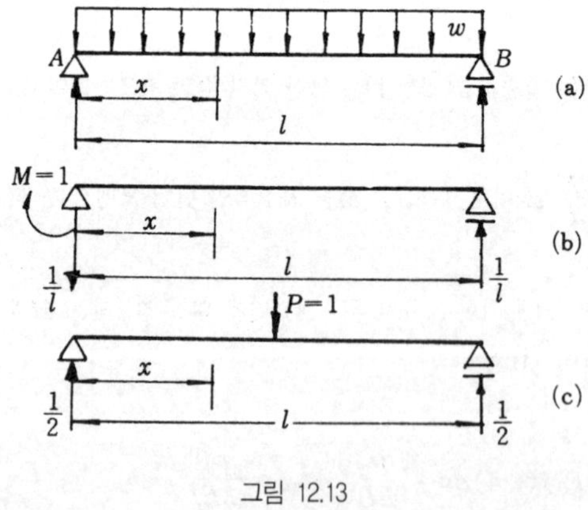

그림 12.13

풀이 (1) 처짐각(θ_A)

$\theta_A=\int\frac{\overline{M}M}{EI}dx$이며

그림 12.13(a)에서 $M = M_x = \frac{wl}{2}x - \frac{w}{2}x^2$이다.

그림 12.13(b)에서 $\overline{M} = M_x = 1 - \frac{1}{l}x$

$$\therefore \theta_A = \int_0^l \frac{1}{EI}\left(\frac{wl}{2}x - \frac{w}{2}x^2\right)\left(1 - \frac{1}{l}x\right)dx = \frac{w}{2EIl}\int_0^l (l^2x - 2lx^2 + x^3)dx$$

$$= \frac{w}{2EIl}\left[l^2 \cdot \frac{x^2}{2} - 2l \cdot \frac{x^3}{3} + \frac{x^4}{4}\right]_0^l$$

$$= \frac{w}{2EIl}\left(\frac{l^4}{2} + \frac{l^4}{4} - \frac{2l^4}{3}\right) = \frac{wl^3}{24EI}$$

(2) 처짐($y_{\max}$)

$$y_{\max} = \int \frac{\overline{M}M}{EI}dx$$

그림 (c)에서 $\overline{M} = M_x = \frac{1}{2}x$

$$\therefore y_{\max} = 2\int_0^{\frac{l}{2}} \frac{1}{EI}\left(\frac{wl}{2}x - \frac{wx^2}{2}\right)\left(\frac{x}{2}\right)dx = \frac{w}{2EI}\int_0^{\frac{l}{2}} (lx^2 - x^3)dx$$

$$= \frac{w}{2EI}\left[\frac{l \cdot x^3}{3} - \frac{x^4}{4}\right]_0^{\frac{l}{2}} = \frac{w}{2EI}\left\{l \times \frac{1}{3} \times \left(\frac{l}{2}\right)^3 - \frac{1}{4}\left(\frac{l}{2}\right)^4\right\}$$

$$= \frac{w}{2EI} \times \frac{5l^4}{192} = \frac{5wl^4}{384EI}$$

【예제 5】

그림과 같은 보의 C점의 처짐을 가상일 식으로 구하시오.
(단, $E = 2,100\,t/m^2$, $I = 2.7 \times 10^4\,cm^4$이다)

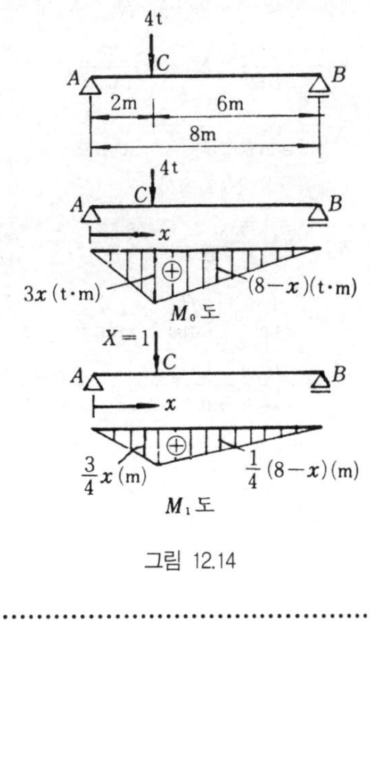

그림 12.14

풀이 $\delta_C = \frac{1}{EI}\int_A^B M\overline{M}dx = \frac{1}{EI}\int_0^2 (3x)(\frac{3}{4}x)dx + \frac{1}{EI}\int_2^8 \frac{1}{4}(8-x)^2 dx$

$$= \frac{24}{EI} = \frac{24\times10^6}{2,100\times2.7\times10^4} = 0.423\,\text{cm}$$

【예제 6】

그림과 같은 트러스의 절점 A에 하중 P를 작용시켰을 때 수직 방향의 변위를 구하여라(단, 부재의 단면력 A 및 영 계수 E는 모두 같다).

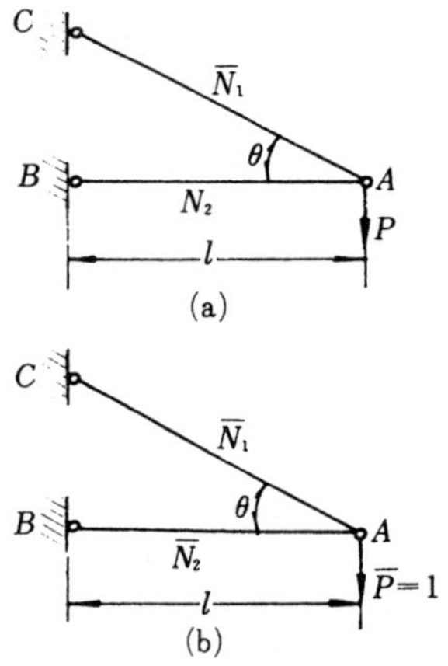

그림 12.15

풀이 하중 P에 의한 AC 부재의 부재응력을 N_1, AB 부재의 부재응력을 N_2라 하고 절점 A의 가상하중 $\overline{P}=1$에 의한 가상 부재응력을 $\overline{N_1}$, $\overline{N_2}$라 하면

$$N_1 = \frac{P}{\sin\theta},\quad N_2 = -\frac{P}{\tan\theta}$$

$$\overline{N_1} = \frac{1}{\sin\theta},\quad \overline{N_2} = -\frac{1}{\tan\theta}$$

따라서 식(12-17)에서

$$\delta_A = \sum\frac{\overline{N}N}{A\cdot E}l = \frac{\overline{N_1}N_1}{AE}l_1 + \frac{\overline{N_2}N_2}{AE}l_2$$

$$= \frac{1}{AE}\cdot\frac{P}{\sin\theta}\cdot\frac{1}{\sin\theta}\cdot\frac{l}{\cos\theta} + \frac{1}{AE}\left(-\frac{P}{\tan\theta}\right)\left(-\frac{1}{\tan\theta}\right)l$$

$$= \frac{Pl}{AE}\left(\frac{1}{\sin^2\theta\cos\theta} + \frac{\cos^2\theta}{\sin^2\theta}\right) = \frac{Pl}{AE}\cdot\frac{1}{\sin^2\theta}\left(\frac{1}{\cos\theta} + \cos^2\theta\right)$$

【예제 7】

B점의 처짐각과 처짐을 가상일의 방법으로 구하시오.

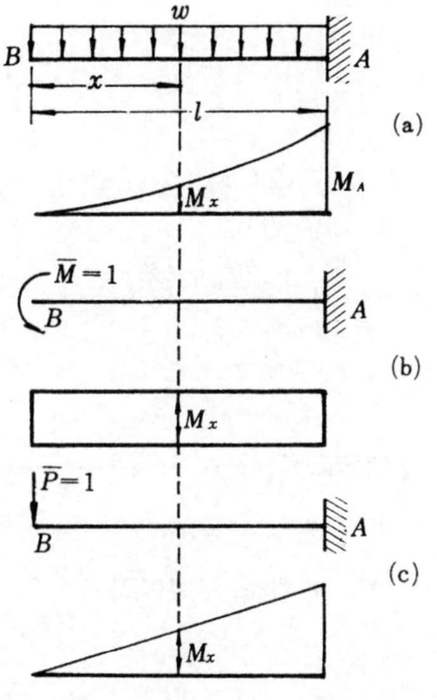

그림 12.16

풀이 $\theta_B = \int_o^l \frac{M\overline{M}}{EI}dx = \frac{1}{EI}\int_o^l\left(-\frac{w}{2}x^2\right)(-1)\,dx = \frac{w}{2EI}\left[\frac{x^3}{3}\right]_o^l$

$\therefore\ \theta_B = \frac{wl^3}{6EI}$

$y_B = \int_o^l \frac{M\overline{M}}{EI}dx = \frac{1}{EI}\int_o^l\left(-\frac{w}{2}x^2\right)(-1x)dx = \frac{w}{2EI}\left[\frac{x^4}{4}\right]_o^l = \frac{wl^4}{8EI}$

【예제 8】

다음과 같은 내민보 C점의 회전각을 가상일 식으로 구하시오.

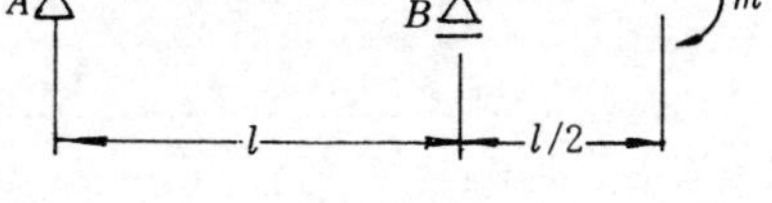

그림 12.17

풀이 $\theta = \frac{1}{EI}\int M\overline{M}dx$

(여기서 M : 보의 휨모멘트, $\overline{M}$: 회전각을 구하고자 하는 위치에 단위하중 1을 작용시켰을 때 보의 휨모멘트)

보 ABC의 휨모멘트 :

$M_{AB} = -\frac{m}{l}x,\quad \overline{M}_{AB} = -\frac{1}{l}x,\quad M_{BC} = -m,\quad \overline{M}_{BC} = -1$

$$\theta=\frac{1}{EI}\int_o^l M\overline{M}dx+\frac{1}{EI}\int_o^{\frac{l}{2}} M\overline{M}dx$$

$$=\frac{1}{EI}\int_o^l\left(-\frac{m}{l}x\right)\left(-\frac{x}{l}\right)dx+\frac{1}{EI}\int_o^{\frac{l}{2}}-m(-1)\,dx$$

$$=\frac{1}{EI}\cdot\frac{m}{l^2}\int_o^l x^2dx+\frac{m}{EI}\int_o^{\frac{l}{2}}dx_1$$

$$=\frac{ml}{3EI}+\frac{ml}{2EI}=\frac{5ml}{6EI}$$

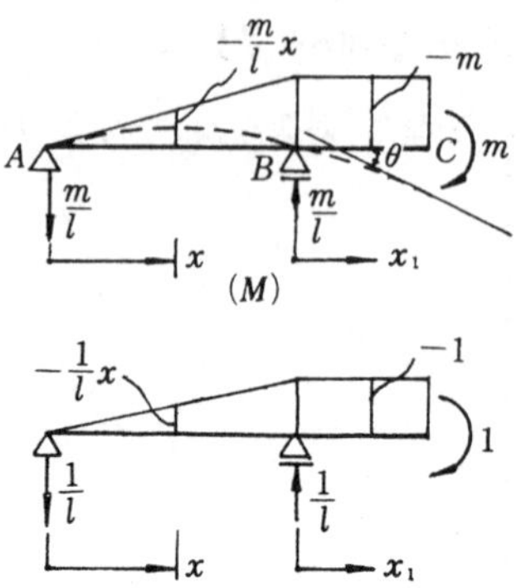

【예제 9】

그림과 같은 일단 회전지점, 타단 이동지점의 정정 라멘에서 지점 D에 하중 P가 작용할 때 수평방향의 변위를 구하여라.

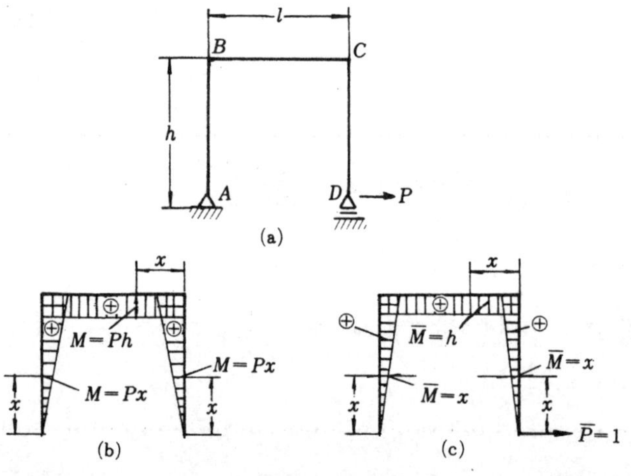

그림 12.18

풀이 하중 P와 가상하중 $\overline{P}=1$이 작용할 때의 휨모멘트를 각각 M, $\overline{M}$라 하면,

AB 사이에서 $M=Px$, $\overline{M}=x$

BC 사이에서 $M=Ph$, $\overline{M}=h$

CD 사이에서 $M=Px$, $\overline{M}=x$

따라서 $\delta_D=\int\frac{\overline{M}M}{EI}dx=\int_o^h\frac{Px\cdot x}{EI}dx+\int_o^l\frac{Ph\cdot h}{EI}dx+\int_o^h\frac{Px\cdot x}{EI}dx$

$$=\frac{2P}{EI}\int_o^h x^2dx+\frac{Ph^2}{EI}\int_o^l dx=\frac{2P}{EI}\cdot\frac{h^3}{3}+\frac{Ph^2}{EI}l=\frac{Ph^2}{EI}\left(\frac{2h}{3}+l\right)$$

7. 카스틸리아노(Castigliano)의 정리

한 구조물이 외력 P_1, P_2, ·········를 받아서 변형할 때 구조물의 재료가 탄성적이고 온도 변화나 지점 침하가 없는 경우에, 구조물의 임의 점 m에 작용하는 하중 P_m 방향의 변위(처짐) δ_m은 변형 에너지 W_i를 P_m에 대해서 편미분(偏微分)한 것과 같다.

$$즉,\ \delta_m = \frac{\partial w_i}{\partial P_m} \quad \cdots\cdots (12\text{-}18)$$

위 식을 카스틸리아노의 제1정리(Castigliano's first theorem)라고 한다.

또한 식(12-18)을 힘 P_m 대신에 모멘트 M_m을, 변위 δ_m 대신에 처짐각 θ_m을 생각하여도 역시 성립한다.

$$즉,\ \theta_m = \frac{\partial w_i}{\partial M_m} \quad \cdots\cdots (12\text{-}19)$$

이들 관계를 도시하면 다음과 같다.

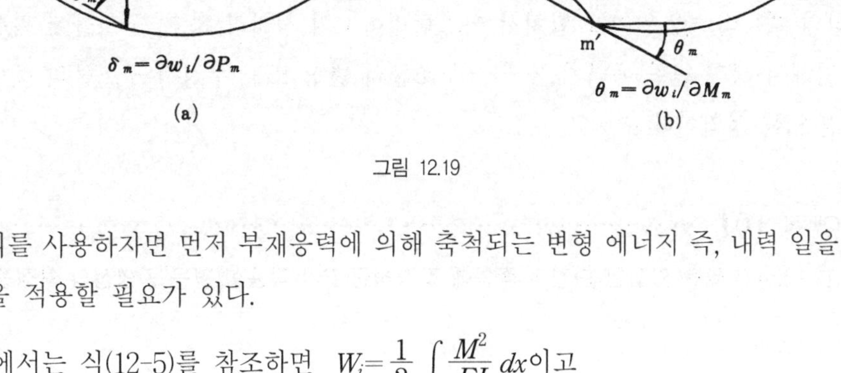

그림 12.19

이 정리를 사용하자면 먼저 부재응력에 의해 축척되는 변형 에너지 즉, 내력 일을 나타내는 식을 적용할 필요가 있다.

즉, 보에서는 식(12-5)를 참조하면 $W_i = \frac{1}{2} \int \frac{M^2}{EI} dx$이고

트러스에 대해서 부재에 생기는 응력은 축방향력뿐이므로 식(12-7)을 참조하면 $W_i = \frac{1}{2}$ $\sum \frac{N^2 l}{EA}$ 이 된다.

또한 카스틸리아노의 정리는 가상일의 원리에 포함되는 것이며, 따라서 가상일의 원리에

서 풀었던 동일 문제에 응용될 수 있다. 다만 온도불변, 지점변위가 없다는 가정하에 되어 있으므로 가상일의 원리보다 응용 범위가 좁다.

식(12-18)의 P_m을 변위가 생기지 않는 지점반력으로 생각한다면 $\delta_m=0$이므로 식(12-18)은 다음 식과 같이 된다.

$$\frac{\partial w_i}{\partial P_m}=0 \qquad \text{(12-20)}$$

이 식을 보면 P_m는 W_i를 최대 또는 최소가 되게 작용한다는 것을 알 수 있으나 W_i식 중 M, N, S 등은 힘 P_m의 일차함수이므로

$$\frac{\partial^2 w}{\partial {P_m}^2}>0$$

이고 식(12-20)은 변형 에너지가 P_m에 대해서 극소라는 것을 나타내고 있다.

식(12-20)을 카스틸리아노의 제2정리 또는 최소일의 정리라고 한다. 식(12-20)은 P_m 대신 고정단 모멘트 M_m으로 바꾸면 처짐각 θ_m은 0이므로 다음과 같이 쓸 수 있다.

$$\frac{\partial w_i}{\partial M_m}=0 \qquad \text{(12-21)}$$

이상의 제1 및 제2 원리를 합쳐서 카스틸리아노의 정리라 하고, 구조물에 작용하는 하중에 의해서 생긴 변형 에너지를 써서 구조물의 변형 또는 부정정 구조물의 해법으로 쓰이는 중요한 정리이다.

【예제 10】

그림 12.12(a)와 같은 일정한 단면의 중앙에 집중하중 P가 작용할 경우 중앙점의 처짐을 구하시오.

풀이 휨모멘트만에 의한 처짐을 구하면 이 단순보에 하여진 일은

$W=\int \frac{M^2}{2EI}dx$이고, 여기서 $M=\frac{1}{2}Px$이므로

$$W=\int_o^l \frac{\left(\frac{1}{2}Px\right)^2 dx}{2EI}=\frac{2}{2EI}\int_o^{\frac{l}{2}}\left(\frac{P}{2}x\right)^2 dx=\frac{P^2 l^3}{96EI}$$

따라서 $\delta_C = \dfrac{\partial w}{\partial P} = \dfrac{Pl^3}{48EI}$ 이 된다.

【예제 11】

그림과 같은 등분포하중을 받는 캔틸레버에서 A점의 처짐각과 처짐을 카스틸리아노의 정리로 푸시오.

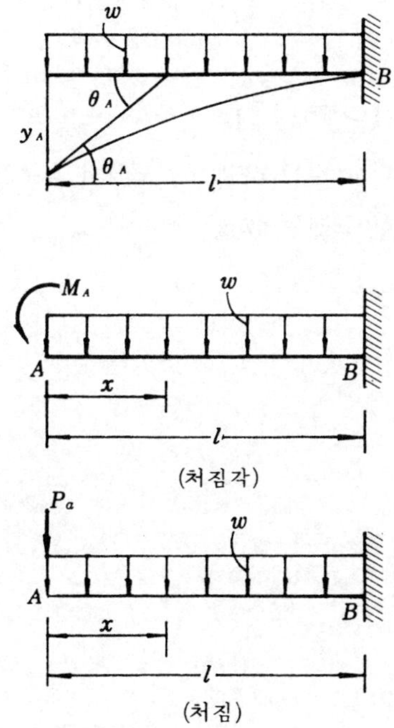

그림 12.20

풀이 (1) 처짐

일을 W라 할 때

$W = \dfrac{1}{2EI}\int M^2 dx$에 의해

$y_A = \dfrac{\partial w}{\partial P_a} = \dfrac{\partial w}{\partial M} \cdot \dfrac{\partial M}{\partial P_a} = \dfrac{1}{2EI}\int 2M \cdot \dfrac{\partial M}{\partial P_a}dx = \dfrac{1}{EI}\int M\dfrac{\partial M}{\partial P_a}dx$에서

$M = -P_a x - \dfrac{w}{2}x^2,\ \ \dfrac{\partial M}{\partial P_a} = -x$

M에서 $P_a = 0$으로 놓으면

$y_A = \int_o^l \dfrac{1}{EI}\left(-\dfrac{w}{2}x^2\right)(-x)dx = \dfrac{w}{2EI}\left[\dfrac{x^4}{4}\right]_o^l$

$\therefore\ y_A = \dfrac{wl^4}{8EI}$

(2) 처짐각

$$\theta_A = \int \frac{\partial M}{\partial M_A} \cdot \frac{M}{EI} dx \text{ 에서 } M = -M_A - \frac{wx^2}{2}$$

$\dfrac{\partial M}{\partial M_A} = -1$이 되며 M값에서 $M_A = 0$으로 놓으면

$$\theta_A = \int_o^l \frac{1}{EI}\left(-\frac{w}{2}x^2\right)(-1)\,dx = \frac{w}{2EI}\left[\frac{x^3}{3}\right]_o^l = \frac{wl^3}{6EI}$$

【예제 12】

그림과 같은 양단 고정보에서 등분포하중을 받을 경우 고정 모멘트 M_O를 구하시오.

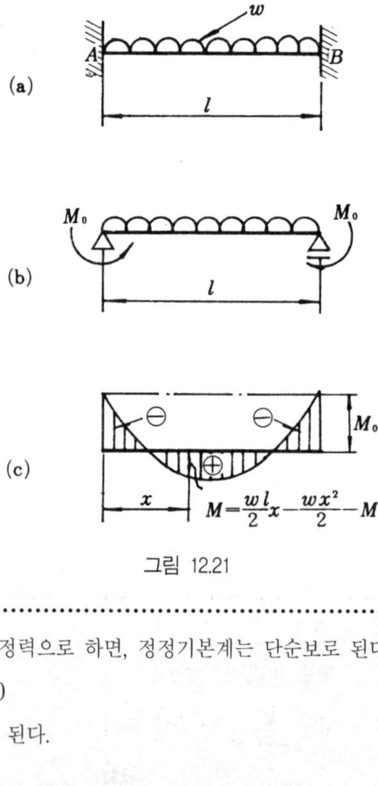

그림 12.21

풀이 그림 12.21(b)와 같이 고정 모멘트를 M_O라 하고 이것을 부정정력으로 하면, 정정기본계는 단순보로 된다.

이 보는 양 지점에서 처짐각이 0이 된다. 즉 $\theta_n = \theta_A = \theta_B = 0$

또한 양 지점의 지점 모멘트 M_A, M_B는 $M_A = M_B = M_O$로 된다.

카스틸리아노의 정리에 의하여

$$\theta_n = \frac{\partial w_i}{\partial M_n} = 0$$

여기서 그림 (c)와 같이 x단면의 휨모멘트 M은

$$M = -\frac{wl}{2}x - \frac{wx^2}{2} - M_O$$

$\dfrac{\partial M}{\partial M_O} = -0 - 0 - 1 = -1$이 되며

$$\frac{\partial w_i}{\partial M_O} = \int_O^l \frac{M}{EI} \cdot \frac{\partial M}{\partial M_O} dx = \frac{1}{EI}\int_o^l -\left(\frac{wl}{2}x - \frac{wx^2}{2} - M_O\right)dx$$

$$=\frac{1}{EI}\left[-\frac{wlx^2}{4}+\frac{wx^3}{6}+M_Ox\right]_o^l=\frac{1}{EI}\left[-\frac{wl^3}{4}+\frac{wl^3}{6}+M_ol\right]=0$$

$\therefore\ M_O=\frac{wl^2}{12}$ (M_O값이 정으로 나왔으므로 가정의 방향과 일치한다는 뜻이다)

【예제 13】

그림과 같은 단순보 C점의 처짐을 구하시오(단, $E=2.1\times10^3\,\mathrm{t/cm^2}$, $I=2.7\times10^4\,\mathrm{cm^4}$이다).

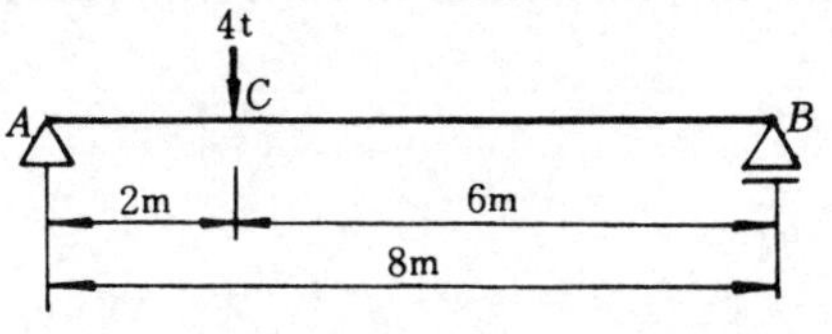

그림 12.22

풀이 M_O도에 의한 보 내부에 생기는 변형일의 양

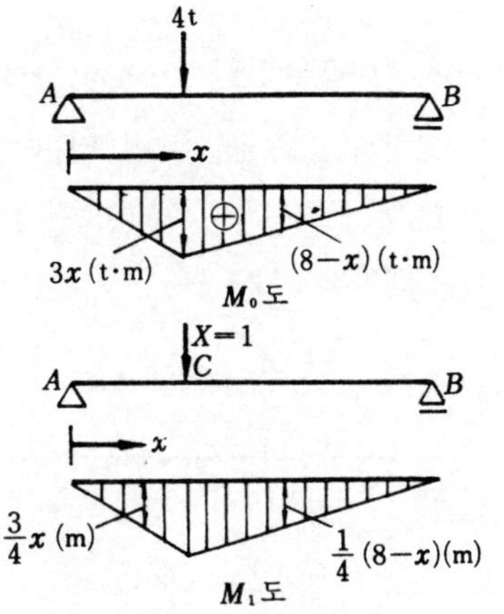

$$w=\frac{1}{2}\int\frac{M^2}{EI}dx$$

$$=\frac{1}{2EI}\int_0^2(3x)^2dx+\frac{1}{2EI}\int_2^8(8-x)^2dx$$

$$=\frac{9}{2EI}\left[\frac{x^3}{3}\right]_0^2+\frac{1}{2EI}\left[64x-\frac{16x^2}{2}+\frac{x^3}{3}\right]_2^8$$

$$=\frac{12(\mathrm{t^2\cdot m^3})}{EI}+\frac{36(\mathrm{t^2\cdot m^3})}{EI}$$

$$=\frac{48(\mathrm{t^2\cdot m^3})}{EI}=\frac{48\times10^6}{2.1\times10^3\times2.7\times10^4}$$

$$=\frac{480}{567}(\mathrm{t\cdot cm})$$

외력 4(t)이란 일 V는 그 점의 처짐을 δ(cm)라 하면

$$V=\frac{1}{2}P\delta=\frac{1}{2}\times4\delta=2\delta(\mathrm{t\cdot cm})$$

$$\therefore\ \delta=\frac{1}{2}\cdot w=\frac{1}{2}\times\frac{480}{567}=0.43\,\mathrm{cm}$$

【예제 14】

카스틸리아노의 정리를 사용하여 다음 보에서 b점의 수직방향의 처짐을 구하시오(단, EI는 일정하다).

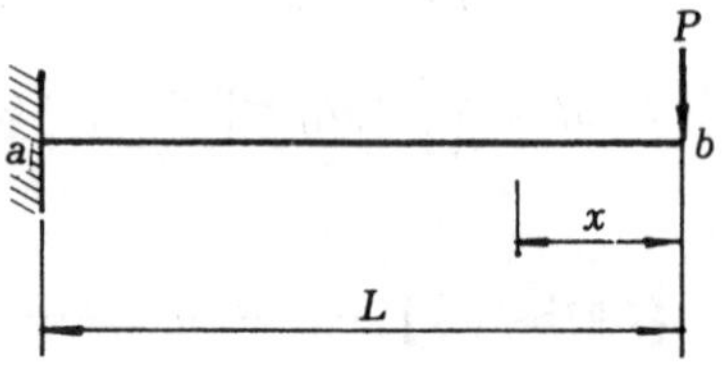

그림 12.23

풀이 변형 에너지 $w=\sum\int\frac{M^2dx}{2EI}$

$$\frac{\partial w}{\partial P}=\delta_b=\sum\int M\frac{\partial M}{\partial P}\cdot\frac{dx}{EI}$$

b에서 a까지 $0<x<L$

$$M=-Px,\ \frac{\partial M}{\partial P}=-x$$

$$\therefore\ \delta_b(\downarrow)=\int_0^L(-Px)(-x)\frac{dx}{EI}=\frac{PL^3}{3EI}$$

【예제 15】

그림과 같은 일단 고정, 타단 이동단의 보에서 A점의 반력 R_A를 구하시오(단, EI는 일정하다).

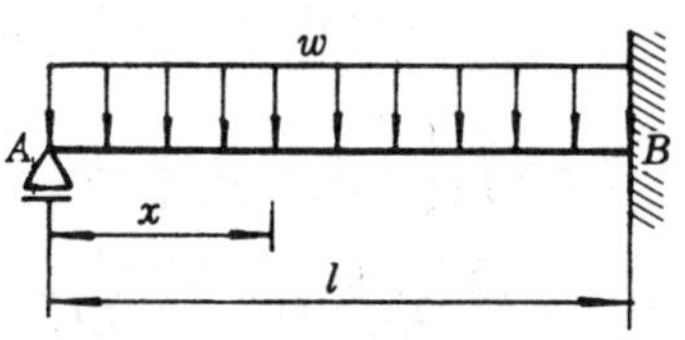

그림 12.24

풀이 카스틸리아노의 정리에 의해

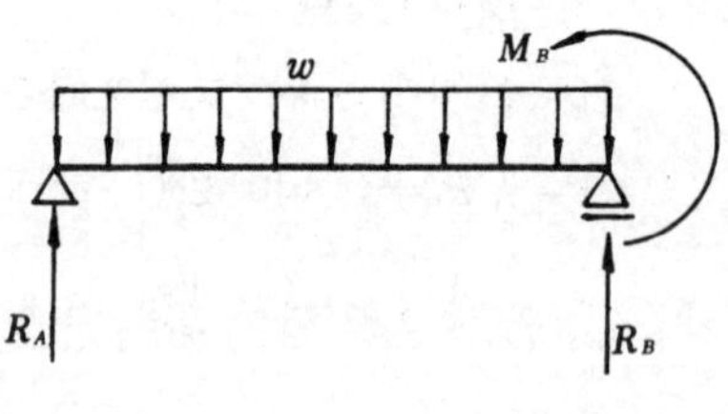

$$\delta_n=\int\frac{\partial M}{\partial P_n}\cdot\frac{M}{EI}dx$$

(전단력에 의한 영향은 무시한다)

A점의 처짐은 0이다. 즉, $\delta_A=0$

M_x, $\frac{\partial M}{\partial P_n}=\frac{\partial M_x}{\partial R_A}$는 $M_x=R_A\cdot x-\frac{w}{2}x^2$

$P_n=R_A$로 생각하여 R_A에 관하여 위 식을 편미분하면,

$$\frac{\partial M_x}{\partial R_A}=x$$

$\delta_n=\delta_A=0$으로부터

$$\delta_A=\int_0^l\frac{1}{EI}\cdot x\left(R_A\cdot x-\frac{wx^2}{2}\right)dx=\frac{1}{EI}\int_0^l\left(R_A\cdot x^2-\frac{wx^3}{2}\right)dx$$

$$=\frac{1}{EI}\left[R_A\cdot\frac{x^3}{3}-\frac{w}{2}\cdot\frac{x^4}{4}\right]_0^l=\frac{1}{EI}\left(\frac{R_A\cdot l^3}{3}-\frac{wl^4}{8}\right)$$

$$\therefore\ 0=\frac{1}{EI}\left(\frac{R_A\cdot l^3}{3}-\frac{wl^4}{8}\right)$$

$$\therefore\ \frac{R_A\cdot l^3}{3}-\frac{wl^4}{8}=0 \qquad \therefore\ R_A=\frac{3}{8}wl$$

【예제 16】

다음과 같은 단순보의 최대 처짐을 구하시오(단, EI는 일정함).

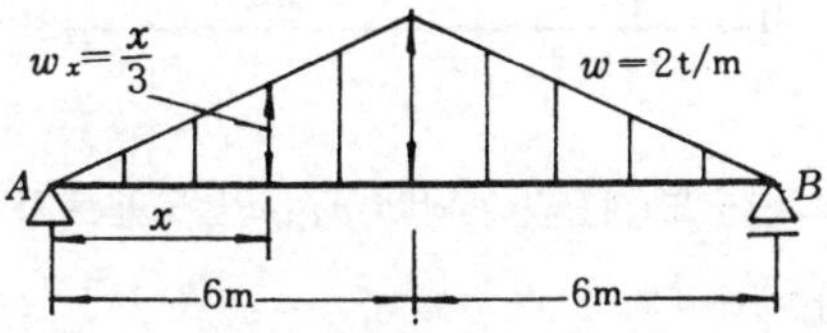

그림 12.25

풀이 최대 처짐은 중앙에서 일어나며 $R_A=6$

따라서 x점의 실제 휨모멘트

$$M_x=6x-\frac{x}{3}\times x\times\frac{1}{2}\times\frac{1}{3}x=6x-\frac{x^3}{18}$$

가상일 식에 의하여

$$\delta_{\max}=2\int_0^6\frac{1}{EI}\left(6x-\frac{x^3}{18}\right)$$

$$\left(\frac{1}{2}x\right)dx=\frac{1}{EI}\int_0^6\left(6x-\frac{x^3}{18}\right)x\cdot dx=\frac{1}{EI}\left[2x^3-\frac{x^5}{90}\right]_0^6$$

$$=\frac{1}{EI}\left(2\times6^3-\frac{6^5}{90}\right)=\frac{345.6}{EI}$$

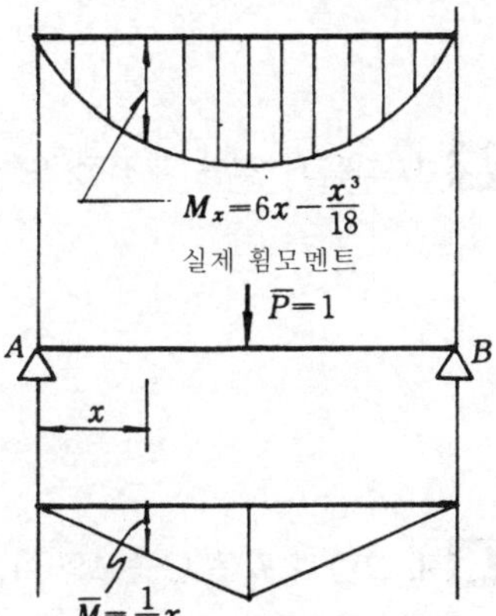

연 습 문 제

문 **1.** 그림과 같은 단순보 C점의 처짐을 가상일의 방법에 의해서 구하시오(단, $EI=7\times10^{10}$kg/cm^{2}이다).

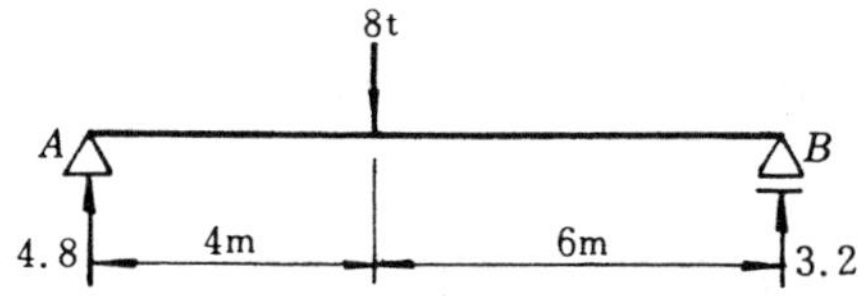

문 **2.** 그림과 같은 일정 단면의 단순보 AB의 A단에 M_{AB}인 모멘트가 작용할 경우 A단의 회전각을 가상일의 방법으로 구하시오.

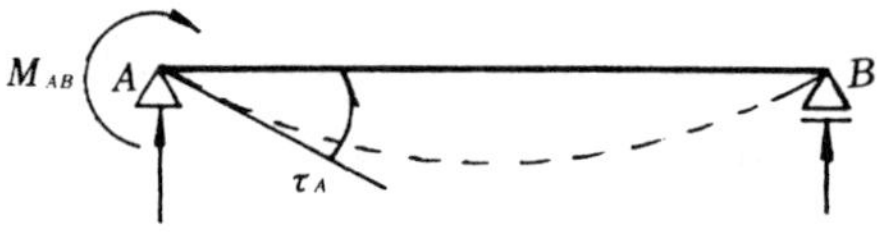

문 **3.** 다음과 같은 부정정 보에서 고정 모멘트를 카스틸리아노의 정리를 이용하여 구하시오.

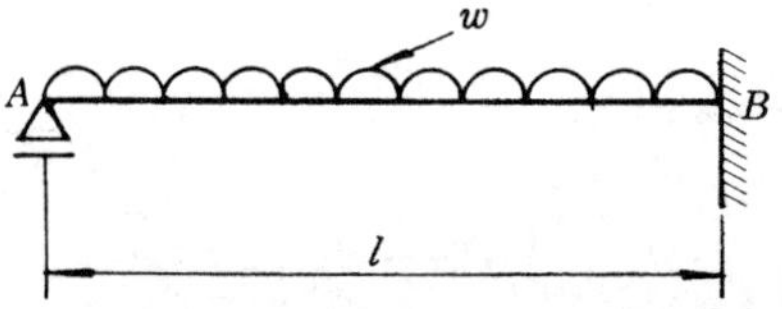

문 **4.** 그림과 같은 단순보의 A, B점의 처짐각을 가상일 식을 써서 구하시오(단, $E=8\times10^4$kg/cm^{2}로 한다).

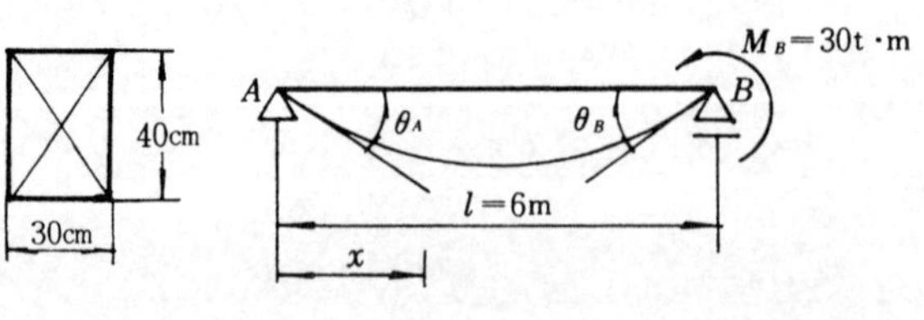

해답 1. 2.19 cm 2. $\dfrac{M_{AB}l}{3EI}$ 3. $M_B=-\dfrac{wl^2}{8}$ 4. $\theta_A=0.0234$ (rad), $\theta_B=0.0469$ (rad)

문 **5.** 다음 그림과 같은 일단 고정, 타단 이동보에서 A점의 반력 R_A를 카스틸리아노의 정리를 이용하여 푸시오(단, EI는 일정함).

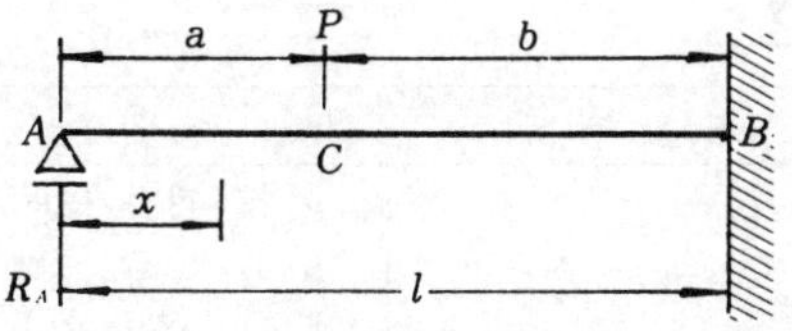

해답 5. $R_A = \frac{P}{2l^3}(2l^3 - 3l^2 a + a^3)$

부 록

1. 역학에서 사용하는 기호

기호	명 칭	기호	명 칭
A	면 적	e	편심거리
C	압축력	h	높이
E	탄성계수	k	강비(剛比), 격점(格點)거리
F_s	안전율	l	길이, 지간(支間)
G	도심(圖心), 단면 1차 모멘트	m	Poisson 수
H	수평력	r	반경, 회전반경
K	강도	t	두께, 온도
I	단면 2차 모멘트	w	분포하중
M	모멘트, 휨모멘트	y	영향선종거, 보의 연(緣)거리, 처짐
N	축방향력	λ	절점거리, 세장비(細長比)
P	집중하중, 작용력	θ	절점회전각, 처짐각
R	반력, 곡률반경, 합력, 부재회전각	σ	응력
S	전단력	σ_a	허용응력
T	인장력	τ	전단응력
V	연직력	ε	변형도
W	전하중, 중량	ϕ	절점회전각
Z	단면계수	Ψ	부재회전각
b	폭	ν	Poisson 비
d	두께, 직경		

2. 그리스 문자

대문자	소문자	명 칭	대문자	소문자	명 칭
A	α	Alpha(알파)	N	ν	Nu(뉴우)
B	β	Bete(베타)	Ξ	ξ	Xi(크사이)
Γ	γ	Gamma(감마)	O	o	Omicron(오미크론)
Δ	δ	Delta(델타)	Π	π	Pi(파이)
E	ε	Epsilon(입실론)	P	ρ	Rho(로오)
Z	ζ	Zeta(제타)	Σ	σ	Sigma(시그마)
H	η	Eta(이타)	T	τ	Tau(타우)
Θ	θ	Theta(세타, 테타)	Υ	υ	Upsilon(웁실론)
I	ι	Iota(이오라)	Φ	φ	Phi(파이)
K	κ	Kappa(캅파)	X	χ	Chi(카이)
Λ	λ	lambda(람다)	Ψ	ψ	Psi(프사이)
M	μ	Mu(뮤우)	Ω	ω	Omega(오메가)

3. 응용역학에 필요한 수학

(1) 방정식의 근

$ax^2+bx+c=0$의 근은 $x=\dfrac{-b\pm\sqrt{b^2-4ac}}{2a}$

(2) 지수법칙

$a^m \times a^n = a^{m+n}$, $a^m \div a^n = a^{m-n}$

$(a^m)^n = a^{mn}$, $a^0=1$, $a^{-m}=\dfrac{1}{a^m}$

$a^{\frac{1}{m}} = \sqrt[m]{a}$, $a^{\frac{n}{m}} = (\sqrt[m]{a})^n = \sqrt[m]{a^n}$

$a^{\frac{1}{m}} \times a^{\frac{1}{n}} = a^{\frac{1}{m}+\frac{1}{n}} = a^{\frac{m+n}{mn}} = \sqrt[mn]{a^{m+n}}$

(3) 항등식, 인수분해

$(a\pm b)^2 = a^2 \pm 2ab + b^2$

$(a\pm b)^3 = a^3 \pm 3a^2b + 3ab^2 \pm b^3$

$(a^2-b^2) = (a-b)(a+b)$

$(a^3 \pm b^3) = (a\pm b)(a^2 \pm ab + b^2)$

$(a^4-b^4) = (a-b)(a+b)(a^2+b)$

(4) 미분법

1) $y=C$(상수) $\rightarrow y'=0$ $\qquad y=x^n \rightarrow y'=nx^{n-1}$

$y=\{f(x)\}^n \rightarrow y'=n\{f(x)\}^{n-1}f'(x)$

$y=f(x)\cdot g(x) \rightarrow y'=f'(x)g(x)+f(x)g'(x)$

(예) ① $y=3x^4+12x^2+4 \rightarrow y'=12x^3+24x$

② $y=(5x+1)^3 \rightarrow y'=3(5x+1)^2\times(5x+1)' = 3(5x+1)^2\times 5 = 15(5x+1)^2$

③ $y=(3x^2+2x+2)(4x+1) \rightarrow$

$y'=(3x^2+2x+2)'\times(4x+1)+(3x^2+2x+2)(4x+1)'$

$=(6x+2)(4x+1)+(3x^2+2x+2)\times 4$

$=(24x^2+14x+2)+(12x^2+8x+8)=36x^2+22x+10$

④ $y=\{(3x^2+2x+2)^3\}\{(4x+1)^2\} \rightarrow$

$y'=\{(3x^2+2x+2)^3\}'\times(4x+1)^2+(3x^2+2x+2)^3\{(4x+1)^2\}'$

여기서 $\{(3x^2+2x+2)^3\}'=3(3x^2+2x+2)^2\times(6x+2)$
$\{(4x+1)^2\}'=2(4x+1)\times4=8(4x+1)$

$\therefore\ y'=3(3x^2+2x+2)^2(6x+2)(4x+1)^2+(3x^2+2x+2)^3\times8(4x+1)$

$=(3x^2+2x+2)^2(4x+1)\{3(6x+2)(4x+1)+8(3x^2+2x+2)\}$

$=(3x^2+2x+2)^2(4x+1)(96x^2+58x+22)$

$=2(3x^2+2x+2)^2(48x^2+29x+11)(4x+1)$

2) $y=\sin mx \rightarrow y'=m\cos mx$

$y=\cos mx \rightarrow y'=-m\sin mx$

$y=\tan mx \rightarrow y'=m\sec^2 mx$

3) $y=\dfrac{f(x)}{g(x)}=\dfrac{f'(x)\cdot g(x)-f(x)\cdot g'(x)}{g^2(x)}$

(5) 적분법

1) $\int C dx=C\int dx=Cx$ (C는 상수) $\qquad \int x^n dx=\dfrac{x^{n+1}}{n+1}$

$\int (a+bx)^n dx=\dfrac{(a+bx)^{n+1}}{(n+1)b}$

$\int \dfrac{f'(x)}{f(x)}dx=\log|f(x)|\ \int f(x)g'(x)dx=f(x)g(x)-\int f'(x)g(x)dx$

(예) $\int(x^4+3x^2+2)dx=\int x^4dx+3\int x^2dx+2\int dx=\dfrac{x^5}{5}+3\times\dfrac{x^3}{3}+2x$

$=\dfrac{x^5}{5}+x^3+2x$

$\int\dfrac{8x}{4x^2+3}dx=\int\dfrac{(4x^2+3)'}{4x^2+3}dx=\log(4x^2+3)$

2) $\int \sin x dx=-\cos x$, $\int \cos x dx=\sin x$, $\int \tan x dx=\log\sec x$

$\int \sin^2 x dx=\dfrac{1}{2}\left(x-\dfrac{\sin 2x}{2}\right)$, $\int \cos^2 x dx=\dfrac{1}{2}\left(x+\dfrac{\sin 2x}{2}\right)$

(예) $\int x\cdot\sin x dx=x\cos x-\int 1\times\cos\cdot x dx=x\cos x-\sin x$

3) $\int\dfrac{1}{x}dx=\log x$, $\int a^x dx=\dfrac{a^x}{\log a}$ (a는 상수)

4) 정적분

$\int_a^b f(x)dx=-\int_b^a f(x)dx$, $\int_a^b f(x)dx=\int_a^c f(x)dx+\int_c^b f(x)dx$

$$\int_a^b f[C(x)]dx = C\int_a^b f(x)dx, \quad \int_a^b [f_1(x) \pm f_2(x)]dx = \int_a^b f_1(x)dx \pm \int_a^b f_2(x)dx$$

(예) $\int_3^5 x^2dx = \left[\frac{x^3}{3}\right]_3^5 = \frac{1}{3}\{(5)^3-(3)^3\} = \frac{1}{3}(125-27) = \frac{98}{3}$

(6) 미분 방정식

$$\frac{dy}{dx} = f(x) \rightarrow y = \int f(x)dx + C(\text{는상수})$$

$$\frac{d^xy}{dx^2} = f(x) \rightarrow \begin{cases} y = \int f(x)dx + C_1 \\ y = \int\int f(x)dx + C_1x + C_2(C_1,\ C_2\text{는 상수}) \end{cases}$$

(7) 삼각법

1) $\sin(-\alpha) = -\sin\alpha$ $\quad\cos(-\alpha) = \cos\alpha$ $\quad\tan(-\alpha) = -\tan\alpha$

$\sin(90° - \alpha) = \cos\alpha$ $\quad\cos(90° - \alpha) = \sin\alpha$ $\quad\tan(90° - \alpha) = \cot\alpha$

$\sin(90° + \alpha) = \cos\alpha$ $\quad\cos(90° + \alpha) = -\sin\alpha$ $\quad\tan(90° + \alpha) = -\cot\alpha$

(예) $\sin 120° = \sin(90° + 30°) = \cos 30°$, $\sin 120° = \sin 60°$,

$\cos 120° = -\cos 60°$, $\tan 120° = -\tan 60°$

2) $\sin(\alpha \pm \beta) = \sin\alpha\cos\beta \pm \cos\alpha\sin\beta$, $\cos(\alpha \pm \beta) = \cos\alpha\cos\beta \mp \sin\alpha\sin\beta$

$\tan(\alpha \pm \beta) = \dfrac{\tan\alpha \pm \tan\beta}{1 \mp \tan\alpha\tan\beta}$

3) $\sin 2\alpha = \sin(\alpha + \alpha) = 2\sin\alpha\cos\alpha$

$\cos 2\alpha = \cos(\alpha + \alpha) = \cos^2\alpha - \sin^2\alpha = 1 - 2\sin^2\alpha$ $(\because \sin^2\alpha + \cos^2\alpha = 1)$

$\tan 2\alpha = \tan(\alpha + \alpha) = \dfrac{2\tan\alpha}{1 - \tan^2\alpha}$

4. 삼각함수표

각도	sin.	cosec.	tan.	cot.	sec.	cos.	
0°	0.000	∞	0.000	∞	1.000	1.000	90°
1	0.017	57.30	0.017	57.29	1.000	1.000	89
2	0.035	28.65	0.035	28.64	1.001	0.999	88
3	0.052	19.11	0.052	19.08	1.001	0.999	87
4	0.070	14.34	0.070	14.30	1.002	0.998	86
5°	0.087	11.47	0.087	11.43	1.004	0.996	85°
6	0.105	9.567	0.105	9.514	1.006	0.995	84
7	0.122	8.206	0.123	8.144	1.008	0.993	83
8	0.139	7.185	0.141	7.115	1.010	0.990	82
9	0.156	6.392	0.158	6.314	1.012	0.988	81
10°	0.174	5.759	0.176	5.671	1.015	0.985	80°
11	0.191	5.241	0.194	5.145	1.019	0.982	79
12	0.208	4.810	0.213	4.705	1.022	0.978	78
13	0.225	4.445	0.231	4.331	1.026	0.974	77
14	0.242	4.134	0.249	4.011	1.031	0.970	76
15°	0.259	3.864	0.268	3.732	1.035	0.966	75°
16	0.276	3.628	0.287	3.487	1.040	0.961	74
17	0.292	3.420	0.306	3.271	1.046	0.956	73
18	0.309	3.236	0.325	3.078	1.051	0.951	72
19	0.326	3.072	0.344	2.904	1.058	0.946	71
20°	0.342	2.924	0.364	2.747	1.064	0.940	70°
21	0.358	2.790	0.384	2.605	1.071	0.934	69
22	0.375	2.669	0.404	2.475	1.079	0.927	68
23	0.391	2.559	0.424	2.356	1.086	0.921	67
24	0.407	2.459	0.445	2.246	1.095	0.914	66
25°	0.423	2.366	0.466	2.145	1.103	0.906	65°
26	0.438	2.281	0.488	2.050	1.113	0.899	64
27	0.454	2.203	0.510	1.963	1.122	0.891	63
28	0.469	2.130	0.532	1.881	1.133	0.883	62
29	0.485	2.063	0.554	1.804	1.143	0.875	61
30°	0.500	2.000	0.577	1.732	1.155	0.866	60°
31	0.515	1.942	0.601	1.664	1.167	0.857	59
32	0.530	1.887	0.625	1.600	1.179	0.848	58
33	0.545	1.836	0.649	1.540	1.192	0.839	57
34	0.559	1.788	0.675	1.483	1.206	0.829	56
35°	0.574	1.743	0.700	1.428	1.221	0.819	55°
36	0.588	1.701	0.727	1.376	1.236	0.809	54
37	0.602	1.662	0.754	1.327	1.252	0.799	53
38	0.616	1.624	0.781	1.280	1.269	0.788	52
39	0.629	1.589	0.810	1.235	1.287	0.777	51
40°	0.643	1.556	0.839	1.192	1.305	0.766	50°
41	0.656	1.524	0.869	1.150	1.325	0.755	49
42	0.669	1.494	0.900	1.111	1.346	0.743	48
43	0.682	1.466	0.933	1.072	1.367	0.731	47
44	0.695	1.440	0.966	1.036	1.390	0.719	46
45°	0.707	1.414	1.000	1.000	1.414	0.707	45°
	cos.	sec.	cot.	tan.	cosec.	sin.	각도

5. 도량형 환산표

A. 길 이

cm	寸	인치(in)
1	0.33	0.3937
3.0303	1	1.1930
2.54	0.8382	1

m	척	간	피트(ft)	야드(yd)
1	3.3	0.55	3.2808	1.0936
0.3030	1	0.1667	0.9942	0.3314
1.8182	6.0	1	5.9653	1.9884
0.3048	1.0058	0.1676	1	0.3333
0.9144	3.0175	0.5029	3.0	1

km	정	리	체 인	마 일
1	9.1667	0.2546	49.7097	0.6214
0.1091	1	0.0278	5.4229	0.0678
3.9273	36.0	1	1	2.4403
0.0201	0.1844	0.0051	195.2235	0.0125
1.6093	14.7520	0.4098	80.0	1

B. 면 적

cm^2	$寸^2$	in^2
1	0.1089	0.1550
9.1827	1	1.4233
6.4516	0.7026	1

m^2	척^2	간^2(面坪)	ft	yd^2
1	10.89	0.3025	10.7639	1.1960
0.0918	1	0.0278	0.9884	0.1098
3.3058	36.0	1	35.5829	3.9537
0.0929	1.0117	0.0281	1	0.1111
0.8361	9.1054	0.2529	9.0	1

km^2	정보(3000보)	리^2	마일^2	헥타르(ha)
1	100.8333	0.0648	0.3861	100
0.0099	1	0.0006	0.0038	0.9917
15.4235	1555.2	1	5.9550	1542.347
2.5899	261.1571	0.1679	1	258.9895
0.01	1.0083	0.00065	0.0039	1

C. 체 적

cm^3	寸^3	in^3
1	0.0359	0.0610
27.8265	1	1.6981
16.3870	0.5889	1

m^3	척^3	간^3(立坪)	ft^3	yd^3
1	35.937	0.1664	35.147	1.3080
0.0278	1	0.0064	0.9827	0.0364
6.0105	216.0	1	212.2595	7.8615
0.0283	1.0176	0.0047	1	0.6370
0.7646	27.4758	0.1272	27.0	1

立	升	美(갈론)	英(갈론)	尺^3	ft^3
1	0.5544	0.2642	0.2200	0.0359	0.0353
1.8039	1	0.4725	0.3968	0.0648	0.0637
3.7854	2.0984	1	0.8327	0.1359	0.1337
4.5460	2.5220	1.2009	1	0.1634	0.1605
27.8265	15.4257	7.3514	6.1211	1	0.9827
28.3168	15.6975	7.4805	6.2290	0.0176	1

D. 중 량

瓦(g)	匁(매)	온 스
1	0.2667	0.0353
3.75	1	0.1323
28.35	7.56	1

kg	斤(160매)	貫	파운드(lb)
1	1.6667	0.2667	2.2046
0.6	1	0.16	1.3228
3.75	6.25	1	8.2672
0.4536	0.756	0.1212	1

ton	貫	英(ton)	美(ton)
1	266.6667	0.9842	1.1023
0.0038	1	0.0037	0.0041
1.0160	270.946	1	1.120
0.9072	241.92	0.8929	1

응용역학 값 25,000원

저자 마 헌 일
발행인 문 형 진

1986년 1월 25일 제1판 제1인쇄발행
1987년 8월 15일 제2판 제1인쇄발행
1989년 2월 7일 제3판 제1인쇄발행
1990년 2월 20일 제4판 제1인쇄발행
1991년 2월 20일 제5판 제1인쇄발행
1992년 1월 10일 제5판 제2인쇄발행
1993년 1월 10일 제5판 제3인쇄발행
1994년 1월 5일 제5판 제4인쇄발행
1995년 10월 20일 제5판 제5인쇄발행
1997년 1월 10일 제5판 제6인쇄발행
1998년 2월 15일 제5판 제7인쇄발행
1999년 1월 7일 제5판 제8인쇄발행
2000년 1월 5일 제5판 제9인쇄발행
2004년 7월 20일 제6판 제1인쇄발행
2007년 8월 25일 제6판 제2인쇄발행
2010년 2월 8일 제6판 제3인쇄발행
2015년 3월 11일 제6판 제4인쇄발행

발행처 **세 진 사**

136-087 서울특별시 성북구 보문로 38(세진빌딩)
TEL : 922-6371~3, 923-3422·7224 / FAX : 927-2462
〈등록 : 1976.9.21 / 등록번호 : 서울 제6-28호〉